KB092975

차량기술사
SERIES 1

엔진·연료·생산품질

GoldenBell

이 책을 엮으면서

자동차 산업은 고도의 첨단 기술을 요하는 기술 집약 산업으로, 자동차 수요층의 다양한 요구 증대와 시장구조의 변화, 이에 따른 자동차 생산 업체 간 치열한 경쟁 등으로 인해 자동차는 끊임없이 새롭게 개발되고 있습니다. 특히 환경을 고려한 배기가스의 감축과 대체에너지용 엔진 개발, 리사이클링을 통한 자원 순환 등 자동차 관련 기술력을 높이고, 차세대 자동차를 개발하기 위한 노력은 계속되고 있습니다.

이러한 자동차 산업에서 차량기술사는 자동차에 관한 공학 원리를 이용하여 자동차의 구조재·파워트레인·안전장치·편의장치 및 기타 자동차 관련 설비에 대한 새로운 디자인을 설계하거나 개발하며, 자동차의 성능, 경제성, 안전성, 환경 보전 등을 연구, 분석, 시험, 운영, 평가 또는 이에 대한 지도, 감리 등의 기술 업무를 수행하고 있습니다.

기술사는 국가기술 자격 제도의 최고 자격인 만큼 차량기술사 자격을 취득하기 위해서는 여러 가지 응시 자격을 갖춰야 하고, 필답형의 1차 시험과 구술형의 까다로운 2차 면접까지 통과해야 합니다. 그런 후에 명예로운 [차량기술사] 자격을 취득하게 됩니다.

(1) 1차 시험 - 필답형(논술시험)

1차 시험은 필기 시험으로 서론, 본론, 결론의 형식을 갖춰야 하는 논술형이다.

따라서 객관식 시험인 기사(자격증) 시험보다 방대한 양의 학습이 필요하며, 이것을 서술형으로 풀어낼 수 있는 글쓰기(작문) 실력을 요하고 있다(1차 합격률은 보통 10~20% 이내).

원리를 정확하고 충분히 알고 있어야 서술하는데 막힘이 없고, 주어진 답지를 모두 작성할 수 있으므로 드디어 명쾌한 반열에 오르게 된다.

만약, 주어진 문항에서 답안의 필요·충분 조건을 기술할 수 없다면 원하는 점수를 얻을 수 없다.

(2) 2차시험 - 구술형(면접시험)

2차 시험은 구술형으로서 면접시험으로 평가를 가름한다.

면접관은 보통 차량기술사 두 분과 대학교수 한 분으로 구성되어 있으며, 총 30여 분 정도 구술로 시험을 보게 된다.

필기시험 합격 후 2년 동안 2차 시험이 유효하며, 면접에서는 기술사로서의 자질, 품위, 일반상식, 전공 상식 등을 심층적으로 질문한다. 문제는 차량기술사의 경우 면접에서 탈락할 확률은 매우 높다(2차 구술형 면접 합격비율은 약 20~30% 정도).

1차에 합격할 정도로 차량이나 기출문제에 대해 잘 알고 있다 하더라도 쓰는 것과 말하는 것은 다른 영역이며, 차량기술사는 다른 기술사와는 달리 학원도 거의 없고 모의 면접시험을 연습할 수 있는 환경도 조성되어 있지 않아 구술시험을 효율적으로 준비하기가 어려운 상황입니다. 따라서 평상시 수험 준비하실 때, 녹음이나 스터디 그룹을 통한 문답 연습하시는 것을 추천드립니다.

차량기술사를 준비하면서 시간이 부족하시거나, 역량은 뛰어나지만 답안 작성이 익숙지 못한 분들에게 조금이나마 도움이 되고자 집필하게 되었습니다. 따라서, 이 책이 제시하고 있는 답안이 100% 완벽하진 않겠지만, 적어도 방대한 차량기술사 기출문제를 정리하고 답안을 작성하는 데 도움이 되는 방향성을 제시하려고 노력하였습니다. 본 서에 수록된 내용을 참고하여 좀 더 전문화된 수검자의 노하우와 경험을 덧붙인다면 합격 점수인 60점을 훨씬 넘을 것으로 예상합니다.

끝으로 초고를 마친 후 바쁘다는 이유로 미처 교정하지 못한 내용을 수정해주시고, 적절한 그림과 사진 등을 선정해 주신 이상호 간사님, 편집에 불철주야 몰두해주신 김현하 선생님, 조경미 국장님, 책이 출간될 수 있게 물심양면으로 지원해주신 ㈜골든벨 김길현 대표님을 비롯한 모든 임직원분들께 고마움을 전합니다.

또한 방대한 분량을 집필하는데 시간과 노력을 아끼지 않고 헌신한 노선일기술사께 감사드리며 어려운 집필을 위하여 내조로 힘써 준 집사람과 가족 그리고, 항상 응원해주신 지도교수님께 감사드립니다.

이 책이 수험생 여러분들의 합격에 진정한 마중물이 되기를 기원드립니다.
감사합니다.

2022. 11월
표상학, 노선일

이 책의 집필 구도와 주안점

① 포괄적 집필 구도는 …… ?

① 다양한 기출문제마다 관련된 참고자료를 찾아볼 시간을 단축

② 문제 유형별로 명확하게 구분한 다음 연상 기법을 통해 짧은 시간에 정확한 답을 유도

③ 10여 년간 수집된 기출문제를 일일이 분석하여 출제빈도가 잦은 총 1,350여 문제를 각출

② 집필 방법의 주안점은 … ?

① 문제 유형별로 어떻게 구성해야 할지 모르는 문제들에 대해서 구성 예시를 보여주어 1차 답안작성에 도움이 되게 만들었다.

② 그림, 표 등을 적절히 넣어주어 이해가 쉽고, 답안 작성에 도움이 되게 만들었다.

③ 어려운 단어를 최대한 쉽게 풀어써서 이해하기 쉽도록 하였고, 실제 시험에서도 활용이 가능할 수 있도록 만들었다.

④ 중복되는 문제들에 대해 유형별로 분류하여 효율적으로 공부할 수 있도록 하였다.

⑤ 기출 문제뿐만 아니라 예상 문제를 수록하여 기술사 시험에 합격할 수 있는 확률을 높이는 데 도움이 될 수 있도록 하였다.

③ 차량기술사 시험정보 및 수험전략

1. 수험자 기초 통계 자료

2. 필기 출제기준 및 수험전략

3. 면접 출제기준 및 수험전략

　※ 자세한 내용은 큐넷 (https://www.q-net.or.kr)에 있습니다.

④ 시험 세부 항목별 분석표

Main			Sub Subject	문항수
1	연료	1	연료	33
		2	대체연료	18
		3	윤활유	26
2	엔진_1	4	엔진 흡기_밸브_과급	46
		5	엔진 기계장치_연소실	28
		6	엔진 종류_가솔린_디젤_LPG_전자제어	62
		7	엔진 센서_냉각장치	35
3	엔진_2	8	점화 점화장치	17
		9	엔진 공연비_혼합기	31
		10	엔진 연소_노킹	44
		11	엔진 열역학	20
4	엔진_3	12	엔진 연비_연비규제_시험	28
		13	엔진 배출가스_배기후처리장치	97
		14	엔진 배기규제_시험	58
5	변속기	15	변속기	59
6	동력전달	16	4WD_동력전달	27
7	섀시	17	현가_현가장치	35
		18	현가_컴플라이언스, 동역학	34
		19	현가_휠얼라인먼트	25
		20	제동	52
		21	제동_VDC, ESP	28
		22	타이어	45
		23	조향장치	24
		24	공조_램프	33
8	소음진동	25	소음진동_엔진	17
		26	소음진동_차량현가	20
		27	소음진동_차체타이어	21
9	주행성능	28	주행성능	58
10	전기	29	배터리	21
		30	전동기	11
		31	발전기	14
11	친환경	32	전기자동차	45
		33	하이브리드자동차	32
		34	수소연료전지차	28
12	전자	35	ITS_미래기술 등	34
		36	전장품(이모빌라이저, SMK 등), EMC, EMI	
13	안전충돌	37	에어백/안전벨트	13
		38	충돌관련 법규	20
		39	자율주행	34
16	차체_의장	40	차체	15
		41	의장	
17	제품설계	42	설계_기타	56
18	소재	43	소재, 가공	43
19	생산품질	44	생산_품질_모듈화	25
			총 문항수	1412

저는 개인적으로 차량기술사를 준비하면서 너무 막막했었고 시간이 많이 걸렸던 것 같습니다. 제가 차량기술사를 준비하면서 어려웠던 점과 이에 대한 대책을 간단히 정리를 해보았습니다.

❶ 차량기술사 시험을 준비하면서 막막했던 점과 그 대책들…!

① 분량이 너무 방대해서 어디서부터 어떻게 시작해야 할지 막막하다?

⇨ 아는 분야부터 시작, 기출문제가 잘 정리된 서적으로 공부를 시작하는 것을 추천

② 아는 분야도 문제를 정리하려니 시간이 많이 걸린다?

⇨ 기출문제가 잘 정리된 서적에 본인이 정리한 부분을 추가하는 방법을 추천 (시간이 단축됨)

③ 모르는 분야는 용어도 생소해서 공부하는데 시간이 많이 걸린다?

⇨ 쉬운 용어로 정리된 책으로 공부를 시작해서 일단 이해를 하고 어려운 전문 용어로 된 책을 보는 것을 추천

④ 분량이 많으니 외워도 외워도 끝이 없는 것 같다?

⇨ 분야별, 종류별, 문제유형별로 분류하는 것을 추천 (큰 줄기에서 보면 비슷한 부분이여서 충분히 답변할 수 있음, 용어를 약간 바꿔서 문제를 내는 경우도 있음)

⑤ 자동차 분야 서적이 너무 방대해서 차량기술사를 준비하려고 하면 어떤 책을 봐야 할지 모르겠다?

⇨ 기출문제가 잘 정리된 기본 서적 한~두 권, 「(주)골든벨」서적 추천(최신자동차공학시리즈-김재휘 저, 모터팬 등)

⑥ 차량기술사 시험에 맞게 정리되어 있는 자료가 많지 않다?

⇨ 그래서 이 책을 만들었고 앞으로도 더 좋은 책들이 나오길 기대한다.

⑦ 필기시험을 어느 정도까지 써야 하고 구술 면접은 어떻게 준비해야 할지 모르겠다?

⇨ 이 책에 있는 정도로만 쓰면 70점~80점 정도로 합격점수(60점)를 충분히 넘을 수 있을 것으로 기대된다. (실제, 제 경험상 1차 시험 시 이 서적에 나와 있는 답변의 80% 정도만 쓴 것 같지만 64.66점으로 합격했다).

⑧ 어떻게 합격하는지 잘 모르겠다. 다른 사람은 잘만 붙는데...?

⇨ 아는 문제에 최대한 집중해서 쓰고 모르는 문제라도 최대한 아는 한도 내에서 답변을 하려고 노력하면 부분 점수가 있다. 이것을 최대한 활용해야 한다. 정확하고 어려운 용어를 쓰는 것이 좋지만 생각이 안 나면 쉽고 자주 사용하는 말로 대체해서 쓸 수 있어야 한다.

⑨ 왜 이 시험이 이렇게 어려운지 모르겠다. 내가 왜 이렇게 어렵게 공부해야 하는지 모르겠다(실질적인 이득도 별로 없는데...)?

⇨ 차량기술사는 자동차 분야에서 상징적인 자격증입니다. 실질적인 이득은 차량 기술이 어떻게 시작해서 어떻게 발전해 가는지 이해하게 되고 쓸 수 있고 말 할 수 있게 된다는 점이다. 또한 생소한 분야를 공부할 때, 어떻게 공부를 시작하고, 정리를 하고, 말을 해야 할지 공부할 수 있는 계기가 된다는 것이다. 따라서 합격 여부와 관계없이 자동차 분야에 몸담고 있는 분들에게는 자기계발을 할 수 있는 아주 좋은 기회라고 생각한다.

❷ 기존 차량기술사 서적으로 공부했을 때의 문제점

① 문제에 대한 답안 형식이 아니어서 구성을 어떻게 해야 할지 막막하다.

② 나에게 맞는 방식으로 새롭게 정리하려면 시간이 많이 소요된다.

③ 어려운 단어가 많아서 이해하기 어렵고 찾아보는데 시간이 많이 소요된다.

CONTENTS

CONTENTS

③ 가솔린 디젤 LPG 전자제어

CONTENTS

❹ 센서 냉각

CONTENTS

CONTENTS

8 열역학

✦ 총 배기량이 12리터인 2 Stroke Cycle 엔진의 출력이 2000rpm에서 300kW일 때, 평균 유효압력

✦ 배기량 2,000cc, 4사이클 4기통 엔진이 1,500rpm으로 회전하는 조건에서 암(Arm)의 길이가 1m인 동력계 하중은 500kgf로 측정된다. 이 작동 조건에서 20시간 동안 300리터의 연료(비중 0.91)를 소비하고 기계효율이 85%일 경우 다음을 계산

  1) 제동마력　　　　　2) 도시마력　　　　　3) 제동 평균 유효압력

  4) 도시 평균 유효압력　　5) 제동연료 소비율　　6) 도시 연료 소비율

348 ✦ 실린더 지름 120mm, 피스톤 행정 150mm, 회전수 1,600rpm, 4-cycle, 6실린더 디젤 엔진이 있다. 저위 발열량이 10,250kcal/kg인 연료를 사용하여 이 엔진을 운전할 경우 연료 소비량이 22kg/h로서 축마력이 115ps이었다. 이 엔진의 다음 각 항을 구하시오.

  1) 연료 소비율　　2) 제동 연효율　　3) 제동 평균 유효압력

✦ 4 사이클 엔진에서 행정체적 1500cc, 회전수 600rpm의 성능 시험 시 75kW가 발생하며 연료 소비량이 1분에 354g이 소비된다. 가솔린의 발생 열량은 44500kJ/kg, 마찰 마력은 10.4kW일 때 다음에 답하시오. (연료 소비율, 도시 및 제동 평균 유효압력, 제동 및 도시 열효율, 기계효율, 마찰 평균 유효압력)

❾ 연비 규제

359 ✦ 자동차의 연비에 영향을 주는 인자와 개선 기술

✦ 자동차의 연료 소비율에 영향을 미치는 인자에 대해 기술하고, 가속, 연비율, 자동차 무게, 감속비의 상관 관계를 그림으로 도식하고 설명

✦ 차량의 연비에 영향을 미치는 4가지 요인

  (가) 운전자의 운전습관　　(나) 차량의 설계 요인

  (다) 차량의 정비 요인　　(라) 도로 요인 및 기상 요인.

✦ 자동차의 운전 조건 중 아래의 요소가 연료 소비율에 미치는 영향

  1) 점화시기(디젤의 경우 분사시기)

  2) 혼합기 조성(공연비, EGR율)

  3) 회전수와 부하

✦ 자동차의 연비 향상 및 배출가스 저감을 위하여 재료 경량화, 성능 효율화, 주행 저항 감소 측면에서의 대책

✦ 파워 트레인과 관련하여 성능, 연비, 중량 등에 영향을 줄 수 있는 신기술 적용 항목 5가지

363 ✦ 에코 드라이브(Eco-Drive)

365 ✦ 연비를 개선하기 위해 다운사이징과 다운스피딩이 채택되고 있다. 연비가 개선되는 원리를 예를 들어 설명

✦ 엔진의 다운사이징(Engine Downsizing)에 배경 및 적용기술

✦ 차량에서 연료 에너지가 타이어 구동 에너지까지의 변환 과정을 각 단계에서의 손실 요인 중심으로 설명

369 ✦ 엔진의 압축비와 연료공기비가 연비에 어떻게 연관되는지 설명

371 ✦ 기업 평균 연비(CAFE)

✦ CAFE(Corporate Average Fuel Economy)

CONTENTS

CONTENTS

CONTENTS

PART Ⅲ 　생산 품질

PART 1. 엔진

01 흡기 / 밸브 / 과급기

기출문제 유형

✦ 자동차 엔진에서 체적효율과 충전효율을 정의하고, 체적효율 향상 방안에 대해 설명하시오.
(110-1-12)

✦ 흡입공기의 질량 유동률은 기관 동력을 지배하는 인자이다. 행정체적 667cm³인 4행정기관의
1,800rpm의 작동 조건에서 오리피스 유량계로 측정한 공기의 질량 유동률은 9.1x10⁻³kg/s, 대기
압력은 1.004bar(753mmHg), 대기온도는 288K이다. 이때의 체적효율은 얼마인가?(단, 공기의 기
체 상수 R=287J/kg.K) (80-4-3)

01 개요

내연기관은 연료

와 공기를 빠르게 연소시켜 열에너지를 기계적 에너지로 변환시키는 장치로 출력을 높
여주기 위해서는 압축비를 높이거나 연소실 내부로 유입되는 공기량(혼합기의 양)을 증대
시켜야 한다. 연소실로 유입되는 이론적인 공기의 양은 실린더의 체적이지만 실제로 유입
되는 공기의 양은 여러 가지 요소에 의해 영향을 받아 달라지게 된다.

기체의 체적은 온도에 영향을 받으며 공기의 흐름에 따른 밀도에 영향을 받는다. 따
라서 연소실로 유입되는 공기나 혼합기의 양을 증대시켜 주기 위해서는 흡입공기의 온
도를 낮춰야 하고 공기의 동적 효과를 이용해야 한다. 연소실로 흡입되는 공기의 흡입
효율은 체적효율과 충진효율로 나타낼 수 있다.

02 체적효율(η_V : Volumetric Efficiency)의 정의

체적효율은 흡입행정 중 실린더에 흡입된 공기의 질량과 행정체적에 해당하는 대기
질량의 비를 말한다. 엔진 운전 시의 대기 상태를 기준으로 한다.

$$\text{체적효율}(\eta_V) = \frac{\text{1사이클 중 실린더에 흡입된 공기질량}}{\text{이론 흡기질량}}$$

$$\eta_V = \frac{(M_e)_{cycle}}{(M_a)_{cycle}} = \frac{M_e}{M_a}$$

여기서, $(M_a)_{cycle}$: 이론 흡기질량($= \rho a \cdot Vh$)

$(M_e)_{cycle}$: 1사이클 중 실린더에 흡입된 공기질량

03 충진효율(η_C : Charging Efficiency)의 정의

충진효율이란 표준대기 상태에서 행정체적에 해당하는 만큼의 건조 공기질량과 운전 중 1사이클당 실제로 실린더에 흡입된 공기질량 간의 비를 말한다. 표준대기 상태의 건조 공기란 온도 20℃, 압력 760mmHg, 상대습도 65%, 수증기 분압 10.5mmHg, 그리고 밀도($\rho 0$)1.188kg/m^{3}의 상태인 공기를 말한다.

$$\text{충진효율}(\eta_C) = \frac{\text{1사이클 중 실린더 내에 흡입된 공기질량}}{\text{표준대기 상태에서의 이론 흡기질량}}$$

$$\eta_C = \frac{(M_o)_{cycle}}{(M_a)_{cycle}} = \frac{(M_e)_{cycle}}{\rho_a \cdot V}$$

여기서, $(M_0)_{cycle}$: 표준대기 상태에서의 이론 흡기질량

$(M_e)_{cycle}$: 1사이클 중 실린더 내에 흡입된 공기질량

04 흡입행정 중 흡입되는 공기질량에 영향을 미치는 요소

이론적으로 흡입행정 중 실린더로 흡입되는 공기질량은 대기밀도와 행정체적의 곱으로 나타낼 수 있다. 하지만 엔진은 빠르게 흡배기를 하며 작동하는 동적 장치이기 때문에 다음의 요소에 의해 흡입효율이 영향을 받는다.

(1) 엔진 온도

흡입되는 공기는 엔진, 밸브, 피스톤 헤드, 연소실 벽면의 온도 등에 의해 팽창된다. 흡기의 입구 온도가 높거나, 입구 온도는 낮지만 흡기관을 통과하면서 온도가 상승하게 되면 충진효율이 저하된다.

(2) 밸브 오버랩

흡기밸브와 배기밸브가 동시에 열리는 밸브 오버랩 등으로 인해 흡기의 일부가 누설된다.

(3) 공기밀도

엔진이 동작하는 동안 밸브는 빠르게 공기를 단속하게 되고 이에 따라 공기에 밀도 변화가 발생하여 흡입효율이 영향을 받는다. 흡입공기의 압력을 높여 충진효율을 증대시키는 장치로 과급기(수퍼차저, 터보차저)가 있다.

(4) 유동저항/흡기간섭

연소실에 부압이 발생하여 공기를 흡입할 때 밸브의 형상, 매니폴드 형상, 길이 등으로 인해 마찰저항이 발생하고 실린더 간 흡기간섭이 발생하면 흡입효율이 저하된다.

(5) 대기압/외기 온도

엔진이 운전되는 지역의 대기압과 외기 온도에 의해 흡입효율이 영향을 받는다. 고지대 일수록 대기압이 낮아져 흡입효율이 저하되고 외기 온도가 높을수록 흡기의 부피가 팽창해 흡입효율이 저하된다.

05 체적효율 향상 방안

① 흡기관의 표면을 매끄럽게 구성하고 굴곡을 최대한 없도록 만들어 유동저항을 최소화하여 체적효율을 향상시킨다.
② 흡기밸브 수를 늘려 흡입 단면적을 크게 한다.
③ 연소실 형상을 최적화한다.
④ 가변 흡기장치(VIS : Variable Intake System)를 사용하여 흡기 다기관의 길이 및 단면적을 엔진 회전수에 맞춰 가변시킨다.
⑤ 가변 밸브 시스템(CVVL, CVVT)을 적용하여 밸브 개폐 시기/양정을 제어한다.
⑥ 과급기를 이용해 흡입공기를 과급해주거나 스월, 텀블 등의 와류를 형성시켜 체적효율을 증대시킨다.
⑦ 냉각수를 제어하여 실린더 내부의 온도를 낮춰 혼합기의 팽창을 막아 체적효율을 향상시킨다.

06 흡입용량 및 체적효율 계산

(1) 흡입용량

$$
\text{분당 흡입용량} = \text{분당 흡입행정 수} \times \text{총 행정체적} \times \text{비중량}
$$
$$
= N \times i \times V \times Z \times r
$$

여기서, N : 엔진 회전수 [rpm], i : 1행정당 흡입행정 수(4행정 1/2, 2행정 1),
V : 행정체적, Z : 기통수, r : 비중량 [kgf/m³]

(2) 체적효율

 예제

행정체적 667cm³인 4행정기관이 1,800rpm의 작동 조건에서 오리피스 유량계로 측정한 공기의 질량 유동률은 9.1×10⁻³kg/s이다. 대기 압력은 1.004bar(753mmHg)이고, 대기온도는 288K이다. 이때의 체적효율은 얼마인가?(단, 공기의 기체 상수 R=287J/kg.K)

해설 체적효율은 이론 흡입질량 대비 실제 흡입질량의 비이다. 이론 흡입질량은 행정체적과 이상기체 방정식을 사용하여 구할 수 있다. 1bar=10^5N/m²이며, 1[N·m]는 1[J]이다. 이론 흡입질량(m^2)은 1회 흡입행정 시 0.00081[kg]이 된다. 1800rpm의 작동 조건이므로 분당 1800번 회전을 하고, 4행정기관이므로 흡입행정은 900회가 된다. 1분에 900회를 흡입하기 때문에 1분당 이론 흡입질량은 0.729[kg]이 되고 1초당 흡입질량은 0.01215[kg]이 된다. 현재 유입되는 공기 질량은 9.1×10⁻³kg/s이기 때문에 체적효율은 0.75, 즉 75%가 된다.

- PV = m^2RT
- m_2 = PV/RT={1.004×10^5[N/m²]×667×10^{-6}[m³]} / {287[J/kg·K]×288[K]}
  = 66.9668[N·m] / 82656[J/kg] = 0.00081[kg]
- 1분당 흡입질량 = 0.00081[kg]×900 = 0.729[kg/min]
- 1초당 흡입질량 = 0.729/60 = 0.01215[kg/sec]
- 체적효율 = 실제 유입 공기질량/이론 흡기질량 = 0.0091 / 0.01215 = 0.749[%]

기출문제 유형

- ✦ 내연기관에서 흡기 관성 효과와 맥동 효과에 대해 설명하시오.(119-3-6)
- ✦ 흡기 관성 효과를 설명하시오.(66-1-13)
- ✦ 흡기관의 맥동 효과(脈動效果), 관성 효과(慣性效果)에 대해 설명하라.(77-3-4)
- ✦ 흡기관의 맥동 효과 및 관성 효과에 대해 기술하시오.(90-3-4)
- ✦ 엔진 흡기관의 관성 및 맥동 효과를 최대화하는 방안을 설명하시오.(99-1-12)
- ✦ 체적효율과 충전효율에 영향을 미치는 동적 요인을 기술하시오.(59-2-3)

01 개요

(1) 배경

내연기관은 연료와 공기를 빠르게 연소시켜 열에너지를 기계적 에너지로 변환시키는 장치로 연소실 내부로 유입되는 공기량, 연료량에 따라 출력의 크기가 결정된다. 기체의 체적은 온도에 영향을 받는다. 따라서 연소실로 유입되는 공기나 혼합기의 양을 증대시켜 체적효율을 높여주기 위해서는 흡입공기의 온도를 낮춰줘야 한다. 또한 흡입공기는 흡기관을 통해 유동하며 밸브에 의해 흐름이 단속되기 때문에 공기의 밀도가 계속해서 변화한다. 이러한 효과를 이용하여 연소실로 흡입되는 공기의 체적효율을 높여주는 것을 흡기관의 동적 효과(Dynamic Effect)라고 한다. 흡기관의 동적 효과는 흡기 관성 효과와 맥동 효과로 구분할 수 있다. 이와 같은 공기의 흐름은 배기관에서도 동일하게 작용한다.

(2) 흡기 관성 효과(Inertia Effect)의 정의

엔진 흡기관을 통과하는 공기의 흐름이 밸브에 의해 막히게 될 때, 관성에 의해 공기의 밀도가 높아지는 것을 이용하여 연소실의 체적효율을 높이는 효과를 말한다. 압력파가 발생한 사이클에 직접 영향을 미치는 효과이다.

(3) 맥동 효과(Pulsation Effect)의 정의

엔진 흡기관 내에서 밸브의 작동에 의해 발생하는 공기의 맥동이 흡기관 내에 잔존하며 다음 흡입행정 시 영향을 주어 연소실의 체적효율을 높이는 효과를 말한다.

02 흡기 관성 효과

흡기 관성 효과는 유동하는 공기를 갑자기 막았을 때 계속 흐르려고 하는 성질을 이용한다. 흡기관을 통해 유입되는 공기는 연소실 입구에서 밸브에 의해 단속된다. 밸브가 닫히는 순간 공기는 관성에 의해 계속 흐르려고 하기 때문에 밸브의 스템, 페이스와 충돌하게 되고, 밸브 부근의 공기밀도는 높아진다.

이때 밸브가 열리게 되면 짧은 시간 동안 더 많은 양의 공기가 연소실로 유입되어 체적효율이 증가하게 된다. 관성 효과는 관성특성수, 관내저항계수(μ), 흡기밸브 닫힘 각도 등에 영향을 받는다.

03 흡기 맥동 효과

밸브에 의해 관성 효과가 발생하고 난 후에는 흡기관 내부에서 공기밀도에 변화가 생겨, 맥동파가 발생한다. 이 맥동파에 의해 압력 진동이 발생하고, 압력 진동은 음속으로 흡기관의 입구 쪽으로 전달된 후 반사되어 흡기밸브 쪽으로 돌아온다. 이때 밸브를 열어주면 체적효율이 증가하게 된다. 맥동 효과를 이용하기 위해서는 흡기관의 길이를 조절하여 반사되어 돌아오는 맥동파 주기가 밸브의 개폐 주기와 일치하도록 설계하여야 한다. 하지만 잔존 맥동파의 감쇄가 빨라 관성 효과에 비해 체적효율에 미치는 영향이 적다.

04 관성 효과와 맥동 효과의 관계

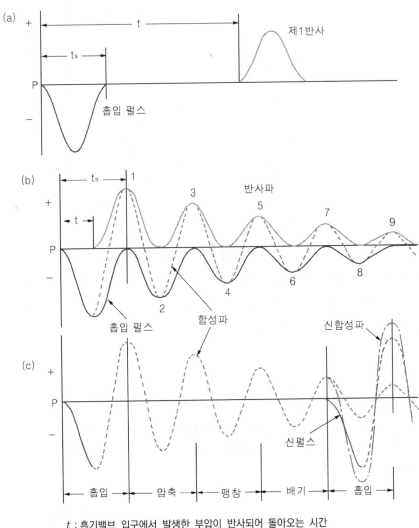

t : 흡기밸브 입구에서 발생한 부압이 반사되어 돌아오는 시간
t_s : 흡기기간

흡입 압력파의 동조 현상

① $t > t_s$인 경우 : 관의 길이가 길어 흡기밸브 입구에서 발생한 부압이 반사되어 정압파로 되돌아오는 시간(t)이 흡기기간(t_s) 보다 긴 경우 흡기 과정에 직접 영향을 미치지 않는다.

② $t < t_s$인 경우 : 관의 길이가 짧은 경우에는 흡기밸브 입구에서 발생한 부압이 반사되어 정압파로 되돌아오는 시간(t)이 흡기기간(t_s)보다 짧아 흡기행정 초반에 발생한 부압파에 정압파가 중첩된다. 따라서 흡기행정의 후반은 정압이 되어 체적효율이 증가된다. 관성 효과를 의미한다.

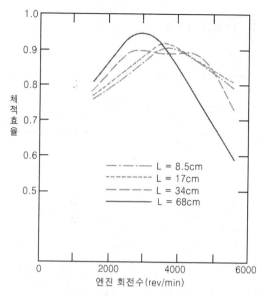

흡기관 길이 변화에 따른 체적효율 곡선

③ 흡기밸브가 닫힌 후에 관내에는 압력 진동이 남아있게 된다. 크기는 점점 감쇄하여 작아지지만 다음 사이클의 흡기행정 시 새로운 합성파를 만들어 체적효율이 증가된다. 맥동 효과를 의미한다.

기출문제 유형

✦ 자동차의 흡·배기 설계 시 고려 사항에 대해 설명하시오.(74-4-4)

01 개요

(1) 배경

내연기관은 연료와 공기를 빠르게 연소시켜 열에너지를 기계적 에너지로 변환시키는 장치로 연소가 원활하게 이뤄지기 위해서는 공기와 연료의 흡입효율이 높아야 하며 연소 후 가스는 신속하게 배출되어야 한다. 이를 위해 실린더에는 흡·배기 밸브가 장착되어 있고, 밸브는 엔진의 회전수에 따라 캠 샤프트에 의해 개폐 속도를 조절한다. 엔진의 성능을 높이고 배출가스를 줄이기 위해서는 흡기의 체적효율을 높이고 흡기간섭, 배기간섭이 없도록 설계해야 한다.

(2) 엔진(내연기관) 흡·배기 설계 요소

내연기관은 연료의 화학적 에너지를 연소를 통해 열에너지로 변환시킨 후 피스톤의 운동을 통해 기계적 에너지로 만들어주는 장치로 동력성능(회전력, 출력), 연비, 배출가스 성능, 소음 진동 성능 등을 고려하여 설계해야 한다. 높은 동력성능과 낮은 연료 소비율 (g/kW-h), 배출가스, 소음 진동을 위해서는 연료의 흡입효율이 높아야 하고 배기가스의 배출이 원활하게 이루어져야 한다. 이를 위해 엔진의 흡·배기계는 관성 효과, 맥동 효과, 흡·배기 간섭 효과에 따른 체적효율, 충진효율 등을 고려하여 흡·배기 밸브 개수, 위치, 양정, 개폐 타이밍, 흡 배기관 형상 및 길이 등을 설계해야 한다.

02 흡·배기계 설계 시 고려 사항

(1) 관성 효과, 맥동 효과

흡기 관성 효과는 엔진 흡기관을 통과하는 공기의 흐름이 밸브에 의해 막히게 될 때, 관성에 의해 공기의 밀도가 높아지는 것을 이용하여 연소실의 체적효율을 높이는 효과를 말한다. 맥동 효과는 엔진 흡기관 내에서 밸브의 작동에 의해 발생하는 공기의 맥동이 흡기관 내에 잔존하며 다음 흡입행정 시 영향을 주어 연소실의 체적효율을 높이는 효과를 말한다. 흡기밸브의 크기, 유동속도, 밸브의 각도, 위치, 개폐 타이밍에 따라 관성 효과, 맥동 효과를 이용하여 흡입효율을 높일 수 있다.

(2) 흡·배기 간섭

엔진은 흡기관과 서지 탱크, 흡기 매니폴드 등을 통해 공기를 실린더로 유입시키고 배기 매니폴드, 배기관을 통해 배기가스를 배출한다. 서지 탱크로 유입된 공기는 흡입행정에 따라 여러 개의 실린더로 공기가 순차적으로 들어가고 배기행정에 따라 여러 개의 실린더에서 배기 매니폴드로 나오게 된다. 이때 공기는 엔진의 부압과 정압에 의해 흡입과 배출이 되는데 한 실린더에서 발생하는 부압은 다른 실린더에서 발생하는 부압에 영향을 미쳐 흡기 간섭을 일으키고 배기되는 가스는 다른 매니폴드로 역류하여 배기간섭을 일으킨다. 밸브 개폐 순서, 타이밍, 흡·배기계 관의 크기, 형상, 길이에 따라 흡·배기 간섭이 발생하기 때문에 서지 탱크의 용량, 흡·배기관 길이, 형상 등을 최적화하여 흡·배기계를 설계해야 한다.

(3) 체적효율, 충진효율

체적효율은 엔진 운전 시의 대기 상태를 기준으로 흡입행정 중 실린더에 흡입된 공기의 질량과 행정체적에 해당하는 대기질량의 비를 말하며, 충진효율이란 표준대기 상태를 기준으로 행정체적에 해당하는 만큼의 건조 공기질량과 운전 중 1사이클당 실제로 실린더에 흡입된 공기질량 간의 비를 말한다. 흡입되는 공기의 온도, 흡기관의 온도, 밸브 오버랩, 유동저항, 흡기 간섭, 밸브의 각도, 구조, 양정, 개수, 밸브 오버랩 등에 의해 영향을 받는다. 엔진 흡·배기계 설계 시 이런 점을 고려하여 목표에 맞는 체적효율이 될 수 있도록 설계한다.

01 개요

(1) 배경

자동차는 엔진이나 모터의 구동력을 이용해 움직이는 이동수단이다. 주로 가솔린이나 디젤 등의 화석연료를 이용한 내연기관을 원동기로 사용하고 있다. 자동차는 동일한 사양으로 수십만대가 양산되기 때문에 소비자의 취향을 모두 만족시키기 어렵다. 따라서 양산차를 이용하여 소비자의 취향에 맞게 성능을 업그레이드 하는 튜닝 작업을 하기도 한다.

(2) 튜닝의 정의

튜닝은 획일화된 디자인과 성능을 가진 자동차를 사용자의 취향에 맞게 최적화시켜 성능을 향상시키는 작업을 말한다.

02 튜닝의 종류

튜닝의 종류에는 내장, 외장을 변경시키는 드레스 업(Dress-Up) 튜닝, 엔진 출력 및 동력전달장치, 주행, 코너링 성능 등을 향상시키는 튠업(Tune-Up) 튜닝, 자동차의 적재함이나 승차장치의 구조를 변경하는 빌드업(Build Up) 튜닝이 있다.

03 흡·배기 튜닝 방법

흡기 시스템에서 공기의 흐름은 흡입 파이프, 에어클리너, 레조네이터, 인테이크 파이프, 스로틀 바디, 흡기 매니폴드, 서지 탱크, 연소실의 과정으로 진행된다. 배기 시스템은 배기 매니폴드, 배기관, 촉매 컨버터, 배기머플러로 구성되어 있다. 흡·배기 튜닝은 구성품의 각각에 대한 구조의 변경 및 역할의 개선을 통해 연소실로 흡입되는 공기의 저항을 최소화하고, 체적효율을 증대시키는데 목적이 있다. 이를 위해 에어클리너를 교환하고, 인테이크 파이프의 길이, 내경, 재질을 변경하며, 스로틀 바디,

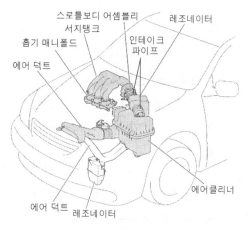

스로틀보디 어셈블리
서지탱크
레조네이터
흡기 매니폴드
인테이크 파이프
에어 덕트
에어클리너
에어 덕트   레조네이터

흡기 계통의 구성

서지 탱크 교환, 흡기밸브 및 실린더 헤드의 가공 등의 작업을 해준다.

(1) 흡기관 길이 변경

흡기관의 길이를 변경할 경우에는 흡기의 관성 효과, 맥동 효과를 고려하여 길이를 결정해 준다. 길이가 긴 경우에는 저속에서 흡기 관성 효과가 증가되어 체적효율이 증가하나, 고속에서는 저항이 커져 체적효율이 저하된다. 따라서 고속을 위주로 튜닝을 하기 위해서는 흡기관의 길이를 짧게 해주어 저항을 줄여준다. 저속에서는 배압을 높이는 것이 효과적이며, 고속에서는 배압을 낮추는 것이 유리하다.

(2) 서지 탱크 용량 변경

서지 탱크의 용량이 증가하면 흡기 간섭이 줄어들게 되고 고속에서 체적효율이 증가하게 되지만, 저속에서 포트 내부의 유속이 저하되어 흡기효율이 낮아지게 된다. 이러한 점을 고려하여 목적에 맞는 최적의 성능을 낼 수 있도록 서지 탱크의 용량을 결정해 튜닝해 준다.

기출문제 유형

✦ 엔진 서지 탱크(Surge Tank)의 설치 목적과 효과적인 설계 방향을 설명하시오.(105-3-5)

✦ 엔진 서지 탱크에 장착되는 PCV(Positive Crankcase Ventilation)나 EGR(Exhaust Gas Recirculation) 포트 위치를 정할 때 고려해야 할 사항을 설명하시오.(105-1-8)

---

01 개요

(1) 배경

내연기관은 연료와 공기를 빠르게 연소시켜 열에너지를 기계적 에너지로 변환시키는 장치로 연소가 원활하게 이뤄지기 위해서는 공기와 연료의 흡입효율이 높아야 하며 연소 후 가스는 신속하게 배출되어야 한다. 이를 위해 실린더에는 흡·배기 밸브가 장착되어 있으며, 밸브는 엔진의 회전수에 따라 캠 샤프트에 의해 가변적으로 개폐속도를 조절한다. 엔진의 성능을 높이고 배출가스를 줄이기 위해서 흡기의 체적효율을 높이고 흡기 간섭, 배기 간섭이 없도록 설계해야 하는데 이를 위해 흡기 매니폴드에 서지 탱크를 설치해 준다.

(2) 엔진 서지 탱크(Surge Tank)의 정의

엔진 서지 탱크는 흡기관에서 유입되는 공기를 저장한 후, 흡기 매니폴드로 보내는 장치이다. 공기의 유동에 의한 흡기 간섭, 맥동을 막아주고 공기를 안정적으로 각 실린더에 전송해 준다.

(3) PCV(Positive Crankcase Ventilation)의 정의

PCV는 크랭크 케이스 내부의 블로바이 가스를 흡기관으로 재순환시키는 시스템이다. 엔진의 부압을 이용해 연소 시 크랭크 케이스 내부로 유출 된 블로바이 가스를 흡기쪽으로 재순환시킨다.

(4) EGR(Exahust Gas Recirculation)의 정의

배기가스 재순환 장치는 배기가스의 일부를 흡입계통으로 재순환시키는 시스템으로 연소실 최고 온도를 낮추어 배기가스 중 질소산화물(NOx)의 생성을 저감하는 장치이다.

02 흡기계의 구조

흡기계는 외부의 공기를 최초로 흡기계로 유입하는 흡입 파이프(Air Inlet), 공명현상을 줄이기 위한 레조네이터(Resonator), 공기에 포함된 이물질을 제거해주는 에어클리너(Air Cleaner) 어셈블리, 인테이크 파이프(Intake Pipe), 공기의 흐름을 제어해 주는 스로틀 바디(Throttle Body), 유입된 공기를 저장해 주는 서지 탱크(Surge Tank), 각 실린더로 공기를 분배해주는 흡기 매니폴드(Intake Manifold)로 구성되어 있다.

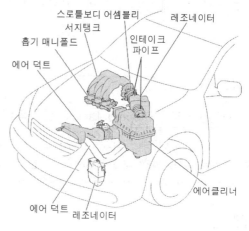

흡기 계통의 구성

03 서지 탱크의 역할 및 설치 목적

서지 탱크는 흡기관과 흡기 매니폴드 사이에 일정한 양의 공기를 저장해 흡기 시 공기의 맥동과 간섭을 방지해주고 급가속과 같이 일시적으로 공기가 부족해질 수 있는 상황에서도 안정적으로 공기를 공급하는 역할을 한다. 자동차에서 외부의 공기는 흡기계를 통해 유입되어 엔진의 부압에 의해 각 실린더로 공급된다.

흡기관과 흡기 매니폴드로만 흡기계가 구성된다면 흡기 간섭에 의해 흡입효율이 저하된다. 4기통 4행정 엔진의 폭발 순서는 보통 1-3-4-2로 구성된다. 따라서 1번 실린더의 흡기행정 시 공기는 부압에 의해 실린더로 유입되고, 밸브가 닫히면 공기의 관성 효과로 인해 밸브 입구 쪽의 밀도는 높아지게 된다. 이때 3번 실린더의 흡기밸브가 열리면 3번 실린더 쪽으로 공기가 유입되게 된다. 3번 실린더에서 발생하는 부압은 흡기 매니폴드 내의 모든 공기에 영향을 미쳐, 1번 실린더 흡기밸브 쪽에 있던 공기도 3번 실린더 쪽으로 역행하게 된다.

이러한 현상이 각 실린더의 흡기밸브가 열릴 때마다 발생하게 되므로 흡기 매니폴드의 공기는 서로 간섭을 일으키게 되어 흡입효율(체적효율, 충진효율)이 급격히 저하되게 된다. 공기의 맥동과 간섭은 연소실로 공급되는 공기의 양을 측정하는 MAP(Manifold Absolute Pressure Sensor), MAF(Mass Air Flow Sensor)의 값을 부정확하게 만들어 공연비 제어에 오류가 발생하고, 출력이 저하된다. 서지 탱크를 설치해주면 위와 같은 흡기 간섭이 방지되어 센서 측정 시 오류가 방지되고, 안정적으로 공기가 공급되기 때문에 엔진 성능의 저하를 방지할 수 있다.

04 서지 탱크의 효과적인 설계 방안

내연기관은 연료의 화학적 에너지를 연소를 통해 열에너지로 변환시킨 후 피스톤의 운동을 통해 기계적 에너지로 만들어주는 장치로 동력성능(회전력, 출력), 연비, 배출가스 성능, 소음 진동 성능 등을 고려하여 설계해야 한다. 높은 동력성능과 낮은 연료 소비율(g/KW-h), 배출가스, 소음 진동을 위해서는 연료의 흡입효율이 높아야 하고 배기가스의 배출이 원활하게 이루어져야 한다. 이를 위해 흡·배기계는 관성 효과, 맥동 효과, 흡·배기 간섭 효과에 따른 체적효율, 충진효율 등을 고려하여 흡·배기 밸브 개수, 위치, 양정, 개폐 타이밍, 흡·배기관 형상 및 길이 등을 설계해야 한다. 서지 탱크는 공기의 원활할 공급을 위하여 일정량의 공기를 저장해 두는 공간으로 엔진의 배기량, 실린더의 크기, 매니폴드의 형상에 맞게 용량, 형상, 위치를 설계해 준다.

(1) 서지 탱크의 용량

서지 탱크의 용량이 작으면 공기의 맥동 현상이 심해지고 역류에 의한 흡기 간섭이 발생한다. 따라서 급가속시 원활한 공기 유입이 되지 않아 가속 지연 현상이 발생하고 출력이 저하된다. 반대로 서지 탱크의 용량이 크면 흡입되는 공기의 양이 적어도 서지 탱크 내부는 대기압과 같은 압력을 유지할 수 있다. 따라서 엔진의 부압이 발생하면 매니폴드로 유입되는 공기의 흐름이 빠르며 맥동의 영향이 적어지면 엔진의 고회전 시에도 공기의 공급이 원활해진다. 하지만 서지 탱크가 너무 크면 무게와 부피가 증가하여 설계 자유도와 연비가 저하된다. 보통 한 실린더 행정체적의 1~2배 정도가 되면 역류 현상이 방지된다.

(2) 서지 탱크의 형상

서지 탱크의 형상은 엔진의 크기, 배기량, 흡기 매니폴드의 형상에 따라 다르게 설계해야 한다. 흡기 매니폴드의 형상이나 길이, 내경 등에 따라 엔진의 성격이 달라지는데 흡기 매니폴드가 짧으면 고속에서, 길면 저속에서 토크 성능이 높아진다. 서지 탱크는 흡기 매니폴드에서 발생하는 맥동과 간섭이 최소화되는 위치와 형상으로 설계되어야 한다.

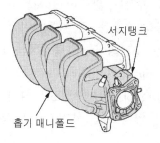 

서지 탱크의 형상

05 엔진 서지 탱크에 장착되는 PCV(Positive Crankcase Ventilation)나 EGR(Exahust Gas Recirculation) 포트 위치를 정할 때 고려해야 할 사항

가솔린 엔진의 공기는 주로 스로틀 밸브의 작동과 연소실에 형성되는 부압에 의해 공급된다. 스로틀 밸브가 닫혀 있으면 스로틀 밸브 후단과 연소실 사이의 흡기 매니폴드에는 부압이 형성되어 펌핑손실이 발생한다. 크랭크 케이스에 형성된 블로바이 가스나 배출가스를 재순환시킬 때에는 별도의 동력 장치가 없는 한 흡기 매니폴드에 형성되는 부압을 이용해주는 것이 유리하다. 따라서 주로 스로틀 밸브 후단에 포트 위치를 정해준다.

(1) PCV 포트 위치

블로바이 가스(Blow-By Gas)는 엔진의 압축행정과 팽창행정 시 피스톤과 실린더 벽 사이를 통해 크랭크 케이스로 유출된 가스를 말한다. 연료, 공기, 미연소가스, 배기가스 등의 가스로 엔진 오일을 열화시키고, 슬러지를 생성시킨다. 또한 외부로 배출되면 대기오염의 원인이 되기 때문에 법적으로 규제되고 있다.

크랭크 케이스로 유출된 배출가스를 흡기관으로 재순환시키기 위해 PCV 포트는 크랭크케이스나 실린더 헤드에 위치하여 스로틀 밸브 후단, 연소실에 가까운 쪽으로 연결된다. 크랭크 케이

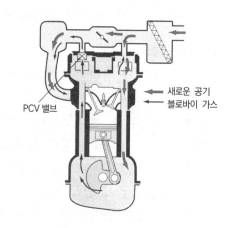

블로바이 가스 재순환 장치

스에서 블로바이 가스가 빠져나가면서 생기는 부압은 엔진 헤드 커버쪽에 연결된 브리더 호스(Breather Hose) 또는 Ventilation Hose를 통해 신선한 공기로 채워준다.

① 경부하, 중부하 시 : 스로틀 밸브가 조금만 열리기 때문에 스로틀 밸브 후단 흡기 매니폴드에는 부압이 강하게 형성된다. 따라서 PCV 밸브의 열림량도 커지고, 크랭크 케이스 내부의 블로바이 가스는 흡기관으로 유입되어 연소실에서 연소된다. 스로틀 밸브가 닫혀 있는 상태이기 때문에 스로틀 밸브 전단에 연결된 브리더 호스를 통해 신선한 공기가 유입되고, 크랭크 케이스 내부에 있는 블로바이 가스를 밀어내는 역할을 하게 된다.

② 고부하 시 : 급가속과 같은 고부하 시에는 스로틀 밸브의 열림량이 커지기 때문에 공기의 유속은 빨라지지만, 흡기 매니폴드 내 부압이 감소해 PCV 밸브의 열림량도 작아지고, 적은 양의 블로바이 가스만 흡기 매니폴드로 유입된다. 하지만 공급되는 공기의 유속이 빨라지므로 스로틀 밸브 전단에 위치한 브리더 호스를 통해 블로바이 가스가 흡기 매니폴드로 유입된다.

(2) EGR 포트 위치

배기가스 재순환 장치는 배기가스의 일부분을 냉각시켜 엔진의 연소실로 다시 공급해주는 장치이다. 디젤 엔진에서는 주로 배출가스의 질소산화물을 저감시키기 위해 사용되며 가솔린 엔진에서는 질소산화물의 저감과 함께 펌핑손실이 저감 등으로 인한 연비 상승 효과 때문에 사용된다.

EGR은 고압 EGR과 저압 EGR로 구분할 수 있는데 고압 EGR 시스템은 배기 매니폴드와 흡기 매니폴드에 직접 연결되어 흡기 매니폴드의 부압에 의해 배출가스를 재순환시킨다. 저압 EGR은 배기가스를 배기가스 후처리 장치인 DPF 후단에서 일부를 재순환시켜 EGR 인터쿨러를 거쳐 터보차저 전단으로 공급하는 시스템이다. 따라서 엔진의 부압을 이용하지 않는다.

1) 고압 루프 EGR(HPL EGR : High Pressure Loop EGR)

HPL-EGR(HP-EGR)은 배기 매니폴드 직후에서 EGR 쿨러와 EGR 밸브를 거쳐 흡기 매니폴드로 유입되는 구조의 EGR 시스템이다. 주로 엔진 부압을 이용하여 저부하 영역에서 배기가스를 재순환시켜 준다. 엔진의 부압을 이용하기 때문에 EGR 포트는 배기 매니폴드에서 스로틀 밸브 후단으로 연결되어 있다.

2) 저압 루프 EGR(LPL EGR : Low Pressure Loop EGR)

LPL-EGR(LP-EGR)은 배기가스를 배기가스 후처리 장치인 DPF 후단에서 일부를 재순환시켜 EGR 인터쿨러를 거쳐 터보차저 전단으로 공급하는 시스템이다. 엔진의 부압을 이용하지 않기 때문에 EGR 포트는 DPF 후단에서 에어클리너 전단, 터보차저 전단으로 연결되어 있다.

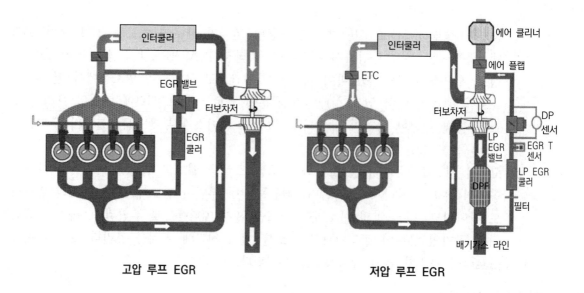

고압 루프 EGR   저압 루프 EGR

기출문제 유형

◆ 가변 흡기 제어 시스템에 대해 논하라.(66-4-4)

01 개요

(1) 배경

자동차는 엔진의 출력을 이용하여 사람이나 물건을 이동시키는 교통수단으로 장소에 따라 0~200km/h의 속도로 운행된다. 자동차의 속도가 높아질수록 엔진의 회전속도는 비례하여 증가하며, 엔진의 회전속도가 증가함에 따라 요구되는 공기의 양도 증가한다. 엔진이 고속일 때는 점화 타이밍 간격이 빨라지기 때문에 저속일 때보다 많은 양의 공기가 빠르고 신속하게 공급되어야 한다.

엔진의 흡기 통로를 설계할 때, 중·저속 영역에서 흡입효율이 좋게 되면, 고속 영역에서 흡입효율이 작아지고 고속 영역에서 흡입효율이 크도록 설계하면, 중·저속 영역에서 흡입효율이 작아진다. 가변 흡기 제어 시스템은 엔진 회전속도에 따라 가변적으로 흡기를 제어하여 고속과 중·저속 영역 모두에서 흡입공기 요구 성능을 충족시켜 주는 장치이다.

(2) 가변 흡기 제어 시스템(VIS : Variable Intake System)의 정의

가변 흡기 제어 시스템은 엔진의 회전과 부하 상태에 따라 공기 흡입 통로의 길이나 단면적을 자동으로 조절하여 흡입효율을 높여주는 시스템을 말한다. 가변 관성 과급 시스템, VIM(Variable Intake Manifold), VIS(Variable Induction System)라고도 한다.

02 흡입효율에 영향을 미치는 요소

내연기관은 연료와 공기를 빠르게 연소시켜 열에너지를 기계적 에너지로 변환시키는 장치로 출력을 높여주기 위해서는 압축비를 높이거나 연소실 내부로 유입되는 공기량(혼합기의 양)을 증대시켜 주어야 한다. 연소실로 유입되는 이론적인 공기의 양은 실린더의 행정체적이지만 실제로 유입되는 공기의 양은 여러 가지 요소에 의해 영향을 받아 달라진다. 주로 대기압, 대기온도, 엔진 입구, 연소실 온도, 밸브 오버랩, 공기 밀도, 흡기관의 길이, 형상에 따라 달라진다. 따라서 흡입효율을 증대시켜 주기 위해서는 보통 다음과 같은 방안을 사용한다.

① 흡기관의 표면을 매끄럽게 구성하고 굴곡을 최대한 감소시켜 유동저항을 최소화하고 체적효율을 향상시킨다.

② 흡기밸브 수를 늘려 흡입 단면적을 크게 한다.

③ 연소실 형상을 최적화한다.

④ 가변 흡기 장치(VIS : Variable Intake System)를 사용하여 흡기 매니폴드의 길이 및 단면적을 엔진 회전수에 맞춰 가변시킨다.

⑤ 가변 밸브 시스템(CVVL, CVVT)을 적용하여 밸브 개폐시기/양정을 제어한다.

⑥ 과급기를 이용해 흡입공기를 과급해주거나 스월, 텀블 등의 와류를 형성시켜 체적효율을 증대시킨다.

⑦ 냉각수를 제어하여 실린더 내부의 온도를 낮춰 혼합기의 팽창을 막아 체적효율을 향상시킨다.

03 가변 흡기 제어 시스템의 구조 및 작동 원리

가변 흡기 제어 시스템은 흡기 매니폴드 내부에 흡기 제어 밸브가 장착되어 있다. 엔진 회전수, 대기압, 주행속도, 변속단의 조건에 따라 엔진 ECU가 밸브의 개폐를 제어한다.

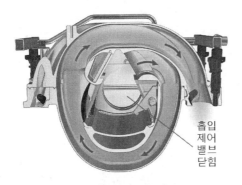

흡입
제어
밸브
닫힘

저속 및 저부하 시 작동

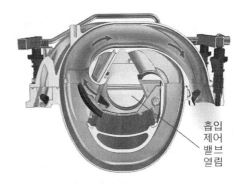

흡입
제어
밸브
열림

고속 및 고부하 시 작동

04 가변 흡기 제어 시스템의 작동 원리

가변 흡기 제어 시스템은 흡기 매니폴드 내에 흡기 제어 밸브(Valve)를 장착하여 저속 시에는 밸브를 닫아주고 고속 시에는 밸브를 열어주어 흡기 통로의 길이를 조절해 준다.

(1) 중·저속 시

엔진의 회전속도가 빠르지 않은 중·저속 시에는 흡기 제어 밸브를 닫아주어 흡기 통로가 길어지도록 제어한다. 저속 시에는 피스톤의 왕복 속도가 상대적으로 느리기 때문에 흡기관의 길이가 길어지면 흡입되는 공기는 흐름(유속)이 빨라지며, 와류가 발생하고, 흡기 관성 효과가 발생하여 체적효율, 충진효율이 증대된다.

(2) 고속 시

엔진이 고속으로 동작할 때에는 흡기 제어 밸브를 열어주어 흡기 통로의 길이를 짧게 제어해 준다. 흡기관이 짧아지면 흡입저항이 없어져 많은 양의 공기가 신속하게 실린더로 유입되어 흡입효율이 증가하고 빠른 점화 타이밍의 폭발행정 대응이 가능해진다. 따라서 고속에서 높은 출력이 가능하게 된다.

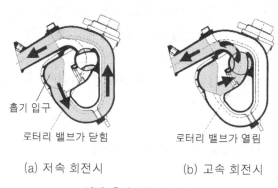

흡기 입구
로터리 밸브가 닫힘 　　　　　 로터리 밸브가 열림
(a) 저속 회전시 　　　　　 (b) 고속 회전시

가변 흡기 제어 시스템

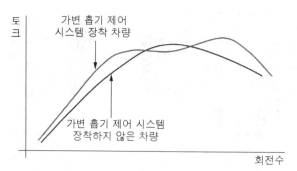

토크　　가변 흡기 제어
시스템 장착 차량

가변 흡기 제어 시스템
장착하지 않은 차량

회전수

VIM을 장착한 차량과 장착하지 않은 차량의 일반적인 토크 비교

✦ 엔진에 흡입되는 공기질량이 고도가 높아짐에 따라 증가한다면 그 원인에 대해 설명하시오.
(105-1-7)

01 개요

내연기관은 연료와 공기를 빠르게 연소시켜 열에너지를 기계적 에너지로 변환시키는 장치로 출력을 높여주기 위해서는 압축비를 높이거나 연소실 내부로 유입되는 공기량(혼합기의 양)을 증대시켜야 한다. 연소실로 유입되는 이론적인 공기의 양은 실린더의 행정체적이지만 실제로 유입되는 공기의 양은 여러 가지 요소에 의해 영향을 받아 달라진다. 기체의 체적은 온도에 영향을 받으며 공기의 흐름에 따른 밀도에 영향을 받는다.

02 공기 흡입 과정

흡기계는 외부의 공기를 최초로 흡기계로 유입하는 흡입 파이프(Air Inlet), 공명 현상을 줄이기 위한 레조네이터(Resonator), 공기에 포함된 이물질을 제거해 주는 에어클리너(Air Cleaner) 어셈블리, 인테이크 파이프(Intake Pipe), 공기의 흐름을 제어해 주는 스로틀 바디(Throttle Body), 유입된 공기를 저장해 주는 서지 탱크(Surge Tank), 각 실린더로 공기를 분배해 주는 흡기 매니폴드(Intake Manifold)로 구성되어 있다.

흡입되는 공기량은 MAF(Mass Air Flow Sensor)/AFS(Air Flow Sensor)와 MAP(Manifold Absolute Pressure Sensor), BPS(Boost Pressure Sensor) 등의 측정을 통해 파악한다. 엔진 ECU는 각 센서의 측정값을 이용해 스로틀 바디에 있는 스로틀 밸브(Throttle Valve)를 제어하여 엔진의 부하와 회전속도에 맞는 최적의 공기량을 공급해준다.

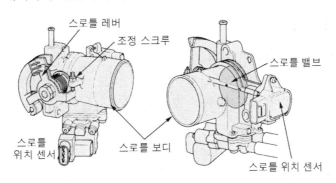

스로틀 보디의 스로틀 밸브

03 엔진에 흡입되는 공기 질량이 고도가 높아짐에 따라 증가하는 원인

엔진에 흡입되는 공기질량은 공기의 밀도와 온도에 많은 영향을 받는다. 보통 고도가 높아지면 대기압이 낮아지고 공기 중에 함유된 산소량이 부족해지게 된다. 따라서 고도가 낮은 지역과 같은 공기량이 연소실로 유입되었다고 하더라도 연료의 연소에 필요한 산소량이 부족해지게 된다.

따라서 엔진 ECU는 MAF, MAP, 외기 온도 센서 등의 측정값을 기준으로 현재의 대기압과 온도를 파악하여 연소에 필요한 양의 공기를 연소실로 유입시켜 준다. 고도가 높으면 MAP 센서에서 측정하는 대기압 값이 적어지고, 이를 보정해 주기 위해 흡입공기량을 증가시킨다. 따라서 엔진에 흡입되는 공기질량은 고도가 높아짐에 따라 증가하게 된다.

기출문제 유형

✦ 밸브의 바운싱(Bouncing) 현상을 설명하시오.(57-1-1)

✦ 밸브 서징(surging) 현상 및 방지책을 설명하시오.(63-1-1)

01 개요

엔진의 흡·배기 밸브는 캠 샤프트의 회전 운동에 따라 개폐 된다. 캠 샤프트의 캠이 회전하면서 노즈에 의해 흡·배기 밸브가 아래로 눌려 밸브가 열리게 된다. 이때 기체가 실린더 내부로 들어가고 외부로 배출되게 된다. 밸브 스프링은 고유 진동수를 갖고 있어서 엔진 회전수가 고유 진동수와 일치하거나, 회전속도가 높아질 경우 밸브 바운싱, 서징, 점프 등의 이상 현상이 발생한다.

02 밸브의 이상 현상

(1) 밸브 바운싱(Bouncing)의 정의

밸브 바운싱 현상은 밸브가 닫힐 때, 밸브 헤드가 밸브 시트에 밀착하지 못하고 밸브면과 시트부의 반발에 의하여 튀어 오르는 현상이다.

(2) 밸브 서징(Surging)의 정의

밸브 서징 현상은 밸브 스프링의 이상 진동 현상으로, 밸브의 개폐 주기가 밸브 스프링의 고유 진동수와 같거나 또는 그 정수배가 되었을 때 발생한다.

(3) 밸브 점핑(Jumping) 현상

밸브 점핑 현상은 캠의 양정보다 밸브가 더 눌려지는 현상으로 엔진의 회전속도가 지나치게 빠를 때 주로 발생한다.

03 캠 샤프트와 밸브의 구조

　캠 샤프트는 크랭크 샤프트와 타이밍 벨트로 연결되어 있다. 그림은 DOHC(Double OverHead Cam Shaft) 로 흡기와 배기 양쪽으로 캠 샤프트가 구성되어 있다. 캠 샤프트에는 캠이 장착되어 있는데 캠은 한쪽 부분의 길이가 튀어나온 형상을 하고 있으며 이 부분(노즈)이 회전하면서 밸브를 밀어주는 역할을 하게 된다. 이 노즈의 길이를 양정이라 하며 양정의 길이에 따라 밸브의 열림량이 결정된다. 밸브는 밸브 스프링, 밸브 스템, 밸브 헤드, 밸브 페이스로 구성이 되어 있다. 밸브 헤드는 연소실쪽 부분으로 연소가스와 맞닿는 부분이다. 밸브 페이스는 실린더 헤드의 밸브 시트와 접촉하여 연소실의 기밀을 유지하는 부분이다.

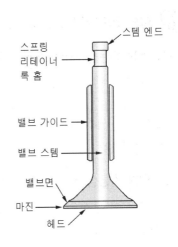

밸브 명칭과 밸브 장치

DOHC 벨트 구동 방식

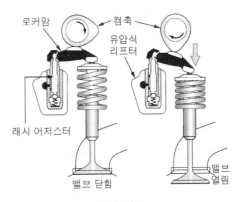

캠의 작동

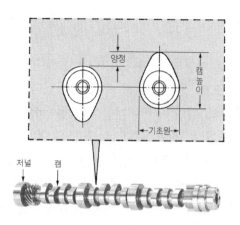

캠 샤프트 및 캠의 구조

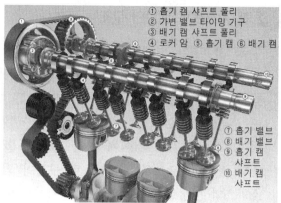

① 흡기 캠 샤프트 풀리
② 가변 밸브 타이밍 기구
③ 배기 캠 샤프트 풀리
④ 로커 암 ⑤ 흡기 캠 ⑥ 배기 캠

⑦ 흡기 밸브
⑧ 배기 밸브
⑨ 흡기 캠 샤프트
⑩ 배기 캠 샤프트

캠 샤프트 및 밸브 기구

04 밸브 바운싱(Bouncing)의 발생 원인 및 대책

(1) 밸브 바운싱(Bouncing)의 발생 원인

밸브는 캠의 양정(노즈의 길이)에 의해 열림 정도가 결정된다. 하지만 회전속도가 빠르고, 밸브가 무거워 관성력이 크며, 밸브의 양정이 크고, 밸브 스프링의 강성이 작을 경우 밸브 페이스가 밸브 시트에 부딪칠 때 반발력에 의해 밸브가 밀착되지 않고 바운싱 하게 된다.

(2) 밸브 바운싱(Bouncing)의 방지 대책

밸브 바운싱의 방지 대책으로는 밸브의 무게를 감소시키고, 밸브의 리프트 길이(양정)를 줄이며, 밸브 스프링의 강성을 크게 한다.

05 밸브 서징(Surging)의 발생 원인 및 대책

(1) 밸브 서징(Surging)의 발생 원인

엔진에 급격한 고속 회전이 발생할 경우 밸브의 개폐 주기(캠에 의한 강제 진동수)와 코일 스프링의 고유 진동수가 일치할 때나 그 정수배가 되었을 때, 공진으로 인한 밸브의 자려 진동으로 인해 발생한다. 밸브 서징이 발생하면 밸브 스프링은 위아래로 압력파가 심하게 생성되어 밸브의 개폐 제어가 원활하게 이루어지지 않고 심한 경우 밸브 스프링이 파손될 수 있다.

(2) 밸브 서징(Surging)의 방지 대책

① 부등 피치 스프링 사용 : 스프링 코일의 피치를 변화시켜 서지가 발생하기 어려운 스프링이다.

② 원뿔형 스프링 사용 : 스프링의 형상을 원뿔형으로 구성하여 서지 발생을 저감시킨다.

③ 이중 스프링 사용 : 고유 진동수가 다른 스프링 두개를 사용하여 자려 진동 현상을 방지한다.

밸브 스프링의 종류

06 밸브 점핑(Jumping)의 발생 원인 및 대책

(1) 밸브 점핑(Jumping)의 발생 원인

캠 샤프트가 고속으로 회전할 때 캠의 힘이 크고, 밸브의 관성력이 크며, 밸브 스프링의 강성이 작을 때 주로 발생한다. 밸브가 다시 복귀할 때의 충격에 의해 캠, 밸브 헤드, 시트 등이 마찰, 마모되며, 심한 경우 파손될 수 있다.

(2) 밸브 점핑(Jumping)의 방지 대책

밸브의 무게를 감소시키고, 밸브의 리프트(양정)을 줄이며, 밸브 스프링의 강성을 크게 한다.

기출문제 유형

✦ 정의 밸브 겹치기(Positive Valve Over Lap)를 설명하시오.(53-1-15)

✦ 밸브 개폐 시기 선도(Valve Timing Diagram)에서 밸브의 정(正)의 겹치기(Positive Overlap)를 설명하시오.(71-1-11)

✦ 엔진의 회전수가 저속과 고속 운행 시에 오버랩이 작은 경우와 큰 경우의 특성(출력, 연소성, 공회전 안정성)면에서 설명하시오.(96-1-12)

01 개요

내연기관은 연료의 폭발력을 이용해 피스톤으로 크랭크축을 회전시켜 주고 변속기로 동력을 전달하여 구동력을 만들어 준다. 4행정 엔진은 흡입, 압축, 폭발, 배기의 4행정으로 구성된다. 흡입행정 시에 흡기밸브가 열리고, 배기행정 시에 배기밸브가 열린다.

이때 배기밸브가 닫히는 시점에서 흡기밸브가 열리게 된다. 흡기와 배기밸브의 열림 시기가 겹치게 되는 시기에 따라 흡·배기 성능이 영향을 받게 된다.

02 정의 밸브 겹치기(Positive Valve Over Lap)의 정의

정의 밸브 겹치기는 밸브 오버랩이라고 하며, 배기밸브가 열려 배기하고 있을 때 흡기밸브가 열리는 시간을 말한다. 즉, 흡기밸브와 배기밸브가 동시에 열려있는 기간을 의미한다.

03 밸브 오버랩과 밸브 개폐시기 선도

밸브 개폐시기 선도에서 흡기밸브는 IVO(Intake Valve Open) 지점에서 열리고 IVC(Intake Valve Close) 지점에서 닫힌다. 배기밸브는 EVO(Exhaust Valve Open) 지점에서 열리고 EVC(Exhaust Valve Close) 지점에서 닫힌다. 파란색의 흡기행정을 시작으로 보라색의 압축행정을 지나, 빨간색의 폭발행정을 거치고, 마지막으로 배기행정으로 4행정이 완료된다. 흡기밸브의 열림 시기는 대략 상사점(TDC : Top Dead Center) 전 10~30° 부근이고, 흡기밸브의 닫힘 시기는 하사점(BDC : Bottom Dead Center) 후 30~60° 정도로 설정된다. 배기밸브의 열림 시기는 하사점 전 30~60°로 설정하며, 닫힘 시기는 상사점 후 5~30° 정도로 설정한다.

(1) 흡기밸브 열림 시기

흡기밸브는 이론적으로 피스톤이 상사점에 있을 때 열어야 하지만 실제 엔진에서는 체적효율을 높이기 위해 상사점 전에 밸브를 연다. 이때 엔진 부압이 발생하지 않아도 배기가스의 관성으로 인해 배기가스는 배기관으로 흐르고 흡기관으로 약간 역류된다. 이후 피스톤이 상사점을 지나면 엔진에 부압이 발생하며 다시 실린더 내부로 흡기와 함께 유입된다. 흡기밸브의 열림 시기를 빠르게 하면 배기가스가 역류하여 역화가 발생한다.

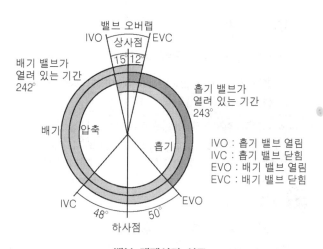

밸브 개폐시기 선도

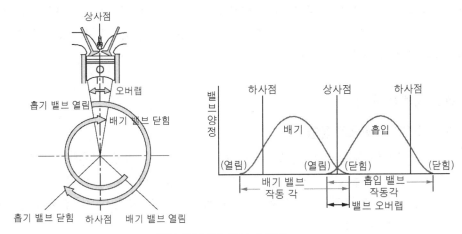

밸브 열림각과 밸브 오버랩

(2) 흡기밸브 닫힘 시기

흡기밸브는 이론적으로 피스톤이 하사점에 있을 때 닫혀야 하지만 실제 엔진에서는 흡입공기의 관성력을 최대로 이용하기 위해 피스톤이 하사점을 지난 이후에 닫아준다. 피스톤이 하사점을 지나 상승하면 실린더 내부로 들어오던 신기는 관성에 의해 압축되어 밀도가 높아진 상태가 된다. 이때 흡기밸브를 닫아주면 체적효율이 향상된다. 이 시기는 엔진의 회전속도마다 다르며 보통 하사점 후 약 30~60° 정도이다. 이와 같이 흡기밸브가 하사점 후에 닫히거나 배기밸브가 상사점 후에 닫히는 것을 래그(Lag, 늦음)라고 한다.

(3) 배기밸브의 열림 시기

배기밸브는 블로 다운 현상을 이용하기 위해 피스톤이 하사점에 도달하기 전에 열어준다. 블로 다운 현상은 팽창행정 말기에 배기밸브를 열어 주면 연소 폭발에 의한 팽창력에 의해 배기가스가 배출되는 현상을 말한다. 배기밸브가 하사점에서 열리게 되면 배기가스의 배출 시간이 충분하지 못하게 되고, 배출가스가 실린더 내부에 남아 피스톤에 '부'의 일을 해주며, 신기의 비율이 작아지게 된다. 배기밸브나 하사점 전에 열리는 것을 리드(Lead) 혹은 어드밴스(Advance)라고 한다.

(4) 배기밸브의 닫힘 시기

배기밸브는 이론적으로 피스톤이 상사점에 있을 때 닫혀야 하나, 배기가스의 관성력을 충분히 이용하고 신기의 소기 작용을 이용하기 위해 피스톤이 상사점을 지난 후의 시점에서 닫아준다. 즉, 흡·배기의 관성을 이용하여 체적효율을 높이기 위해, 신기가 실린더 내부로 들어와 배기밸브로 빠져나가기 전인 상사점 후 약 15° 부근에서 닫아준다. 따라서 이때 흡기밸브와 배기밸브가 동시에 열려 있는 밸브 오버랩 기간이 발생한다.

밸브 오버랩 기간 동안 연소실 내의 배기가스는 관성에 의해 주로 배기관으로 배출되지만 일부는 흡기관으로 역류된다. 또한 연소실로 유입되는 신기의 일부도 배기관으로 배출된다. 역류로 인하여 역화가 발생하고, 신기가 배기관으로 유입되어 단락 손실이 발생한다. 배기밸브가 상사점 후 15°에서 닫히고, 흡기밸브가 상사점 전 20°에서 열리는 경우 밸브 오버랩은 35°가 된다.

04 밸브 오버랩 특성

(1) 엔진 회전수 저속으로 운행 시

엔진 회전수를 저속으로 운행 시 밸브 오버랩이 큰 경우 흡·배기 관성력이 크지 않아 배기가스가 배출되지 않고 실린더 내부로 역류하며, 신기의 유입이 원활하지 않게 되어 체적효율이 저하된다. 따라서 연소가 불량해지고, 공회전 시 부조가 발생하여 공회전 안정성이 저하된다.

또한 연료 소비율이 높아지며, 출력이 저하된다. 심한 경우 엔진 스톨 현상이 발생할 수 있게 된다. 엔진 회전수를 저속으로 운행할 경우에는 밸브 오버랩이 작게 설계 되어야 연소성이 향상되고, 공회전 안정성이 증대된다.

(2) 엔진 회전수 고속으로 운행 시

엔진 회전수를 고속으로 운행 시 밸브 오버랩이 작으면 흡·배기 시간이 짧기 때문에 배기가 원활하지 않게 되고, 체적효율이 저하된다. 따라서 출력이 저하되어 회전속도가 증가하는 경우 가속이 불량해 진다.

엔진 회전수를 고속으로 운행할 경우에는 밸브 오버랩이 커도 흡·배기 관성 효과를 충분히 이용해 줄 수 있어서 체적효율이 증대되고, 배기가스가 원활하게 배출된다. 따라서 출력이 증가하고, 연소성이 향상되며, 공회전 안정성이 증대된다.

기출문제 유형

✦ 연속 가변 밸브 리프트(CVVL)를 설명하시오.(77-1-3)

✦ VVL(Variable Valve Lift : 가변 밸브 리프트)을 설명하시오.(84-1-13)

✦ 엔진의 가속과 감속을 밸브의 양정으로 제어하는 원리를 설명하시오.(113-2-5)

---

01 개요

(1) 배경

내연기관은 연료가 연소될 때 발생하는 폭발력을 이용해 피스톤으로 크랭크축을 회전시키고 변속기로 동력을 전달하여 구동력을 만들어준다. 이때 엔진은 운전자의 의지에 따라 가감속이 된다. 운전자가 가속페달을 밟으면 엔진의 스로틀 밸브가 열리고 많은 양의 공기가 실린더로 공급되어 엔진의 회전속도가 빨라지게 되는데 이때, 흡·배기 밸브의 개폐 속도도 엔진의 회전속도가 증가함에 따라 증가하게 된다.

기존의 엔진 시스템에서는 밸브의 양정이 고정되어 있기 때문에 엔진 회전수의 변동에 따른 흡·배기 성능이 충족되지 않아서 일정속도 이상에서는 엔진 출력이 저하되고 연비가 저하되었다. 이를 개선하기 위해 밸브의 양정을 엔진의 회전속도, 부하에 따라 가변시키는 시스템이 개발되었다. 가변 밸브 시스템으로는 BMW의 밸브트로닉(Valvetronic), 닛산의 VVEL(Variable Valve Event and Lift), 토요다의 밸브매틱(Valvematic), 피아트의 멀티 에어(Muiti-Air), 현대의 CVVL(Continuonsly Variable Valve Lift) 시스템 등이 있다.

(2) 연속 가변 밸브 리프트(CVVL : Continuously Variable Valve Lift)의 정의

연속 가변 밸브 리프트 시스템은 엔진 회전수 및 차량의 부하 상태에 따라 흡·배기 밸브가 열리는 열림량(Lift)을 연속적으로 변화시키는 시스템으로, 저속부터 고속 영역까지 전 운전 영역에서 원활한 흡·배기 성능을 발휘할 수 있도록 하여 출력을 향상시킨다.

02 연속 가변 밸브 리프트 구성 및 제어 방법

(1) 연속 가변 밸브 리프트 구성

가변 밸브 리프트는 전기식 모터나 유압, 링크 기구 등을 이용해 캠 샤프트를 제어하여 밸브의 리프트 량을 제어한다. 엔진 ECU, DC 모터, 웜휠, 편심축, 링크 기구 등이으로 구성되어 있다.

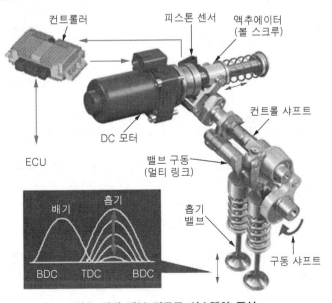

연속 가변 밸브 리프트 시스템의 구성

(2) 연속 가변 밸브 리프트 제어 방법

저속회전 구간에서는 모터가 회전하여 편심 축을 움직이면 편심 캠이 이동하여 중간 레버의 지지점이 조금만 움직인다. 따라서 밸브가 조금 열리게 된다. 고속회전 구간에서는 모터가 더 회전하여 편심 캠이 중간 레버를 많이 누르게 된다. 따라서 밸브의 열림량도 증가하여 흡입효율이 증대된다.

03 연속 가변 밸브 리프트 작동 모드

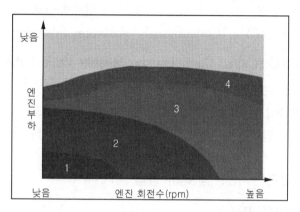

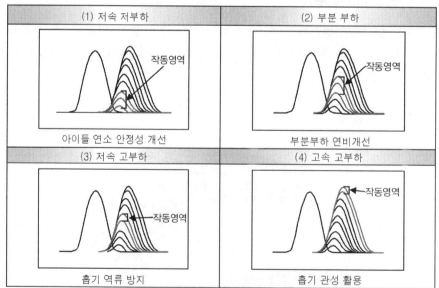

연속 가변 밸브 리프트 작동 모드

① 저속 저부하 모드 : 아이들 연소 안정성을 위해 밸브의 열림량을 작게 해준다.
② 부분 부하 모드 : 저속 저부하 모드보다 밸브의 열림량을 약간 크게 해주어 흡기량을 늘려준다.

③ 저속 고부하 : 발진이나 저속에서 급가속을 할 경우에도 부분 부하와 비슷하게 밸브 열림량을 제어해 준다.

④ 고속 고부하 : 엔진의 회전속도가 빠르고, 가속페달이 밟힌 상태에서 밸브의 열림량을 최대한 크게 하여 원활한 흡·배기가 될 수 있도록 제어한다.

04 연속 가변 밸브 리프트 적용 효과

연속 가변 밸브 리프트를 적용하면 엔진 회전속도에 따라 흡기밸브의 리프트 양을 연속 가변적으로 제어할 수 있어서 저속에서 밸브의 열림량을 감소시켜 발진 응답성을 향상시킬 수 있고, 고속에서 밸브 열림량을 증대시켜 펌핑손실을 감소시킬 수 있다. 따라서 전 운전 영역에서 흡·배기효율이 높아져 엔진 출력과 연비가 향상되고 배기가스 중 유해물질이 저감된다.

기출문제 유형

✦ 가변 밸브 타이밍 시스템(Variable Valve Timing System: VVT)을 설명하시오.(80-1-2)

✦ 밸브 타이밍(valve timing)에 대해 설명하고, 타이밍이 엔진에 미치는 영향에 대해 설명하시오.(95-2-3)

✦ 가변 밸브 타이밍 장치를 적용한 엔진에서 운전 시 밸브 오버랩을 확대하면 배출가스에는 어떤 영향이 미치며, 그 이유를 설명하시오.(98-3-5)

✦ 전자 가변 밸브 타이밍 시스템(EMVT: Electro Mechanical Variable Valve Timing System)의 특성과 효과에 대해 설명하시오.(93-2-4)

---

01 개요

(1) 배경

내연기관은 흡기밸브를 통해 신기를 공급해 주고 배기밸브를 통해 연소 후 가스를 배출해 준다. 흡·배기 밸브는 캠축의 캠에 의해 제어되는데 피스톤의 상사점과 하사점에 따른 밸브의 개폐시간과 흡·배기 밸브가 동시에 열려 있는 밸브 오버랩 기간에 따라 흡·배기 성능이 달라진다. 기존의 엔진은 흡·배기 밸브의 타이밍이 고정되어 있어서 엔진 회전 대역에 따라서 성능이 달라지지만, 가변 밸브 타이밍 시스템은 엔진의 회전수와 부하에 따라 밸브의 개폐시간을 다르게 해주어 성능이 향상된다.

혼다의 VTEC(Variable Valve Timing & Lift Electronic Control), 토요타의 VVT(Variable Valve Timing), 미쓰비시의 MIVAC(Mitsubishi Innovative Valve timing Electronic Control system), BMW의 밸브트로닉(Valvetronic), 현대의 VVT(Variable Valve Timing) 시스템 등이 있다.

(2) 가변 밸브 타이밍 시스템(Variable Valve Timing System: VVT)의 정의

가변 밸브 타이밍 시스템은 엔진 회전수 및 차량의 부하 상태에 따라 흡·배기 밸브의 개폐 타이밍을 변화시키는 시스템으로, 흡·배기 성능을 높이고 출력을 향상시킨다.

02 가변 밸브 타이밍 시스템의 구성

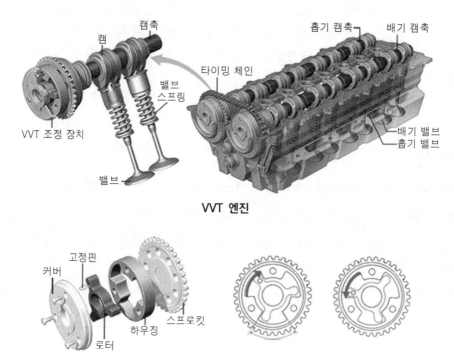

VVT 엔진

VVT 조정장치의 구조

유압 기계식 가변 밸브 타이밍 시스템은 캠 샤프트에 VVT 조정장치가 장착되어 있고, 이 조정장치는 OCV(Oil Control Valve)의 유압에 의해 제어된다. VVT 조정장치의 내부는 로터, 하우징, 스프로킷으로 구성이 된다.

03 가변 밸브 타이밍 시스템의 제어 방법

엔진 ECU는 CMP(Camshaft Position Sensor)나 CKP(Crankshaft Position Sensor)의 신호를 이용해서 현재 캠 샤프트의 회전 위치를 파악하고 OCV로 유압을 제어하여, 캠 샤프트의 각도를 조절하고 밸브의 개폐 타이밍을 변환한다.

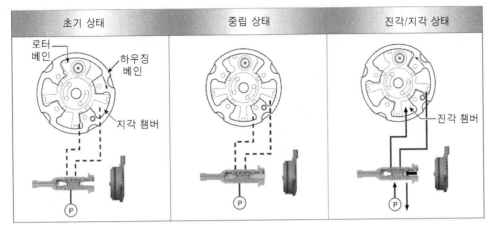

Intake CVVT

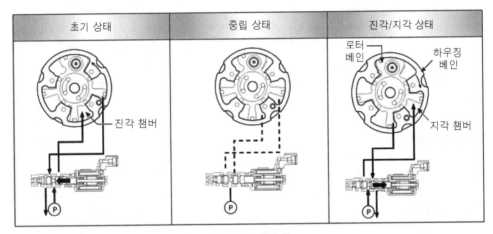

Exhaust CVVT

04 가변 밸브 타이밍 시스템의 엔진 부하별 제어 방법(밸브 개폐 타이밍이 엔진에 미치는 영향)

엔진은 회전대역(rpm)과 부하에 따라 적합한 밸브 개폐 타이밍이 다르다.

① 저속 저부하 : 배기밸브 닫힘 시기를 진각시켜 주고 흡기밸브 열림 시기를 지각시켜 주어 밸브 오버랩을 최소화시켜 냉시동 시 안정적인 연소가 될 수 있도록 한다.

② 부분 부하 : 배기밸브를 지각시켜 주어 흡기밸브와 약간의 오버랩이 되도록 제어한 다. 배기밸브를 지각시켜 주면 펌핑손실이 저감되고, 내부 EGR이 증가하여 배출 가스 중 질소산화물 등의 유해물질이 저감된다.

③ 저속 고부하 : 배기밸브 닫힘 시기를 지각시켜 주고, 흡기밸브 열림 시기를 진각시 켜 주어 밸브 오버랩이 발생하게 한다. 밸브 오버랩이 증대되면 펌핑손실이 감소 하고, 배기 관성에 의해 흡기가 증가하여 체적효율이 증가한다.

④ 고속 고부하 : 고속 회전 시 흡입공기의 관성이 크기 때문에 흡기밸브를 늦게 닫는 것이 유리하다. 또한 밸브 오버랩이 되지 않아도 충분히 체적효율이 증대되기 때문에 배기밸브는 진각시켜 준다.

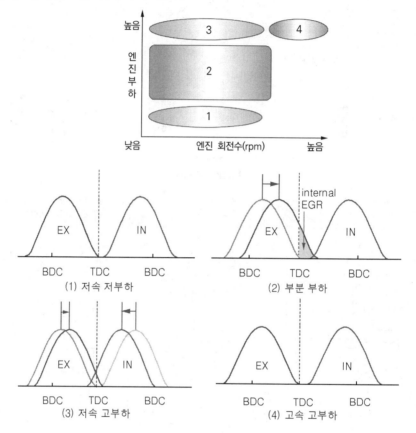

기출문제 유형

✦ 캠프리(Cam Free) 엔진의 작동 개요와 구조상 특징과 장·단점에 대해 설명하시오.(119-4-6)

✦ 전자 가변 밸브 타이밍 시스템(EMVT: Electro Mechanical Variable Valve Timing System)의 특성과 효과에 대해 설명하시오.(93-2-4)

01 개요

(1) 배경

내연기관은 연료의 폭발력을 이용해 피스톤으로 크랭크축을 회전시켜 주고 변속기로 동력을 전달하여 구동력을 만들어준다. 크랭크축과 캠축은 타이밍 벨트로 연결되어 엔진 회전수에 따라 흡·배기 밸브의 개폐를 제어해 준다. 기계적으로 작동하기 때문에 회전속도에 따라 변화에 민감하게 대응하지 못하고, 흡·배기 성능이 저하되어 응답 지연 현상이 발생하거나 출력이 저하된다.

이러한 문제점을 개선하기 위해 연속 가변 밸브 타이밍(CVVT : Continuously Variable Valve Timing), 연속 가변 밸브 리프트(CVVL : Continuously Variable Valve Lift) 등을 적용하고 있다. 최근에는 캠축을 없앤 캠프리, 캠리스 엔진을 개발하여 엔진의 성능을 개선하고 있다.

(2) 캠프리(Cam Free) 엔진의 정의

캠프리 엔진은 캠축 없이 흡·배기 밸브의 개방시기와 양정을 제어할 수 있는 엔진이다. 기존 캠축이 제어했던 흡·배기 밸브의 개폐를 전자석이나 모터를 이용해 제어하는 방식의 엔진이다. 캠리스(Camless) 엔진이라고도 한다.

02 캠프리(Cam Free)엔진의 구조 및 특징

기존에는 캠축이 엔진 실린더의 위쪽에 위치하여 흡·배기 밸브의 개폐를 제어해 준다. 캠프리 엔진은 캠축, 타이밍 벨트가 없어지고, 전자석 액추에이터가 각 밸브를 제어해 주는 구조이다. 밸브는 제어기, 즉, 엔진 ECU나 밸브 컨트롤 유닛(Valve Control Unit)에 의해 제어된다. 구조적으로 캠축, 타이밍 벨트, 스로틀 바디가 없어지기 때문에 엔진의 공간 확보가 용이해지고, 밸브의 위치, 각도 등을 설계할 때 자유도가 높아져 최적의 흡·배기효율을 낼 수 있도록 구성할 수 있게 된다.

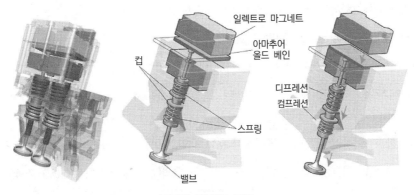

캠프리 엔진의 구조

03 캠프리(Cam Free) 엔진의 장단점

(1) 장점

① 동력 성능 향상 : 캠프리 엔진은 크랭크축의 힘을 타이밍 벨트, 캠축으로 전달하지 않고 플라이휠로만 전달한다. 또한 스로틀 밸브가 삭제되기 때문에 마찰손실, 동력

손실, 펌핑손실이 저감되어 토크, 출력, 연비가 향상된다. 저회전 토크는 약 20% 정도 증대되고, 연비는 약 20%가 향상되며, 배출가스는 20% 정도 저감된다.

② **경량화** : 기존 엔진에 구성되어 있던 캠축, 타이밍 벨트 등, 여러 부품들이 사라지기 때문에 엔진이 보다 소형화 되고 무게가 감소된다.

③ **최적의 흡·배기효율** : 실린더에 장착되어 있는 각각의 흡·배기 밸브는 모두 독립적으로 개폐가 가능해져 열효율이 향상되며 소음과 진동이 저감된다.

④ **회전수 향상** : 기존의 기계적인 한계로 인한 엔진 회전수 한계를 극복할 수 있다. 밸브 개폐 타이밍을 자유롭게 구성할 수 있다면 현재의 엔진 회전수 한계인 약 6,300rpm 이상의 회전수가 가능해진다.

(2) 단점

① **비용 증가** : 기존 시스템을 캠프리 엔진으로 대체할 경우 부품의 비용을 저감되나 기술적 한계, 소프트웨어 제작 등으로 인해 제작비용이 증가한다.

② **기술적 한계** : 현재의 센서 기술로는 밸브의 정확한 개폐시기를 판단하는 신뢰성이 부족하며, 각 밸브를 독립적으로 제어하는 것에 대한 안정성 확보가 요구된다.

기출문제 유형

✦ 수퍼차저와 터보차저에 대해 설명하시오.(63-4-5)

✦ 터보 과급기/터보차저(Turbo Charger)를 설명하시오.(80-1-5)

✦ 수퍼차저(Super Charger)를 설명하시오.(57-1-3)

✦ 터보차저와 수퍼차저의 장·단점을 설명하시오.(98-1-13)

✦ 동일한 배기량인 경우 디젤 과급이 가솔린 과급보다 효율적이며 토크가 크고 반응이 좋은 이유를 설명하시오.(99-1-8)

✦ 터보차저를 가솔린 엔진과 디젤 엔진에 적용할 때의 차이점과 효과에 대해 설명하시오.(69-1-5)

✦ 터보차저에 의한 가솔린 엔진과 디젤 엔진의 과급 효과에 대해 기술하시오.(59-2-4)

---

01 개요

(1) 배경

내연기관은 연료를 공기 중의 산소와 반응시켜 화학 에너지를 열에너지로 변환하여 기계적인 에너지를 얻는 장치이다. 연소 반응에는 연료와 산소가 필요한데, 산소의 밀도가 높아지면, 연료의 연소에 필요한 산소가 충분해져 완전연소 비율이 높아져 연소효율이 높아지고 출력이 증대된다. 과급기는 실린더 외부에서 엔진의 힘이나 배출가스의 힘으로 미리 공기를 압축하여, 흡입행정 동안 보다 많은 양의 공기를 강제적으로 공급해주는 장치이다. 과급기의 종류는 대표적으로 수퍼차저와 터보차저가 있다.

(2) 수퍼차저(Super Charger)의 정의

수퍼차저는 엔진의 구동력을 이용하여 공기를 압축하여 과급하는 시스템을 말한다. 엔진 출력축 앞에 풀리를 설치하여 동력을 공급받아 스크루나 원심 압축기 등을 구동하여 공기를 과급해준다.

(3) 터보차저(Turbo Charger)의 정의

터보차저는 배기가스의 에너지를 이용해 흡기의 체적효율을 높여주는 과급기를 말한다. 배기가스의 배출 에너지를 터빈으로 회수하고, 터빈에 연결된 컴프레서를 이용해 공기를 압축시키는 방식이다.

02 과급기의 구조 및 작동 방법

(1) 수퍼차저(Super Charger)의 구조 및 작동 방법

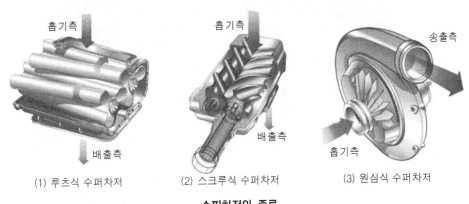

(1) 루츠식 수퍼차저　(2) 스크루식 수퍼차저　(3) 원심식 수퍼차저

수퍼차저의 종류

수퍼차저는 루츠식, 스크루식 원심식이 있다. 루츠(Roots)식은 두 개의 로터로 구성되어 있으며 로터가 맞물려 회전하며 흡기를 강제적으로 유입시키는 방식으로 과급한다. 스크루 식은 리솔름(Lysholm) 트윈 스크루 방식으로 두개의 스크루가 맞물려 회전하며 흡기를 강제적으로 유입시킨다. 원심식은 엔진룸이 좁은 경우에 사용하는 형태로, 터보차저 배기측의 터빈 대신 풀리를 장착하여 엔진의 힘으로 공기를 압축하는 방식이다.

(2) 터보차저(Super Charger)의 구조 및 작동 방법

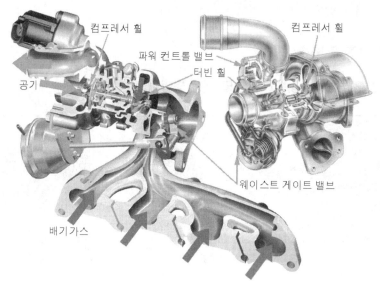

터보차저의 구조

터보차저는 터빈 휠(Turbine Wheel), 컴프레서 휠(Compressor Wheel), 연결 축 (Shaft), 터보차저 하우징으로 구성되어 있다. 터빈 휠과 컴프레서 휠에는 블레이드 (Blade)가 설치되어 있다. 배기가스가 토출되는 부분에 터빈 휠(Turbine Wheel)을 설 치하고, 흡기 부분에 컴프레서 휠(Compressor Wheel)을 설치하면 배기가스의 토출 속도에 따라 터빈 휠이 회전하게 되고, 이와 동시에 연결 축으로 연결된 컴프레서가 회 전하게 되면서 컴프레서의 블레이드에 의해 공기가 과급 된다.

03 과급기의 장단점

(1) 수퍼차저(Super Charger)의 장단점

1) 장점

① 응답성 : 수퍼차저는 엔진 구동축에서 동력을 공급 받으므로 저회전에서도 과급 효과가 높고, 기계적으로 동력이 전달되므로 가속 페달을 조작할 때 응답성이 빠르고 반응성이 높다.

② 내구성 : 구조가 간단하고, 회전속도가 빠르지 않아 내구성이 좋다. 수퍼차저의 회전속도는 10,000~20,000rpm으로 터보차저의 회전속도 150,000~200,000rpm에 비해 1/15 수준이다.

③ 제어성 : 과급량을 조절할 때 수퍼차저에 연결된 구동 풀리의 직경을 바꾸는 것으로 가능하다. 너무 작은 풀리를 장착하는 경우에는 고속회전으로 인한 베어링과 벨트 텐셔너 등의 부품 파손이 발생할 수 있다.

④ 간단한 구성 : 수퍼차저는 터보차저에 비해 구조가 간단하다. 흡기측에 스크루나 원심 임펠러를 장착한 후 구동 풀리에 벨트를 연결해 주면 되므로 설계가 용이하고, 구조가 간단하다.

2) 단점

① 과급 출력 : 수퍼차저는 엔진의 구동력을 이용하기 때문에 동일한 과급 압력일 경우 터보차저에 비해 출력이 약 20% 정도 떨어진다. 수퍼차저는 1,300rpm 이하의 영역에서만 터보차저보다 출력이 좋고 그 이상의 엔진 회전수에서는 터보차저보다 출력이 낮다.

② 엔진 출력 : 수퍼차저는 항상 압축기를 구동하고 있기 때문에 엔진의 동력 손실이 발생하여 출력이 저하된다.

(2) 터보차저(Super Charger)의 장단점

1) 장점

① 출력 향상 : 터보차저를 장착하면 기존 시스템 대비 100~200% 정도 흡입효율(충진 효율)이 증대되고, 출력이 향상된다. 따라서 엔진의 용량을 줄이는 다운사이징을 해도 출력 성능이 향상된다.

② 연비 향상 : 터보차저를 장착하면 버려지던 배기 에너지를 이용할 수 있기 때문에 엔진의 효율이 증가하게 되고, 완전연소가 가능하도록 공기를 과급해 주어 연비 성능이 향상된다.

2) 단점

① **내구성** : 터보차저의 회전속도는 약 150,000~200,000rpm으로 수퍼차저보다 약 1/15배 높고, 고온(최고 900℃)의 배기가스에 항상 노출되어 있기 때문에 내구성이 저하된다. 터보차저의 터빈 휠과 컴프레서 휠은 매우 높은 속도로 회전을 하기 때문에 엔진 오일의 주기적인 교환, 예열과 후열 등의 관리를 해주지 않으면 내구성이 급격히 저하된다.

② **응답 지연 현상(Turbo Lag)** : 저속 영역에서 가속페달을 급격하게 작동시켜 가속하는 경우, 가속이 되기까지 일정한 시간의 차이가 발생한다. 이러한 현상을 터보 래그(Turbo Lag), 터보 홀(Turbo Hole) 현상이라고 한다. 터보 래그는 가속 초기 저속 영역에서는 배기가스의 양이 적어서 터빈의 회전력이 약하고, 이로 인해 컴프레서의 압력 형성이 지연되기 때문에 발생된다. 이를 개선하기 위해 가변 형상 터보차저(VGT : Variable Geometry Turbocharger), 웨스트 게이트 터보차저(West gate Turbocharger), 시퀀셜 터보차저(Sequential Turbocharger), 트윈 터보차저(Twin Turbocharger) 등을 적용해 준다.

③ **구조의 복잡성** : 터보차저는 터보차저 하우징과 인터쿨러로 구성되어 있다. 배기가스의 힘을 이용해 흡기를 과급해 주기 때문에 장치의 길이가 길어지고, 구조가 복잡해진다. 따라서 차량의 무게가 증가하고 설계 자유도가 저하되며, 정비성이 저하된다.

04 터보차저를 가솔린 엔진과 디젤 엔진에 적용할 때의 효과, 차이점

(1) 가솔린 엔진에 터보차저를 적용할 경우

가솔린 엔진은 연료와 공기의 혼합기를 실린더 내부로 유입시켜 압축시킨 후 점화 플러그의 불꽃 점화에 의해 폭발력을 얻는다. 이때 압축비는 보통 7~11 : 1로 제어된다. 압축비가 지나치게 높을 경우 연소실 내부의 온도가 상승하고 이로 인해서 조기점화나 이상점화에 의해 노킹(Knocking)이 발생한다.

따라서 포트분사 가솔린 엔진에서는 압축비를 높이는데 한계가 있으며, 터보차저를 사용해서 공기를 과급해 줄 때에도 흡기온도가 상승하고 압축비가 높아지는 효과가 발생하기 때문에 노킹이 발생할 우려가 있다. 가솔린 직접분사식 엔진은 연료를 실린더 내부로 직접 분사해 노킹에 대한 발생 비율이 저감되었지만, 주행속도가 빠른 경우, 엔진의 온도가 높고, 과열되기 때문에 노킹이 발생할 수 있다.

이런 경우 연소효율이 저하되고 엔진에 충격이 발생하며 출력이 저하된다. 또한 가솔린 엔진은 스트로크 대 보어 비(S/B비)가 작은 단행정 엔진을 사용한다. 따라서 노킹 발생에 대한 영향이 적고, 장행정 엔진을 사용하는 디젤 엔진에 비해 과급 효과가 적다.

(2) 디젤 엔진에 터보차저를 적용할 경우

디젤 엔진은 공기를 고온으로 압축시킨 후 연료를 분사하여 자기착화하는 엔진으로 노킹에 대한 우려 없이 공기를 과급해 줄 수 있으며 체적효율이 증대될수록 출력이 커진다.

따라서 디젤 엔진의 압축비는 가솔린 엔진보다 높게 설계할 수 있다. 또한 디젤 엔진은 연료가 분사된 후 무화될 때까지 시간이 필요하며, 연료 분자 하나하나가 점화원이 되는 다중점화가 가능하기 때문에 장행정 엔진을 사용한다.

결국, 디젤 엔진은 노킹에 대한 우려 없이 과급을 해줄 수 있으며, 과급이 충분할 경우 토크가 증가하고, 연비가 향상되며, 반응성이 좋아진다. 따라서 동일한 배기량인 경우 디젤 과급이 가솔린 과급보다 효율적이다.

기출문제 유형

◆ 웨이스트 게이트 터보차저(Waste gate Turbocharger)의 원리와 특징을 기술하시오.(71-2-4)

---

01 개요

(1) 배경

터보차저는 배기가스의 에너지를 이용해 흡기의 체적효율을 향상시키는 과급기를 말한다. 대기로 버려지던 배기가스의 에너지를 터빈을 이용해 회수하고, 터빈에 연결된 컴프레서를 이용해 공기를 압축시키는 구조이다. 터보차저를 이용하면 흡입효율이 증대되어 동일 배기량 대비 출력이 향상되고 연비와 배출가스가 저감된다.

초기의 터보차저는 배기가스의 용량에 따라 대응하지 못하는 고정식 터보차저로, 엔진 회전속도가 저속 영역일 때는 터빈 휠을 회전시키는데 필요한 배기가스 유량을 충분히 확보하지 못해 응답성이 저하되고, 고속 영역에서는 배기가스 유량이 증가하여 터빈 휠의 회전 허용한도 이상으로 회전하게 되는 등의 과부하 문제가 발생되었다. 이러한 문제점을 개선하기 위해 웨이스트 게이트 터보차저가 개발되었다.

(2) 웨이스트 게이트 터보차저(Waste gate Turbocharger)의 정의

웨이스트 게이트 터보차저는 터보차저 터빈의 설정치 이상으로 배기가스가 유입되는 경우 바이 패스시켜 터보차저의 과부하를 방지하는 시스템이다.

02 웨이스트 게이트 터보차저의 구조 및 작동 원리

웨이스트 게이트 터보차저는 터빈 휠과 임펠러 휠(컴프레서 휠)이 연결 축으로 연결되어 있고, 배기가스가 지나가는 통로에 웨이스트 게이트 밸브(웨이스트 게이트 플랩)가 연결되어 있다. 웨이스트 게이트 밸브는 기계식과 전자식이 있다.

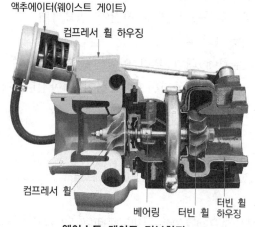

웨이스트 게이트 터보차저

(1) 기계식

배기가스 유량의 압력이 낮을 때는 코일 스프링의 장력에 의해 밸브는 닫혀 있게 되고, 배기가스의 압력이 높아져 코일 스프링의 장력을 넘게 되면 밸브가 열리게 되어 배기가스 중 일부는 배기관으로 배출되게 된다. 따라서 터빈 휠로 흐르는 배기가스의 유량이 적어져 과부하가 방지된다.

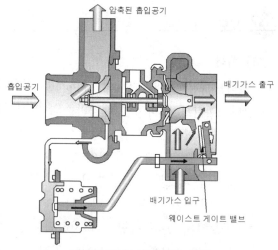

기계식 웨이스트 게이트 밸브

(2) 전자식

웨이스트 게이트 밸브가 엔진 ECU에 의해 제어된다. 엔진 ECU는 스로틀 밸브의 개도와 엔진 속도, 압축비, 노크 강도 등을 고려하여 최적의 과급 압력을 산출한 후 밸브를 제어한다. 과급 압력이 너무 높다고 판단되면 ECU는 듀티 제어를 하여 밸브를 열어주고, 과급 압력이 낮으면 다시 닫아준다. 전자식 웨이스트 게이트 터보차저는 전자제어를 통해 응답성이 향상되고, 과급 압력을 노크 한계까지 제어할 수 있어서 흡입효율이 증대되고, 출력이 향상된다.

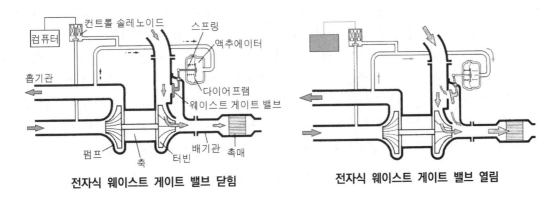

전자식 웨이스트 게이트 밸브 닫힘　　　　전자식 웨이스트 게이트 밸브 열림

03 웨이스트 게이트 터보차저(Wastegate Turbocharger)의 특징

(1) 장점

① 자연 흡기(N/A : Naturally Aspirated) 엔진 대비 출력이 40% 정도 향상된다.

② 체적효율이 향상되어 단위출력당 연료 소비율이 저감되고 완전연소로 인해 배기가스가 저감된다.

③ 냉시동 상태, 아이들 상태에서 웨이스트 게이트 밸브를 강제 개방하여 촉매 활성온도(Light-Off Temperature)에 빠르게 도달하게 할 수 있다.

④ 고온의 배기가스 구조에서도 사용이 가능하여 주로 가솔린 엔진에서 사용되고 있다.

(2) 단점

① 엔진 회전속도가 저속 영역일 때는 터빈 휠을 회전시키는데 필요한 배기가스 유량을 충분히 확보하지 못해 응답성이 저하된다.

② 고정식 터보차저보다 구조가 복잡하고 비용이 증가하며, 정비성이 저하된다.

기출문제 유형

✦ 가변 터보 장치(VGT:Variable Geometry Turbo Charger)에 대해 설명하시오.(74-2-2)

✦ VGT(Variable Geometry Turbo)의 작동 원리 및 특성에 대해 설명하시오.(90-4-6)

---

01 개요

(1) 배경

터보차저는 배기가스의 에너지를 이용해 흡기의 체적효율을 향상시키는 과급기를 말한다. 대기로 버려지던 배기가스의 에너지를 터빈을 이용해 회수하고, 터빈에 연결된 컴프레서를 이용해 공기를 압축시키는 구조이다. 터보차저를 이용하면 흡입효율이 증대되어 동일 배기량 대비 출력이 향상되고 연비와 배출가스가 저감된다.

초기의 터보차저는 배기가스의 용량에 따라 대응하지 못하는 고정식 터보차저로, 엔진 회전속도가 저속 영역일 때는 터빈 휠을 회전시키는데 필요한 배기가스 유량을 충분히 확보하지 못해 응답성이 저하되고, 고속 영역에서는 배기가스 유량이 증가하여 터빈 휠의 회전 허용한도 이상으로 회전하게 되는 등의 과부하 문제가 발생되었다. 이러한 문제점을 개선하기 위해 웨이스트 게이트 터보차저, 가변 형상 터보차저 등이 개발되었다.

(2) 가변 용량 터보차저(VGT : Variable Geometry Turbo Charger)의 정의

가변 용량 터보차저는 터빈 휠에 가변 베인 플레이트를 적용하여 배기가스 유량에 따라 터보차저의 용량을 제어하는 시스템을 말한다. VNT(Variable Nozzle Turbine)이라고도 한다.

02 가변 용량 터보차저의 구조 및 작동 원리

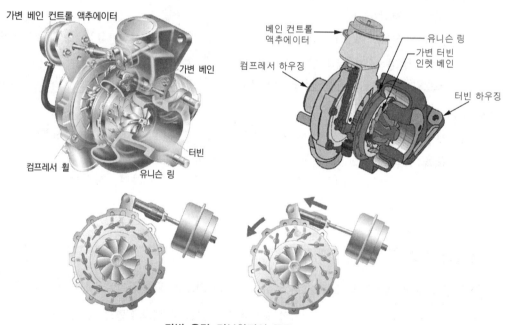

가변 용량 터보차저의 구조

가변 용량 터보차저는 터빈 휠 주변으로 가변적으로 동작할 수 있는 베인, 베인들을 동시에 작동시키기 위한 유니슨 링, 베인 컨트롤 액추에이터 등으로 구성되어 있다. 베인 컨트롤 액추에이터는 엔진 ECU의 제어에 의해 가변적으로 제어된다. 엔진의 저속 구간에서는 가변 베인을 제어하여 배기가스의 유로를 좁힌다. 유로가 좁아지면, 배기가스의 속도 에너지가 향상되어 터빈 휠이 회전할 수 있게 된다. 엔진의 고속 구간에서는 가변 노즐을 제어하여 유로의 면적을 넓혀 과부하를 방지하면서도 터빈 휠에 배기가스의 속도 에너지가 충분하게 전달되어 고속으로 회전할 수 있도록 한다.

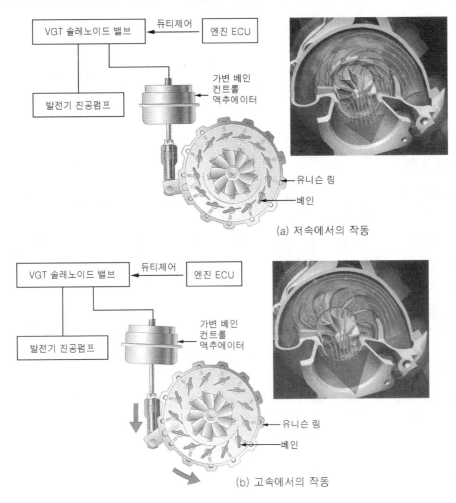

가변 용량 과급기의 작동

03 가변 용량 터보차저의 특징

(1) 장점

① 엔진의 회전상태에 따라 배기가스 압력이 자유롭게 조절되기 때문에 흡입효율이 증대되고, 출력이 향상된다. 일반 터보차저에 비해 최대출력 약 10%, 최대 토크가 약 14% 정도 향상된다.

② 엔진의 운전 전 영역에서 터보차저의 사용이 가능하여 효율성이 증대된다. 연비가 향상되며 배출가스가 저감된다. 연비는 일반 터보차저에 비해 약 8% 정도 향상된다.

③ 가속할 때 배기가스의 압력이 낮아 발생하는 시간지연 현상인 터보 래그가 저감된다.

(2) 단점

① 베인을 조절하는 장치는 주로 솔레노이드를 사용한다. 고온에서는 사용이 어렵기 때문에 800~1000℃ 이상의 고온 배기가스를 배출하는 가솔린 엔진에는 적용이 어렵다.

② 구조가 복잡해 내구성과 정비성이 저하된다.

③ 엔진의 용량이 커질수록 터보차저의 크기가 커지게 된다.

기출문제 유형

✦ 비출력을 상승시키기 위한 방법 중 2단 터보 과급 시스템(Two Stage Turbocharging System)에 대해 상세히 설명하시오.(83-2-3)

✦ 2-스테이지 터보차저(2-Stage Turbocharger)를 정의하고, 장·단점을 설명하시오.(107-2-1)

✦ 터보차저의 종류 중 가변 터보차저(Variable Geometry Turbocharger)와 2단 터보차저(2-stage Turbocharger)시스템에 대해 설명하시오.(87-3-3)

✦ 터보차저 중 2단 터보차저(2-Stage Turbo Charger), 가변 용량 압축기(Variable Geometry), 전기 전동식 터보차저(Electric Turbo Charger)의 작동특성을 설명하시오.(104-3-5)

✦ 자동차용 터보차저(turbocharger)가 엔진 성능에 미치는 영향을 설명하고, 트윈 터보(twin turbo)와 2-스테이지 터보(2-stage turbo) 형식으로 구분하여 작동 원리를 설명하시오.(110-2-2)

✦ 터보차저에서, 가변 터보차저(VGT : variable geometry turbocharger), 시퀀셜 터보차저(sequential turbocharger), 트윈 터보차저(twin turbocharger)의 특징과 작동 원리를 설명하시오.(95-2-4)

---

01 개요

(1) 배경

터보차저는 배기가스의 에너지를 이용해 흡기의 체적효율을 높여주는 과급기를 말한다. 배기가스의 에너지를 터빈으로 회수하고, 터빈에 연결된 컴프레서를 이용해 공기를 압축시키는 방식의 과급기이다. 터보차저를 장착하면 버려지는 배기가스의 에너지를 이용하여 열효율이 증가하고, 흡기의 과급이 되어 체적효율이 높아지기 때문에 출력이 향상된다. 따라서 엔진의 다운사이징이 가능해지고 연료 소비율, 배출가스 배출량이 저감된다는 장점이 있다. 하지만 배기가스의 유동 에너지를 이용하기 때문에 저속 구간에서는 과급 효율이 저하되고, 저속에서 가속을 할 때는 응답지연 현상인 터보 래그가 발생한다는 단점이 있다. 이를 개선하기 위해 터보차저를 이중으로 구성하는 2단 터보차저를 개발하였다.

(2) 2단 터보차저(2-Stage Turbocharger), 시퀀셜(Sequential) 터보차저의 정의

2단 터보차저는 저용량, 고용량 터보차저를 직렬로 구성하여 저속 및 고속 운전 영역에서 과급 효율을 높인 과급기이다. 직렬형 시퀀셜(Series Sequential) 터보차저라고도 한다.

(3) 전기 전동식 터보차저(E-TC : Electric Turbocharger)의 정의

고속 모터를 이용하여 컴프레서를 회전시켜 과급하는 시스템을 말한다.

(4) 가변 용량 압축기(VGC : Variable Diffuser)의 정의

가변 용량 압축기는 컴프레서 휠에 가변 베인 플레이트를 적용하여 배기가스 유량에 따라 터보차저의 용량을 제어하는 시스템을 말한다. VVD(Variable Vane Diffuser)라고도 한다.

(5) 트윈 터보차저(Twin Turbocharger)의 정의

트윈 터보차저는 동일한 크기의 터보차저를 병렬로 배치하여 저속 및 고속 운전 영역에서 과급 효율을 높인 과급기이다. 병렬형 시퀀셜(Parallel Sequential) 터보차저라고도 한다.

02 2단 터보차저(2-Stage Turbocharger)

(1) 2단 터보차저의 구성 및 작동 원리

2단 터보차저는 저용량의 터보차저, 고용량의 터보차저가 직렬로 구성되어 있다. 배기관에는 바이패스 밸브(웨이스트 게이트 밸브)가 장착되어 엔진 회전속도와 부하, 배기가스 유량에 따라 개폐가 제어된다. 저속에서는 바이패스 밸브가 고용량의 터보차저로 흐르는 배기통로를 막아 저용량 터보차저로만 배기가스가 유입되도록 하고 고속일 때는 바이패스 밸브를 열어주어 대용량 터보차저로 배기가스가 흐를 수 있도록 구성된다.

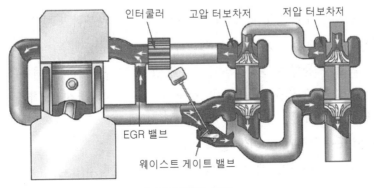

2단 터보차저의 구조

(2) 2단 터보차저의 제어 방법

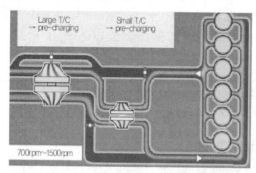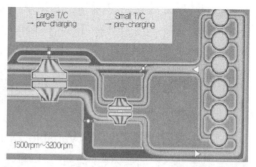
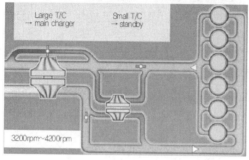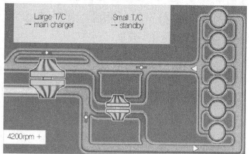

BMW 2단 터보 시스템의 작동 원리   (자료 : DEER 2008 BMW presentation)

1) 엔진 회전속도 700~1,500rpm 이하 영역

2단 터보차저에 장착되어 있는 바이패스 밸브들이 모두 닫혀 있어서 배기가스는 용량이 작은 터보차저를 동작시키게 된다. 따라서 배기가스의 배출량이 적은 상태에서도 터보 래그의 발생 없이 과급이 가능해진다.

2) 엔진 회전속도 1,500~3,200rpm 영역

엔진 회전속도가 점차 증가하면서 고용량 터보차저로 배기가스가 유입될 수 있도록 바이패스 밸브를 조금씩 열어준다. 주로 저용량 터보차저로 배기가스가 유입되고, 나머지는 고용량 터보차저로 유입되어 저용량 터보차저의 과부하를 방지해준다.

3) 엔진 회전속도 3,200~4,200rpm 영역

엔진 회전속도가 충분히 큰 경우에는 고용량 터보차저로 배기가스가 유입될 수 있도록 바이패스 밸브를 열어준다. 고용량 터보차저가 동작되면서 출력은 향상되고, 터보차저 시스템은 과부하 없이 동작이 가능하게 된다.

4) 엔진 회전속도 4,200rpm 이상 영역

엔진 회전속도가 올라가 배기가스의 배출량이 터보차저의 용량을 벗어나는 영역에서는 고용량 터보차저로 흐르는 배기가스를 바이패스 시켜주어 터보차저의 과부하, 초킹을 방지해준다.

(3) 2단 터보차저의 장단점

1) 장점

① 엔진의 회전속도에 따라 용량이 다른 터보차저를 사용하기 때문에 엔진 토크가 커지고, 출력이 향상된다. 일반 터보차저에 비해 최대출력이 약 22%, 최대 토크는 약 13% 정도 향상된다.(BMW 차량 기준 일단 터보 3.0 엔진 최대 출력 230마력, 최대 토크 380 ft·lb, 이단 터보 엔진 최대 출력 280마력, 최대 토크 430 ft·lb이다.)

② 엔진의 운전 전 영역에서 터보차저의 사용이 가능하여 효율성이 증대되고 저속에서 터보 래그 현상이 저감되어 연비가 향상되며 배출가스가 저감된다. 일단 터보 시스템보다 40% 가량 연비의 절감 효과가 있고, 자연 흡기식 엔진 대비하여 CO_2가 약 17% 저감된다.

2) 단점

두 개의 터보차저가 적용되므로 구조가 복잡하여 내구성과 정비성이 저하되고, 중량과 부피, 비용이 증가한다.

03 전기 전동식 터보차저(E-TC : Electric Turbocharger)

(1) 전기 전동식 터보차저(E-TC : Electric Turbocharger)의 구성 및 작동 원리

전동식 터보차저는 터빈, 컴프레서 휠 사이의 샤프트에 전동 모터를 구성하여 휠을 회전시켜줄 수 있는 구조로 되어 있다. 3상 전기가 공급되면 모터가 회전하여 컴프레서 휠을 회전시켜 흡기를 과급한다.

전기 전동식 터보차저

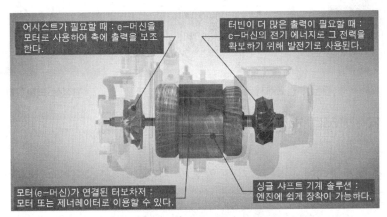

어시스트가 필요할 때 : e-머신을 모터로 사용하여 축에 출력을 보조한다.

터빈이 더 많은 출력이 필요할 때 : e-머신의 전기 에너지로 그 전력을 확보하기 위해 발전기로 사용된다.

모터(e-머신)가 연결된 터보차저 : 모터 또는 제너레이터로 이용할 수 있다.

싱글 샤프트 기계 솔루션 : 엔진에 쉽게 장착이 가능하다.

전기 전동식 터보차저 구조 및 기능

(2) 전기 전동식 터보차저(E-TC : Electric Turbocharger)의 장단점

1) 장점

① 엔진 전 영역에서 정밀한 제어가 가능하며, 응답성이 빠르고, 특히 저속 저부하에서 터보 래그를 최소화할 수 있다.

② 가솔린과 디젤 엔진 모두 적용이 가능하다.

③ 전동식 터보차저의 적용으로 기존 터보차저에 비해 연비가 10% 정도 향상된다.

2) 단점

① 엔진에서 발생되는 전기를 사용하므로, 엔진의 발전 성능이 저하되며, 구동력 손실이 발생할 수 있다.

② 전기 모터의 추가로 무게가 증가하며 배터리의 용량을 증대시켜야 한다.

③ 고온의 환경에서 작동하는 특성상, 모터의 내구성이 필요하며, 고성능 베어링, 고성능 터빈, 압축기 기술 등이 필요하다.

04 가변 용량 압축기(VGC : Variable Diffuser)

(1) 가변 용량 압축기(VGC : Variable Diffuser)의 구성 및 작동 원리

가변 용량 압축기는 기존의 고정식 터보차저의 컴프레서 휠 주변으로 가변적으로 동작할 수 있는 베인을 설치한다. 저속 저부하 영역에서는 흡기 유량이 적으므로 베인을 닫아 유속이 빠르게 하여 높은 부스트 압력을 발생시키고, 흡기 유량이 상대적으로 많은 고속 영역에서는 베인을 열어 흡기의 흐름이 원활하게 되도록 한다.

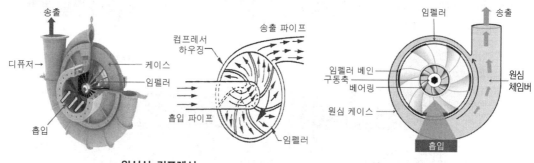

원심식 컴프레서   원심식 터보차저의 구조

(2) 가변형상 압축기(VGC : Variable Diffuser)의 장단점

1) 장점

① 엔진의 회전상태에 따라 흡기의 압력이 자유롭게 조절되기 때문에 흡입효율이 증대되고, 출력이 향상된다.

② 엔진의 운전 전 영역에서 효율성이 증대된다. 연비가 향상되며 배출가스가 저감된다.

2) 단점

① 베인을 조절하는 장치는 주로 솔레노이드를 사용한다. 고온에서는 사용이 어렵기 때문에 800~1000℃ 이상의 고온 배기가스를 배출하는 가솔린 엔진에는 적용이 어렵다.

② 구조가 복잡해 내구성과 정비성이 저하된다.

③ 엔진의 용량이 커질수록 터보차저의 크기가 커지게 된다.

05 트윈 터보차저(twin turbocharger)

(1) 트윈 터보차저(twin turbocharger)의 구성 및 작동 원리

트윈 터보차저는 동일한 크기의 소형 터보차저를 배기 매니폴드에 장착한 구조로 되어 있다. 하나의 배기관을 공유하는 직렬형(Sequential) 트윈 터보차저와 총 실린더 수의 반씩 배기 매니폴드를 나누어 구성하는 병렬형 트윈 터보차저가 있다.

직렬형 트윈 터보차저는 저속 구간에서는 하나의 터보차저만을 사용하여 터보 래그를 감소시키고, 고속 구간에서는 두 개의 터보차저를 모두 사용하여 최대 출력을 극대화한다. 병렬형 트윈 터보차저는 일반 터보차저와 동일하게 작동한다. 하지만 터보차저의 용량이 적은 저용량 터보차저를 장착하였기 때문에 터보 래그가 저감된다.

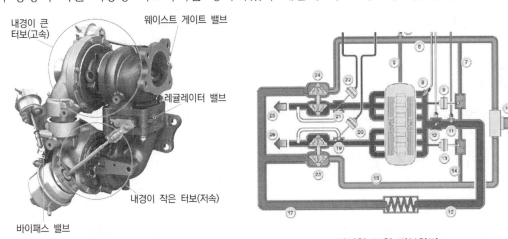

직렬형 트윈 터보차저 　　　　　　　　　병렬형 트윈 터보차저

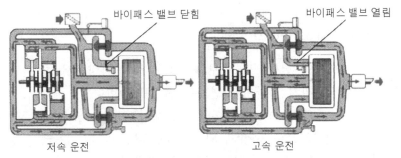

저속 운전 　　　　　　　　고속 운전

직렬형 트윈 터보차저

(2) 트윈 터보차저(twin turbocharger)의 특징 및 장단점

1) 장점

    ① 저용량의 터보차저를 장착했기 때문에 저속에서 터보 래그 현상이 저감되었다.

    ② 병렬형 트윈 터보차저는 각 실린더에서 나오는 배기간섭이 저감된다.

    ③ 직렬형 트윈 터보차저는 고속에서 두 개의 터보차저를 사용하므로 과부하로 인한 터보차저 파손을 저감시킬 수 있다.

2) 단점

    ① 배기관이 두개로 형성되어 구조가 복잡하고, 정비성이 저하된다.

    ② 저용량의 터보차저를 사용하므로 고속, 고부하에서 과부하가 발생할 수 있다.

기출문제 유형

✦ 터보 래그(Turbo Lag)를 정의하고, 이를 개선하기 위한 기술(또는 장치)에 대해 설명하시오.
(111-1-12)

✦ 트윈 터보 래그(Twin Turbo lag)에 대해 설명하시오.(119-1-4)

---

01 개요

터보차저는 배기가스의 에너지를 이용해 흡기의 체적효율을 높여주는 과급기를 말한다. 배기가스의 에너지를 터빈으로 회수하고, 터빈에 연결된 컴프레서를 이용해 공기를 압축시키는 방식의 과급기이다.

터보차저는 배기가스의 유동 에너지를 이용해서 흡기를 과급해주는 시스템이기 때문에 엔진의 회전속도가 느려서, 배기가스의 유동 에너지가 작을 때에는 과급 효율이 높지 않다. 또한 이 상태에서 가속을 해줄 경우 응답이 지연되는 현상인 터보 래그 현상이 발생한다.

02 터보 래그(Twin Turbo lag)의 정의

터보 래그는 응답지연 현상으로 터보차저가 장착된 차량에서 가속을 위해 가속페달을 밟아준 후 과급되기까지 시간이 지연되는 현상을 말한다.

터보차저는 터빈 휠(Turbine Wheel), 컴프레서 휠(Compressor Wheel), 연결 축(Shaft), 터보차저 하우징으로 구성이 되어 있다. 터빈 휠과 컴프레서 휠에는 블레이드(Blade)가 설치되어 있다. 배기가스가 토출되는 부분에 터빈 휠을 설치하고, 흡기 부분에 컴프레서 휠을 설치하면 배기가스의 토출 속도에 따라 터빈 휠이 회전하게 되고, 이와 동시에 연결 축으로 연결된 컴프레서가 회전하게 되면서 컴프레서의 블레이드에 의해 공기가 과급되게 된다.

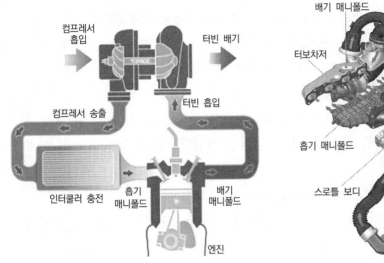

터보차저의 공기 흐름 사이클   **터보차저 시스템의 공기 흐름**

저속에서는 배기가스의 유량이 많지 않아 터빈을 회전시키는 속도가 빠르지 않다. 이때 가속페달을 밟으면 스로틀 밸브가 열리게 되어 흡기가 많아지고, 이 흡기가 연소실로 공급되어 연소 폭발된 후 배기가스의 양이 많아지게 된다. 따라서 가속페달을 밟음과 동시에 즉각적으로 터보차저의 터빈, 컴프레서가 작동되지 않고 약간의 시간 지연이 된 이후에 동작된다. 따라서 배기가스의 유량이 많은 중, 고속에서는 터보 래그의 현상이 저감된다.

03 터보 래그(Twin Turbo lag)의 개선 기술

터보 래그를 개선하기 위해 터보차저의 용량을 최적화하거나, 가변 베인을 설치해 주고, 이중으로 터보차저를 구성해 준다. 대표적으로 가변 용량 터보차저(VGT : Variable Geometry Turbocharger), 웨스트 게이트 터보차저(Westgate Turbocharger), 시퀀셜 터보차저(Sequential Turbocharger), 트윈 터보차저(Twin Turbocharger), 하이브리드 터보차저(Hybrid Turbocharger) 등이 있다.

(1) 가변 용량 터보차저(VGT : Variable Geometry Turbocharger)

가변 용량 터보차저는 터빈 휠에 가변 베인 플레이트를 적용하여 배기가스 유량에 따라 터보차저의 용량을 제어하는 시스템을 말한다. VNT(Variable Nozzle Turbine)라고도 한다.

(2) 웨이스트 게이트 터보차저(Wastegate Turbocharger)

웨이스트 게이트 터보차저는 터보차저 터빈의 설정치 이상으로 배기가스가 유입되는 경우 바이 패스시켜 터보차저의 과부하를 방지하는 시스템이다.

(3) 시퀀셜 터보차저(Sequential Turbocharger), 2단(2-Stage) 터보차저

직렬형 시퀀셜(Series Sequential), 2단 터보차저는 저용량, 고용량 터보차저를 직렬로 구성하여 저속 및 고속 운전 영역에서 과급 효율을 높인 과급기이다.

(4) 트윈 터보차저(Twin Turbocharger)

트윈 터보차저는 동일한 크기의 터보차저를 병렬로 배치하여 저속 및 고속 운전 영역에서 과급 효율을 높인 과급기이다. 병렬형 시퀀셜(Parallel Sequential) 터보차저라고도 한다.

(5) 하이브리드 터보차저(Hybrid Turbocharger)

하이브리드 터보차저는 수퍼차저와 터보차저를 혼합한 형태의 과급기를 말한다.

기출문제 유형

✦ 터보차저(Turbo charger)를 장착한 차량에 인터쿨러(Intercooler)를 함께 설치하는 이유를 열역학적 관점에서 설명하고, 인터쿨러의 냉각방식별 장단점을 설명하시오.(111-2-4)

---

01 개요

(1) 배경

터보차저는 배기가스의 에너지를 이용해 흡기의 체적효율을 높여주는 과급기를 말한다. 배기가스의 에너지를 터빈으로 회수하고, 터빈에 연결된 컴프레서를 이용해 공기를 압축시키는 방식의 과급기이다. 터보차저는 배기가스의 유동 에너지를 이용해서 흡기를 과급해 주는 시스템이기 때문에 흡입되는

공기가 압축되어 온도가 증가하게 된다. 이 경우 흡기 효율(체적, 충진 효율)이 저하되어 과급 효과가 저하될 수 있다. 이를 방지하기 위해 흡기의 온도를 낮출 수 있는 인터쿨러를 적용한다. 될 수 있다. 이를 방지해주기 위해 흡기의 온도를 낮출 수 있는 인터쿨러를 적용한다.

(2) 인터쿨러(Intercooler)의 정의

인터쿨러는 과급기의 압축에 의해 온도가 상승한 공기를 냉각하는 열교환기이다.

02 인터쿨러를 설치하는 이유

터보차저는 배기가스의 배출되는 에너지를 터빈으로 전달받아 컴프레서를 회전시켜 흡기를 과급해주는 시스템이다. 컴프레서는 흡기구 측에 설치되어 흡기를 과급해주는데, 공기는 매우 강한 압력을 받게 되어 온도가 증가하게 된다. 컴프레서측 출구 온도는 약 120~150℃ 정도를 형성하게 된다.

공기의 온도가 올라가게 되면 체적당 밀도가 저하되어, 공기 중에 포함된 산소의 양이 충분하지 못하게 된다. 따라서 충진 효율이

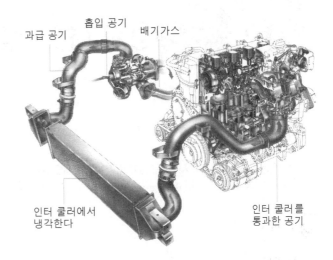

인터쿨러

저하되어 공기가 과급되는 양만큼 출력이 증가하지 못하게 된다. 이러한 단점을 방지하기기 위해 흡기 입구쪽에 인터쿨러를 설치하여 연소실로 유입되는 흡기의 온도를 낮춰준다.

03 인터쿨러 냉각방식의 종류 및 장단점

(1) 공냉식 인터쿨러(Air Cooled Type Intercooler)

공냉식 인터쿨러는 외부 공기를 이용해 냉각하는 방식의 인터쿨러를 말한다. 엔진 냉각용 라디에이터 앞에 설치하여 엔진 냉각계와 무관하게 차량의 주행속도에 따라 냉각된다. 수냉식에 비해 냉각효율은 낮지만, 구조가 간단하며 냉각수가 필요 없어 무게가 저감된다는 장점이 있다. 주행속도가 빠를수록 냉각 효율이 높기 때문에 주로 레이싱용 차량에 사용된다.

(2) 수냉식 인터쿨러(Water Cooled Type Intercooler)

수냉식 인터쿨러는 엔진 냉각수나 전용 냉각수를 이용해 냉각하는 방식의 인터쿨러를 말한다. 공냉식에 비해 구조가 복잡하고 냉각수 공급을 위해 동력이 사용되어 엔진의 구동력 손실이 발생한다. 하지만 저속 시에도 냉각효율이 높고, 주행 중에는 공기를 이용하여 냉각할 수도 있기 때문에 냉각 성능이 높다.

02 기계장치 / 연소실

기출문제 유형

✦ 자동차 엔진 설계 시 요구 성능을 설명하시오.(65-4-5)

01 개요

(1) 배경

자동차는 엔진에서 발생하는 동력을 이용해 육상에서 이동할 목적으로 제작한 교통 수단을 말한다. 화석연료를 사용하는 내연기관은 연료의 화학 에너지를 기계적 에너지로 변환하는 장치로 연료와 공기를 연소실 내에서 연소시킨 후 폭발되는 힘을 이용해 기계적인 동력을 얻는다. 따라서 엔진은 출력과 연소효율이 높으며 배출가스가 적어야 하며 내구성이 높아야 한다.

(2) 자동차 엔진의 정의

자동차 엔진(내연기관)은 연료와 공기를 연소실에서 연소시켜 에너지를 얻는 장치이다. 실린더, 피스톤, 커넥팅 로드, 크랭크축, 밸브, 캠축, 타이밍 벨트 등으로 구성되어 있다.

02 엔진 설계시 요구 성능

(1) 동력 성능(Power Performance)

엔진 설계 시 자동차의 특성에 맞는 동력 성능이 요구된다. 엔진의 동력 성능은 회전력(Torque)과 출력(Horse Power)으로 나타낼 수 있는데, 회전력은 물체를 회전시키는 원인이 되는 물리량을 말하며 내연기관의 크랭크축에 가해지는 돌림 힘을 말한다. 자동차의 출력은 보통 마력으로 나타내는데 1마력이란 75kg의 물체를 1초 동안에 1m 움직일 수 있는 힘을 말한다. 출력은 대부분 회전력(Torque)과 속도(회전수)를 곱하여 산출한다. 기본적으로 회전력과 출력은 배기량, 평균 유효압력, 회전속도에 많은 영향을 받는다.

하지만 배기량이 커질수록 마찰손실, 열손실이 발생하기 때문에 엔진에 요구되는 동력 성능에 맞는 적절한 배기량을 선택하여 설계해야 한다. 또한 엔진이 커질수록 중량이 증가하기 때문에 주행저항이 증가하여 동력 성능이 손실된다. 따라서 열손실을 저감하고 동력 손실을 최소화 해주기 위해 엔진의 용량을 줄이고 콤팩트하게 설계하는 다운사이징(Downsizing)을 고려하여 설계해야 한다.

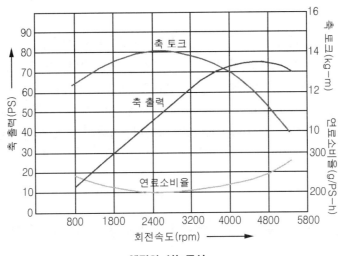

엔진의 성능곡선

(2) 연료 소비율

엔진은 높은 동력 성능이 요구되는 것과 동시에 낮은 연료 소비율이 요구된다. 비연료 소비율(SFC : Specific Fuel Consumption)은 출력 1마력당 1시간에 소비하는 연료 중량으로 엔진 회전수 2,000rpm~3,000rpm에서 최고의 효율을 보인다. 연료가 적게 소비되면서 축 토크가 높은 상태를 의미한다.

따라서 연료 소비율을 저감시키기 위해서는 마찰손실, 흡·배기 손실, 냉각손실 등을 줄여주고, 완전연소가 잘 이루어지며 조기점화나 표면점화 등의 이상 연소 현상(Knocking)이 발생하지 않을 수 있는 적절한 압축비와 점화시기, 공연비를 갖도록 설계해야 한다. 이를 위해 운동 부품의 무게를 경량화하고, 윤활 성능을 높이고 엔진의 사이즈를 축소시키는 방안이 있다. 가솔린 엔진의 압축비는 보통 7~11:1이며 디젤 엔진의 압축비는 보통 15~22:1이다. 공연비는 최대 토크가 나오는 가장 희박한 공연비 LBT(Leanest Air-Fuel Ratio for Best Torque)가 되도록 설정해준다.

> **참고** 연료 소비율은 연료 1L로 갈 수 있는 주행거리를 뜻하는 연료 소비율, 에너지 소비효율(단위 km/L)과 출력 1마력당 1시간에 소비하는 연료 중량을 뜻하는 비연료 소비율(SFC : Specific Fuel Consumption)을 사용한다. 단위는 [g/KW-h], [g/HP-h]이 있다. 엔진에서는 주로 비연료 소비율을 사용한다.

(3) 환경성능(배출가스)

엔진은 연료를 연소하여 동력 성능을 얻는 기구로 연소 후 배출가스에 유해물질이 최대한 포함되지 않도록 요구된다. 유해 배출가스는 스모그, 지구온난화 등 환경과 인체에 유해한 영향을 미치기 때문에 세계 각국에서는 법규로 유해 배출가스 배출량을 규제하고 있다. 유해 배출가스를 저감하기 위해서는 엔진을 다운사이징하여 열손실을 줄이고, 화염전파 길이를 축소하여 열효율을 높여야 한다.

(4) NVH 성능

엔진은 연료가 연소될 때 발생하는 폭발력으로 동력 성능을 얻기 때문에 소음과 진동이 발생한다. 엔진을 설계할 때는 소음·진동이 최대한 저감되어야 한다. 이를 위해서 연료와 공기가 잘 혼합될 수 있도록 난류(스월, 텀블)를 만들 수 있는 구조로 설계하며, 엔진의 진동이 중첩되어 감소되는 파워 오버랩이 될 수 있도록 기통을 다단화하고, 사이즈를 축소한다. 또한 노킹이 발생하지 않도록 압축비, 점화시기 등을 설정한다.

기출문제 유형

✦ 가솔린 엔진의 연소실 설계 시 고려해야 할 주요 사항 중 3가지를 들어 설명하시오. (78-4-5)

✦ 연소실의 S/V(Surface/Volume)비를 설명하시오.(83-1-7)

✦ 엔진의 효율을 결정짓는 가장 중요한 설계 요소는?(69-1-7)

✦ 이론적으로 압축비가 높을수록 엔진의 효율은 증대하는데, 실제로 가솔린 엔진의 경우 10 근방, 직분식 디젤 엔진의 경우 12-17 근방, 그리고 간접 분사식 디젤 엔진의 경우 20이 넘는 이유에 대해 설명하시오.(78-4-6)

---

01 개요

(1) 배경

자동차의 내연기관은 연료의 화학 에너지를 기계적 에너지로 변환하는 장치이다. 연료에 따라 엔진의 점화 방식이 달라지는데, 연료와 공기의 혼합기를 실린더 내부로 유입시켜 압축된 상태에서 점화시키는 불꽃 점화방식과 공기만 실린더 내부로 유입시킨 후 고온으로 압축된 상태에서 연료를 분사하여 자기착화시키는 압축 착화방식으로 나눌 수 있다.

실린더 내부로 유입된 혼합기와 공기는 피스톤에 의해 압축되는데 피스톤이 상사점에 위치해 있을 때 실린더 내부 공간은 최소가 된다. 이 공간을 연소실이라고 하는데 연소실의 형상은 엔진의 성격에 커다란 영향을 미친다.

(2) 연소실의 정의

연소실은 실린더 내부에서 피스톤이 상사점 위치에 있을 때의 공간을 말하는 것으로 피스톤 헤드, 밸브 헤드, 실린더 헤드 등으로 구성되는 부분이다.

02 연소실 설계 시 고려해야 할 주요 사항

(1) 연소실 체적대비 표면적(S/V : Surface Volume) 비율

1) S/V 비율의 정의

연소실의 체적대비 표면적 비율은 피스톤이 상사점 위치에 있을 때 체적과 표면적의 비율을 말한다.

2) S/V 비율과 열효율의 관계

S/V 비율이 작을수록 표면적이 작고, 체적이 크다. 표면적이 작으면 실린더 벽에 노출되는 비율이 작아지므로 냉각손실이 적어지는 장점이 있다. 또한 피스톤과 실린더 헤드 가장자리에 압입 와류(Squish)가 발생하게 되어 연료의 혼합 비율이 높아지고 열효율이 증가된다.

S/V 비율이 커지면 실린더와 피스톤의 틈새 체적(Crevice Volume)이 증가하고 실린더 벽면의 노출이 많아져 화염전파가 소실되는 소염층이 발생하게 된다. 따라서 저온 시 불완전연소로 HC, CO의 배출량이 증가하고 열효율이 저하된다.

(2) 압축비(r_c : Compression Ratio)

압축비는 실린더 내의 최대 체적과 최소 체적의 비로 표시된다. 즉, 연소실 체적 대비 실린더 체적의 비를 의미한다. 피스톤은 흡입행정 시 하사점까지 내려갔다가 압축행정 시 상사점까지 올라간다. 피스톤이 하사점일 때, 실린더 벽면과 실린더 헤드로 구성되어 있는 공간을 실린더 체적(V_d : Cylinder Volume)이라고 하며 피스톤이 상사점에 있을 때 피스톤, 실린더 벽면, 실린더 헤드의 공간을 연소실 체적(간극 체적, V_c : Clearance Volume)이라고 한다. 피스톤의 하사점과 상사점 높이의 공간을 행정체적이라고 한다.

압축비가 높을수록 연소실의 S/V 비율이 높아지며 공기의 온도도 올라가 열효율이 높아진다. 하지만 과도한 압축비는 연소실의 혼합기 온도를 올려 조기점화나 표면점화 등의 이상연소 현상을 발생시켜, 소음, 진동 현상이 심해지며, 엔진의 내구성이 저하되고, 심한 경우 파손시킬 수 있게 된다.

또한 고압축비 엔진에서는 폭발력이 증대되어 이를 저감하기 위해 엔진 구성품의 무게가 증가하게 된다. 이러한 한계 요소로 인해 가솔린 엔진의 압축비는 보통 7~11 : 1로 설정해 준다. 디젤 엔진은 공기만 공급하여 압축을 해주기 때문에 노킹의 발생에 대한 우려가 적다. 따라서 압축비를 높게 설정해 준다.

디젤 엔진의 압축비는 직분식 디젤 엔진은 12~17 : 1, 간접 분사식 디젤 엔진의 경우에는 15~22 : 1로 설정해 준다. 직접 분사식은 연료의 분사 상태, 미립화 등에 영향을 많이 받기 때문에 간접 분사식보다 압축비를 작게 설정해준다. 간접 분사식은 보조 연소실이 있기 때문에 압축비를 높여도 출력성능이 저하되지 않고 향상된다.

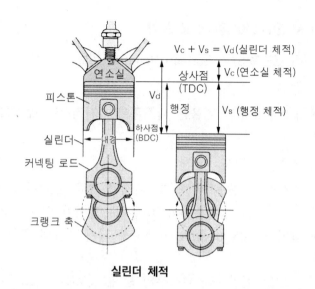

실린더 체적

$$\text{Compression Ratio, } r_c = \left(\frac{\text{Maximum Cylinder Volume}}{\text{Minimum Cylinder Volume}} \right) = \frac{V_c + V_s}{V_c}$$

여기서, r_c:압축비, V_c:연소실 체적, V_s:행정체적

(3) 실린더 행정 내경비(S/B : Stroke-Bore Ratio)

스트로크(Stroke)는 행정을 의미하며 보어(Bore)는 피스톤 안지름을 의미한다. S/B 비율이 1보다 크면 장행정 엔진, 1보다 작으면 단행정 엔진이다. S/V 비가 작을수록 연소실의 표면적이 줄어 열효율이 향상된다.

(4) 점화 플러그의 위치

가솔린 엔진은 점화 플러그로 부터 화염전파가 시작된다. 연소실 전체로 퍼지는 화염 전파거리가 짧을수록 열효율이 증가한다. 따라서 점화 플러그의 위치는 연소실의 중심 에 위치하도록 설계해야 한다.

(5) 흡·배기 밸브의 개수, 위치

연소실은 피스톤 상면, 실린더 헤드, 흡·배기 밸브 헤드, 점화 플러그 등으로 구성되 어 있다. 흡·배기 밸브가 크거나 많을수록 체적효율이 증대된다. 하지만 밸브가 커질수 록 무게가 증가하여 고속회전 시 흡·배기효율이 저하된다. 또한 연소실 체적의 한계로 인해 밸브의 개수도 제한된다. 이러한 요소를 고려하여 연소실의 효율이 최적화되는 밸 브의 각도와 형상, 개수를 설계해준다.

✦ 엔진 설계 변수 중 S/B 비(Stroke-Bore Ratio)의 정의와 이에 따른 엔진 성능 특성에 대해 설명하시오.(86-3-6)

✦ 실린더의 직경(Bore)을 크게 하는 경우 이점과 결점을 상세히 서술하고, 피스톤의 작동 행정(Stroke)을 짧게 하는 경우 이점과 결점을 상세히 설명하시오.(83-4-3)

01 개요

(1) 배경

자동차의 내연기관은 실린더 내부에서 연료를 연소시켜 연료의 화학 에너지를 기계적 에너지로 변환하는 장치이다. 배기량은 실린더의 체적과 기통수를 곱해준 값으로 같은 배기량이라도 실린더의 직경과 행정의 길이에 따라 연소 특성이 다르다.

단행정 엔진은 주로 연료와 공기의 혼합기를 실린더 내부로 유입시켜 압축된 상태에서 점화시키는 가솔린 엔진에 사용하고 장행정 엔진은 공기만 실린더 내부로 유입시킨 후 고온으로 압축된 상태에서 연료를 분사하여 자기착화시키는 디젤 엔진에 사용한다.

(2) 행정 내경비(S/B비 : Stroke-Bore Ratio)의 정의

행정 내경비는 실린더의 안지름과 피스톤의 행정 비율을 의미하며 피스톤의 행정(Stroke)을 피스톤의 안지름(Bore)로 나눈 값을 말한다.

02 행정 내경비의 종류 및 특성

스트로크(Stroke)는 행정을 의미하며 보어(Bore)는 실린더의 안지름을 의미한다. S/B 비율이 1보다 크면 장행정 엔진(Long Stroke, Under Square Engine), 1보다 작으면 단행정 엔진(Short Stroke, Over Square Engine), 1이면 정방형 기관(Square Engine)이라고 한다. S/V 비가 작을수록 연소실의 표면적이 줄어 열효율이 향상된다.

장행정 엔진	스퀘어(장방형) 엔진	단행정 엔진
실린더 내경보다 피스톤 행정이 큰 형식이다.	실린더 내경과 피스톤 행정의 크기가 똑같은 형식이다.	실린더 내경이 피스톤 행정보다 큰 형식이다.

실린더 행정과 내경비

(1) 단행정 엔진(오버스퀘어 엔진)

단행정 엔진은 행정(Stroke)이 피스톤 안지름(Bore)보다 작은 엔진으로 행정 내경비 (S/B비)가 1보다 작은 엔진을 말한다. 행정이 짧기 때문에 피스톤의 회전속도를 높일 수 있어서 단위 체적당 출력을 크게 할 수 있다. 또한, 엔진의 높이를 낮게 설계할 수 있으며, 흡·배기 밸브 지름을 크게 하여 밸브 리프트의 양을 작게 할 수 있어 고속 회전 시 흡·배기효율을 증대할 수 있다.

하지만, S/V비가 커져 HC의 배출이 많아지고, 피스톤의 면적이 넓어 열에 의한 과열 이 심해진다. 또한 저속에서 유속이 느리고, 엔진의 길이가 길어지며, 진동이 커진다는 단 점이 있다. 고속회전, 고출력을 지향하는 스포츠 타입은 단행정, 정방형 엔진을 사용한다.

(2) 장행정 엔진(언더스퀘어 엔진)

장행정 엔진은 S/B 비가 1보다 큰 엔진으로 행정이 길기 때문에 회전력(Torque)이 크다. 피스톤 측압이 적어 실린더 마모가 적다. 또한 S/V비가 작아서 열손실이 적고, 압축비가 커서 열효율이 높다. 하지만 윤활성이 떨어지고 피스톤의 회전속도를 높이는 데 한계가 있어서 고속, 고출력이 제한된다. 연료 분사 후 미립화 및 혼합 시간이 필요 한 디젤 엔진, 저속 고출력 엔진에 적합하다.

기출문제 유형

✦ 엔진의 튠업(Tune Up)을 설명하시오.(56-1-4)

---

01 개요

자동차는 엔진에서 발생하는 동력을 이용해 육상에서 이동할 목적으로 제작한 교통 수단을 말한다. 화석연료를 사용하는 내연기관은 연료의 화학 에너지를 기계적 에너지 로 변환하는 장치로 연료와 공기를 연소실 내에서 연소시킨 후 폭발되는 힘을 이용해 기계적인 동력을 얻는다. 따라서 엔진은 출력과 연소효율이 높으며 배출가스가 적어야 하며 내구성이 높아야 한다.

02 엔진 튠업(Tuen Up)의 정의

엔진의 튠업이란 노후화 된 엔진의 성능을 회복시키기 위한 조정 작업을 말한다. 실 린더의 압축 압력, 점화 장치, 연료장치 등의 점검, 조정 작업을 뜻한다.

참고 튜닝은 자동차의 성능을 운전자의 취향에 맞게 향상시키는 것을 뜻한다.

03 엔진 튠업(Tuen Up)의 필요성

자동차의 엔진은 약 2,000~2,500℃, 0~80bar 정도의 고온, 고압의 환경에서 분당 1,000~6,000의 회전속도로 작동한다. 따라서 기계 장치는 매우 열악한 환경에 노출되어 작동하고 있다고 할 수 있다. 시간이 지날수록 운동 부품은 마찰, 마모되어 손상되고, 점화 계통, 연료 계통의 부품은 노화되어 각종 고장이 발생한다. 이때 엔진의 정밀한 점검을 통해 불량 부품을 파악하고, 정비하여 엔진의 성능을 유지할 수 있어야 한다.

04 엔진의 문제점과 엔진 튠업(Tuen Up)의 방법

엔진에서 발생하는 문제점은 크게 점화계통, 연료계통, 기계계통, 전기계통으로 구분할 수 있다. 점화계통에 문제가 생긴 경우 시동이 잘 안 걸리거나, 공회전 상태에서 부조가 발생하고, 배기가스가 많이 발생한다. 이런 경우에는 점화 코일, 점화 플러그, CKP(Crankshaft Position Sensor), CMP(Camshaft Position Sensor), Knock Sensor 등, 점화계통과 관련된 센서와 액추에이터를 점검한다.

연료계통에 문제가 생기는 경우, 가속이 불량해지고, 연비가 저하되며, 주행 중 울컥거림이 발생한다. 이런 경우 공기 흡입계통과 관련된 MAF(Mass Air Flow Sensor), MAP(Manifold Absolute Pressure Sensor), O_2 Sensor를 점검하고, 연료계통과 관련된 인젝터, 연료 펌프, 연료 필터 등을 점검한다. 기계계통에서 문제가 생기는 경우, 엔진의 소음, 진동 현상이 심해지고, 윤활유의 소모량이 많아진다.

Knock Sensor의 신호를 점검하고, 엔진 실린더의 압축압력 측정을 통해 피스톤과 실린더의 상태를 점검한다. 전기계통에서 문제가 발생하는 경우, 엔진 경고등이 점등되며, 시동성이 저하된다. 이런 경우, 스캐너를 통해 전자장치의 고장 유무를 점검한다.

기출문제 유형

✦ 가솔린 직분식(GDI) 엔진 연소실의 기본구조와 연소 특성에 대해 설명하시오.(90-4-5)

---

01 개요

(1) 배경

가솔린 엔진은 휘발유로 구동되도록 설계된 불꽃 점화 엔진으로 연료를 직접 연소시켜 발생하는 열에너지를 기계적인 일로 변환하여 구동력을 얻는 원동기이다. 연료와 공기를 혼합한 공기를 연소실로 넣어주고 압축시킨 후 점화 플러그의 전기 스파크를 인가하여 연소시키는 방식을 사용한다. 초기에는 기화기(Carburetor) 방식을 사용하였다.

이후 성능의 개선을 위해 흡기 포트에 인젝터를 장착하여 실린더 입구에서 연료를 분사해 주는 포트 분사식이 개발되었고, 기술이 발전함에 따라 연소실 내부에 직접 연료를 분사해 주는 직접 분사식이 개발되었다.

(2) 가솔린 직분식(GDI : Gasoline Direct Injection) 엔진의 정의

가솔린 직분식 엔진은 연료를 연소실 내부로 직접 분사하는 방식의 엔진이다.

02 가솔린 직분식(GDI) 엔진 연소실의 구조와 연소 특성

(1) 분무 유도식 연소실(Spray Oriented Combustion Chamber)

분무 유도식 연소실은 인젝터가 연소실 중앙부에 위치하고 점화 플러그가 한쪽에 치우친 구조로 되어 있는 구조이다. 피스톤 헤드는 연료의 분산을 막기 위해 오목한 구조로 되어 있어서 S/V비가 좋아지고 피스톤 링 등으로 연료가 손실되지 않도록 할 수 있다.

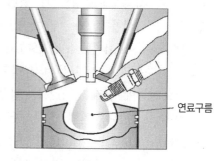

연료구름

연료는 점화 플러그 주변으로 분사되어 농후한 연료 구름을 형성할 수 있다. 연료의 성층화가 용

분무 유도식 연소실

이하여 희박 연소가 가능하다는 장점이 있다. 하지만 점화 플러그가 연료에 젖고, 화염의 유동성이 적어 연소실 벽에 부착된 연료 입자는 연소되지 않을 수 있다는 단점이 있다.

(2) 벽 유도식 연소실(Wall Oriented Combustion Chamber)

벽면 유도식 연소실은 점화 플러그가 연소실의 중앙부에 위치하고 인젝터가 한쪽으로 치우친 구조로 되어 있다. 피스톤의 상면은 한쪽이 오목한 비대칭 형상으로 구성되어 연료의 유동을 용이하게 만드는 구조로 되어 있다. 이 형식은 공기 와류를 이용하여 농후한 혼합기가 점화 플러그 주위에 형성되도록 만든다.

인젝터가 연소실의 한쪽에서 피스톤 상면의 캐비티 쪽을 향하여 연료를 분사하면, 분사된 연료는 공기의 유동(스월, 텀블)에 의해 점화 플러그 주위에 농후한 연료 구름을 형성한다. 공기의 유동을 이용하기 때문에 희박연소가 가능하고 화염 전파속도가 빠르다는 장점이 있다. 하지만 실린더 내부 유동을 이용하여 혼합기를 형성하기 때문에 넓은 운전 영역에서의 성층연소 구현이 어렵고 피스톤에 충돌하는 연료가 탄화수소(HC)로 배출되기 쉬운 점이 단점이다.

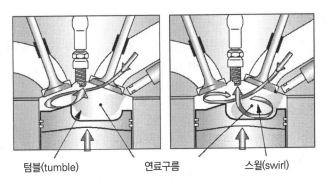

텀블(tumble)　　　　연료구름　　　　스월(swirl)

스월 유동과 텀블 유동

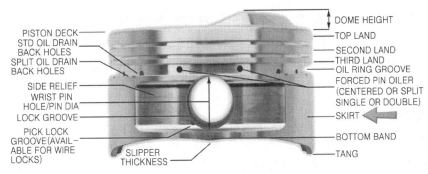

피스톤의 각 부위별 명칭

01 개요

(1) 배경

디젤 엔진은 연료를 착화하기 위해 고도로 압축된 고온의 공기를 이용한다. 가솔린 엔진과 같이 점화 플러그 한 곳에서 점화가 발생하는 것이 아니라 연료가 분사되면서 다중으로 착화가 되기 때문에 피스톤으로 전달되는 토크가 높다.

하지만 고온으로 압축된 공기로 연료를 분사시켜야 하기 때문에 연료 분사 압력이 높아야 하고 연료의 무화성이 중요하다. 이를 위해서 다양한 연소실을 구성하여 연소효율을 높이고 있다.

(2) 디젤 엔진의 정의

디젤 엔진은 압축 착화기관으로, 실린더 안에 공기를 압축해서 온도를 높인 후 연료를 실린더 안에 분사하여 스스로 착화되도록 하는 장치이다.

02 디젤 엔진 연소실의 종류

디젤 엔진의 연소실 종류는 직접 분사실식(Direct Injection)과 간접 분사실식(Indirect Injection)이 있다.

(1) 직접 분사실식(Direct Injection)

직접 분사실식은 연료를 압축된 상태의 피스톤 헤드 상부와 실린더로 구성된 주연소실로 직접 분사하는 방식으로 디젤 승용자동차에서 주로 사용하는 방식이다. 직접 분사실식에서는 연료와 공기의 혼합시간이 짧기 때문에 연료의 무화성, 투과성, 혼합성이 매우 중요하다.

1) 접시형(저와류형)

피스톤 헤드의 중심부가 단순한 접시 형상으로 이루어져 있는 구조로 표면적대 체적비(S/V비)가 작아 냉각 손실량과 연료 소비량이 적다. 즉, 구조가 간단하여 제작이 간편하고 연소실 표면적이 작아 냉시동성이 개선된다. 피스톤 가장자리의 평면부는 강한 압입와류(Squish)를 생성시켜 연료를 연소실 공간 전체에 균일하게 분산시켜 연소효율이 높아진다. 하지만 피스톤의 열부하가 크고 공기유동이 작아 연료 분사 상태가 기관 성능에 직접적으로 영향을 미친다.

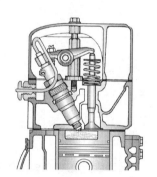

접시형 연소실

2) 토로이덜형(고와류형) 연소실

피스톤 형상이 와류를 형성할 수 있도록 하트형으로 구성되어 있는 연소실이다. 압축 시 피스톤과 실린더 헤드부 가장자리에서 발생하는 압입 와류에 의해 연소실 내부에 강한 와류를 형성하여 연료와 공기의 혼합이 촉진되어 연소효율이 향상된다. 주로 소형, 고속 엔진에 사용된다.

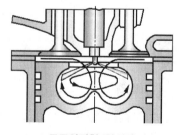

트로이덜형 연소실

3) 고와류 구형 연소실

피스톤의 상면에 깊은 구형의 형상을 만들고 구형 가장자리에 인젝터를 위치시켜 연료를 분사한다. 연료는 공기 와류와 동일한 회전방향으로 분사되어 연소실 표면에 충돌하여 얇은 유막을 형성한다. 공기와류는 유막을 지나가면서 연료를 증발시킨다.

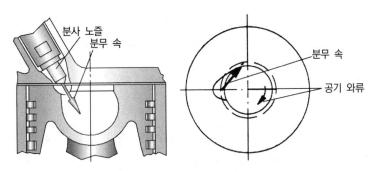

고와류 구형 연소실

이때 먼저 기화된 연료가 1차로 연소가 되고 연소실 표면에 유막상태로 남아 있는 연료는 차례로 기화하여 연소된다. 따라서 비교적 균일한 혼합기가 형성되며, 연소기간이 길고 압력 상승이 낮아 노킹 발생이 적고, 부드럽고 정숙한 연소가 된다. 이 형식은 연료에 대한 민감성이 낮고 연료 소비율(g/KW-h)이 낮다는 장점이 있다. 하지만 냉시동 상태에서 연료의 기화가 불완전하여 냉시동 시 시동 보조장치가 필요하다.

(2) 간접 분사실식(In-direct Injection)

간접 분사실식은 주연소실과 부연소실로 구성되어 있다. 부연소실로 연료가 분사되어 공기와 혼합되어 착화된 후에 주연소실로 화염이 확산되는 방식이다. 간접 분사실식은 예연소실식과 와류실식 등이 있으나 현재는 거의 사용되지 않는다.

1) 예연소실식

실린더 헤드 부분에 주연소실과 연결된 예연소실이 구성된다. 압축행정 시 주연소실로부터 예연소실로 유입되는 강력한 공기 유동이 예연소실에서의 혼합기 형성을 촉진시킨다. 착화지연이 짧고, 연료에 민감하지 않으며, 연소과정이 부드럽다. 따라서 소음이 적다는 장점이 있다. 하지만 구조가 복잡하고 연료 소비율이 높다(열효율이 낮다)는 단점이 있다.

예연소실식 연소실

2) 와류실식

와류실식은 실린더 헤드 부분에 주연소실을 구성하고 그 위쪽으로 구형의 와류실을 부연소실로 구성한 방식이다. 압축행정 시에 피스톤이 압축되면 공기는 부연소실에서 와류를 형성하고 이때 연료를 분사해 주면 혼합기는 층상으로 형성된다. 부연소실에서 연소가 개시된 다음 연결통로를 통해 주연소실로 분출되고, 주연소실의 공기와 혼합되어 연소된다. 와류 형성으로 인해

와류실식 연소실

예연소실식보다 열효율이 좋고, 고속에서 매연이 거의 발생되지 않는다. 하지만 구조가 복잡하고 직접 연소실식보다 연료가 소비되는 비율이 높다.

03 직접 분사실식의 특징

(1) 장점

① 연소실 체적 대비 연소실 표면적(S/V비)이 작기 때문에 열손실이 적고, 교축 손실과 와류 손실이 없어 열효율이 높다.
② 실린더 헤드, 연소실의 구조가 간단하므로 중량이 가볍고, 열에 의한 변형이 적어 엔진의 수명이 길며 고출력 엔진에 적합하다.
③ 연소실의 표면적이 작아 냉각손실이 작기 때문에 냉시동이 용이하다.

(2) 단점

① 혼합기의 형성기간이 짧고, 연소가 급격히 진행되므로 연료의 성질에 민감하고, 노크의 경향성이 높다. 따라서 발화성이 좋은 양질의 연료를 필요로 한다.
② 연소가 급격히 진행되므로 국부적으로 2,000℃ 이상의 고온이 형성되며, 엔진의 진동과 소음이 심하다.
③ 짧은 시간 내에 양호한 혼합기를 형성시키기 위해 분사압력을 높게 하고(최대 약 2,200bar까지) 다공 노즐을 주로 사용하기 때문에 연료 분사장치의 수명이 짧고 고장의 빈도가 높다.
④ 엔진의 회전속도, 연료 분사 상태, 분사 노즐 상태가 엔진의 성능에 큰 영향을 미친다.
⑤ 다른 형식에 비해 공기 과잉률이 높고, 연소가 급격히 진행되므로 고속회전에 불리하며 질소산화물(NOx)이 비교적 많이 배출된다.

기출문제 유형

✦ 다음 질문에 대해 설명하시오.(102-4-6)
 1) 엔진을 장시간 운전할 때 실린더가 진원이 되지 않는 이유
 2) 실린더 벽의 마모량은 실린더의 길이 방향으로 모두 같지 않는 이유
 3) 상사점과 하사점에서 피스톤의 마찰력이 0이 되지 않는 이유

01 개요

(1) 배경

엔진은 연료가 연소하면서 발생하는 열에너지를 기계적인 에너지로 변환하는 장치이다. 실린더 블록, 실린더 라이너, 피스톤, 커넥팅 로드, 크랭크축 등으로 구성이 되어 있다. 실린더는 원통형으로 피스톤이 왕복하면서 폭발력을 전달할 수 있도록 만들어져 있다.

높은 열과 고속으로 운동하는 부품의 마찰을 견뎌야 하므로 실린더의 재료는 높은 강도와 강성이 요구된다. 기존에는 주철이 주로 사용되었지만 경량화를 위해 알루미늄 합금이 적용되고 있다. 또한 실린더 라이너와 피스톤 사이의 간격은 라이너와 피스톤의 재료에 따라 다르다.

(2) 실린더의 정의

실린더는 내연기관, 증기기관 등의 주요부품 중 하나로 속이 빈 원통 모양의 원기둥을 말하며 진원통으로 가공되어 있다.

(3) 실린더의 특성

실린더는 피스톤이 왕복운동을 할 수 있도록 만든 공간으로 진원통으로 가공되어 있다. 실린더의 직경과 길이에 따라 엔진 배기량이 달라진다. 실린더는 고온 고압의 연소가스에 지속적으로 노출되기 때문에 충분한 강도가 필요하며, 일정한 온도(200~300℃)에서 작동될 수 있도록 열전도율이 좋아야 한다.

또한 피스톤 링과 마찰되며 피스톤의 운동방향을 결정해 주기 때문에 피스톤의 왕복운동에 충분히 견딜 수 있는 내마멸성이 우수한 재질을 사용해야 한다.

02 엔진을 장시간 운전할 때 실린더가 진원이 되지 않는 이유

엔진을 장시간 운전을 하면 피스톤과 실린더는 고온의 폭발 연소가스에 지속적으로 노출되어있는 상태가 된다. 따라서 피스톤은 열팽창이 되어 실린더 벽면에 접촉되는 부분이 넓어져 냉각 시보다 마찰, 마모에 불리한 상태가 된다. 또한 피스톤의 운동방향은 기본적으로 상하 왕복운동이지만 피스톤 핀으로만 고정이 되어 있기 때문에 상하 왕복운동 시 피스톤 핀을 기준으로 좌우로 움직이게 된다.

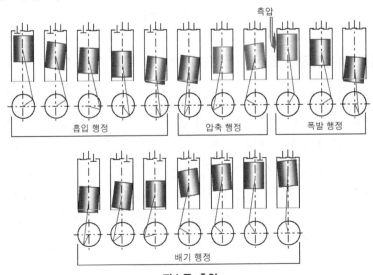

피스톤 측압

커넥팅 로드를 통해 크랭크축을 회전시키기 때문에 회전방향으로 실린더 벽과 충돌이 발생하게 된다. 따라서 장기간 운전 시 실린더 벽은 피스톤과 마찰되는 부분이 마모가 되어 진원이 되지 않게 된다.

4행정 엔진의 경우 피스톤이 상하 왕복운동을 하면서 실린더 벽과 마찰되는 부분이 달라진다. 피스톤이 상승할 때는 회전방향 쪽으로 힘이 발생하여 그림의 오른쪽 실린더 벽면과 마찰하며 올라가게 된다. 피스톤이 폭발력에 의해 하강할 때는 회전방향과 반대쪽의 실린더 벽면과 마찰하며 내려가게 된다. 이 과정에서 피스톤은 좌우의 실린더 벽면과 계속 마찰하며 왕복운동을 하게 된다. 따라서 실린더 벽의 마모량은 실린더 길이 방향으로 모두 같지 않게 된다. 특히 피스톤 상부측은 윤활성능이 떨어지기 때문에 마모량이 더 많아지게 된다.

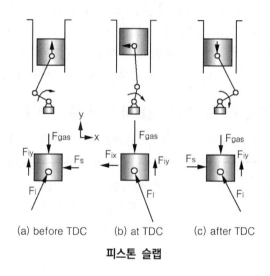

(a) before TDC   (b) at TDC   (c) after TDC

피스톤 슬랩

03 상사점과 하사점에서 피스톤의 마찰력이 0이 되지 않는 이유

피스톤은 압축 링, 오일 링으로 피스톤 링이 설치되어 있다. 오일 링은 실린더 벽면과 적절한 양의 오일을 형성하여 주며 폭발행정 시 실린더 벽면의 윤활유를 제거해주는 역할을 한다. 피스톤의 운동 방향이 바뀌는 상사점과 하사점에서는 피스톤 링과 실린더 벽면의 윤활 상태는 경계윤활 상태가 되고 나머지 행정에서는 대부분 유체윤활 상태가 된다.

윤활 상태는 마찰계수 0.001 정도이며 경계윤활 상태는 마찰계수가 0.01 정도이다. 마찰력이 0인 상태는 마찰력이 없는 상태를 의미하며 상사점과 하사점에서 피스톤 운동 방향의 변동으로 인해 실린더 벽과 마찰이 발생하여 경계윤활 상태가 되어 마찰력이 발생한다.

✦ 피스톤 슬랩과 간극의 차이가 엔진에 미치는 영향을 설명하시오.(108-1-6)

✦ 피스톤 슬랩을 설명하시오.(60-1-12)

✦ 피스톤 슬랩(piston slap) 감소 방법에 대해 설명하시오.(89-2-4)

01 개요

(1) 배경

엔진은 연료가 연소하면서 발생하는 열에너지를 기계적인 에너지로 변환하는 장치이다. 실린더 블록, 실린더 라이너, 피스톤, 커넥팅 로드, 크랭크축 등으로 구성이 되어 있다. 실린더는 원통형으로 피스톤이 왕복하면서 폭발력을 전달할 수 있도록 만들어져 있다. 높은 열과 고속으로 운동하는 부품의 마찰을 견뎌야 하므로 실린더의 재료는 높은 강도와 강성이 요구된다.

실린더 라이너와 피스톤 사이의 간극은 라이너와 피스톤의 재료에 따라 다르다. 간극이 작으면 마찰, 마모가 되어 내구성이 떨어지고, 간극이 크면 연소가스가 크랭크샤프트 케이스로 누설되며 피스톤 슬랩이 발생한다.

(2) 피스톤 슬랩(Piston Slap)의 정의

피스톤이 실린더 벽을 때려 소음, 진동이 발생하는 현상으로 주로 피스톤과 실린더의 간극이 클 때 발생한다.

02 피스톤 슬랩의 발생 과정

피스톤은 실린더 내부에서 왕복운동을 하는데 회전운동을 하는 크랭크축에 커넥팅 로드로 연결되어 있기 때문에 왕복운동을 하면서 좌우로 측압이 발생하게 된다. 따라서 피스톤과 실린더의 간극이 크면 운동의 방향이 바뀔 때 피스톤의 핀을 중심으로 스커트 부가 흔들리게 되고 실린더 벽면에 충격을 주어 타격 음을 내는 현상이 발생한다. 저온일 때 피스톤과 실린더 사이의 간극이 커서 자주 발생하며 고온일 때는 피스톤의 열팽창으로 인해 피스톤 슬랩이 잘 발생하지 않게 된다. 사이드 노크(Side-Knock)라고도 한다.

03 간극의 차이가 엔진에 미치는 영향

피스톤 간극(Piston Clearance)은 피스톤과 실린더 사이의 틈새를 말하며, 보통 실린더 내경과 피스톤의 외경과 차이로 나타낼 수 있다.

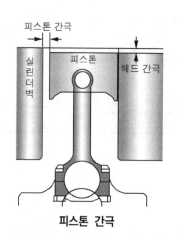

피스톤 간극

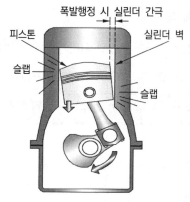

피스톤 슬랩

(1) 피스톤 간극(Piston Clearance)이 작은 경우

피스톤 간극이 작으면 피스톤과 실린더의 마찰이 심해져 소손된다. 따라서 엔진의 마찰손실이 커져 출력이 저하되고 연소효율이 저하된다. 과도한 엔진 운전 시 피스톤이 열 팽창하여 피스톤 간극이 작아진다.

(2) 피스톤 간극(Piston Clearance)이 큰 경우

피스톤 간극이 크면 엔진 윤활유가 연소실에 남아서 연소되고, 틈새로 팽창 연소가스가 누설되어 제동마력이 손실되고 열효율이 저하된다. 또한 피스톤이 피스톤 핀을 중심으로 흔들리게 되어 피스톤 스커트 부위가 실린더 벽면을 타격하는 피스톤 슬랩이 발생한다.

이로 인해 엔진의 출력이 저하되고 피스톤, 실린더 벽면이 파손된다. 주로 온도가 낮은 냉시동 상태에서 피스톤 간극이 크며 이후 엔진이 운전되면 피스톤의 열팽창으로 인해 피스톤 간극이 감소한다.

04 피스톤 슬랩(Piston Slap)의 감소 방안

피스톤 슬랩을 줄이기 위해서는 피스톤 간극이 유지될 수 있도록 피스톤의 팽창률을 적게 하고 피스톤을 경량화 한다. 또한 피스톤 핀의 옵셋을 조정하거나 측압부 접촉면적을 향상시켜 주는 방법이 있다. 대표적으로 오토서믹 피스톤, 슬리퍼 피스톤, 옵셋 피스톤, 인바 스트럿(오토서믹) 피스톤 등이 있다.

테이퍼형(A〉B)　타원형(A〉B)　스플리트형　옵셋형　슬리퍼형　인바스트럿형

알루미늄 합금 피스톤의 종류

(1) 피스톤 팽창률 저감

① 오토서믹 피스톤(Auto-Thermic Piston)은 인바 스트럿 피스톤(Invar Strut Piston)의 일종이며, 알루미늄 합금으로 만든 피스톤에 열팽창률이 극히 적은 인바강편(Steel Band)을 양쪽 보스부에 각각 삽입하여 일체 주조한 피스톤으로 스커트부의 측압 방향으로 열팽창을 억제시켜 실린더 벽과 피스톤의 간극을 최소화하여 피스톤 슬랩을 저감시킨다.

② 스플릿 피스톤(Split Piston)은 측압이 작은 쪽의 피트톤 스커트부에 약간 경사지게 가는 홈을 두는 구조의 피스톤이다. 홈은 스커트 부에 열전도를 감소시키고, 열팽창을 최소화해주어 피스톤 간극을 줄여줄 수 있는 구조이다. 따라서 피스톤 슬랩이 저감된다.

(2) 피스톤 측압부 상하 면적 증가, 피스톤 경량화

슬리퍼 피스톤(Slipper Piston)은 측압을 받지 않는 스커트의 일부를 제거한 구조의 피스톤이다. 피스톤의 무게가 줄어들어 회전 관성이 줄어들고 열전달 효율이 증가한다. 또한 열팽창이 되어 가로 방향의 측압 부위가 증가하더라도 실린더 벽과의 접촉 면적이 줄어들어 마찰력이 감소하고 피스톤 하강 시 커넥팅 로드에 간섭을 덜 받게 되어 설계 자유도가 높아진다. 슬리퍼 피스톤을 적용하면 무게를 늘리지 않고 실린더 벽과 상하 접촉면적을 크게(유지) 해주어 피스톤 슬랩이 저감된다.

(3) 피스톤 핀의 옵셋 조정

옵셋 피스톤(Off-Set Piston)은 피스톤 핀의 옵셋을 중심 위치로부터 1~2.5mm 정도 이동하여 설정한 피스톤이다. 상사점에서 경사 변화 시기를 늦게 만들어 피스톤 슬랩을 저감시킬 수 있다. 일반적인 옵셋의 양은 1.5~3mm 정도이며, 옵셋의 양이 과도하면, 피스톤 링의 이상 마모, 피스톤 파손 등이 발생하기 때문에 적정한 값을 사용해야 한다.

기출문제 유형

✦ 내연기관에서 열부하를 적게 받기 위한 피스톤의 설계방법 3가지를 설명하시오.(110-1-1)

---

01 개요

엔진은 연료가 연소하면서 발생하는 열에너지를 기계적인 에너지로 변환하는 장치이다. 실린더 블록, 실린더 라이너, 피스톤, 커넥팅 로드, 크랭크축 등으로 구성이 되어 있다. 피스톤은 고온의 조건에서 고속으로 왕복하면서 폭발력을 전달하는 부품으로, 실린더 벽과의 마찰을 견뎌야 하므로 높은 강도와 강성이 요구된다.

피스톤은 실린더 내부에 위치하여 연료의 폭발에 의한 폭발력을 커넥팅 로드로 전달하는 부품이다. 피스톤 헤드부, 피스톤 스커트부, 피스톤 보스부, 피스톤 핀으로 구분할 수 있다.

- 피스톤 헤드
- 피스톤 압축 링
- 피스톤 핀
- 피스톤 보스부
- 피스톤 스커트부
- 커넥팅 로드
- 크랭크 핀 저널
- 크랭크축
- 크랭크축 메인 저널

피스톤 및 커넥팅로드 어셈블리

02 피스톤의 구비 조건

① **열팽창이 작을 것** : 피스톤은 실린더 내부에서 고온의 조건에서 동작하므로 열팽창으로 인해 부피가 커질 경우 윤활이 원활하게 되지 않아 실린더 벽과의 마찰이 심화된다. 따라서 열팽창률이 작은 피스톤이 요구된다.

② **기계적 강도, 강성이 클 것** : 피스톤은 실린더 내부에서 연료의 연소에 의해 발생하는 폭발력을 견뎌야 하며 상하운동을 통해 폭발력을 전달할 때 운동방향이 바뀌는 시점에 실린더 벽면에 압력(측압)을 가하게 된다. 따라서 높은 기계적 강도, 강성, 내구성이 요구된다.

③ **무게가 가벼울 것** : 피스톤은 연료의 연소에 의해 발생하는 폭발력을 전달하는 부품으로 중량이 무거울 경우 동력전달 효율이 저하되어 출력이 저하된다. 따라서 무게가 가벼운 피스톤이 요구된다.

④ **열전도율이 좋을 것** : 피스톤은 고온 연료의 연소에 의해 발생하는 폭발력을 전달한다. 피스톤 헤드부로 받는 열을 실린더 벽으로 전도하는 능력이 클수록 열팽창이 작아지고 내구성이 향상된다.

03 피스톤이 받는 열부하

폭발행정에서 발생하는 연료의 연소 온도는 최고 2,500℃ 정도 된다. 이 연소열은 피스톤 헤드부, 피스톤 링, 윤활유, 실린더 벽으로 전달되어 냉각된다. 피스톤 헤드부는 연소열에 의해 중심부는 약 350℃의 온도까지 올라가게 된다.

피스톤 링에서 열이 전달되므로 스커트 부위는 상대적으로 낮은 온도인 약 150℃ 정도가 된다. 피스톤의 열부하가 커지면 재료 강도가 저하되며, 부품의 온도 분포 불균일로 인해 열응력이 증가한다. 또한 표면 온도가 올라가 흡입효율(체적, 충진효율)이 저하되며, 조기착화, 표면 점화 등의 이상점화 현상이 발생한다.

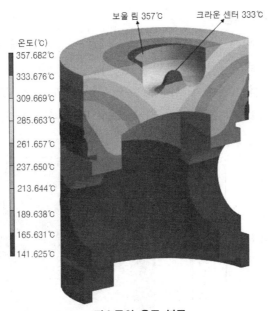

피스톤의 온도 분포
(자료 : www.sciencedirect.com)

04 피스톤이 받는 열부하를 적게 하기 위한 설계 방안

(1) 피스톤 재료 변경

피스톤은 연료의 연소열을 실린더 벽으로 전달한다. 따라서 피스톤에 적용되는 재료를 열전도율이 높은 소재로 설계하면 피스톤이 받는 열부하를 저감시킬 수 있다. 알루미늄은 열전도율이 높고 무게가 가볍다. 최근 기존의 알루미늄 합금이 가지고 있는 물리적인 특성의 한계를 극복하기 위해서 새로운 주조용 및 단조용 합금 소재 개발, 부분강화 기술, 코팅기술, 스틸 및 마그네슘 피스톤 등의 새로운 소재 및 공법에 대한 기술개발을 진행하고 있다. 알루미늄 단조 피스톤은 재료의 조직을 보다 미세화 할 수 있어서 재료의 기계적 및 물리적 강도를 증가시킬 수 있으며 고속, 고출력 가솔린 엔진에 적합하다.

(2) 피스톤 형상 변경

피스톤의 열부하가 커지면 재료의 강도가 저하되며, 열팽창이 된다. 열팽창에 의해 실린더 벽과 마찰이 되고 심한 경우 파손될 수 있다. 피스톤의 열부하로 인한 마찰을 방지하기 위해 스커트 부에 홈을 가공하여 열팽창이 발생해도 피스톤의 직경이 커지지 않는 스플릿 피스톤(Split Piston), 열팽창률이 극히 적은 인바강을 삽입한 오토서믹 피스톤(Autothermic Piston), 피스톤 핀 방향의 직경을 스커트부 직경보다 작게 하여 열팽창 시 보스부의 직경이 커져 피스톤이 진원이 되게 만든 캠연마 피스톤(Cam Ground Piston) 등을 적용한다.

(3) 피스톤 냉각 갤러리 적용

피스톤의 냉각을 위해 냉각 갤러리를 적용한다. 냉각 갤러리는 피스톤에 냉각 채널을 형성하여 오일 제트로부터 냉각 오일을 순환시켜 피스톤의 열을 배출하도록 하는 기능을 담당한다. 냉각 갤러리 설계 시 피스톤의 상사점과 오일 유량, 온도, 충진율 등에 대한 인자를 고려하고, 냉각 갤러리의 위치, 형상 등을 설계한다.

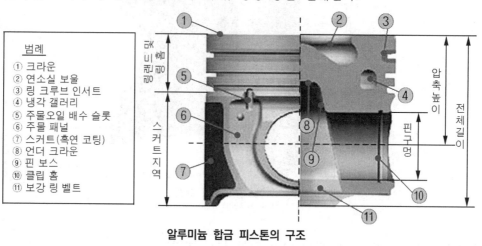

알루미늄 합금 피스톤의 구조

기출문제 유형

✦ Crevice Volume을 설명하시오.(63-1-7)

---

01 개요

자동차의 내연기관은 연료의 화학 에너지를 기계적 에너지로 변환하는 장치이다. 실린더 내부로 유입된 혼합기와 공기는 피스톤에 의해 압축되는데 피스톤이 상사점에 위치해 있을 때 실린더 내부 공간은 최소가 된다. 이 공간을 연소실이라고 하는데 연소실은 실린더 내부 피스톤이 상사점 위치에 있을 때 피스톤 헤드, 밸브 헤드, 실린더 헤드 등으로 구성된다.

02 Crevice Volume의 정의

크레비스 볼륨은 피스톤과 실린더 벽의 틈새, 피스톤 압축 링과 링 홈의 틈새를 의미한다.

03 Crevice Volume의 구조 및 종류

(1) Top Land Crevice

피스톤 상부 톱 랜드와 실린더 벽의 틈새를 말하며 실린더 내경과 피스톤 상부 외경의 차이로 나타난다. 이 틈새 간극이 작으면 미연소 탄화수소가 적어지고, 피스톤 슬랩 현상이 감소한다. 하지만 열팽창에 의해 피스톤, 피스톤 링의 소착, 실린더 벽의 마모가 발생한다. 또한 크레비스 볼륨이 커지면 미연소 탄화수소의 양이 많아지고, 피스톤 슬랩 현상이 자주 발생하게 된다. 총 크레비스 볼륨의 70~80%를 차지한다.

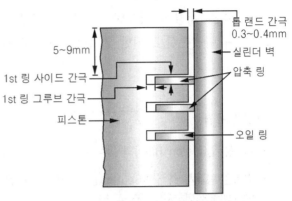

피스톤 랜드의 일반적인 치수

(2) 1st Ring Side Crevice

톱 링 홈(압축 링 홈) 내부에서 압축 링을 제외한 틈새를 의미한다. 흡입행정 시에 압축 링은 링 홈 윗면에 밀착되어 사이드 크레비스는 없어진다. 하지만 연소 폭발에 의한 팽창행정 및 배기행정에서는 압축 링은 링 홈 아랫면에 밀착되어 사이드 크레비스가 최대가 된다.

(3) 1st Ring Back Crevice

톱 링 홈 내부에서 압축 링의 장력에 의해 피스톤과 차이가 발생하는 부분을 의미한다. 압축 링의 장력이 클수록 백 크레비스가 커진다. 압축 링의 장력이 크면 배출가스가 크랭크 실로 누설되지 않고, 피스톤 링이 링 홈에서 밀착되지 않고 떠오르는 현상인 플러터(Flutter) 현상이 발생하지 않는다. 하지만 실린더 벽과 마찰력이 커져 마찰손실이 발생하고 실린더 벽이 마모된다.

04 Crevice Volume이 영향을 미치는 요소

(1) 배출가스

크레비스 볼륨은 배출가스 중 미연소 탄화수소(HC)의 배출량을 증가시킨다. 연료가 연소실에서 연소될 때 화염 끝단부나 크레비스 볼륨에 있는 혼합기는 화염이 소실되는 소염층(Quenching Zone)으로 되어 연소되지 않는다. 따라서 배기가스가 배출될 때 탄화수소가 그대로 배출된다.

(2) 엔진 오일 열화

크레비스 볼륨에 있던 미연소 탄화수소는 엔진 오일에 혼입되어 슬러지를 만들고 엔진 오일의 성능을 열화시켜 수명을 저하시킨다.

(3) 실린더 벽 마모, 열효율 저하

크레비스 볼륨이 작으면 피스톤이 열부하로 인해 팽창될 경우, 실린더 벽과 마찰이 발생하여 마찰손실로 인한 열효율이 저하되고 실린더 벽과 피스톤이 파손된다.

기출문제 유형

✦ 피스톤 링(Piston Ring)의 이상 현상에 대해 논하라.(66-3-6)

✦ 피스톤 링에서 스커핑(Scuffing), 스틱(Stick), 플러터(Flutter) 현상을 설명하고 발생 원인과 방지책을 설명하시오.(93-4-5)

✦ 피스톤 링 플러터(Flutter)가 엔진 성능에 미치는 영향과 방지 대책을 설명하시오.(111-1-2)

01 개요

(1) 배경

피스톤은 실린더 내부에서 연료의 열에너지를 기계적 에너지로 변환하는 부품으로 상하 왕복운동을 하며 열에너지를 커넥팅 로드를 통해 크랭크축으로 전달한다. 피스톤 헤드, 피스톤 핀, 피스톤 스커트로 구성이 되어 있고 피스톤 사이드 링 홈에 압축 링, 오일 링을 설치하여 엔진 오일과 배출가스를 제어하고 있다.

(2) 피스톤 링(Piston Ring)의 이상 현상의 정의

피스톤 링 홈에 있는 피스톤 링이 고착되거나, 융해, 융착되고, 밀착되지 않아 떠오르는 현상 등을 말한다. 피스톤 링의 이상 현상으로는 스커핑(Scuffing), 스틱(Stick), 플러터(Flutter) 등이 있다.

02 피스톤 링(Piston Ring)의 이상 현상의 종류

(1) 스커핑(Scuffing) 현상

1) 스커핑(Scuffing) 현상의 정의

스커핑은 피스톤 링과 실린더 벽의 유막이 단절되어 직접 접촉됨으로써 긁는 현상으로, 피스톤과 실린더 벽이 마찰열에 의해 온도가 상승하게 되고, 국부적으로 융해되거나 융착되어 피스톤과 실린더 길이 방향의 상처를 만든다. 스코어링(Scoring)이라고도 한다.

2) 스커핑(Scuffing) 현상의 원인

① 엔진 오일 불량, 열화, 이물질(수분, 블로바이 가스) 유입
② 과부하 운전으로 인한 엔진 오버히트(Overheat), 실린더 라이너 이상 과열, 냉각성능 부족

스커핑 현상
(자료 : www.pistonheads.com)

3) 스커핑(Scuffing) 현상이 엔진 성능에 미치는 영향

스커핑이 발생하면 엔진 오일이 연소실로 유입되어 연소된다. 따라서 엔진 오일의 소모량이 증가하고, 배출가스 중 유해물질이 증가하게 된다. 또한 혼합기가 쉽게 누설되어 연비가 낮아지고, 연소 폭발가스가 누설되어 제동마력이 손실된다. 따라서 엔진의 동력성능이 저하된다.

4) 스커핑(Scuffing) 현상 방지 대책

① 내마모성, 내스커핑성이 우수한 재질(서미트 피막)을 피스톤 링에 적용하고 실린더 라이너에 콜게이트(Col-gate) 가공을 하고 50% 호닝을 실시한다.
② 실린더 헤드와 실린더 라이너 사이에 PC-링(Piston Cleaning Ring)을 장착하여 피스톤 측면의 연소 잔유물(Carbon Deposit)을 제거해 준다.
③ 과부하 운전을 피하고 주기적인 엔진 오일 교환을 통해 엔진 오일 내부 이물질을 제거해준다.
④ 냉각성능을 충분히 향상시켜, 엔진 오버히트가 되지 않도록 해준다.

(2) 스틱(Stick) 현상

1) 스틱(Stick) 현상의 정의

피스톤 링의 스틱 현상은 피스톤 링이 피스톤 링 홈 안에서 연소 생성물들에 의해 고착되는 현상을 말한다.

2) 스틱(Stick) 현상의 원인

실린더 내부에서 연소가스, 탄화수소, 슬러지 등이 링 홈으로 유입 및 퇴적되고 고형화되어 스틱 현상이 발생한다.

3) 스틱(Stick) 현상이 엔진 성능에 미치는 영향

피스톤 링은 링 홈 내부에서 호흡 작용에 의해 실린더 벽의 오일을 제어하여 오일 소모를 저감시키고, 연소가스의 누설을 막아 기밀을 유지하고, 피스톤의 열을 실린더로 전달한다. 피스톤 링의 스틱 현상이 발생하면 오일을 제어하지 못하여 연소실로 엔진 오일이 유입되고, 오일의 소모량이 증가한다. 또한 장력 조절이 되지 않아 피스톤과 실린더 벽이 마모되고, 연소가스가 누설 되어 제동마력이 저하된다.

4) 스틱(Stick) 현상 방지 대책

스틱 현상을 방지하기 위해서는 연소실로 이물질의 유입을 최대한 방지한다. 또한 주기적으로 엔진 오일을 교환하여 엔진 오일 내부에 있는 슬러지, 카본 등의 퇴적물을 제거해 준다. 엔진 운전 시 후열 과정을 거쳐 피스톤 링에 있는 오일을 최대한 제거해 준다.

(3) 플러터(Flutter) 현상

1) 플러터(Flutter) 현상의 정의

플러터 현상은 피스톤 링이 링 홈 안에 밀착되지 않고 진동하는 현상을 말한다.

2) 플러터(Flutter) 현상의 원인

① 피스톤 링의 장력 부족

② 피스톤 링의 고중량

③ 피스톤의 고속 운동

④ 윤활 성능 부족

3) 플러터(Flutter) 현상이 엔진 성능에 미치는 영향

① 피스톤 링이 링 홈 내에서 상하 방향이나 반지름 방향으로 진동하여 연소가스(블로바이 가스)가 누설되어 엔진의 출력이 저하된다.

② 누설 가스로 인해 윤활유가 열화되고, 유막이 파괴되어 피스톤 링과 실린더 벽의 마모가 촉진된다.

③ 피스톤 링의 열전도 작용이 불량해져 피스톤이 과열된다.

④ 엔진 오일이 제대로 제거되지 않아 엔진 오일이 손실되고, 연소실 내부에서 연소되어 배출가스 중 유해물질이 증가한다.

4) 플러터(Flutter) 현상 방지 대책

① 피스톤 링의 지름 방향 폭을 증가시켜 링의 장력을 높여 면압을 증가시킨다.

② 링의 중량을 감소시켜 관성력을 감소시킨다.

③ 단면이 쐐기 형상으로 된 피스톤 링을 사용한다.

④ 피스톤 링의 이음부 면압 분포를 높게 한다.

01 개요

(1) 배경

내연기관은 엔진의 내부에서 화학적 에너지를 갖는 연료를 공기 중의 산소와 연소되도록 하여 연소 팽창되는 동력을 기계적 운동에너지로 변환시키는 장치이다. 피스톤은 실린더 내부에서 연료의 폭발 시에 아래로 움직이면서 크랭크축으로 동력을 전달하여 회전력을 발생시키고 회전 관성을 이용하여 위로 올라오게 된다.

내연기관은 행정으로 구분할 때 2행정 엔진과 4행정 엔진으로 구분된다. 2행정 엔진은 크랭크축이 1회전 할 때 흡입, 압축, 폭발, 배기의 과정이 모두 이루어지는 엔진을 말하며, 4행정 엔진은 크랭크축이 2회전 할 때 모든 사이클이 완료되는 엔진을 말한다.

(2) 4행정 단기통 내연기관의 정의

4행정 단기통 내연기관은 흡입, 압축, 폭발, 배기로 구성되어 있는 네 개의 행정을 가진 하나의 기통을 의미한다. 4행정 엔진(Four-Stroke Engine)은 실린더 안의 피스톤이 위쪽이나 아래쪽으로 각각 한 번씩 네 번 움직이는 행정을 갖는 엔진으로, 단기통은 하나의 기통만을 가진 엔진이라는 의미이다.

02 4행정 단기통 내연기관의 작동 원리와 기구학적 거동

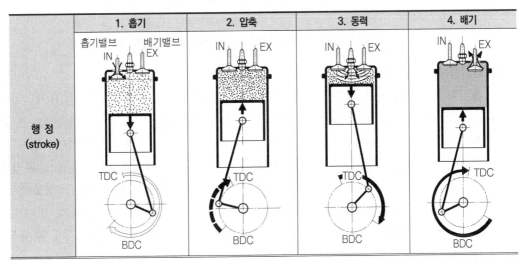

		1. 흡기	2. 압축	3. 동력	4. 배기
피스톤운동		TDC → BDC	BDC → TDC	TDC → BDC	BDC → TDC
밸브위치	흡기	BTDC 10~45°에서부터 ABDC 35~90°까지 열려 있음	닫혀 있음	닫혀 있음	닫혀 있음
	배기	닫혀 있음			BBDC 40~90°에서부터 ATDC 5~30°까지 열려 있음
가스 압력		대기압보다 낮다	10~18bar	40~70bar	대기압보다 높다
가스 온도		100℃ 정도까지	500℃ 정도	약 2,500℃ 정도	약 900℃까지
행정지속 기간(°)		크랭크 각으로 약 230~315°	크랭크 각으로 약 120~140°	크랭크 각으로 약 120~140°	크랭크 각으로 약 230~300°
특기사항		– 간접분사식 혼합기를 흡입. – 직접분사식 공기만 흡입.	압축비가 높을수록 열효율이 상승하나 연료의 옥탄가 때문에 압축비는 제한된다.	폭발압력이 피스톤 헤드에 작용하여 크랭크축을 회전시킨다. 열에너지 → 기계적 일	배기에너지는 혼합기 예열, 난방 또는 과급에 이용. 배기가스에 유해물질 포함됨.

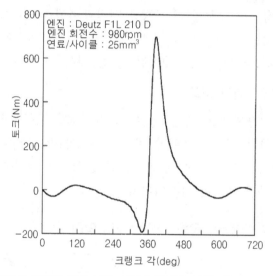

정상 상태의 사이클 동안 단일 실린더 엔진의 크랭크축 토크 변동

(1) 흡입행정(Intake Stroke)

흡입행정은 피스톤이 상사점(TDC : Top Dead Center)에서 하사점(BDC : Bottom Dead Center)쪽으로 이동하는 행정이다. 이때 흡기밸브는 열려 있고 배기밸브는 닫혀있는 상태로 실린더 내부에 대기압보다 약 0.1~0.3bar 낮은 부압이 발생하여, 공기가 유입된다. 이때 연료가 분사되어 흡기는 연료와 함께 혼합기를 형성하게 된다. 흡기밸브는 TDC 전(BTDC) 약 10~30° 사이에 열리고 BDC 후(ABDC) 약 30~60° 정도에서 닫히기 때문에 위의 그래프에서 크랭크 각도 690°~720°, 0°~210°의 영역에 있다. 토크는 초기 단계에 감소되다가 아래로 향할 때 중력의 영향에 의해 증가한다. 직접 분사식 가솔린 엔진(GDI) 방식과 디젤 엔진은 흡기행정에서 공기만 흡입한다.

(2) 압축행정(Compression Stroke)

압축행정은 피스톤이 하사점에서 상사점으로 올라오는 행정이다. 흡기밸브와 배기밸브가 모두 닫힌구간으로 피스톤은 카운터 웨이트나 플라이 휠의 관성력으로 위로 올라오게 된다. 이때 발생하는 토크는 흡기행정 시 실린더 내부에 유입된 흡기를 압축시키기 위해 마이너스가 된다. 압축에 의해 혼합기는 원래 체적의 약 7~12:1로 압축되며, 온도는 약 400~500℃ 정도, 압축 압력은 약 18bar 정도까지 상승되어 연소에 적합한 조건을 만든다. 크랭크 각도는 약 210°에서 350° 정도의 영역이다.

(3) 동력/팽창 행정(Power/Explosion Stroke)

동력 행정 또는 팽창 행정은 피스톤이 폭발압력에 의해 상사점에서 하사점으로 이동하는 행정이다. 고온 고압으로 압축된 혼합기가 점화 플러그의 점화로 인해 폭발적으로 연소되면서 시작된다. 피스톤이 상사점에 도달하기 전 동력 행정이 시작되어 상사점을 지난 후 약 4°~10° 사이에 폭발 최고압력이 발생할 수 있도록 한다.

폭발압력에 의해 피스톤에는 40~70bar, 약 700[Nm]의 토크가 가해져 피스톤은 하향 운동을 하게 되고 커넥팅 로드를 통해 크랭크축을 회전시키게 된다. 따라서 폭발압력에 의해 피스톤이 하향 행정을 하는 과정에서 연료의 열에너지는 기계적인 일로 변환된다. 동력 행정은 크랭크 각도 약 350°~500°의 영역에서 이뤄지며 동력이 발생되는 유일한 행정이다. 나머지 세 개의 행정은 플라이 휠이나 카운터 웨이터의 관성에 의해 수행된다.

(4) 배기행정(Exhaust Stroke)

배기행정은 피스톤이 하사점에서 상사점으로 이동하는 행정으로, 피스톤이 하사점에 이르기 전 40~90°에서 배기 밸브를 미리 열어주어 블로다운을 이용해 배기가스를 제거해 주며, 피스톤이 상사점에 이른 후 약 10°~30°에서 닫아주어 관성에 의해 흡기가 원활하게 유입되도록 해준다. 피스톤은 동력 행정에서 발생한 동력의 관성에 의해 회전하고 있게 된다.

03 가솔린 엔진에서 압축행정을 하는 이유

가솔린은 인화점이 약 -43~-20℃ 정도로 낮고 착화점이 약 280~456℃ 정도로 높다. 따라서 외부에서 인위적으로 열원을 인가하는 불꽃 점화 방식을 사용해 준다. 불꽃은 점화 코일에서 15~30kV의 전압을 점화 플러그에 인가하여 10kV 이상의 방전 전압을 형성시켜 만들어 준다. 이때 출력이 증대되기 위해서는 열효율과 평균 유효압력이 높아야 한다.

열효율은 압축비가 높고, 비열비가 높아야 증가하고, 평균 유효압력도 압축비가 높아야 된다. 또한 화염 전파거리가 작아서 화염 전파시간이 짧아야 연소효율이 증대되며, 이상연소가 발생되지 않아 노킹 현상으로 인한 출력저하가 발생되지 않는다. 따라서 가솔린 엔진에서는 혼합기를 연소에 필요한 조건(고온, 고압)으로 만들어주고, 동력전달 효율이 최적화되도록 압축행정을 해준다.

01 개요

(1) 배경

내연기관은 실린더 내부에서 연료를 연소하여 동력을 얻는 기구로, 실린더의 체적과 개수는 엔진의 배기량을 결정하는 요소이다. 실린더는 엔진에 따라 여러 개로 구성되는데, 배열 방법에 따라 직렬형, V형, VR형, 수평 대향형, W형 등으로 구분한다. 보통 4~5기통까지는 직렬형을 사용하고 5~6기통 이상부터는 엔진룸의 공간을 고려하여 V형, W형 등을 사용한다.

(2) 뱅크각(Bank Angle)의 정의

뱅크각은 실린더 열과 열 사이의 각도를 말한다. 보통 V형 엔진의 실린더 열을 뱅크라고 부르는데 좌우 양쪽 뱅크의 각도를 의미한다.

02 실린더의 뱅크각에 따른 특징

V형 엔진의 뱅크각은 기통 수에 따라 엔진의 크기, 진동 밸런스 등을 고려하여 설정한다. 일반적으로 V6와 V12는 60°, V8은 90°, V10은 72°를 채택하고 있다. 뱅크각이 작으면 전체적인 엔진의 크기가 작아지고, 엔진룸을 설계하는 자유도가 증가한다. 하지만 실린더 헤드의 설계 복잡도가 증가하고 진동 특성이 저하된다. 뱅크각이 크면 진동이 상쇄되는 효과가 발생하여 엔진 회전의 균형이 증가되지만 엔진의 크기가 커져 엔진룸 설계 자유도가 저하된다. V6형 엔진의 경우 점화순서는 보통 1-4-2-6-3-5로 제어하며 크랭크축의 각도는 120°로 이루어져 있어서 뱅크각을 120°로 할 경우 각 실린더가 균일한 시간 간격을 두고 폭발하게 되어 진동이 저감되고 동력전달 효율이 높아진다. 하지만 실린더의 뱅크각을 120°로 하는 경우 엔진의 크기가 커지게 되어 뱅크각을 60°, 90°로 이내로 설계하고 있다.

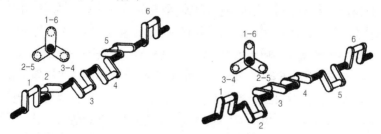

직렬 6실린더형 크랭크축

03 실린더의 배열 방식에 따른 분류 및 특징

직렬형 엔진

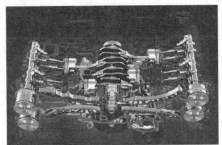

수평 대향형 엔진

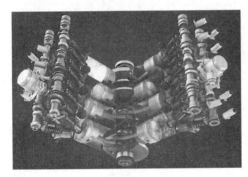

V형 엔진

W형 엔진

(1) 직렬형 엔진

직렬형 엔진은 실린더를 한 줄로 나란히 배치한 엔진을 말한다. 가장 전통적인 방식의 엔진으로 자동차에는 보통 3기통에서 6기통까지 적용한다. 특징은 다음과 같다.

① 엔진의 구조가 간단하고 가볍다. 캠 샤프트, 밸브, 점화 플러그 등의 부품이 일렬로 단순하게 구성되어 있어서 실린더 헤드가 엔진룸에서 차지하는 면적이 적고, 정비성도 높다.

② 실린더가 수직 배치되어 있어서 횡 진동을 유발하지 않아 회전이 부드럽고 진동이 적다.

③ 엔진의 무게 중심이 높아 스포츠카에 적용하기 어렵다.

④ 기통수가 증가할 경우 엔진의 길이가 길어져 설계 자유도가 저하되며, 자동차에 장착이 어려워진다.

⑤ 엔진 자체의 강도가 떨어지고, 캠 샤프트, 크랭크샤프트의 비틀림 진동, 굽힘 진동이 심화되게 된다.

(2) V형 엔진

V형 엔진은 하나의 크랭크축을 공유하며 엔진의 실린더를 좌우로 나누어 구성한 엔진이다. VR형 엔진은 V형 엔진의 뱅크각이 15°의 협각인 엔진을 말한다. 엔진의 출력을 높이기 위해서는 배기량을 늘려야 하는데, 가솔린 엔진의 경우 한 기통당 한계 배기량이 약 600~700cc 정도이기 때문에 기통수를 늘려 배기량을 늘리고 있다.

기통수가 증가하면 엔진의 크기가 길어져 엔진룸의 설계 자유도가 떨어지고 차량에 장착이 어렵게 된다. 이런 경우 V형으로 엔진을 구성하여 차량에 장착할 수 있다. V형 엔진은 고급 자동차와 배기량이 큰 차량에 주로 사용한다. 특징은 다음과 같다.

① 실린더를 좌우로 나누어 뱅크를 구성하여 엔진의 길이가 짧아진다.
② 엔진의 높이가 낮아져 차량의 무게 중심을 낮출 수 있다. 따라서 스포츠카에 주로 사용된다.
③ 한쪽 뱅크만으로도 동력을 발생시킬 수 있다.
④ 직렬형 엔진에 비해 폭이 넓어진다.
⑤ 각 뱅크 캠축에 필요한 부품이 많아지고 구성이 복잡해지고 무게가 증가한다.

(3) VR형 엔진

VR형 엔진은 V형 엔진에서 뱅크각이 15° 정도의 협각인 엔진을 말한다. 뱅크 사이의 간격이 좁아 엔진 헤드를 1개만 사용한다. 기본적인 특징은 V형 엔진과 동일하다.

① V형 엔진에 비해 뱅크각이 작아 엔진의 폭을 직렬형과 비슷하게 만들 수 있어서 엔진 블록이 작아진다. 직렬형보다 길이가 짧고, V형보다 폭이 좁다.
② V형 엔진에 비해 부품의 구성 밀도가 높아서 무게가 무겁고, 가격이 비싸며 정비성이 저하된다.
③ 구조가 복잡하다. 직렬형보다 많은 밸브 기구를 가지며, V형보다 밸브 스템이 길어진다.
④ 뱅크각이 작아 V형보다 무게 중심이 높다.

(4) W형 엔진

W형 엔진은 협각의 V형 엔진을 실린더 양쪽으로 배치하여 4개의 뱅크 열을 가진 구조의 엔진이다. 주로 8기통 이상에서 사용된다. 특징은 다음과 같다.

① 엔진 블록과 헤드의 길이가 짧고, 부피가 작아서 엔진의 소형화에 유리하다.
② V형 엔진에 비해 엔진의 길이를 늘이지 않고 출력과 토크를 높일 수 있어서 고출력과 대배기량화에 적합하다.
③ 구조가 복잡하고 부품이 많아 무게가 무겁고, 가격이 비싸다.
④ 엔진의 밸런스가 좋지 않아 진동이 증가한다.

(5) 수평 대향형 엔진

수평 대향형 엔진은 V형 엔진의 실린더 배열 방식에서 뱅크각을 180°로 하여 실린더가 서로 수평으로 마주보게 만든 구조의 엔진으로 복서형이라고도 한다. 하나의 크랭크축을 공유하여 동력을 전달한다. 특징은 다음과 같다.

① 엔진의 높이가 낮아서 무게 중심이 낮다.

② 양쪽 뱅크의 피스톤이 서로 반대 방향으로 운동하기 때문에 회전이 부드럽고, 진동이 적으며, 고속회전에 유리하다.

③ 수평 구조이기 때문에 실린더의 편마모가 발생할 수 있으며, 윤활이 어렵다.

④ 엔진의 폭이 넓고, 레이아웃 설계가 어려우며, 엔진 정비성이 저하된다.

기출문제 유형

✦ 4행정 4기통 엔진 크랭크축의 밸런싱(Balancing) 요점을 설명하시오.(72-1-2)

---

01 개요

내연기관은 연료의 폭발 에너지를 이용해 피스톤을 동작시켜 크랭크축에 회전력을 인가하는 장치이다. 피스톤은 커넥팅 로드로 크랭크축에 연결이 되어 있으며, 4기통 엔진은 4개의 실린더에 있는 피스톤으로 크랭크축에 회전력을 인가해 준다. 흡입, 압축, 폭발, 배기행정의 4행정 중에서 폭발행정에서만 동력이 발생하므로 기통별 점화순서와 크랭크축의 비틀림, 휨 발생 정도에 따라 엔진의 진동 특성이 달라진다. 따라서 크랭크축은 충분한 강도와 강성, 내마모성, 균형 등이 필요하다.

02 크랭크축 밸런싱의 정의

크랭크축 밸런싱은 크랭크축의 회전 균형성을 의미하거나 질량의 불균형성을 보상해 주는 작업을 말하는 것으로, 회전체가 질량 중심으로부터 무게의 평형이 이루어져 있어서 회전했을 때 진동, 편향 현상 등이 발생하지 않는 것을 의미한다.

03 크랭크축의 구조

크랭크축은 실린더 블록으로 연결되는 메인 베어링 저널(Main Bearing Journal), 커넥팅 로드와 연결되는 크랭크 핀 저널(Crank Pin Journal), 평형추(Balance Weight)와 일체형으로 구성되어 있는 크랭크 암(Crank Aram) 등으로 구성되어 있다. 출력측 플랜

지에는 플라이 휠이 설치되어 회전
력을 변속기 측으로 전달해 주고,
반대쪽에는 진동 댐퍼, 크랭크 풀리
등이 구성되어 있어서 크랭크축에서
나오는 동력을 각종 부하 장치에 전
달해 준다.

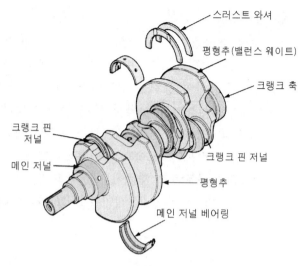

크랭크축의 구조

04 크랭크축 밸런싱의 요점

회전체의 무게 중심이 회전축으
로부터 편심되어 있거나, 불균형 질
량이 있는 경우, 회전체는 정지할
때 무게가 많이 나가는 쪽을 아래로
향하게 하여 정지하게 된다. 또한 회전체가 회전할 경우 회전속도가 증가함에 따라 질
량의 편심에 의해 더 큰 원심력이 발생하고 구조물의 진동이 발생하게 된다.

회전체의 불균형에 의한 주기적인 힘(진동)은 구조물의 비틀림, 굽힘 진동을 일으키
며, 마모와 파손의 원인이 되기 때문에 회전체의 균형은 기계장치의 안전한 운전과 수
명연장에 반드시 필요하다. 크랭크축은 큰 하중과 고속회전에 견딜 수 있는 충분한 강
성과 내마멸성, 동적, 정적 평형(Balancing)이 잡혀 있어야 한다. 특히 크랭크축은 구조
특성상 크랭크 암과 핀, 밸런스 웨이트 등이 편향되어 있으므로 설계 및 제작 시 밸런
싱이 필수적이다.

(1) 정적 밸런싱(Static Balancing)

정적 밸런싱은 회전체 중심으로부터의 무게 균형성을 말한다. 크랭크축을 회전시킨
후 정지될 때 어느 한쪽으로만 정지한다면 그 부분의 무게가 나머지 부분보다 더 무거
운 것을 의미한다. 따라서 이 상태를 정적 언밸런싱(Static Unbalancing)이라 하며 반
대쪽에 무게 추를 더하여 균형을 맞춘다.

(2) 동적 밸런싱(Dynamic Balancing)

동적 밸런싱은 회전체 축 방향의 무게 균형성을 말한다. 크랭크축을 회전시킬 때 회전
중심부로부터의 무게 균형성은 일정하나 길이 방향의 무게 균형이 맞지 않으면 비틀림 진
동이 발생하게 된다. 이 상태를 동적 언밸런싱(Dynamic Unbalancing)이라고 한다.

✦ 실린더 헤드 볼트 체결법을 열거하고 이들의 장·단점과 특징에 대해 설명하시오.(104-3-4)

01 개요

(1) 배경

내연기관은 실린더 내부에서 연료의 폭발력을 이용해 동력을 얻는 장치로, 연소 특성 상 진동, 소음이 주기적으로 발생하며 온도가 높다. 따라서 내연기관은 큰 구조적 강성 과 강도가 필요하며 엔진 부품의 조립 시 연소가스가 배출되지 않도록 기밀성과 내구성 이 요구된다.

엔진은 헤드 커버, 실린더 헤드, 헤드 개스킷, 실린더 블록, 크랭크 케이스, 오일 팬 으로 구성되며 실린더 헤드는 헤드 개스킷, 실린더 블록과 볼트로 체결된다.

(2) 실린더 헤드 볼트 체결법(Tightening Method)의 정의

실린더 헤드 볼트 체결법은 실린더 헤드를 실린더 블록에 체결할 때 볼트를 체결하 는 방법을 말한다.

(3) 실린더 헤드 볼트의 역할

실린더 헤드 볼트는 기본적으로 엔진의 진동과 충격에도 풀리지 않고 유동이 없어야 하며, 충분한 밀폐 하중을 제공하여 실린더 헤드와 블록 사이에 장착된 개스킷이 밀폐 기능을 유지할 수 있도록 해야 한다.

02 실린더 헤드 볼트 체결법의 종류 및 특징

볼트의 체결 방법은 체결 시 볼트의 변형 형태에 따라 크게 탄성역 체결법(Elastic Region Tightening)과 소성역 체결법(Plastic Region Tightening)으로 구분할 수 있으며, 조이는 방식에 따라 토크법(Torque Tightening)과 각도법(Torque-Angle Tightening) 등 으로 구분할 수 있다.

(1) 토크법(Torque Tightening)

토크법은 토크렌치(Torque Wrench) 등을 이용하여 정해진 체결 토크까지 볼트를 조이는 방법이다. 토크법은 전형적인 탄성역 체결법으로 가장 널리 사용되며, 방법이 간 단하다는 장점이 있다. 하지만 체결력이 통상 볼트 항복점의 60~70% 정도이며, 볼트 체결 시 나사의 치수 정밀도, 표면 거칠기 및 윤활 상태 등이 체결력의 산포를 초래할 수 있다. 작업이 용이하고 생산성이 향상된다는 장점이 있지만 규정된 토크로 볼트를 체결해도 원하는 체결력을 얻지 못할 수 있다는 단점이 있다. 볼트의 변형이 없기 때문에 재사용이 가능하다.

(2) 각도법(Torque-Angle Tightening)

각도법은 볼트의 헤드가 체결 면에 충분히 밀착될 때까지 체결한 후, 지정한 각도만큼 볼트를 추가적으로 조이는 방법으로 체결력을 높게 할 수 있고 축력의 편차도 줄일 수 있는 방법이다. 각도법에는 탄성역 각도법과 소성역 각도법이 있다. 탄성역 각도법은 일정한 토크로 체결한 후 볼트의 탄성 한계 내에서 일정 각도로 체결해 주는 방법으로 볼트의 변형량을 최소화하여 체결력 산포를 줄일 수 있으며, 재사용이 가능하다.

소성역 각도법은 일정한 토크로 체결한 후, 볼트가 소성변화 상태에 이를 때까지 일정한 각도로 체결하는 방법을 말한다. 보다 높은 체결력을 안정되게 확보할 수 있지만 볼트의 길이가 늘어나 볼트의 직경이 축소되므로 볼트의 재사용이 불가하거나 재사용 횟수가 제한된다. 볼트의 항복점을 넘어서 조이면 볼트가 파손되기도 한다.

기출문제 유형

✦ 엔진을 시동할 때 걸리는 크랭킹 저항을 3가지로 분류하고 설명하시오.(99-3-2)

01 개요

(1) 배경

엔진은 시동을 걸면 시동 모터에 의해 플라이 휠이 동작하여 엔진 크랭크축을 강제로 회전시켜 피스톤을 동작시킨다. 이후 각 실린더에 공기가 공급되고 점화가 되면 동력이 발생한다. 따라서 시동 초기의 엔진은 시동 모터의 힘으로만 회전하게 되며 이때 발생되는 저항으로는 플라이 휠, 크랭크축, 커넥팅 로드, 피스톤 등의 운동 부품에 의한 마찰 저항, 관성 저항, 피스톤이 실린더 내부에서 압축할 때 발생하는 압축 저항, 윤활유의 점성에 의한 저항 등이 있다.

(2) 크랭킹 저항의 정의

크랭킹 저항은 엔진 시동 시 엔진의 구성 부품에서 발생하는 저항으로 마찰 저항, 압축 저항, 점성 저항 등이 있다.

02 엔진 시동 과정

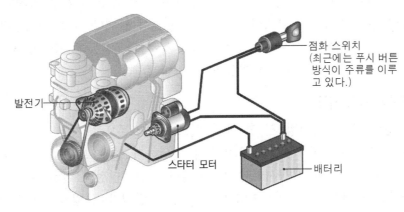

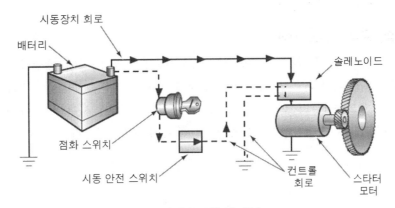

시동장치의 구성 및 회로

엔진은 스타트버튼을 누르거나 시동키를 돌리면 스타트 모터에 전기가 흐르게 되어 회전하게 된다. 스타트 모터는 엔진의 플라이 휠을 회전시키고, 플라이 휠은 크랭크축을 회전시킨다. 크랭크축은 커넥팅 로드를 통해 피스톤을 상하 왕복운동시킨다. 이후 각 실린더로 행정에 맞춰 공기가 공급되고 점화가 되어 동력이 발생되면 스타트 모터는 플라이 휠에서 분리된다.

03 크랭킹에서 발생하는 저항

(1) 관성에 의한 저항

관성 저항(Inertial Resistance)은 속도를 지니고 운동하는 물체를 정지시키거나, 정지되어 있는 물체에 외력을 가해서 운동시킬 경우 물체는 현재의 운동 상태를 유지하려는 성질을 말한다. 엔진 시동을 위해 동작되어야 하는 운동 부품은 플라이 휠, 크랭크축, 커넥팅 로드, 피스톤 등이 있다.

또한 타이밍 벨트에 의해 캠축이 회전하며, 고무벨트와 벨트 풀리에 의해 발전기의 로터, 에어컨, 냉각 펌프 등 부대 장치도 회전된다. 각 운동 부품을 동작시켜주기 위해서는 현재의 정지 상태에서 움직여 주는 힘이 필요하게 된다. 특히 피스톤과 커넥팅 로드의 경우 정지 상태에서 운동시키기 위해서는 상하 왕복운동이 되어야 하기 때문에 왕복 질량이 더해져 초기에 구동 시 저항이 많이 발생된다.

(2) 압축 압력에 의한 저항

엔진의 실린더는 압축행정 시 흡·배기 밸브와 피스톤으로 거의 밀폐된 구조를 갖고 있다. 시동 초기에는 다른 기통의 폭발력이 발생하지 않으므로 시동 모터의 힘으로만 강제적으로 피스톤을 왕복운동시켜야 한다. 따라서 압축행정의 실린더는 밀폐된 구조에서 크랭크축을 회전시킬 때 피스톤의 압축 저항이 발생한다. 압축 저항은 실린더의 체적과 압축비의 곱에 비례한다.

(3) 마찰 저항, 윤활유 점성 저항

엔진은 동작될 때 각 운동 부품의 마찰 부위에서 마찰 저항이 발생한다. 마찰 부위는 크랭크축과 메인 베어링, 크랭크 핀과 커넥팅 로드 베어링, 피스톤 핀과 커넥팅 로드 부싱, 피스톤 링과 실린더 벽 등이 있다. 또한 주변 온도, 사용 환경에 따라 윤활유의 점도도 변하게 되어 점성 저항이 발생한다. 주로 온도가 내려갈 경우 점성 저항이 크게 발생한다.

03 가솔린 디젤 LPG 전자제어

01 개요

(1) 배경

최초의 저압축 고팽창 엔진은 아킨슨(Atkinson) 엔진으로 1885년 제임스 아킨슨에 의해 개발되었다. 하지만 3점식 링크 기구의 복잡성과 고속회전의 불가, 신뢰성 부족 등으로 실용화가 어려웠다. 이후 1947년 미국의 밀러에 의해서 밀러 사이클 엔진이 고안되었다.

밀러 사이클은 기존 내연기관의 구조를 유지하면서 흡기 밸브의 닫힘 시기만 조절하여 저압축 고팽창 엔진을 실현시켰다. 하지만 밀러 사이클 엔진 또한 기술적인 한계로 인해 실제 엔진에 적용되어 상용화되기 까지는 오랜 시간이 걸렸다. 최근 흡·배기, 과급 기술의 발전과 환경 규제로 인해 밀러 사이클 엔진은 하이브리드 차량을 시작으로 점차 확대 적용되고 있다.

(2) 밀러 사이클 엔진(Miller Cycle Engine)의 정의

밀러 사이클 엔진은 흡기밸브의 닫힘 시기를 조절하여 압축행정을 팽창 행정보다 짧게 만든 저압축 고팽창 엔진을 말한다.

02 밀러 사이클 엔진의 제어 방법과 밀러 사이클

엔진 ECU의 제어에 의해 흡기 밸브를 압축행정 초기까지 열어두고 피스톤이 행정의 1/5 정도 상승한 시점에서 닫아준다. 좌측 그래프는 오토 사이클(정적 사이클)을 나타내고 우측 그래프는 밀러 사이클을 나타낸다.

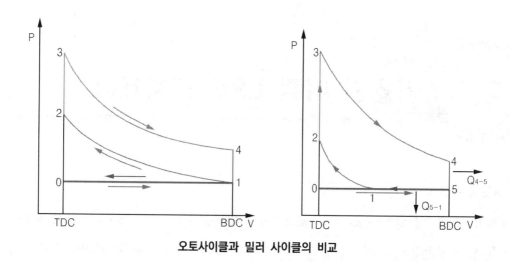

오토사이클과 밀러 사이클의 비교

오토 사이클은 0→1로 흡입 과정, 1→2로 단열 압축, 2→3으로 정적 가열, 3→4로 단열 팽창, 4→1로 정적 방열, 1→0으로 배기 과정을 거친다. 이에 비해 밀러 사이클은 0→5→1로 흡입 과정, 1→2로 압축 과정, 2→3으로 정적 가열, 3→4로 단열 팽창, 4→5로 정적 방열, 5→0으로 배기 과정을 거친다.

03 밀러 사이클 엔진의 적용이 증가하고 있는 이유

(1) 배출가스 규제, 연비 향상

밀러 사이클은 연비를 저감하고, 배출가스 배출량을 줄일 수 있어서 적용이 증가되고 있다. 최근 자동차의 배출가스로 인한 환경 규제가 강화되고 있어서 각 자동차 제작사별로 이에 대한 대응을 위해 연료의 종류를 다각화하고 신기술을 적용하여 연비의 사용을 줄이고 배출가스의 배출량을 저감하고 있다.

밀러 엔진은 엔진의 사이클을 저압축 고팽창으로 제어하기 때문에 압축할 때 펌핑손실을 줄여 열효율을 높일 수 있다. 또한 흡기된 혼합기가 압축될 때 일부 흡기관으로 역류되기 때문에 연료의 사용이 줄어든다. 따라서 연비가 향상되고 배출가스가 저감된다.

(2) 기술 발전

밀러 사이클 엔진은 부가적인 장치 없이 배출가스를 저감할 수 있고, 연비를 향상시킬 수 있다. 하지만 기존의 기계식 밸브 개폐 시스템으로는 실제 엔진에 적용이 어렵다. 기존의 흡·배기 밸브 제어 시스템은 크랭크축에 연결된 타이밍 벨트로 캠축을 회전시켜 주고 캠에 의해 밸브가 개폐 되었다. 따라서 엔진의 회전수에 상관없이 밸브의 개폐 시간이 동일했다.

따라서 기존 엔진에 밀러 사이클을 적용하는 경우 공기의 충진효율이 좋지 않게 되어 냉시동성, 아이들 안정성이 저하되고 출력이 낮아지게 된다. 엔진 ECU에 의해 엔진 시스템이 전자제어 되고, 개별 밸브 시스템과 터보차저 등의 과급 시스템이 개발되면서 밀러 사이클의 실제 적용이 용이해졌다. 또한 하이브리드 시스템과 같은 경우에는 전기 모터로 엔진의 출력을 보조해 줄 수 있기 때문에 밀러 사이클의 적용이 가능해졌다.

04 밀러 사이클 엔진의 적용 사례

밀러 사이클 엔진은 아킨슨 엔진으로도 불린다. 토요타의 프리우스, 혼다 인사이트, 포드 이스케이프, 벤츠 S400 블루 하이브리드 등에서 아킨슨(Atkinson) 엔진이 적용되고 있다. 일반 가솔린 엔진에서도 토요타, 마즈다에 적용이 되었고, 현대 팰리세이드, 기아 K7에 적용되었다. 주로 가변 밸브 시스템이 적용되거나 터보 과급기가 적용된 엔진에 적용되고 있다.

기출문제 유형

✦ 가변 압축 엔진(Variable Compression Engine)에 대해 설명하시오.(89-2-6)

✦ VCR(Variable Compression Ratio) 시스템을 설명하시오.(77-1-13)

---

01 개요

(1) 배경

최근 자동차의 배출가스로 인한 환경 규제가 강화되고, 화석연료가 고갈되고 있어서 각 자동차 제작사별로 이에 대한 대응을 위해 연료의 종류를 다각화하고 신기술을 적용하여 연비의 사용을 줄이고 배출가스의 배출량을 저감하고 있다.

이러한 신기술 중 엔진에 적용된 가변 기술로는, 흡·배기 밸브의 개폐 타이밍을 가변시키는 가변 밸브 시스템, 흡기의 통로를 조절하는 가변 흡기 시스템, 압축비를 가변시키는 가변 압축 엔진 등이 있다. 가변 압축 엔진은 실린더의 연소실 압축비를 조절하여 주행 속도에 맞게 최적의 성능을 낼 수 있도록 만든 엔진이다.

(2) 가변 압축 엔진(Variable Compression Engine)의 정의

가변 압축 엔진은 엔진이 운전되는 도중에 연소실의 체적을 변화시켜 압축비를 가변적으로 조절할 수 있는 구조를 가진 엔진을 말한다.

02 가변 압축 엔진의 구조

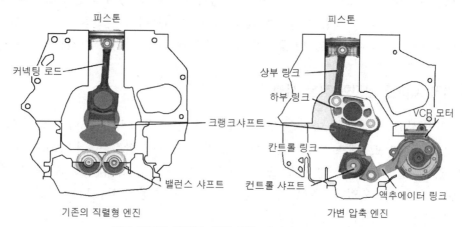

기존 직렬형 엔진과 가변 압축 엔진의 비교

가변 압축 엔진은 인피니티, 사브, MCE-5 등에서 개발, 양산하고 있다. 그림은 인피

니티에 적용된 가변 압축 엔진으로 기존 커넥팅 로드를 상부 링크와 하부 링크로 구성하고, VCR 모터를 동작시켜 컨트롤 링크와 컨트롤 샤프트 방향으로 회전하는 경우 저압축비가 되고, 반시계 방향으로 회전하는 경우 고압축비가 된다.

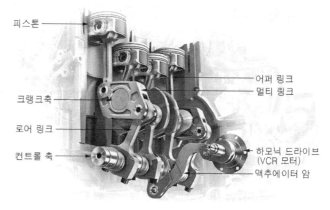

인피니티 가변 압축 엔진

03 가변 압축 엔진의 제어

(1) 고출력

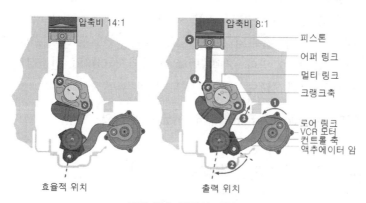

가변 압축 엔진의 제어

급가속과 같은 강한 출력이 필요할 때는 낮은 압축비가 사용된다. 고출력이 필요할 때 압축비를 높이면 혼합기의 온도가 상승하여 노킹이 발생하게 된다. 또한 고속으로 엔진이 회전을 할 때에는 연료와 공기가 충분히 유입되기 때문에 높은 압축비의 효율성이 떨어진다. 따라서 고출력이 필요한 경우에는 낮은 압축비, 보통 포트 분사 터보 엔진의 경우에는 8:1 정도, 직분사 터보 엔진의 경우에는 10:1 정도의 압축비를 사용하여 엔진의 노킹에 의한 부품 파손을 방지한다.

가변 압축 엔진은 고출력이 필요할 때 VCR 모터를 시계 방향으로 회전시켜 컨트롤 샤프트를 돌려주면 하부 링크는 반시계 방향으로 회전하게 된다. 따라서 크랭크샤프트의 하부 링크에 상부 링크로 연결된 피스톤은 상사점의 위치가 아래로 내려가게 된다. 피스톤은 고압축비일 때의 피스톤 위치보다 약 4mm 정도 내려가 압축비가 작아진다.

(2) 연비 향상, 배출가스 저감

냉시동, 저속, 고속도로 등에서 일정 속도로 정속 주행하는 경우에는 실린더의 온도가 높지 않아서, 노킹이 잘 발생하지 않고, 압축비가 클수록 열효율이 증가한다. 이 경우에는 14:1의 고압축비를 사용한다. 필요에 따라서는 저압축 고팽창 사이클(밀러 사이클)을 사용하여 실린더 내부로 유입된 공기의 일부를 압축행정 초반 흡기관으로 역류시켜 압축비는 줄이고 팽창비는 14:1 사용하여 노킹의 위험은 저하시키며, 출력은 14:1의 높은 팽창비를 사용하는 방식을 사용한다.

압축비를 높이기 위해서는 VCR 모터를 반시계 방향으로 회전시켜 주면 크랭크샤프트 하부 링크는 시계 방향으로 회전하고 피스톤의 상사점 높이는 이전보다 높아지게 되어 고압축비가 된다.

04 가변 압축 엔진의 특징

① 엔진의 운전 조건에 따른 최적의 압축비를 선택할 수 있어서 노킹이 방지되고 출력 성능이 향상되며 연비가 저하된다. 적은 배기량 엔진으로 큰 배기량을 가진 엔진과 동일한 출력 성능을 얻을 수 있다. 동일 배기량 기준 연비가 약 27% 향상된다.

② 기존 엔진보다 부품수가 증가했지만 피스톤과 실린더의 마찰이 줄어들어 마찰손실과 소음, 진동이 줄어든다. 가변 압축 엔진에서 피스톤이 아래로 내려갈 때, 가로 방향의 힘이 줄어들어 피스톤과 실린더 사이의 마찰이 줄어든다. 가변 압축 엔진의 진동 소음 수준은 10dB로 4기통 엔진의 진동으로 인한 소음 30dB보다 적다.

③ 구조가 복잡하여 정비성, 내구성이 저하되며, 엔진의 무게와 부피가 증가한다.

기출문제 유형

✦ 스털링 엔진(Stirling Engine)의 작동 원리와 특성을 설명하고 P-V 선도로 나타내시오.(93-2-5)

✦ 스털링 엔진(Stirling Engine)을 설명하시오.(56-1-4)

01 개요

(1) 배경

연료를 연소하여 동력을 얻는 기구는 내연기관과 외연기관으로 나눌 수 있다. 내연기관은 실린더 내부에서 연료를 연소시켜 동력을 얻는 기구이고, 외연기관은 외부에서 연료를 연소시켜 동력을 얻는 기구이다. 외연기관은 연소가스가 직접 기관을 움직이는 것이 아니라 증기나 기체 등을 이용하여 동력을 얻는 엔진이다.

대표적으로 증기기관이 있고, 실용화되지는 않았지만 스털링 엔진이 있다. 스털링 엔진은 1800년대에 개발되었고, 실린더 내부의 온도차를 이용해서 동력을 만드는 엔진으로 이론적으로는 증기기관과 내연기관에 비해 효율이 훨씬 높지만 기술적 한계로 인해 실제 효율이 낮아서 실용화되지 못했었다. 하지만 최근 기술의 발달과 환경규제로 인해 다시 관심을 받고 있다.

(2) 스털링 엔진(Stirling Engine)의 정의

스털링 엔진은 외연기관의 일종으로, 외부에서 밀폐된 구조의 실린더 안에 열을 공급하여 내부 기체를 가열-팽창시켜 동력을 얻는 장치이다.

02 스털링 엔진(Stirling Engine)의 구조

스털링 엔진은 연료 연소부, 실린더부, 크랭크부로 나눌 수 있다. 연료 연소부는 연료 분사 노즐과 연소용 공기 주입구, 배기가스 배출구로 구성이 되고, 실린더 외부의 상부측은 고온부로 외부의 뜨거운 공기가 공급되는 축열형 재열기와 가열 코일이 설치되어 있다. 실린더 하부측은 저온부로 냉각 코일, 냉각수가 장착되어 있다. 실린더 내부는 배제 피스톤과 출력 피스톤으로 구성이 되어 있으며 모두 하부의 구동기구에 연접봉으로 연결되어 있다. 연접봉은 배제, 출력 피스톤의 움직임에 따라 상하로 움직이면서 크랭크를 회전시킨다.

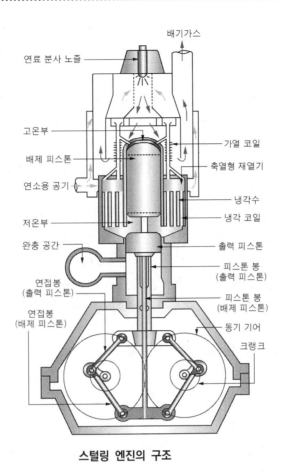

스털링 엔진의 구조

03 스털링 엔진(Stirling Engine)의 작동 원리

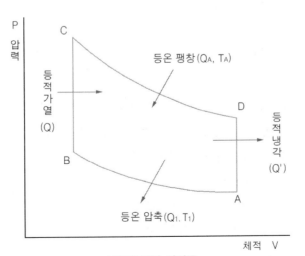

스털링 엔진 사이클

① 등적 가열 : 외부의 열원(연료 연소, 가열 코일)에 의해 실린더의 상부가 등적 가열되면 실린더 내부의 배제 피스톤 상부의 작동 가스는 체적은 유지한 상태에서 압력만 증가하게 된다.

② 등온 팽창 : 작동 가스가 등온 팽창함에 따라 배제 피스톤은 하강하게 되고 이 힘에 의해 연접봉에 연결된 크랭크는 회전 중심축을 중심으로 회전한다. 크랭크가 회전하면서 출력 피스톤에 연결되어 있던 연접봉도 동작을 하게 되고, 아래로 하강하면서 출력 피스톤도 하강하게 된다. 따라서 실린더 내부의 체적은 증가하게 되고 압력은 감소하게 된다.

③ 등적 냉각 : 출력 피스톤이 하강하면서 배제 피스톤은 상승하게 되고 출력 피스톤과 배제 피스톤 사이에 작동 가스는 저온부의 냉각 코일과 냉각수에 의해 등적 냉각된다. 이때 실린더 내부의 체적은 그대로이지만 압력은 하강하게 된다.

④ 등온 압축 : 등적 냉각된 작동 가스는 등적 압축하게 되어 출력 피스톤을 위로 올리게 된다. 따라서 실린더 내부의 체적은 감소하게 되고 압력은 약간 올라가게 된다.

04 스털링 엔진(Stirling Engine)의 장단점

(1) 장점

① **연료의 다양성** : 내연기관에서 사용하기 힘든 석탄, 목탄, 바이오 연료, 쓰레기 등을 사용할 수 있다.

② **친환경적** : 폭발행정이 없기 때문에 연소 과정 중에서 배출가스의 배출량이 저감되며, 온도차이만 발생되면 동작 가능하므로 태양열, 지열 등을 사용할 수 있어서 친환경적이다.

③ **저소음** : 스털링 엔진은 내연기관과 같이 연료의 폭발력으로 동력을 얻지 않기 때문에 소음, 진동이 적다.

④ **낮은 유지 비용** : 스털링 엔진은 밀봉된 상태로 동작되기 때문에 유지비용이 적게 든다.

(2) 단점

① **저출력** : 스털링 엔진은 같은 크기의 내연기관에 비해 출력이 낮다. 높은 출력을 내기 위해서는 많은 양의 작동 가스가 필요한데, 이로 인해 부피가 커지게 된다.

② **작동 가스 누출** : 스털링 엔진의 작동 가스로는 헬륨이나 수소 등을 사용하는데, 분자가 작아 외부로 유출되기 쉽다. 따라서 고도의 밀폐 기술이 필요하다.

③ **응답 지연** : 스털링 엔진은 열원이 실린더의 상부를 가열할 때까지의 시간이 필요하며, 열원을 이용해 출력을 조절하기가 어렵다.

✦ 로터리 엔진의 작동 원리와 극복해야 할 문제점에 대해 설명하시오.(96-2-1)

01 개요

(1) 배경

내연기관은 연료를 실린더 내부에서 연소시켜 동력을 얻는 기구로 대표적으로 오토 (Otto) 엔진과 디젤(Diesel) 엔진이 있다. 모두 피스톤이 상하 왕복운동을 하고, 커넥팅 로드를 통해 크랭크축으로 회전운동을 전달해 주는 엔진이다. 운동방향이 바뀌면 동력 손실이 발생하고, 구성 부품이 증가하게 된다. 이러한 단점을 보완하기 위해 피스톤을 회전시켜 동력을 전달해 주는 엔진인 로터리 엔진(Rotary Engine)이 개발되었다.

(2) 로터리 엔진(Rotary Engine)의 정의

로터리 엔진은 피스톤을 직접 회전시켜 동력을 얻는 엔진을 말한다. 피스톤은 3각형 모양의 로터를 사용하며 에피트로코이드(Epitrochoid) 곡선으로 이루어진 로터 하우징 내부에서 회전운동을 통해 크랭크축으로 동력을 직접 전달한다.

02 로터리 엔진의 구조

로터리 엔진은 로터 하우징, 로터, 기어, 점화 플러그, 흡·배기관으로 구성되어 있다.

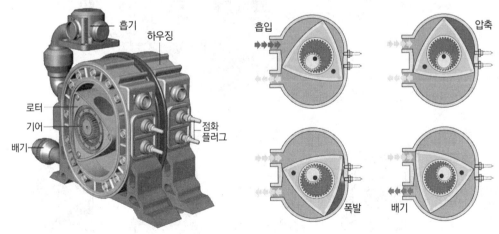

로터리 엔진 및 작동

(1) 로터 하우징(Rotor Housing)

로터 하우징은 일반적으로 알루미늄 합금으로 만들며, 내부는 단면이 에피트로코이드 (Epitrochoid) 곡선으로 되어 하우징 내부에서 삼각형의 로터에 의해 3개의 작동실로 나뉘게 된다. 로터 하우징에는 흡·배기관과 점화 플러그가 구성되어 있다. 외부에는 냉각수가 흐를 수 있는 워터 재킷이 설치되어 있다.

(2) 로터(Rotor)

로터는 일반적으로 특수 주철로 만들며, 삼각형 형상으로 되어 있고 삼각형의 꼭지점 부위에 작동실의 기밀을 유지하기 위해 가스 실(Gas Seal), 오일 실(Oil Seal) 등이 결합되어 있다. 로터는 편심축(Eccentric Shaft)에 연결되어 회전하며, 로터의 안쪽으로는 내측 기어(Internal Gear)가 구성되어 사이드 하우징의 고정 기어(Stationary Gear)와 맞물려 회전하게 된다.

(3) 편심축(Eccentric Shaft)

편심축은 로터리 엔진에서 발생한 출력을 밖으로 전달하는 회전축이다. 내부에는 오일 통로가 구성되어 각 저널에 윤활유를 공급하고 냉각 작용이 되도록 한다.

03 로터리 엔진의 작동 원리

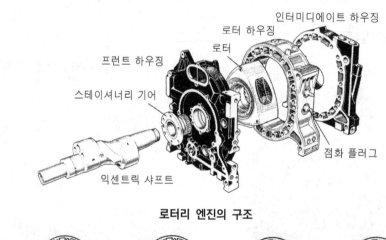

로터리 엔진의 구조

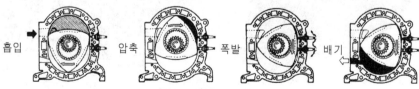

로터리 엔진의 작동 원리

로터리 엔진은 로터에 의해 3개의 연소실로 구분되고 흡입, 압축, 폭발, 배기의 4 행정을 갖는다.

① 흡기행정 : 로터가 회전하면서 흡기관으로 공급되는 혼합기가 로터 하우징으로 유입된다.

② 압축 행정 : 로터는 로터 하우징 사이에 흡기관에서 공급된 혼합기를 압축하며 회전한다.

③ 폭발행정 : 로터가 회전하여 점화 플러그 부근에서 연소실이 구성되면 점화가 되고 연소가스가 팽창한다.

④ 배기행정 : 연소가스의 팽창에 의해 로터는 회전하게 되고 배기관 쪽으로 연소실이 구성되어 배기행정이 이루어진다.

04 로터리 엔진의 장단점

(1) 장점

① 흡·배기 밸브가 없어서 흡·배기손실이 저감된다.

② 2사이클 엔진과 같이 1회전당 1회의 연소, 팽창 행정이 있어서 출력이 높다.

③ 흡·배기 가스의 교환 효율이 좋다.

④ 출력에 비해 소형, 경량이며 부피가 작다.

(2) 단점

① 로터의 가스실과 로터 하우징으로 연소실이 구성되므로 기밀성이 저하된다.

② 로터의 가스실, 로터 하우징이 계속 마찰되므로 내구성이 저하된다.

③ 엔진 오일이 연소실 내부에 공급되거나 연료와 함께 공급되므로 소모되는 속도가 빠르고, 배출가스 중 유해물질이 증가한다.

05 로터리 엔진의 극복 과제

① 배출가스 : 엔진 오일이 연소실 내부에서 같이 연소되기 때문에 윤활성이 저하되고, 배출가스 중 유해물질이 증가하여 촉매 변환장치 손상 및 환경오염 문제를 유발한다. 또한 구조적인 특성상 압축비를 높이기 어렵고, 1회전에 3회 정도 폭발행정이 발생하기 때문에 연료를 많이 소모하게 되어, 배출가스가 증가하게 된다.

② 내구성 : 삼각형상으로 된 로터의 끝부분에는 실링을 위해 장착한 패드와 장력이 강한 스프링으로 가스실이 구성되어 있는데, 로터리 엔진은 이를 이용해 연소실의 기밀을 유지하기 때문에 장시간 사용시 기밀을 유지하는 패드가 마모되고, 실린더 역할을 하는 로터 하우징 내벽이 마모된다. 따라서 내구성이 저하된다.

③ 정비성 : 한번 손상된 엔진은 정비가 불가능하며, 교체 시 비용이 많이 든다.

✦ 사이클론 엔진(Cyclone Engine)을 정의하고 특성을 설명하시오.(107-1-4)

01 개요

사이클론 엔진은 2008년에 발명된 엔진으로 랭킨(Rankine) 사이클을 이용하는 외연 기관의 일종이다. 랭킨 사이클은 물을 가열한 후 발생되는 증기를 이용해 터빈을 회전시 켜 기계적 에너지를 얻는 사이클을 말하는데, 사이클론 엔진은 폐 루프 시스템으로 랭킨 사이클을 구성하고 물을 가열하여 여섯 개로 구성된 성형(Radial) 엔진에 공급한 후 기 계적 에너지를 생성한다. 내연기관보다 친환경적이며 구조가 간단하다는 장점이 있다.

02 사이클론 엔진(Cyclone Engine)의 정의

사이클론 엔진은 증기를 이용해 6개로 구성된 실린더의 피스톤을 동작시켜 동력을 얻는 장치이다.

03 사이클론 엔진(Cyclone Engine)의 구조 및 작동 원리

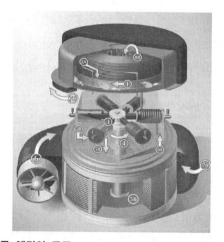

① 연료 분사구, 점화부
② 증기코일
③ 실린더 ④ 피스톤 동작 방향
⑤ 응축기 ⑥ 송풍기
⑦ 예열부 ⑧ 고압펌프

사이클론 엔진의 구조
(자료 : revolution-green.com/one-planet-one-engine)

(1) 연소실

연소실은 상부에 위치하고 있으며 연료가 연소되는 공간이다. 연소실 중앙에는 내부로 증기가 통과하는 코일 더미가 있으며, 연소실 가장자리에는 연료 분사구, 점화부, 연소실의 열을 일정한 온도로 유지하고 연소 지속시간을 제어하는 열전대(Thermocouples)가 있다.

(2) 코일부, 제어 밸브

코일은 내부가 빈 관으로 증기가 통과하여 각 피스톤으로 공급되는 라인이다. 밸브에 의해 각 피스톤으로 공급되는 증기의 타이밍이 제어된다.

(3) 실린더, 크랭크축

실린더는 6개의 성형 구조로 이루어져 있으며 하나의 크랭크축을 공유한다. 각 실린더로 공급되는 증기는 피스톤을 구동하여 크랭크축을 회전시킨다. 물을 윤활유로 사용하며, 시동 모터 없이 밸브의 작용으로 엔진이 구동된다. 실린더는 구멍이 있는 형상으로 피스톤을 동작시킨 증기는 아래로 빠져나간 후 응축기에 모인다.

(4) 응축기, 송풍기

피스톤으로부터 빠져나온 증기가 응축기에 모아지면, 송풍기가 회전하며 냉각시켜 물로 응축시킨다. 응축된 물은 고압펌프에 의해 다시 코일로 공급된다.

04 사이클론 엔진(Cyclone Engine)의 특징

① 100% 바이오 연료로 작동이 가능하며, 내연기관보다 친환경적이다.
② 연소 시간이 길어 탄소 입자들의 배출이 저감된다. 연소실의 온도가 낮아 질소산화물이 생성되지 않는다. 따라서 촉매 변환기가 필요 없어 구조가 간단하고, 무게가 저감된다.
③ 물이 윤활유로 사용되기 때문에 윤활유로 인한 환경오염 문제가 방지된다. 따라서 윤활유 관련 시스템(오일 펌프, 오일 필터)이 적용되지 않아 구조가 간단하다.
④ 배기 소음이 없어 배기 머플러가 적용되지 않는다.
⑤ 엔진의 시동 토크는 동일 크기의 전기모터보다 크다.
⑥ 변속기가 적용되지 않는다. 전진, 중립, 후진 레버만 필요하다.
⑦ 부품 수가 적고 구조가 간단하고 부품간의 마모가 적다.
⑧ 동일한 출력의 내연기관보다 가격이 저렴하다.

기출문제 유형

✦ 자동차 엔진 기술에서 SOHC(Single Overhead Cam Shaft) 시스템과 DOHC(Double Overhead Cam Shaft) 시스템의 특징 및 장단점을 기술하시오.(71-2-1)

✦ 가솔린 엔진과 디젤 엔진에 DOHC를 적용하는 이유를 구분하여 설명하시오.(78-1-5)

01 개요

(1) 배경

내연기관은 연료가 연소 폭발할 때 동력을 크랭크축으로 전달하여 구동력을 얻는 기구이다. 연료가 연소되기 위해서는 실린더 내부로 공기가 공급되고 배출되어야 하는데, 공기는 흡·배기 밸브에 의해 제어되며, 흡·배기 밸브는 크랭크축에 타이밍 벨트로 연결된 캠축에 의해서 제어된다. 밸브 기구는 밸브의 배치, 실린더당 밸브 수, 캠축의 배치에 따라 분류할 수 있다. 현재는 대부분의 차량에 캠축이 실린더 위에 있는 형식인 OHC(Over Head Camshaft) 방식이 사용되고 있다.

(2) SOHC(Single Overhead Cam Shaft) 시스템의 정의

SOHC는 캠축이 한 개로 구성되어 흡·배기 밸브를 모두 제어하는 시스템을 말한다.

(3) DOHC(Double Overhead Cam Shaft) 시스템의 정의

DOHC는 캠축이 두 개로 구성되어 흡·배기 밸브를 각각 제어하는 시스템을 말한다.

SOHC 시스템
(Single Overhead Cam Shaft)

DOHC 시스템
(Double Overhead Cam Shaft)

02 SOHC(Single Overhead Camshaft) 시스템의 상세 설명

(1) SOHC 시스템의 구성 및 작동 원리

SOHC는 시스템의 구성에 따라 다이렉트형(Direct Type), 스윙암형(Swing Arm Type), 로커암형(Rocker Arm Type)이 있다. 다이렉트형은 캠축의 캠이 직접 밸브를 개폐하는 구조이며, 스윙암형은 캠이 스윙암을 작동하여 밸브를 개폐하는 형식이다. 로커암형은 캠축에 흡기, 배기의 작동 캠이 구성되어 있고 흡기 밸브와 배기 밸브는 로커암으로 연결되어 있다. 캠이 회전함에 따라 흡기 밸브와 배기 밸브가 열린다.

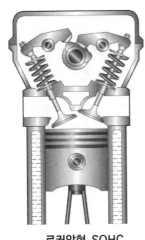

로커암형 SOHC

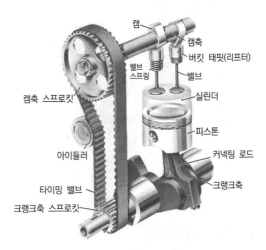

다이렉트형 SOHC

(2) SOHC 시스템의 장단점

1) 장점

① SOHC는 캠축이 하나로 구성되어 있어서 DOHC보다 구조가 간단하고, 무게가 가벼우며 실린더 헤드의 부피가 적다.

② DOHC와 비교했을 때 중저속에서 출력과 연비가 우수하다.

2) 단점

① 엔진 회전수를 증가시킬수록 흡기 밸브의 열림 시간이 짧아져 실린더 내부로 유입되는 공기량이 일정 시점에서 한계에 도달한다.

② 실린더마다 흡·배기 밸브가 하나씩인 2밸브식이 적용되며, 흡입효율을 높이기 위해 멀티 밸브를 하면 엔진의 구조가 복잡해지며 가격이 DOHC와 비슷해진다.

03 DOHC(Double Overhead Camshaft) 시스템의 상세 설명

(1) DOHC 시스템의 구성 및 작동 원리

DOHC는 시스템의 구성에 따라 다이렉트형(Direct Type), 스윙암형(Swing Arm Type)이 있으며 주로 다이렉트형이 사용된다. 다이렉트형은 캠축의 캠이 직접 밸브를 개폐하는 구조로 되어 있다. 크랭크축에 의해 타이밍 벨트가 회전하면, 타이밍 벨트에 연결된 캠축이 회전한다. 이때 캠축에 구성되어 있는 캠의 노즈에 의해 밸브의 스템 엔드가 눌려지게 되고 밸브가 열리게 된다. 실린더 별로 흡기, 배기 밸브를 각각 2개 이상씩 구성할 수 있다.

다이렉트형(Direct Type)   스윙암형(Swing Arm Type)

(2) DOHC 시스템의 특징

1) 장점

① DOHC는 흡·배기 밸브의 수를 증가시킬 수 있어서 흡·배기 성능이 향상된다. 따라서 엔진의 고속회전 시에도 출력이 향상된다. 고속영역에서 SOHC보다 20% 출력이 향상된다.

② 밸브 각도, 위치, 캠축의 배치 등의 설계가 자유로워 흡입효율이 향상되고, 출력이 증대된다.

③ 점화 플러그를 연소실 중앙에 위치시킬 수 있어서 화염 전파거리를 줄일 수 있다. 따라서 노킹이 저감되어 고압축비로 설계가 가능하다.

④ 밸브의 수를 늘리는 멀티 밸브화가 가능하다.

2) 단점

① 구조가 복잡하며 밸브 작동을 위한 부품수가 증가한다. 따라서 엔진의 무게와 가격이 증가하며 정비성이 저하된다.

② 밸브 수가 많아 작동 소음이 증가한다. 고속영역의 사용 비율이 높을 때 연비가 향상된다.

04 가솔린 엔진과 디젤 엔진에 DOHC를 적용하는 이유

(1) 가솔린 엔진에 DOHC를 적용하는 이유

① 연소효율 증대 : 가솔린 엔진은 고온 고압으로 압축된 혼합기에 점화 플러그를 이용해 점화를 해주는 엔진으로 실린더 헤드에 밸브와 점화 플러그가 존재해야 한다. 점화 플러그는 연소실의 중앙에 위치하고 있어야 화염 전파길이가 짧아지고 연소실 전역에 빠르게 화염을 전파할 수 있다. SOHC는 캠축이 실린더 헤드 위쪽에 위치하고 있어서 점화 플러그가 연소실 중앙에 위치할 수 없는 구조가 된다. DOHC를 적용하면 점화 플러그를 실린더 헤드 중앙에 위치시킬 수 있어서 화염 전파거리가 짧아져 연소시간이 단축되고, 노킹이 저감되어 고압축비 설계가 가능해진다. 따라서 연비가 향상되고, 출력이 증대된다.

② 고속 회전 시 흡기효율 증대 : 가솔린 엔진은 4,000~6,000rpm의 고속회전 영역에서 출력이 증대된다. 엔진이 고속으로 회전할 때 체적효율을 증대시키기 위해서는 흡기 밸브의 개수가 많은 것이 유리하다. 또한 가변 밸브 시스템을 적용하여 흡·배기효율을 높일 수 있다.

(2) 디젤 엔진에 DOHC를 적용하는 이유

① 연소효율 증대 : CRDI(Common Rail Direct Injection) 시스템이 적용된 후 연소실 구조가 단순화되어 디젤 엔진에도 가솔린 엔진과 같이 DOHC 적용이 가능해졌다. 디젤 엔진의 인젝터는 연소실 중앙에 위치해서 연료를 분사해 주는 방식이 가장 효율이 높기 때문에 DOHC를 적용해 준다.

② 흡기효율 증대 : 디젤 엔진은 공기를 고압으로 압축한 후 연료를 분사하여 자기착화시키는 엔진이다. 동일 배기량의 실린더일 경우 공기의 흡입효율에 따라 엔진의 토크가 결정된다. 공기 흡입 시 펌핑손실을 저감하고, 공기의 흡입효율을 증대시키기 위해서는 밸브가 많은 것이 유리하다. 또한 흡·배기 밸브에 각각 가변 밸브 시스템을 적용하여 흡·배기효율을 높일 수 있다.

기출문제 유형

✦ 린번(Lean Burn)을 설명하시오.(80-1-3)

01 개요

내연기관은 공기와 연료를 혼합한 후 연소시켜 기계적 에너지를 얻는 장치이다. 가솔린이 완전연소되기 위해 혼합되는 공기와 연료의 비율은 이론공연비인 14.7 : 1이다. 하지만 냉시동, 가속을 위해서는 이보다 농후한 공연비가 필요하고, 연비를 저감하기 위해서는 희박한 공연비가 필요하다. 연비를 저감하기 위해 공연비를 희박하게 하여 엔진을 운전하면 연소불안정으로 토크 변동이 생기고, 산소가 과다하게 배출되어 촉매변환기의 NOx 정화율을 저하된다. 린번 엔진은 이러한 단점을 보완하여 희박연소가 가능하게 만든 엔진이다.

02 린번(Lean Burn) 엔진의 정의

린번 엔진은 희박연소 엔진으로 실린더 내부로 들어가는 공기와 연료의 혼합기에서 공기의 비율을 높여 연료의 소비를 저감시킨 엔진을 말한다. 일반적인 공기대 연료의 비율은 14.7:1인데 비해서, 린번 엔진은 22:1 정도의 공연비로 작동한다.

03 린번 엔진의 작동 영역

린번 엔진은 엔진 회전수 0~1,300rpm, 4,200rpm 이상의 영역, 즉, 냉시동, 워밍업, WOT (Wide Open Throttle)의 가속 상태에서는 이론공연비나 농후한 공연비로 동작된다. 또한 1,300~ 4,200rpm 사이의 영역에서도 엔진 부하에 따라서 이론공연비와 희박공연비 사이에서 제어된다. 희박연소로 제어되는 구간은 냉각수 온도가 약 75~80℃ 이상의 조건에서, 정속주행 시 엔진부

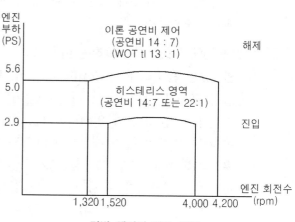

린번 엔진의 작동 영역

하 2.9 이하, 엔진 회전수 약 1,500~4,000rpm인 구간이다.

04 린번 엔진의 구성 및 제어 방법

린번 엔진은 광대역 산소 센서, 크랭크 각 위치 센서(CKP : Crankangle Position Sensor), 스로틀 위치 센서(TPS : Throttle Position Sensor), 냉각 수온 센서(WTS : Water Temperature Sensor), 엔진 ECU(Engine Control Unit), 스월 컨트롤 밸브(SCV : Swirl Control Vavle)로 구성된다.

각종 센서로부터 현재 엔진의 회전속도와 부하 정보를 엔진 ECU가 입력받아 희박 운전 영역 조건에 맞으면, 스월 밸브를 닫아준다. 스월 밸브가 닫히면 흡입 통로 중 한 곳

이 막히게 되고 이로 인해 다른 통로로 공기가 들어가 유속이 빨라진다. 공기는 실린더 내부로 빠르게 들어가게 되어 강한 횡방향 와류(스월)을 만든다.

　스월이 만들어지면 스월 중심부는 농후한 혼합기가 형성되고 주변은 희박한 혼합기가 형성된다. 이 상태에서 점화가 이루어지면 농후한 혼합기가 연소된 후 희박한 혼합기가 연소하게 된다. 따라서 적은 연료로 안정적인 연소가 이루어지게 되어 연료의 사용이 저감되고, 배출가스가 줄어들며, 안정적인 출력성능이 가능해진다.

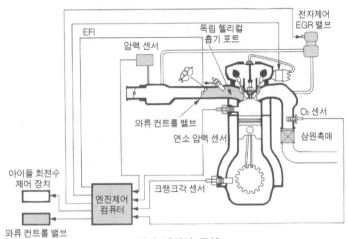

린번 엔진의 구성

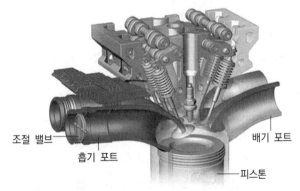

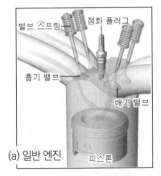

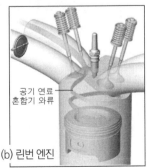

린번 엔진의 구조

05 린번 엔진의 장단점

(1) 장점

① 흡입공기량 증가로 인해 펌핑손실이 저감된다.

② 기존 엔진에 비해 연소실 온도가 낮아 열손실이 감소하고 연소실 최고 온도가 낮아 냉각손실이 저감된다.

③ 연비가 일반 가솔린 엔진 대비 약 10~20% 정도 개선된다.

④ 린번 엔진 작동 조건에서는 배출가스 중 NOx가 80% 저감된다.

(2) 단점

① 희박 연소 시 기통간 편차가 발생하고 연소 안정성이 저하된다.

② 일정조건의 정속 주행에서만 연비 저감효과가 발생하며, 정밀한 제어가 어려워 희박공연비에서 이론공연비로 변환이 될 때 엔진의 충격이 발생한다.

③ 산소의 농도가 높아 배출가스 중 NOx의 정화효율이 떨어지며, 중간 공연비일 때는 NOx의 배출량이 많아진다.

기출문제 유형

✦ 직접분사식 가솔린 엔진이 간접분사식보다 출력성능, 연료소모, 배기가스, 충전효율, 압축비 면에서 어떤 특성을 보이며, 그 원인이 무엇인지 설명하시오.(93-3-3)

✦ GDI(Gasoline Direct Injection)를 설명하시오.(56-1-1)

✦ GDI(가솔린 직접 분사) 엔진을 설명하시오.(62-1-4)

✦ 직접 분사식 가솔린 엔진(GDI)의 연소 방식과 장단점 및 보급 전망에 대해 논하시오.(69-3-1)

✦ 가솔린 직접 분사(GDI) 엔진의 단점을 설명하시오.(72-1-10)

✦ 자동차용 가솔린의 포트 인젝션(Inlet Port Injection)과 직접 분사식 연료 분사 시스템에 대해 서술하시오.(57-3-4)

---

01 개요

(1) 배경

가솔린 연료는 인화점이 낮고, 착화점이 높은 특성을 갖고 있다. 따라서 가솔린 엔진은 연료와 공기를 미리 혼합해준 후 고온, 고압으로 압축하여 점화 플러그로 점화하는 방식을 사용하고 있다. 기존에는 연료를 실린더 외부에서 분사하여 공기와 함께 연소실로 공급되도록 제어하였다. 하지만 각종 배기규제와 화석연료의 고갈 문제가 대두되면서 연료의 사용을 저감하고, 배출가스의 발생을 저감하기 위해 연소실 내부에 직접 연료를 분사하는 방식의 엔진이 개발되었다.

(2) MPI(Multi Point Injection) 엔진의 정의

MPI 엔진은 포트 인젝션 방식의 엔진으로 각 실린더 입구에서 연료를 분사하여 공기와 함께 실린더 내부로 공급하는 방식의 엔진을 말한다. 간접 분사식이라고도 한다.

(3) GDI(Gasoline Direct Injection) 엔진의 정의

GDI 엔진은 연료를 실린더 내부로 직접 분사하는 방식의 엔진을 말한다. 공기를 실린더 내부로 공급한 후 실린더 내부의 인젝터로 연료를 분사한다. 직접 분사식이라고도 한다.

02 구성 및 효과

(1) MPI(Multi Point Injection) 엔진

MPI 시스템은 각 실린더의 입구에 인젝터가 위치하고 있으며 약 3~4bar 정도의 압력으로 연료를 분사한다. 연료는 흡기 포트에서 공기와 함께 혼합된 후 연소실로 공급된다. 기존 카브레터 방식에 비해 성능이 10~20% 정도, 연비가 5% 정도 향상되었으며, 시동성이 개선되었다. 하지만 정밀한 연료 제어가 어렵고, 흡기 포트 주위로 혼합기가 흡착되는 월 필름 (Wall Film) 현상이 발생되어 연료가 손실 된다.

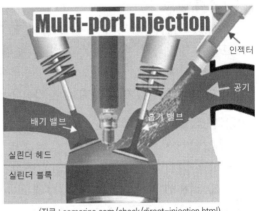

(자료 : samarins.com/check/direct-injection.html)

(2) GDI(Gasoline Direct Injection) 엔진

GDI 시스템은 인젝터의 분사구가 연소실 내부에 위치하고 있으며 약 40~150bar 정도의 압력으로 연료를 분사한다. 연료는 실린더 내부에서 공기와 혼합되어 연소된다. MPI 엔진 대비 성능은 7~10% 정도, 연비는 2~3% 정도 향상된다.

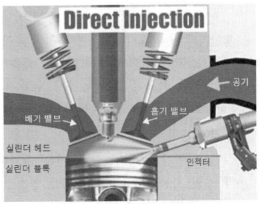

(자료 : samarins.com/check/direct-injection.html)

03 GDI 엔진의 성능 향상 요인

① **연료손실 저감** : GDI 엔진은 실린더 내부로 연료가 직접 분사되기 때문에 MPI 엔진과 같이 흡기 포트 주변에 연료가 퇴적되는 월 필름 현상이 없어서 연료손실이 저감된다.

② **정밀한 연료 제어** : GDI 엔진은 실린더 내부로 연료가 분사되기 때문에 엔진 부하, 속도에 따라 정밀한 연료 제어가 가능하다.

③ **충진 효율 향상** : 초희박 연소로 인해 스로틀 밸브로 인한 펌핑손실이 저감되어 충진 효율이 향상된다.

④ **노킹 방지** : 실린더 내부로 연료를 직접 분사할 때, 냉각 작용에 의해 연소실 최고 온도가 저감되어 노킹이 방지된다. 또한 초희박공연비로 제어될 때에는 압축행정 말기에 연료가 분사되므로, 공기만 압축되어 노킹이 발생되지 않는다.

04 GDI 엔진의 특성

(1) 출력 성능

GDI 엔진은 공기의 충진 효율이 높고, 연료를 실린더 내부로 직접 분사하기 때문에 연료량을 정밀하게 제어할 수 있어서 출력이 높고 응답성이 빠르다. 또한 저부하에서는 압축행정 말기에 연료가 분사되지만 고부하에서는 흡입행정에서 연료가 일부 분사되고 점화 직전에 나머지 연료가 분사되어 노킹이 방지되고 연소효율이 높아져 출력이 향상된다.

(2) 연료 소모

GDI 엔진은 실린더 내부로 연료가 직접 분사되기 때문에 MPI 엔진처럼 월 필름 현상이 방지되고, 연료량을 차량의 요구 부하에 맞게 정밀하게 제어할 수 있어서 연료 소모가 저감된다. 또한 운전 상황에 따라 연료 분사를 다단화 할 수 있고, 40:1 정도의 초희박 연소가 가능하며, 냉각손실, 펌핑손실이 저감되어 연비가 개선된다.

(3) 배기가스

연소실이 밀폐된 구조에서 연료가 분사되어 밸브 오버랩 시 배기 밸브로 빠져나가는 혼합기가 없어져 HC가 저감된다. 또한 연소효율을 높여 촉매 활성화 시간이 저감되어 배출가스가 감소되고, 이산화탄소 배출량도 감소된다. 하지만 높은 압축비와 열효율로 인해 연소실 최고 온도가 높아져 NO_x가 증가하고 PM이 발생한다. PM은 GPF(Gasoline Particulate Filter)를 적용해 제거한다.

(4) 충전 효율

GDI 엔진은 실린더로 공기를 충진한 후 연료를 분사해 주기 때문에 주로 터보차저와 같이 사용된다. 또한 초희박 연소로 제어하기 때문에 충진 효율이 증대되고, 스로틀 밸브로 인한 펌핑손실이 저감된다.

(5) 압축비

GDI 엔진은 실린더 내부에 연료를 분사하여 실린더 내부 온도를 낮춰 노킹을 방지하고, 초희박 연소시에는 공기만 압축시킨 후 연료를 분사하기 때문에 노킹의 우려가 없다. 따라서 압축비를 높일 수 있게 되어 출력을 향상시킬 수 있다.

05 MPI 엔진의 장단점

(1) 장점

① MPI 엔진은 연료와 공기를 혼합한 후 실린더 내부로 공급하고, 압축비가 높지 않아 GDI 엔진에 비해 정숙하고 더 부드럽게 작동하여 진동과 소음이 감소된다.

② 예혼합 연소가 되기 때문에 연료 품질에 민감하지 않다.

③ GDI 엔진 대비 구조가 단순하고, 부품이 적어 무게가 감소되며, 정비성이 좋다.

④ 흡기밸브 입구쪽에 연료가 계속 분사되어 청정작용에 의해 카본 찌꺼기가 제거된다.

(2) 단점

① 연료손실과 흡입공기의 펌핑손실, 저압축비 등으로 인해 GDI에 비해 출력 성능이 낮다.(GDI 대비 약 80% 정도)

② 연료의 정밀한 제어가 어려워 GDI 엔진 대비 가속 응답성이 떨어지고 연비가 좋지 않다.

06 GDI 엔진의 장단점

(1) 장점

① 연료를 엔진 실린더 내부에서 직접 분사하기 때문에 연료의 손실이 적고, 정밀한 분사가 가능해 응답성이 향상된다.

② 동일 배기량 기준으로 토크와 출력이 높다. 따라서 다운사이징이 가능하며, 이로 인해 배출가스와 이산화탄소 배출량이 동시에 저감된다.

③ 초희박공연비 운전이 가능하여 펌핑손실, 냉각손실이 저감되고, 완전연소에 가깝게 연소되어 출력과 연비가 향상된다.

④ 압축비를 높여도 노킹을 방지할 수 있어서 출력 성능이 향상된다.

(2) 단점

① 압축비와 분사압이 MPI 엔진보다 높아서 엔진의 진동과 소음이 커지며 내구성이 저하된다.

② 고압으로 압축된 연소실로 연료를 분사해야 하기 때문에 고압 연료 분사장치가 필요하게 된다. 따라서 고압펌프, 고압 인젝터 등의 부품들이 추가되어 구조가 복잡하고 엔진 무게가 증가한다. 따라서 제작비용이 증가하고, 정비성이 저하된다.

③ 폭발압력이 크고, 최고 온도가 높아지기 때문에 피스톤과 실린더가 마모되고, 배출가스 중 NOx와 PM이 증가한다.

④ 흡기밸브와 인젝터에 카본이 퇴적된다. EGR(Exhaust Gas Recirculation)과 PCV(Positive Crankcase Ventilation)를 통과한 배기가스가 실린더 내부로 유입될 때 흡기밸브의 높은 온도로 인해 밸브 스템 부위, 페이스 부위에 퇴적되게 되어 공기의 유입을 방해하게 된다. 이로 인해 출력이 하락하게 된다. 또한 인젝터 분사구 주변으로 카본이 퇴적되어 노킹을 발생시킨다. 이를 방지하기 위해 고급 휘발유를 사용해야 하고 규정된 엔진 윤활유를 자주 교환해야 한다.

기출문제 유형

✦ Wall Film 현상을 설명하시오.(81-1-4)

---

01 개요

가솔린 연료는 인화점이 낮고, 착화점이 높은 특성을 갖고 있다. 따라서 가솔린 엔진은 연료와 공기를 미리 혼합해준 후 고온, 고압으로 압축하여 점화 플러그로 점화하는 방식을 사용하고 있다. 기존에는 기화기(카브레터, Carburetor)를 사용하여 연료와 공기를 혼합해 주었고 점차 연료의 정밀한 제어를 위해 연소실 쪽으로 가깝게 연료를 분사해 주는 방향으로 연료 분사 시스템이 개발되고 있다.

일반 가솔린 승용차에는 연료를 각 실린더 입구에서 분사하는 방식인 MPI 방식이 주로 사용되고 있지만, 실린더 벽에 연료가 퇴적되어 누설되는 현상을 줄이기 위해 실린더 내부로 직접 연료를 분사해 주는 방식인 GDI엔진 적용이 증가하고 있다.

02 월 필름(Wall Film) 현상의 정의

월 필름 현상은 분사된 연료가 흡기관(흡기 포트, 흡기밸브 주변)에 묻는 현상을 말한다. Wall Wetting 이라고도 한다.

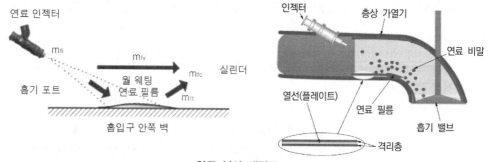

연료 분사 개략도

03 월 필름(Wall Film) **현상의 발생 과정**

① 냉각 수온 20℃ 이하의 냉시동 시 엔진의 온도가 낮아 연료가 잘 기화되지 않기 때문에 발생한다.
② 연료의 농도가 농후하여 기화되지 않을 때 발생한다.
③ 급가속 시 가속페달을 밟을 때, 순간적으로 흡기 매니폴드의 진공도가 대기압이 되어 연료가 연소실로 유입되지 못해 발생한다.

04 월 필름(Wall Film) **현상의 영향**

가속 시 연소에 필요한 연료가 제대로 공급되지 않기 때문에 공연비가 희박해지고, 목표한 엔진 출력이 발생되지 않게 된다. 감속 시에는 엔진의 부압에 의해 흡기관 내면에 묻어 있는 연료가 연소실로 유입되어 공연비가 농후해져 출력이 상승하게 된다. 따라서 배출가스가 증가하고, 연비가 저하된다. 월 필름 현상으로 인한 출력을 보상해주기 위해 냉시동, 가속, 감속 시 산소 센서를 이용한 피드백 제어, ETC(Electronic Throttle Control)를 이용한 공연비 제어 등을 해준다.

05 월 필름(Wall Film) **현상의 대책**

① 인젝터를 연소실 안에 설치하여 직접 연료를 분사하는 시스템을 적용한다.
② 밸브의 형상과 각도, 인젝터의 분사각도를 최적화하여 월필름 현상이 최소화 되도록 설계한다.

기출문제 유형

✦ 퓨미게이션(fumigation)에 대해 설명하시오.(89-1-3)

---

01 개요

내연기관은 사용 연료에 따라 가솔린 엔진과 디젤 엔진으로 나눌 수 있다. 가솔린 엔진은 인화점이 낮고 착화점이 높아 점화 플러그를 이용한 불꽃 점화 방식을 사용하고, 디젤 엔진은 인화점이 높고, 착화점이 낮아 압축착화 방식을 사용한다. 연소효율을 높이기 위해서는 연료와 공기 중의 산소가 균일하게 분포될 수 있도록 해야 한다. 따라서 연료를 예혼합한 후 연소시킬 경우 연료가 공기의 산소분자와 균일하게 섞일 수 있어서 완전연소에 가깝게 연소된다.

02 퓨미게이션(fumigation)의 정의

퓨미게이션은 연료를 안개화, 증발시킨 다음 흡기에 혼입시키는 것을 말한다. 주로 기화기(Carburetor) 믹서를 사용하거나 TBI(Throttle Body Injection) 기술로 연료를 기체화하여 연소실로 공급하는 장치를 말한다. MPI(Multi Point Injection) 기술이 개발되기 전 사용되었던 방식으로 혼소 또는 이중 연료용 엔진 인젝터 기술이다.

03 퓨미게이션(fumigation)의 원리

믹서를 사용한 퓨미게이션은 믹서에서 대체 연료를 기체화하여 혼합기를 형성한 후 연소실로 혼입시키는 방식을 사용한다. 믹서로 공기가 공급되면 벤투리 튜브로 공기가 지나갈 때 연료가 공급되어 기화되고 이 혼합기가 주 흡기로 공급된 후 연소실로 유입된다. TBI 방식은 Single Point Injection 방식으로 스로틀 바디에서 연료를 분사하여 각 실린더로 공급해 주는 방식이다.

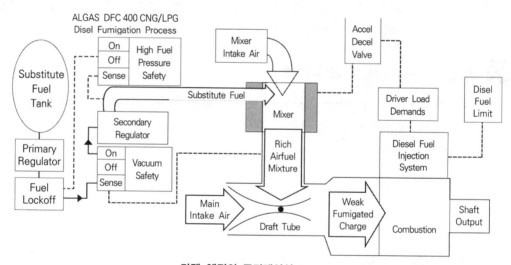

디젤 엔진의 퓨미게이션

현재 가솔린 엔진에서는 각 실린더 입구에서 연료를 분사하여 공기와 함께 혼입되게 하는 MPI(Multi Point Injection) 시스템이 사용되고 있으며, 각 실린더로 직접 연료를 분사해 주는 GDI(Gasoline Direct Injection) 시스템이 사용되고 있다. 디젤 엔진에서는 각 실린더로 직접 연료를 분사해 주는 시스템을 적용하고 있으며, 연료의 미립화를 위해 인젝터 노즐의 분공경을 미세하게 만들어 고압으로 분사

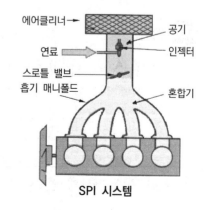

SPI 시스템

해 주고 있다. 하지만 실린더 입구에서 연료를 분사하는 방안은 흡기 밸브 주변으로 연료가 퇴적되는 월 필름(Wall Film) 현상을 유발할 수 있고, 분공경을 미세화는 하는 방안은 분무 도달거리 감소와 연소실 내 화염간섭을 증가시킬 우려가 있다.

04 퓨미게이션(fumigation)의 효과

연료가 가스화 될수록 연소효율이 높아져 출력이 향상되고 배출가스 중 NOx와 PM이 감소한다.

기출문제 유형

✦ HCCI(Homogeneous charge Compression Ignition) 엔진의 종류, 연소 특성, 배기 특성을 설명하시오.(69-1-3)

✦ 디젤 HCCI(Homogeneous Charge Compression Ignition) 엔진의 특징을 설명하고, 조기분사 및 후기분사 연소 기술에 대해 설명하시오.(120-3-2)

✦ 디젤 엔진에서 예혼합 연소(HCCI) 시스템의 특성을 설명하라.(77-2-2)

✦ 디젤 엔진의 HCDC(Homogeneous Charge Diesel Combustion)와 PREDIC(Premixed Lean Diesel Combustion)에 대해 설명하시오.(81-3-2)

---

01 개요

(1) 배경

내연기관은 사용 연료에 따라 가솔린 엔진과 디젤 엔진으로 나눌 수 있다. 가솔린 엔진은 인화점이 낮고 착화점이 높아 점화 플러그를 이용한 불꽃 점화 방식을 사용하고, 디젤 엔진은 인화점이 높고, 착화점이 낮아 압축착화 방식을 사용한다. 즉, 가솔린 엔진은 점화 장치를 사용하고 디젤 엔진은 점화 장치를 사용하지 않는다.

연료를 압축착화 할 경우 점화원이 많아지기 때문에 연소효율이 증가하고, 출력이 증가한다. 또한 연료를 예혼합한 후 연소시킬 경우 연료가 공기의 산소 분자와 균일하게 섞일 수 있어서 완전연소에 가깝게 연소된다. 이러한 점에 착안하여 연료를 예혼합한 후 압축착화 하는 방식의 엔진을 개발하고 있다.

(2) HCCI(Homogeneous charge Compression Ignition) 엔진의 정의

HCCI 엔진은 균질 예혼합 압축착화형 엔진으로, 연료를 예혼합한 후 압축착화 연소시키는 방식의 엔진을 말한다.

02 HCCI 엔진의 종류

HCCI 엔진은 사용 연료에 따라서, 연료 분사시기에 따라서 분류할 수 있다.

(1) 가솔린 HCCI 엔진(GDCI : Gasoline Direct Compression Ignition, CAI : Controlled Auto Ignition)

HCCI 엔진은 최초에는 휘발유를 사용해 저온 압축착화를 만들어내는 것이 목표였다. 하지만 주변 조건에 따라 폭발이 발생하지 못하여 엔진의 회전과 출력이 일정하지 않았다. 2007년 벤츠에서는 연료 직접분사, 가변 밸브 타이밍 시스템, 가변 압축 기술, 터보차저 등의 기술을 적용하여 HCCI 엔진을 개발하였다. 연소의 불안정성을 극복하기 위해 보조적으로 점화 플러그를 장착하였다.

이를 가솔린 직접분사식 압축착화형(GDCI : Gasoline Direct Compression Ignition) 엔진, 디조토(Diesotto) 엔진, CAI(Controlled Auto Ignition) 엔진이라고 한다. 마즈다에서는 HLSI(Homogeneous Lean Spark Ignition)이라는 명칭으로 부르고 있다.

(2) 디젤 HCCI 엔진(HCDC : Homogeneous Charge Diesel Combustion)

디젤 HCCI 엔진은 디젤 엔진 연소실 내에 균일한 혼합기를 형성하여 NOx를 저감하고 PM의 생성을 억제한 엔진이다. 혼합기가 균일하게 형성되면 연소실 내에서 다점 점화되므로 연소기간이 단축되며 연소온도가 낮아져 NOx 생성이 억제된다. 또한 공연비가 균일하게 되어 연료가 농후한 영역이 없어져 PM 생성이 저감된다.

디젤 HCCI 엔진은 HCDC(Homogeneous Charge Diesel Combustion) 엔진으로 명칭할 수 있으며, 종류는 실린더 외부 포트에서 연료를 분사하여 혼합기를 공급하는 예혼합 압축착화(PCCI : Premixed Charge Compression) 엔진, 연소실 내부에 직접 연료를 분사하되 극히 이른 시간에 분사하여 예혼합기를 형성하게 하는 Early Direct Injection HCCI 엔진(PREDIC : Premixed Diesel Combustion), 조기 연료분사 후에 다시 연료를 분사하여 압축착화하는 방식의 엔진(MULDIC : Mutiple Stage Diesel Combustion), 높은 EGR률로 점화 지연기간을 늘린 후 연소실 내부에 연료를 지각시켜 분사하는 Late Direct Injection 엔진(MK : Modulated Kinetics, LTC : Low Temperature Combustion) 등이 있다.

디젤 HCCI 기술 명칭은 제조회사별로 다르다. (주)신에이씨이의 PREDIC(Premixed Lean Diesel Combustion), MULDIC(Multiple Stage Diesel Combustion), 토요타 자동차의 UNIBUS(Uniform Bulky Combustion System), 닛산 자동차의 MK(Modulated Kinetics) 등이 있다.

1) 조기분사 연소 기술

조기분사 HCCI 기술은 PREDIC이 있다. 연소실 내부에 극히 이른 시간에 연료를 분사하여 공기와 연료가 혼합할 수 있는 시간을 길게 함으로써, 균일하고 희박한 혼합기를 형성하게 하여 열효율을 향상시키고, 연비를 높게 만드는 방식이다. 또한, 연소 온도가 낮아지고, 질소산화물을 적게 배출된다는 장점이 있다. 하지만, 연소실 내부의 온도가 낮은 상태에서 연료가 분사되기 때문에 Wall Wetting의 문제가 발생하고, 착화시기의 제어가 어려우며, 일정한 부하, 혼합비 이상이 되면 착화가 지나치게 빨라져 운전이 불가능하게 되고, 질소산화물의 배출도 증가하게 된다는 단점이 있다.

2) 후기분사 연소 기술

후기분사 HCCI 기술은 MK, LTC가 있다. 기존 디젤 엔진에 비해 늦은 시기에 연료를 분사하지만, 높은 EGR률로 점화 지연기간을 늘려 연료와 공기의 혼합 시간을 늘리고, 난류를 이용해 예혼합기 형성이 잘 될 수 있도록 한 기술이다.

배기를 재순환하는 EGR장치를 이용하여 대량의 배기를 냉각하여 흡기로 재순환 시켜 산소 농도와 연소 온도를 동시에 저감하여 질소산화물의 생성을 억제한다. 후기분사 연소 기술을 이용할 수 있는 운전 영역은 한계가 있지만, 터보 과급과 인터쿨러를 이용하여 운전 영역을 넓히고 있다.

(3) 혼합 연료 HCCI 엔진(RCCI : Reactivity Controlled Compression Ignition)

2가지 이상의 연료를 사용하는 방식의 HCCI 엔진은 주로 가솔린과 디젤 연료를 혼합하여 연소시키는 방식을 말한다. 균일한 예혼합기의 형성을 위해 기화에 유리한 가솔린을 흡기관에 분사하고, 압축행정 말기에 세탄가가 높은 디젤을 소량 분사하여 연소시키는 방식이다. RCCI(Reactivity Controlled Compression Ignition), Dual-Fuel Combustion라고 한다.

03 HCCI 엔진의 구조

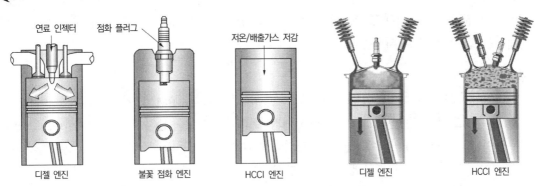

기존 가솔린 엔진과 CCI 엔진의 비교

HCCI 엔진은 기본적으로 포트 분사(간접식) 가솔린 엔진과 동일한 구조에 점화 플러그가 제외된 구조를 갖고 있다. 하지만 가솔린 직접분사를 사용하는 HCCI 엔진의 경우에는 연소의 안정화를 위해 보조적으로 점화 플러그를 갖추고 있다. 벤츠나 GM에서 개발한 HCCI 엔진은 GDI 엔진의 구성과 유사한 구조를 갖고 있다.

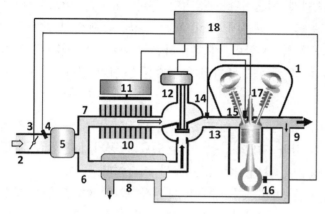

1 : HCCI 엔진, 2 : 흡기 파이프
3 : 스로틀 밸브 4 : 연료 인젝터
5 : 압축기, 6 : 히터 파이프
7 : 냉각 파이프, 8 : 히터
9 : 배기가스 파이프, 10 : 냉각기
11 : 냉각 팬, 12 : 믹싱 밸브
13 : 출구 파이프, 14 : 공기 온도 센서
15 : 실린더 압력 센서, 16 : 크랭크 포지션 센서
17 : 점화 플러그, 18 : 엔진 컨트롤 유닛(ECU)

HCCI 엔진의 열제어 시스템

04 HCCI 엔진의 특성

(1) 연소 특성

HCCI 엔진은 연료를 공기와 예혼합시키기 때문에 공기 중 산소와 균일하게 혼합되어 완전연소에 가깝게 연소되고, 다중 점화원에 의해 자기착화 됨으로써 연소효율이 증가하여 연비와 출력이 향상되게 된다. 하지만 HCCI 엔진의 연소는 엔진의 회전속도와 온도에 많은 영향을 받기 때문에 특정한 조건에서는 연소 폭발이 발생하지 않게 되어서 연소가 불안정해진다. 특히 냉시동 조건에서는 혼합기가 압축되어도 착화온도 이하로 압축이 되고, 고속 고부하 조건에서는 예혼합 연소 시간이 짧고 온도가 높아 조기 점화 되거나, 실린더 내의 압력이 빠르게 증가하여 노킹이 유발되어 연소가 불안정 해진다. 이를 보완해 주기 위해 보조 점화 플러그를 장착하여 압축 폭발이 가능하지 않은 구간에서는 강제 폭발을 시켜준다.

(2) 배기 특성

PM이 저감되고, 희박연소가 되어 NOx가 저감된다. PM은 기존 디젤 엔진에 비해 30% 수준으로 저감된다. 하지만 압축행정 초기에 연료를 분사하는 경우 실린더 라이너 부근이나 피스톤 캐비티에 연료가 과다하게 부착되는 등의 문제점이 있으며, 흡기관에 혼합 연료를 분사하는 경우에는 흡기 밸브 주위로 연료가 퇴적되는 등의 문제점이 있다.

또한 연소가 안정적으로 이뤄지지 않고 불완전연소가 되는 경우 배기가스 중에 HC,

CO가 증가하게 된다. 다음 그림은 당량비와 온도에 따른 Soot(PM), NOx 발생영역을 나타낸 것으로 HCCI는 당량비 1 이하로 제어되며, 약 1,600~2,300K의 온도로 제어된다. 따라서 PM의 발생이 거의 없고 NOx가 약간 발생한다.

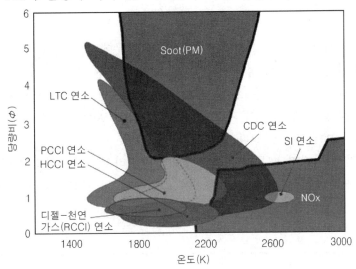

디젤 및 RCCI(천연가스) 모드의 PM 및 NOx 발생 영역

(3) 출력 특성

HCCI 엔진은 연소를 위해 압축비를 높이고, 연료와 공기의 혼합이 잘 되도록 예혼합하며, 압축착화로 인해 다중 점화되기 때문에 기존 가솔린 엔진보다 출력이 커진다.

(4) 연료 특성

HCCI 엔진은 압축착화를 기본으로 하기 때문에 기상과 액상의 모든 연료에 대해 적용이 가능하다. 따라서 가솔린, 디젤뿐만 아니라 수소, LPG, DME 등의 연료에도 적용이 가능하다. 이는 향후 대체 연료 엔진의 개발 시 연료 융통성을 높여줄 수 있다.

05 HCCI 엔진의 장단점

(1) 장점

① HCCI는 예혼합 압축착화를 하기 때문에 희박연소로 운전되며, 압축비를 높일 수 있기 때문에 스로틀 밸브를 사용하지 않는다. 따라서 펌핑손실이 감소하여 열효율이 증가된다.

② 다점의 착화원으로부터 동시에 연소가 이뤄지기 때문에 화염전파가 없고 연소기간이 매우 짧아 열효율이 증가된다.

③ 희박연소로 인해 질소산화물의 발생이 억제되고, 연료와 공기가 균일하게 섞여 연소되므로 PM이 저감된다.

④ 소형 오토바이 엔진에서부터 대형 선박용 엔진, 발전용 엔진까지 엔진의 크기에 관계없이 적용 가능하며, 가솔린, 디젤뿐만 아니라, 수소, LPG, 디메틸에테르(DME) 등 압축착화가 가능한 모든 종류의 연료를 적용할 수 있다.

(2) 단점

① 연료와 공기가 예혼합되어 압축 착화되기 때문에 착화시기 제어가 어려워 제어성이 떨어지며 연소 안정성이 저하된다. 따라서 운전 범위가 제한된다.

② 연료의 균일성, 엔진 온도, 엔진 회전수 등, 주변 환경이 연소에 많은 영향을 미치기 때문에 실화 구간이 자주 발생하며, 실화 발생 시 배출가스 중 미연 탄화수소(HC)의 발생이 많아진다.

③ 압축비가 높아지기 때문에 소음, 진동이 증가하고, 분사 압력이 증가한다.

④ 가솔린 HCCI 엔진의 경우 가솔린은 윤활성이 떨어지기 때문에 엔진 운동 부품간의 마모가 발생한다.

기출문제 유형

✦ 커먼 레일 디젤 엔진에서 연료 공급 시스템의 구성 요소와 각 요소의 역할에 대해 설명하시오.(87-3-5)

✦ 국내 디젤 차량에 적용하여 사용되고 있는 전자제어 축압식(Common Rail) 디젤 엔진의 개요와 연료 장치에 대해 상세히 서술하시오.(68-2-1)

✦ 현재와 미래의 Common Rail을 사용하는 경유 엔진의 연료 분사 압력과 분사 방식에 대해 설명하시오.(69-3-2)

✦ 경유 엔진의 고압 연료 분사 효과와 커먼 레일(Common Rail) 방식에 대해 설명하시오.(62-2-2)

✦ 커먼 레일(Common Rail)의 필요성과 그 장치의 흐름도(Flow Chart)를 도시하고, 해당 부품의 기능을 설명하시오.(71-4-6)

✦ 디젤 승용차용 커먼 레일 분사 시스템의 구성 요소 및 특징에 대해 기술하시오.(63-2-1)

✦ 직접 분사식 디젤 엔진의 연료 분사장치에서 고려해야 할 주요 사항에 대해 논하라.(66-4-2)

✦ 커먼 레일 디젤 엔진에서 연료 압력 조절 밸브의 역할 중 출구 제어 방식과 입구 제어 방식의 차이점을 설명하시오.(86-2-4)

✦ IMV(Inlet Metering Valve)를 설명하시오.(78-1-8)

---

01 개요

(1) 배경

디젤 연료는 인화점이 약 55℃ 이상이고, 착화점(발화점)이 220℃ 정도이다. 따라서 고온으로 압축한 후 연료를 분사하여 자기착화에 의해 연소시키는 압축 착화 방식을 사용한다. 압축 착화 할 경우 연료 분자 하나하나가 점화원이 되어 착화되므로 연소효율이 높아지고, 공기의 공급 시 펌핑손실이 줄어들어 연비가 향상되며, 출력이 증대된다.

디젤 엔진은 압축비가 높을수록 공기의 온도가 올라가게 되어 자기착화 하는데 유리해지지만 고압으로 압축된 공기로 연료를 분사하기 위해서는 연료의 분사 압력이 높아야 한다. 이를 위해 커먼 레일(CRDI : Common Rail Direct Injection) 시스템을 개발하였다.

(2) 커먼 레일(CRDI : Common Rail Direct Injection) 시스템의 정의

커먼 레일 시스템은 고압으로 연료를 분사할 수 있도록 장치를 구성하여 연소실로 연료를 고압으로 분사하는 시스템을 말한다.

(3) 커먼 레일(CRDI : Common Rail Direct Injection) 시스템의 필요성

디젤 엔진은 압축 착화 방식의 내연기관으로 연비가 좋고 저속 토크가 크다는 장점을 갖고 있다. 하지만 고압으로 압축된 공기로 연료를 분사하여 자기착화 시키기 때문에 연료의 관통력, 미립화, 무화성 등이 중요하다. 만일 연료가 고압으로 압축된 연소실 내부로 관통되지 않고, 미립화가 되지 않으며, 균일하게 혼합되지 않으면 연소 압력이 불균일해져 출력이 저하되고, 배출가스가 다량으로 배출되게 된다. 따라서 환경오염을 유발할수 있으며, 배출가스 규제를 통과하지 못하게 되어 차량의 판매가 불가능하게 된다.

커먼 레일 시스템은 고압으로 연료를 제어할 수 있는 시스템으로 연료의 분사압력, 분사량, 분사시기 등을 전자적으로 제어할 수 있다. 따라서 고압으로 압축된 연소실 내부로 연료를 분사할 때 연료의 관통력이 증가하여 출력이 증대되고, 연료를 다단으로 분사할수 있어서 연소효율이 증가되고, PM, NOx 등의 배출가스 배출량이 감소되어 배출가스 규제를 통과할 수 있게 되었다.(기존 EURO 3 규제를 만족시키기 위해서 적용되었다.)

02 커먼 레일(CRDI) 시스템의 구성 요소 및 각 요소의 역할

커먼 레일 시스템은 커먼 레일, 연료 압력 센서, 엔진 ECU, 연료 탱크, 연료 펌프, 고압 펌프, 고압 연료 라인, 필터, 인젝터 등으로 구성된다.

(1) 엔진 ECU(Engine Control Unit)

엔진 ECU는 각종 센서의 정보를 기준으로 현재 엔진의 회전속도, 부하 등을 고려하여 연료의 분사 압력, 분사 시간을 결정하여 연료 펌프, 레일 압력 조절 밸브, 인젝터 등을 동작시켜 연료를 제어한다. 700rpm 정도의 공회전 시에는 약 16%의 듀티비로 압력 조절 밸브를 제어하여 커먼 레일의 압력이 260bar 정도 되도록 한다. 4,000rpm 정도에서는 약 30%의 듀티비로 제어하여 800bar 정도의 압력이 되게 제어한다.

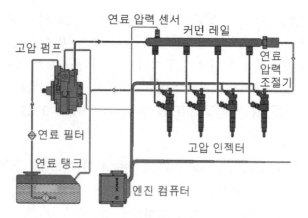

커먼 레일 시스템의 구성 요소

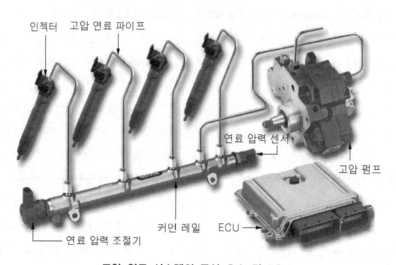

고압 연료 시스템의 구성 요소 및 ECU

(2) 고압 펌프(High Pressure Pump)

연료를 고압으로 형성하여 커먼 레일에 공급하는 장치이다. 연료는 1차 연료 필터를 거쳐 약 6bar 정도로 고압 펌프에 공급된다. 고압 펌프는 레이디얼 플런저 방식으로 토출량을 제어하여 고압으로 커먼 레일에 연료를 공급해준다.

(3) 커먼 레일(Common Rail), 고압 어큐뮬레이터

고압 펌프로부터 공급된 연료를 압축 저장한 후 연료를 인젝터로 공급하는 역할을 한다. 고압 펌프의 공급과 연료 분사로 인해 변화되는 압력을 완충하여 일정하게 유지하도록 한다. 레일 압력 센서와 레일 압력 제어 밸브가 부착되어 있다. 연료 압력은 공회전시 약 250bar이며 약 1,350bar까지 상승한다. 용량은 약 30cc 정도이다.

(4) 인젝터(Injector)

커먼 레일로부터 연료를 공급받아 엔진 ECU에 의해 분사시기, 분사량 등이 제어되어 연소실 내부로 연료를 분사하는 장치이다. 솔레노이드 인젝터와 피에조 인젝터가 있다. 분사 압력은 최고 2000bar 정도 된다.

(5) 레일 압력 센서(RSP : Rail Pressure Sensor)

레일 압력 센서는 커먼 레일의 연료 압력을 측정하여 엔진 ECU로 전송한다. 엔진 ECU는 이 정보를 기준으로 레일 압력 제어 밸브를 제어하여 커먼 레일의 압력을 제어하며, 연료 분사량, 연료 분사시기 등을 결정한다.

(6) IMV(Inlet Metering Valve)

1) IMV(Inlet Metering Valve)의 정의

인렛 미터링 밸브는 입구제어 CRDI 방식에서 사용되는 연료 제어 장치로 고압 펌프에 장착되어 펌프에서 레일로 송출되는 연료량을 조절하여 커먼 레일의 연료 압력을 제어한다.

2) IMV(Inlet Metering Valve)의 역할

레일의 연료 압력을 조절하여 분사 시스템의 효율을 높이고, 연료 탱크로 리턴되는 연료의 양을 줄여주어 커먼 레일의 압력과 열을 감소시켜준다.

3) IMV(Inlet Metering Valve)의 구성 및 작동 원리

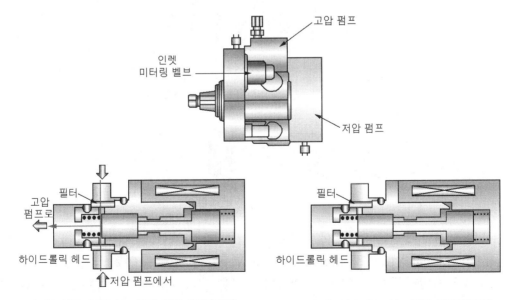

솔레노이드 OFF 시 – 전류 인가 없음(열림)　　　솔레노이드 ON 시 – 전류 인가됨(닫힘)

　　IMV는 연료 압력 조절 밸브라고도 하며 고압 펌프에 일체형으로 구성이 되어 있다. IMV는 밸브, 플런저, 스프링, 솔레노이드, 커넥터로 구성되어 있다. 평상시는 전류가 인가되지 않아 솔레노이드가 작동하지 않게 되어 밸브는 열린 상태가 된다. 따라서 저압 펌프에서 고압 펌프로 연료가 공급된다.

　　레일 압력 센서의 신호에 의해 ECU가 목표 압력을 판단하여 PWM 신호로 솔레노이드 밸브를 제어한다. 전류가 인가되면 솔레노이드 밸브는 닫히고 연료는 공급되지 않는다.

(7) 레일 압력 제어밸브(RPRV : Rail Pressure Regulator Valve)

　　출구제어 방식에서 사용되는 밸브로 커먼 레일의 압력이 높은 경우 엔진 ECU는 밸브를 제어하여 연료를 연료 탱크로 송출하도록 제어한다. 엔진 ECU는 Duty 제어를 이용해 레일 압력 제어 밸브를 제어한다.

03 커먼 레일(CRDI : Common Rail Direct Injection) 시스템의 제어 방법 및 장치 흐름도

(1) 입구 제어 방식

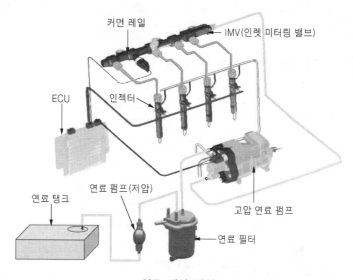

입구 제어 방식

　　입구 제어 방식은 델파이에서 사용하는 방식으로, 연료를 커먼 레일로 공급하기 전에 제어하는 방식으로 IMV(Inlet Metering Valve)를 통해서 연료를 제어한다. IMV는 고압 펌프에 일체형으로 구성되어 연료의 공급을 제어한다. 연료 흐름도는 다음과 같다.

　　연료 탱크 → 연료 펌프(저압) → 연료 필터 → 고압 연료 펌프 / IMV → 커먼 레일 → 인젝터

(2) 출구 제어 방식

출구 제어 방식은 보쉬에서 사용하는 방식이며 커먼 레일로 공급된 연료의 압력이 기준치를 초과하면 연료 압력 조절 밸브를 열어 연료 탱크로 송출하는 시스템이다.

연료 흐름도는 다음과 같다.

연료 탱크 → 연료 펌프(저압) → 연료 필터 → 고압 연료 펌프 → 커먼 레일
→ 레일 압력 제어 밸브 → 인젝터 or 연료 탱크

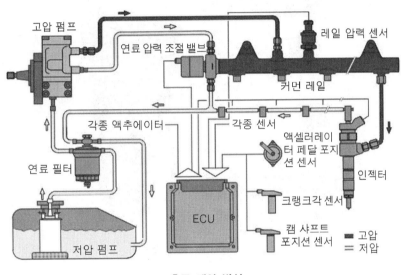

출구 제어 방식

(3) 입·출구 제어 방식(듀얼 압력 조절 방식)

입·출구 제어 방식은 입구 제어 방식에서 사용되었던 IMV를 사용하거나 저압 펌프와 고압 펌프 사이에 연료 압력 조절 밸브(FPRV : Fuel Pressure Regulator Valve)를 사용하여 입구측의 연료를 제어하고, 레일 압력 조절 밸브를 이용하여 커먼 레일의 출구를 제어하는 방식을 말한다.

연료 흐름도는 다음과 같다.

연료 탱크 → 연료 펌프(저압) → 연료 필터 → 고압 연료 펌프 / IMV(연료 압력 제어 밸브)
→ 커먼 레일 → 레일 압력 제어 밸브 → 인젝터 or 연료 탱크

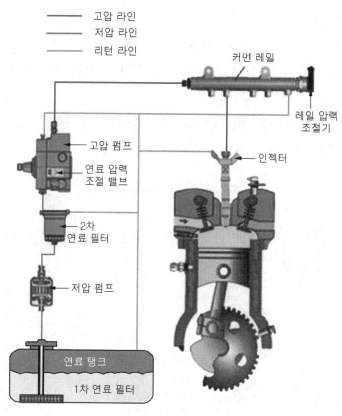

고압 라인
저압 라인
리턴 라인

커먼 레일

레일 압력
조절기

고압 펌프

연료 압력
조절 밸브

인젝터

2차
연료 필터

저압 펌프

연료 탱크

1차 연료 필터

입·출구 제어 방식

04 커먼 레일(CRDI : Common Rail Direct Injection) 시스템의 입구 제어 방식과 출구 제어 방식의 특징

(1) 입구 제어 방식

입구 제어 방식은 연료를 커먼 레일에 저장해 두지 않고 유량을 조절하여 필요할 때에만 연료를 커먼 레일에 공급해 주기 때문에 고압 펌프의 구동 손실을 줄이고, 커먼 레일의 온도와 압력 상승을 막아주는 장점이 있다. 하지만 급가속 및 시동 시 연료의 고압 형성에 시간이 걸려, 커먼 레일의 빠른 압력 상승이 지연되어 응답성이 떨어지는 단점이 있다.

(2) 출구 제어 방식

출구 제어 방식은 고압의 연료가 항상 커먼 레일이 저장되어 있기 때문에 응답성이 빠르다는 장점이 있다. 하지만 고압 펌프가 계속 구동되어 불필요한 동력 손실이 발생하고, 연료가 고압으로 압축되어 있어서 온도가 상승된다. 또한 연료 압력 상승으로 연료가 연료 탱크로 리턴될 때 에너지 손실이 발생하게 된다.

(3) 입·출구 제어 방식

입·출구 제어 방식은 다양한 엔진 조건에 따라 정밀하고 신속하게 연료 압력을 제어하여 불필요한 동력 손실을 줄이고, 응답성을 향상시킬 수 있다. 작동 영역별 특성은 다음과 같다.

① **시동** : IMV를 열고, RPRV를 닫아주어 연료의 압력이 빠르게 상승하도록 제어하여 시동성을 향상시킨다.

② **저속** : IMV가 열린 상태에서 RPRV를 제어하여 응답성을 향상시킨다.

③ **중속 이상, 중부하** : 이 영역에서는 IMV와 RPRV를 동시에 제어하여 커먼 레일의 연료 압력을 정밀하게 제어한다.

④ **고속, 가속** : 연료 압력의 빠른 상승을 위해 IMV는 열고, RPRV는 닫아준다.

⑤ **시동 OFF** : 커먼 레일에 있는 연료를 빨리 제거해주기 위해 IMV는 닫고, RPRV는 열어준다.

05 커먼 레일(CRDI : Common Rail Direct Injection) 시스템의 장단점

(1) 장점

① **배출가스 저감** : 고압으로 압축된 연소실 내부에서 연료가 고압으로 분사되어 공기 중으로 분포되는 비율이 높아져 PM, CO_2의 배출량이 저감된다. 또한 커먼 레일은 희박공연비로 제어 해주기 때문에 HC, CO의 배출량이 적다.

② **출력 향상** : 커먼 레일을 이용해 고압으로 연료를 분사하기 때문에 인젝터 분공경을 미세화 할 수 있게 되었다. 따라서 연료가 미립화 되어 연소실 각 부분으로 분포성이 향상되고 점화원이 다양해져 출력이 향상되었다. 또한 연료 분사 다단화로 분사 타이밍을 최적화 할 수 있고, 각 기통마다 균일한 연료 제어가 가능해져 출력이 향상된다.

③ **연비 향상** : 고압 분사로 인해 연료가 연소실 내부로 잘 관통되어 공기와 혼합되는 비율이 높아졌다. 따라서 불완전연소되는 연료가 줄어들어 연비가 향상되었다. 또한 엔진 전자제어화로 인해 연료의 분사량, 분사시기, 분사 패턴을 부하 조건에 맞게 제어할 수 있어서 연료 소비량이 감소된다. 커먼 레일 시스템을 장착한 디젤 자동차의 연간 유지비는 가솔린 차량에 비해 저렴하다.

④ **소음 진동** : 커먼 레일 시스템을 적용하면 연료의 무화성이 좋아지기 때문에 착화성이 향상되고, 노킹의 발생비율이 줄어 기존 디젤 엔진에 비해 소음, 진동이 저감된다.

(2) 단점

① **배출가스** : 연소 압력이 높아지고 열효율이 증대되어 배출가스 중 NOx가 증가한다. NOx는 EGR이나 배출가스 후처리 장치인 LNT, SCR 등을 이용해 저감시켜준다.

② **내구성** : 출력이 향상되어 운동부품에 과부하가 발생하여 내구성이 저하된다. 내구성을 유지하기 위해서는 운동부품과 엔진의 강성을 보강해 주어야 한다.

③ **가격, 유지비용** : 제작비용이 증가하고, 구조가 복잡하여 정비성이 저하된다. 또한 고장 시 수리비용이 증가한다. 특히 배출가스를 저감시켜주기 위해 장착하는 Urea-SCR, DPF 등의 유지비용이 발생한다.

기출문제 유형

✦ 커먼 레일 디젤 엔진의 연료 분사장치인 인젝터에서 예비분사를 실시하지 않는 경우에 대해 설명하시오.(120-1-4)

✦ 커먼 레일 디젤 엔진에서 연소 소음을 저감할 수 있는 연료 분사 방안과 그 방안으로 소음이 저감되는 이유와 적용 시 고려해야 할 사항에 대해 설명하시오.(119-2-2)

✦ 전자제어 디젤 엔진의 커먼 레일 시스템에서 다단분사를 5단계로 구분하고 다단분사의 효과와 그 원인을 설명하시오.(93-3-4)

✦ 압축 착화 엔진에서 커먼 레일(common rail)을 이용하여 연료를 분사할 때 연비, 배출가스, 소음이 개선되는 이유를 설명하시오.(95-3-2)

---

01 개요

(1) 배경

디젤 엔진은 고온, 고압으로 압축된 공기에 연료를 분사하여 자기착화하여 연소시키는 압축 착화 방식을 사용한다. 압축 착화 연소는 연료가 점화원이 되어 다중으로 착화되므로 연소효율이 높아지고, 공기 공급 시 펌핑손실이 줄어들어 연비가 향상되어 출력이 증대된다.

하지만 경유 연료에 점성이 있어서 짧은 시간동안 균일하게 퍼지는데 한계가 있기 때문에 이로 인해 PM이 발생하고, 노킹으로 인한 NOx가 많이 발생하게 된다. 이를 저감하기 위해 다양한 방법을 적용하고 있다. 커먼 레일 시스템은 고압으로 연료를 분사할 수 있는 전자제어 시스템으로, 연료의 다단분사가 가능해져 배출가스의 배출량이 감소하고, 연소 소음이 저감되며, 출력이 증대된다.

(2) 커먼 레일 다단분사의 정의

다단분사는 한 행정 동안 연료를 여러 번 나눠 분사하는 연료 분사 방법으로 연소효율을 높이고, 배출가스의 발생량을 저감시킬 수 있다는 장점이 있다.

02 연소 소음을 저감할 수 있는 연료 분사 방안

디젤 엔진의 연소 소음을 저감하기 위해서 연료 분사를 다단화하고, 연료 인젝터의 분공경을 작게 해주며, 연료 분사 압력을 높여주어야 한다. 디젤 엔진은 압축 착화 엔진으로 연료의 다점 점화에 의해 폭발되므로 소음이 크고, 진동이 많이 발생한다. 특히 연료가 분사되고 일정시간 동안 지연된 후 한꺼번에 폭발하는 착화 지연현상이 발생하면, 소음, 진동이 증가하게 된다.

착화 지연현상을 방지하기 위한 방안으로는 세탄가가 높은 연료를 사용하고, 압축비를 높이며, 온도를 높게 형성하고, 연료 분사 시점을 최적화하고, 와류를 형성해 주는 방법 등이 있다. 이를 위해서 인젝터의 분공경을 작게 만들어 분사되는 연료의 미립화, 무화성을 향상시키고, CRDI 시스템을 이용해 분사 압력을 높여 연소실 전체에 균일하게 분포되도록 한다. 연료 분사시기는 엔진 ECU의 제어에 의해 엔진 회전수, 부하에 따라 다단화하여 연소 소음을 저감할 수 있다.

03 다단분사 시 연비, 배출가스, 소음이 개선되는 이유(다단분사의 효과)

다단분사는 예비 분사와 주분사, 후분사로 이뤄진다. 예비 분사는 파일럿 분사(Pilot Injection)와 프리 분사(Pre Injection)으로 구분할 수 있다. 연료의 예비 분사가 수행되면, 연소실 온도가 올라가고, 착화 지연기간이 줄어들어 소음, 진동이 저감된다.

예비 분사 없이 연료를 분사하는 경우에는 착화 지연기간이 길어지고 한꺼번에 많은 양의 연료가 폭발하게 되어 노킹이 발생하게 된다. 또한 연료가 공기와 혼합되는 환경(온도, 시간)이 적합하지 않아 국부적으로 미연소 되는 연료가 발생하게 되어 PM이 증가하게 된다. 후분사는 주분사 후에 이뤄지는 분사로, 연소 후 남아있는 PM을 연소시켜 배출량을 줄여준다.

04 예비(사전) 분사를 실시하지 않는 경우

예비 분사는 엔진의 시동이 걸려 있는 상태에서는 대부분 수행해 주지만 다음 조건에서는 수행하지 않는다.

① 4,000rpm 이상의 고속 운전 조건
② 연료 분사량이 작은 경우
③ 주분사 연료량이 충분하지 않은 경우
④ 연료 압력이 최소압(100bar) 이하 인 경우
⑤ 엔진 전자제어 시스템에 고장이 발생했을 경우

05 연료 다단분사의 제어 방법, 고려사항

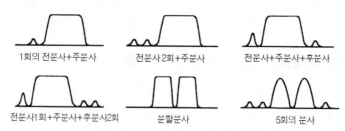

다중분사 방식에서 분사 니들의 행정 변화

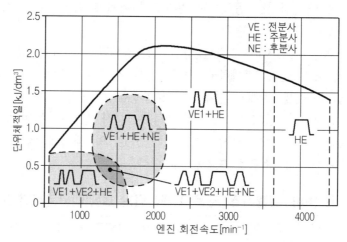

엔진 특성 곡선 상에서 최적 운전점에 따른 방중분사(예)

연료 다단분사는 엔진의 특성에 맞게 다양하게 제어되고 있다. 예비 분사를 한번 해준 후 주분사를 하는 방법, 예비 분사를 두 번 해준 후 주분사를 하는 방법, 예비 분사, 주분사, 후분사를 하는 방법, 분할 분사를 두 번 해주는 방법, 5회의 분사를 해주는 방법 등이 있다. 다단분사는 압축행정 중 흡·배기 밸브가 모두 닫힌 상태에서 시작하며 최대 5회까지 가능하다.

연료의 다단분사를 적용할 때에는 엔진의 상태나 부하, 배출가스 발생량, 배기 후처리 장치의 상태 등을 고려하여 분사 횟수를 설정해 준다. 저속일수록 배출가스를 저감시키고 연비를 향상시키기 위해 다단분사를 해주며, 고속일수록 출력 성능을 위해 주분사 위주로 제어해 준다. 엔진 회전속도와 부하 특성에 따라 각 운전점에서 다음과 같이 제어한다.

① 엔진 회전속도 0~1,600rpm에서는 예비 분사 2회, 주분사 1회로 제어한다.

② 엔진 회전속도 1,100~1,600rpm의 저속 중부하 영역일 때에는 예비 분사 2회, 주분사, 후분사 1회로 제어한다.

③ 엔진 회전속도 1,100~2,100rpm의 중속 중부하 영역일 때는 예비 분사, 주분사, 후분사 각각 1회씩으로 제어한다.

④ 엔진 회전속도 2,000~3,600rpm의 고속 영역에서는 예비 분사 1회, 주분사 1회로 제어한다.

⑥ 엔진 회전속도 4,000rpm 이상의 영역에서는 충분한 출력성능을 위해 주분사로만 제어한다.

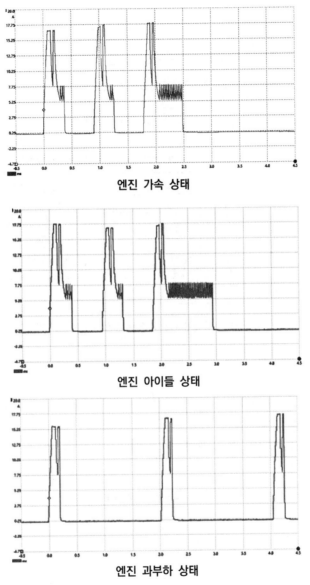

엔진 가속 상태

엔진 아이들 상태

엔진 과부하 상태

06 다단분사 5단계

다단분사는 주분사를 기준으로 나눌 수 있다. 주분사 이전에 이뤄지는 분사를 예비 분사라고 하며 예비 분사는 Pilot, Pre 분사로 구분할 수 있다. 주분사 이후에 이뤄지는 분사를 후분사라고 하며, 후분사는 After, Post 분사로 구분할 수 있다.

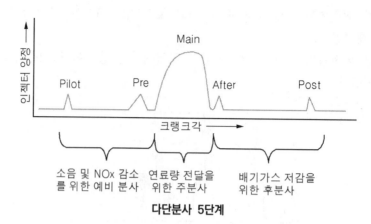

다단분사 5단계

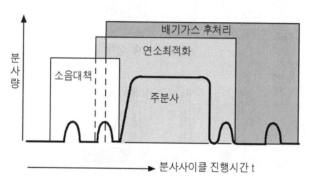

사이클당 분사횟수와 연소품질 및 소음의 상관관계

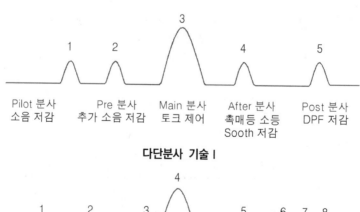

다단분사 기술 I

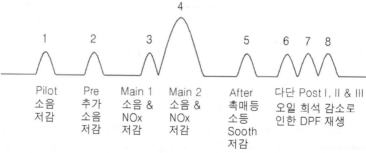

다단분사 기술 II

(1) 예비(사전) 분사(Pre-Injection)

예비 분사는 파일럿 분사(Pilot Injection)와 프리 분사(Pre Injection)으로 구분할 수 있다. 엔진의 온도나 엔진 부하가 상대적으로 좋은 조건에서는 예비 분사를 1회 정도만 해주지만, 시동 초기나 웜업이 되기 전, 낮은 엔진 회전수 영역에서는 상대적으로 배출가스의 배출량이 많고 소음 진동이 많이 발생되어 예비 분사를 2회로 나눠서 해준다.

예비 분사로 인해 연소실 온도가 올라가고, 착화 지연기간이 줄어들어 소음, 진동이 저감된다. 예비 분사 시기가 주분사보다 진각 될수록 실린더 내부의 온도와 압축열이 낮아서 PM이 증가하고, 연소가 제대로 이뤄지지 않아 HC의 발생량이 많아진다. 하지만 연소실 최고 온도가 저감하여 NOx가 저감되고 소음, 진동 현상이 감소한다. 예비 분사로 인해 확산 연소기간이 길어지면 토크는 커진다.

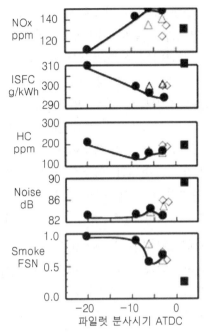

■ : 파일럿 없음　　● : 파일럿 분사량 2mm
△ : 파일럿 분사량 1mm　　◇ : 파일럿 분사량 0.5mm
메인 분사시기 ATDC 2deg

경부하에서의 근접 파일럿 분사의 영향

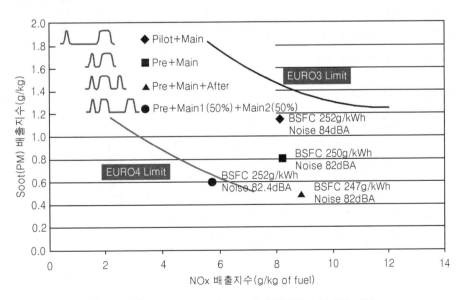

입력 1500rpm 및 5bar의 평균 유효압력에서 분사의 효과

1) 파일럿 분사(Pilot Injection)

파일럿 분사는 압축행정 초기에 소량의 연료를 실린더 내부로 분사하는 것으로 실린더의 온도와 압력을 상승시킨다. 연소실 온도가 상승되면, 착화 지연기간이 줄어들고 이로 인해 노킹이 방지되어 소음 진동이 저감된다. 또한 배출가스 중 NOx의 생성이 줄어드는 장점이 있다. 하지만 연소실 내부의 온도가 증가하기 전에 연료를 분사하기 때문에 PM(Smoke)이 증가되는 단점이 있다.

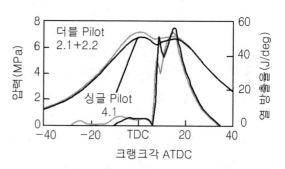

싱글 및 더블 파일럿 분사의 열 방출율

2) 프리 분사(Pre Injection)

프리 분사는 주분사 직전에 연료를 분사하여 부드러운 점화가 될 수 있도록 해주고, 착화 지연기간을 단축시켜 주어 NOx의 생성을 줄여주고, 소음 진동을 감소시킨다. 두 번의 프리 분사는 출력을 증대시켜 준다.

(2) 주분사(Main Injection)

주분사는 엔진의 출력을 위해 분사하는 것으로 분사 압력이 높을수록, 분사 기간이 길수록 출력이 증가한다. 하지만 연료량이 많아질수록 배출가스의 배출량이 많아지고, 연비가 저하된다. 따라서 부하에 맞도록 연료 분사시기, 분사량이 제어되어야 한다.

(3) 후분사(After Injection)

후분사는 주분사 이후에 연료를 분사하는 것으로 주분사에서 연소되지 않은 연료와 PM 등을 저감시키고, 배기 후처리 장치의 동작을 돕기 위해 분사해 준다. 주분사와 후분사의 간격이 짧을수록 출력은 감소하고 NOx의 생성은 증가하지만, HC, Smoke의 생성은 감소된다.

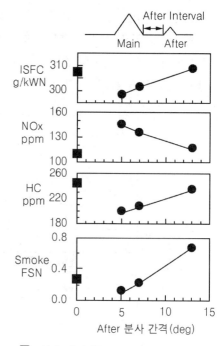

■ : Main Only(Same IMEP as ●
● : With After 분사(After 분사량 2.5mm³)

배출가스에 대한 후분사 간격의 영향

1) 애프터 분사(After Injection)

애프터 분사는 주분사 단계에서 연소되지 않고 남아있는 PM을 제거하기 위해 연료를 분사해 주는 단계이다. 동력의 생성을 위한 단계가 아니므로 애프터 분사량이 많을수록 연비는 저하된다.

2) 포스트 분사(Post Injection)

포스트 분사는 배기가스의 온도를 올려주어 배기 후처리 장치인 DPF(Diesel Particulate Filter)의 재생을 돕기 위해 연료를 분사해 주는 단계이다. DPF는 배기가스 중의 PM을 포집한 후 일정량이 포집되면 재생이 되어야 하는데 이때 500~600℃ 이상으로 주변의 온도가 올라가야 포집된 PM이 산화되어 재생될 수 있다. 포스트 분사를 해주면 배출가스의 온도가 올라가게 되어 DPF를 재생시킬 수 있게 된다.

기출문제 유형

✦ 내연기관에서 배기열 재사용 시스템(Exhaust Gas Heat Recovery System)에 대해 설명하시오.(120-2-4)

✦ 랭킨 사이클을 이용한 배기열 회수시스템을 정의하고 기술 동향을 설명하시오.(96-4-2)

✦ 디젤 엔진의 대표적인 배기 에너지 회수 방법을 기술하시오.(29)

✦ 디젤 엔진의 폐열 회수 이용 기술 중 동력 보완 측면에서의 폐열 회수 이용 기술에 관하여 서술하시오.(32)

---

01 개요

(1) 배경

화석연료의 고갈과 지구온난화 등 환경 문제로 인해 자동차의 연비 기준과 배출가스 규제가 점차 강화되고 있다. 이에 대응하기 위해 자동차 업계는 연소효율의 향상, 마찰 손실의 저감, 구동계의 개량, 공기 저항의 저감, 차체 경량화, 구름 저항의 저감 등이 가능한 기술을 개발하고 있다. 이 중 엔진의 고효율화를 위해서 배기열을 이용하는 기술이 개발되고 있다.

(2) 배기열 회수 시스템(EHRS : Exhaust Heat Recirculation System)의 정의

배기열 회수 시스템은 배기가스의 열을 회수하여 엔진의 열효율을 높여주는 시스템이다.

02 자동차 배열 이용 기술

자동차 배열 이용 기술은 배기열을 직접 이용하는 방식인 배기열 회수장치, 배기열을 저장시켰다가 다시 사용하는 방식인 축열에너지 변환장치, 열에너지를 직접 전기에너지로 변환하는 방식인 열전 발전 시스템, 열에너지를 이용해 간접적으로 전기에너지를 생성하는 랭킨 사이클 시스템 등이 있다.

(1) 배기열 회수장치

1) 배기열 회수장치의 정의

배기열 회수장치는 냉시동(Cold Start) 시 열교환기를 통해서 배기가스의 열을 냉각수로 전달하여 빠르게 냉각 수온을 상승시키고 난방 성능의 향상을 도와주는 장치를 말한다.

2) 배기열 회수장치의 효과 및 활용

냉시동 시 냉각수의 온도가 빠르게 상승되면 엔진의 웜업(Warm-Up) 시간이 단축되고, 엔진 오일, 변속기 오일의 예열 시간이 단축되어 윤활 성능이 향상되며, 연비가 1~2% 정도 향상된다. 또한 겨울철 보조 난방용으로 사용할 수 있으며 이로 인해 최대 8%까지 연비를 저감할 수 있다. 주로 HEV 차량에 사용되고 있으며 향후에도 HEV, PHEV 차량을 중심으로 채용이 확대될 것으로 예상된다.

3) 배기열 회수장치의 구조

배기열 회수장치는 열교환기, 배기가스 제어 밸브, 냉각수 통로로 구성되어 있다. 배기가스가 통과하는 배기관에 열교환기(Heat Exchanger)를 설치하여 냉각수에 열을 전달할 수 있는 구조로 되어 있다.

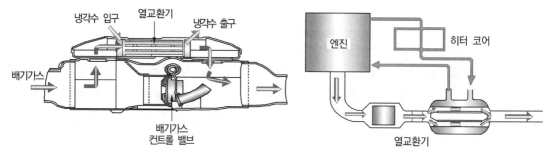

배기열 회수장치의 구조

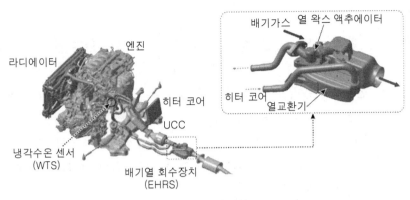

배기열 회수장치

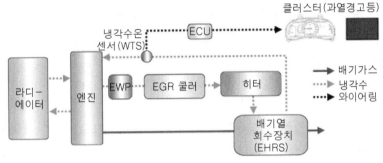

냉각수 흐름 다이어그램

4) 배기열 회수장치의 제어 방법

냉각수 온도가 80℃ 이하일 때는 배기가스 제어 밸브를 닫아서 고온의 배기가스가 열교환기로 통과하여 엔진의 냉각수를 가열할 수 있도록 한다. 이로 인해 엔진의 웜업 시간이 단축되고 윤활 성능이 향상되어 연비가 향상된다. 냉각수 온도가 80℃ 이상인 경우에는 배기가스 제어 밸브를 열어서 고온의 배기가스가 냉각수에 열을 전달하지 않고 배출되게 한다.

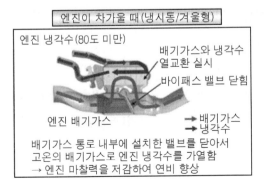

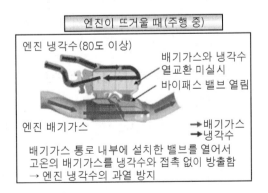

(2) 축열에너지 변환장치

축열에너지는 현역 축열, 잠열 축열, 화학 축열이 있다. 현역 축열은 물질의 비열을 이용한 것으로 물질의 온도를 상승, 하강시키기 위해 필요한 열에너지를 물, 콘크리트, 벽돌 등에 축적한 후 이용하는 방법이다. 축열의 밀도가 작고, 소형화가 요구되는 자동차용으로는 부적합하며 향후 채용 가능성도 낮다.

잠열 축열은 잠열 축열재의 상변화 전이에 따르는 전이열(잠열)을 열에너지로 이용한 것으로 1996년 BMW E39형 5 시리즈의 엔진 웜업을 위해 채용되었지만, 중량 문제로 인해 이후에 채용되지 않고 있다.

화학 축열은 열에너지를 흡열 화학반응에 의해 반응 화학물질의 형태로 저장하는 방법을 말한다. 현열, 잠열 축열에 비해 축열의 밀도가 크고, 방열 로스도 거의 없으며, 장기간 축열이 가능하다는 장점이 있다. 향후 배열 회수 시스템에는 고온에서 축열이 가능하고, 밀도가 높은 화학 축열이 이용될 가능성이 높다.

(3) 열전 발전 방식

열전 발전 방식은 배기열을 직접적으로 이용하는 방식으로, 제벡 효과를 이용해 열에너지를 전기에너지로 직접 변환하는 기술이다. 제벡 효과란 두 종류의 다른 금속 또는 반도체를 접합하여 양단에 온도 차를 발생시키면 기전력이 생기는 현상을 말한다.

열전 발전 시스템에서는 200~300W 정도의 전력회수가 가능하여 시내 주행에서 연비의 개선 효과는 3~5%정도 달성 가능하다. 자원적 제약이 없는 재료 개발, 열전 발전 소자의 효율 향상, 해당 소자를 이용한 시스템화, 모듈의 양산화, 코스트 절감 등이 실용화를 위한 필요조건이다.

(4) 랭킨 사이클을 이용한 배기열 회수 시스템

1) 랭킨 사이클을 이용한 배기열 회수 시스템의 정의

자동차에서 발생한 배기열로 작동유체를 기체로 변환한 후 기계적, 전기적 에너지를 생성하는 시스템을 말한다.

2) 랭킨 사이클을 이용한 배기열 회수 시스템의 원리

랭킹 사이클(Rankine Cycle)은 작동 유체가 증기와 액체의 상변화를 수반하는 사이클로 운동에너지나 전기에너지를 생성하는 사이클이다. 증발기(열교환기)에서 작동 유체(물)에 열을 가해 기체로 상변화를 시키고 이때 발생하는 팽창 에너지를 이용해 터빈을 회전시켜 기계적 에너지나 전기적 에너지를 생성한다. 이후 다시 응축기를 이용해 액체로 상변화시켜 증발기로 보내는 일련의 사이클을 말한다.

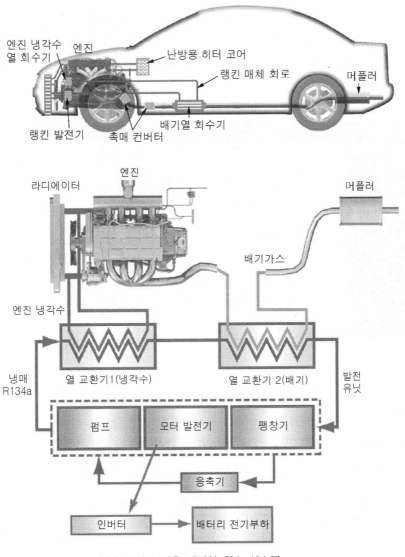

랭킨 사이클 이용 배기열 회수 시스템

　이 사이클은 주로 전력 생산에 이용되는데, 일반적인 화력 발전소를 포함하여, 태양열 발전, 바이오매스 발전, 원자력 발전소 등에서 사용된다. 랭킨 사이클을 자동차의 배기열 회수 시스템에 이용하는 방법은 배기열을 간접적으로 이용하는 방식으로 구동 에너지를 직접 엔진의 구동에 보조해 주는 방법(동력회수)과 발전기를 구동시켜 전기를 생성하는 방법(발전회수)으로 나눌 수 있다. 대략 200~600℃의 배기열에 20~40%의 변환 효율을 실현할 수 있다.

3) 랭킨 사이클을 이용한 배기열 회수 시스템의 전망

랭킨 사이클을 이용한 배기열 회수 시스템은 실용화 실적이 없고, 자동차 제조사에서 아직 연구 중이다. 자동차에 적용할 경우 자동차 구조의 대폭적인 변경이 필요하기 때문에 아직 상용화되기 어려우며 향후 2025년 이후에 상용화 될 것으로 기대된다.

자동차 배열 이용 기술 채용 타이밍

배기열이용기술분야		2015년	2016년	2017년	2018년	2019년	2020년	2021년	2022년	2023년	2024년	2025년
배기열 회수기		◆ HEV를 중심으로 채용 확대, 2020년 이후 열전 발전과의 조합들의 가능성도										
축열	현열 축열	◆ 향후 채용 가능성은 저조										
	잠열 축열	◆ 아이들링 스톱 시스템 자동차를 중심으로 잠열 축열의 채용 확대										
	랭킹 사이클 (관절방식)	◆ 고체 충전층 설계의 최적화 반복 반응의 내구성 향상 코스트(10만원/kW)					◆ EV와 상용차들의 채용 가능성			◆ 탑재 개시의 가능성		
에너지 변환	랭킹 사이클 (관절방식)									2025년 이후의 실용화 기대		
	열전 방전 (직접방식)	◆ 평균 ZT 가격 향상, 자원적 제약이 없는 재료의 검색, 시스템화, 발열 모듈 양산화, 코스트 절감(1,000~2,000원/W)					◆ 소형차로 고회전인 자동차의 채용 가능성 열전 발전 단체가 아닌 EGR 등의 조합			◆ 탑재 개시의 가능성		

기출문제 유형

✦ 엘피지 액상 연료 분사장치(Liquified petroleum Injection System)의 개요를 상세히 기술하시오.(72-3-4)

✦ LPLi(Liquid Phase LPG injection)에 대해 설명하시오.(81-2-3)

✦ LPG를 액체 상태로 분사하는 엔진이 갖는 장점은 무엇이며 이를 해결해야 할 기술에는 어떤 것이 있는지 설명하시오.(69-3-3)

01 개요

(1) 배경

기존의 LPG 엔진은 연료가 베이퍼라이저에서 기화되어 기체가 된 후 믹서에서 공기와 함께 혼합기를 형성한 후 엔진의 연소실로 공급된다. 이 과정에서 각 기통으로 들어가는 연료의 양이 일정하지 않고 겨울철 기화가 잘 되지 않아 시동이 잘 걸리지 않는 문제점이 발생하였다. 이에 LPG 자동차도 일반 가솔린 엔진과 비슷하게 액체 연료를 분사할 수 있도록 구조를 변경하였다. 이러한 차량을 LPi, LPLi 차량이라고 한다.

(2) 엘피지 액상 연료 분사장치(Liquified petroleum Injection System)의 정의

엘피지 액상 연료 분사장치는 LPG 연료를 고압의 액상으로 유지하면서 엔진의 흡입구에 있는 인젝터로 각 실린더에 분사시켜 주는 장치이다. LPI, LPLi 시스템으로도 불린다.(현대기아차 : LPI, 르노코리아차 : LPLi)

02 시스템 구성

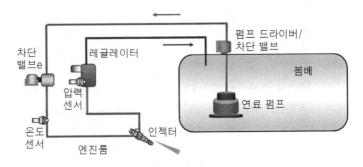

LPLi 시스템의 구성

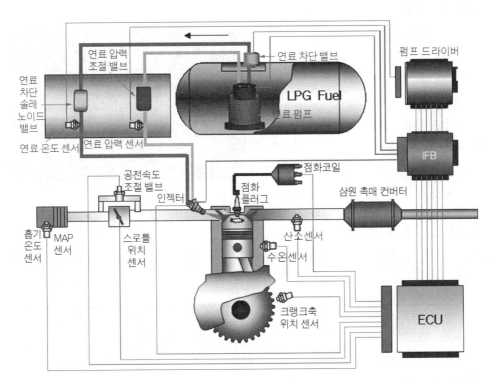

LPI 시스템의 구성

(1) LPI 인터페이스 박스(IFB : InterFace Box)

ECU에서 운전자의 운전 의도와 속도, 부하 등을 감지하여 LPI IFB로 신호를 보낸다. LPI IFB는 ECU에서 보낸 신호에 따른 부하를 계산해서 펌프 드라이브에 필요한 모터 속도를 제어하고 그 속도를 감지해서 인젝터의 작동시간을 결정한다.

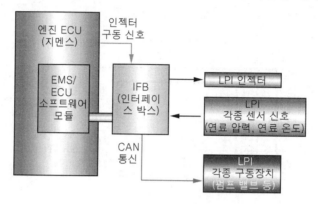

LPI 시스템의 작동도

(2) 연료 탱크(봄베)

LPG를 가압하여 액체 상태로 보관하고 있는 탱크로 총 체적은 약 85리터이며 안전을 위해 전체 체적의 80%정도만 채워진다. 연료 펌프 모듈, 충전 밸브, 유량계, 안전 밸브 등을 포함하고 있다.

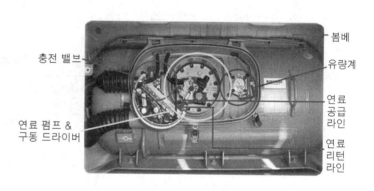

봄베의 구성품

(3) 연료 펌프 구동 드라이버

LPI IFB의 신호를 받아 연료 펌프의 BLDC 모터를 구동하고, 회전속도를 5단계로 제어하는 제어기이다. 또한 연료 펌프의 이상 유무를 LPI IFB에 피드백 한다.

구분	1단	2단	3단	4단	5단
듀티(%)	15	35	50	65	85
펌프 속도(rpm)	500	1000	1500	2000	2800

(4) 연료 펌프 모듈

연료 탱크 내부에서 LPG 연료를 고압 액상으로 인젝터에 송출하는 장치이다. 매뉴얼 밸브, 릴리프 밸브, 과류 방지 밸브 및 BLDC 모터 등으로 이뤄져 있다.

(5) 연료 압력 레귤레이터 유닛

레귤레이터는 연료 라인의 압력을 일정하게 유지시켜 주고 연료 라인 내의 가스 압력과 온도를 LPI IFB에 전달하는 역할을 한다. 연료 차단(Cut) 솔레노이드 밸브, 연료 압력 조절 밸브, 연료 압력 센서, 연료 온도 센서가 장착되어 있다.

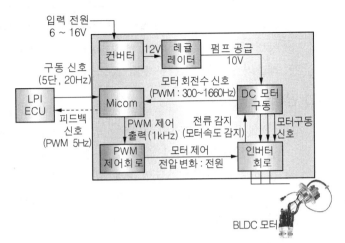

(6) 인젝터

인젝터는 LPI IFB의 제어에 의해 구동 시간이 정해지

연료펌프 구동 드라이버 유닛 다이어그램

며, 고압의 연료 라인을 통해 전송된 액상의 LPG를 연소실의 입구에서 고압으로 분사한다. 인젝터 노즐에서 액상의 LPG 연료가 분사되면 LPG가 기화하면서 열을 흡수하고 공기 중의 수분이 응결하게 된다. 이러한 노즐 부위의 빙결을 방지하기 위해서 아이싱 팁이 장착되어 있다.

(7) 연료 필터

연료 라인에 설치되어 있으며 연료에 포함된 이물질이나 수분을 제거하는 역할을 한다.

03 LPLi 엔진 요구 조건

LPG를 액체 상태로 유지하고 공급하기 위해서는 연료 탱크에서 인젝터까지 연료가 공급되는 시스템의 압력이 유지되어야 하고 액체 LPG 연료가 분사될 때 잠열로 인한 빙결이 되지 않아야 한다. 또한 연료에 점도가 없기 때문에 연료 공급 부위에 윤활성 유지가 필요하며 연소가 잘 되게 연료를 성층화하여 연소하는 기술이 필요하다.

① LPG 연료의 액상 유지 기술
② 아이싱 방지 기술
③ 저점도 연료의 연료분사 기술
④ 연료의 성층화 연소 기술

04 LPLi의 장단점

(1) 장점

각 실린더 입구에서 인젝터를 통해 액체 연료를 정밀하게 제어하여 분사할 수 있어서 기존의 LPG 자동차에서 발생하는 겨울철 시동성 저하 현상, 역화 현상, 타르 발생

등이 없고 연비, 출력이 향상된다. 또한 배출가스 규제 대응이 유리하다.

① **연비** : 기존 LPG 차량의 믹서 방식에 비해 연비가 약 10% 정도 향상되었다.

② **동력 성능** : 가솔린 MPI 엔진 대비 동력 성능이 95% 수준으로 향상되었다.

③ **배출가스** : HC, NOx, PM 등의 발생이 매우 적다.

(2) 단점

① LPLi 엔진이 탑재된 차량은 인젝터, 연료 펌프 등이 추가로 필요해져 일반 가솔린 차량보다 가격이 대략 150~200만원 가량 비싸다.

② 봄베(연료 탱크)가 트렁크에 있어서 트렁크의 사용 공간이 적어진다. 일부 차종에서는 도넛모양의 연료탱크를 적용하여 트렁크 공간을 확보하였다.

③ 연료에 윤활성이 없으므로 윤활유 교체 주기가 짧다.

기출문제 유형

✦ LPG 자동차의 연료 탱크에 설치 된 충진 밸브에서 안전 밸브와 과충전 방지 밸브의 기능을 설명하시오.(98-1-9)

---

01 개요

LPG 자동차는 연료를 LPG로 사용하는 자동차로 LPG는 원유 정제 시 30℃ 이하에서 나오는 C_3, C_4의 탄화수소 가스를 비교적 낮은 압력($6{\sim}7kg/cm^2$)을 가하여 액체상태로 만든 것이다. LPG 자동차는 LPG 연료를 봄베(Bombe)라고도 불리는 연료 탱크에 저장한다.

봄베는 일반적으로 두께 3.2mm 이상의 탄소 강판을 원통형으로 용접 제작하여 매우 견고하다. 봄베는 주로 차량의 트렁크에 설치되며 LPG 충전 밸브(녹색), 액체 LPG 송출 밸브(적색), 기상 LPG 송출 밸브(황색)가 장착되어 있다.

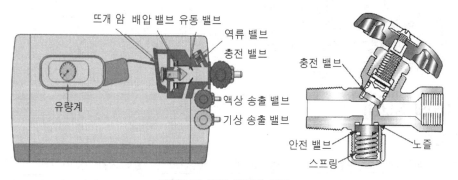

봄베 및 충전 밸브의 구조

02 충전 밸브의 상세 설명

충전 밸브는 LPG를 충전할 때 사용하는 밸브로 연료 충전을 하지 않을 때에는 꼭 잠겨 있어야 한다. 충전 밸브 내부에는 안전 밸브와 과충전 방지 밸브가 조립되어 있다.

(1) 안전 밸브

안전 밸브는 충전 밸브에 부착된 밸브로 용기 내의 압력이 일정 압력($20.8 \sim 24.8kg/nm^3$) 이상이 되면 자동적으로 용기 내 LPG를 방출해 폭발의 위험성을 방지하는 기능을 한다. 따라서 LPG 충전 시에 용기 내 압력이 상승하거나 직사광선, 화재 등으로 인해 봄베 주위 온도가 상승해 봄베의 내부 압력이 상승하면 안전 밸브가 작동하여 봄베 내의 LPG 압력을 일정하게 유지시켜 폭발의 위험성을 방지한다.

(2) 과충전 방지 밸브

충전 밸브 내에 장착되어 충전되는 가스의 용적이 탱크 용량의 85% 이상의 수준이 되면 작동돼 연료가 더 이상 충전되는 것을 방지한다. 탱크 내부에 장착되어 있으며 연료가 85% 이상 주입되면 뜨개에 의해 밸브가 막혀 더 이상 충전되지 않는 구조이다. 정밀한 장치가 아니기 때문에 작동 시 편차가 생길 수 있다.

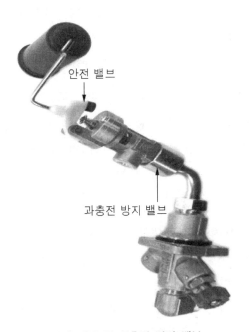

안전 밸브 및 과충전 방지 밸브

01 개요

(1) 배경

자동차 연료로는 휘발유, 경유, LPG가 주로 사용되며 시내버스를 중심으로 압축 천연가스(CNG)가 사용되고 있다. 대기오염의 배출가스를 저감하고 연료를 다각화하려는 정부와 지자체의 적극적인 보급 의지와 노력으로 2000년도부터 도입된 CNG 자동차는 현재 전국에 약 1만3천대 정도로 널리 보급되었다. 하지만 1회 충전 시 약 340km의 짧은 주행거리로 인해 장거리 운행 차량에 대해서는 경유 차량의 대체효과가 미흡하다. 따라서 주행거리가 긴 LNG 차량의 도입이 요구되고 있다.

(2) 압축 천연가스(CNG : Compressed Natural Gas) 차량

CNG 차량은 연료로 CNG를 이용하는 차량으로 주로 국내에 상용화 되어있는 천연가스 버스를 말한다. CNG 차량은 기체 상태의 천연가스를 압축해 부피를 200분의 1 수준으로 줄인 CNG를 이용하기 때문에 배출가스가 청정하다는 장점이 있지만 밀도가 작아서 1회 충전시 주행거리가 짧다는 단점이 있다.

(3) 액화 천연가스(LNG : Liquefied natural gas) 차량

LNG 차량은 LNG를 연료로 사용하는 차량으로 연료가 액체 상태이기 때문에 트럭, 화물차에 CNG를 대체하여 사용될 경우 주행거리가 3배 이상 늘어나 장거리 주행이 가능할 것으로 예상된다. (이런 점을 고려해 환경부는 장기적으로 시내버스와 청소차 등 단거리용은 CNG 자동차로, 고속버스와 대형 화물트럭 등 장거리 차량에는 LNG 자동차로 대체시킬 계획이다.)

02 압축 천연가스(CNG : Compressed Natural Gas)의 적용 배경

CNG는 기체 상태의 천연가스를 압축해 부피를 200분의 1 수준으로 줄인 연료이다. 천연가스를 사용하는 천연가스 자동차는 1930년대 주로 과잉 생산된 천연가스의 소비를 목적으로 사용되었고 1970년대 이후에는 석유파동을 거치면서 에너지 절약 수단으로 천연가스 자동차가 보급되었다. 1990년대에는 자동차로 인한 대기오염 문제, 특히 대형 경유차의 배출가스를 해결하는 수단으로 보급되고 있다. 현재 국내에서도 13,000여대의 시내버스가 CNG를 연료로 사용하여 도심지의 배출가스를 저감하는 방향으로 운행되고 있다.

03 압축 천연가스(CNG) 버스의 차량 성능 특성

CNG 연료는 주 성분이 메테인/메탄(CH_4)로 구성이 되어 있으며 에테인/에탄(C_2H_6),프로페인/프로판(C_3H_8),뷰테인/부탄(C_4H_{10}) 등이 있다. 주로 가정 및 공장 등에서 사용하는 액화 천연가스(LNG : Liquefied natural gas)를 자동차 연료로 사용하기 위해 약 200기압으로 압축하여 사용한다. 국내에 상용화 되어있는 천연가스 버스에서 연료로 사용된다.

기체 비중은 0.61로 공기보다 가벼워 누출되어도 쉽게 확산되어 폭발 위험성이 없고 발열량은 13,000kcal/kg이다. 메탄의 인화점은 -188℃이고 착화점은 530℃로 점화 엔진에 적합하다. 옥탄가가 120 정도로 높아 압축비를 높여도 엔진의 노킹이 없어 열효율과 출력이 향상된다. 또한 분자량이 작기 때문에 연소율이 높아 연소 후 물과 이산화탄소 이외의 불순물을 거의 배출하지 않는 청정 연료이다.

따라서 CNG 차량은 열효율과 출력향상이 가능하며, 연소범위가 넓어서 희박연소의 실현이 가능하고, 높은 연비와 NOx 저감에 효과적이다. 화염전파 속도가 느리고 자기착화 온도가 높기 때문에 압축착화 엔진보다 점화 엔진에 적합하다. 하지만 에너지 밀도가 높지 않아 1회 충전시 주행거리가 짧다.(약 340km로 LNG의 1/3 수준)

04 액화 천연가스(LNG : Liquefied natural gas) 차량 성능 특성

LNG는 가스전에서 채취한 천연가스를 정제하여 얻은 메탄을 -162℃의 상태에서 약 600배로 냉각 액화시킨 상태의 가스이다. 무색투명한 액체로 정제 과정을 거쳐 순수 메탄 성분이 매우 높고 수분의 함량이 없는 청정 연료이다.

LNG 차량은 액체 상태의 천연가스를 사용하기 때문에 연료 저장 효율이 높아 1회 충전시 주행거리가 CNG 차량보다 약 2~3배 정도 길다는 장점이 있다. 하지만 극저온 단열용기에 저장해 연료로 사용하기 때문에 무게와 비용이 증가한다. 또한 용기 내에서 시간이 지나면 비점이 낮은 메탄 성분은 증발하고 고비점의 연료 성분이 농축되는 현상이 발생한다.

05 CNG, LNG 의 장단점

(1) 저공해 친환경차

CNG나 LNG는 모두 옥탄가가 높아서 엔진의 효율이 높고 청정 연료이기 때문에 배기가스에 입자상 물질이 전혀 없고 유해물질도 경유 차량의 40% 밖에 되지 않는다. 경유 차량보다 이산화탄소는 19%, 질소산화물은 96%, 미세먼지는 100% 저감이 가능하다. LNG, CNG 차량에서 배출되는 이산화탄소가 100이라면 LPG는 113, 경유는 132가 배출된다. 하지만 CO의 비율이 높다.

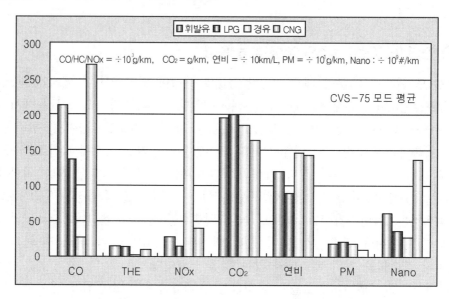

미국기준 연비 산출 방식인 CVS-75 모드에서의 배출량

(2) 주행거리

CNG 차량은 가스 상태의 천연가스를 고압으로 압축하여 저장하므로 운행거리가 액체 연료보다 짧다. LNG 차량은 연료를 액체 상태로 저장하기 때문에 다른 액체 석유 연료에 상당하는 거리를 주행이 가능하며, CNG 차량에 비해 약 3배 수준으로 운행거리가 증가된다. CNG 자동차는 1회 충전시 350km 정도 주행이 가능하며, LNG 자동차는 800~1000km까지 주행이 가능하다.

(3) 저장 용기

CNG 차량은 고압의 가스를 저장해야 하므로 고강도가 요구되며 저장 용량이 작아 다수의 용기를 장착해야 하여 차량 중량이 증가하는 단점이 있다. LNG는 CNG보다 압력이 낮아 용기의 중량 부담이 적고 액체이기 때문에 충전시간이 짧지만 극저온으로 저장되어야 하므로 단열이 뛰어난 용기가 필요하다.

세계적으로 운행 중인 천연가스 차량은 약 1200만대이며 대부분이 CNG 형태이다. LNG 차량은 세계적으로 약 1만대가 운행 중에 있으며 초저온 연료 용기의 개발과 LNG의 충전이 제한적이기 때문에 CNG에 비해 빠르게 보급되지 못했다.

(4) 충전, 증발 손실

CNG는 고압으로 압축하는데 소요되는 운영 비용이 높다. LNG는 용기 내에서 기화하여 BOG(Boil of Gas)가 발생하며 이 발생량이 어느 정도 수준에 이르면 안전을 위해 외부로 방출하여 손실이 발생한다. 이로 인해 장기간 운행을 하지 않을 경우 연료의 성분 비율이 달라지는 Weathering 현상이 발생된다.

구분	CNG 차량	LNG 차량
연료 저장 방법	천연가스를 기상의 상태로 20MPa 이상 압축하여 고압 용기에 저장	천연가스를 -162℃로 냉각·액화하여 극저온 단열용기에 저장
연료공급 방법	• Gas Injection Sy1.(SPI/MPT) • Gas Mixer Sy1.(Carburator)	• Gas Injection Sy1.(SPI/MPT) • Gas Mixer Sy1.(Carburator)
상이 부품	• 경량 고압용기 • 고압 배관 • 고압용 Regulator	• 극저온 단열용기 • 단열 배관 • 기화기 / Pre-heater • 저압용 Regulator
장점	• 엔진효율이 높고 배기가스 저감이 용이함. • 고압용 저장기술의 실용화 • 기존 도시가스 배관망을 이용한 충전소 설치가 용이함.	• 엔진 효율이 높고 배기가스 저감이 용이함 • 연료 저장능력이 CNG의 약 3배이므로 운행거리도 3배 가량 증가됨. • CNG보다 압력이 낮아 용기 중량 부담이 적음. • 국내의 경우 LNG를 수입하기 때문에 액화비용이 없음. • 배관망이 없어도 충전소 건설이 가능 • 충전시간이 짧다.
단점	• 1회 충전당 주행거리가 짧음 • 1개의 저장 용기의 CNG 저장 용량이 작아 다수의 용기 장착으로 차량 중량 증가 • 고압으로 압축하는데 소요되는 운영비용이 높음	• 극저온 단열 저장 및 단열 배관 기술의 난이도가 높음 • LNG 용기의 증발 손실의 발생 및 장기간 운행을 하지 않을 경우 weathering 현상 발생

06 CNG 용기의 구분

CNG 용기는 원재료와 내압의 배분에 따라 크게 4가지로 구분한다. 국내에서 사용 중인 CNG 용기는 버스의 경우 가격이 저렴한 타입 1, 2를 사용하고 승용차나 택시는 무게가 가벼운 타입 3, 4를 주로 사용한다.

(1) Type 1

타입 1 용기는 강 또는 알루미늄 등 금속만으로 이루어진 용기로 사용한지 가장 오래되었다. 가격이 저렴하고 안전성이 높다는 장점이 있다. 하지만 자체 무게가 무겁고 내부 부식이 발생한다는 단점이 있다.

(2) Type 2

타입 2 용기는 강 또는 알루미늄 라이너의 몸통을 탄소섬유나 유리섬유의 복합재가 감싸고 있는 형태로 금속 소재가 75~90%, 복합재가 10~25%가 사용된다. 금속 소재가 대부분이여서 타입 1과 마찬가지로 무게가 무겁다는 단점이 있다.

(3) Type 3

타입 3 용기는 알루미늄으로 만들어진 얇은 금속라이너가 형태와 기밀을 담당하고 그 위에 탄소섬유나 유리섬유를 감아 만든 용기이다. 복합 재료가 압력을 견디게 만들어 타입 1이나 2에 비해 무게가 상당히 가볍다는 장점이 있다. 하지만 다른 타입보다 가격이 고가이며 갈바닉 부식 가능성이 있다.

(4) Type 4

고밀도 플라스틱 재질의 라이너 위에 탄소섬유나 유리섬유를 감아 만든 용기로 비금속 재료로만 만들어진다. 충격에 의해서 플라스틱 라이너가 손상을 입으면 가스가 누출될 가능성이 있다. 다른 타입보다 가볍고 타입 3보다 저렴하고 부식이 없다는 장점이 있다.

CNG 용기 형태별 장단점

구분	장점	단점
Type 1	가격이 저렴하다	무겁고 같은 크기에는 타입 3, 4 용기보다 작은 용량. 무겁기 때문에 버스 구조물에 영향을 줌. 용기의 부식, 수소 취성 가능. 가벼운 용기에 비해 연비가 나쁨.
Type 2	타입 1보다 경량 타입 3, 4에 비해 저렴함	타입 3, 4에 비해 무거움. 파이버 글라스(유리섬유)의 부식 균열로 인해 폭발로 연결될 수 있음. 용기 만곡 부분이 취약하여 충전 시 폭발 잠재성 있음. 화재기 폭발 위험성 있음. 타입 1 단점이 모두 적용됨.
Type 3	• 타입 1, 2보다 경량. 유연성이 좋아 제작방법이 다양. 연비가 좋음 • 넥 마운트가 가능함. 알루미늄 라이너가 급속 충전시 온도를 분산시킴. • 부식 발생이 적음. 수소 취성이 없음. • 라이너 재질인 알루미늄이 플라스틱보다 강함. 화재 시 폭발이 발생하지 않음. • 파열 전 누출 발생으로 안전성 양호 • 외부 충격에 좋은 저항성을 가짐	• 가격이 고가임 • 갈바닉 부식 가능성 있음 • 섬유 SCC(Stress Corrosion Cracking·응력부식균열)에 의한 용기파열 사고 사례 있음.
Type 4	• 타입 3보다 저렴함. 수소 취성이 없음. • 타임 1, 2보다 경량.부식이 없음.	라이너가 무계목이 불가능하기 때문에 용접부 및 넥크부 누설 가능. 플라스틱 라이너가 저온에서 경화 가능성 있음. 알루미늄보다 강하지 않음. 압축가스가 플라스틱 라이너와 파이버 글라스 사이에 침투할 수 있음

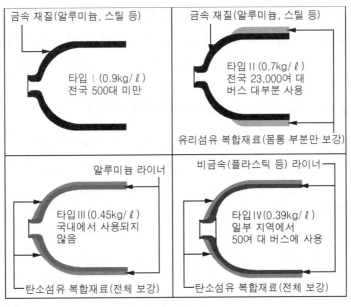

4종류의 CNG 용기

기출문제 유형

✦ 가솔린 엔진의 비동기 연료 분사에 대해 설명하시오.(116-1-12)

✦ 엔진의 비동기 분사(asynchronous injection)에 대해 설명하시오.(117-1-4)

✦ 전자제어 가솔린 엔진의 연료 분사시간을 결정하는 요소를 설명하시오.(101-3-3)

01 개요

(1) 배경

가솔린 엔진은 연료와 공기의 혼합기를 압축한 후 점화 플러그를 통해 불꽃 점화를 해주는 엔진이다. 연료의 양은 흡입되는 공기량에 따라서 14.7 : 1의 이론공연비로 제어되어야 완전연소에 가깝게 되어 연비가 향상되며 배출가스가 저감된다. 하지만 실제 엔진에서는 엔진의 회전속도, 흡입공기량에 따른 흡기저항, 연소실 온도, 대기압, 대기온도 등, 주행 환경에 따라 출력, 연비, 배출가스가 달라지게 된다.

따라서 연료 분사량과 연료 분사시기는 엔진의 회전속도, 부하 등에 따라 다르게 제어된다. 연료 분사량의 제어 방법으로는 Open-Loop, Closed-Loop 방법이 있으며, 연료 분사시기 제어 방법은 동기 분사와 비동기 분사가 있다.

(2) 비동기 분사(Asynchronous injection)의 정의

비동기 분사는 크랭크 샤프트의 회전각에 동기되지 않는 임시적인 연료 분사 방법을 말한다. 주로 급가속시 동기 분사로 증량 보정을 보조해주기 위해 사용된다.

02 비동기 분사(Asynchronous injection)의 제어 원리

운전자가 가속페달을 밟을 경우 스로틀 밸브의 열림각 변화량, 차량 속도 등으로 급가속을 검출하고 미리 설정된 데이터 값에 따라 연료를 비동기 분사를 해준다. 일반적으로 다음 기통에 분사될 연료량은 현재의 엔진 회전수, 스로틀 밸브의 열림량, 공기 유량 등을 통해 미리 결정된다.

따라서 급가속에 의해서 엔진으로 흡입되는 공기량이 급격하게 변하게 될 경우 연료량이 부족해지게 된다. 이를 보정해 주기 위해서 다음번 동기 분사부터 연료량을 늘려주는 증량 보정을 해주지만 한계가 발생하여 응답이 지연되고, 가속 성능이 저하된다. 따라서 크랭크 샤프트의 회전과 무관하게 비동기 분사를 통해 연료를 추가적으로 분사하여 가속 성능을 향상시켜 준다.

03 연료 분사시기 제어 방법

(1) 동기 분사(Sequential Injection)

동기 분사는 엔진 회전수를 검출하는 크랭크 앵글 센서(CKP : Crankangle Position Sensor)의 신호에 동기하여 분사하는 방식으로, 독립 분사 또는 순차 분사라고도 한다.

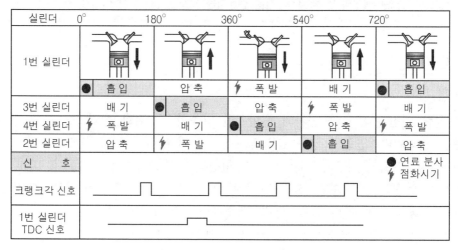

동기 분사

시동 후 분사 순서를 결정하기 위한 CMP(Camshaft Position Sensor)의 신호나 TDC (Top Dead Center) 센서의 신호, CKP(Crankangle Position Sensor)의 신호가 엔진 ECU에 입력되면, 엔진 ECU는 인젝터를 동작시켜 각 실린더별로 배기말, 흡기초 행정시에 연료를 분사시킨다. 이 방식은 공연비 제어성이 높고, 엔진 응답성이 좋다.

(2) 그룹 분사(Group Injection)

두 개의 실린더씩 짝을 지어 연료를 분사하는 방식으로 국내 일부 차종에서 채용하고 있다. 4 실린더 엔진은 2기통의 인젝터에, 6 실린더 엔진은 3기통의 인젝터에 연료를 분사하는 방법으로 총 인젝터 수의 1/2씩 짝을 지어 연료를 분사하는 방식이다. 하나의 실린더는 동기 분사가 되나 나머지 실린더는 비동기 분사가 된다.

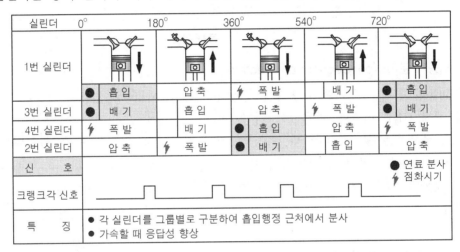

그룹 분사

(3) 동시 분사(Simultaneous Injection)

동시 분사는 실린더의 행정에 관계없이 크랭크 각 신호에 따라 각 실린더의 인젝터를 동시에 개방하여 연료를 공급하는 분사방식을 말한다. 크랭크축 1회 전에 일정한 위치에서 전 기통에 동시에 1회 분사해주는 방식으로, 엔진의 전 실린더 기통에 1사이클에 필요한 연료량을 2회로 나누어 1회전 할 때마다 1/2씩 분사한다. 엔진의 저온 시동성을 향상시키기 위해 동시분사로 연료를 증량한다. 따라서 분사시기는 하나의 인젝터는 최적이지만 나머지 인젝터에서는 최적시기에서 벗어나게 된다.

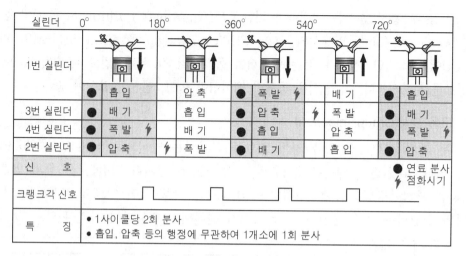

실린더	0°		180°		360°		540°		720°	
1번 실린더										
	● 흡 입		압 축		● 폭 발 ⚡		배 기		● 흡 입	
3번 실린더	● 배 기		흡 입		● 압 축		⚡ 폭 발		● 배 기	
4번 실린더	● 폭 발 ⚡		배 기		● 흡 입		압 축		● 폭 발 ⚡	
2번 실린더	● 압 축		⚡ 폭 발		● 배 기		흡 입		● 압 축	
신 호									● 연료 분사 ⚡ 점화시기	
크랭크각 신호										
특 징	● 1사이클당 2회 분사 ● 흡입, 압축 등의 행정에 무관하여 1개소에 1회 분사									

동시 분사

(4) 비동기 분사(Non-Sequential Injection)

비동기 분사는 급가속시 연료를 증량하기 위해 CKP 신호에 관계없이 비정기적으로 분사하는 모드를 말한다. 주로 엔진의 급가속 시 사용한다. 비동기 분사는 동시 분사와 그룹 분사 방식으로 나눌 수 있다.

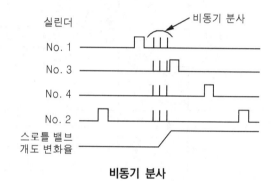

비동기 분사

04 연료 분사량 제어 방법

연료 분사량 제어 방법으로는 Open-Loop, Closed-Loop 방법이 있다. Open-Loop 제어 방법은 주로 시동 초기에 사용하는 방법으로 엔진으로 흡입되는 공기량에 관계없이 정해진 연료량을 분사해주는 방법이다. Closed-Loop 제어 방법은 기본 분사량과 엔진의 운전 상태에 따라 보정해 분사하는 방법이다.

인젝터를 이용한 엔진의 연료 분사량은 인젝터 노즐의 직경과 인젝터에 가해진 압력, 인젝터의 밸브가 실제 열리는 시간에 의해 결정된다. 실제 엔진에 장착된 인젝터는 노즐의 직경과 압력이 정해져 있으므로 연료 분사량은 인젝터가 개방되어 분사되는 시간으로 결정된다.

기본 분사 시간은 흡입공기량, 목표 공연비에 따라 결정되고, 보정 분사 시간은 여러 가지 운전 조건에 따라 변화하는 값에 따라 결정된다. 여러 가지 운전 조건으로는 차량의 현재 속도, 냉각수 온도, 냉시동 상태, 웜업시간, 공연비, 흡기온도, 가감속, 인젝터 전압 등이 있다.

(1) 연료 분사량 계산 방법

$$연료분사시간(연료분사량) = 기본\ 분사시간 + 각종\ 보정분사시간$$

$$기본\ 분사시간(기본\ 분사량) = \frac{1회\ 공기질량}{목표\ 공연비}$$

연료의 기본 분사량은 목표 공연비와 흡입행정 1회에 공기가 충진되는 질량에 따라서 결정된다. 실린더로 충진되는 공기 질량은 MAF(Mass Air Flow Sensor), AFS(Air Flow Sensor) 등의 공기 질량 측정 센서로 측정된다. 측정값을 바탕으로 엔진 ECU는 인젝터를 제어하여 목표 공연비를 만족시키는 연료량으로 분사해 준다.

보정 분사 시간은 냉각 수온 센서(WTS : Water Temperature Sensor), 흡기온도 센서 (ATS : Air Temperature Sensor), 엔진 회전수 센서(VSS : Vehicle Speed Sesnor), 대기압 센서(BPS : Barometric Pressure Sensor), 스로틀 포지션 센서(TPS : Throttle Position Sensor), 산소 센서(O_2 Sensor) 등의 신호의 측정값에 의해 결정된다.

(2) 연료 분사 시간을 결정하는 요소

1) 흡입공기량, 흡입 온도

흡입공기량이 많을수록 이론공연비 제어를 위해 연료 분사 시간을 증가시킨다. 또한, 흡입 온도가 높을수록 밀도가 감소하기 때문에 흡기온도가 20℃ 이하일 경우에는 증량 보정을 해주고, 20℃ 이상일 때는 감량 보정을 해준다.

2) 엔진 회전수, 가속, 감속 시

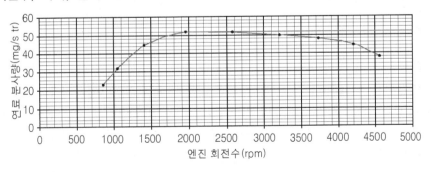

연료 분사량

엔진 회전수가 빠를수록 흡입되는 공기량이 적어져 연료 분사 시간이 감소한다. 하지만 가속 시에는 충분한 출력 성능을 위해 연료 분사 시간을 증량 보정해 준다. 연료 분사량 그래프를 보면 엔진 회전수 2000rpm 까지는 연료 분사량이 지속적으로 증가하고 그 이후부터는 점차 감소함을 볼 수 있다. 가속과 감속은 스로틀 개도 변화량으로 감지할 수 있다. 감속 시에는 연료량을 감량 보정해 주어 연비를 저감하고, 공연비 불균형으로 인한 서징이 발생하지 않도록 해준다.

3) 냉각수 온도

냉각수 온도가 낮은 상태에서 엔진을 운전시키는 경우, 연료의 기화성이 부족하기 때문에 공연비가 희박하게 된다. 따라서 연료량을 증량 보정 해주며, 냉각수가 일정 온도에 도달할 때까지 웜업이 될 수 있도록 난기 증량 보정을 해준다. 또한 냉각수 온도가 80~100℃ 이상 되는 경우에는 가솔린이 비등하게 되어 증기가 발생하므로 공연비가 희박하게 된다. 따라서 이 경우에도 고온 증량 보정을 해준다.

4) 인젝터 전압

인젝터는 엔진 ECU에 의해 솔레노이드 코일의 전류 통전 시간으로 제어된다. 솔레노이드로 전류가 인가되면 자기유도에 의해 자화가 되고 플런저가 당겨진다. 따라서 플런저와 일체형으로 구성되어 있는 니들 밸브가 열려 연료가 분사된다. 이후 전류가 끊기면 스프링의 장력으로 인해 원위치 된다. 이 과정에서 니들, 플런저 무게, 스프링의 저항력 등에 의해 작동 지연이 발생한다.

기출문제 유형

✦ 연료 분사 인젝터에서 솔레노이드 인젝터(Solenoid Injector)와 피에조 인젝터(Piezo Injector)를 비교하고 그 특징을 설명하시오.(93-4-3)

✦ 피에조 인젝터(piezo injector)를 정의하고 연료 분사량 보정에 대해 설명하시오.(117-3-5)

---

01 개요

(1) 배경

내연기관은 연료와 공기를 혼합 연소시켜 연료의 화학 에너지를 기계적 에너지로 변환하는 장치이다. 공기와 연료의 제어를 위해 내연기관에는 공기 흡입 장치, 점화 장치, 배기 장치, 연료 장치 등이 구성되어 있다. 이 중에서 연료 분사장치는 연료펌프, 연료 필터, 인젝터 등으로 구성이 되어 있으며, 엔진 ECU의 제어에 따라 연료 분사시기, 분사량 등이 결정된다. 연료의 양은 흡입되는 공기량에 따라서 제어된다.

이론공연비로 제어될수록 완전연소에 가깝게 되고, 연비가 향상되며, 배출가스가 저감된다. 하지만 실제 엔진에서는 엔진의 회전속도, 흡입공기량에 따른 흡기저항, 연소실 온도, 대기압, 대기온도 등 주행 환경이 달라지며 연료 분사량과 연료 분사시기도 이에 따라 다르게 제어된다.

(2) 인젝터(Injector)의 정의

인젝터는 연료를 분사해 주는 장치로 공기와 혼합이 잘 되도록 미세한 안개 모양의 형태로 분사해 준다. 연료 분사 노즐이라고도 한다.

02 인젝터(Injector)의 종류 및 작동 원리

(1) 솔레노이드(Solenoid) 인젝터

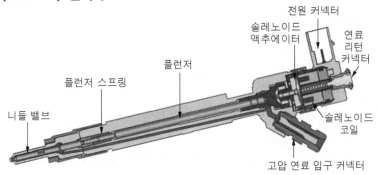

솔레노이드 인젝터의 구조

솔레노이드 인젝터는 내부에 솔레노이드 코일, 플런저, 니들 밸브, 스프링으로 구성된 장치이다. 엔진 ECU의 신호에 의해 솔레노이드 코일에 전류가 흐르면 자기유도에 의해 자화되어 스프링의 장력을 이겨내고 전자석을 들어 올리게 된다. 이때 연료의 압력에 의해 플런저가 당겨져 니들 밸브가 열리게 된다.

이후 전류가 끊기면 스프링의 장력으로 인해 플런저와 니들 밸브는 원위치된다. 이 과정에서 니들 밸브, 플런저 무게, 스프링의 저항력 등에 의해 작동 지연이 발생한다. 솔레노이드 인젝터의 분사 압력은 1,600~2,500bar이며, 한 사이클당 최고 8회의 분사가 가능하다. ECU 신호 전송부터 인젝션까지 걸리는 분사 타이밍(반응속도)은 120~150μs이다.

(2) 피에조(Piezo) 인젝터

피에조 인젝터는 압전 소자를 이용한 인젝터로 내부는 피에조 액추에이터, 컨트롤 밸브, 유압 커플러, 노즐 모듈로 구성되어 있다. 피에조 액추에이터는 100~300개의 얇은 압전 소자(티탄산바륨)들이 적층되어 있다. 압전 소자는 압력을 가하면 전압이 발생하는 소자(압전효과)로, 전기가 인가되면 물리적인 형상이 변형되는 소자이다.(역압전 효과)

엔진 ECU의 신호에 의해 피에조 스택에 전압이 인가되면 압전 소자는 약 0.5mm 정도 팽창된다. 유압 커플러의 유압에 의해 컨트롤 밸브가 작동되고, 노즐로 연료가 분사된다. 피에조 인젝터의 분사 압력은 2,000~2,700bar이며, 한 사이클당 최고 10회의 분사가 가능하다. ECU 신호 전송부터 인젝션까지 걸리는 분사 타이밍(반응속도)은 30μs이다.

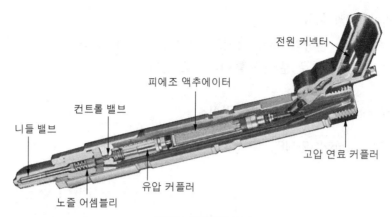

전원 커넥터

피에조 액추에이터

컨트롤 밸브

니들 밸브

고압 연료 커플러

노즐 어셈블리

유압 커플러

피에조 인젝터의 구조

1) 피에조 인젝터의 특징

① 고압상태에서 정밀한 연료 분사가 가능하다.

② 소음 진동이 저감되었다.

③ 연료의 보정 기능이 있어서 노화에 따른 최적 분사량 제어가 가능하다.

④ 솔레노이드 인젝터보다 응답성이 빠르고, 정밀하며, 분사 압력이 높다.

⑤ 솔레노이드 인젝터는 시간이 지날수록 소음, 진동이 커진다.

⑥ 비용이 비싸기 때문에, 고장 시 수리비용이 증가한다.

⑦ 주기적인 관리가 필요하다. 윤활성 향상제가 필요하다.

⑧ 작동 전압이 200V 이상으로 올라가므로 감전의 위험이 있다.

03 솔레노이드 인젝터와 피에조 인젝터의 비교

솔레노이드 인젝터는 솔레노이드 코일을 이용한 전자석 인젝터로 피에조 인젝터가 사용되기 전에 보편적으로 사용되었던 인젝터이다. 피에조 인젝터에 비해 구조가 간단하고 가격이 저렴하다는 장점이 있다. 피에조 인젝터는 압전 소자를 이용한 인젝터로 기존의 솔레노이드 인젝터보다 구조가 복잡해졌으나 두께가 얇고, 무게가 감소되었으며, 응답성이 향상되었다.

또한 인젝터 보정(IQA, IVA)이 가능하다는 장점이 있다. 따라서 빠른 응답성, 높은 변위 정도를 갖추면서, 에너지 효율도 우수하며, 발열

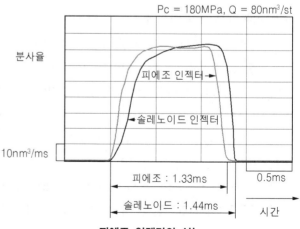

$Pc = 180MPa, Q = 80nm^3/st$

분사율

피에조 인젝터

솔레노이드 인젝터

$10nm^3/ms$

피에조 : 1.33ms

솔레노이드 : 1.44ms

0.5ms

시간

피에조 인젝터의 성능

및 노이즈도 작아져 종래의 솔레노이드 인젝터보다 응답성이 약 3배 정도 향상되었다. 노즐 니들의 고속 구동에 의해 동일량의 연료를 엔진 실린더 내에 분사하기 위한 시간이 8% 정도 단축되었고, 엔진의 출력이 향상되었다. 또한 분사 초기부터 연료를 미립화시킬 수 있어서 배출가스가 저감된다. 하지만 솔레노이드 인젝터보다 가격이 비싸고 주기적인 관리가 필요하며, 고장 발생 시 수리비용이 증가한다는 단점이 있다. 피에조 인젝터의 수명은 약 46만 km이며, 6만km마다 인젝터 클리닝이 필요하다.

기출문제 유형

✦ 전자제어 디젤 엔진을 탑재한 차량 개발 시 해발고도가 높은 곳에서 고려해야 하는 엔진제어 항목들에 대해 설명하시오.(119-3-2)

---

01 개요

(1) 배경

디젤 엔진은 실린더 내부에서 고온·고압으로 압축된 공기에 연료를 분사하여 압축착화시켜 구동력을 얻는 엔진을 말한다. 화석연료의 고갈 문제와 각종 환경오염 문제 등으로 인해 배기가스 규제가 점차 강화되면서 이에 대응하기 위해 디젤 엔진은 CRDI 전자제어 시스템을 도입했다. 전자제어 엔진은 연료의 정밀한 제어를 통해 출력 성능과 연비를 향상시키고, 배출가스를 저감시킬 수 있다는 장점이 있다.

(2) 전자제어 디젤 엔진의 정의

전자제어 디젤 엔진은 각종 센서의 신호를 기준으로 연료의 분사 타이밍과 분사량이 엔진 ECU에 의해 정밀하게 제어되는 압축착화 엔진을 말한다. 자동차의 속도, 엔진 회전수, 부하, 대기압, 대기온도, 흡기온도, 엔진 온도 등을 고려하여 흡입공기량을 계산하고, 최적의 분사 타이밍에 연료를 분사하여 엔진의 성능을 향상시킨다.

02 전자제어 디젤 엔진 제어 항목

전자제어 디젤 엔진은 각종 센서의 입력을 기준으로 엔진 ECU에서 인젝터와 글로 플러그 등을 제어한다.

(1) 연료 분사량 제어

인젝터를 이용한 엔진의 연료 분사량은 인젝터의 노즐 직경과 인젝터에 가해진 압력, 밸브가 실제 열리는 시간에 의해 결정된다. 실제 엔진에 장착된 인젝터는 노즐 직경과 압력이 정해져 있으므로 연료 분사량은 인젝터가 개방되어 분사되는 시간으로 결정된다.

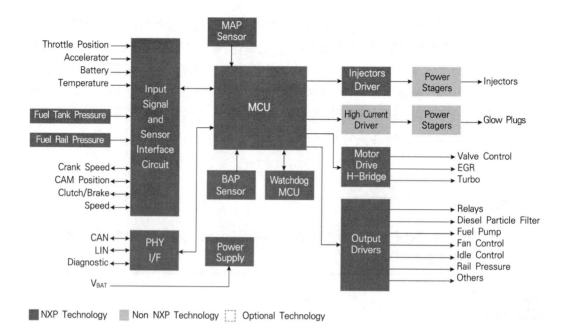

디젤 엔진 관리 시스템

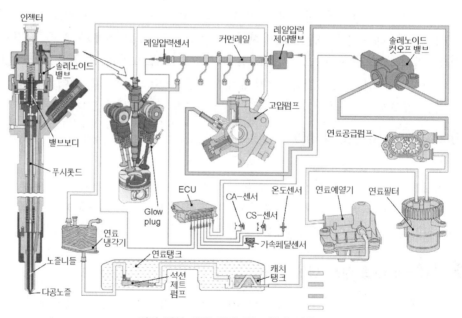

커먼 레일 디젤 엔진 연료 분사 장치

기본 분사 시간은 흡입공기량, 목표 공연비에 따라 결정되고, 보정 분사 시간은 여러 가지 운전 조건에 따라 변화하는 값에 따라 결정된다. 여러 가지 운전 조건으로는 차량의 현재 속도, 냉각 수온, 냉시동 상태, 웜업시간, 공연비, 흡기온도, 가감속, 인젝터 전압 등이 있다.

(2) 글로 플러그 제어

엔진 실린더의 온도가 내려가면 연료의 무화가 이뤄지지 않아 출력이 감소하고, 배출가스 중 PM이 증가하며, 착화지연으로 인해 NOx의 발생이 증가한다. 연소실의 온도를 빠르게 올리기 위해서 글로 플러그를 사용하는데, 글로 플러그는 보통 외기 온도 5℃ 이하, 냉각 수온 65℃ 이하의 조건에서 엔진 회전수 700rpm 이상, 전압이 12V 이상일 때 온도에 따라 작동한다. 약 800~1,000℃ 이상으로 가열되어, 주변 공기를 약 20~25초 이내에 빠르게 가열한다.

(3) 터보차저 제어

디젤 엔진은 공기를 미리 실린더로 공급한 후 압축시켜 연료를 분사하는 연소 특성상 스로틀 밸브가 없다. 따라서 대부분의 디젤 엔진은 흡입효율을 증대시키기 위해 터보차저를 장착하고 있다. 전자제어 엔진은 운전자의 의지에 따라 공기를 최대한 과급해 주어 출력을 향상시킨다.

(4) EGR(Exhaust Gas Recirculation) 제어

디젤 엔진에서 발생하는 NOx을 저감시키 위해 EGR을 장착한다. EGR은 배기가스의 일부를 엔진 흡기에 유입시켜 연소실 최고 온도를 저감시켜 NOx를 저감시키는 장치이다. 주로 엔진이 안정된 상태의 저·중속에서 사용하며, 시동, 가속에서는 사용하지 않는다.

03 해발고도가 높은 곳에서 고려해야 하는 엔진 제어 항목

	고도 (km)	기압 (hPa)	밀도 (g/m3)	기온 (℃)	고도 (km)	기압 (hPa)	밀도 (g/m3)	기온 (℃)
표준대기	0	1,013	1,225		14	141	227	
	1	899	1,112	8.5	15	120	194	-56.5
	2	795	1,007	2.0	20	55	88	-56.5
	3	701	909	-4.5	25	25	40	
	4	616	819		30	12	18	-55.0
	5	540	736	-17.5	35	6	8	
	6	472	660		40	3	4	
	7	411	590	-30.5	45	2	2	
	8	356	525		50	0.9	1	-23.0
	9	307	466		60	0.3	0.4	
	10	264	413	-40.0	70	0.06	0.1	
	11	226	364		80	0.01	0.02	
	12	193	311		90	0.001	0.003	
	13	165	266		100	0.0002	0.0004	31.0

해발 고도가 높아질수록 기온이 낮아져 공기의 밀도(g/m^3)는 약간 높아지나, 대기압 (hPa)이 낮아지기 때문에 공기의 밀도는 최종적으로 작아진다. 따라서 해발 고도가 높아질수록 실린더 내부로 유입되는 공기량이 감소하게 되고, 연소에 필요한 산소량이 감소된다. 실린더 내부에 산소가 부족해지면 자동차는 시동성이 불량해지고, 공회전 안정성, 가속 성능, 제동 성능 등이 저하된다.

또한 출력이 낮아지고, 연비가 저하되며, 배출가스 중 HC, CO, PM이 증가하게 된다. 엔진 ECU는 대기압을 측정할 수 있는 MAP 센서(Manifold Absolute Pressure Sensor), BPS(Barometric Pressure Sensor) 등을 이용해 현재의 대기압을 파악하고 각종 센서의 신호값을 바탕으로 연료 분사량과 EGR률, 글로 플러그를 제어한다.

(1) 연료 분사량 보정

해발 고도가 높아질수록 흡입공기의 밀도가 낮아져 체적효율이 저하된다. 따라서 출력을 유지하기 위해서는 흡입공기량을 증대시키고 연료 분사량을 흡입공기량에 맞게 보정해 주어야 한다. 실제 엔진에서는 흡입공기량을 증대시키는데 터보차저를 사용할 수 있으나 한계가 있다.

연료 분사량은 MAF(Mass Air Flow Sensor)/AFS(Air Flow Sensor) 등을 이용해 엔진으로 유입되는 공기량을 검출하고, 냉각 수온 센서(WTS : Water Temperature Sensor), 흡기온도 센서(ATS : Air Temperature Sensor), 대기압 센서(BPS : Barometric Pressure Sensor), MAP 센서(Manifold Absolute Pressure Sensor) 등을 이용해 현재의 대기압과 공기의 밀도를 파악하여 보정해 준다. 또한 산소 센서(O_2 Sensor)를 이용해 공연비 파악하고 연료 분사량을 피드백 제어해 준다.

(2) 글로 플러그 제어

고도가 높아질수록 실린더의 온도는 내려간다. 따라서 글로 플러그를 동작시켜 실린더 내부의 온도를 올려주어 원활한 연소가 진행될 수 있도록 제어한다.

(3) EGR 제어

엔진 ECU는 MAP, BPS 등의 신호를 참조하여 현재의 대기압을 파악한 후 EGR률을 제어해 준다. 연소실 내로 충분한 산소가 공급되어야 하므로 고도가 높아질수록 EGR률이 감소되도록 제어한다.

기출문제 유형

✦ 가솔린 전자제어 엔진에서 전자제어 시스템 및 배선에 문제가 없다고 가정하며 엔진 고장 발생 시 고장 진단의 방법을 엔진 자체의 기본 원리(혼합기, 압축 상태, 불꽃 상태) 중심으로 기술하시오.(80-4-5)

01 개요

(1) 디젤 엔진의 정의

디젤 엔진은 실린더 내부에서 고온·고압으로 압축된 공기에 연료를 분사하여 압축착화시켜 구동력을 얻는 엔진을 말한다. 화석연료의 고갈 문제와 각종 환경오염 문제 등으로 인해 배기가스 규제가 점차 강화되면서 이에 대응하기 위해 디젤 엔진은 CRDI 전자제어 시스템을 도입했다. 전자제어 엔진은 연료의 정밀한 제어를 통해 출력 성능과 연비를 향상시키고, 배출가스를 저감시킬 수 있다는 장점이 있다.

(2) 가솔린 전자제어 엔진의 정의

가솔린 전자제어 엔진은 각종 센서의 신호를 기준으로 점화시기, 연료의 분사량, 분시기 등이 엔진 ECU에 의해 정밀하게 제어되는 불꽃 점화 엔진을 말한다. 자동차의 속도, 엔진 회전수, 부하, 대기압, 대기온도, 흡기온도, 엔진온도 등을 고려하여 흡입공기량을 계산하고, 최적의 분사시기, 분사량, 점화시기를 제어하여 엔진의 성능을 향상시킨다.

02 엔진 고장 시 고장 진단 방법

(1) 혼합기

엔진의 혼합기는 일반적인 조건하에서는 출력성능과 배출가스의 저감효율이 가장 높은 이론공연비로 제어된다. 보통 산소 센서의 측정값으로 농후, 희박이 파악된다. 산소 센서는 지르코니아, 티타니아, 광대역 산소 센서 등이 있다. 지르코니아 산소 센서는 0~1V의 측정값을 나타내는데, 기준 공기와 배기가스의 공기를 비교하여 차이가 없으면 산소가 많은 공연비 희박 상태를 의미하며, 차이가 많이 나면 산소가 없는 공연비 농후 상태를 의미한다. 따라서 전압 측정값이 0V일 때는 공연비가 희박한 상태를 의미하며, 1V일 때는 농후한 상태를 의미한다.

1) 산소 센서의 전압 측정값이 0V인 경우

공연비가 희박한 경우는 흡입되는 공기량이 많거나 연료량이 적은 경우를 말한다. 따라서 배기구 측에 기계적 파손이 발생하여 공기가 산소 센서로 누설되거나 연료 분사 시스템에 이상이 생겨 연료가 분사되지 않을 경우를 고려하여 고장진단을 실시할 수 있다. 인젝터, 연료 펌프, 연료 필터, 연료 라인 등을 점검한다.

2) 산소 센서의 전압 측정값이 1V인 경우

공연비가 농후한 경우는 흡입되는 공기량이 적거나 연료량이 많은 경우로 에어 클리너 막힘, 흡기 계통의 파손으로 인한 흡입공기의 누설 등을 고려해볼 수 있다. 또한 EGR 밸브 열림 고착, 캐니스터 파손, 퍼지 컨트롤 라인 등의 파손에 의한 흡입공기 누출을 고려해볼 수 있다.

(2) 압축 상태

압축압력이 낮으면 엔진의 출력성능이 저하된다. 따라서 가속 응답성이 떨어지며, 연비가 저하된다. 또한 불완전연소로 인해 배출가스가 증가한다. 압축상태가 저하되면 기통 간 폭발압력 차이가 발생하여 엔진 부조가 발생하고, 소음 진동이 발생하며, 엔진 오일의 소모 속도가 증가한다. 압축압력은 압축압력 게이지를 이용하여 측정을 실시한다.

1) 측정방법

엔진의 정상 운전 온도를 확인한 후 모든 점화 플러그를 탈거하고, 연료의 공급을 차단하며, 점화 1차선을 분리한다. 측정 방법은 건식과 습식으로 구분할 수 있는데, 건식 방법은 압축압력 게이지를 점화 플러그 구멍에 압착시키고 엔진을 회전속도 200~300rpm으로 구동시키면서 압축압력을 측정하는 방법이다. 최초 압축압력과 최종 압축압력을 기록한다. 규정값은 차량마다 틀리며 약 $7 \sim 11 \mathrm{kg} / \mathrm{cm}^2$ 정도이다.

습식 방법은 엔진 오일을 10cc 정도 투입한 후 1분 정도 경과한 상태에서 압축압력을 측정하는 방법이다. 정상 압력은 규정값의 90% 이내이며 ,각 실린더 간의 차이가 10%이내여야 한다. 규정압력에 대해 10% 이상 초과한 경우는 연소실 내 카본 퇴적을 고려해볼 수 있으며 규정압력에 대해 70% 미만 시 관련 부품의 마모를 고려해볼 수 있다.

2) 압축 상태 불량 원인

① 실린더 헤드 개스킷 파손, 실린더 헤드 변형
② 피스톤 헤드 마모, 실린더 벽 마모
③ 피스톤 링(압축링, 오일링) 손상
④ 연소실, 피스톤 링 홈의 카본 퇴적
⑤ 엔진 오일 불량, 부족

(3) 불꽃 상태

가솔린 엔진은 고온, 고압으로 압축된 가솔린에 점화 플러그에서 방전되는 전압을 인가하여 불꽃 점화하는 엔진이다. 점화 플러그는 전극의 상태, 공연비, 연소실 온도, 습도 등에 따라 불꽃 상태가 달라진다. 점화 플러그의 전극 간극이 불량하거나 카본 퇴적, 손상 등이 발생하면 불꽃 상태가 좋지 않게 되며, 연소에 필요한 요구 전압이 발생되지 않게 되어 실화가 되고, 출력이 저하된다.

　점화 플러그의 불꽃 상태는 점화 코일과 점화 플러그를 엔진에서 탈거한 후 엔진에 접지한 후 육안으로 검사하는 방법과 오실로스코프를 이용하여 점화 1차 파형, 점화 2차 파형을 검사하는 방법이 있다. 이때 불꽃 상태가 좋지 않으면 점화계통에 이상이 발생한 것으로 판단할 수 있다. 점화 플러그의 점검시기는 매 1만 km, 교환은 3~4만km 주행한 후 하는 것이 적당하다. 점화 플러그의 불꽃 상태가 좋지 않은 원인은 다음과 같다.

1) 전극 간극, 파손

　전극 간극이 기준(약 0.6~1mm) 이상이면 불꽃 방전이 약하게 발생되거나 불꽃이 발생되지 않는다. 또한 너무 좁으면 불꽃이 발생되나 방전 전압이 약해져, 고속에서 실화가 발생한다. 노킹 등의 이상 연소 현상에 의한 고온으로 파손되는 경우에도 불꽃 발생이 어려워진다.

2) 카본 퇴적

　절연체 표면, 전극, 점화 플러그 몸체 등에 검은색 그을음이 발생한 경우 연료의 카본 성분에 의해 오염된 것으로, 불꽃이 발생하지 않게 되어 출력이 저하되고, 시동이 불량해진다. 점화 플러그를 세척하거나, 교환해 준다.

3) 오일 퇴적

　연소실로 과도한 윤활유가 유입되어 점화 플러그에 퇴적된 상태에서는 전극이 오일로 인해 방전되지 않아 점화 불꽃의 발생이 어려워진다. 따라서 엔진 출력이 저하되고, 시동이 불량해 진다. 피스톤 링, 오일 실(seal) 등을 교체해 주고 점화 플러그를 교체해 준다.

기출문제 유형

◆ 디젤 엔진이 2,000rpm으로 회전할 때 상사점 후방 10도 위치에서 최대 폭발압력이 형성된다면 연료 분사 시기는 언제 이루어져야 하는지 계산하시오.(단, 착화지연 시간은 1/600초이며, 다른 조건은 무시한다)(98-1-8)

---

01 개요

　디젤 엔진은 고온, 고압으로 압축된 공기에 연료를 분사하여 자기착화 연소시키는 압축착화 방식을 사용한다. 압축착화 연소는 연료가 점화원이 되어 다중으로 착화되므로 연소효율이 높아지고, 공기 공급 시 펌핑손실이 줄어들어 연비가 향상되어 출력이 증대된다. 하지만 경유 연료에 점성이 있어서 짧은 시간동안 균일하게 확산되는데 한계가 있기 때문에 이로 인해 PM이 발생하고, 노킹으로 인한 NOx가 많이 발생하게 된다. 따라서 최적의 분사 타이밍으로 연료를 분사해야 한다.

02 연료 분사 시기 계산

디젤 연료는 연료를 분사한 후 착화 지연기간을 거쳐 폭발 연소되어 화염전파에 의해 압력이 급상승하게 된다. 위의 문제에서는 다른 조건은 무시하고 착화 지연시간 1/600초만 고려하므로, 연료가 분사되고 난 이후의 ATDC 10도에서 최대 폭발압력이 형성된다는 말은 ATDC 10도 이전 1/600초에 연료가 분사된다는 말이다.

엔진은 2,000rpm으로 엔진의 회전속도는 분당 2000회, 따라서 초당 2000/60회를 회전한다. 이 말은 1회 회전에는 3/100초가 소요된다는 뜻이다. 따라서 360°를 회전하는데 3/100초가 소요되므로 1/600초는 비례식을 사용하여 계산하면 20°가 된다. ATDC 10°에서 최고 압력이 형성되었으므로 이 시점에서 20°를 빼준 BTDC 10°에서 연료분사가 시작되었다고 할 수 있다.

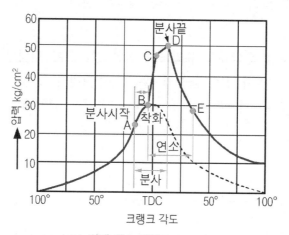

디젤 연소 단계

$$2,000 \text{rpm} = \frac{2,000}{60} = \frac{100}{3} [\text{radius per second}]$$

$$1\text{회 회전}(360° \text{회전})\text{에 소요되는 시간} = \frac{3}{100} [\text{초}]$$

$$360° : \frac{3}{100} [\text{초}] = x° : \frac{1}{600} [\text{초}]$$

$$x° = 360 \times \frac{1}{600} \times \frac{100}{3} = 20°$$

✦ 디젤 예열장치의 세라믹 글로 플러그(Ceramic Glow Plug)에 대해 설명하시오.(104-1-9)

01 개요

디젤 엔진은 실린더 내부에서 고온·고압으로 압축된 공기에 연료를 분사하여 압축착화시켜 구동력을 얻는 엔진을 말한다. 디젤 연료는 착화점 이상 고온이 형성된 조건에서 연소가 되는데, 냉시동 시에는 연료가 고온으로 압축되기 어려워 착화성이 저하되게 된다. 따라서 출력, 연비가 저하되며, 배출가스가 증가하게 된다. 글로 플러그는 연소실 내부에서 흡기를 예열해 주어 착화성을 높여주는 장치이다. 실린더 내부에 발열팁이 위치할 수 있는 구조로 되어 있다. 글로 플러그는 연소실 내부의 공기를 빠르게 승온시킬 수 있는 열전달 성능과 고온, 고압의 악조건에서도 작동할 수 있는 내구성이 요구된다.

02 세라믹 글로 플러그(Ceramic Glow Plug)의 정의

세라믹 글로 플러그는 질화규소(Si_3N_4)와 같은 세라믹 소결체 내부에 열선을 삽입하여 열을 발생시키는 장치이다.

03 글로 플러그의 종류별 구조 및 작동 원리

(1) 금속 글로 플러그(Metal Glow Plug)

금속 글로 플러그는 중심 전극부(Centre Electrode), 금속부(Metal Shell), 절연체(Insulator), 히팅 코일(Heating Coil), 히터 튜브(Heater Tube) 등으로 구성되어 있다. 플러그에 전류가 공급되면 히팅 코일에서 열이 발생하기 시작하고 금속부에 전달되어 주변 공기를 가열한다.

금속 글로 플러그의 구조

(2) 세라믹 글로 플러그(Ceramic Glow Plug)

세라믹 글로 플러그는 중심 전극부(Centre Electrode), 금속부(Metal Shell), 절연체(Insulator), 세라믹 팁(Ceramic casing) 등으로 구성되어 있다. 내열 튜브에 해당하는 질화규소와 발열체가 일체형으로 성형되어, 발열체의 열이 직접 질화규소를 가열하는 구조이다.

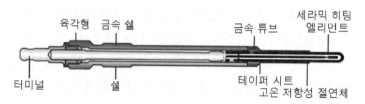

세라믹 글로 플러그의 구조

04 글로 플러그의 종류별 특징 및 성능

(1) 금속 글로 플러그(Metal Glow Plug)

금속 글로 플러그는 발열 코일에서 열이 발생하는 경우 내부와 외부의 온도 차이가 약 300℃정도 발생하기 때문에 내구성이 저하되며, 금속 외부로 전달되기까지 일정 시간이 소요된다.(약 5~10초) 따라서 세라믹 글로 플러그에 비해 내구성이 낮고 열전달 성능이 낮다. 구조가 간단하고 제작이 용이해 비용이 저렴하다.

(2) 세라믹 글로 플러그(Ceramic Glow Plug)

세라믹 글로 플러그는 발열체의 열이 직접 질화규소를 가열하기 때문에, 열손실이 적고 가열이 빠르다. 또한 무게가 가볍고, 내열온도가 높으며, 고온에서 연속 사용이 가능하다. 발열체와 일체형으로 성형되어 있어 발열시간이 3초 정도로 금속 글로 플러그에 비해 약 40% 정도 빨라졌고, 내구성이 증대되어 금속 글로 플러그에 비해 약 200~300℃ 더 높은 온도로 사용이 가능해졌다. 또한 고온에서 반복적인 사용 시에도 손상이 적다. 하지만 질화규소의 가격이 높고 제조 공정에서도 특수한 가공법을 사용하기 때문에 부품이 금속형에 비해 고가이다.

✦ 디젤 엔진의 FBC(Fuel Quantity Balancing Control)에 대해 설명하시오.(119-2-5)

✦ 디젤 엔진의 인젝터에서 MDP(Minimum Drive Pulse) 학습을 실시하는 이유와 효과를 설명하시오.(108-1-10)

✦ 디젤 엔진의 IQA(injection quantity adaptation)에 대해 설명하시오.(113-4-3)

01 개요

(1) 배경

디젤 엔진은 실린더 내부에서 고온·고압으로 압축된 공기에 연료를 분사하여 압축착화시켜 구동력을 얻는 엔진을 말한다. 화석연료의 고갈 문제와 각종 환경오염 문제 등으로 인해 배기가스 규제가 점차 강화되면서 이에 대응하기 위해 디젤 엔진은 CRDI 전자제어 시스템을 도입했다. 전자제어 엔진은 연료의 정밀한 제어를 통해 출력 성능과 연비를 향상시키고, 배출가스를 저감시킬 수 있다는 장점이 있다.

CRDI 전자제어 시스템은 각 기통의 인젝터의 연료량을 보정하여 균일한 연료 분사가 될 수 있도록 제어하는 기능이 적용되어 있다. 이러한 기능으로는 FBC(Fuel Quantity Balancing Control), ZFC(Zero Fuel Quantity Correction), PWC(Pressure Wave Correction), MDP(Minimum Drive Pulse), IVA(Injector Voltage Adjustment), IQA(Injector Quantity Adjustment) 등이 있다.

(2) 커먼 레일(CRDI : Common Rail Direct Injection) 시스템의 정의

커먼 레일 시스템은 고압으로 연료를 분사할 수 있도록 장치를 구성하여 연소실로 연료를 고압으로 분사하는 시스템을 말한다.

02 커먼 레일 시스템 연료 분사 기술

(1) 연료량 균형 제어(FBC : Fuel Quantity Balancing Control)

1) FBC의 정의

FBC는 실린더 간 연료 분사량의 불균일로 인한 폭발력 차이를 검출하여 연료량을 보정하는 기능을 말한다.

2) FBC의 목적

기통 간 연료 분사량이 불균일해지면 기통 간 폭발력이 차이가 생기며, 이로 인해 크랭크축을 구동하는 회전력의 차이가 발생하게 된다. 따라서 아이들 회전수가 불안정해

지며 진동이 발생하여 구성품의 내구성이 저하되며, 탑승자의 불쾌감을 유발한다. FBC
보정을 통해 진동을 저감하며, 승차감을 향상시킬 수 있다.

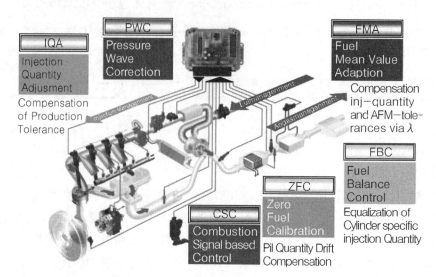

연료량 균형 제어(1)

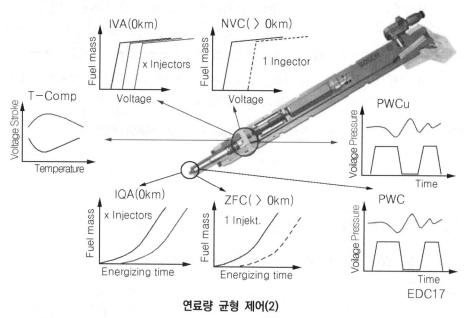

연료량 균형 제어(2)

3) FBC 방법

크랭크축의 회전 속도를 측정하는 CKP 센서(Crankangle Position Sensor)의 측정
값으로 엔진 회전속도의 변화율을 감지한다. 각 기통별로 폭발행정 시 회전력 차이는
폭발력의 차이를 의미한다. 따라서 회전속도 변화율의 평균값을 계산한 후 각 기통별로
연료량을 보정해 준다.

(2) 최소 연료량 보정(ZFC : Zero Fuel Quantity Correction)

1) ZFC의 정의

ZFC는 각 실린더 별로 파일럿 분사 시 최소 연료량을 보정해 주는 기능을 말한다. 인젝터의 무효 분사시간을 파악하여 보정한다.

2) ZFC의 목적

CRDI 엔진에서는 연료의 다단화를 통해 소음 및 배출가스를 저감한다. 파일럿 분사는 소음을 저감하기 위해 분사해 주는데 파일럿 분사량은 적을수록 매연이 저감되고, 연비가 개선된다. 디젤 엔진은 각 기통별로 크기가 미세하게 다르고 인젝터의 연료 분사량이 다르다. 따라서 연소 폭발력에 영향을 미치지 않는 최소 연료 분사량에 차이가 발생한다. ZFC는 인젝터의 솔레노이드 밸브에 공급되는 전류 시간과 기계적인 작동에 의해 노즐이 작동하는 시간의 차이를 학습하여 연료 분사량을 보정해 주는 것이다. ZFC를 통해 연소 음이 저감되며, PM이 저감된다.

3) ZFC(최소 연료량 보정 : Zero Fuel Quantity Correction) 방법

CKP 신호를 기준으로 연료 분사가 되지 않는 구간에서 각 기통별로 최소 시간으로 연료를 분사해 준다. 이후 점차적으로 연료 분사 시간을 증가시키면서 연료 분사량을 증가시킨다. 회전수 변동량을 감지하여 각 실린더 인젝터 별로 분사 가능한 최소 전류의 인가 시간을 측정하여 적용한다.

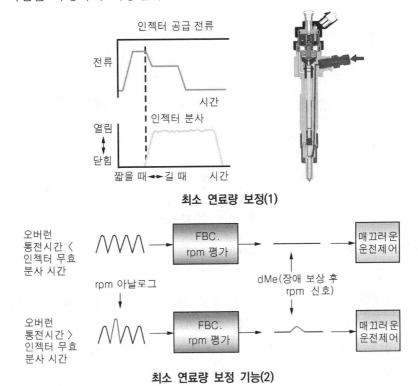

최소 연료량 보정(1)

최소 연료량 보정 기능(2)

(3) 레일 압력 맥동량 보정(PWC : Pressure Wave Correction)

1) PWC의 정의

PWC는 레일 압력에 파동이 발생하여 순간적으로 분사 압력이 변동되는 것을 방지해 주는 기능을 말한다.

2) PWC의 목적

CRDI 엔진에서는 엔진 회전수, 부하에 따라 4~5회 정도 연료를 다단화하여 분사한다. 분사가 끝나면 레일의 압력이 감소하게 되고 실제 분사 압력이 구현하고자 하는 분사 압력과 차이가 발생하여 배기가스 및 아이들 안전성 등에 영향을 미치게 된다. PWC를 통하여 레일 압력의 맥동량을 예측하고, 레일 압력 변동에 따른 연료 분사량의 편차를 최소화한다. PWC를 통해 아이들 진동이 저감되고, 연소음이 개선되며, 배기가스가 저감된다.

3) PWC 방법

엔진의 각 실린더마다 연료 분사 간격, 분사량, 전류 인가 시간, 레일 압력 등의 정보를 기준으로 이전 분사 이후의 레일 압력의 맥동량을 측정한다. 이후 측정된 맥동량을 기준으로 연료량을 보정하여 레일 압력의 변동에 따른 목표 분사량과 실제 분사량의 편차를 최소화한다. 이를 통해 아이들 진동을 저감하며, 연소음을 개선할 수 있다.

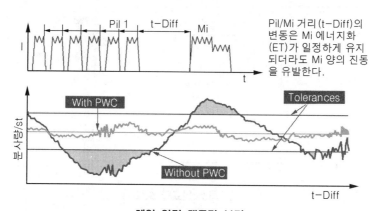

레일 압력 맥동량 보정

(4) 최소 구동 펄스(MDP : Minimum Drive Pulse)

1) MDP의 정의

MDP는 인젝터가 분사하기 시작하는 최초 전원 공급의 펄스값을 의미한다. 즉, 인젝터에 전원이 공급된 이후 실제로 니들 밸브가 위로 올라가 연료가 분사되기 전까지의 전원 공급시간을 나타낸다. MDP의 계측을 통해 각 기통에서 발생하는 연료 분사시점과 폭발압력의 차이를 측정한 후 파일럿 연료 분사량을 보정해 준다.

2) MDP의 목적

인젝터는 가공, 제조 공정에서 미세한 차이가 발생하게 된다. 이로 인해 연료 분사량은 최대 5mm³/st까지 차이가 발생할 수 있다. 파일럿 연료 분사량은 1~2mm³/st이므로 노화가 되면 연료 분사량의 차이가 더 증가하게 되어 정밀제어가 어려워진다. 이를 해결하기 위해 초기 인젝터 특성에 관계없이 분사 연료량을 보정할 필요가 있다. MDP 보정을 통해 각 인젝터별 파일럿 연료 분사량을 보정해 주어 폭발 시점, 폭발압력의 편차를 최소화한다.

3) MDP 방법

인젝터에서 연료가 분사되는 시점의 펄스값을 측정하고, 실린더에서 발생하는 폭발 시점과 폭발압력을 CKP와 노크센서로 감지한다. 인젝터에 전원 공급 후 실린더 폭발이 발생한 시간을 계산해 MDP 값을 산출한다. 이 값을 이용해 각 실린더별로 폭발압력의 차이가 발생할 경우 파일럿 연료량을 보정해 준다.

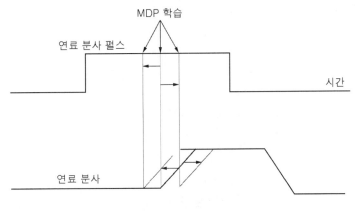

최소 구동 펄스 보정

4) MDP 학습 조건 및 방법

① 학습 조건 : 차속 60km/h 이상(양산 직후 최초 학습 시 차속 조건 없음), 냉각수 온도 82℃ 이상(양산 직후 최초 학습 시 70℃ 이상), 기통당 특정 영역(1800rpm 이상, 23mg/st 이상)에서 정속으로 1~3분 유지, 총 5~10분 필요하다.

② 학습 주기 : 조건 만족 시 자동으로 각 기통의 인젝터가 순차적으로 학습하며 초기 학습 후 1시간마다 MDP 학습을 실시한 후 최소 Pilot 분사량을 선정한다.

(5) 인젝터 분사량 조정(IQA : Injector Quantity Adjustment)

1) IQA의 정의

IQA는 인젝터의 운전 영역별 유량을 측정하여 수치화한 것으로 인젝터의 상단에 매트릭스 코드와 7개의 숫자(엔진 별로 숫자의 수는 다름)로 주기되어 있다.

2) IQA의 목적

인젝터 별로 전 운전 영역(전부하, 부분부하, 아이들, 파일럿 분사구간 등)의 유량 특성을 데이터베이스화하고 수치화하여 엔진 ECU가 신속하게 인젝터 별 분사 시간을 보정하고, 기통간 분사량 편차를 감소시킬 수 있다.

3) IQA 인젝터 교환 방법

인젝터 설치 및 교환 시 인젝터 상단에 주기되어 있는 숫자 코드를 진단장비를 통하여 엔진 ECU에 입력해 준다.

4) IQA 인젝터의 장점

인젝터에 맞는 최적의 연료 분사량 제어가 가능하고, 기통간 편차가 줄어들어 진동 소음이 저감되며, 배기가스가 저감된다.

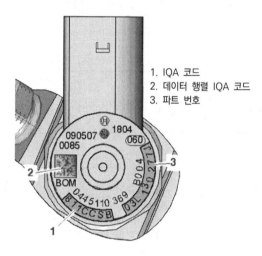

1. IQA 코드
2. 데이터 행렬 IQA 코드
3. 파트 번호

IQA(인젝터 분사량 조정) 코드

(6) 인젝터 전압 조정(IVA : Injector Voltage Adjustment)

1) IVA의 정의

IVA는 인젝터가 가진 고유의 전압 대비 스트로크 특성을 측정하여 수치화한 것으로 인젝터 상단에 주기하여 작동 전압을 보정할 수 있도록 한다. 주로 피에조 인젝터에 사용한다.

2) IVA의 목적

인젝터별로 고유의 전압 대비 스트로크 특성을 파악하여 각 인젝터별로 작동 전압에 대한 편차를 줄여주기 위해 사용한다.

04 센서 냉각

01 개요

자동차에 적용되는 센서와 액추에이터는 전기적인 신호를 이용해 정보를 주고 받는다. 이때 센서에서 발생되는 신호는 정현파, 구형파가 있고 액추에이터를 제어하는 방법으로는 PWM, 듀티 제어 등이 있다.

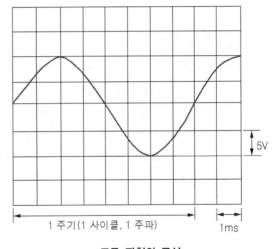

교류 파형의 구성

02 용어 정의 및 설명

(1) 사이클(1주기, T)

① 교류(AC) 파형에서 양극 파형과 음극 파형이 각각 한 개씩 끝난 상태를 1사이클이라고 한다.

② 사이클이 길면 장파장, 저주파수가 되고 사이클이 짧으면 단파장 고주파수가 된다.

$$T = \frac{1}{f}$$

(2) 주파수의 정의 및 설명

① 주파수는 1초 동안에 발생되는 사이클 수를 말하며 기호로는 Hz를 사용한다. 주파수는 주기의 역수 개념이며 수가 클수록 같은 시간동안 주기가 많이 반복된다

는 뜻이다.(예를 들어 60Hz는 1초에 60
회 주기가 반복되는 전자기파라는 뜻).

② 주파수가 낮을수록 회절성이 좋아지고 공
간을 진행하면서 적은 손실을 가진다. 반
대로 주파수가 높아질수록 직진성이 좋아
지고 넓은 대역폭을 가질 수 있다. 주파수
가 낮은 전자기파를 저주파, 주파수가 높
은 전자기파를 고주파라고 명명한다.

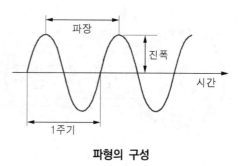

파형의 구성

③ 자동차에서는 크랭크 각 센서, VSS(Vehicle Speed Sensor), 휠 속도 센서 등에
서 사용된다.

④ 크랭크 각 센서가 30Hz일 때 rpm으로 계산하는 공식(크랭크축이 2회전 일 때 1
사이클이므로 1/2로 계산해야 한다.)

$$rpm=Hz(1/2) \times 60(초) \Rightarrow 15 \times 60(초) = 900rpm$$

(3) 듀티의 정의

① 일정한 주파수 범위에서 1 사이클 동안 작동(ON)하는 비율을 말한다. 1주기 동
안을 100%로 하여 작동하는 시간과 작동하지 않는 시간의 비율로 나타낸다.

② 모터에서 듀티비 30%로 표시가 된다고 한다면 작동 시간이 30%이고 나머지
70%가 비 작동영역을 나타내고 있는 것이다. 차량에서는 주로 솔레노이드 밸브
에서 사용된다. 퍼지 솔레노이드 밸브, EGR 밸브, ISC 밸브 등을 제어할 때 듀
티 제어를 한다.

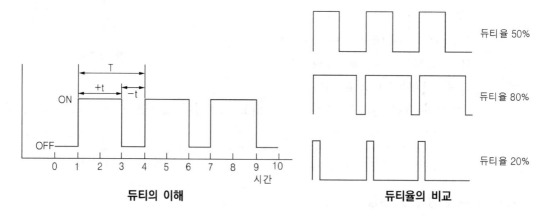

듀티의 이해   **듀티율의 비교**

왼쪽 그림에서 ON이 되는 시간은 66.6%로 이 비율이 '+' 듀티비가 된다. 오른쪽
그림과 같이 가변적으로 듀티비를 제어하여 신호를 제어해 준다.

03 주파수 계산

① 그림에서 1주기는 8칸으로 8ms가 된다. 주파수는 1초 동안 발생되는 주기를 나타내므로 1/8ms로 계산될 수 있다. 따라서 보기에서 주어진 파형의 주파수는 125Hz가 된다.

② 진폭 최대값과 최저값은 +10V, -10V이다. 1파장은 8ms이다.

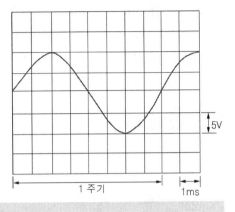

$$F = \frac{1}{T} \Rightarrow \frac{1,000}{8} = 125\text{Hz}$$

기출문제 유형

✦ 압전 및 압저항 소재의 특성과 자동차 적용 분야에 대해 설명하시오(111-1-6)

01 개요

(1) 배경

내연기관은 연료와 공기를 혼합하여 연소시켜 연료의 화학 에너지를 기계적 에너지로 변환하는 장치이다. 공기와 연료의 제어를 위해 내연기관에는 공기 흡입장치, 점화장치, 배기장치, 연료장치 등이 구성되어 있다. 엔진 전자제어 시스템은 각종 센서의 신호를 기준으로 연료의 분사 타이밍과 분사량이 엔진 ECU에 의해 정밀하게 제어되는 불꽃점화 엔진을 말한다.

자동차의 속도, 엔진 회전수, 부하, 대기압, 대기온도, 흡기온도, 엔진 온도 등을 고려하여 흡입공기량을 계산하고, 최적의 분사 타이밍에 연료를 분사하여 엔진의 성능을 향상시킨다. 이들 전자제어 시스템의 센서에는 공기량 계측 센서, 크랭크, 캠 샤프트 위치 센서, 노킹 센서, 산소 센서 등이 있으며 액추에이터로는 인젝터, 스로틀 밸브, 점화 플러그 등이 있다.

(2) 압전 소재의 정의

압전 소재(Piezoelectric Material)는 기계적 외력이 가해지면 전압이 발생되며 역으로 전기를 가하면 형상이 변형되는 소재를 말한다. 전자를 1차 압전 효과라고 하며, 후자를 2차 압전 효과라고 한다. 피에조 전기 소자(Piezoelectric Effect Element)라고도 한다.

(3) 압저항(Piezoresistivity) 소재의 정의

압저항은 기하학적 변형에 의한 소재의 저항 변화보다 압저항 효과에 의한 저항 변화가 큰 소재로 Ni, Cr과 같은 금속 및 Si 반도체, 일부 금속산화물 등을 말한다. 자동차에 사용되는 대부분의 압력 센서에 압저항 소재가 적용되고 있다.

02 압전 소자의 원리

압전 소재(Piezoelectric Material)는 양전하와 음전하를 이루는 전기 쌍극자가 규칙적으로 배열되어 있다. 여기에 물리적인 외부 응력(External Stress)을 주었을 때에는 결정을 구성하는 분자 간, 혹은 이온 간 상태 변화가 발생한다.

압전 소자가 힘을 받으면 결정 구조가 찌그러지면서 전기 쌍극자 크기에 변화가 발생되며, 주변의 전기장이 바뀌게 된다. 따라서 압전 소자에 전기회로를 구성하고 외부 응력을 가하면 전기가 발생하게 되고, 전기를 가하면 모양이 변형된다.

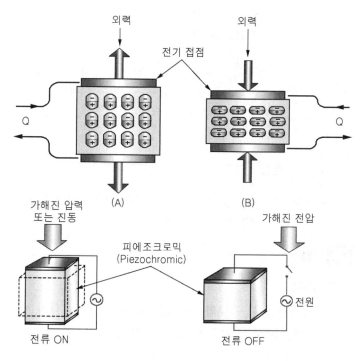

압전 소자

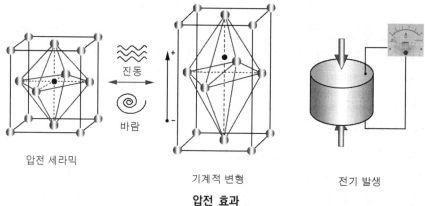

압전 효과

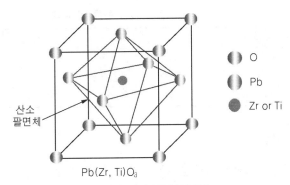

산소
팔면체

Pb(Zr, Ti)O₃

- O
- Pb
- Zr or Ti

PZT 압전 소재의 결정 구조(ABQ₃)

03 압전 소자의 특성

압전 소자로는 티탄산바륨(BaTiO₃) 또는 PZT(Pb(Zr, Ti)O₃)와 같은 벌크 세라믹 소재
가 대표적이다. 단결정 소재는 α-AlPO₄(Berlnite), α-SiO₂(Quartz), LiTiO₃, LiNbO₃ 등
이 사용되고 있으며, 대표적으로 사용되는 수정은 공진주파수의 대역폭이 좁고 온도 계수
가 매우 작아 신호주파수를 발생시키는 오실레이터(oscillator) 소자로 사용되지만, 가격이
비싸고 전기기계결합계수가 작다는 단점을 가지고 있어 응용분야가 제한된다. LiNbO₃와
LiTaO₃ 단결정은 ZnO 박막 소재 등과 같이 탄성표면파(SAW : Surface Acoustic Wave)
필터로 응용되고 있다. 다결정 소재로는 PZT계, PT계, PZT-Complex Perovskite계,
BaTiO₃ 등이 있다. PZT계 세라믹스는 가공성이나 제반 압전특성이 우수하고 가격이 저렴
하여 초음파 진동자, 필터, 레조네이터, 착화소자 및 센서 등에 가장 널리 응용되고 있다.

압전소자의 특성

구분	소재	특징
단결정	α-AlPO₄(Berlnite), α-SiO₂(Quartz), LiTiO₃, LiTiO₃, LiNbO₃, Sr$_x$BayNb₂O₈, Pb₅-Ge₃O11, Tb₂(MoO₄)₃, Li₂B₄O₇, CdS, ZnO, Bi₁₂SiO₂₀, Bi₁₂GeO₂₀	• 좁은 공진주파수 대역 • 매우 작은 온도계수 • Oscillator 소자와 탄성표면 필터 등으로 응용
다결정	PZT계, PT계, PZT-Complex Perovskite계, BaTiO₃	• 우수한 압전특성 • 저렴한 가격 • 초음파 진동자, 필터, 레조네이터, 착화소자 및 센서 등 가장 폭넓게 응용
박막	ZnO, Cds, AIN	• 탄성표면 필터와 GHz 대역 FBAR Bandpass Filter 재료 등의 응용
고분자	PVDF, P(VDF-TrFe), P(VDFTeFe), TGS	• 키보드, 수중 음향부품, 의료용 탐촉자 등의 응용
복합	PZT-PVDF, PZT-silicon Rubber, PZT-Epoxy, PZT-발포 Polymer, PZT-발포 우레탄	

압전 특성 응용 및 사례

압전 특성	적용 분야
기계 → 전자	가속도/압력 센서 등
전기 → 기계	초음파 세척기, 압전 스피커 등
전기 → 기계 → 전기	주차 보조 센서, 레벨 센서, 어군탐지기, SONAR 등

04 자동차 적용 분야

압전소자는 벌크 세라믹 형태로 각종 센서와 액추에이터, 모터 등에 응용된다. 자동차 센서로는 가속도 센서, 충격 센서, Knock 센서, 거리 센서, 주차보조 센서 등이 있고, 액추에이터로는 인젝터가 있다. 압저항 소자는 외부 압력이 인가되는 기판(다이어프램) 상에 MEMS(Micro Electro Mechanical System) 형태로 센서에 활용된다.

압저항 소재의 초기 저항값을 기준으로 외력이 인가된 후 MEMS가 변형된 후의 저항값을 이용한다. 차량 압력 센서나, MAP(Manifold Absolute Pressure) Sensor가 있다.

(1) 피에조(Piezo) 인젝터

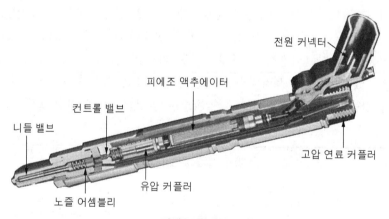

피에조 인젝터

피에조 인젝터는 압전소자를 이용한 인젝터로 내부는 피에조 액추에이터, 컨트롤 밸브, 유압 커플러, 노즐 모듈로 구성되어 있다. 피에조 액추에이터는 100~300개의 얇은 압전소자(티탄산바륨)들이 적층되어 있다. 압전소자는 압력을 가하면 전압이 발생하는 소자(압전 효과)로, 전기가 인가되면 물리적인 형상이 변형되는 소자이다.(역압전 효과)

엔진 ECU의 신호에 의해 피에조 스택에 전압이 인가되면 압전소자는 약 0.5mm 정도 팽창된다. 유압 커플러의 유압에 의해 컨트롤 밸브가 작동되고, 노즐로 연료가 분사된다. 피에조 인젝터의 분사압은 2,000~2,700bar이며, 한 사이클당 최고 10회의 분사가 가능하다. ECU 신호 전송부터 인젝션까지 걸리는 분사 타이밍(반응속도)은 $30\mu s$이다.

(2) 초음파 센서

압전 소재는 초음파 센서의 형태로 활용되고 있다. 주차보조 센서, 연료의 레벨 센서, 요소수 레벨 센서 등이 있다.

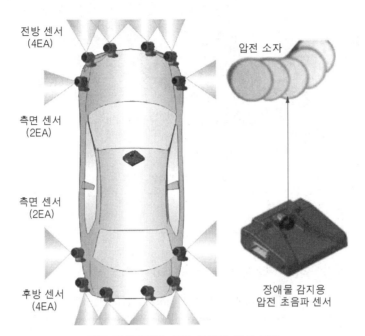

전방 센서
(4EA)

측면 센서
(2EA)

측면 센서
(2EA)

후방 센서
(4EA)

압전 소자

장애물 감지용
압전 초음파 센서

자동 주차지원을 위한 초음파 센서 적용

(3) 압력 센서

차량용 압력 센서는 100bar 미만의 저압용 압력 센서와 100~2,500bar 의 고압용 압력 센서가 있다. 저압용 센서로는 대표적으로 흡기압력, 연료 탱크 압력, 연료 및 오일 압력 센서, 에어백 제어를 위한 충돌 센서 등이 있으며, 고압용으로는 차체 자세 제어용 브레이크 유압 센서, 가솔린 직접분사(GDI, Gasoline Direct Injection) 엔진용 연료 압력 센서, 디젤 엔진용 연료 압력 센서 등이 있다. 압력이 가해지면 전기적 신호가 발생하여 차량의 상태를 측정할 수 있다.

(4) 노크(Knock) 센서

엔진 실린더에서 발생하는 노킹을 감지하여 점화시기를 보정해 주는데 사용되는 노크 센서는 전자 유도식과 압전식이 있다. 압전식은 압전소자를 이용하여 엔진에서 급격한 압력 변화가 발생할 경우 전기적 신호를 발생함으로써 엔진 ECU에 노킹의 발생 정보를 전송해 준다.

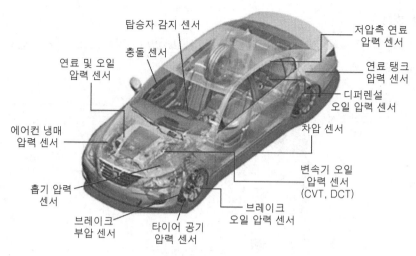

차량용 압력 센서의 종류

기출문제 유형

✦ 노크(Knock) 센서의 역할과 종류에 대해 논하라.(66-4-6)

✦ 엔진에 장착되는 노킹 센서의 종류와 특성을 설명하시오.(101-1-8)

01 개요

(1) 배경

내연기관은 연료와 공기를 빠르게 연소시켜 발생하는 폭발력으로 구동력을 얻는 장치이다. 대표적으로 가솔린 엔진과 디젤 엔진이 있다. 가솔린 엔진은 불꽃 점화엔진으로 연료와 공기의 혼합기를 실린더 내부로 유입시켜 압축시킨 후 점화 플러그의 불꽃 점화에 의해 폭발력을 얻는다.

디젤 엔진은 압축착화 엔진으로 공기를 고온으로 압축시킨 후 연료를 분사하여 자기 착화시켜 폭발력을 얻는다. 이때, 실린더 내에서 연료가 연소될 때, 비정상적인 연소가 발생하면 압력 상승이 급격히 되고 이로 인해 큰 충격과 소음이 발생하는 노킹 현상이 발생한다. 이를 감지하기 위해 노크 센서를 장착해 준다.

(2) 노크(Knock) 센서의 정의

노크 센서는 실린더 내에서 노킹이 발생할 때 이를 감지하는 센서를 말한다. 주로 실린더 블록에 장착되어 엔진의 진동을 감지하고, 엔진 ECU가 점화시기를 제어할 수 있도록 노킹 신호를 전달하는 역할을 한다.

02 노크 센서의 종류 및 원리

(1) 압전식 노크 센서

압전식 노크 센서는 실린더 벽에 나사로 장착되어 있다. 엔진이 진동하면 나사를 통해 진동이 전달되어 압전 세라믹 소자에 외력이 가해진다. 압전 소자는 외력이 가해지면 전압이 발생하는 소자이다. 따라서 진폭이 일정 수준 이상이 되면 센서에 전압이 발생되고, 이 신호는 엔진 ECU로 전송된다. 구조가 간단하고, 노크 측정이 정밀하여 많이 사용된다. 하지만 가격이 비싸다는 단점이 있다.

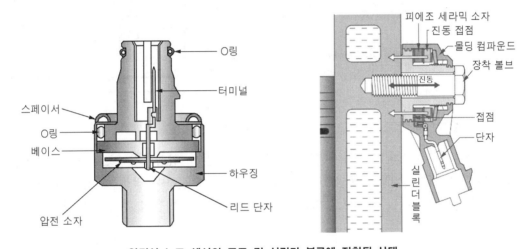

압전식 노크 센서의 구조 및 실린더 블록에 장착된 상태

(2) 전자 유도식 노크 센서

전자 유도식 노크 센서는 코어와 코일 및 영구 자석, 진동판으로 구성되어 있다. 실린더에서 노킹으로 진동이 발생하면 진동자가 진동하면 코어의 간극이 변화하고, 코일의 자속이 변화하게 되어 전자유도에 의해 기전력이 생성된다. 따라서 이 신호를 이용해 노킹의 발생 유무를 파악한다. 압전소자식에 비해 구조가 복잡하고, 신호의 정밀도가 떨어지지만 가격이 저렴하다는 장점이 있다.

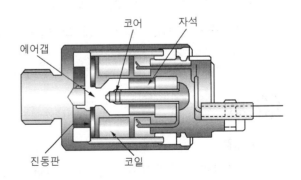

전자 유도식 노크 센서의 구조

03 노크 센서의 파형

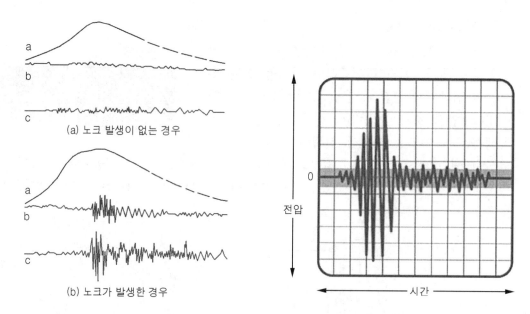

(a) 노크 발생이 없는 경우

(b) 노크가 발생한 경우

노크 센서의 파형

연소실에서 노크가 발생하지 않으면 센서의 전압은 형성되지 않고, 노크가 발생하면 센서의 전압이 형성된다. 엔진 ECU는 노크 신호를 수신하여 점화시기를 제어한다. 노킹 발생 시 전압은 5kHz 기준으로 26mV 정도 되며, 6~20kHz의 주파수 범위를 형성한다.

기출문제 유형

✦ 수온계의 작동 방법을 설명하시오.(114-1-3)

✦ 자동차의 유압계 중 계기식 유압계의 종류를 열거하고, 열거된 유압계의 특성을 설명하시오. (101-3-5)

---

01 개요

(1) 배경

자동차 계기 장치(Instrument System)는 주행에 필요한 정보와 각 부품의 작동 상태를 운전자가 인지할 수 있도록 지시 및 경고를 해준다. 기능적으로 구분하면, 시스템의 이상 유무와 안전 상태를 알려주는 경고 장치, 주행에 필요한 정보를 제공해 주는 지시 장치로 구분할 수 있다.

경고 장치로는 엔진의 고장 상태를 알려주는 엔진 경고등, ABS/ESC 경고등, MDPS 경고등, Airbag 경고등 등이 있다. 지시장치에는 일반적으로 차량의 속도를 지시하는 속도계, 엔진 회전수를 지시하는 타코미터(tachometer), 엔진 냉각수 온도를 나타내는 수온계, 연료 잔량을 나타내는 연료 미터, 엔진 오일 압력을 나타내는 유압계, 배터리 전압을 지시하는 전압계, 배터리의 충방전 전류를 나타내는 전류계 등이 있다.

(2) 수온계(Water Temperature Gauge)의 정의

수온계는 엔진 냉각수의 온도를 계측하여 계기판에 표출해 주는 계기장치를 말한다.

(3) 유압계(Oil Pressure Gauge)의 정의

유압계는 엔진 윤활 시스템 내부의 유압을 측정하여 계기판에 표출해 주는 계기장치를 말한다.

02 수온계의 기능 및 작동 방법

(1) 수온계의 기능

수온계는 주로 엔진 냉각수 출구 쪽에 설치되어 냉각수의 온도를 측정하고, 계기판에 표출한다. 계기판의 표준 수온계는 H(Hot), C(Cold) 마크가 붙어 있다. H는 냉각수의 온도가 높은 상태를 나타내며, C는 온도가 낮은 상태를 나타낸다. 냉각수의 적정 온도는 차량마다 다르나 약 70~95℃ 정도이다. 적정 온도를 넘게 되면 경고등이 점등되고, 냉각수가 끓어 넘치는 오버히트 현상이 발생할 수 있다.

냉각수 온도계

(2) 수온계의 작동방법

수온계의 종류로는 부어든 튜브식, 밸런싱 코일식, 서모스탯 바이메탈식, 바이메탈 저항식이 있으며 밸런싱 코일식을 가장 많이 사용한다. 밸런싱 코일식 수온계는 냉각수 출구측에 센서부가 설치되어 있고 계기판에 표시부가 설치되어 있다. 센서부에는 부특성 서미스터를 장착하여 저온에서는 전기 저항이 크고, 고온에서는 저항이 작아지도록 한다.

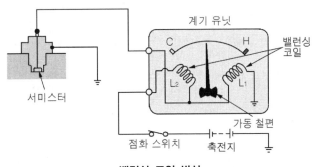

밸런싱 코일 방식

표시부에는 가동철편 양쪽으로 밸런싱 코일부를 구성하여, 서미스터의 저항에 따라 코일의 전압이 변경되도록 구성되어 있다. 저온에서는 서미스터의 전기 저항이 커서 대부분의 전압은 C 부분의 코일(L_2)에 형성되어 가동철편이 C 방향을 지시하게 되고, 고온이 될수록 서미스터의 저항이 작아져서 전압이 H 부분의 코일(L_1)에 형성되어 가동철편이 H 방향쪽으로 움직이게 된다.

03 유압계의 종류, 작동 방법

(1) 부르동 튜브식(Bourdon Tube Type)

부르동 튜브식은 윤활 장치의 통로에 튜브를 연결하여 유압에 의해 지시계가 움직일 수 있도록 만든 장치이다. 튜브에 압력이 가해지면 튜브가 펴지고 이로 인해 링크부가 움직여 지시계가 회전하게 된다.

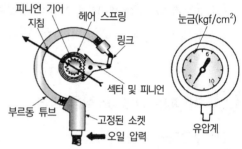

부르동 튜브식 유압계

(2) 밸런싱 코일식(Balancing Coil Type)

밸런싱 코일식 유압계는 계기부(표시부)와 유닛부(센서부)로 구성되어 있다. 유닛부에는 유압에 따라 높이가 변하는 다이어프램이 설치되어 있고 여기에 가변저항이 연결되어 있다. 유압이 낮을 때에는 가변 저항이 크고, 유압이 높을 때에는 가변 저항이 작아지도록 한다.

표시부에는 가동철편 양쪽으로 밸런싱 코일부를 구성하여, 가변 저항에 따라 코일의 전압이 변경되도록 구성되어 있다. 유압이 낮을 때에는 가변 저항의 전기 저항이 커서, 대부분의 전압은 L(Low) 부분의 코일(L_1)에 형성되어 가동철편이 L 방향을 지시하게 되고, 유압이 높아질수록 가변저항이 작아져서 전압이 H(High) 부분의 코일(L_2)에 형성되어 가동철편이 H 방향쪽으로 움직이게 된다.

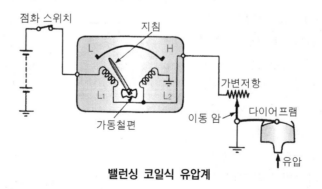

밸런싱 코일식 유압계

(3) 바이메탈 서모스탯식(Bimetal Thermostat Type)

바이메탈(Bimetal)은 열팽창 계수가 크게 다른 두개의 금속재료를 접합한 것으로 바이메탈 서모스탯식은 유압을 지시하는 계기부와 유닛부로 구성되어 있다. 접합부에 히팅 코일이 감겨 있으며, 유압에 의해 전류의 흐름이 변화되면서 계기부의 계기 바늘이 움직여 유압이 표시된다.

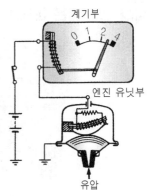

바이메탈 서모스탯식 유압계

기출문제 유형

✦ 엔진에 공급되는 연료량에 대한 냉각 수온 보정 목적 세 가지를 설명하시오.(105-1-6)

✦ 다음 물음에 답하시오.(80-4-6)
   1) 전자제어 엔진에서 ECU가 냉각 수온 센서의 신호를 받아 어떠한 일을 하는지 설명하시오.
   2) 엔진에서 어떤 고장이 발생할 때 냉각 수온 센서를 점검하여야 하는지를 기술하시오.
   3) ECU가 냉각 수온 센서를 고장으로 진단하는 조건을 설명하시오.
   4) 냉각 수온 센서 고장 시 냉각 수온 센서 회로 점검 방법을 기술하시오.

---

01 개요

(1) 배경

내연기관은 연료와 공기를 혼합하여 연소시켜 연료의 화학 에너지를 기계적 에너지로 변환하는 장치이다. 연료가 연소될 때 연소실 내부의 온도는 약 2,000℃ 이상으로 엔진은 지속적으로 냉각이 되어야 한다. 냉각을 하는 방법은 공기를 이용한 공냉식과 냉각수를 이용한 수랭식이 있는데 효율이 좋은 수냉식이 주로 사용된다.

냉각 수온 센서는 냉각수의 온도를 측정하여 엔진 ECU에 전송한다. 엔진 ECU는 냉각 수온 센서의 측정값에 따라 엔진의 과열 여부를 판단하고, 엔진의 점화, 연료 분사량 등을 보정해 주어 엔진이 과열되지 않도록 제어한다.

(2) 냉각 수온 센서(Water Temperature Sensor)의 정의

냉각 수온 센서는 냉각수 통로에 설치되어 냉각수의 온도를 검출하는 센서이다.

02 냉각 수온 센서의 구조 및 회로도

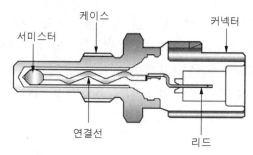

냉각 수온 센서의 실물과 구조

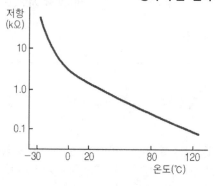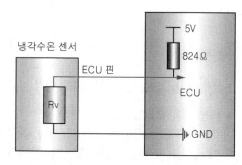

냉각 수온 센서의 특성   냉각 수온 센서 회로

냉각 수온 센서는 부특성 서미스터(Thermistor) 저항체인 NTC(Negative Temperature Coefficient) 소자를 사용한다. NTC 소자는 냉각수의 온도가 높을수록 저항이 저감되는 특성이 있다. NTC 소자는 냉각수에 노출되어 냉각수의 온도를 측정한다. 전압은 엔진 ECU에서 검출된다.

03 엔진 ECU가 냉각 수온 센서의 신호를 받아 하는 일

엔진 ECU는 냉각 수온의 저항값을 이용하여 냉각수의 온도를 파악하고, 연료 분사량을 보정하며, 공회전속도를 제어하여 엔진의 온도를 적정하게 유지한다. 냉각수 온도가 낮은 상태, 냉시동 시에는 연료의 분사량 증량, 점화시기 진각 보정을 해주고, 냉각수의 온도가 높은 상태에서는 연료 분사량 감량, 점화시기 지각 보정 등을 수행해 준다.

04 냉각 수온에 따른 연료 분사 보정의 목적

(1) 공연비 제어성 향상

내연기관에서 연료가 분사되어 기화될 때 엔진의 온도가 매우 중요한 역할을 한다. 엔진의 온도가 너무 낮으면 연료의 기화가 늦어져 혼합기의 형성이 충분히 이뤄지지 않고, 엔진의 온도가 너무 높으면 정확한 양의 연료를 분사하지 못하게 되어 설정된 공연비로 혼합기의 형성이 어려워진다.

따라서 연료를 분사할 때 기본적으로 엔진 회전수, 흡입공기량에 따라 연료 분사량을 결정하고, 엔진의 온도에 따른 연료의 증발성 변화를 고려하여 냉각 수온에 따라 연료 분사량을 보정해 준다.

(2) 출력 향상

엔진의 온도가 낮은 경우 연료가 충분히 기화되지 않고 액체 상태로 남아있게 된다. 이 경우 화염의 전파속도가 늦어지게 되어 출력이 저하된다. 따라서 냉각 수온이 낮을수록 연료량을 증량 보정해 준다.

(3) 연료손실 저감

엔진의 온도가 낮은 경우 연료가 흡기 인테이크 내면에 침착하게 되는 월 필름(Wall Film) 현상이 발생된다. 월 필름 현상이 발생하면 연료가 손실되고 공연비 제어가 되지 않아 출력이 저하된다. 따라서 엔진의 온도가 낮은 경우 월 필름 현상을 고려하여 연료량을 증량하여 분사해 준다.

05 냉각 수온에 따른 연료 분사 보정 방법

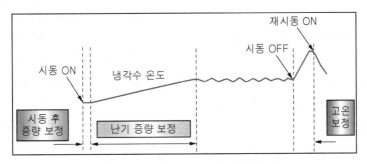

냉각수 온도에 따른 연료 분사량 보정

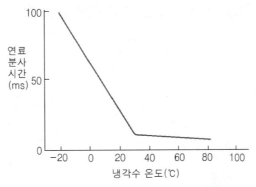

냉각수 온도에 따른 연료 분사시간

(1) 증량 보정

증량 보정은 주로 냉각 수온이 낮은 상태, 냉시동 상태에서 연료의 휘발성과 월 필름 현상, 화염 전파속도 등을 고려하여 엔진의 출력을 향상시키기 위해 수십 초 동안만 적용한다.

(2) 난기 증량 보정

난기 증량 보정은 엔진 웜업(Warm-Up) 시에 수행하는 증량 보정으로 엔진 냉각수의 온도가 일정 온도 이상 올라갈 때까지 적용한다. 냉각 수온이 상승할수록 난기 보정량은 감소한다.

(3) 고온 보정

고속 주행 후 시동 OFF 상태에서 시동을 걸 때와 같이 엔진의 온도가 정상 온도보다 높아지는 경우 인젝터 부위의 온도는 정상 온도보다 높아서 인젝터로 유입되는 연료는 비등하게 된다. 따라서 기포가 혼입된 연료가 인젝터로 공급되어 시동이 잘 걸리지 않거나 공회전 시 부조 현상이 발생하게 된다.(열간 장애, Hot Fuel Handling) 이런 경우에도 연료량을 보정해 주어 엔진이 안정된 운전이 될 수 있도록 한다.

06 ECU가 냉각 수온 센서를 고장으로 진단하는 조건

냉각 수온 센서가 고장이 나면 엔진 ECU는 MIL(Malfunction Indicator Lamp)를 점등하며, 고장코드를 표출한다. 페일 세이프(Fail Safe) 기능이 적용되어 엔진 구동 중에는 80℃로 냉각 수온을 고정하며, Cold 조건이나 크랭킹 시에는 -10℃로 고정한다. 냉각 수온 센서가 고장이 나면 보통 연비가 나빠지며, 쿨링 팬이 계속 회전하고, 가속이 잘 안되며, 아이들 rpm이 높아진다.

① Key On 조건에서 출력신호 최소값(200mV) 이하, 2초 이상 되는 경우
② Key On 조건에서 출력신호 최대값(4,965mV) 이상, 2초 이상 되는 경우

07 냉각 수온 센서 고장 시 냉각 수온 센서 회로 점검 방법

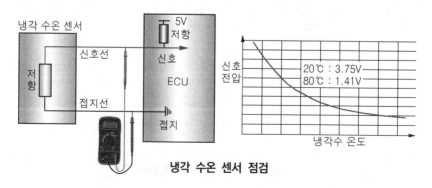

냉각 수온 센서 점검

냉각 수온 센서 기준값

온도	-40℃	-20℃	0℃	20℃	40℃
저항치	48.14kΩ	15.48±1.35kΩ	5.79.kΩ	2.45±0.14kΩ	1.148kΩ
온도	60℃	80℃	100℃	110℃	120℃
저항치	0.586kΩ	0.322kΩ	0.188kΩ	0.147±0.002kΩ	0.116kΩ

냉각 수온 센서는 내부에 부특성 서미스터 저항을 내장하고 있으며, 엔진 ECU에 5V 전원선과 접지선으로 연결되어 있다. 커넥터를 분리한 뒤 엔진 ECU 측에서 오는 전원선에서 5V가 공급이 되고 접지선에 0V가 나오는지 확인하고, 냉각 수온 센서 측의 저항값을 확인한다. 정상온도에서 저항값은 약 2.45kΩ이다.

기출문제 유형

✦ 산소 센서(O_2 Sensor)를 설명하시오.(80-1-8)

✦ 산소 센서를 설명하시오.(60-1-10)

✦ 산소 센서의 구조와 원리에 대해 설명하시오.(63-3-1)

✦ 가솔린 엔진에서 산소 센서의 역할은 무엇인가?(42)

✦ 가솔린 엔진에서 삼원촉매는 배출되는 유해물질들을 정화시키기 위한 가장 효과적인 장치로 널리 사용되고 있다. 다음 그림을 보고 삼원촉매의 변환효율과 산소 센서의 역할에 대해 설명하시오.(80-2-5)

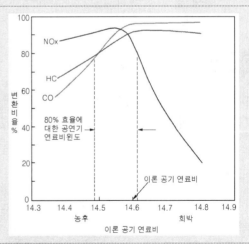

✦ 다음 그림은 티타니아 산소 센서의 파형을 나타낸 것이다. 파형의 각 번호가 어떤 상태를 나타내는지 쓰시오.(101-1-13)

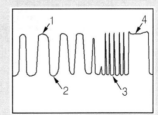

01 개요

(1) 배경

내연기관은 가솔린이나 디젤 등의 화석연료를 연소시켜 연료의 화학적 에너지를 기계적 에너지로 변환하는 장치이다. 화석연료는 연소 과정에서 공기 중의 산소와 결합하여 급격하게 연소되어 폭발력을 발생시키고 물과 이산화탄소 등의 배출가스를 발생시킨다. 엔진의 출력과 연비 성능을 향상시키고, 배출가스를 저감시키기 위해서는 엔진에 공급되는 연료와 공기의 비율, 점화시기 등을 정확하게 제어해야 한다. 이를 위해서 엔진 전자제어 시스템을 도입하였다.

엔진 전자제어 장치는 각종 센서를 이용해 현재 엔진의 상태를 측정하고, 전자제어기(ECU : Electronic Control Unit)와 액추에이터를 통해 연료와 공기, 점화시기 등을 전자적으로 정밀하게 제어하는 시스템을 말한다. 센서는 공기량, 압력을 계측하는 MAP, MAF, BPS, TPS, 엔진의 회전속도, 회전 위치 등을 감지하는 CKP, CMP, Knock Sensor, 배출가스의 산소 농도를 계측하는 O_2/Lambda Sensor, 온도를 감지하는 냉각수온 센서 등이 있다.

(2) 산소 센서(Oxygen Sensor)의 정의

산소 센서는 배기가스 중 함유된 산소의 양을 측정하는 센서로, 엔진 ECU는 배기가스 중 산소의 농도를 파악하여 연료와 공기의 양을 제어 한다.

02 산소 센서(Oxygen Sensor)의 장착 위치

산소 센서는 주로 촉매 컨버터의 전단과 후단에 장착되어 있다. 촉매 컨버터 전단의 산소 센서를 보통 Upstream O_2 sensor라고 하고 후단의 산소 센서를 Downstream O_2 sensor라고 한다. 센서의 외부로는 배기가스가 지나가고, 내부에는 대기가 연결되어 있다.

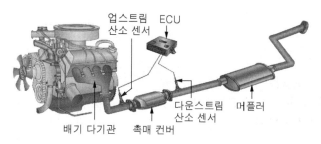

산소 센서 장착 위치

03 산소 센서(Oxygen Sensor)의 종류, 구조, 원리

산소 센서는 크게 바이너리 센서(Binary Sensor)와 리니어 센서(Linear Sensor)로 구분할 수 있다. 바이너리 센서는 파형이 '0, 1'의 이진수 형태의 사인 파형으로 나타난다. 이론공연비 부근의 좁은 범위에서만 공연비 상태를 확인할 수 있기 때문에 협대역 센서(Narrow Band Sensor)라고도 불리며 지르코니아와 티타니아 산소 센서가 있다.

리니어 산소 센서는 린번, GDI, 디젤 엔진에서 많이 사용되는 센서로 파형이 공연비에 대해 연속적이며, 람다비 0.7~1.9의 범위에서 측정이 가능하기 때문에 광대역 센서(Wide Range Sensor)라고도 한다. 협대역 산소 센서는 EGO(Exhaust Gas Oxygen), LS(Lambda Sensor), HEGO(Heated Exhaust Gas Oxygen), LSH(Lambda Sensor Flat), LSF(Lambda Sensor Flat) 등이 있고, 광대역 산소 센서로는 UEGO(Universal Exhaust Gas Oxygen) 센서나 LSU(Lambda Sensor Universal) 등이 있다.

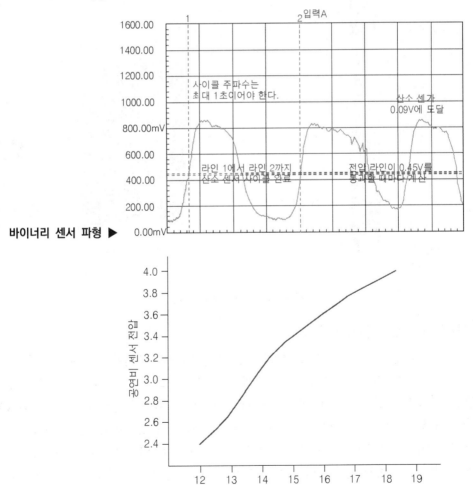

바이너리 센서 파형 ▶

리니어 산소 센서 파형 ▶

(1) 지르코니아 산소 센서

1) 지르코니아 산소 센서의 구조

지르코니아(ZrO_2)는 티탄족인 지르코늄의 산화물로 산화지르코늄이라고도 부른다. 녹는점이 약 2,700℃ 정도로, 내식성이 강한 금속이며, 저온에서는 매우 저항이 크고, 전류를 통과시키지 않지만, 약 350℃ 이상의 고온에서는 산소 이온을 통과시켜 기전력을 발생시키는 성질이 있다.

지르코니아 타입 산소 센서는 지르코니아 소재를 U자형으로 성형하여 내·외부 표면에 백금으로 코팅한 후, 외부 코팅면은 엔진과 접지시켜 마이너스 전극을 만들고, 내부 코팅면은 플러스 전극에 연결하여, 내부와 외부의 산소 농도 차이가 발생하면 전압이 발생되도록 구성되어 있다.

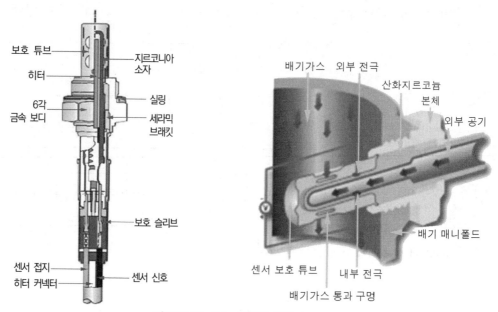

지르코니아 산소 센서의 구조

2) 지르코니아 산소 센서의 원리

지르코니아 산소 센서는 일정 온도(약 350℃) 이상의 조건에서 내부와 외부의 산소량에 차이가 발생하면, 산소량이 많은 쪽에서 적은 쪽으로 산소 이온을 통과시켜 전압을 발생시킨다. 따라서 공연비가 희박할 때에는 전압은 거의 형성되지 않고(0~0.1V), 연료의 농도가 많은 농후한 공연비일 때 전압은 0.8~1.0V로 형성된다. 엔진 ECU는 산소 센서의 전압이 0~0.2V이면 희박한 공연비라 판단하여 연료를 더 분사해주고, 전압이 0.8~1V이면 공연비가 농후하다고 판단하여 연료의 분사량을 감소시키는 피드백 제어를 한다.

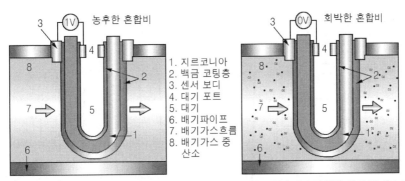

배기가스 중에 산소가 없어 대기 중 산소와
차이가 많아 산소 센서 출력 전압이 높다(1V)

배기가스 중에 산소가 많아 대기 중 산소와
차이가 작아 산소 센서 출력 전압이 낮다(0V)

1. 지르코니아
2. 백금 코팅층
3. 센서 보디
4. 대기 포트
5. 대기
6. 배기파이프
7. 배기가스흐름
8. 배기가스 중
   산소

지르코니아 타입 산소 센서의 작동 원리

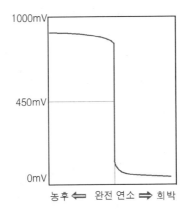

센서 출력 전압

(2) 티타니아 산소 센서

1) 티타니아 산소 센서의 구조

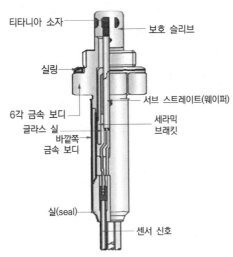

2) 티타니아 산소 센서의 원리

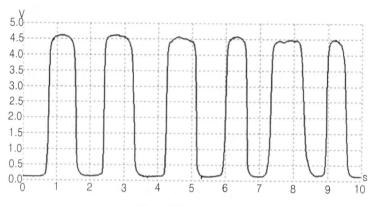

산소 센서 출력 파형

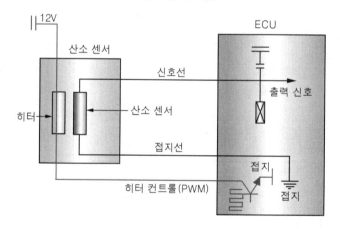

산소 센서 회로

티타니아는 고온의 조건에서 산소의 양에 따라 저항값이 달라지는 특성이 있다. 산소의 양이 적으면 저항값이 작아지고, 산소의 양이 많아지면 저항값이 커진다. 티타니아 산소센서는 티타니아 소자의 특성을 이용하여 티타니아 소자의 두 단자 중 한 단자로는 엔진 ECU에서 공급되는 전원선을 연결하고, 다른 한 단자는 신호를 출력할 수 있도록 만들어서 저항값에 따라 전압이 달라지게 구성한다. 공연비가 희박하면 4.3~4.7V의 전압이 검출되고, 공연비가 농후한 경우는 0.3~0.8V의 출력 전압이 나온다.

3) 티타니아 산소 센서 파형

① 1번 파형은 4.3~4.7V의 전압을 나타내는 부분으로, 티타니아 소자의 저항값이 높은 상태이다. 따라서 산소의 농도가 희박한 상태이다.

② 2번 파형은 0.3~0.8V의 전압을 나타내며, 티타니아 소자의 저항값이 낮은 상태이다. 따라서 산소의 농도가 농후한 상태를 나타내고 있다.

③ 3번 파형은 농후한 상태가 지속적으로 나타나는 부분으로 급가속을 할 때의 상태를 나타내고 있다.

④ 4번 파형은 가속 후 감속이 될 때 연료가 공급되지 않고 희박한 공연비로 운전될 때의 상태를 나타내고 있다.

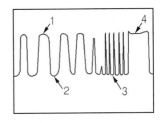

티타니아 산소 센서 파형

(3) 광대역 산소 센서(Wide Range Oxygen Sensor)

1) 광대역 산소 센서의 구조

광대역 산소 센서는 내부에 기준실이 있고, 보호 셀, 펌핑 셀, 센서 셀, 기준 셀, 히터 셀 등으로 구성되어 있다.

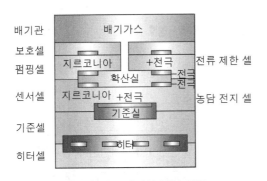

광대역 산소 센서의 내부 구조

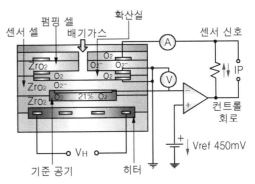

광대역 산소 센서의 회로

① **보호 셀** : 보호 셀은 펌핑 셀의 전극을 배기가스로부터 보호하기 위해 설치되는 영역이다.

② **펌핑 셀** : 펌핑 셀은 지르코니아 소재로 되어 있으며, 배기가스 중 산소의 농도가 높을 때에는 전류를 공급하여 확산실의 산소를 배기관 쪽으로 펌핑하고, 산소의 농도가 낮을 때는 배기관 쪽의 산소를 확산실로 옮기는 역할을 한다.

③ **센서 셀** : 센서 셀에서는 기준실과 확산실의 산소 농도를 비교하여 전압을 형성한다.

④ **기준 셀** : 기준 셀에는 대기 공기를 밀폐시킨 기준실이 있으며 전극이 연결되어 있어서, 확산실의 산소 농도와 비교할 수 있게 만들어져 있다.

⑤ **히터 셀** : 히터 셀에는 히터 코어가 연결되어 있어서 지르코니아 소재가 활성화되는 온도까지 빠르게 열을 발생한다.

2) 광대역 산소 센서(Wide Range Oxygen Sensor)의 원리

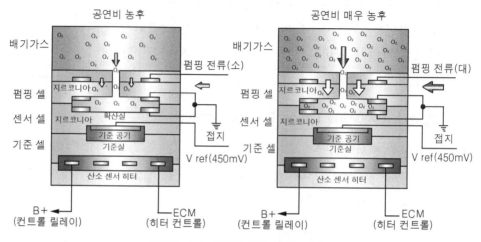

광대역 산소 센서의 작동 원리 - 농후

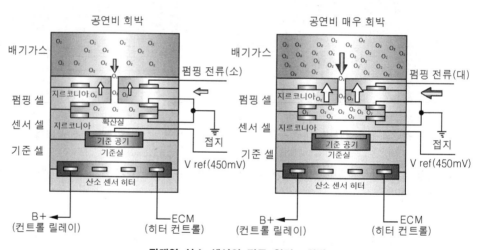

광대역 산소 센서의 작동 원리 - 희박

광대역 산소 센서는 희박한 공연비에서 산소의 농도를 측정하기 위해 개발된 산소 센서이다. 일반 산소 센서는 일반 공연비 14.7 : 1의 조건에서 동작하며, 이보다 희박한 상태나 농후한 상태에서는 반응이 작아 산소의 농도를 정확히 계측하기 어렵다.

광대역 산소 센서는 희박한 공연비에서도 산소의 농도 계측이 가능할 수 있도록 만들었다. 지르코니아 소재는 산소의 농도 차이가 발생하면 전압을 형성하는 소재로, 전류를 공급하면 산소를 펌핑하는 작용을 하기도 한다. 광대역 산소 센서는 이러한 지르코니아 소재의 특성을 이용하여 만들었다. 기준실에 있는 전압은 항상 450mV로 유지된다. 확산실의 전압은 확산실로 유입되는 배기가스의 농도에 따라 달라진다.

따라서 두 전압의 차이가 발생하는 경우 피드백 제어를 통해 확산실의 펌핑 전류를 제어한다. 배기가스가 희박해 확산실의 산소 농도가 더 많은 경우, 펌핑 전류를 '+'로 발생시켜 확산실의 산소를 배기관으로 펌핑하고, 배기가스가 농후해 확산실의 산소 농도가 낮은 경우, 펌핑 전류를 '-'로 발생시켜 산소를 배기관측에서 확산실로 펌핑한다.

04 삼원촉매의 변환 효율과 산소 센서의 역할

삼원 촉매 장치는 자동차에서 배출되는 3개의 유해물질(CO, HC, NOx)을 산화·환원하여 무해한 물질(CO_2, H_2O)로 변환하는 장치이다. 백금(Pt)이나 팔라듐(Pd), 로듐(Rh) 등의 귀금속 촉매를 이용하여 CO와 HC는 산화시키고 NOx는 환원시킨다. 삼원 촉매 장치(촉매 컨버터)를 사용했을 경우 정화율 선도는 공연비와 온도에 따라 달라지게 된다. 귀금속 촉매는 배기가스의 온도가 200℃ 이상일 경우 원활한 반응이 진행되고 이론공연비일 때 유해 배출가스 세 가지 물질에 대한 정화 효율이 가장 높다.

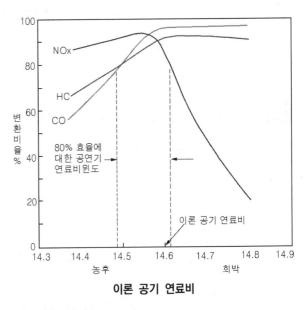

이론 공기 연료비

따라서 엔진이 충분히 웜업된 상태에서 이론공연비 14.7 : 1일 때 HC, CO, NOx는 산화·환원 작용이 원활히 진행되어 정화율이 가장 높아진다. 배기가스(HC, CO, NOX)를 정화시키는데 가장 효율적인 구간을 람다 윈도라고 하는데, 공기 과잉률(실제공연비/이론공연비)이 0.93-1.04인 구간을 말한다. 농후한 공연비인 경우에는 CO, HC의 정화율이 저하되고, 희박공연비인 경우에는 CO, HC의 정화율은 높지만 NOx의 정화율은 낮아진다.

기출문제 유형

✦ LPI 엔진에서 ECU가 연료 조성비를 파악하기 위해 필요한 센서와 신호에 대해 설명하시오.(116-1-10)

01 개요

기존의 LPG 엔진은 연료가 베이퍼라이저에서 기화되어 기체가 된 후 믹서에서 공기와 함께 혼합기를 형성한 후 엔진 연소실로 공급된다. 이 과정에서 각 기통으로 들어가는 연료의 양이 일정하지 않고 겨울철은 기화가 잘 되지 않아 시동이 잘 걸리지 않는 문제점이 발생하였다. 이에 LPG 자동차도 일반 가솔린 엔진과 비슷하게 기통별로 액체 연료를 분사할 수 있도록 구조를 변경하였다. 이러한 차량을 LPi, LPLi 차량이라고 한다. LPG는 성분이 프로판과 부탄으로 구성이 되어 있으며 연료 조성비에 따라 엔진 성능이 달라지기 때문에 연료 조성을 파악할 필요성이 있다.

02 **LPI**(Liquid Petroleum Injection) **엔진의 정의**

LPI 엔진은 LPG 연료를 고압 액상(5~15bar)으로 유지하면서 각 실린더로 독립적으로 연료를 분사하는 장치이다.

03 **LPI**(Liquid Petroleum Injection) **엔진의 구성**

LPG 액상 연료 분사 방식(LPI System)은 연료 탱크 내부에 연료 펌프를 설치하여 5~15bar의 고압으로 액상 연료를 송출하고, 인젝터를 통해 실린더 내부로 분사하여 연소시킨다. 가솔린 MPI(Multi Point Injection) 시스템과 유사한 구조로 되어 있다.

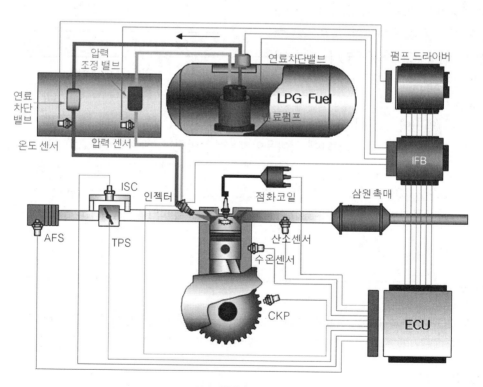

LPI 엔진의 구성

04 LPI 엔진에서 ECU가 연료조성비를 파악하기 위해 필요한 센서

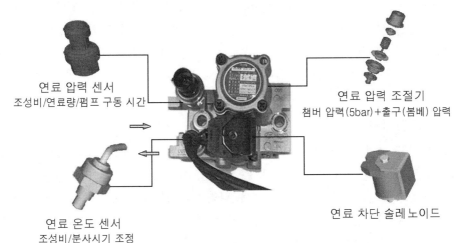

연료 압력 센서
조성비/연료량/펌프 구동 시간

연료 압력 조절기
챔버 압력(5bar)+출구(봄베) 압력

연료 온도 센서
조성비/분사시기 조정

연료 차단 솔레노이드

연료 조성비를 파악하기 위한 부품

LPI 시스템은 그래프와 같이 LPG 프로판·부탄의 조성이 온도에 따라 압력이 변한다. 따라서 엔진 ECU는 연료 압력 센서와 온도 센서를 이용해 현재의 연료 상태를 계측하여 연료 조성비를 파악한다. 연료 압력 센서와 온도 센서는 연료 압력 레귤레이터에 장착되어 있으며 연료 분사량 보정, 분사시기 결정, 펌프 구동 시간 제어 등에 사용된다.

(1) 연료 압력 센서

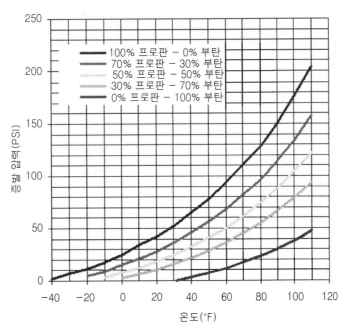

- 100% 프로판 – 0% 부탄
- 70% 프로판 – 30% 부탄
- 50% 프로판 – 50% 부탄
- 30% 프로판 – 70% 부탄
- 0% 프로판 – 100% 부탄

프로판-부탄 혼합물에 대한 증기 압력 다이어그램

　　연료 압력 센서는 연료 압력 조절기 유닛(연료 압력 레귤레이터)에 체결되어 있으며 액체 상태의 LPG 연료의 압력을 검출하여 해당 압력에 대해 출력 전압을 인터페이스 박스(IFB)에 전달하는 역할을 한다. 엔진 ECU는 IFB에서 압력 전압을 전달받아 연료 압력을 제어한다. 커패시터 센싱 엘리먼트가 시스템의 압력에 따라 정전 용량값을 변화시키면 컨디셔닝 모듈은 이 정전 용량값을 전압값으로 변환시켜 출력하며, 출력 전압은 압력에 비례하여 선형으로 출력된다.

(2) 연료 온도 센서

　　연료 온도 센서는 연료 압력 조절기 유닛(연료 압력 레귤레이터)에 체결되어 있으며 NTC 소자를 이용하여 연료의 온도를 검출하여 IFB에 전달한다. 엔진 ECU는 IFB에서 온도 전압을 전달 받아 연료의 특성을 파악하고 분사시기를 결정하는데 사용한다. 연료 온도 센서의 신호는 압력 센서의 신호와 함께 연료 조성 비율의 판정 신호로 이용하며, 연료 분사량 보정 및 펌프 구동 시간 제어에 사용한다.

기출문제 유형

◆ 엔진 흡입공기량 센서의 종류와 특징에 대해 설명하시오.(3가지 이상)(83-3-3)

◆ 자동차 엔진에 사용되는 공기 유량계의 종류와 계측원리에 대해 설명하시오.(63-3-6)

◆ MAP(Manifold Absolute Pressure) 센서에 대해 설명하시오(90-1-2)

◆ MAP sensor를 설명하시오.(77-1-8)

01 개요

(1) 배경

　　엔진 전자제어 장치는 각종 센서를 이용해 현재 엔진의 상태를 측정하고, 전자제어기(ECU : Electronic Control Unit)와 액추에이터를 통해 연료와 공기, 점화시기 등을 전자적으로 정밀하게 제어하는 시스템을 말한다.

　　센서는 공기량, 압력을 계측하는 MAP, MAF, BPS, TPS, 엔진의 회전속도, 회전 위치 등을 감지하는 CKP, CMP, KNOCK Sensor, 배출가스의 산소 농도를 계측하는 O_2/Lambda Sensor, 온도를 감지하는 냉각수온 센서 등이 있다.

　　엔진 연소실로 유입되는 공기의 유량은 스로틀 밸브의 열림량에 따라 결정되며 흡기관 내의 압력과 공기의 유동 속도를 계측하여 파악한다. 공기 유량을 계측하는 센서는 MAP, MAF이 있으며, 대기압 센서, 흡기온도 센서 등을 통해 측정값을 보정해준다.

(2) 공기 유량 센서(Air Flow Sensor)의 정의

공기 유량 센서는 엔진으로 유입되는 공기의 유량을 계측하는 센서를 말한다.

02 공기 유량 센서의 종류

(1) 직접 계량 방식

1) 공기량 계량기(Air Flow Meter)

공기량 계량기는 흡기관으로 유입되는 통로에 플레이트를 설치하여 흡입공기의 유입량에 따라 플레이트가 움직이도록 만들었다. 플레이트에 연결된 포텐쇼미터는 플레이트의 개도를 전기적 신호로 변환시켜 ECU에 전달한다. 플레이트의 움직임은 공기의 체적 유량에 따라 변화되므로 이를 질량 유량으로 환산하기 위해 온도 센서를 장착해 준다.

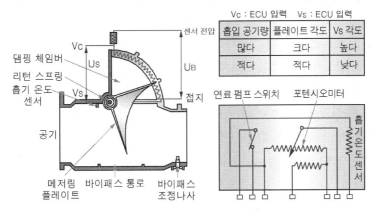

흡입 공기량	플레이트 각도	Vs 각도
많다	크다	높다
적다	적다	낮다

Vc : ECU 입력   Vs : ECU 입력

메저링 플레이트식 공기 계량기 구조

2) 열선식 공기질량 계량기(Hot-Wire Air Mass Flow Sensor)

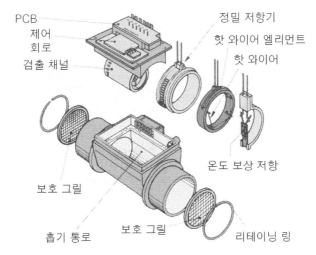

열선식 공기질량 계량기(BOSCH)

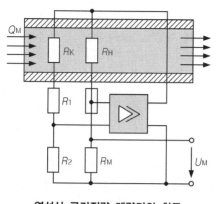

열선식 공기질량 계량기의 회로

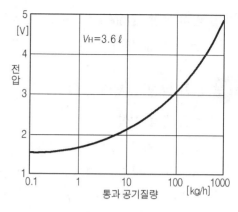

열선의 특성 곡선

열선식 공기질량 계량기는 핫 와이어식이라고도 한다. 공기가 흡입되는 통로에 보호판과 하우징을 설치하고, 하우징 내부에 열선(직경 0.07mm의 백금선)을 구성하여 흡입 공기 질량을 측정한다. 열선은 항상 100℃ 정도가 유지되도록 전류가 공급된다. 공기의 유동량에 따라 열선이 냉각되면 열선으로 흐르는 전류가 증가하게 된다.

따라서 공급한 가열 전류의 값이 흡기 질량을 측정하는 기준이 된다. 흡기의 밀도, 온도, 압력은 측정값에 영향을 미치지 않으며, 시동이 정지되면 열선에 퇴적된 이물질을 제거하기 위해 약 1,000℃ 정도로 가열해 준다.

3) 열막식 공기 질량 계량기(Hot-film Air Mass Flow Sensor)

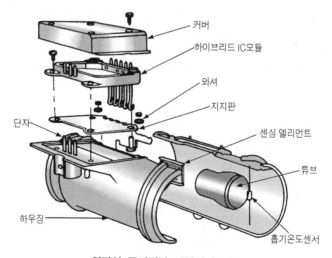

열막식 공기질량 계량기의 구조

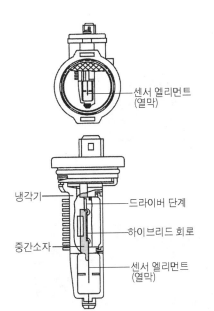

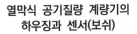

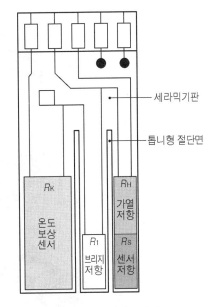

열막식 공기질량 계량기의
하우징과 센서(보쉬)

열막식 공기질량 계량기(보쉬)의
센서 엘리먼트

열선식 공기 유량계는 공기 중에 직접 노출되어 이물질에 의한 측정 오차가 발생할수 있는 열선식을 보완한 방식으로 백금 열선, 온도 센서, 정밀 저항기 등을 세라믹 기판에 직접시킨 것이다. 저항들은 브리지 회로(Bridge Circuit)을 구성하고 있다. 백금 저항(가열저항, RH)은 흡기온도보다 160℃ 더 높게 되도록 제어된다.

흡기관을 통과하는 공기의 질량에 따라 가열 저항(RH)은 냉각된다. 제어 컨트롤 유닛은 센서 저항(RS)을 통해 이를 감지하고 가열 저항(RH)으로 전류를 공급하여 흡기온도와 가열 저항(RH)의 온도 차이가 160℃ 되도록 제어한다. 열막식은 열선식에 비해 열손실이 적고 오염 정도가 낮다.

4) 카르만 와류식 공기 계량기(Karman Vortex)

카르만 와류식은 공기 흐름 속에 발생되는 소용돌이, 카르만 와류(Karman Vortex)를 이용하여 흡입공기량을 검출하는 방식이다. 흡기관에 와류가 발생할 수 있는 기둥(Prism)을 설치하여 공기가 유동하면서 자연스럽게 카르만 와류가 발생할 수 있도록 만들고, 와류가 지나가는 부분에 초음파 발신기와 수신기를 설치하여 전달속도를 측정한다. 와류의 발생이 많을수록 초음파 속도가 느리게 된다. 수신기에 의해 감지된 신호는 증폭기, 필터, 펄스 형성기를 거쳐 엔진 ECU에 전달된다.

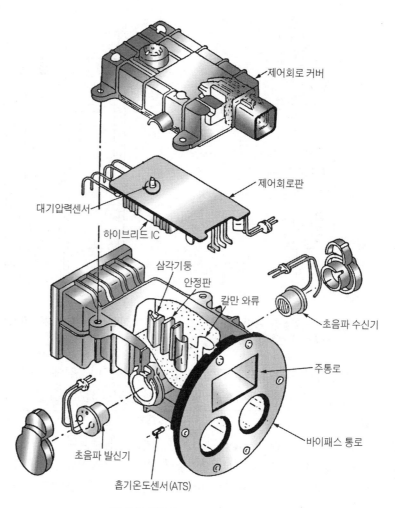

제어회로 커버

제어회로판

대기압력센서

하이브리드 IC

삼각기둥

안정판

칼만 와류

초음파 수신기

주통로

바이패스 통로

초음파 발신기

흡기온도센서(ATS)

카르만 와류식 공기 계량기의 구조

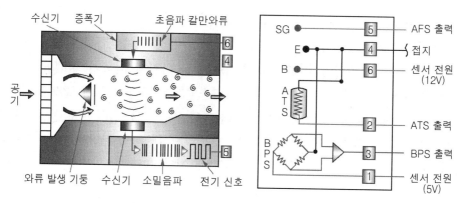

수신기 증폭기 초음파 칼만와류

공기

와류 발생 기둥 수신기 소밀음파 전기 신호

SG 5 AFS 출력
E 4 접지
B 6 센서 전원 (12V)
A T S 2 ATS 출력
B P S 3 BPS 출력
1 센서 전원 (5V)

카르만 와류식 공기 계량기 단면도 및 회로

(2) 간접 계량 방식

공기량을 간접 계량하는 방식으로는 흡기 다기관 절대 압력 센서를 이용하는 방법과 스로틀 밸브의 개도량과 엔진 회전속도를 이용하는 방법이 있다.

1) MAP(Manifold Absolute Pressure) Sensor

MAP 센서는 흡기 다기관의 압력(진공변동)을 감지하여 흡입공기량을 간접 계측하는 센서이다. 엔진 ECU는 MAP 센서의 신호를 이용하여 엔진의 부하에 따른 연료의 분사량과 점화시기를 조절한다. MAP 센서는 3개의 단자와 하우징, 실리콘 칩으로 구성되어 있다. 실리콘 칩에는 피에조 저항이 장착되어 압력 변화에 따라 다른 저항값을 표출한다.

스로틀 밸브가 적게 열리면 흡기 다기관의 부압이 높아져 진공이 발생하여 MAP 센서의 출력 전압이 낮게 형성된다. 공전 시 약 0.1~0.4V를 형성하며, 엔진 ECU는 공기량이 적음으로 인식하고 연료량을 감소시킨다. 스로틀 밸브가 많이 열리면 압력이 높아져 MAP 센서의 출력 전압이 4.5~4.9V 정도로 높게 형성되고, 엔진 ECU는 공기량이 많음으로 인식하고 연료량을 증가시킨다.

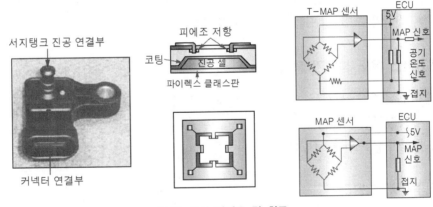

MAP 센서 단면도 및 회로

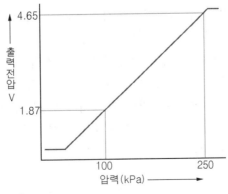

MAP 센서의 출력 선도

기출문제 유형

✦ 디젤 엔진의 후처리제어장치에서 차압 센서와 배기가스온도 센서의 기능을 설명하시오.(93-1-9)

01 개요

디젤 엔진은 화석연료를 연소시켜 동력을 얻는 기구로 연소 특성상 배출가스가 배출된다. 배출가스에는 이산화탄소(CO_2)와 물(H_2O) 외에 일산화탄소(CO), 탄화수소(HC), 질소산화물(NOx), 입자상물 질(PM, 매연, 검댕, 그을음) 등이 배출되어 환경과 인체에 유해한 영향을 미친다. 특히 EURO-4 규제가 도입된 이후 PM을 저감해주기 위해서 연소 후 처리 장치인 DPF가 사용되었다.

02 차압 센서의 정의

차압 센서는 압력의 차이를 감지하는 센서로, 디젤 엔진 후처리 장치 중 하나인 DPF(Diesel Particulate Filter)의 입구와 출구의 압력 차이를 측정하여 DPF 내부에 입자상 물질의 포집 정도를 감지하는 센서이다.

03 배기가스 온도 센서의 정의

배기가스 온도 센서는 배기관에 설치되어 배기가스의 온도를 측정하는 센서로, 주로 매연 여과장치인 DPF(Diesel Particulate Filter)의 산화촉매와 촉매 필터 사이에 설치되어 DPF 재생온도를 감지하는데 사용된다.

04 차압 센서의 원리

차압 센서는 정전 용량식, 전위차계식, 압전소자 방식 등이 있다. 이 중 피에조 방식이 가장 많이 사용되고 있다. 피에조 방식은 압전소자로써, 외력이 가해지면 전압이 형성되고, 전압을 형성하면 모양이 변하는 소자이다. 피에조 차압 센서는 DPF 전과 후단에서 압력을 입력 받는 관을 설치하고, 중간에 피에조 소자를 장착하여 배압의 변화를 감지하게 하고, 외력  을 전기적 신호로 변환하여 엔진 ECU에 전달한다. 엔진 ECU는 측정값을 기준으로 필터의 재생 여부를 결정한다.

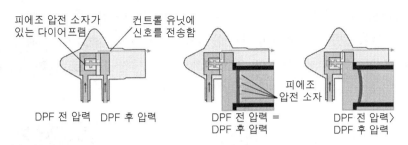

차압 센서의 작동

05 배기가스 온도 센서의 원리

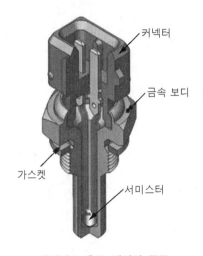

배기가스 온도 센서의 구조

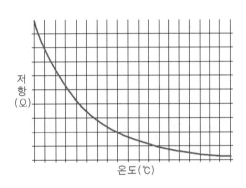

배기가스 온도 센서의 특성

배기가스 온도 센서는 NTC 소자를 이용해 배기가스 온도에 따른 저항값의 변화로 전압을 산출한다. 엔진 ECU는 온도 센서의 측정값을 기준으로 필터의 재생 상태를 확인하고 필터의 재생을 위한 후분사 제어를 해준다.

06 차압 센서와 배기가스 온도 센서의 기능

디젤 차량의 DPF는 입자상 물질을 포집하고, 재생시기를 판단한 후 가열하여 필터를 재생시켜 준다. 이 과정에서 차압 센서를 이용해 DPF의 전·후단 압력을 비교하여 일정 수준 이상 PM이 포집되어 배압의 차이가 발생하면 엔진의 회전속도를 올리거나 후분사를 통해 배출가스의 온도를 약 550~600℃로 올려 필터를 재생시킨다.

① **차압 센서의 기능** : 필터 전·후방에 센서를 설치하고, 발생한 압력차에 의해 PM의 양을 계측(약 200~300mbar)하여 엔진 ECU에 전송한다. 엔진 ECU는 일정 이상 차압에 도달하면 재생모드 진입 시점인지 판단하여 재생시켜 준다.

② 배기 온도 센서의 기능 : PM은 보통 550~600℃ 이상의 온도가 10분 이상 유지가 되어야 산화되고 촉매 물질이 있으면 250℃ 정도에서 산화된다. 배기 온도 센서는 배기관에 설치되어 배기가스의 온도를 측정하고 엔진 ECU로 신호를 전송한다.

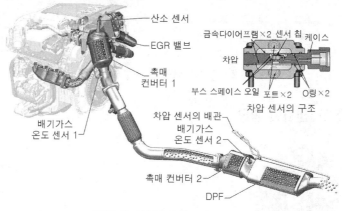

차압 센서와 배기가스 온도 센서

기출문제 유형

✦ 커먼 레일 디젤 엔진에 에어 컨트롤 밸브(air control valve)를 장착하는 이유를 설명하시오.
  (117-1-9)

---

01 **개요**

디젤 연료는 인화점이 약 55℃ 이상이고, 착화점(발화점)이 220℃ 정도이다. 따라서 고온으로 압축한 후 연료를 분사하여 자기착화에 의해 연소시키는 압축착화 방식을 사용한다. 디젤 엔진은 가솔린 엔진과 같이 흡기 공기량을 제어해 줄 필요성이 없기 때문에 스로틀 밸브가 없다. 따라서 펌핑손실이 적다.

또한 다중 점화원에 의해 폭발 연소를 하는 엔진임을 감안하여 제작되었기 때문에 표면 점화나 조기 점화 등 이상 연소 현상(노킹)에 대한 우려 없이 과급기를 장착해 체적효율을 증대시킬 수 있다. 하지만 시동이 정지되었을 때 엔진의 연료 분사가 되지 않음에도 엔진이 운전되는 런온(Run-On) 현상(속주, 디젤링)이 발생할 수 있다. 이를 방지해주기 위해 에어 컨트롤 밸브를 설치해 준다.

02 **에어 컨트롤 밸브(Air Control Valve)의 정의**

에어 컨트롤 밸브는 디젤 엔진에서 흡입공기의 유입량을 제어하는 장치로 주로 디젤링을 방지하는데 사용된다.

03 에어 컨트롤 밸브(Air Control Valve)의 구성

에어 컨트롤 밸브는 가솔린 엔진의 스로틀 밸브와 유사한 구조로, 밸브, 모터, 밸브 위치 센서 등으로 구성이 되어 있다. 엔진 ECU에서 PWM 신호로 모터를 제어하여 에어 컨트롤 밸브를 개폐해 준다. 시동이 정지되면 에어 컨트롤 밸브를 완전히 닫아 공기가 유입되지 않도록 하고, EGR 작동 조건에서 개폐량을 조절하며, DPF 재생 조건에서는 약간만 에어 컨트롤 밸브를 열어 흡입공기량이 감소되게 제어해준다.

디젤 엔진 에어 컨트롤 밸브

04 에어 컨트롤 밸브(Air Control Valve)의 기능

(1) 디젤링(런온 현상) 방지

디젤 엔진은 연소 특성상 압축된 공기로 연료가 분사되어 폭발한다. 따라서 연소실 내부에 디포짓(Deposit)이나 미연소된 연료가 남아 있을 경우 시동을 정지 시킨 상태에서도 공기가 공급되면 실린더 내부에서 폭발 연소가 발생하여 엔진이 구동되는 디젤링 현상이 발생한다. ACV는 시동 OFF 시 밸브를 닫아 공기를 차단하여 디젤링 현상을 방지해 준다.

(2) EGR 제어

EGR 작동 조건에서 배기가스가 재순환 할 때, ACV를 작동시켜 흡입공기 유입량을 제어한다. EGR 비율이 정확하게 제어되도록 한다.

(3) 공연비 제어

DPF 재생 시 밸브를 제어해 엔진 실린더로 유입되는 흡입공기량을 저감시킨다. 공기량이 줄어듦에 따라 공연비는 농후하게 되고, 배기 온도 상승이 빨라지게 된다.

기출문제 유형

✦ 전자식 스로틀 밸브(ETV: Electronic Throttle Valve) 시스템에 대해 설명하시오.(74-3-3)

✦ 전자제어 스로틀 밸브 제어(ETC: Electronic Throttle Control)에 대해 기술하시오.(90-3-5)

✦ 전자식 스로틀 제어(electric throttle control) 세척 방법과 주의할 부분에 대해 설명하시오.(117-1-11)

✦ 전자제어 스로틀 시스템(ETCS : Electronic Throttle Control System)의 페일 세이프 (fail-safe) 기능을 설명하시오. (93-1-11)

✦ 전자제어 스로틀 밸브 제어(ETC: Electronic Throttle Control)에서 개요와 제어 항목과 시스템 의 구성 요소에 대해 설명하라.(77-4-4)

01 개요

(1) 배경

내연기관은 연료와 공기를 빠르게 연소시켜 발생하는 폭발력으로 구동력을 얻는 장치이다. 대표적으로 가솔린 엔진과 디젤 엔진이 있다. 가솔린 엔진은 불꽃 점화엔진으로 연료와 공기의 혼합기를 실린더 내부로 유입시켜 압축시킨 후 점화 플러그의 불꽃 점화에 의해 폭발력을 얻는다.

가솔린 엔진은 엔진의 회전속도를 상승시키기 위해서 흡기관에 설치된 스로틀 밸브의 개도를 조절 하여 흡입되는 공기량을 증가시킨다. 흡입공기량이 많아지면 연소실에서 폭발되는 압력이 증가하게 되고 피스톤의 속도는 상승하게 된다. 따라서 엔진 회전수가 증가하게 된다. 디젤 엔진의 경우 연료 분사량을 증대시켜 회전 속도를 상승시키기 때문에 스로틀 밸브를 적용하지 않는다.

(2) 전자제어 스로틀 밸브 제어(ETC : Electronic Throttle Control) 시스템의 정의

전자제어 스로틀 밸브 제어 시스템은 스로틀 밸브를 전자적으로 제어하여 엔진 실린더로 유입되는 공기의 양을 제어하는 시스템을 말한다. 흡기관을 막고 있는 원판을 회전시켜 공기의 유동량을 제어한다.

02 전자제어 스로틀 밸브 제어 시스템의 구성

전자제어 스로틀 밸브 시스템은 스로틀 밸브, TPS(Throttle Position Sensor), 스텝 모터 등으로 구성된 스로틀 바디와 엔진 ECU로 구성이 되어 있다. 스로틀 바디는 흡기관에 장착되고, 엔진 ECU에 의해 스텝 모터가 동작된다. 스로틀 바디에 있는 TPS는 스로틀 밸브의 열림량을 감지하여 엔진 ECU로 전송하고, 엔진 ECU는 스로틀 밸브의 열림량을 감지하여 가속페달의 동작에 맞춰 스텝 모터를 제어해준다.

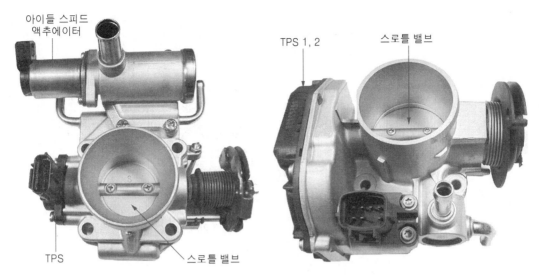

스로틀 보디   전자제어 스로틀 밸브 보디

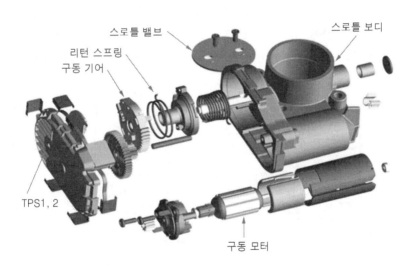

ETC(Electronic Throttle Control) 시스템의 구조

(1) 스로틀 밸브(Throttle Valve)

스로틀 밸브는 흡기관을 막고 있는 원판과 축으로 구성되어 있다. 축은 스로틀 모터와 연결되어 엔진 ECU의 PWM 신호에 따라 회전하며, 개폐량이 정해진다.

(2) 스로틀 모터(Throttle Motor)

스로틀 모터는 3상 코일을 적용하여 정밀한 구동이 가능하며 엔진 ECU로부터 작동 전류를 입력 받아 스로틀 밸브를 구동한다.

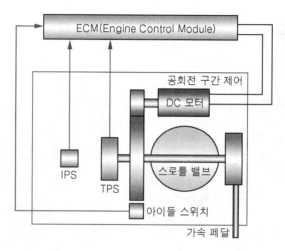

ETC 시스템의 회로

(3) TPS(Throttle Position Sensor)

스로틀 포지션 센서는 스로틀 바디에 장착되어 스로틀 밸브의 열림량을 감지한다. 스로틀 밸브 축이 회전함에 따라 슬라이더 암이 움직여 저항값이 변동된다. 완전히 닫혔을 때 전압은 약 0.1~0.3V이며, 완전히 열렸을 때 전압은 약 4.7~4.9V 정도가 된다.

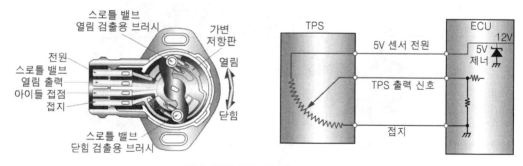

TPS 센서 구조 및 회로

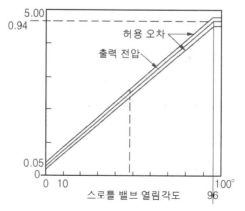

스로틀 밸브 개도량에 따른 출력 특성

(4) 엔진 ECU

엔진 ECU는 가속페달의 동작에 맞춰 스텝 모터에 PWM 신호를 전송하여 스로틀 밸브의 열림량을 제어해 준다.

03 전자제어 스로틀 시스템(ETCS: Electronic Throttle Control System)의 제어 항목

(1) 스로틀 밸브 제어

가속 페달의 작동에 따라 스로틀 밸브를 제어하여 공기량을 조절해 준다.

(2) 공회전속도 제어

공회전 시 스로틀 밸브의 열림량을 제어하여 설정된 아이들 rpm이 되도록 제어한다.

(3) TCS 제어

급가속이나 급발진 시 ABS 제어기의 신호에 따라 엔진 ECU에서 타이어가 미끄러지지 않도록 스로틀 밸브를 제어하여 엔진의 출력을 조절해 준다.

(4) 정속 주행 제어

엔진 ECU의 제어에 따라 설정된 속도로 정속 주행이 되도록 제어해 준다.

(5) 페일 세이프 제어

전자제어 스로틀 시스템에 고장이 발생한 경우 페일 세이프 제어를 해준다.

04 전자제어 스로틀 시스템(ETCS: Electronic Throttle Control System)의 페일 세이프(Fail-Safe) 기능

전자제어 스로틀 시스템의 고장 진단은 주로 TPS를 통해 한다. 고장 진단의 조건은 TPS 신호가 일정 시간(약 500ms) 동안 97.5% 보다 크거나 1.17% 보다 작은 경우이다. 이때 페일 세이프 기능으로 스로틀 개도는 50% 로 고정된다.

05 전자식 스로틀 제어(Electronic Throttle Control) 세척 방법과 주의할 부분

스로틀 바디에는 흡입공기에서 유입되는 각종 이물질과 배기가스 재순환장치(LP-EGR), 블로바이 호스 등을 통해 카본이 퇴적된다. 카본이 형성되면 스로틀 밸브가 정상적으로 동작하지 않고 고착되어 엔진 rpm이 불안정하고, 심한 경우 시동이 걸리지 않거나 시동이 꺼질 수도 있기 때문에 주기적으로 세척을 해줄 필요성이 있다. 세척 방법은 흡기 호스를 탈착한 후 밸브를 개방하여 전용 클리너를 뿌려 카본을 녹인 후 헝겊 등으로 닦아준다.

기출문제 유형

✦ 가솔린 엔진의 연소실의 화염속도 측정을 위한 이온 프로브에 대해 설명하시오.(108-4-1)

01 개요

(1) 배경

내연기관 중 전기 점화 엔진은 연료와 공기의 혼합기를 연소실로 공급해 고압으로 압축한 후 점화 플러그의 고압 방전을 통해 연소시킨다. 이때 조기 점화나 압력파의 전달로 인해 노킹(Knocking)이 발생한다. 노킹이 발생하면 엔진의 출력과 열효율이 저하되고 엔진 부품에 심각한 영향을 미친다. 노킹을 판정하기 위해 일반적으로 압력 센서, 진동 센서, 이온 프로브 등이 사용된다.

(2) 이온 프로브의 정의

이온 프로브는 화염 중에 존재하는 이온 및 전자의 전기적 성질을 이용하여 연소실 내의 화염 전파 속도를 측정하는 장치이다. 일정한 바이어스 전압이 걸려 있는 두 도선 사이에 화염이 발생하는 이온이 감지되면 전류가 흐르게 되는 현상을 이용한다.

02 이온 프로브의 설치 및 측정 방법

엔진의 연소실에서 발생하는 이온화 전류를 측정하기 위해 점화 플러그, 연소실 헤드 면에 이온 프로브를 설치한다. 도선 사이의 거리는 점화 플러그에 설치하는 경우는 약 0.6mm(S_2), 1.2mm(S_1), 엔진의 실린더 헤드에 장착하는 경우는 1.5mm 정도이다. 점화 플러그와 엔진의 실린더 헤드 바닥면에 홈을 가공하여 절연된 이온 프로브를 장착한 후 에폭시 수지 접착제로 고정한다.

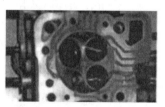

이온 프로브 설치 위치

03 이온 프로브 전류 계측

그림은 연소실에서 연소가 발생하는 경우 S_2에 설치한 이온 프로브에서 검출되는 전류량을 측정한 결과이다. 정상적으로 연소가 발생하는 경우 연소 최고 온도는 약 2800K 정도이며 압력은 약 3.5MPa이 발생된다. 이온 프로브 S_2(점선)에서는 화염 전파속도에 따라서 전류의 크기가 증가하며 최대 폭발압력이 나타나는 지점에서 약 $50\mu A$의 이온화 전류가 발생한다.

노크가 발생할 경우에는 최고 온도는 약 100K 정도 높게 나타나며 압력은 약 4.5MPa, 이온화 전류는 약 $100\mu A$ 정도로 나타난다. 이는 가스 온도에 의해 이온화 전류량이 민감하게 변화하기 때문이다. 이온 프로브 S_1은 도선 사이의 거리 차이로 인해 S_2 이온화 전류의 1/2 크기로 나타난다.

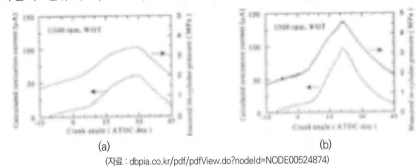

(a)   (b)

(자료 : dbpia.co.kr/pdf/pdfView.do?nodeId=NODE00524874)

04 이온 프로브의 장단점

(1) 장점

① 광학적 측정 장비(Laser Doppler Velocimeter)에 비해 간단하며 쉽게 측정할 수 있다.

② 가격이 저렴하며, 응답성이 우수하다.

(2) 단점

① 고주파 진동을 감지할 수 있는 부대 장비가 필요하고, 노이즈에 의한 전류 진동의 영향을 배제하기 어렵다.

② 이온 프로브를 설치하기 위해 실린더 헤드를 가공해야 한다.

기출문제 유형

✦ 엔진의 수냉각 장치의 기본 작동 원리와 주요 구성 부품의 기능을 흐름도로 설명하시오.(45)

✦ 엔진에서 냉각장치의 근본적인 존재 이유를 설명하시오.(113-1-11)

✦ 자동차용 엔진의 과열과 과냉의 원인을 설명하시오.(99-1-13)

---

01 개요

(1) 배경

엔진은 연료를 연소시킬 때 발생되는 열에너지를 기계적 에너지로 변환하여 구동력을 얻는 장치로 연소실 내부에는 매우 높은 연소열이 발생한다. 엔진은 주로 주철, 알루미늄 등의 소재로 만들어져 있기 때문에 일정 온도 이상 열이 발생하면 열 변형이 발생하고 손상되게 된다. 따라서 엔진의 손상을 방지하기 위해 엔진 냉각 시스템이 도입되었다.

(2) 엔진 냉각 시스템의 정의

엔진 냉각 시스템은 바람이나 냉각수를 이용해 엔진의 온도를 조절해 주어 엔진이 과열되지 않도록 제어하는 시스템을 말한다.

02 엔진 냉각 시스템의 종류

엔진 냉각시스템은 공랭식과 수냉식으로 나눌 수 있다. 공랭식은 엔진 외부에 냉각팬을 설치하여 공기의 흐름을 이용하여 엔진을 냉각시켜 주는 방식이고 수냉식은 엔진의 내부에 냉각수 통로를 설치하여 냉각수를 이용하여 엔진을 냉각시켜 주는 방식이다. 대부분의 자동차에는 두 가지 시스템을 모두 적용하여 엔진의 냉각수만으로 냉각이 안 되는 경우에는 냉각팬을 동작시켜 엔진을 냉각시켜 준다.

03 엔진 냉각 시스템의 구조 및 작동 원리

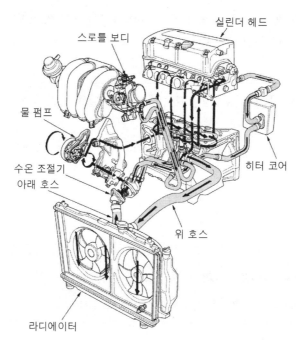

냉각 장치의 구성

냉각 시스템은 냉각수를 저장하는 냉각수 리저브 탱크, 냉각수가 지나는 통로인 워터 재킷, 냉각수를 순환시키는 냉각수 펌프, 냉각수를 냉각시키는 라디에이터, 냉각수의 흐름을 제어하는 서모스탯으로 구성되어 있다. 시동을 걸고 엔진이 동작하기 시작하면 크랭크축에 벨트로 연결된 냉각수 펌프가 동작하여 냉각수를 순환시킨다.

냉각수는 엔진의 실린더 블록에 설치된 워터 재킷으로 순환하며 엔진을 냉각시킨다. 서모스탯은 라디에이터 전에 설치되어 냉각수 온도가 설정 온도에 이를 때까지 열리지 않다가 설정 온도에 도달하면 밸브를 열어 냉각수를 순환시킨다. 따라서 냉시동 상태에서는 엔진의 실린더 블록에 있는 냉각수는 라디에이터로 순환되지 못하고 온도가 올라가게 된다.

일정 온도(약 80℃) 이상 도달하면 서모스탯이 밸브를 열고 냉각수는 라디에이터로 순환하게 되어 냉각된다. 냉각수 온도가 과열되거나 고장일 경우 냉각팬이 동작하여 냉각수의 냉각을 보조하게 된다.

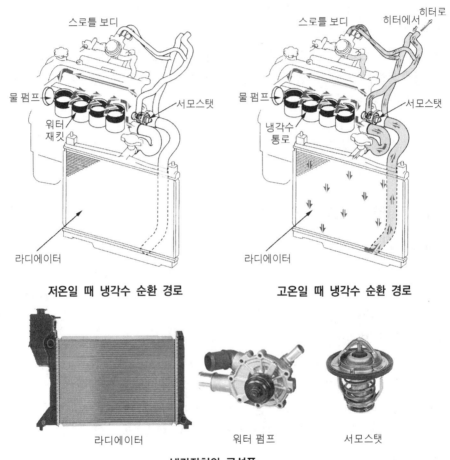

저온일 때 냉각수 순환 경로   고온일 때 냉각수 순환 경로

라디에이터   워터 펌프   서모스탯

냉각장치의 구성품

04 엔진에서 냉각장치의 근본적인 존재 이유

엔진은 연료를 연소시켜 발생하는 열에너지를 기계적 에너지로 변환하는 장치이다. 연소실에서 연료가 연소할 때 약 2,000℃ 이상의 연소열이 발생하며, 열에너지는 피스톤으로 전달되는 운동에너지로 약 30%가 전달되고, 나머지 에너지는 배기가스로 30%, 피스톤 및 실린더 헤드에 열로 30%, 기계적 마찰 등으로 10% 정도 손실된다. 이 중에

연소실 벽에 전달된 열은 피스톤 및 실린더 헤드에 잔류하여 부품을 변형시키거나 윤활유의 유막을 끊어지게 만들어 엔진을 손상시키게 된다.

엔진의 구성품은 실린더 헤드, 실린더 블록, 흡·배기 밸브, 피스톤 등으로 주 소재는 주철, 알루미늄 등으로 만들어져 있다. 따라서 일정 온도 이상 열이 가해지면 열 변형이 발생하고, 윤활막이 손상되어 마찰, 마모되기 쉬워진다. 연소실의 온도가 높아지면 표면 점화나 조기 점화 등 이상 연소 현상이 발생하여 구성품을 손상시키고, 출력을 저하시킨다. 또한 연소실의 온도가 너무 낮을 때에는 배출가스의 배출량이 증가하고 연비가 저하된다. 이 경우 엔진의 냉각수는 실린더 블록에서 열을 흡수하여 워밍업 시간을 단축시켜주는 역할을 한다.

따라서 냉각 시스템은 엔진 과열 시 엔진의 온도를 저감시켜 엔진의 내구성을 확보하고, 연소효율을 높이고, 엔진 과냉 시 워밍업 시간을 단축하여 배출가스를 저감하고 연비를 향상시키는 역할을 한다.

① 과열 방지를 통한 엔진 내구성 확보
② 노크 방지로 엔진 성능 개선
③ 워밍업 시간 단축으로 배출가스 저감, 연비 향상

05 자동차용 엔진의 과열과 과냉의 원인

(1) 과열의 원인

엔진이 과열된다는 것은 냉각 시스템이 정상적으로 기능하지 않기 때문에 발생하는 현상으로, 엔진이 과열되면 윤활 성능이 저하되어 엔진의 내구성이 저하되고, 노킹이 발생하여 엔진의 출력 성능이 저하된다.

① 냉각수가 부족한 경우
② 구동 벨트 장력이 부족하거나 파손된 경우
③ 냉각팬, 냉각팬 제어기, 전선이 파손된 경우
④ 라디에이터 코어가 20% 이상 막히거나 파손 된 경우
⑤ 서모스탯(수온 조절기)이 닫힌 채로 고장이 난 경우

(2) 과냉의 원인

엔진이 과냉 된다는 것은 냉각수의 흐름이 정상범위보다 더 많이 작동하고 있기 때문에 발생하는 현상으로 엔진 과냉이 되면 연소실의 냉각손실이 많아져 연료 소모량이 증가하고, 엔진 오일의 점성이 증가해 윤활성능이 저하된다. 또한 연소효율이 떨어져 배출가스가 증가하게 된다.

① 구동 벨트 장력이 너무 큰 경우
② 서모스탯(수온 조절기)이 열린 채로 고장이 난 경우

✦ 지능형 냉각 시스템(Intelligent Cooling System)의 필요성과 제어 방법을 설명하시오.(96-3-4)

✦ 지능형 냉각 시스템의 특징을 기존 냉각방식과 비교하여 설명하시오.(99-1-1)

✦ 엔진의 효율을 향상시키기 위한 다음 냉각장치에 대해 설명하시오.(114-2-4)
   1) 분리 냉각장치
   2) 실린더 헤드 선 냉각장치
   3) 흡기 선행 냉각장치

01 개요

(1) 배경

엔진은 연료를 연소시킬 때 발생되는 열에너지를 기계적 에너지로 변환하여 구동력을 얻는 장치로 연소실 내부에는 매우 높은 연소열이 발생한다. 엔진은 주로 주철, 알루미늄 등의 소재로 만들어져 있기 때문에 일정 온도 이상 열이 발생하면 열 변형이 발생하고 손상되게 된다.

따라서 엔진의 손상을 방지하기 위해 엔진의 냉각 시스템이 도입되었는데, 기존의 냉각 시스템은 엔진의 구동에 따라 냉각수 펌프를 동작시켜 냉각수를 순환시켜 엔진을 냉각하기 때문에 냉각손실이 증가되고 열효율이 저하되었다. 이를 개선하기 위해 지능형 냉각 시스템이 개발되었다.

(2) 지능형 냉각 시스템(Intelligent Cooling System)의 정의

지능형 냉각 시스템은 엔진의 상태에 따라 모터를 이용해 냉각 시스템을 정밀하게 제어하는 시스템으로 엔진의 열효율을 높이고 냉각손실, 구동력 손실을 저감할 수 있다. TMM(Thermal Management Module), ITM(Intelligent Thermal Management)이라고도 한다.

02 지능형 냉각 시스템(Intelligent Cooling System)의 구성

(1) 냉각수 전기 구동 펌프(Electric Water Pump)

냉각수 펌프는 엔진 ECU의 제어에 의해 모터로 냉각수를 순환시켜 준다. 엔진의 구동력을 이용하지 않아서 구동력 손실이 저감되고, 엔진의 ECU와 냉각수 제어기에 의해 제어되므로 정밀하게 냉각수의 흐름을 제어 할 수 있게 된다.

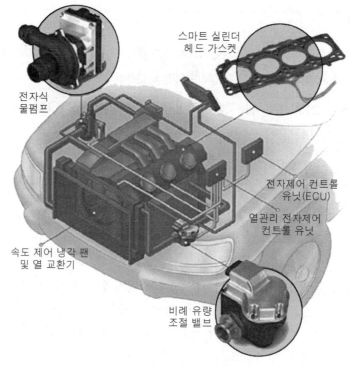

스마트 실린더
헤드 가스켓

전자식
물펌프

전자제어 컨트롤
유닛(ECU)

열관리 전자제어
컨트롤 유닛

속도 제어 냉각 팬
및 열 교환기

비례 유량
조절 밸브

지능형 열관리 시스템 개념도

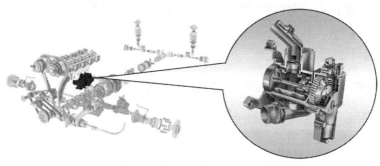

열관리 모듈

(2) 냉각수 제어 밸브(Proportional Flow Control Valve)

냉각수 제어 밸브는 3-Way로 구성되어 엔진의 온도에 따라 헤드 개스킷, 엔진 블록, 라디에이터로 흐르는 냉각수의 흐름을 제어한다.

(3) 냉각수 제어기(Thermal Management Electronic Control Unit)

엔진 ECU의 신호에 따라 냉각수 펌프, 냉각수 밸브, 쿨링 팬 등을 정밀하게 제어하여 엔진의 냉각성능을 향상시키고, 엔진의 냉각손실을 저감시켜 출력을 향상시킨다.

03 지능형 냉각 시스템(Intelligent Cooling System)의 제어

(1) 분리 냉각장치

분리 냉각장치는 엔진 전체적으로 냉각수를 순환시키지 않고 분리하여 냉각시키는 장치이다. 주로 실린더 헤드, 엔진 블록 주변, 흡기 부분으로 분리하여 냉각한다.

(2) 실린더 헤드 선 냉각장치

실린더 헤드 선 냉각장치는 엔진의 온도가 급격하게 상승하는 실린더 헤드 개스킷으로만 냉각수를 공급하여 냉각하는 장치이다. 엔진의 온도가 상승하기 전까지 다른 부분으로 냉각수가 흐르는 것을 막아주고, 실린더 헤드로만 냉각수가 흐르도록 제어한다.

(3) 흡기 선행 냉각장치

흡기 선행 냉각장치는 흡기 부분으로 냉각수가 흐르도록 제어하여 체적효율을 증가시킨다. 공기나 혼합기가 엔진 실린더로 흡입될 때는 온도가 낮아야 밀도가 높아 체적효율이 증가된다. 따라서 흡기 선행 냉각장치를 작동시켜 흡기효율을 증가시킬 수 있다.

04 지능형 냉각 시스템(Intelligent Cooling System)의 특정

① 지능형 냉각장치는 전기 모터를 이용하여 냉각수의 흐름을 제어하므로 구동력의 손실이 적어진다. 기존의 냉각 시스템은 냉각수가 필요 없는 상황에서도 엔진의 구동에 의해 냉각수 펌프가 회전하므로 구동력의 손실이 발생하게 된다. 지능형 냉각 시스템에서는 냉각수의 흐름이 필요 없을 때에는 전기 모터의 구동을 정지시켜 구동력 손실을 줄여준다.

② 실린더 헤드, 흡기 등으로 분리 냉각이 가능하여 엔진의 웜업 시간이 단축되고 이로 인해 배출가스의 저감, 연비의 향상이 가능해진다. 기존의 냉각시스템 대비 CO_2가 최대 4% 정도 저감된다.

③ 엔진의 구동력을 이용하지 않고 전기 모터를 사용하기 때문에 구성 요소의 위치를 설계할 때 자유도가 높아지고, 구성품을 효율적으로 배치할 수 있다.

④ 지능형 냉각 장치는 냉각수의 흐름을 정밀하게 제어하기 때문에 기존 시스템에 비해 엔진의 온도가 빠르게 상승하고, 엔진의 과열 시 빠르게 냉각이 가능해진다. 다음 그래프는 NEDC(New European Driving Cycle) 모드로 주행하는 경우 지능형 냉각 시스템이 적용된 차량과 기존의 냉각 시스템이 적용된 차량의 엔진 온도를 보여준다. 짙은 초록색은 TMM 시스템이 장착된 자동차의 엔진 온도이고 옅은 초록색은 기존의 냉각 시스템이며 주황색은 주행 모드별 차량 속도를 나타낸다. 처음 자동차의 시동이 걸리고 난 후 지능형 냉각 시스템이 장착된 차량의

엔진 온도는 빠르게 상승하고, 전체적으로 105℃ 이상으로 높게 유지된다. 200km/h 정도 되는 고속에서는 엔진의 온도가 급격하게 저감된다. 기존의 냉각 시스템은 엔진의 온도가 느리게 상승하고, 전체적으로 100℃ 이내로 유지된다. 또한 엔진 주행 속도에 변화 없이 엔진의 온도가 유지된다.

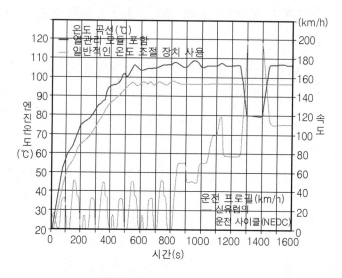

NEDC 모드의 엔진 온도 비교

05 점화 장치

기출문제 유형

✦ 점화 플러그의 요구 성능과 구성에 대해 서술하시오.(57-3-5)

01 개요

(1) 배경

가솔린 엔진은 인화점이 낮고 착화점이 높은 연료의 특성상, 고온으로 압축된 혼합기에 인위적으로 고전압을 방전시켜 불꽃 점화하는 방식을 사용한다. 연소실 내부의 고온, 고압으로 압축된 혼합기에 열원을 전달하기 위해 점화 플러그를 사용하는데 점화 플러그는 점화 코일에서 전달된 약 15~30kV의 고전압을 방전시켜 불꽃(Spark)을 형성하는 부품이다. 점화 플러그는 고온의 연소실 내부에 노출되어 사용되기 때문에 기계적 강도 및 전기적 성능이 우수해야 한다.

(2) 점화 플러그(Spark Plug)의 정의

점화 플러그는 점화 코일에서 인가된 고전압을 방전시켜 불꽃(Spark)을 형성하는 부품으로 연소실 내부에서 인화에 필요한 열원을 발생시켜 혼합기를 연소시킨다.

02 점화 플러그(Spark Plug)의 구성

점화 플러그는 점화 플러그 단자, 절연체, 하우징(육각 너트), 수나사, 중심 전극, 접지 전극으로 구성되어 있다. 점화 플러그 단자(터미널 너트)는 점화 코일과 연결되어 전기를 공급하고, 절연체는 플러그에 필요한 절연성, 내열성, 열전도성을 갖는 세라믹으로 만들어져 있다. 절연체 주름(콜게이션)은 중심 전극에서 고전압 발생 시 외부로 전기가 유출되는 것을 방지해 주는 작용을 한다.

수나사는 실린더 헤드에 장착 시 접촉되는 부위이며, 중심 전극은 점화 코일에서 인가된 고전압을 전달하는 전극이다. 니켈 합금, 백금, 이리듐 등의 소재를 사용한다. 접지 전극은 중심 전극과 함께 고전압을 방전하는 부분이다. 주로 니켈 합금이 사용된다.

중심 전극의 고전압이 간극(에어 갭)을 통과하여 접지 전극으로 방전되면 불꽃이 발생한다. 점화 플러그에서는 약 10kV 이상의 높은 전압이 방전된다.

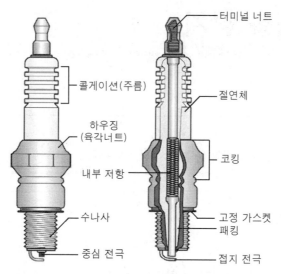

점화 플러그의 구조

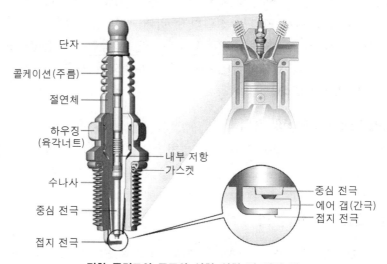

점화 플러그의 구조와 설치 위치 및 에어 갭

03 점화 플러그(Spark Plug)의 요구 성능

(1) 전기적 요구 성능

점화 코일의 2차 코일에서 20~30kV 정도로 승압된 전압(순간 방전 전압은 최대 40kV, 전류는 300A)은 점화 플러그에 전달되고, 점화 플러그에 10kV 이상의 전압이 가해지면 점화 플러그의 전극 사이에서 불꽃 방전이 되어 전압은 저하된다. 점화 플러그의 절연체는 세라믹, 산화알루미늄, 운모 등으로 만들어져 중심 전극과 접지 전극 사이에서 전기가 통하지 않도록 절연해 주는 역할을 하고 있다.

따라서 연소실 내부의 높은 온도와 압력, 전압 부하에서도 절연 저항이 충분히 유지되어 지속적으로 방전 전압을 형성할 수 있어야 한다. 중심 전극과 접지 전극간의 절연 저항은 약 80℃에서 10MΩ이 되어야 하며 1000℃ 이상에서도 충분히 유지되어야 한다.

(2) 기계적 요구 성능

연소실 내의 압력은 연소 시 폭발압력에 의해 주기적으로 약 0.9~80bar를 형성한다. 1기압은 1.013bar로, 연소실 내부는 평균 대기압 대비 최대 80배 이상의 압력이 주기적으로 가해지고 있는 상태라고 할 수 있다. 따라서 점화 플러그는 연소실 내부의 고압에서도 정상 작동되고 파손되지 않을 수 있는 내구성이 요구되며, 압력 변동이 있어도 변화율이 크지 않아 기밀성이 유지되어야 한다. 또한 엔진 진동에 견딜 수 있는 기계적 강도가 요구된다.

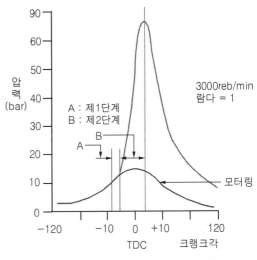

연소실 내의 폭발압력

(3) 화학적 조건

연소실 내부에서 연료가 연소되면 고온에 의해 혼합기의 화학 반응이 발생한다. 연소 후 발생하는 화학반응물은 주로 물(H_2O)과 이산화탄소(CO_2)이며, 이외에도 탄화수소(HC), 일산화탄소(CO), 질소산화물(NOx), 황화합물(SOx) 등이 발생한다. 이러한 물질은 부식성 물질로, 점화 플러그 표면에 적층되면 점화 플러그 표면을 부식시키고, 절연 저항을 작게 만들어 방전 전압을 감소시킨다. 따라서 점화 플러그는 연료, 윤활유, 연소 후 가스 등에 의한 화학반응에 충분히 견딜 수 있는 내식성과 자기청정성이 요구된다.

(4) 열적 조건

연소실 내부는 연료의 연소에 의해 2,000℃ 이상의 고온을 형성하며 외부 공기의 유입으로 인해 낮은 온도에 반복적으로 노출된다. 따라서 점화 플러그는 급속한 온도 변화에 의한 열 충격 저항성이 요구된다.

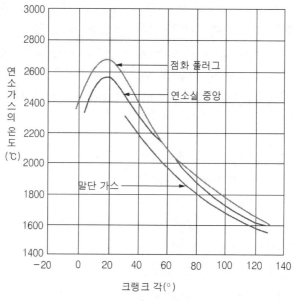

연소실 내의 온도분포

01 개요

(1) 배경

가솔린 엔진은 인화점이 낮고 착화점이 높은 연료의 특성상, 고온으로 압축된 혼합기에 인위적으로 고전압을 방전시켜 불꽃 점화하는 방식을 사용한다. 점화 플러그는 점화 코일에서 인가된 고전압을 방전시켜 연소실 내부의 혼합기를 점화시키는 장치이다. 점화 플러그는 중심 전극의 소재에 따라 니켈 합금, 백금, 이리듐 점화 플러그로 구분할 수 있으며, 중심 전극이 연소실에 노출되는 비율에 따라 열형, 냉형으로 구분할 수 있다. 연소실의 온도에 따라 점화 플러그가 작동하는 상태가 달라지기 때문에 적절한 열가를 갖는 점화 플러그를 적용해야 한다.

(2) 점화 플러그 열가의 정의

점화 플러그의 열가는 점화 플러그가 받은 열을 방출시키는 정도를 말한다.

(3) 자기 청정온도(Self-Cleaning Temperature)의 정의

자기 청정온도는 약 450~850℃의 범위의 온도로, 점화 플러그에 증착된 카본 퇴적물을 전극 부분 자체의 온도로 태워 없애는 작용인 '자기 청정작용'이 이루어지는 온도이다.

02 점화 플러그(Spark Plug)의 소재에 따른 분류

점화 플러그의 종류		
일반	백금	이리듐

점화 플러그는 전극의 소재에 따라 니켈 합금, 백금, 이리듐 점화 플러그가 있다. 니켈 합금 점화 플러그의 교체 주기는 약 40,000km, 백금 점화 플러그는 약 80,000km, 이리듐 점화 플러그는 약 160,000km이다. 단, 교체 주기는 주행 환경, 운전자의 주행 습관 등에 따라 달라진다.

03 점화 플러그의 열방출 경로

점화 플러그는 연소실에서 받은 열을 방출하는데 세라믹 절연체 주름부로 약 10%, 중심 전극과 연결된 나사부위로 약 60%, 접지 전극 부위로 약 20%가 방출된다. 나사부와 접지전극 부위의 방열 비율이 80% 정도 되므로 점화 플러그 중심 전극이 연소실에 노출된 정도, 나사부와 접촉된 면적에 따라서 방열 비율이 달라지게 된다.

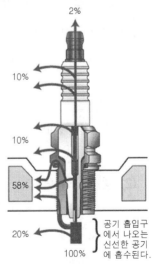

열 방출 경로

04 점화 플러그 열가에 따른 분류

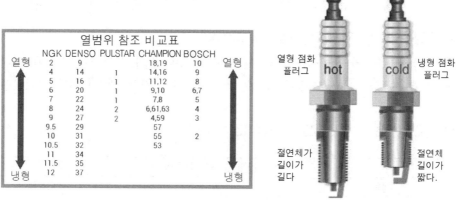

점화 플러그의 열가

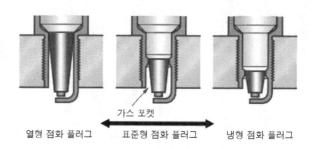

열가에 따른 점화 플러그의 종류

점화 플러그는 열형과 냉형으로 구분된다. 제조사별로 열가 번호는 다르다. 주로 일본 업체인 NGK, 덴소 등은 열가 숫자가 작을수록 열 방출이 느린 열형 플러그로 분류하고, 독일 업체인 보쉬는 열가 숫자가 작을수록 열 방출이 빠른 냉형 플러그로 분류한다.

(1) 열형 점화 플러그

열형 점화 플러그는 점화 플러그의 중심 전극이 연소실에 노출된 면적이 넓어서 연소실의 열에 쉽게 노출되고, 점화 플러그 본체(나사부)와 접촉 면적이 넓지 않아서 실린더 블록으로 열을 방출하는 성능이 낮은 점화 플러그를 말한다. 저온의 환경에서 착화성이 높아지지만 고온의 환경에서는 조기점화와 같은 이상 연소 현상(Knocking)이 발생할 수 있다. 따라서 주로 연소실 온도가 낮은 저속용 차량에 적합하다.

(2) 냉형 점화 플러그

냉형 점화 플러그는 점화 플러그의 중심 전극이 연소실에 노출된 면적이 짧고 점화 플러그 본체(나사부)와 접촉 면적이 넓어서 실린더 블록으로 빠르게 열을 방출할 수 있는 점화 플러그를 말한다. 고온의 환경에서는 빠르게 열을 방출할 수 있어서 조기점화와 같은 이상 연소 현상(Knocking)을 방지할 수 있지만 저온의 환경에서는 착화성이 저하되기 때문에 실화가 많아진다. 따라서 냉형 점화 플러그는 연소실 온도가 높은 고속, 고부하 차량, 레이싱 카, 스포츠카에 적합하다.

05 점화 플러그의 자기 청정온도와 온도 특성

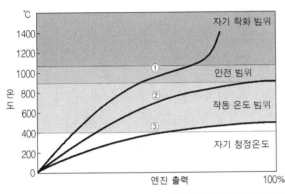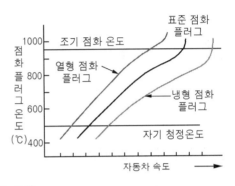

점화 플러그의 열가와 온도 특성

연소과정에서 점화 플러그에 증착된 탄소나 윤활유 등, 이물질 성분은 점화 플러그의 온도가 약 450~850℃ 정도 될 때 연소될 수 있다. 이 작용을 자기 청정작용이라고 하며, 450~850℃의 온도 범위를 자기 청정온도라고 한다. 중심 전극의 온도가 450~500℃ 이하가 되면, 연료가 완전히 연소되지 않고, 자기 청정작용이 이루어지지 않아 연료의 탄소 성분이 절연체 표면에 증착된다.

탄소 성분이 증착되면 절연체와 하우징 사이의 절연성이 저하되고, 누전이 발생하게 된다. 중앙 전극의 온도가 850~900℃ 이상이 되면, 전극은 자체적으로 열원의 역할을 하게 되어 점화 플러그의 방전 없이 조기점화가 발생하게 된다. 따라서 엔진의 출력이 떨어지고 전극이 마모되며 절연체가 손상될 수 있게 된다.

또한 엔진의 시동을 꺼도 계속해서 폭발하는 현상인 속주(Run on) 현상이 발생될 수 있다. 따라서 연소실의 동작 온도에 맞게 점화 플러그의 종류를 선정해야 연소 특성이 저하되지 않고, 점화 플러그 손상이 되지 않게 된다.

기출문제 유형

✦ 가솔린 엔진의 점화 장치에서 보조 간극 플러그(Auxiliary Gap Plug)에 대해 설명하시오.(102-1-13)

---

01 개요

점화 플러그는 점화 코일에서 인가된 고전압을 방전시켜 연소실 내부의 혼합기를 연소시키는 장치로, 방전 전압을 형성하기 위해 점화 코일에서 전달된 15~30kV의 고전압을 방전시킨다. 점화 플러그의 중심 전극과 접지 전극의 갭이 클수록 방전 용량이 커져 착화성이 더 유리해지지만, 너무 크면 요구 전압이 너무 커져 화염이 발생되지 않게 된다. 정상 상태의 점화 플러그는 중심 전극과 접지 전극의 절연 저항이 10MΩ 이상이 된다. 하지만 카본이 퇴적되거나 연소 생성물이 부착되면 절연 저항이 작아져 연소에 필요한 용량의 전압이 생성되지 않게 된다.

02 보조 간극 플러그(Auxiliary Gap Plug)**의 정의**

보조 간극 플러그는 중심 전극 상단부와 단자 사이에 간극을 두어 더 높은 전압과 전류를 유지하도록 만든 점화 플러그이다.

03 보조 간극 플러그(Auxiliary Gap Plug)**의 목적**

단자에 공기가 통하도록 간극을 두면 점화 플러그의 중심 전극과 접지 전극이 오손되어 절연 저항이 저하되더라도 2차 코일의 전압이 더 높은 전압과 전류를 유지할 수 있게 되어서, 실화가 발생하지 않게 된다.

04 보조 간극 플러그(Auxiliary Gap Plug)**의 원리**

① **보조 간극의 효과** : 그림은 점화 플러그의 주 간극에 3극 침상 간극을 이용하여 직렬로 보조 간극을 두고 대기 중에서 방전시켜 보조 간극의 효과를 측정한 것이다. 절연 저항 R이 작아지는 경우는 주 틈새(간극)가 작아지는 것과 같다. 따라서 방전에 필요한 전압이 형성되지 않게 된다. 이때 보조 간극을 넓혀주면 저항값이 증가하는 효과가 발생해 방전에 필요한 전압이 형성되게 된다.

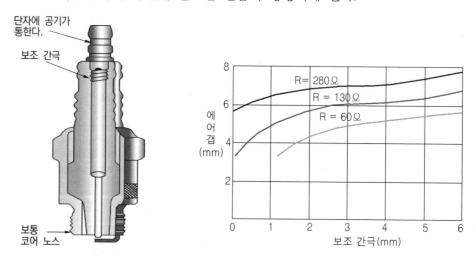

보조 간극 점화 플러그의 구조와 특징

② 점화 플러그의 중심 전극과 접지 전극은 간극이 약 0.7~1.1mm이며 세라믹과 같은 절연체로 절연되어 있다. 정상적인 점화 플러그의 절연 저항은 상온(20℃)에서 50MΩ, 80℃에서 10MΩ 이상 되어야 한다. 하지만 점화 플러그 중심 전극과 접지 전극 사이에 카본이 퇴적되거나 연소물이 증착되면 점화 플러그의 절연 저항은 작아지게 된다. 절연 저항이 작아지게 되면, 2차 코일의 전압은 방전에 필요한 값까지 상승되지 못하게 되어 실화가 발생한다. 보조 간극이 있는 경우, 점화 코일의 2차 전압은 보조 간극에 의해 승압되고, 승압된 전압은 보조 간극을 통해 점화 플러그에 전달되어 전극 사이에서 방전된다. 따라서 점화 플러그에는 점화에 필요한 고전압이 가해지게 되어 실화가 방지된다.

기출문제 유형

✦ 자동차용 점화 장치의 점화 플러그에서 일어나는 방전 현상을 용량 방전과 유도 방전으로 구분하여 설명하시오.(107-1-6)

✦ 자동차 점화 장치에서 다음의 각 항이 점화 요구 전압에 미치는 영향을 설명하시오.(110-3-6)
 (가) 압축압력 (나) 흡기온도 (다) 엔진 회전속도 (라) 엔진 부하 (마) 점화 플러그 형식

✦ 점화 플러그의 불꽃 요구 전압(방전 전압)을 압축압력, 혼합기 온도, 공연비, 습도, 급가속 시에 따라 구분하고 그 사유를 설명하시오.(93-2-6)

01 개요

(1) 배경

가솔린 엔진은 인화점이 낮고 착화점이 높은 연료의 특성상, 고온으로 압축된 혼합기에 인위적으로 고전압을 방전시켜 불꽃 점화하는 방식을 사용한다. 점화 플러그는 점화 코일에서 인가된 고전압을 방전시켜 연소실 내부의 혼합기를 연소시키는 장치로, 연소에 필요한 전압을 형성하기 위해 15~30kV의 고전압으로 작동되며, 순간 방전 전압은 최대 40kV정도 된다. 점화에 필요한 요구 전압은 전극의 모양과 극성, 간극, 연소실 압력, 온도, 공연비, 습도, 유동 등에 영향을 받는다.

(2) 용량 방전(Conductive Discharge)의 정의

용량 방전은 점화 코일의 정전 에너지가 한꺼번에 방출되면서 백색의 빛으로 나타나게 되는 방전이다. 점화 플러그의 중심 전극과 접지 전극 사이에서 불꽃이 튀기 시작할 때 발생하는 극히 짧은 시간(0.5~1μs) 동안 방전 전류가 수십 A에 달하는 고주파의 감쇠 진동을 말한다.

(3) 유도 방전(Inductive Discharge)의 정의

유도 방전은 용량 방전으로 형성된 불꽃 핵에 점화 에너지를 공급하여 성장시키는 방전으로 아크 방전이라고도 한다. 용량 방전에 의해 점화 플러그의 전극이 단락되면 점화 코일에 비축되어 있던 전자 에너지의 방출로 유도 방전이 발생한다. 이 불꽃은 옅은 자색의 빛을 나타내며 지속 시간은 0.5~2.0ms 정도이고, 전류는 수십 mA 정도이다.

02 점화 플러그의 방전 과정과 소염작용

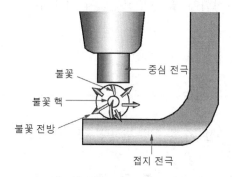

불꽃에 의한 불꽃 핵의 형성

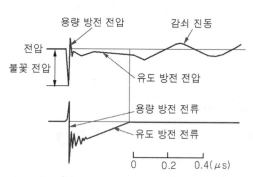

불꽃 전압과 전류의 변화

점화 코일에서 발생하는 전압이 점화 플러그에 가해지면 약 10kV 정도 되면 점화 플러그의 중심 전극과 접지 전극 사이에 정전 에너지가 한꺼번에 방출되면서 백색의 불꽃을 형성한다. 이를 용량 방전이라고 하는데 용량 방전은 약 $0.5{\sim}1\mu s$의 시간에 수십 A에 달하는 전류를 형성한다. 용량 방전에 의해 중심 전극과 접지 전극이 단락되면 점화 코일에 비축되어 있던 전자에너지가 방출되게 된다. 이를 유도 방전이라고 하며, 유도 방전은 약 0.5~2.0ms의 시간에 수십 mA정도의 전류를 형성한다.

일반적으로 점화에 필요한 점화 에너지는 약 2.0~3.0mJ 정도 필요하다. 방전 전압이 방전 요구 전압을 충족시킬 정도로 에너지를 갖고 있지 못하는 경우에는 불꽃 핵이 소멸되어 혼합기가 연소되지 못하고 실화가 발생하게 된다. 전극 간극이 일정거리 이하가 되면 아무리 불꽃 에너지를 크게 해도 착화가 불량해진다. 차가운 전극의 냉간 작용에 의해 불꽃 핵이 성장하지 못하게 되는 거리로, 이 간극을 소염거리라고 하며, 소염이 발생하는 것을 점화 플러그의 소염작용이라고 한다.

03 점화 플러그의 방전 요구 전압

대기 중에서 점화 플러그의 중심 전극과 접지 전극 사이에 불꽃을 발생시키기 위해서는 약 1.0mm에 1,000~1,500V의 전압이 필요하다. 온도와 압력이 높아질수록 이 요구 전압은 높아지는데, 고온, 고압의 연소실 내부와 같은 환경에서는 약 10,000~15,000V의 전압이 요구된다. 점화 코일에서 형성된 전압은 점화 플러그로 전달되는 과정에서 손실이 발생하기 때문에 점화 코일은 배터리 전압을 최소한 15~30kV로 승압시킬 수 있어야 한다.

손실 원인에는 내부요인과 외부요인이 있는데, 내부요인은 점화 플러그의 상태, 고압 케이블 상태, 점화 코일의 상태 등이 있고 외부요인으로는 연소실의 압력, 공연비, 습도, 온도, 혼합기 유동 등이 있다. 주로 압력과 간극에 비례하고 온도에 반비례한다.

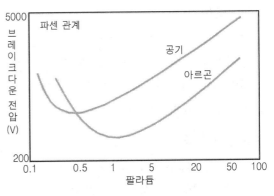

파센 곡선(Paschen's Curve)

04 점화 플러그의 방전 요구 전압에 영향을 미치는 요소

(1) 압축압력

압축압력이 높아지면 전극 사이의 혼합기 밀도가 높아지기 때문에 방전 요구 전압이 높아진다. 압력이 상승하면 밀도가 증가하여 분자간의 거리가 짧아지고, 충돌에너지가 감소하여 분자의 이온화가 어렵게 되므로 방전 요구 전압이 높아진다. 점화 플러그의 간극은 보통 0.7~1.1mm이며 대기 압력에서는 2~3kV 정도의 전압으로 점화가 가능하지만 연소실 내에서는 10kV 이상 전압이 형성되어야 점화에 가능한 불꽃 핵이 형성될 수 있다.

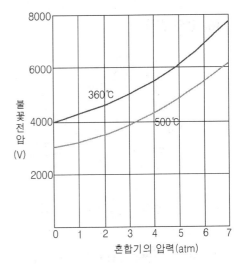

불꽃 전압과 혼합가스의 압력

(2) 흡기온도, 혼합기 온도

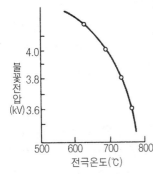

불꽃 전압과 전극의 온도

온도가 상승하면 혼합기의 밀도가 낮아지고, 전극의 온도 상승으로 전자 이동이 활발하여 점화에너지가 감소된다. 따라서 온도가 상승하면 방전 요구 전압이 낮아진다.

(3) 습도

습도가 높을수록 온도가 저하되어 점화 요구 전압이 커진다. 혼합기의 습도가 증가하는 경우는 증발 잠열에 의한 냉각 등으로 화염 핵 생성 시 온도가 내려가므로 강한 점화에너지가 필요해진다. 하지만 점화 플러그와 같이 갭 간극이 1.0mm 이하인 경우에는 그 영향이 작다.

(4) 공연비

공연비가 희박할수록 점화 요구 전압이 커진다. 공연비가 희박할 경우는 화염 핵 표면에서의 반응 열이 감소하므로 점화에너지가 강력하고 불꽃 지 속기간이 길어야 한다.

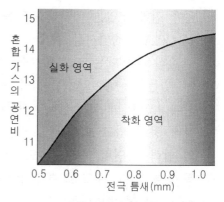

혼합 가스의 공연비

(5) 공기 흐름

연소실 내부에서 혼합기의 난류 강도가 증가하면 화염 핵이 성장될 때 표면에서 강제 대류 열 전달로 열손실이 증가하게 되어 화염 핵이 냉각되게 된다. 따라서 높은 방전 전압이 필요하게 된다. 혼합기가 이론공연비를 벗어나거나 난류(Turbulent) 상태이면 3mJ 이상의 점화에너지가 필요하다.

(6) 전극 간극

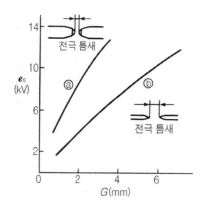

불꽃 전압과 전극의 간극

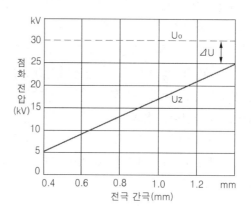

점화 전압과 전극 간극의 관계

점화 요구 전압은 전극 간극(틈새)에 비례하여 증가한다. 전극 간극은 보통 0.7~1.1mm 인데 길이가 길어질수록 방전 요구 전압도 커진다. 점화 코일에서 발생하는 2차 전압은 약 15~30kV이며 점화에 필요한 방전 요구 전압은 간극이 0.4mm 정도로 작을 때에는 5kV, 1.2mm일 때는 20kV가 요구된다.

(7) 점화 플러그 형식

점화 플러그는 열형과 냉형이 있는데 열형은 열을 방출하는 능력이 작은 점화 플러그이고 냉형은 열을 방출하는 능력이 큰 점화 플러그이다. 따라서 엔진이 동작하고 있는 상황에서 열형의 온도는 높은 상태이기 때문에 방전 요구 전압은 작아지고, 냉형의 방전 요구 전압은 커진다. 점화 플러그의 오염 상태도 중요한 변수가 되는데 점화 플러그의 오염이 심하면 불꽃 지속기간이 단축되고, 실화(Miss fire)가 발생하게 된다. 실화의 발생은 연료 소비율의 증가와 촉매기 손상의 원인이 된다.

또한 점화 플러그 전극의 끝부분 형상에 따라 방전 요구 전압이 달라진다. 끝부분이 날카로울수록 요구 전압은 낮아진다. 점화 플러그 신품의 전극 끝 부분은 보통 침상이며, 새 것일수록 방전 전압이 낮으나, 오랫동안 사용하여 전극이 소모되고 둥근 모양이 되면 점화 요구전압이 상승된다.

(8) 급가속 시, 엔진 속도, 엔진 부하

급가속, 엔진의 속도가 높은 경우 공기의 유동 속도가 증가하고, 점화 시간이 짧으며, 공연비가 이론공연비를 벗어나기 때문에 방전 요구 전압이 높아진다.

기출문제 유형

✦ 전자제어 점화 장치의 점화 1차 파형을 그리고 다음 측면에서 설명하시오.(93-4-4)
　가. 1차 코일의 전류 차단 시 자기 유도전압　　나. 점화 플러그 방전 구간
　다. 점화 1차 코일의 잔류에너지 손실 구간　　라. 방전 후의 감쇠진동 구간

---

01 개요

(1) 배경

가솔린 엔진은 인화점이 낮고 착화점이 높은 연료의 특성상, 고온으로 압축된 혼합기에 인위적으로 고전압을 방전시켜 불꽃 점화하는 방식을 사용한다. 점화 시점과 점화 시간은 엔진의 성능에 큰 영향을 미치기 때문에 정밀하게 제어되어야 한다. 점화가 제대로 이루어지지 않으면 시동성이 떨어지고, 공회전 시 엔진의 부조가 발생하며, 가속 시 출력이 떨어진다.

따라서 연비가 악화되고, 배출가스가 증가한다. 점화 장치는 점화 코일, 점화 플러그로 구성되어 있다. 점화 코일은 배터리(발전기)의 전압을 15~30kV의 고전압으로 승압하여 점화 플러그에 전달한다. 점화 플러그는 중심 전극과 접지 전극에서 불꽃을 형성하여 연소실 내부의 압축된 혼합기가 연소되도록 해준다.

(2) 전자제어 점화 장치의 정의

전자제어 점화 장치는 연소실에서 발생하는 연소가 최적으로 이루어질 수 있도록 각종 센서의 정보를 이용해 엔진 ECU가 점화 장치의 점화시기, 분사량 등을 전자적으로 제어하는 장치이다.

02 점화 장치의 구성 및 제어 원리

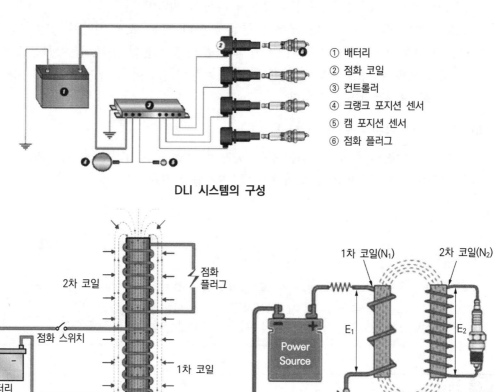

DLI 시스템의 구성

① 배터리
② 점화 코일
③ 컨트롤러
④ 크랭크 포지션 센서
⑤ 캠 포지션 센서
⑥ 점화 플러그

점화 코일의 원리

$$E_2 = E_1 \times \frac{N_2}{N_1}$$

여기서, E_1 : 1차 전압(V), E_2 : 2차 전압(V),

N_1 : 1차 코일의 권수, N_2 : 2차 코일의 권수

점화 장치는 배터리, 엔진 ECU, 점화 코일, 점화 플러그로 구성되어 있다. 배터리의 12V 전압은 ECU의 제어에 의해 점화 코일로 전달되고 점화 코일에서 약 15~30kV로 증폭되어 점화 플러그를 동작시킨다. 점화 코일의 1차 측에는 지름 0.5~0.8mm의 에나멜선이 약 200~500회 감겨 있고, 2차 측에는 0.06~0.08mm의 에나멜선이 약 20,000~30,000회 정도 감겨 있다.

2차 코일에서 발생하는 기전력은 1차 코일에서 발생하는 기전력에 권선비를 곱한 값이 된다. 1차 코일에서는 엔진 ECU의 제어에 의해 전류가 흐르다가 끊기면 자기유도 작용이 발생하여 역기전력으로 200~400V의 전압을 형성하며, 2차 코일에서는 상호유도 작용에 의해 이 전압이 약 100배 이상 승압되어 약 15,000~30,000V를 형성한다.

$$2차 코일 기전력(E_2) = 1차 코일 발생 기전력(E_1) \times 권선비$$

$$권선비 = \frac{2차 코일 감긴수(N_2)}{2차 코일 감긴수(N_{-1})}$$

$$1차 코일 기전력(E_1) = \frac{감긴수(N_1) \times 전류}{시간}$$

$$2차 코일 기전력(E_2) = \frac{1차 기전력(E_1) \times 2차 코일 감긴수(E_2)}{1차 코일 감긴수(E_1)}$$

예제 1차 코일의 감긴 수 200회, 전류 2A, 통전시간 1초, 2차 코일의 감긴 수가 3,000일 때 발생되는 기전력은 다음과 같다.

- $1차 코일 기전력 = \dfrac{감긴수 \times 전류}{시간} = 200 \times \dfrac{2A}{1t} = 400V$

- $2차 코일 기전력 약 = \dfrac{1차 기전력 \times 2차 감긴수}{1차 감긴수}$

$$= \frac{400V \times 20000}{200} = 400,000V$$

03 점화 코일 1, 2차 파형 설명

다음 그림들은 점화 코일 1차 전압 파형과 2차 전압 파형을 나타낸 것이다. 전압의 크기만 다를 뿐 형태는 동일하다. 먼저 1차 전류가 통전되기 시작하며 전류가 흐르게 되고, 일정 시간 이후 전류를 끊어주면 역기전력이 발생하게 된다. 이때 2차 코일에서도 수천 kV의 전압이 형성되어 방전되고 이후 연소가 된다.

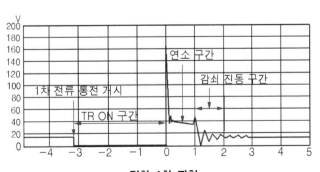

점화 1차 파형

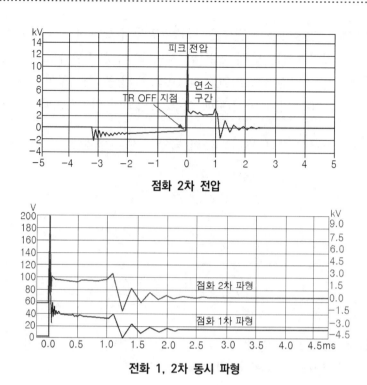

점화 2차 전압

전화 1, 2차 동시 파형

04 점화 코일 1차 파형 설명

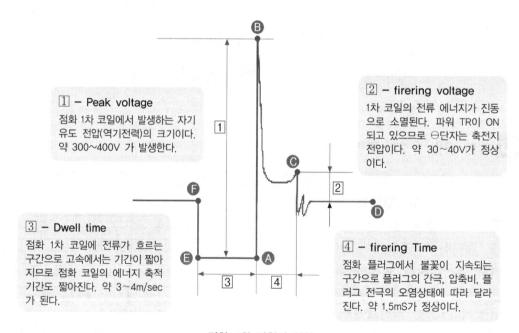

□ – Peak voltage
점화 1차 코일에서 발생하는 자기 유도 전압(역기전력)의 크기이다. 약 300~400V 가 발생한다.

□ – firering voltage
1차 코일의 전류 에너지가 진동으로 소멸된다. 파워 TR이 ON 되고 있으므로 ⊖단자는 축전지 전압이다. 약 30~40V가 정상이다.

□ – Dwell time
점화 1차 코일에 전류가 흐르는 구간으로 고속에서는 기간이 짧아지므로 점화 코일의 에너지 축적 기간도 짧아진다. 약 3~4m/sec 가 된다.

□ – firering Time
점화 플러그에서 불꽃이 지속되는 구간으로 플러그의 간극, 압축비, 플러그 전극의 오염상태에 따라 달라진다. 약 1.5mS가 정상이다.

점화 1차 파형의 해설

(1) 1차 코일의 전류 차단 시 자기 유도전압(A부분)

점화 1차 코일에는 보통 200~500회 정도 에나멜선이 감겨있다. 전류가 공급되다가 끊기면 코일에 형성되어 있던 자기장이 소멸하면서 코일에 '역기전력'을 발생시킨다. 역기전력은 코일의 용량값과 전류가 클수록, 단속 시간이 빠를수록 커진다. 역기전력의 계산식은 다음과 같다.

$$V_L = -L\frac{di}{dt}$$

여기서, V_L : 역기전력, L : 인덕턴스(코일 용량값), i : 전류, t : 시간

$$L = \frac{N\Phi}{I} = \frac{\mu N^2 A}{l}$$

여기서, L : 인덕턴스(코일 용량값), I : 전류, Φ : 자속, l: 코일의 길이,
A : 코일의 단면적, N : 권선 수, μ : 투자율

(2) 점화 플러그 방전 구간

점화 1차 코일에서 역기전력이 형성되는 순간 점화 플러그에도 15~30kV의 고전압이 형성되고 점화 플러그에서 약 10kV 이상으로 방전이 된다. 이때 A-B의 0.5~1μs 동안 용량 방전이 된다.

(3) 점화 1차 코일의 잔류에너지 손실 구간

용량 방전이 일어난 후 전압은 약 30~40V를 형성하며 점화 1차 코일의 잔류 에너지를 소모한다. 이 구간을 유도 방전이라고 하며 B-C 구간의 약 2ms 구간을 말한다.

(4) 방전 후의 감쇠 진동 구간

용량 방전과 유도 방전이 모두 끝나면 불꽃이 소멸되고 C-D 구간에서 4~5회 진동 파형이 생기면서 점화 1차 코일 잔류 에너지가 감쇠된다.

기출문제 유형

✦ 점화 코일의 시정수에 대해 설명하시오.(114-1-12)

---

01 개요

점화 코일은 배터리의 전압을 고전압으로 변환하여 점화 플러그에서 연료를 점화하기 위해 필요한 방전 전압을 형성하는 부품이다. 1차 코일과 2차 코일로 구성되어 있으

며, 1차 코일의 자기유도 작용을 이용해 배터리 전압을 수백V의 전압으로 만들고, 2차 코일의 상호유도 작용에 의해 수만V의 고전압으로 승압하는 장치이다. 배터리 전압을 승압하는 과정에서 코일의 인덕턴스와 저항은 점화 전류가 형성되는 시간에 중요한 역할을 한다.

02 점화 코일 시정수(Time Constant)의 정의

점화 코일의 시정수(또는 시상수)는 1차 코일의 인덕턴스를 1차 코일의 권선 저항으로 나눈 값으로 코일이 정상 전류를 형성하는데 걸리는 시간을 말한다. 주로 정상값의 63.2%의 지점을 나타낸다. 점화 코일의 시정수(τ)는 L/R의 값을 갖는다.

참고 시정수(τ)는 RL 회로인 경우 L/R의 값을 갖고, RC 회로의 경우 RC의 값을 갖는다.

03 R_L 회로와 시정수 관계

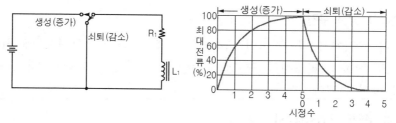

인덕터를 통과하는 전류의 양

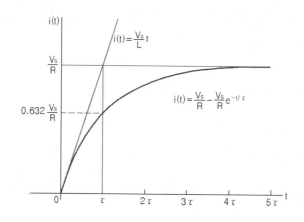

R_L 회로는 저항과 인덕터, 스위치로 구성이 되어 있다. 스위치가 연결되면 인덕터로 흐르는 전류는 서서히 증가하게 된다. 이 전류가 증가하는 기울기는 코일의 인덕턴스와 저항의 비율인 시정수($\tau = L/R$)로 결정된다. 시정수가 작은 경우에는 전류가 정상 전류 값으로 빠르게 올라가고, 시정수가 큰 경우에는 완만하게 올라가게 된다.

전류의 값은 시정수와 시간의 함수로 나타낼 수 있다. 정상 전류값의 63.2%가 되는 시간이 시정수이다. 정상 전류값의 86.5%가 되는 시간이 2τ이며, 95%는 3τ, 98%는 4τ는, 99%는 5τ가 된다.

$$i(t) = \frac{V_s}{R} - \frac{V_s}{R}e^{-t/\tau}$$

여기서, V_s: 배터리 전압, R: 저항, t: 시간, τ: 시정수

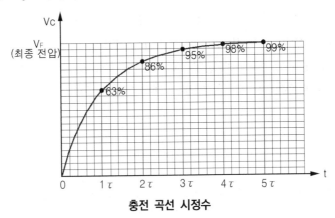

충전 곡선 시정수

04 시정수와 점화 전압의 관계

인덕턴스가 큰 코일은 전류의 상승 속도가 느리지만, 많은 에너지를 축적하고 있기 때문에 전류를 차단시킬 경우 큰 역기전력을 발생시킨다. 하지만 전류의 상승 속도가 느릴 경우 점화 속도가 빨라지는 고속 운전 시에는 전류가 충분히 흐르지 못해 역기전력이 작아지고, 2차 전압도 낮아진다. 시정수가 작은 코일은 인덕턴스가 작고 저항이 커야 한다. 저항을 크게 하기 위해서는 코일의 감은 수를 늘려야 하는데, 코일의 감은 수가 늘어날 경우 인덕턴스가 커지게 된다. 따라서 1차 코일의 인덕턴스를 줄이기 위해서 점화 1차 코일에 포함되어 있는 저항(약 2.8Ω)의 약 1/2 정도인 1.4Ω을 외부 저항으로 하고, 1차 코일을 굵은 구리선으로 적게 감아 인덕턴스를 감소시켜 2차 전류를 높여준다. 역기전력의 계산식은 다음과 같다.

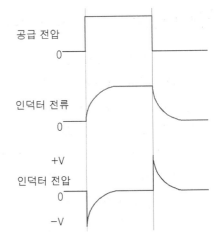

시간당 전류의 변화

$$V_L = -L \frac{di}{dt}$$

여기서, V_L : 역기전력, L : 인덕턴스(코일 용량값), i : 전류, t : 시간

$$L = \frac{N\Phi}{I} = \frac{\mu N^2 A}{l}$$

여기서, L : 인덕턴스(코일 용량값), I : 전류, Φ : 자속, l : 코일의 길이,
A : 코일의 단면적, N : 권선수, μ : 투자율

참고 • **인덕터(Inductor)** : 전류의 변화량에 비례해 전압을 유도하는 코일(권선)
• **인덕턴스(Inductance)** : 전류의 변화를 방해하는 도체의 성질

기출문제 유형

✦ 브레이크다운 전압(Breakdown Voltage)에 대해 설명하시오.(117-1-3)

01 브레이크다운 전압(Breakdown Voltage)의 정의

브레이크다운 전압은 절연체나 절연층이 파괴될 때의 전압이나, 가스나 증기 속에서 이온화 작용과 도전성이 발생할 때의 전압을 말한다.

02 자동차에서 사용되는 브레이크다운 전압(Breakdown Voltage)의 종류

자동차에서 사용되는 브레이크다운 전압은 대표적으로 점화 플러그의 브레이크다운 전압과 제너 다이오드의 브레이크다운 전압 두 가지가 있다. 자동차의 내연기관은 연료를 연소시켜 동력을 얻는 장치로 점화 장치를 통해 혼합기에 열원을 인가해 연소시킨다. 열원을 인가하기 위해 점화 플러그가 사용된다.

점화 플러그에 일정 전압 이상이 인가되면 중심 전극과 접지 전극의 절연층이 파괴되며 방전된다. 이 전압을 점화 플러그의 브레이크다운 전압이라고 한다. 또한 자동차에 적용되는 발전기, 점화 장치 등에 제너 다이오드가 사용되는데, 제너 다이오드는 역방향의 전압이 일정 값에 도달하면 역 방향 전류가 급격히 증가하여 흐르게 된다. 이 전압을 제너 다이오드의 브레이크다운 전압(제너 전압)이라고 한다.

03 점화 플러그 브레이크다운 전압

(1) 점화 플러그 브레이크다운 전압의 정의

점화 플러그의 중심 전극과 접지 전극 사이에 절연층이 파괴되어 불꽃 핵이 형성되는 전압을 말한다.

(2) 점화 플러그 브레이크다운 전압의 발생과정

점화 코일은 배터리에서 공급되는 12V를 15~30kV로 승압시켜 점화 플러그에 전달한다. 점화 플러그에 가해지는 전압이 약 10kV 정도에 도달하면 점화 플러그의 중심 전극과 접지 전극 사이에 정전 에너지가 한꺼번에 방출되면서 백색의 불꽃을 형성한다. 이를 용량 방전이라고 하는데 용량 방전은 약 0.5~1μs의 시간에 수십 A에 달하는 전류를 형성한다.

(3) 점화 플러그 브레이크다운 전압에 영향을 미치는 요소

점화 플러그 브레이크다운 전압에 영향을 미치는 요소는 주로 간극, 압력, 온도, 습도 등이 있다. 이 중에서 간극이 브레이크다운 전압에 가장 큰 영향을 미친다. 아래는 전극의 간극과 브레이크다운 전압의 상관관계를 나타낸 것이다. 간극이 작을수록 전압은 내려간다. 또한 전극의 형상이 둥근 모양이 침상 모양보다 전압이 높다. 또한 압축 압력이 높을수록, 온도가 낮을수록 전압은 올라간다.

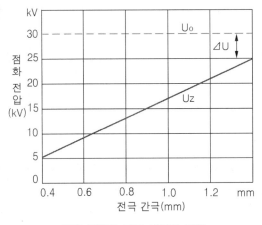

점화 전압과 전극 간극의 관계

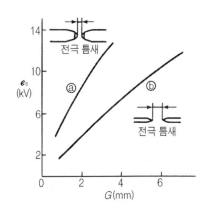

불꽃 전압과 전극의 간극

04 제너 다이오드의 브레이크다운 전압

(1) 제너 다이오드의 브레이크다운 전압의 정의

제너 다이오드에 역방향 전압을 가할 때 급격히 큰 전류가 흐르기 시작해 다이오드가 도통되는 전압을 말한다.

(2) 제너 다이오드의 브레이크다운 전압의 원리

일반적으로, PN 접합 다이오드는 순방향 전압이 인가되면 전류가 흐르고, 역방향 전압이 인가되면 전류가 흐르지 않는다. 제너 다이오드는 PN 접합 다이오드보다 더 많은 불순물이 들어가 항복 전압이 낮아지게 만들었다. 불순물의 농도가 증가하면 일정값 이상의 역방향 전압이 인가될 경우 전류가 흐르게 된다. 이런 현상을 제너 현상이라고 하며 이때의 전압을 항복 전압, 브레이크다운 전압(Zener Voltage or Break Down Voltage)이라고 한다.

역방향에 가해지는 전압이 점차 감소하여 제너 전압 이하로 되면 역 방향 전류가 흐르지 못하게 된다. 제너 전압은 온도 및 사용 환경에 의한 변화가 적고, 역 방향 전압을 가했을 때 정전압 작용을 하므로 안정화된 전원 회로에서 널리 사용된다. 자동차에서는 트랜지스터 점화 장치, AC 발전기의 전압 조정기 등에서 사용된다.

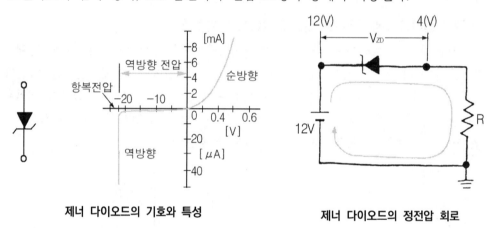

제너 다이오드의 기호와 특성　　　　　제너 다이오드의 정전압 회로

기출문제 유형

✦ 점화 코일이 2개 있는 4기통 가솔린 엔진의 통전시간 제어 방법에 대해 설명하시오.(110-3-2)

✦ 2점 위상 점화 장치에 대해 설명하시오.(96-1-2)

01 개요

(1) 배경

가솔린 엔진은 인화점이 낮고 착화점이 높은 연료의 특성상, 고온으로 압축된 혼합기에 인위적으로 고전압을 방전시켜 불꽃 점화하는 방식을 사용한다. 점화 시점과 점화 시간은 엔진의 성능에 큰 영향을 미치기 때문에 정밀하게 제어되어야 한다. 점화 장치

는 각 실린더마다 하나의 점화 코일이 적용된 싱글 스파크 점화 코일, 두 개의 기통에 하나의 점화 코일이 적용된 단순 듀얼 스파크 점화 코일 등이 있다.

싱글 스파크 점화 코일은 4기통에 4개의 점화 코일이 있고 듀얼 스파크 점화 코일은 4기통에 점화 코일이 2개 있고(2점 위상 점화 장치), 4 스파크 점화 코일은 4기통에 하나의 점화 코일이 있다. 점화 장치는 기존에는 배전기를 이용한 기계적 방식을 사용하였다. 기술의 진보와 대기환경 규제, 에너지 효율화 등에 따라서 4 스파크 점화 코일, 듀얼 스파크 점화 코일, 2점 위상 점화 장치, 싱글 스파크 점화 코일 순으로 개발, 적용되고 있다.

(2) 듀얼 스파크 점화 플러그(Dual Spark Ignition Plug)의 정의

듀얼 스파크 점화 플러그는 고전압 출력 단자가 2개로 구성되어 있는 점화 플러그이다. 두 개의 점화 코일에서 동시에 점화가 된다(Wasted Spark Ignition System 이라고도 한다).

(3) 2점 위상 점화 장치

2점 위상 점화 장치는 하나의 실린더에 두개의 점화 장치를 장착하여 점화 타이밍을 최적으로 제어하는 장치를 말한다. 더블 이그니션, 트윈 플러그 점화 시스템(DTSI : Digital Twin Spark Ignition System) 이라고도 한다.

02 점화 장치의 분류

(1) 1차 전류 에너지를 저장 방식에 따른 분류

점화 장치는 1차 전류 에너지를 저장하는 방식에 따라 코일 점화 장치(Coil Ignition System)와 커패시터 점화 장치(Capacitor Discharge Ignition)로 분류할 수 있다. 코일 점화 장치는 전기에너지가 코일에 자장의 형태로 저장되고 2차 코일에 의해 증폭된다. 코일 점화 장치의 종류에는 접점식 코일 점화 장치(CI : Conventional Coil Ignition), 트랜지스터 점화 장치(TI : Transistorized Ignition), 전자점화 장치(EI : Electronic Ignition), 무배전 점화 장치(DLI : Distributorless Ignition) 등이 있다. 커패시터 점화 장치는 전기에너지가 커패시터에 전기장의 형태로 저장된다.

(2) 구조에 따른 분류

점화 코일은 구조에 따라 개자로형 점화 코일과 폐자로형 점화 코일로 분류할 수 있다. 개자로형 점화 코일은 기계식 배전기를 사용하는 초기 점화 시스템에서 사용되었던 형식으로 가격이 저렴하지만 부피가 크고 자속의 손실이 많아 최근에는 사용되지 않고 있다.

폐자로형 점화 코일은 점화 코일 내부에 1차 코일과 2차 코일을 폐자로형(몰드형) 철심에 구성한 장치로 구조가 간단하고 내열 성능, 냉각 성능이 우수하다. 현재 대부분의 차량에는 스틱형으로 된 폐자로형 점화 코일이 적용되고 있다.

(3) 출력 단자에 따른 분류

점화 코일의 출력 단자에 따른 분류로 싱글 스파크 점화 코일, 듀얼 스파크 점화 코일, 4 스파크 점화 코일이 있다. 싱글 스파크 점화 코일은 1차 코일, 2차 코일로 구성된 점화 코일 하나에 하나의 출력 단자를 구성하여 하나의 점화 플러그를 연결한 방식이다.

듀얼 스파크 점화 코일은 점화 코일 하나에 두개의 출력 단자를 구성하여 두개의 점화 플러그를 연결한 방식이다. 듀얼 스파크 점화 코일은 출력 단자를 한 기통당 하나씩만 연결한 단순 듀얼 스파크 점화 코일, 출력 단자를 한 기통당 두개씩 연결한 더블 이그니션(2점 위상 점화 장치)으로 구분할 수 있다. 4 스파크 점화 코일은 하나의 점화 코일에 네 개의 점화 플러그를 연결한 방식이다.

03 듀얼 스파크 점화 코일의 상세 내용

(1) 듀얼 스파크 점화 코일의 구성

듀얼 스파크 점화 플러그는 1차 코일(Primary Coil), 2차 코일(Secondary Coil), 철심(Magnetic Core), 2개의 출력 단자로 구성되어 있다. 1차 코일이 철심(Magnetic Core)을 감싸고, 다시 2차 코일이 1차 코일을 감싸고 있는 구조이다. 하나의 점화 코일에 두개의 점화 플러그가 연결되어 있으며 각 기통별로 하나의 점화 플러그가 연결되어 있는 구조이다.

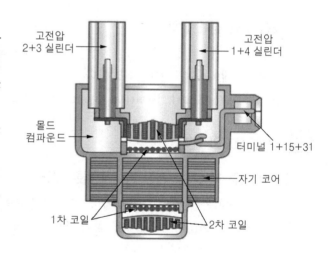

듀얼 스파크 점화 코일의 구조

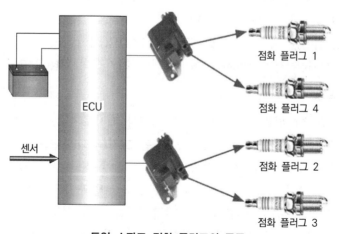

듀얼 스파크 점화 플러그의 구조

(2) 듀얼 스파크 점화 코일 통전시간 제어 방법

엔진 ECU가 점화 코일에 흐르는 1차 전류를 제어한다. 1차 전류를 스위치 OFF시키면 2개의 점화 플러그에서 동시에 불꽃이 발생하게 된다. 4기통 엔진에서 점화 순서는 1-2-4-3, 1-3-4-2이며 듀얼 스파크 점화 플러그는 보통 1-4, 2-3으로 연결되어 있다. 따라서 1개의 불꽃은 압축행정 말기에 해당하는 실린더의 점화 플러그에서, 다른 1개의 불꽃은 배기행정 말기에 해당하는 실린더의 점화 플러그에서 발생한다.

점화 제어 모듈(엔진 ECU)에서 점화를 제어하면 1차 코일에 전류가 흐르게 되고 2차 코일로 승압된 전압이 흐르게 되어 하나의 점화 플러그에서는 중심 전극에서 접지 전극으로 전압이 형성되고 나머지 하나의 점화 플러그에서는 접지 전극에서 중심 전극으로 전압이 형성된다. 이때 주 스파크의 전압은 높게 형성되고 보조 스파크의 전압은 낮게 형성된다. 보통 1번 실린더와 4번 실린더에서 점화가 동시에 되는데, 1번 실린더에서 주 스파크가 발생하면 4번 실린더에서 보조 스파크가 발생한다.

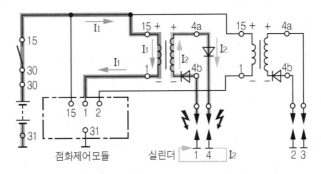

듀얼 스파크 점화 코일 시스템의 회로

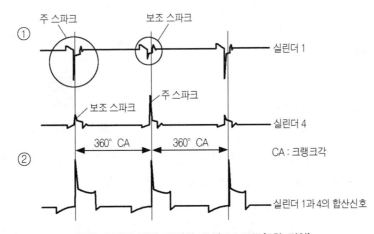

듀얼 스파크 점화 코일의 오실로스코프(2차 전압)

(3) 듀얼 스파크 점화 코일의 장단점

1) 장점

① 분배기가 필요하지 않으므로 기계적 부품이 필요 없어서 무게가 저감된다.

② 기계식 점화 장치보다 전압 강하가 적어져 점화 전압이 높아졌고 점화 타이밍 제어가 정밀해졌다.

③ 싱글 스파크 점화 코일보다 코일의 무게와 부피가 줄어든다.

2) 단점

① 실화가 발생할 경우 어느 기통에서 발생했는지 정확한 진단이 어렵다.

② 보조 스파크에서 점화가 발생하여 배기행정에서 폭발이 발생하면 엔진이 손상된다.

③ 한 사이클에서 각 점화 플러그에서 불꽃이 2회 발생하므로 싱글 스파크 점화코일에 비해 열부하가 증대되며, 전극의 마모도 빠르다.

04 2점 위상 점화 장치의 상세 내용

(1) 2점 위상 점화 장치의 구조

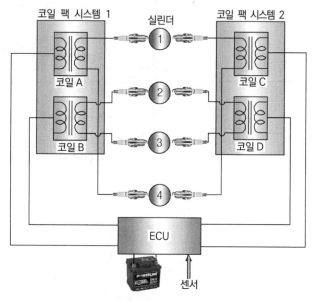

2점 위상 점화 장치는 하나의 실린더에 두 개의 점화 플러그를 설치한 구조로 되어 있다. 듀얼 스파크 점화 코일을 사용할 경우 하나의 점화 코일당 두 개의 점화 플러그를 두 개의 실린더에 설치한다. 예를 들면 점화 코일 A, C에 연결된 점화 플러그는 실린더 1, 4번에 연결하고 점화 코일 B, D에 연결된 점화 플러그는 실린더 2, 3에 설치한다.

2점 위상 점화 장치의 구조

(2) 2점 위상 점화 장치의 제어원리

2점 위상 점화 장치는 2개의 점화 코일을 한 번에 제어하여 한 린더 안에서 두 개의 주 스파크가 발생하도록 제어한다. 부하와 회전속도에 따라 2개의 점화 코일의 점화시기를 크랭크 각으로 약 $3 \sim 15°$ 시차를 두고 제어하여 연소효율을 높인다. 점화순서가 1-3-4-2일 경우, 1번 실린더에서 점화 코일 A와 C에 전압을 가해주면 주 스파크가 발생하여 폭발이 발생한다. 이때, 4번 실린더에는 보조 스파크가 발생된다.

(3) 장·단점

1) 장점

① 최적의 점화 타이밍으로 제어가 가능하여 소음 및 진동이 감소되고, 연소효율이 높아진다.

② 화염 전파거리가 짧아져 완전연소 비율이 높아져 유해 배기가스가 저감되고 출력 및 연비가 향상된다.

③ 저온 냉시동성이 향상된다.

2) 단점

① 연소효율 증가로 인해 배출가스 중 NOx 배출이 높아진다.

② 하나의 점화 플러그가 손상되면 두 가지를 모두 교체해야 해서 정비성이 저하된다.

③ 실화가 발생할 경우 어느 기통에서 발생했는지 정확한 진단이 어렵다.

④ 보조 스파크에서 점화가 발생하여 배기행정에서 폭발이 발생하면 엔진이 손상된다.

⑤ 한 사이클에서 각 점화 플러그에서 불꽃이 2회 발생하므로 싱글 스파크 점화코일에 비해 열부하가 증대되며, 전극의 마모도 빠르다.

기출문제 유형

✦ 최적 동력 시점(Power Timing)이 ATDC 10도인 4행정 사이클 가솔린 엔진이 2,500rpm으로 다음과 같이 작동할 때 최적 점화시기, 흡배기 밸브의 총 열림 각도를 계산하고, 밸브 개폐 선도에 도시하시오.(93-2-1)
- 점화신호 후 최대 폭발압력에 도달하는 시간 : 3ms
- 흡기밸브 열림 : BTDC 10도, 흡기밸브 닫힘 : ABDC 20도
- 배기밸브 열림 : BBDC 30도, 배기밸브 닫힘 : ATDC 25도

---

01 개요

가솔린 엔진은 인화점이 낮고 착화점이 높은 연료의 특성상, 고온으로 압축된 혼합기에 인위적으로 고전압을 방전시켜 불꽃 점화하는 방식을 사용한다. 점화 시점과 점화 시간은 엔진의 성능에 큰 영향을 미치기 때문에 정밀하게 제어되어야 한다. 점화 시간은 점화 지연시간, 착화 지연시간, 화염 전파기간으로 구분할 수 있다. 점화지 연시간은 점화 전류가 충전되어 불꽃이 튀기까지의 시간을 말하며, 착화 지연시간은 불꽃이 형성되고 혼합기에 점화되기 전까지의 시간을 말한다. 화염 전파기간은 혼합기에 불이 붙고 퍼지는 시간을 말한다.

$$점화\ 시간 = 점화\ 지연시간 + 착화\ 지연시간 + 화염\ 전파기간$$

02 최적 점화시기 계산

문제에서 주어진 조건은 점화 신호 후 최대 폭발압력에 도달하는 시간이 3ms이고 최적 동력시점이 ATDC 10°라는 것이다. 따라서 점화시점은 ATDC가 되기 3ms일 때이다. 현재 엔진 회전수는 2,500rpm이므로 1ms일 때 회전하는 각도를 산출할 수 있다. 2,500rpm은 분당 회전속도이므로 초당 회전속도는 41.67이 된다. 따라서 1회전에 걸리는 시간은 41.67의 역수인 24ms가 된다. 1회전에 360°를 회전하고 24ms가 소요된다. 따라서 3ms에는 45°가 회전된다. 최적 동력시점이 ATDC 10°이므로 여기에 45°를 빼준 BTDC 30°에서 점화가 되어야 한다. 따라서 최적 점화시기는 BTDC 30°가 된다.

- 초당회전속도 : $2500[\text{rpm}] = \dfrac{2,500}{60}[\text{rps}] = \dfrac{125}{3}[\text{rps}] = 41.67[\text{rps}]$

- 1회전에 걸리는 시간 : $\dfrac{1}{41.67} = 24[\text{ms}]$

- 3ms 동안 회전각도 : $24[\text{ms}] = 360°, \ 3[\text{ms}] = 45°$

- 최적점화시기 : $\text{ATDC } 10° - 45° = \text{BTDC } 30°$

03 흡·배기의 총 열림 각도 및 밸브 개폐 선도

흡기 밸브 열림 시기는 BTDC(Before Top Dead Center) 10°이고 흡기 밸브 닫힘 시기는 ABDC(After Bottom Dead Center) 20°이다. 따라서 흡기 밸브의 총 열림 각도는 210°이다. 배기 밸브 열림 시기는 BBDC(Before Bottom Dead Center) 30°이고, 배기 밸브 닫힘 시기는 ATDC(After Top Dead Center) 25°이다. 따라서 배기 밸브의 총 열림 각도는 235°이다.

$$\text{흡기 밸브 총 열림 각도} = 10 + 180 + 20 = 210°$$
$$\text{배기 밸브 총 열림 각도} = 20 + 180 + 35 = 235°$$

기출문제 유형

✦ 가솔린 엔진의 MBT(Minimum spark advance for Best Torque)를 정의하고, 연소 측면에서 최적의 MBT 제어 결정 방법을 설명하시오.(110-1-4)

✦ 최적의 점화시기를 적용해야 하는 이유를 연소 관점에서 설명하시오.(113-1-5)

✦ 전자제어 가솔린 엔진에서 MBT(Maximum Spark for Best Torque)를 찾기 위하여 수행하는 점화시기 보정 7가지에 대해 설명하시오.(102-4-1)

✦ 엔진 전자제어 시스템(EMS : Engine Management System)에서 엔진의 회전상태, 토크, 배기가스 온도를 목적에 맞게 유지 될 수 있도록 보정하는 방법 중 점화시기 보정방법 4가지에 대해 설명하시오.(105-3-4)

01 개요

(1) 배경

가솔린 엔진은 인화점이 낮고 착화점이 높은 연료의 특성상, 고온으로 압축된 혼합기에 인위적으로 고전압을 방전시켜 불꽃 점화하는 방식을 사용한다. 점화시기와 점화 간격은 엔진의 성능에 큰 영향을 미치기 때문에 정밀하게 제어되어야 한다. 점화가 제대로 이루어지지 않으면 시동성이 떨어지고, 공회전 시 엔진 부조가 발생하며, 가속 시출력이 떨어진다. 따라서 연비가 악화되고, 배출가스가 증가하게 된다.

(2) MBT(Maximum Spark for Best Torque)의 정의

MBT는 노킹이 발생하지 않으면서 최대의 제동 토크를 발생시켜 주는 최적의 점화시기를 말한다.

02 MBT(Maximum Spark for Best Torque)와 점화시기와의 관계

최대 제동 토크가 발생하기 위해서는 최대 폭발압력은 피스톤이 상사점을 지난 후에 형성되도록 해야 한다. 피스톤이 상승하고 있는 시점에서 최대 폭발압력이 형성되면 피스톤의 상승 운동 에너지와 폭발 에너지가 겹쳐져 피스톤이 실린더 벽을 치는 피스톤 슬랩이나 노킹이 발생하기 때문이다.

점화시간은 점화 지연시간, 착화 지연시간, 화염 전파기간으로 이루어져 있다. 점화 지연시간은 점화 전류가 충전되어 불꽃이 튀기까지의 시간이고, 착화 지연시간은 불꽃이 형성되고 혼합기가 점화되기 전까지의 시간이며, 화염 전파기간은 혼합기에 화염이 생성되고 확산되는 시간을 말한다. 보통 점화시간은 약 3~5ms 정도 되며 이는 보통 1,500rpm 엔진 회전수에서 크랭크 각도 30~45°의 회전각도이다. 따라서 점화시기를 진각해야 하는데, 점화 진각(Spark Advance)의 시점에 따라 특성이 달라진다.

다음 그래프는 점화시기 진각에 따른 압력과 토크의 값을 나타낸다. 점화 진각
(BTDC : Before Top Dead Center)이 50°일 때 압력은 최대가 된다. 30°일 때는 압
력이 감소되며, 10°일 때는 점화 지연이 발생되며 압력이 더 감소된다. 최대 토크는
BTDC 약 30~35°에서 발생하며, 더 느려지거나 빨라지는 경우 감소된다.

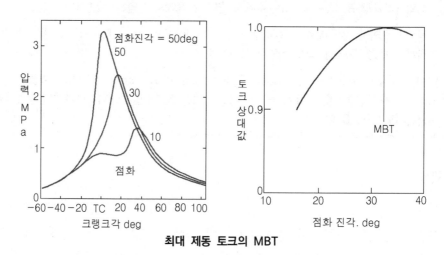

최대 제동 토크의 MBT

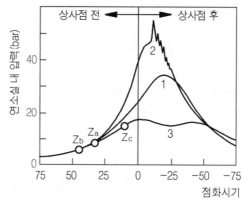

점화시기와 실린더 내의 압력 변동

(1) 점화 진각이 큰 경우

점화 진각 시점이 너무 빠르면 실린더 내 압력 및 온도가 낮아 점화 지연기간이 길
어지고, 점화 압력파로 인해 혼합기는 정상 화염면(Flame Front)이 도달하기 전에 점
화되는 조기점화(Pre-Ignition)가 발생한다. 따라서 노킹이 발생하고, 상사점 이전에 최
고 제동 토크가 발생하여 피스톤의 회전 에너지가 손실된다. 또한 최대압력이 상승하게
되어 열손실이 증가한다.

(2) 점화 진각이 작은 경우

점화 진각이 작은 경우 점화 지연기간은 짧아지지만, 최대 폭발압력이 형성되는 시점

이 늦어진다. 따라서 폭발압력이 형성되기 전에 피스톤이 하강하고 연소실 체적이 증가하여 피스톤에 가해지는 힘이 약화된다. 또한 압력 및 온도가 저하되며, 화염 전파거리가 길어지게 되어 열효율 및 출력효율이 저하된다.

03 MBT를 찾기 위해 수행하는 점화시기 보정

점화시기는 연소실의 환경(온도, 압력, 습도, 엔진 회전속도), 연료의 상태(옥탄가), 혼합기의 상태(공연비)등에 따라 영향을 받는다. 전자제어 가솔린 엔진에서 MBT를 찾기 위해 수행하는 점화시기 보정방법은 점화시기에 영향을 미치는 요소들의 조건을 변경하면서 점화지연 시간을 측정하고, 다양한 작동 상태에서 노킹이 발생되지 않고 최적의 점화시기가 되도록 보정해준다.

(1) 온도

냉각수 온도나 흡기온도가 높은 경우, 연소실 내부의 온도가 높아 조기 점화 및 이상 연소가 발생할 수 있다. 따라서 점화시기를 지각시켜 준다.

(2) 압력

연소실의 압축비가 높을수록 혼합기의 온도가 올라가고, 압력이 상승된다. 따라서 노킹을 방지해 주기 위해 점화시기를 지각시켜 보정을 해준다.

(3) 회전속도

엔진의 회전속도가 빠를수록 폭발주기가 짧아져 연소실의 온도가 올라간다. 따라서 점화시기를 지각시켜 보정을 해준다.

(4) 연료

연료의 품질이 고옥탄가를 가질수록 노킹이 방지되므로 점화 진각을 보정해주고, 저옥탄가를 사용할수록 노킹이 잘 발생하기 때문에 점화시기를 지각시켜 보정을 해준다.

(5) 공연비

공연비가 농후할수록 노킹이 잘 발생한다. 따라서 점화시기를 지각시켜 보정을 해준다.

(6) 과급 압력

과급 압력이 높을수록 혼합기의 온도가 올라간다. 따라서 점화시기를 지각시켜 보정을 해준다.

(7) EGR률

EGR률이 높을수록 공기 중 산소의 비율이 낮아지므로 노킹이 방지된다. 따라서 점화시기를 진각시켜 보정을 해준다.

04 엔진의 회전상태, 토크, 배기가스 온도를 목적에 맞게 유지될 수 있는 점화시기 보정방법 4가지

(1) 기본 점화시기

기본 점화시기는 엔진의 회전수와 흡입공기량, 냉각수 온도 등에 따라 기본적으로 설정된 점화시기로 노킹이 발생되지 않으면서 최대 Torque를 얻을 수 있는 점화시기이다. 주로 공회전 상태나 일정한 속도로 주행을 할 때 기본 점화시기로 제어된다.

(2) 공회전 보정

공회전 시 목표 rpm을 벗어날 경우 이를 보정하기 위해 엔진의 회전수와 냉각수 온도 등을 참고하여 점화시기를 보정해 준다. 아이들 rpm이 저하될 경우 점화시기를 진각시켜 보정해 주고, 아이들 rpm이 올라갈 경우 점화시기를 지각시켜 보정을 해준다.

(3) 가속 시 차량 진동 보정

가속 시에는 공연비가 급격하게 변하고, 이로 인해 엔진의 토크가 변동된다. 따라서 차량에 스텀블, 헤지테이션, 서징, 저크 등과 같은 과도현상이 나타나게 된다. 이를 방지하기 위해 가속 시 스로틀 개도량과 엔진의 회전수, 흡입공기량, CKP 변동량 등을 참조하여 점화시기를 보정해 준다.

(4) 온도 보정

흡기온도가 높거나 엔진의 온도가 높을 때 흡기온도 센서와 냉각수 온도 센서의 신호를 참조하여 점화시기를 보정해 준다.

(5) 노킹 보정

주행 중 노킹이 발생할 경우 노킹 센서의 신호를 참조하여 점화시기를 보정해 준다.

06 공연비 혼합기

기출문제 유형

✦ 이론공연비를 설명하시오.(60-1-11)

✦ 이론공연비(Stoichiometric Air-fuel Ratio)를 설명하고, 이소옥탄(C_8H_{18})의 이론공연비(중량비)를 구하시오.(단, 공기 성분의 중량비는 N276.8%,O223.2%로 가정)(62-1-1)

✦ 부탄(Butane, C_4H_{10})을 완전연소시킬 때 이론공연비를 구하시오.(단, C, O, H의 원자량은 각각 12g/mol, 16g/mol, 1g/mol로 계산하시오.)(75-3-6)

✦ 메틸알코올(메탄올, CH_3OH)의 이론공연비를 계산하시오.(44)

01 개요

내연기관은 연료와 공기를 빠르게 연소시켜 열에너지를 기계적 에너지로 변환시키는 장치로 연료의 연소를 위해서는 충분한 양의 산소가 공급되어야 한다. 산소는 공기 중에 약 21%를 차지하고 있으며 연료의 성분에 따라 필요한 산소의 양이 다르며 배출되는 유해물질의 양도 달라진다.

이론적으로 연료가 완전연소되면 이산화탄소와 물이 배출되는데 실제 엔진에서는 다양한 요인으로 인해 완전연소가 불가능하며 이로 인해 일산화탄소(CO), 탄화수소(HC), 질소산화물(NOx) 등의 유해물질이 배출된다. 이러한 유해물질은 이론공연비에서 최소로 배출되며, 배기 후처리 장치(촉매 컨버터)에서 정화율이 높아진다. 따라서 엔진은 최대한 이론공연비 위주로 제어가 되도록 설계된다.

02 이론공연비(Theoretical Air-Fuel Ratio)의 정의

연료가 연소할 때 이론적으로 완전히 연소하는 공기와 연료의 비율을 말한다. 이론 공기 연료비(Stoichiometric Air-Fuel Ratio) 라고도 한다.

03 이론공연비와 엔진 성능, 배출가스 관계

가솔린은 이론공연비로 연소될 때 배출가스 중 이산화탄소(CO_2), 질소산화물(NOx)

의 양은 증가하고, 일산화탄소(CO), 탄화수소(HC)의 양이 최소화된다. 출력은 이론공연비보다 약간 농후한 공연비(12.6:1)에서 최대가 되며, 연료 소비율은 이론공연비보다 약간 희박한 공연비(15.4~16:1)에서 최소가 된다.

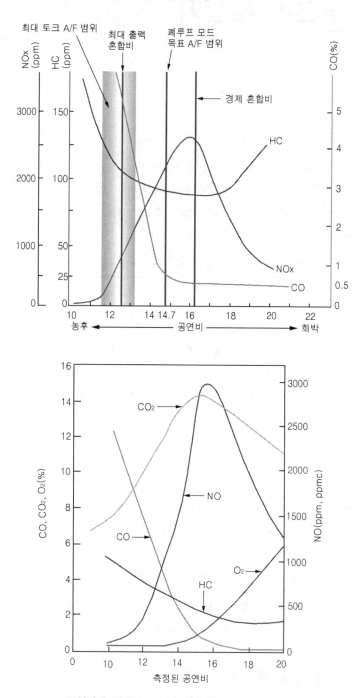

공연비가 배기가스 연비 및 성능에 미치는 영향

04 연료별 이론공연비 계산식

완전연소를 위한 최소 공기량을 중량으로 정리하면 다음과 같다.

$$A_{th} = \frac{1}{0.232}(2.67C + 8H - O + S)kg/kg$$

완전연소를 위한 최소 공기량을 체적으로 정리하면 다음과 같다.

$$A_{th} = \frac{1}{0.21}(1.868C + 5.6H - 0.7O + 0.7S)Nm^3/kg$$

05 연료별 이론공연비 계산방법

(1) 가솔린(이소 옥탄)의 이론공연비(중량비)

이소옥탄은 C_8H_{18}로 구성이 되어 있고 C의 원자량은 12, H의 원자량은 1이다. 따라서 연료 1kg에 있는 탄소와 수소의 비율은 탄소의 원자량 96과 수소의 원자량 18의 비율로 되어 있다. 따라서 다음과 같이 계산할 수 있다.

$$C_8 = 12 \times 8 = 96, \ H_{18} = 1 \times 18 = 18$$
$$C_8:H_{18} = \frac{96}{(96+18)} : \frac{18}{(96+18)} = 0.842 : 0.158$$

이 비율을 완전연소를 위한 최소 공기량을 중량으로 정리한 식에 대입하면 이론공연비를 구할 수 있다.

$$A_{th} = \frac{1}{0.232}(2.67C + 8H - O + S)kg/kg$$

$$A_{th} = \frac{(2.67 \times 0.842 + 8 \times 0.158)}{0.232} = 15.1kg/kg$$

따라서 이소옥탄(C_8H_{18})의 이론공연비는 15.1 : 1이 된다.

> **참고** 실제 가솔린 연료는 이소옥탄과 정헵탄 등으로 구성되어 있어서 C_8H_{18}의 구성 비율보다 수소의 수가 적게 구성되어 있다. 따라서 이론공연비가 14.7:1이 된다.

(2) 부탄(Butane, C_4H_{10})의 이론공연비

부탄은 C_4H_{10}로 구성이 되어 있고 C의 원자량은 12, H의 원자량은 1이다. 따라서 연료 1kg에 있는 탄소와 수소의 비율은 탄소의 원자량 48과 수소의 원자량 10의 비율로 되어 있다. 따라서 다음과 같이 계산할 수 있다.

$$C_4 = 12 \times 4 = 48, \ H_{10} = 1 \times 10 = 10$$

$$C_4 : H_{10} = \frac{48}{(48+10)} : \frac{10}{(48+10)} = 0.828 : 0.172$$

이 비율을 완전연소를 위한 최소 공기량을 중량으로 정리한 식에 대입하면 이론공연비를 구할 수 있다.

$$A_{th} = \frac{1}{0.232}(2.67C + 8H - O + S)kg/kg$$

$$A_{th} = \frac{(2.67 \times 0.828 + 8 \times 0.172)}{0.232} = 15.46 kg/kg$$

따라서 부탄(C_4H_{18})의 이론공연비는 15.5 : 1이 된다.

(3) 메틸알코올(Methanol, CH_3OH)의 이론공연비

메틸알코올은 CH_3OH로 구성이 되어 있고 C의 원자량은 12, H의 원자량은 1, O의 원자량은 16이다. 따라서 연료 1kg에 있는 탄소와 수소, 산소의 비율은 탄소의 원자량 12, 수소의 원자량 4, 산소의 원자량 16의 비율로 되어 있다. 따라서 다음과 같이 계산할 수 있다.

$$C = 12, \ H_4 = 1 \times 4 = 4, \ O = 16$$

$$C : H_4 : O = \frac{12}{(12+4+16)} : \frac{4}{(12+4+16)} : \frac{16}{(12+4+16)} = 0.375 : 0.125 : 0.50$$

이 비율을 완전연소를 위한 최소 공기량을 중량으로 정리한 식에 대입하면 이론공연비를 구할 수 있다.

$$A_{th} = \frac{1}{0.232}(2.67C + 8H - O + S)kg/kg$$

$$A_{th} = \frac{(2.67 \times 0.375 + 8 \times 0.125 - 0.50)}{0.232} = 6.47 kg/kg$$

따라서 메틸알코올(CH_3OH)의 이론공연비는 6.47 : 1이 된다.

✦ 람다 컨트롤(λ-control)에 대해 설명하시오.(113-4-6)

✦ 람다 윈도(Lambda Window)를 설명하시오.(66-1-5)

✦ 엔진의 공연비 제어(λ-control)를 정의하고, 특성을 설명하시오.(101-1-10)

✦ 운행 중인 자동차가 혼합비가 희박하여 공기과잉률(λ)이 높게 나타나는 원인 5가지를 설명하시오.(107-4-5)

01 개요

이론적으로 연료가 완전연소되면 이산화탄소와 물이 배출되는데 실제 엔진에서는 다양한 요소로 인해 완전연소가 불가능하며 이로 인해 일산화탄소(CO), 탄화수소(HC), 질소산화물(NOx) 등의 유해물질이 배출된다. 이러한 유해물질은 이론공연비에서 최소로 배출된다. 이론공연비는 연료가 연소할 때 이론적으로 완전히 연소하는 공기와 연료의 비율을 말한다. 따라서 엔진은 최대한 이론공연비 위주로 제어가 되도록 설계한다.

02 람다(λ : Lambda)의 정의

람다(λ)는 실제 공연비와 이론공연비의 비율로 엔진에 흡입되는 혼합기의 공연비를 이론공연비로 나눈 값이다. 공기과잉률(Excess Air Ratio), 공기비라고도 한다.

$$공기비(\lambda) = \frac{실린더에\ 유입된\ 실제\ 공기량(kg)}{완전연소에\ 필요한\ 이론\ 공기량(kg)}$$

03 람다 윈도(Lambda Window)의 정의

람다(λ) 윈도는 유해 배출가스(CO, HC, NOx)를 최소화하기 위한 이론공연비 부근의 좁은 영역을 말한다. 람다 윈도는 보통 람다 값이 0.99~1.01의 영역을 말한다.

04 람다 컨트롤(λ-control)의 정의

람다 컨트롤은 배출가스 중 유해물질을 최소화하기 위해 실제 공연비를 람다 윈도 내에서 제어하는 것을 말한다. 배출가스 중의 산소 농도를 산소 센서(람다 센서)로 측정하여, 흡기량이 람다 윈도 내부, 이론공연비에 가깝도록, 피드백 보정 제어를 한다.

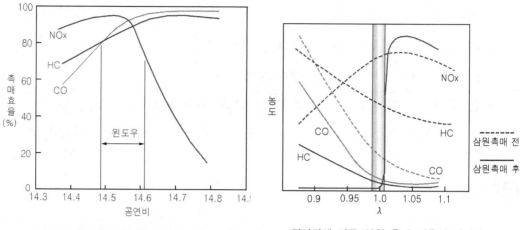

공연비에 따른 삼원 촉매장치 효율　　　　람다값에 따른 삼원 촉매 전후의 배기가스

05 람다(λ : Lambda)값과 배출가스, 정화율의 관계

가솔린 엔진의 배출가스는 배출 후 3원 촉매장치(TWC : Three Way Catalytic Converter)를 거쳐 정화된다. 일산화탄소(CO)와 탄화수소(HC)는 촉매기를 거쳐 이산화탄소(CO_2)와 물(H_2O)로 산화되고 질소산화물(NOx)은 질소(N_2)로 환원된다. 정화율은 람다값에 따라서 달라진다.

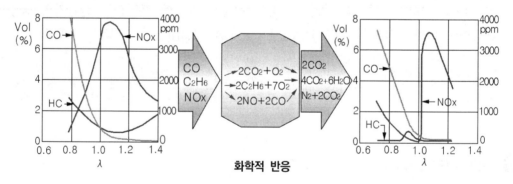

화학적 반응

(1) 람다(λ)값이 1인 경우

람다(λ)값이 1인 경우는 실제 공연비가 14.7:1이 되는 경우로, 실제 연소실로 공급되는 연료와 공기의 비율이 이론공연비인 상태이다. 이 경우 완전연소가 되기 때문에 배출가스 중 CO, HC의 배출량은 감소하지만 연소실의 온도가 급격히 증가하여 NOx의 배출량은 증가한다. 람다값이 1인 경우 산화제와 환원제가 적절히 구성되어 있기 때문에 배출가스 유해물질(CO, HC, NOx)의 정화율이 가장 높다.

(2) 람다(λ)값이 1보다 작은 경우

람다(λ)값이 1보다 작은 경우는 실제 공연비가 14.7:1보다 작은 경우로 실제 공연비의 비율이 이론공연비보다 적은 상태이다. 이 경우, 혼합기는 농후하다고 표현하며 연소에 필요한 산소는 부족한 상태이다. 람다값이 1보다 작아질수록 배출가스 중 HC, CO는 증가하고 NOx는 감소한다. 이는 연료에 필요한 산소가 부족하여 미연소된 연료량이 증가하고 연소실 내부 온도가 저하되어 NOx의 생성이 저하되기 때문이다. 따라서 삼원촉매장치 통과 후에도 산화제로 사용할 수 있는 O_2의 양이 적어서 CO, HC의 정화율이 저하된다.

(3) 람다(λ)값이 1보다 큰 경우

람다(λ)값이 1보다 큰 경우는 실제 공연비가 14.7:1보다 큰 경우로 실제 공연비의 비율이 이론공연비보다 많은 상태이다. 이 경우, 혼합기는 희박하다고 표현하며 연소에 필요한 산소는 많은 상태이다. 람다값이 1보다 커질수록 배출가스 중 CO, NOx는 감소하고 HC는 증가한다. 희박 연소는 정상 연소보다 비열비가 증가하여 엔진의 열효율이 향상된다.

또한 완전연소가 잘 되어 CO, HC가 감소하고 연소 최고 온도가 낮아져서 NOx가 감소한다. 하지만 산소량이 이론공연비보다 너무 많아지는 초희박 연소가 되면, 연소 에너지가 작아져 연소실 내부의 온도가 저하되고, 이로 인해 화염 전파속도가 늦어져 말단부의 혼합기가 점화되지 못하게 되어 HC가 증가하게 된다. 하지만 배출가스 저감장치에서는 산화제인 O_2가 많이 있기 때문에 HC의 정화율이 높아진다.

06 운행 중인 자동차가 공기과잉률이 높게 나타나는 원인

공기 과잉률(λ)이 높다는 것은 공기가 이론공연비보다 더 많이 들어가는 희박 상태를 의미한다. 운행 중인 자동차는 보통 이론공연비를 추종하며 제어되기 때문에 지속적으로 공기 과잉률이 높게 나타난다면 공기 공급 시스템, 연료 공급 시스템 관련 부품에 이상이 생겼다는 의미이다. 부품의 이상에는 다음과 같은 원인이 있을 수 있다.

① **공기센서 불량** : 공기량 센서(AFS : Air Flow Sensor)에 고장이 발생한 경우 공기량 측정에 오류가 발생하고, 그 기준으로 연료가 분사되어 공기 과잉률이 높게 나타날 수 있다.

② **연료 압력 부족** : 연료가 부족하거나, 누설되는 경우 혹은 연료 펌프에 이상이 발생한 경우, 연료량이 적게 분사되어 공기 과잉률이 높게 나타난다.

③ **인젝터 및 연료 필터 막힘** : 인젝터 또는 연료 필터가 막힌 경우 연료량이 적게 분사되어 공기 과잉률이 높게 나타난다.

④ **산소 센서 고장** : 산소 센서에 이상이 발생하여 배출가스에 포함된 산소량 측정에 오류가 발생한 경우, 엔진 ECU는 공기량 농후로 판단하여 연료 분사량을 줄여 공기 과잉률이 높게 나타난다.

⑤ 배기계통 공기 유입 : 배기계통의 파손이나 이상으로 배기관에 공기가 유입되면 산소 센서는 공연비 희박으로 판단하게 된다. 배기가스 중의 산소(O_2) 비율이 높아지면 공기 과잉률이 높게 나타난다.

기출문제 유형

✦ 인터그레이터(integrator)와 블록 런(block learn)에 대해 설명하시오.(95-1-12)

✦ 가솔린 엔진의 전자 연료 분사장치(Electronic Fuel Injection System)에 공연비를 자동적으로 조절하는 메커니즘(Mechanism)을 흐름도(Flow Chart)로 도시하고, 해당 부품의 기능을 설명하시오. (71-4-3)

---

01 개요

내연기관은 연료와 공기를 빠르게 연소시켜 열에너지를 기계적 에너지로 변환시키는 장치로 출력을 높여주기 위해서는 압축비를 높이거나 연소실 내부로 유입되는 공기량(혼합기의 양)을 증대시켜야 한다. 연소실로 유입되는 이론적인 공기의 양은 실린더의 행정체적이지만 실제로 유입되는 공기의 양은 여러 가지 요소에 의해 영향을 받게 되어 달라진다.

엔진의 출력을 높이고, 배출가스를 저감시켜 주기 위해서는 공기와 연료의 비율이 이론공연비(14.7:1)로 제어되어야 한다. 이를 위해 전자제어 엔진에서는 산소 센서의 측정값을 이용해 피드백(Feed Back) 제어를 해준다. 산소 센서는 지르코니아(ZrO_2), 티타니아(TiO_2), 광대역 산소 센서 등이 사용된다.

02 인터그레이터(integrator)의 정의

인터그레이터는 산소 센서 전압의 특정값(지르코니아 센서 기준 450mV)을 기준으로 연료 공급을 제어해 주는 단기보정(STFT : Short Term Fuel Trim)을 의미한다.

03 블록 런(block learn)의 정의

블록 런은 인터그레이터 값으로부터 유도되며, 특정값(128)을 기준으로 연료 공급을 제어해 주는 장기보정(LTFT : Long Term Fuel Trim)을 의미한다.

04 공연비 자동조절 흐름도(Flow Chart)

엔진 ECU는 흡입공기량(AFS)과 엔진 회전수(CKP, CMP)를 측정하여 기본 연료 분사량, 점화시기 등을 산출하고, 산소 센서의 신호로 피드백 제어를 한다.

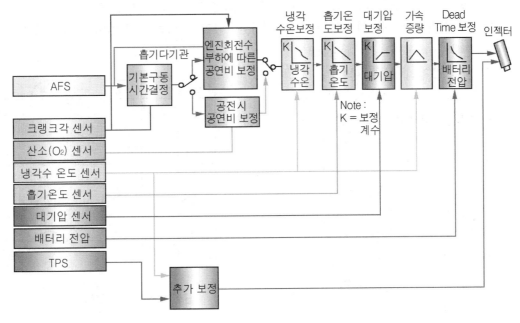

분사량의 제어(보정)

05 공연비 제어 방법 및 관련 부품 기능(인터그레이터와 블록런 제어 방법)

인터그레이터와 블록런은 전자제어 엔진 시스템의 산소 센서를 이용한 연료 보정 로직 중 하나로 ECU는 지르코니아 산소 센서 전압 450mV를 기준으로 작아질수록 희박한 공연비라 판단하여 연료량을 추가 공급해 주고, 450mV보다 큰 경우에는 농후한 공연비라 판단하여 연료량을 줄여준다. 지르코니아 산소 센서는 0mV~1000mV의 범위를 갖고 있다.

블록 런은 0~256의 범위를 갖고 있고 중위 값인 128을 기준으로 값이 더 커지면 희박한 공연비로 판단하여 연료를 추가

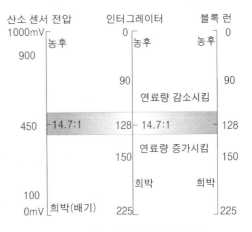

인터그레이트와 블록 런과의 관계

공급해 주고, 128보다 작아지면 농후한 공연비로 판단하여 연료를 적게 공급해 준다. 단기 연료 보정인 인터그레이터는 산소 센서의 값에 맞춰 인젝터의 연료 분사 시간을 조정하는 방식으로 제어된다. 순간적으로 연료량을 보정하는 방법으로 시동을 끄면 이 값은 저장되지 않고 사라진다.

산소 센서의 신호값이 농후하다면 연료 보정은 (-)로 제어해 주며 산소 센서의 신호값이 희박하다면 (+) 연료를 보정을 해준다. 따라서 희박한 공연비 구간이 늘어나면 연료 분사량이 늘어나게 된다. 장기 연료 보정인 블록 런은 운전자의 운전습관, 엔진의 기계적 변화 등을 고려하여 학습된 값으로 서서히 제어된다. 산소 센서의 신호값이 전체적으로 크게 변경된 경우 공연비 학습 보정계수를 기준으로 연료를 분사해 주어 제어시간을 단축시킨다. 블록 런은 엔진 ECU의 시스템 메모리에 저장되어 시동과 관계없이 지속적으로 작동된다.

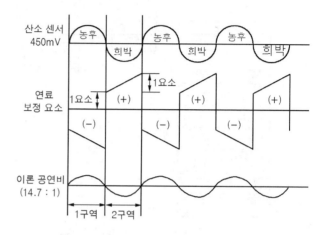

산소 센서와 연료 보정의 관계

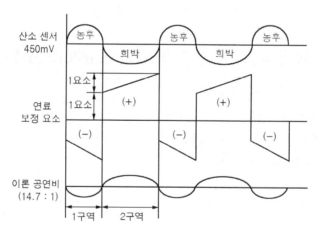

산소 센서와 연료 보정의 관계(약간 희박)

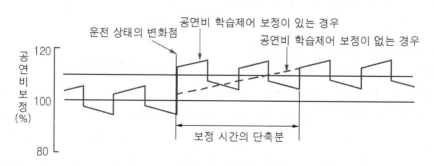

공연비 학습제어

01 개요

(1) 배경

내연기관은 연료와 공기를 빠르게 연소시켜 열에너지를 기계적 에너지로 변환시키는 장치로 연료와 공기의 비율은 출력을 높이고 배출가스를 저감하는데 중요한 인자가 된다. 이론공연비는 연료가 연소할 때 완전히 연소하는 공기와 연료의 비율을 말하며 공기과잉률(λ)은 실제 연소실로 공급되는 공연비를 이론공연비로 나눈 값을 말한다. 산소센서에서 측정된 공기 과잉률을 이용하여 공연비 제어를 해준다. 당량비는 공기과잉률의 역수를 말한다.

(2) 공기과잉률(λ : Lambda)의 정의

람다(λ)는 실제 공연비와 이론공연비의 비율로 엔진에 흡입되는 혼합기의 공연비를 이론공연비로 나눈 값이다. 공기과잉률(Excess Air Ratio), 공기비라고도 한다.

$$공기비\,(\lambda) = \frac{실린더에\;유입된\;실제\;공기량(\mathrm{kg})}{완전연소에\;필요한\;이론\;공기량(\mathrm{kg})}$$

(3) 당량비(Equivalance Ratio)의 정의

당량비(Φ)는 공기 과잉률(λ)의 역수로, 이론공연비를 실제 공연비로 나누어준 값을 말한다. 북미 지역, 가솔린 엔진에 주로 사용한다.

$$\Phi = \frac{(A/F)_{Stoich}}{(A/F)} = \frac{(F/A)}{(F/A)_{Stoich}}$$

$$당량비\,(\Phi) = \frac{1}{공기과잉률\,(\lambda)} = \frac{이론공연비}{실제공연비}$$

(4) LBT(Leanest Air-Fuel Ratio for Best Torque)의 정의

LBT는 출력이 최대로 되는 가장 희박한 공연비를 말한다. 엔진의 토크는 공연비가 농후한 약 0.86~0.9 정도에서 가장 크다. LBT는 이 중에서 가장 희박한 공연비로 약 0.9 : 1의 지점을 의미한다.

02 공기과잉률, 당량비와 엔진 성능, 배출가스 관계

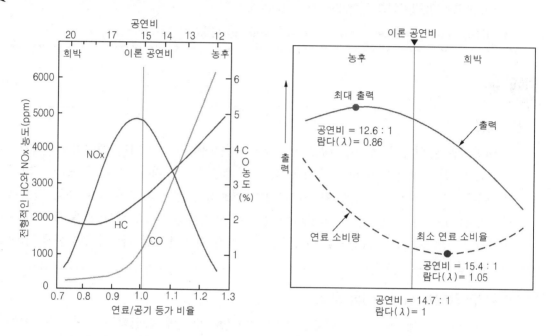

(1) 공기과잉률이 1보다 큰 경우, 당량비가 1보다 작은 경우

람다값이 1보다 큰 경우는 당량비가 1보다 작은 경우로, 실제 공연비의 비율이 이론 공연비보다 큰 경우로 공기량이 더 큰 경우이다. 따라서 혼합기는 희박한 상태이며, 배출가스 중 CO, NOx는 감소하고 HC는 증가한다. 희박 연소는 정상 연소보다 비열비가 증가하여 엔진 열효율이 향상된다.

또한 완전연소가 잘 되어 CO, HC가 감소하고 연소 최고 온도가 낮아져서 NOx가 감소한다. 하지만 산소량이 이론공연비보다 너무 많아지는 초희박 연소가 되면, 연소 에너지가 작아져 연소실 내부의 온도가 저하되고, 이로 인해 화염 전파속도가 늦어져 화염 온도는 낮아지고, 말단부의 혼합기가 점화되지 못하게 되어 HC가 증가하게 된다. 하지만 배출가스 저감장치에서는 산화제인 O_2가 많기 때문에 HC의 정화율이 높아진다.

람다값이 1보다 큰 경우(당량비가 1보다 작은 경우) 출력은 점점 작아지며, 연료 소비율은 람다값 1.05(당량비 0.95)에서 최저가 된다. 화염 온도, 화염 전파속도는 람다값이 1보다 큰 경우 점점 작아진다.

(2) 공기과잉률이 1보다 작은 경우, 당량비가 1보다 큰 경우

람다값이 1보다 작은 경우는 당량비가 1보다 큰 경우로, 실제 공연비가 14.7:1보다 작은 경우이다. 실제 공연비의 비율은 이론공연비보다 작은 상태이다. 이 경우, 혼합기는 농후하다고 표현하며 연소에 필요한 산소는 부족한 상태이다.

람다값이 1보다 작아질수록(당량비가 1보다 커질수록) 배출가스 중 HC, CO는 증가하고 NOx는 감소한다. 이는 연료에 필요한 산소가 부족하여 미연소된 연료량이 증가하고 연소실 내부 온도가 저하되어 NOx의 생성이 저하되기 때문이다. 삼원 촉매장치를 통과하여도 CO, HC의 양이 많고, 산화제로 사용될 수 있는 O_2의 양이 적어서 정화율이 저하된다. 람다값 0.86~0.9(당량비 약 1.17)에서 최고 화염 온도, 화염 전파속도, 출력을 나타내며, 연료 소비율은 당량비가 1보다 클 때 계속 증가한다. 람다값 0.9 정도를 LBT라고 한다.

(3) 공기과잉률이 1인 경우

람다(λ)값이 1인 경우는 실제 공연비가 14.7:1이 되는 경우로, 실제 연소실로 공급되는 연료와 공기의 비율이 이론공연비인 상태이다. 이 경우 완전연소가 되기 때문에 배출가스 중 CO, HC의 배출량은 감소하지만 연소실의 온도가 급격히 증가하여 NOx의 배출량은 증가한다. 람다값이 1인 경우 산화제와 환원제가 적절히 구성되어 있기 때문에 배출가스 유해물질(CO, HC, NOx)의 정화율이 가장 높다. 또한 출력이 높고, 화염속도가 빠르며, 화염온도가 높다.

03 LBT(Leanest Air-Fuel Ratio for Best Torque) 상세 설명

(1) LBT 측정 과정

엔진의 토크가 최대인 공연비를 찾은 후, 부하와 점화시기를 노킹이 발생하기 직전인, 이상연소 경계선(DBL : Detonation Border Line)까지 조정하고, 공연비를 조금씩 희박하게 만들어 출력이 급격하게 떨어지는 지점을 찾아낸다.

> **참고** 이상연소 경계선
> (DBL : Detonation Border Line)
> : 엔진 저/중속 영역(1,000 ~3,000rpm), 부하가 최대로 걸린 조건에서 점화시기를 노킹 발생 이전까지 조정하며 출력이 급격하게 떨어지기 시작하기 전의 시점을 말한다.

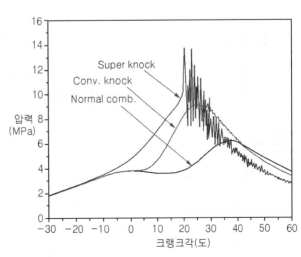

(2) 공연비와 최대토크의 관계

가솔린 엔진은 $\lambda=0.9$ 정도의 농후한 혼합비에서 최대 토크가 발생한다. 그림에서 11.5~13.2 : 1 정도의 공연비이다. 따라서 LBT는 13.2 : 1 이라고 할 수 있다. 완전연소와 배출가스 저감을 위해서는 이론공연비로 엔진이 운전되어야 하지만, 최대 토크는 공연비가 약간 농후한 영역에서 발생하며, 연비는 공연비가 희박할수록 향상된다. 따라서 가장 좋은 토크를 발생시키는 가장 희박한 공연비로 엔진이 운전되면 열효율이 증대되고, 연비가 저감될 수 있다.

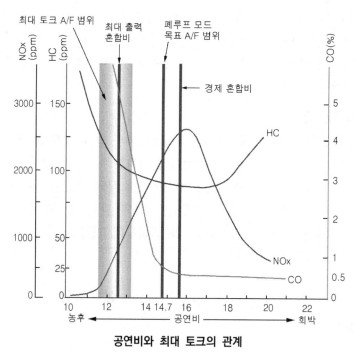

공연비와 최대 토크의 관계

기출문제 유형

◆ 자동차용 엔진의 응답특성(應答特性)과 과도특성(過度特性)을 개선시키기 위하여 고려해야 할 엔진 설계 요소를 구동과 흡·배기 계통으로 구분하여 설명하시오.(110-4-4)

01 개요

(1) 배경

자동차의 엔진은 자동차에 동력을 공급하는 원동기로 내연기관, 증기기관, 전기 엔진, 하이브리드 엔진 등이 있다. 내연기관은 연소실에서 연료의 연소를 이용해 동력을 만드는 엔진으로, 연료의 특성과 공기의 공급에 따라 회전력과 출력이 달라지고 응답특성이 달라진다. 또한 연료의 연소 폭발 에너지를 기계적인 에너지로 변환하는 운동부품, 피스톤, 커넥팅 로드, 크랭크축 등의 회전력과 전달효율, 무게에 따라 응답특성이 달라진다.

(2) 엔진의 과도특성의 정의

엔진의 과도특성은 엔진의 운전조건을 변화시킬 때, 엔진의 상태가 운전조건을 변화시키기 전의 상태에서 변화된 이후의 상태가 되기까지의 특성을 말한다. 과도특성은 엔진의 회전수, 속도 변화를 동반하는 운동 부품, 흡입공기의 연료와 공기의 관성력에 따라 달라진다.

(3) 엔진의 응답특성의 정의

엔진의 응답특성은 엔진의 운전조건을 변화시킬 때 엔진이 응답하는 특성을 말하는 것으로 주로 자동차의 가속페달을 밟은 후 차량이 가속되는 정도를 의미한다.

02 엔진의 응답특성과 과도특성을 개선시키기 위해 고려해야 할 설계 요소

(1) 구동 계통

엔진의 구동 계통은 피스톤, 커넥팅 로드, 크랭크축 등을 의미하며 연료의 열에너지를 기계적인 에너지로 변환시키는 부품을 말한다. 피스톤은 상하 왕복운동을 하며, 커넥팅 로드는 직선 운동을 회전운동으로 변환하여 크랭크축으로 에너지를 전달한다. 크랭크축은 회전운동을 하며, 변속기로 동력을 전달한다.

엔진은 부하에 따라 공급되는 연료와 공기의 양, 점화 타이밍에 따라 회전속도가 달라지고 응답특성과 과도특성이 달라진다. 회전속도가 달라질 때 빠른 응답특성과 과도특성의 예측 가능성, 제어성을 위해 운동 부품의 관성력을 작게 설계해야 한다. 관성력이 작아지면 피스톤이 변동 토크에 신속하게 반응할 수 있게 된다.

관성력을 작게 하기 위해서는 왕복운동을 하는 피스톤은 무게를 줄여 관성력을 줄여야 한다. 또한 회전운동을 하는 크랭크축, 플라이 휠은 전체적인 경량화와 동시에 회전 중심부의 무게는 무겁게, 바깥쪽 부분은 가볍게 설계해야 한다.

(2) 흡·배기 계통

흡기 계통은 흡입 파이프(Air Inlet), 레조네이터(Resonator), 에어 클리너(Air Cleaner) 어셈블리, 인테이크 파이프(Intake Pipe), 스로틀 바디(Throttle Body), 서지 탱크(Surge Tank), 흡기 매니폴드(Intake Manifold)로 구성이 되어 있다.

엔진으로 흡입되는 공기량과 연료량에 따라 엔진의 회전수와 토크가 변화되는데, 가속을 위해 페달을 밟을 경우 스로틀 밸브가 열리고 공기가 대량으로 유입되지만 에어 클리너와 흡기관의 마찰 저항, 서지 탱크 등에 의해서 신속하게 실린더로의 공기가 공급되지 않고 지연된다. 이 상태에서 공기 유입이 많이 되었다고 판단하여 연료가 많이 분사되면 농후한 혼합기가 되어 공연비 불량으로 인해 출력이 저하되고, 배출가스의 배출량이 많아지게 된다.

이런 경우 스텀블(Stumble), 헤지테이션(Hesitation) 현상 등의 과도 현상이 발생하고 응답특성이 저하된다. 이러한 현상을 방지하기 위해 급가속, 급감속 시, 연료 분사량을 보정하는 로직을 적용하여 과도특성 및 응답특성을 개선할 수 있도록 설계한다.

기출문제 유형

✦ 자동차의 서지(Surge) 현상을 설명하시오.(68-1-11)

✦ 자동차의 서지(Surge) 현상에 대해 설명하시오(90-1-10)

✦ 자동차의 헤지테이션(Hesitation) 현상을 설명하시오.(68-1-12)

✦ 자동차의 헤지테이션(Hesitation) 현상에 대해 설명하시오(90-1-11)

✦ 스텀블(Stumble)을 설명하시오.(77-1-4)

---

01 개요

내연기관은 연료의 연소를 이용해 동력을 만드는 엔진으로, 연료의 특성과 공기의 공급에 따라 회전력과 출력이 달라지고 응답특성이 달라지게 된다. 엔진의 출력은 스로틀 밸브의 제어에 의해 흡입되는 공기량과 연료량으로 제어된다. 이때, 실제 엔진에서는 운동 부품의 관성력과 공기량 제어의 한계로 인해 과도특성이 발생하고, 응답지연이 발생되는 등의 응답특성이 나타난다. 특히, 가속을 위해 가속페달을 급격하게 밟아줄 경우 연료량 보정이나 공기량 보정과 같은 제어가 용이하지 않아서 차량이 울컥거리거나 가속이 지연되는 등의 현상이 발생한다. 이런 현상으로는 서지, 헤지테이션, 스텀블, 스트레치, 스톨링 등이 있다.

02 서지(Surge) 현상

(1) 서지(Surge) 현상의 정의

서지 현상은 차량이 전후 방향으로 흔들리는 상태이다. 정속으로 주행하던 차량이나 정지 상태에서 공회전 중인 차량에서 가속페달이나 브레이크 페달의 조작 없이 엔진 회전수가 변동하는 현상을 말한다.

(2) 서지(Surge) 현상의 원인

서지 현상은 흡입되는 공기량이 원활하게 유입되지 않을 때 주로 발생되는 현상으로 원인은 흡기 간섭, 공연비 불량, 공기량 센서(AFS)·산소 센서 측정 오류, 변속기 변속단 변경 및 매칭 오류 등이 있다. 또한 서지는 엔진 토크에 의한 구동 서지와 타이어의 균일성 불량에 의한 전동 서지로 구별하기도 하는데, 타이어의 불균일성으로 인한 서지가 발생하기도 한다.

(3) 서지(Surge) 현상의 대책

일시적인 서지 현상은 과도응답 특성으로 엔진 설계 시 최대한 저감시켜 설계해야한다. 운행 중인 차량에서 지속적인 서지 현상이 발생하면 흡·배기계, 연료계 관련 부품, 센서의 파손 및 고장 상태 등을 점검하고 수리 및 교체해준다.

03 헤지테이션(Hesitation) 현상

(1) 헤지테이션(Hesitation) 현상의 정의

자동차가 가속 중 순간적으로 멈추는 현상으로 출발 시 가속 외의 특정 속도에서 스로틀의 응답성(Throttle Response)이 부족한 상태를 말한다.

(2) 헤지테이션(Hesitation) 현상의 원인

공급되는 연료량이 충분하지 않거나 공연비가 불량한 경우, 기타의 이유로 연소 장애가 발생할 때 응답성이 지연되어 나타나는 현상이다. 원인으로는 연료 계통의 이상, 가속페달, 스로틀 밸브 이상, 공기량 센서, 산소 센서, EGR 밸브 이상 등이 있다.

(3) 헤지테이션(Hesitation) 현상의 대책

엔진 설계 시 응답 지연 현상이 없도록 응답특성을 개선하여 설계하고, 운행 중인 차량에서 지속적인 헤지테이션이 발생하면 연료 펌프, 인젝터의 이상 유무를 확인하고, 관련된 부품, 센서의 고장 유무를 파악한다. 특히, 가속페달이나 스로틀 밸브의 접점, 액추에이터의 간극 등 이상 유무를 조사하여 수리, 교체한다.

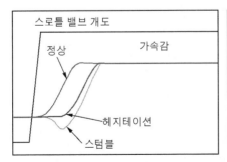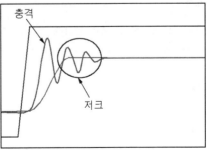

운전성 문제 현상

04 스텀블(Stumble) 현상

(1) 스텀블(Stumble) 현상의 정의

자동차가 가·감속 시에 차량이 전후로 과도하게 진동하는 현상을 말한다.

(2) 스텀블(Stumble) 현상의 원인

스텀블 현상은 주로 수동변속기 차량에서 기어 변속을 하고 클러치가 체결될 때, 엔진으로 자동차의 부하가 인가되어 엔진 회전수가 순간적으로 저하되어 차의 속도가 떨어진다. 자동변속기 차량에서는 오일이 불량하거나, 토크 컨버터에 이상이 생긴 경우 동력전달이 원활하게 이루어지지 않아 발생할 수 있다.

(3) 스텀블(Stumble) 현상의 대책

엔진 설계 시 클러치의 체결에 따른 엔진의 응답특성을 둔감화시키고, 운행 중인 차량에서 지속적인 스텀블이 발생하면 수동변속기 차량인 경우에는 변속기 클러치의 유격, 클러치 디스크 마모, 이상 상태, 오일 상태 등을 점검한다. 자동변속기 차량인 경우에는 자동변속기 오일 상태, 오일 공급 라인 상태, 자동변속기 전자제어 계통, 토크 컨버터 상태 등을 점검한다.

기출문제 유형

✦ 엔진의 희박 연소에서 Swirl과 Tumble이 있는데 이에 대해 상세히 설명하시오.(83-4-6)

✦ 스월과 텀블(Swirl and Tumble)을 설명하시오.(59-1-2)

✦ 연소실 내에서 스월(Swirl)과 텀블(Tumble)에 대해 설명하시오.(62-2-6)

✦ 와류비(Swirl Ratio)에 대해 설명하시오(90-1-9)

✦ 와류비(Swirl Ratio)를 설명하시오.(68-1-4)

✦ 스월 컨트롤 밸브를 설명하시오.(57-1-2)

---

01 개요

(1) 배경

내연기관은 연료의 연소 폭발력을 이용해 구동력을 얻는 장치이다. 실린더 내부에서 연료가 연소될 때 연료와 공기가 충분히 혼합되어 연료의 탄화수소와 산소 분자가 잘 혼합 될수록, 화염 전파속도가 빠를수록 운동에너지로 변환되는 열에너지가 많아져, 연소효율이 높아진다. 하지만 연료를 저감시키기 위해 희박 연소를 하는 경우에는 화염 전파속도가 느려진다.

따라서 화염 끝단부에는 국부적인 화염 소염 현상이 발생하여 연소효율이 저하되고 배기가스 중 탄화수소의 양이 증가하게 된다. 이러한 현상을 방지해주고, 공기의 유동 속도를 높이기 위해 와류(Vortex)를 만들어주는데, 와류에는 대표적으로 스월(Swirl)과 텀블(Tumble), 스퀴시(Squish) 등이 있다.

(2) 스월(Swirl)의 정의

스월은 실린더 내부에서 가로 방향으로 선회하는 와류를 말한다.

(3) 텀블(Tumble)의 정의

텀블은 실린더 내부에서 세로 방향으로 선회하는 와류를 말한다.

02 와류의 종류 및 특징

와류는 공기가 흡입할 때 만들어지는 유입 와류와 피스톤의 압축에 의해 발생하는 압입 와류로 구분할 수 있다. 유입 와류는 흡기행정 중 공기가 실린더 내로 유입될 때 생성되는 와류로 스월과 텀블이 있고, 흡기 밸브나 SCV(Swirl Control Valve) 등을 이용해서 만들어 준다. 압입 와류는 압축행정 말기에 피스톤과 실린더 헤드의 접촉부위의 밀착으로 인해 발생하는 와류로 스퀴시를 말하며, 피스톤 헤드 가장자리에서 연소실 중앙부분으로 공기의 흐름을 만들어준다.

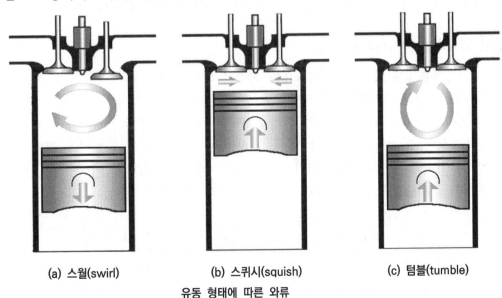

(a) 스월(swirl)   (b) 스퀴시(squish)   (c) 텀블(tumble)

유동 형태에 따른 와류

(1) 스월(Swirl)

스월은 실린더 내부에서 가로 방향으로 선회하는 와류를 의미한다. 스월을 유도하기 위해 흡입공기는 나선형 흡기관이나 SCV(Swirl Control Valve)를 통해 실린더로 유입되며, 실린더 내부에서 수직축을 중심으로 선회 운동을 하게 된다. 이 경우, 흡기통로는 흔히 두 갈래로 설계되는데 제 1의 통로는 공기의 흐름이 그대로 유입되고, 제 2의 통로는 플랩(flap)에 의해 닫히게 된다. 따라서 공기는 실린더 내부에서 한쪽 방향으로 회전하게 되고, 이 상태에서 연료가 분사되면 점화 플러그 주위만 농후한 층상급기를 형성하게 된다.

(2) 텀블(Tumble)

텀블은 연소실의 벽면을 타고 내려와서 피스톤 헤드를 통해 위로 올라가게 되는 수평축을 중심으로 하는 원통 형상의 와류를 만든다. 흡기밸브에서 연소실로 유입된 공기는 피스톤 헤드에 가공된 분화구(crater) 모양의 부분에서 180°로 방향을 바꾸어서 다시 위쪽으로 올라가 점화 플러그 주변에서 유동한다.

(3) 스퀴시(Squish)

스퀴시는 압축행정 후기 피스톤 헤드의 가장자리 부분과 실린더 헤드의 가장자리 부분이 서로 압축되어 발생되는 공기 흐름으로 연소실 중앙부로 공기의 흐름이 만들어진다.

(4) 난류(Turbulence)

난류는 혼합기의 흐름이 분산되어 작은 와류로 된 것을 말한다. 텀블이나 스퀴시가 발생한 후에 공기의 유동 동력이 없어지면 혼합기가 난류가 된다.

03 와류비(Swirl Ratio)

와류비는 와류의 강도를 나타내는 지수로 와류의 회전수와 엔진의 회전수의 비로 나타내는 방법과, 와류의 수평 방향의 속도 성분과 수직 방향의 속도 성분의 비로 나타내는 방법이 있다. 와류비가 감소하면 연료와 공기의 혼합이 원활하게 되지 않고, 화염 전파속도가 느려져 미연소 탄화수소가 많이 발생하게 되고, 와류비가 지나치게 증가하면 흡기 유동 증대로 인해 연비가 저하되고, 연소가 원활하게 이루어지지 않아 출력이 저하되고 배출가스 중 일산화탄소와, 탄화수소가 증가하게 된다.

$$와류비(Swirl\,Ratio) = \frac{와류의\ 회전수(Swirl\,Speed)}{엔진의\ 회전수(Engine\,RPM)}$$

$$와류비(Swirl\,Ratio) = \frac{와류\ 수평방향의\ 속도\ 성분}{와류\ 수직방향의\ 속도\ 성분}$$

04 와류에 의한 효과

연소 이전에 와류가 형성되면 연료와 공기가 충분히 혼합되어 미연소 탄화수소의 양이 줄어들게 되고 노킹이 방지되어 연소효율이 증가하게 된다. 연소 이후 와류는 화염의 전파속도를 빠르게 하여 국부적인 소염현상의 발생을 억제하고 연소효율을 증가시킨다.

하지만 와류가 지나치게 빠를 경우 연소실 벽을 통한 열손실이 증가하고, 국부적인 화염 소실, 노킹 등을 유발하여 열효율을 저하시킨다. 희박연소(Lean Burn) 엔진이나 가솔린의 GDI 엔진, 디젤 엔진 등에서는 연료의 양을 적게 공급하여 연비를 높이기 위해 스월, 텀블 등의 와류를 인위적으로 만들어준다.

05 스월 컨트롤 밸브

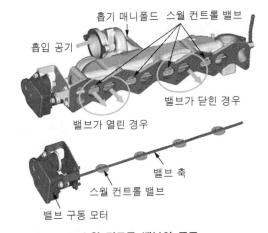

스월 컨트롤 밸브의 구조

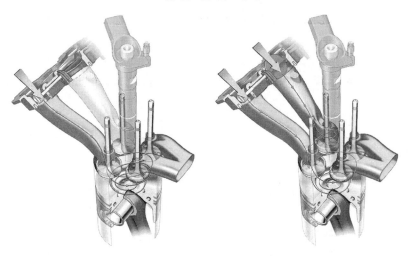

| 밸브가 닫힌 경우 | 밸브가 열린 경우 |

스월 컨트롤 밸브는 연소실 내부 공기의 와류를 만들어주는 장치로 각 실린더의 엔진 흡기 입구 밸브측 통로에 하나씩 설치된다. 엔진 ECU로 제어되며 디젤 엔진에서는 저속 저부하에서 엔진 부압이 낮을 때 작동되며, 가솔린의 린번 엔진이나, GDI 엔진에서는 중저속이나 부분 부하시 희박 연소를 위한 층상 혼합기를 만들어줄 때 사용된다. 스월 컨트롤 밸브가 엔진 ECU의 제어에 의해 동작되어 흡기의 한쪽 통로를 막으면, 실린더로 유입되던 기체는 속도가 빨라지고, 한쪽으로만 유입되기 때문에 자연스럽게 스월이 형성된다. 주로 중저부하에서 사용되며, 고부하 영역에서는 스월 컨트롤 밸브를 모두 열어주어 흡입효율이 향상될 수 있도록 제어한다.

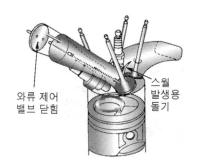
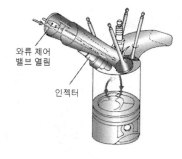

중저부하 영역(SCV 닫힌 경우)　　　　**고부하 영역(SCV 열린 경우)**

기출문제 유형

✦ GDI 시스템에서의 최적 혼합기 형성 및 최적 연소가 가능하도록 하는 운전 모드 중 층상 급기, 균질 혼합기, 균질-희박. 균질-층상 급기, 균질-노크 방지에 대해 설명하시오.(98-3-6)

✦ 층상 급기 방식에 의한 혼합기 생성 방법을 서술하고 적용되고 있는 엔진은 어떤 것들인가? (59-2-1)

✦ 층상 급기(Stratified Charge)를 설명하시오.(83-1-8)

01 개요

(1) 배경

GDI 시스템은 가솔린 직접분사(Gasoline Direct Injection) 시스템으로 고압의 연료를 연소실에 직접 분사하여 출력을 향상시키고, 배출가스를 저감시킨 시스템이다. 연소실로 직접 연료를 분사시키기 때문에 연소실 밖에서 손실되는 연료가 저감되고, 압축비를 높여도 노킹이 잘 발생되지 않는다는 장점이 있다. 또한 연료를 적게 분사해도 충분한 출력을 낼 수 있다. 따라서 연비가 저감되며, 배출가스 중 유해물질이 저감된다. GDI 엔진, 린번(Lean Burn) 엔진 등은 희박공연비에서의 원활한 운전을 위해 다양한 혼합기 모드를 사용하고 있다.

(2) 층상 급기(Stratified Charge)의 정의

층상 급기는 연료와 공기의 혼합비율이 이론공연비인 혼합기와 아주 희박한 공연비의 혼합기가 층을 지어 있는 구조의 급기를 말한다.

02 층상 급기(Stratified Charge)의 형성 과정 및 특징

층상 급기는 주로 저속 저부하 영역, 부분부하 영역에서 연비 사용을 저감시켜 주기 위해 사용한다. 연소실 내부에 와류를 형성한 후 압축행정 말기, 점화시기 직전에 연료를 연소실로 분사한다. 분사된 연료는 점화 플러그 근처에서 공기과잉률 $\lambda = 0.95 \sim 1$인 혼합기 구름을 형성하고 그 외의 부분에서는 아주 희박한 공연비를 형성한다. 층상 급기를 이용해 연소가 되면 연비가 저감되며 배출가스 중 유해물질이 저감된다.

03 균질 혼합기 모드(Homogeneous Mixture Mode)

균질 혼합기 모드는 고속 고부하 상태에서 사용되며, 공기과잉률 $\lambda = 1$이나 1보다 작은 농후한 균질 혼합기를 말한다. 균질 혼합기는 흡기행정 중에 분사를 하여 연료와 공기의 혼합이 충분히 될 수 있도록 하여 원활한 연소가 이루어질 수 있도록 한다. 따라서 연비는 저하되며, 배출가스가 증가하지만, 출력이 증대되어 큰 가속력을 얻을 수 있다.

04 균질 희박 모드(Homogeneous Lean Mode)

균질 희박 모드는 층상 급기와 균질 혼합기 모드 사이의 과도기 영역에서 사용되는 모드로 공기과잉률 $\lambda = 1 \sim 1.2$로 제어되기 때문에 균질 혼합기 모드보다 출력은 저하되나 연비가 향상되는 장점이 있다. 저속 고부하 상태나 부분 부하 상태에서 연비를 저감시키기 위해 사용한다.

05 균질 층상 급기 모드(Homogeneous Stratified Charge Mode)

균질 층상 급기 모드는 주로 감속을 할 때 사용되는 모드로 균질 혼합기 모드에서 층상 급기 모드로 진행되는 과도기 영역에서 사용된다. 흡기행정 중에 75%의 연료를 조기분사하여 균질하면서 희박한 혼합기를 형성해 주고, 나머지 25%의 연료는 압축행정 말기, 점화시기 직전에 분사하여 점화 플러그 주위에 농후한 층상 급기를 형성하여 연소를 원활하게 해준다.

06 균질 노크 방지 모드(Homogeneous Antiknock Mode)

균질 노크 방지 모드는 $\lambda=1$의 균질한 비율로 흡입행정과 압축행정 시 50%의 연료를 두 번 나누어 분사하여 노킹을 방지하는 모드이다. 혼합기의 층을 형성시켜 자기착화를 방지한다.

기출문제 유형

✦ 가솔린 엔진의 연소과정에서 층류화염과 난류화염을 구분하여 설명하시오.(108-3-3)

01 개요

(1) 배경

가솔린 엔진은 연료와 공기의 혼합기를 고온, 고압으로 압축시킨 후 점화 플러그를 통해 착화 연소시켜 폭발력을 얻는 기구이다. 연소는 고속의 발열 반응으로, 연소 개시 후 발생된 열이 미연소 혼합기를 차례로 가열하면서 화염이 전파되게 된다. 화염의 전파속도가 빠르고 온도가 높아야 출력이 향상되고, 미연소 탄화수소의 양이 줄어들어 배출가스가 저감되게 된다.

이를 위해 연소실의 형상을 설계할 때, S/V비(Surface/Volume Ratio)가 작도록 콤팩트하게 설계해 주고, 점화 플러그를 연소실의 중앙쪽에 위치시켜 연소실 전체적으로 화염이 확산되는 속도가 빠르도록 설계해 준다. 연소실에서 발생하는 화염은 유동 특성에 의해 층류 화염과 난류 화염으로 구분할 수 있다.

> **참고** 화염은 혼합 특성을 기준으로 예혼합 화염(Premixed Flame), 확산 화염(Diffusion Flame)으로 구분할 수 있고, 화염전파 양상을 기준으로 버너에서 발생하는 정치 화염(Stationary Flame), 내연기관에서 발생하는 진행 화염(Travelling Flame)으로 구분할 수 있으며, 유동 특성을 기준으로 층류 화염(Laminar Flame), 난류화염(Turbulent Flame)으로 구분할 수 있다.

(2) 층류 화염(Laminar Flame)의 정의

층류 화염은 난류가 없는 상태에서 혼합기의 층을 따라 화염이 확산되면서 전파되는 화염이다. 화염 표면이 부드럽고, 연소가 안정적이며 화염 확산 속도는 약 2~6m/s로 다소 느린 편이다.

(3) 난류 화염(Turbulent Flame)의 정의

난류 화염은 연소실 내부에서 발생한 화염이 난류에 의해 확산되는 것으로 층류 화염면에 비해 접촉면이 더 넓고, 화염 확산 방향이 다양하며 속도가 빨라서 연소효율이 향상된다.

02 화염의 발생 과정

실린더 내부로 들어온 혼합기는 압축행정 때 피스톤에 의해 압축된다. 고온 고압으로 압축된 혼합기에 점화 플러그의 전기방전을 인가해주면 연소가 되면서 화염이 전파된다. 이때 연소실 내부에 난류의 발생이 없으면 화염면은 일정한 층을 유지하며 전파된다. 하지만 실제 엔진에서는 난류가 발생되기 때문에 난류 화염이 형성되어 전파된다. 난류 화염은 층류 화염 전파속도보다 약 10배 빠르다.

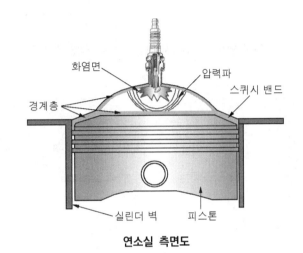

연소실 측면도

불꽃의 흐름과 화염전파와의 상호 관계

03 층류 화염의 특징

층류 화염이 발생되면 화염면이 길고 부드러운 연소가 되어 소음 및 진동이 저감된다. 따라서 안정적인 연소가 가능하다. 하지만 층류가 형성되는 각 부분의 농도차가 발생할 수 있어서 균일한 화염 확산이 일어나기 힘들고, 화염전파 시간이 길어지기 때문에 연소실 내부의 온도가 높아지지 않고, 말단부의 화염이 소실되는 국부적인 소염현상 (Quenching)이 발생할 수 있다. 따라서 출력이 저하되고, 배출가스 중 HC, CO가 증가하게 된다.

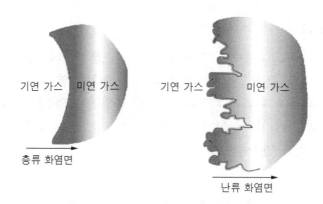

기연 가스　미연 가스　　기연 가스　미연 가스

층류 화염면　　난류 화염면

Si 엔진 연소 시 층류 화염면과 난류 화염면의 비교

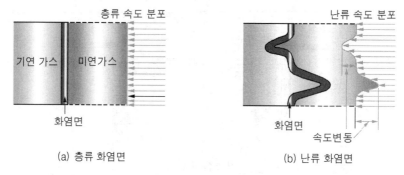

층류 속도 분포　　난류 속도 분포

기연 가스　미연가스

화염면　　화염면　속도변동

(a) 층류 화염면　　(b) 난류 화염면

층류 화염면과 난류 화염면

04 난류 화염의 특징

난류 화염이 발생되면 연료의 기체화가 용이해져 혼합기의 농도가 균일화된다. 또한 화염전파가 다양한 방향으로 발생하므로 화염이 전파되는 면적이 증가하여 화염 전파속도가 빠르게 된다. 따라서 난류 화염이 발생되면 출력 성능이 높아지고, 연비가 향상된다.

하지만 실린더 내부에 지나치게 빠른 난류가 발생하면 점화 시 화염이 소실되어 실화(Misfire)가 될 수 있고, 피스톤이 상사점에 이르기 전에 실린더 압력이 과도하게 상승하여 동력 손실이 발생할 수 있다. 따라서 난류를 형성할 때 엔진의 회전속도와 부하에 맞게 조절해야 한다. 난류는 보통 SCV(Swirl Control Valve)를 이용한 스월, 연소실의 형상을 이용한 압입 와류(Squish), 피스톤의 형상을 이용한 텀블 등으로 만들어준다.

07 연소 노킹

기출문제 유형

✦ 오토 사이클(Otto Cycle)의 이론 열효율 공식을 유도하고 향상 대책을 논하시오.(71-4-5)

✦ 내연기관의 열효율 향상 방안에 대해 설명하시오.(87-1-2)

✦ 고속 디젤 엔진의 열역학적 사이클을 설명하고 열효율을 구하시오.(63-3-3)

✦ 기본적인 디젤기관의 연소과정 선도를 그려서 설명하시오.(108-3-4)

✦ 합성 사이클(Sabathe Cycle)을 설명하시오.(62-1-8)

✦ 가솔린과 디젤 엔진의 연소과정을 연소 압력과 크랭크 각도에 따라 도시하고, 연소 특성을 비교하여 설명하시오.(93-4-1)

✦ 디젤 엔진의 연소 과정을 압력-크랭크 각 선도로 도시하고 상술하시오.(52)

✦ 디젤 엔진의 연소과정을 설명하시오.(42)

✦ 공기 표준 오토 사이클과 공기 표준 디젤 사이클의 P-V 선도를 그리고, 같은 압축비에서 어느 사이클의 효율이 높은가를 기술하시오.(60-2-4)

✦ 이론적으로 오토 사이클(가솔린)의 효율이 디젤 사이클의 효율보다 높은데 실제로는 디젤 엔진의 효율이 가솔린 엔진 효율보다 높은 이유를 3가지 들고 설명하시오.(78-2-5)

✦ 디젤기관이 가솔린 엔진보다 연비가 좋은 이유를 P-V 선도를 그려서 비교하여 설명하시오.(99-2-1)

✦ 가솔린 엔진과 디젤 엔진의 연비 차이에 대한 이유를 설명하시오.(87-1-8)

01 개요

(1) 배경

내연기관은 연료와 공기를 빠르게 연소시켜 열에너지를 기계적 에너지로 변환시키는 장치로 대표적으로 가솔린 엔진과 디젤 엔진이 있다. 가솔린 엔진은 불꽃 점화 엔진으로 연료와 공기의 혼합기를 실린더 내부로 유입시켜 압축시킨 후 점화 플러그의 불꽃 점화에 의해 폭발력을 얻는다.

디젤 엔진은 압축착화 엔진으로 공기를 고온으로 압축시킨 후 연료를 분사하여 자기 착화시켜 폭발력을 얻는다. 내연기관에서 발생하는 일량과 피스톤의 움직임을 이론적으로 파악하기 위해 공기 표준 사이클을 사용하며, 이를 압력과 체적으로 나타낸 선도를 P-V 선도라고 한다. P-V 선도는 한 사이클 동안 실린더에서 발생하는 압력-체적의 변화량을 도시한 이론적인 그래프이다.

(2) 공기 표준 사이클(Air-Standard Cycle)의 정의

공기 표준 사이클은 실제 엔진에서 실현이 불가능한 이론적인 열역학 사이클로 엔진의 성능에 관계되는 각 인자들의 관계를 파악하기 위해 사용된다. 정적, 정압, 복합, 밀러 사이클 등이 있다.

(3) 오토 사이클(Otto Cycle)의 정의

오토 사이클은 가솔린 내연 기관의 이상적인 열역학 사이클로서 폭발행정에서 부피는 변하지 않고 압력만 상승하는 정적 사이클(Constant Volume Cycle)을 말한다. 불꽃 점화 엔진의 가장 일반적인 열역학적인 사이클이다.

(4) 디젤 사이클(Diesel Cycle)의 정의

디젤 사이클은 디젤 내연 기관의 이상적인 열역학 사이클로서 폭발행정에서 압력은 변하지 않고 부피만 상승하는 정압 사이클(Constant Pressure Cycle)을 말한다. 압축착화 엔진의 가장 일반적인 열역학적 사이클이다. 초기 공기 분사식 저속 디젤 엔진에서 사용되었다.

(5) 합성 사이클(Sabathe Cycle)

합성 사이클은 복합 사이클, 사바테 사이클이라고도 하며, 폭발행정 시 정적, 정압 변화를 하는 열역학적 사이클을 말한다. 고속 디젤 자동차용 엔진에 사용된다.

02 공기 표준 사이클 P-V 선도

다음 그림은 오토, 디젤, 사바테 사이클의 P-V 선도와 피스톤의 위치, 사이클의 행정을 보여주고 있다.

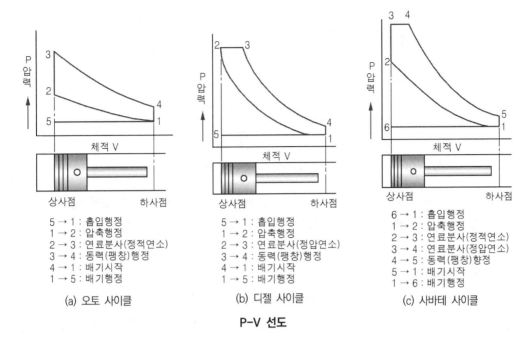

5 → 1 : 흡입행정
1 → 2 : 압축행정
2 → 3 : 연료분사(정적연소)
3 → 4 : 동력(팽창)행정
4 → 1 : 배기시작
1 → 5 : 배기행정

(a) 오토 사이클

5 → 1 : 흡입행정
1 → 2 : 압축행정
2 → 3 : 연료분사(정압연소)
3 → 4 : 동력(팽창)행정
4 → 1 : 배기시작
1 → 5 : 배기행정

(b) 디젤 사이클

6 → 1 : 흡입행정
1 → 2 : 압축행정
2 → 3 : 연료분사(정적연소)
3 → 4 : 연료분사(정압연소)
4 → 5 : 동력(팽창)향정
5 → 1 : 배기시작
1 → 6 : 배기행정

(c) 사바테 사이클

P-V 선도

03 오토 사이클(Otto Cycle)

(1) 오토 사이클(Otto Cycle)의 P-V 선도

오토 사이클은 2개의 단열과정과 2개의 정적과정으로 이루어진 사이클로 동작 유체에 대한 열 공급 및 방출이 일정한 체적하에서 이루어지는 것이 특징이다.

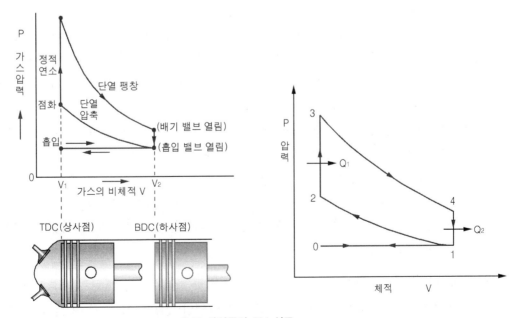

오토 사이클의 PV 선도

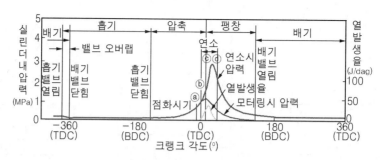

실린더 압력과 크랭크 각도

① **흡기행정(0→1)** : 피스톤은 상사점(TDC)에서 하사점(BDC)으로 내려가는 행정으로 부압을 형성하며, 혼합기는 실린더 내부로 유입된다. 이때 압력의 변화는 없고, 부피는 V_1에서 V_2로 증가한다. 크랭크 각도는 상사점에서 하사점까지 180° 변화된다.

② **압축과정(1→2)** : 피스톤은 BDC에서 TDC로 올라가는 행정으로 혼합기는 단열 압축(등 엔트로피 압축)된다. 압력은 상승하게 되고, 행정실 부피는 V_2에서 V_1으로 압축된다. 크랭크 각도는 하사점에서 상사점까지 180° 변화된다. 실제 가솔린 엔진의 압축비는 약 7~11 : 1이며, 혼합기의 온도는 약 400~500℃, 압축압력은 약 18bar 정도까지 상승한다.

③ **연소과정(2→3)** : 오토 사이클에서 폭발행정 시 피스톤은 TDC에 위치해 있다. 압력은 급격히 상승하게 되고 부피는 V_1을 유지한다. 실제 크랭크 각도는 점화순간부터 폭발 연소까지 BTDC 30~40°에서 ATDC 10~15°까지 변화된다. 이때 열량 Q_1이 발생한다.

④ **팽창행정(3→4)** : 내부의 연료가 연소되면서 팽창 압력이 발생하여 피스톤을 밀어내리면, 피스톤은 TDC에서 BDC로 내려간다. 이 과정에서 동력이 전달된다. 압력은 하락하게 되고 부피는 V_1에서 V_2로 증가한다. 크랭크 각도는 상사점에서 하사점까지 180° 변화된다.

⑤ **배기과정(4→1)** : 오토 사이클에서 배기행정 시 피스톤은 BDC에 위치해 있고(부피 변화 없음), 배기 밸브가 열려 압력이 하락한다. 이때 열량 Q_2가 정적방열 된다. 따라서 크랭크 각도의 변화도 없다.

⑥ **배기행정(1→0)** : 피스톤은 BTC에서 TDC로 올라가며 압축된다. 이때 배기밸브는 열려있는 상태로 압력은 변동이 없다. 피스톤은 연소실에 남아있던 배기가스를 모두 내보낸다.

(2) 오토 사이클(Otto Cycle)의 열효율

오토 사이클의 열효율은 연소 시 공급되는 열량(Q_1)과 배기 시 방출되는 열량을 통해 유효 일량을 결정하고, 공급된 열량(Q_1)으로 이를 나눠주어 열효율을 구할 수 있다. 스파크 점화 엔진의 이론 열효율(η_{th})은 다음과 같은 식으로 표현하며, 일량과 공급 열량으로부터 열효율을 유도할 수 있다.

$$\eta_{th} = 1 - \frac{1}{\varepsilon^{k-1}} \quad (k : \text{비열비})$$

$$\eta_{thO} = \frac{\text{일량}}{\text{공급열량}} = \frac{AW}{Q_1} = \frac{Q_1 - Q_2}{Q_1} = 1 - \frac{Q_2}{Q_1} = 1 - \frac{T_4 - T_1}{T_3 - T_2}$$

$$\eta_{thO} = 1 - \frac{T_4 - T_1}{T_3 - T_2} = 1 - \frac{\rho T_1 - T_1}{(\rho \varepsilon^{k-1} T_1) - (\varepsilon^{k-1} T_1)} = 1 - \frac{1}{\varepsilon^{k-1}}$$

$$\text{압축비}(\varepsilon) = \frac{V_1}{V_2} = \frac{V_4}{V_3}$$

(3) 오토 사이클(Otto Cycle)의 열효율 향상 대책

열효율은 실린더 내부로 공급되는 열량에 대비하여 방출되는 열량이 작으면 증가한다. 또한 압축비가 크고 비열비가 커질수록 증가한다. 따라서 열효율을 향상시키기 위해서는 희박공연비 운전, 과급 등으로 공급 열량을 증가시켜 주고, 펌핑손실, 마찰손실 등의 손실을 줄여서 방출 열량을 줄여 주어야 한다. 또한 엔진의 압축비(ε)를 높이고, 비열비가 커지도록 해야 한다. 비열비가 크다는 것은 동일 발열량당 외부에 하는 일이 많음을 의미한다.

1) 희박공연비

희박공연비로 엔진을 운전하면 연소 시 총 가스량이 증가되고, 연소 최고 온도가 낮아져 냉각손실을 감소시킬 수 있기 때문에 열효율이 향상된다.

2) 펌핑손실 저감

자연 흡기(NA : Natural Aspiration) 엔진에서 열효율을 증가시키기 위해 희박연소를 적용하면 흡입공기량이 제한되기 때문에 토크가 낮아지게 된다. 따라서 과급기, 가변 밸브 시스템 등을 적용하면 펌핑손실이 저감되고, 흡입효율이 증대되어, 열효율이 향상된다.

3) 난류

연소실 내부에 스월(Swirl), 텀블(Tumble), 스퀴시(Squish)와 같은 난류를 형성해주면 화염 접촉면이 증가하고, 화염 전파속도가 빨라져 열효율이 향상된다. 하지만 너무 빠른 난류가 형성되면 실화가 발생할 수 있기 때문에 적절히 조절되어야 한다. SCV(Swirl Control Valve) 등을 이용해 난류를 형성해 준다.

4) 압축비 증대

압축비를 증대시키면 열효율이 향상된다. 하지만 과도한 압축비 상승은 노킹을 발생시키기 때문에 노킹 방지에 대한 대책이 필요하다. 실제 가솔린 엔진의 압축비는 8~11:1 정도이다. 가변 압축비 엔진, 저압축 고팽창 사이클 엔진인 애킨슨, 밀러 사이클 엔진 등을 사용하여 열효율을 증대시킬 수 있다. 압축비를 높일 때 열효율이 상승하는 이유는 다음과 같다.

① 간극체적이 작기 때문에 연소가스가 잘 방출된다.
② 압축비가 상승하면 압축말기 혼합기의 온도가 높기 때문에 연료의 기화가 촉진된다.
③ 압축비가 높아진 만큼 연소가스가 큰 체적으로 팽창하게 되어 연소가스 온도는 더 낮아지게 된다. 따라서 배기가스를 통한 방출 열량이 크게 감소된다.

5) EGR 활용

배출가스 재순환 장치를 이용하여 배출가스를 흡기와 같이 연소실 내부로 유입시키면 비열비가 증가하게 되어 열효율이 향상된다.

04 디젤 사이클(Diesel Cycle)

(1) 디젤 사이클(Diesel Cycle)의 P-V 선도

디젤 사이클은 2개의 단열과정과 1개의 정압과정, 정적과정으로 이루어진 사이클로 동작 유체에 대한 열공급이 일정한 압력하에서 이루어지고, 방출은 일정한 체적하에서 이루어지는 것이 특징이다.

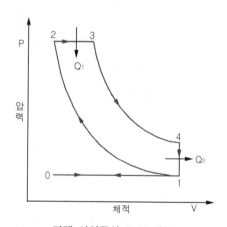

디젤 사이클의 P-V 선도

① **흡기과정(0→1)** : 피스톤은 TDC에서 BDC로 내려가며 부압을 형성하여 공기를 흡입한다. 이때 압력의 변화는 없고 부피는 V_1에서 V_2로 증가한다. 크랭크각도는 상사점에서 하사점까지 180° 변화된다.

② **압축과정(1→2)** : 피스톤은 BDC에서 TDC로 올라가며 혼합기를 단열 압축(등 엔트로피 압축)한다. 이때 크랭크 각도는 하사점에서 상사점까지 180° 변화되며, 압력은 서서히 상승하게 되고, 행정실 부피는 V_2에서 V_1으로 압축된다.

③ **연소과정(2→3)** : 고온, 고압으로 압축된 공기에 연료가 분사되면, 열량 Q_1이 공급되고, 피스톤은 TDC에서 압력을 유지한 채 팽창된다.(정압 급열) 행정실 부피는 V_1에서 약간 증가하게 된다. 실제 엔진에서는 압력이 65~90bar 정도까지 상승한다.

④ 팽창행정(3→4) : 피스톤이 BDC로 내려가며 단열 팽창(등 엔트로피)된다. 이때 압력은 서서히 하락하게 되고 행정실 부피는 V_1에서 V_2로 증가한다. 크랭크 각도는 상사점에서 하사점까지 180° 변화된다.

⑤ 배기과정(4→1) : 디젤 사이클에서 배기행정 시 피스톤은 BDC에 위치해 있고(부피 변화 없음), 배기 밸브가 열려 압력이 하락한다. 이때 열량 Q_2가 정적방열 된다. 따라서 크랭크 각도의 변화도 없다.

⑥ 배기행정(1→0) : 피스톤은 BTC에서 TDC로 올라가며 압축된다. 이때 배기밸브는 열려있는 상태로 압력은 변동이 없다. 피스톤은 연소실에 남아있던 배기가스를 모두 내보낸다.

(2) 디젤 사이클(Diesel Cycle)의 열효율

디젤 사이클의 열효율은 연소 시 공급되는 열량(Q_1)과 배기 시 방출되는 열량을 통해 유효 일량을 결정하고, 공급된 열량(Q_1)으로 이를 나눠주어 열효율을 구할 수 있다. 공식은 다음과 같다. 차단비/단절비(Cut-Off Ratio)는 등압도(Constant Pressure Expansion Ratio)라고도 한다.

$$\eta_{thO} = \frac{일량}{공급열량} = 1 - \frac{T_4 - T_1}{k(T_3 - T_2)} = 1 - \frac{1}{\varepsilon^{k-1}} \frac{\sigma^k - 1}{k(\sigma - 1)}$$

$$압축비(\varepsilon) = \frac{V_1}{V_2}, \quad 차단비(\sigma) = \frac{V_3}{V_2} \quad (k : 비열비)$$

(3) 디젤 사이클(Diesel Cycle)의 열효율 향상 대책

디젤 사이클의 열효율은 압축비가 클수록, 차단비/단절비(Cut-off Ratio) 또는 등압도(Constant Pressure Expansion Ratio)가 클수록 향상된다.

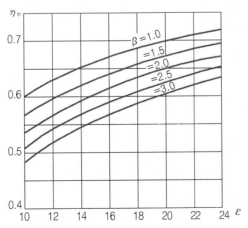

정압 사이클의 이론 열효율과 압축비 및 차단비의 상관관계
(여기서 β는 차단비 또는 등압도)

05 합성 사이클(Sabathe Cycle)

(1) 합성 사이클(Sabathe Cycle)의 P-V 선도

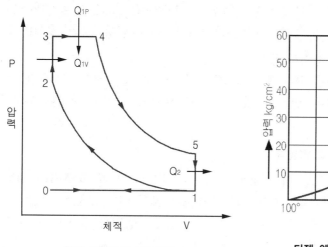

합성 사이클의 PV 선도

디젤 엔진의 크랭크 각도별 실린더 압력

합성 사이클은 2개의 단열과정과 2개의 정적과정, 1개의 정압과정으로 이루어진 사이 클로 동작 유체에 대한 열공급이 일정한 체적과 압력하에서 각각 이루어지고, 방출은 일 정한 체적하에서 이루어지는 것이 특징이다. 가솔린 엔진이나 디젤 엔진의 실제 P-V 선 도를 보면, 연소 과정이 정적, 정압으로 복합되어 있는 것을 볼 수 있다. 복합 사이클은 주로 무기분사식 디젤 엔진, 고속 디젤 엔진에서 사용하는 이론 사이클이다.

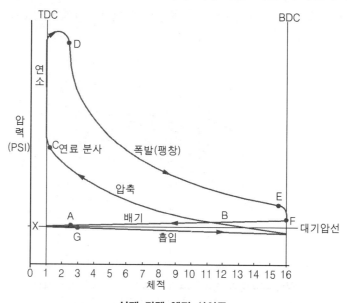

실제 디젤 엔진 사이클

① 흡기과정(0→1) : 피스톤은 TDC에서 BDC로 내려가며 부압을 형성하여 공기를 흡입한다. 이때 압력의 변화는 없고 부피는 V_1에서 V_2로 증가한다. 크랭크 각도는 상사점에서 하사점까지 180° 변화된다.

② 압축과정(1→2) : 피스톤은 BDC에서 TDC로 올라가며 혼합기를 단열 압축(등 엔트로피 압축)한다. 크랭크 각도는 하사점에서 상사점까지 180° 변화되며, 압력은 0~30kg/cm²까지 서서히 상승하고, 행정실 부피는 V_2에서 V_1으로 압축된다.

③ 정적 연소과정(2→3) : 고온, 고압으로 압축된 공기에 연료가 분사되면, 정적 급열로 피스톤의 위치가 변하지 않고 체적은 그대로인 상태에서 열량 Q_v가 공급된다. 압력은 30kg/cm²에서 45kg/cm²까지 급격하게 증가한다.

④ 정압 연소과정(3→4) : 피스톤의 위치가 약간 움직이며, 체적이 증가하고, 압력이 유지된 상태의 정압 급열 과정으로 열량 Q_p가 공급된다. 이론 사이클에서는 압력이 증가하지 않지만 실제 엔진에서는 압력이 50kg/cm²까지 약간 증가한다.

⑤ 팽창행정(4→5) : 피스톤이 BDC로 내려가며 단열팽창(등 엔트로피)된다. 이때 압력은 서서히 하락하게 되고 행정실 부피는 V_1에서 V_2로 증가한다. 크랭크 각도는 상사점에서 하사점까지 180° 변화된다.

⑥ 배기과정(4→1) : 합성 사이클에서 배기행정 시 피스톤은 BDC에 위치해 있고(부피 변화 없음), 배기 밸브가 열려 압력이 하락한다. 이때 열량 Q_2가 정적방열 된다. 따라서 크랭크 각도의 변화도 없다.

⑦ 배기행정(1→0) : 피스톤은 BTC에서 TDC로 올라가며 압축된다. 이때 배기밸브는 열려있는 상태로 압력은 변동이 없다. 피스톤은 연소실에 남아있던 배기가스를 모두 내보낸다.

(2) 합성 사이클(Sabathe Cycle)의 열효율

복합 사이클의 이론 열효율은 압축비(ε)와 폭발비(ρ)가 클수록, 차단비(σ)가 1에 접근할수록 향상된다. 폭발비 $\rho = 1$이면 정압 사이클의 이론 열효율식이 되고, 차단비 $\sigma = 1$이면 정적 사이클의 이론 열효율식이 된다.

$$\eta_{ths} = \frac{Q_1 - Q_2}{Q_1} = 1 - \frac{Q_2}{Q_1} = 1 - \frac{Q_2}{Q_v - Q_p} = 1 - \frac{1}{\varepsilon^{k-1}} \frac{\rho\sigma^k - 1}{(\rho - 1) + k\rho(\sigma - 1)}$$

$$\text{압축비}(\varepsilon) = \frac{V_1}{V_2}, \ \text{차단비}(\sigma) = \frac{V_4}{V_3}, \ \text{폭발비}(\rho) = \frac{P_3}{P_2} \ (k : \text{비열비})$$

06 오토, 디젤, 복합 사이클 비교

(1) 같은 압축비에서 사이클별 효율

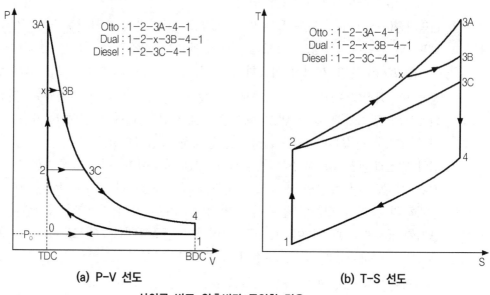

(a) P-V 선도

(b) T-S 선도

사이클 비교-압축비가 동일할 경우

P-V 선도에서 폐곡선의 면적은 1 사이클당 1 실린더에서의 유효일이고, T-S 선도에서 폐곡선 면적은 유효일로 변환된 열량과 같다. 따라서 흡기 조건 및 압축비가 동일한 경우 오토 사이클의 효율이 가장 크고, 복합 사이클, 디젤 사이클 순서로 크다. 하지만 각 사이클이 동일한 압축비로 운전되지 않기 때문에 실제 엔진에서는 효율 순서가 다르다.

오토 사이클 > 복합 사이클 > 디젤 사이클

(2) 최대 압력, 최고 온도가 동일한 경우의 효율(디젤 엔진이 가솔린 엔진보다 연비가 좋은 이유)

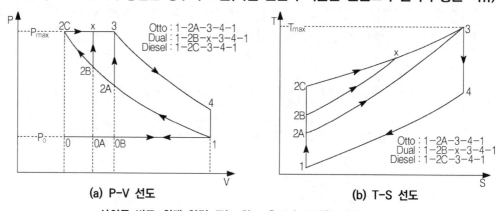

(a) P-V 선도

(b) T-S 선도

사이클 비교-최대 압력 또는 최고 온도가 동일할 경우

최대 압력이 동일한 P-V 선도를 보면 폐곡선의 면적이 가장 넓은 것은 디젤 사이클이다. 따라서 효율은 디젤 사이클이 가장 크고 복합 사이클, 오토 사이클 순서로 크다. 같은 압축비에서의 효율은 오토 사이클이 가장 크지만, 실제 엔진에서는 연료의 연소 특성상 압축비를 다르게 하기 때문에 디젤 엔진의 효율이 가장 크다. 이를 보여주는 것이 최대 압력, 최고 온도가 동일한 경우의 효율이다.

디젤 사이클 > 복합 사이클 > 오토 사이클

07 디젤 엔진의 효율이 가솔린 엔진 효율보다 높은 이유(가솔린 엔진과 디젤 엔진의 연비 차이 이유)

실제 엔진에서는 엔진의 종류별로 행정체적, 체적효율, 연소 특성, 운전 온도, 운동부품의 중량 등이 다르기 때문에 이론적인 사이클의 효율과 다른 특성을 나타낸다.

(1) 압축비

디젤 사이클의 열효율 식은 오토 사이클의 열효율식의 제2항에 "$\dfrac{\beta^{k-1}}{k(\beta-1)}$"이 곱해진 형태를 취하고 있다. 실제로는 $\beta>1$, $\kappa>1$이므로 "$\dfrac{\beta^{k-1}}{k(\beta-1)}>1$"이 되어 압축비가 같은 경우라면 오토 사이클의 열효율(ηthO)이 디젤 사이클의 열효율(ηthD)보다 높게 된다. 이 경우는 압축비가 같은 경우를 가정한 것이다. 실제로는 디젤 엔진은 장행정 엔진을 사용하여 압축비를 가솔린 엔진보다 높게 설계 할 수 있기 때문에 디젤 엔진의 열효율이 가솔린 엔진의 열효율보다 더 높고 연비가 좋다.

(2) 체적효율

이론적인 공기 표준 사이클은 공기의 과급이나 체적효율을 나타내지 못한다. 디젤 엔진은 압축 착화 엔진으로 스로틀 밸브가 없으며, 노킹 발생의 우려 없이 공기의 과급이 가능하다. 따라서 펌핑손실이 없어서 체적효율이 높고, 과급으로 인해 출력이 향상되며, 연비가 좋다.

(3) 점화 특성

디젤 엔진은 고온, 고압으로 압축된 공기에 연료를 분사하여 연소 폭발력을 얻는 압축 착화 엔진이다. 따라서 가솔린 엔진과 같이 점화 플러그가 없고, 연료 분자가 점화원이 되어 다중 점화한다. 실린더 내부 여러 부분에서 다중으로 점화하기 때문에 폭발력이 증가하고 이로 인해 제동마력이 증가하며 연비가 좋다.

01 개요

(1) 배경

내연기관은 연료와 공기를 빠르게 연소시켜 발생하는 폭발력으로 구동력을 얻는 장치이다. 대표적으로 가솔린 엔진과 디젤 엔진이 있다. 가솔린 엔진은 불꽃 점화엔진으로 연료와 공기의 혼합기를 실린더 내부로 유입시켜 압축시킨 후 점화 플러그의 불꽃 점화에 의해 폭발력을 얻는다. 디젤 엔진은 압축 착화 엔진으로 공기를 고온으로 압축시킨 후 연료를 분사하여 자기 착화시켜 폭발력을 얻는다.

(2) 자연 흡기식(N.A. : Natural Aspiration) 엔진의 정의

자연 흡기식 엔진은 과급기를 이용하지 않은 엔진으로, 엔진의 부압에 의해서만 공기가 유입된다.

02 가솔린 엔진과 디젤 엔진의 연소방식 차이점(가솔린 엔진보다 디젤 엔진이 대형 엔진에 더 적합한 이유)

(1) 가솔린 엔진의 연소방식

가솔린 연료는 착화점이 높고 인화점이 낮으며, 점성이 높지 않아 공기와 잘 섞이는 특성을 갖고 있다. 가솔린 연료의 특성을 고려하여 가솔린 엔진은 연료와 공기의 혼합기를 실린더 내부로 유입시켜 압축시킨 후 점화 플러그의 불꽃 점화를 발생시켜 폭발력을 얻는다. 이때 압축비는 보통 7~11 : 1로 제어된다.

압축비가 지나치게 높을 경우 연소실 내부의 온도가 상승하고 이로 인해서 조기점화나 이상 점화에 의해 노킹(Knocking)이 발생할 수 있다. 따라서 가솔린 엔진에서는 압축비를 높이는데 한계가 있으며, 이로 인해 스트로크 대 보어 비(S/B비)가 작은 단행정 엔진을 사용한다.

(2) 디젤 엔진의 연소방식

디젤 엔진은 공기를 고온으로 압축시킨 후 연료를 분사하여 자기 착화시키는 엔진으로 노킹에 대한 우려 없이 공기를 공급해 줄 수 있으며 체적효율이 증대될수록 출력이 커진다. 따라서 디젤 엔진의 압축비는 높게 설계가 가능하다. 또한 디젤 엔진은 연료가 분사된 후 무화될 때까지 시간이 필요하기 때문에 스트로크 대 보어비(S/B비)가 큰 장행정 엔진을 사용한다. 연소실 내부로 분사된 연료 분자 하나하나가 자기착화 될 수 있기 때문에 다중점화가 가능하고, 이로 인해 폭발력이 증폭되어 토크가 크다.

(3) 가솔린 엔진보다 디젤 엔진이 대형 엔진에 더 적합한 이유

가솔린 엔진은 점화 플러그에서 점화 불꽃을 발생시켜 연소실 내 모든 압축된 혼합기를 연소시켜야 하기 때문에 배기량에 한계가 발생한다. 가솔린과 공기의 혼합기는 고온, 고압으로 압축된 후 점화 플러그의 불꽃이 인가되면 폭발 연소된다. 이때 발생한 화염면은 점화 플러그에서 시작되어 연소실 전체로 확산된다. 화염 전파속도가 빠를수록, 화염 전파거리가 짧을수록 연소효율이 향상되고, 제동마력이 증가되며, 미연소 혼합기가 적어져 배출가스가 저감된다.

따라서 일정 한계 이상 배기량이 증대되면 열효율이 저하되고 출력이 감소된다. 가솔린 엔진의 한 기통당 한계 배기량은 600~700cc 정도이다. 디젤 엔진은 연료가 고온, 고압으로 압축된 공기 내부에서 분사될 경우 각 연료 입자들이 산소와 결합되면서 자기 착화하기 때문에 기통당 배기량을 늘려도 연소실 전체적으로 연소가 되며, 미연소 영역이 적다. 따라서 디젤 엔진이 연소 측면에서 대형 엔진에 더 적합하다고 할 수 있다. 따라서 대형 트럭이나 대형 선박 엔진으로 디젤 엔진이 사용된다.

03 동일 배기량 가솔린 엔진과 디젤 엔진 비교

항목	연료	압축비	압축압력 (kgf/㎠)	최고 폭발압력 (kgf/㎠)	열효율 (%)	배기당 출력 (PS/L)	출력당 기관중량 (KGF/PS)
가솔린	가솔린	8~11	8~15	30~50	23~28	30~45	2.8~1.0
디젤	경유	16~23	30~50	50~90	30~34	25~35	4.2~2.7

가솔린 엔진은 연료를 가솔린으로 사용하며, 압축비는 보통 8~11 : 1을 사용한다. 압축압력은 8~15kgf/cm^{2}이 되며, 최고 폭발압력은 30~50 kgf/cm^{2}이다. 열효율은 23~28% 정도 된다. 디젤 엔진은 연료를 경유로 사용하며, 압축비는 16~23 : 1을 사용한다. 압축압력은 30~50kgf/cm^{2}이 되며, 최고 폭발압력은 50~90kgf/cm^{2}이다. 열효율은 30~34% 정도이다.

(1) 토크, 출력, 연료 소비율 비교

동일 배기량 기준으로 축 토크와 축 출력은 모두 가솔린 엔진 대비하여 디젤 엔진이 열세이다. 연료 소비율만 저속(3,000rpm 이하)에서 디젤 엔진이 좋다. 디젤 엔진의 출력이 낮은 이유는 장행정 엔진을 적용하여 마찰손실이 발생하고, 피스톤, 커넥팅 로드 등의 운동부품이 무거워 관성 저항이 크기 때문이다.

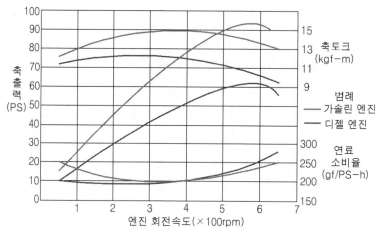

가솔린 엔진과 디젤 엔진의 토크, 출력, 연료 소비율의 비교

(1) 장행정 엔진 적용으로 인한 마찰손실

디젤 엔진은 연료를 고온, 고압으로 압축된 공기에 분사하여 연소시켜 폭발력을 얻는다. 따라서 연료가 압축된 공기에 분사되면 연소실에 전체적으로 분포되어 미립화 됨으로써 공기와 혼합되는 시간이 필요하다. 따라서 디젤 엔진에는 스트로크 대 보어비(S/B 비)가 1보다 큰 장행정 엔진을 사용한다.

장행정 엔진은 피스톤의 왕복거리가 길어 마찰손실이 증가되는 특성을 갖고 있다. 저속에서는 엔진의 회전속도가 느리기 때문에 충분한 연소 시간을 확보할 수 있어서 연료 소비율이 적지만, 체적효율이 좋지 않아 출력이 저하되며, 고속에서는 마찰손실이 급격히 증가하고 연소 시간이 확보되지 않아 출력이 저하된다.

(2) 엔진의 무게 증가로 인한 관성 저항

디젤 엔진은 연료가 자기착화하는 연소 특성상 점화원이 다중으로 발생하여 폭발력이 크다. 따라서 이를 감당해 주기 위해 엔진과 피스톤 등의 무게가 무겁다. 따라서 관성 저항이 발생하여 출력이 저하된다.

✦ 확산 연소(Diffusion Combustion)와 예혼합 연소(Premixed Combustion)의 차이점을 설명
하시오.(87-2-3)

01 개요

(1) 배경

연소란 가연성 물질이 공기 중의 산소와 만나 빛과 열을 수반하며 급격히 산화
(Rapid Oxidation Process)하는 현상이다. 연료가 연소되면 발열 반응에 의해 온도가
상승하고, 상승된 온도에 의해 분자의 운동이 증가하면 에너지가 증가되고 이로 인해
파장이 짧아져 화염이 형성된다.

연소가 되는 방법은 인화와 발화(착화)가 있는데, 인화는 외부의 화염, 스파크, 작은
불씨 등에 의해 발화한 경우를 말하며, 발화는 어떤 물질이 외부의 도움 없이 스스로
연소를 지속하는 과정을 말한다.

(2) 확산 연소(Diffusion Combustion)의 정의

확산 연소는 연료가 확산되며 공기 중의 산소와 결합하여 연소하는 것으로 디젤 엔
진에서 사용하는 방식이다. 연료가 공급되면서 연소되기 때문에 혼합가스의 형성이 충
분하지 못하고 미연소 연료가 많이 발생하여 매연이 발생한다.

(3) 예혼합 연소(Premixed Combustion)의 정의

예혼합 연소는 연료와 공기를 미리 혼합하여 가연성 혼합기를 생성하고 외부 점화원
으로 점화시키는 연소 형태를 말한다. 주로 가솔린 엔진에서 사용하는 연소 방식으로
층류 예혼합 연소와 난류 예혼합 연소가 있다.

02 확산 연소와 예혼합 연소의 차이점

(1) 예혼합 연소(Premixed Combustion)

예혼합 연소는 연료와 공기가 미리 혼합되어 발생하는 것으로 가솔린 엔진과 디젤 엔
진 모두에서 발생한다. 가솔린 엔진에서 발생하는 예혼합 연소는 연료와 공기가 혼합된
연소실에 점화 플러그의 점화에 의해 열원이 인가되면 화염면이 발생하고, 이 화염면이
주변 혼합기에 차례로 인가되어 연소되는 과정으로 이루어진다.

난류가 발생하지 않으면 화염면이 일정하여 연소 속도가 빠르지 않고, 난류가 발생되
면 난류의 흐름 방향으로 빠르게 화염이 전파되어 열효율이 증가된다. 디젤 엔진에서는

고온, 고압으로 압축된 공기로 연료가 분사되면 일정 온도가 올라가기 전까지 확산되며, 공기와 예혼합된다. 이후 일정 조건에 도달하면 급격하게 연소 폭발된다. 예혼합 연소는 공기와 균일하게 혼합하여 PM의 발생이 저감되고, 연소 온도를 저하시킬 수 있어서 NOx가 저감된다.

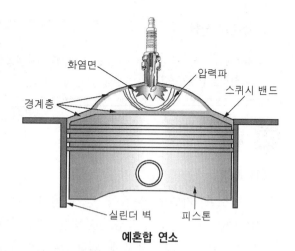

예혼합 연소

① 연료와 공기를 혼합한 후 연소하기 때문에 연소 강도가 높다.

② 화염전파가 일정한 층을 따라 전파되기 때문에 화염 모양이 원추형이다.

③ 연료와 공기가 미리 혼합되기 때문에 역화가 발생할 수 있다.

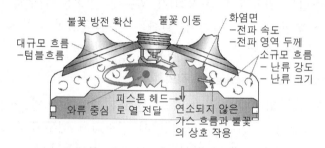

불꽃 점화 엔진에서 가스의 흐름, 불꽃 전파 및 상호 작용

(2) 확산 연소(Diffusion Combustion)

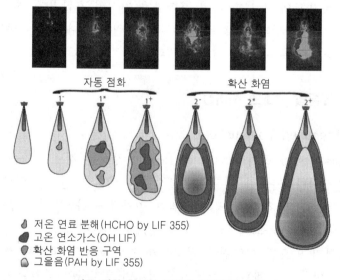

🝙 저온 연료 분해(HCHO by LIF 355)
🝙 고온 연소가스(OH LIF)
🝙 확산 화염 반응 구역
🝙 그을음(PAH by LIF 355)

과도 점화 현상이 안정화 불꽃으로 확산

확산 연소는 연료가 분사되면서 산소와 결합하며 연소되는 현상으로 착화 조건이 형성된 디젤 엔진이나 가솔린 GDI 엔진에서 이루어진다. 고온으로 형성된 연소실 내부로 연료가 분사되면 산소와 결합하는 즉시 연소가 된다. 따라서 화염면은 연료와 공기가 닿는 부분에 형성된다. 디젤 엔진에서는 연료가 분사된 이후 압축된 공기 속으로 연료가 관통되어 미립화되고, 산소와 혼합된다. 점

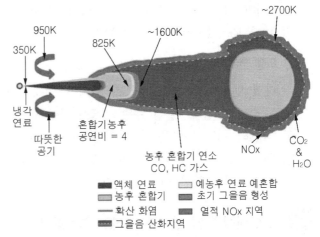

디젤 엔진의 전형적인 안정화 연소 제트 개략도

화 지연시간 이후 예혼합 연소가 폭발적으로 진행되고, 고온의 착화조건이 형성된 이후 연료가 분사되면, 확산 연소가 된다.

① 연료를 공기에 분사하며 혼합시키기 때문에 연소의 강도가 낮다.
② 역화 현상이 발생하지 않는다.
③ 화염이 난류에 의해 전파되므로 화염의 모양이 일정하지 않다.

기출문제 유형

✦ 디젤 엔진의 연소 과정을 지압선도로 나타내고, 착화지연, 화염전파, 직접연소, 후기연소로 구분하여 그 특성을 설명하시오.(107-1-7)

✦ 직접 분사식 디젤 엔진의 열 발생률 곡선을 그리고 연소 과정에 대해서 설명하시오.(65-3-6)

✦ 디젤 엔진에서 연료 액적의 확산과 연소에 대해 설명하시오.(101-4-2)

✦ 디젤 엔진의 착화지연 원인 3가지를 설명하시오.(83-1-13)

✦ 디젤 엔진에서 착화지연 이유의 주요 원인 5가지를 설명하시오.(113-3-6)

✦ 디젤 엔진 후연소기간이 길어지는 원인과 대책을 설명하라.(77-2-3)

01 개요

(1) 배경

디젤엔진은 압축착화 엔진으로 공기를 고온으로 압축시킨 후 연료를 분사하여 자기 착화시켜 폭발력을 얻는다. 고압으로 형성된 연소실의 공기에 연료를 분사시켜 주기 위해 연료 분사 압력은 높아야 하며, 연료는 미립화가 잘되어 연소실 내부에 균일하게 분

포되어야 한다. 또한 연료가 분사되고 난 이후, 점화지연 없이 빠르게 연소되어야 배출 가스 중 PM, NOx 등이 저감된다.

(2) 디젤 엔진의 연소 특성

디젤 엔진 연소실로 공급된 공기는 압축되면서 온도는 증가하게 되고 자기착화온도 는 내려가게 된다. 일정 수준의 압력하에서 연료가 분사되면 연료는 공기와 예혼합 되 고 약간의 시간 지연을 거친 후 연소되기 시작한다. 이때 예혼합 연소로 실린더 내부의 압력과 온도는 급격하게 증가하게 되고, 이 시점 이후부터 분사되는 연료는 분사와 동 시에 연소되는 확산 연소가 된다.

02 디젤 엔진의 열 발생률 곡선과 연소과정

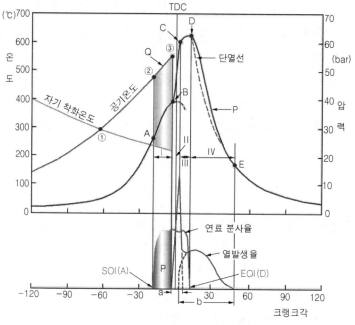

디젤 엔진의 열 발생률과 연소과정

(1) 착화 지연 기간(A ~ B 기간)

착화 지연 기간은 연료가 분사되어 착화될 때까지의 기간(A-B)를 말하며 연소준비기 간이라고도 한다. 연소실의 온도와 압력이 올라가 있는 압축행정 말기(BTDC -30~-20°), A 지점에서 연료의 분사가 시작되는데, 분사된 연료는 바로 착화되지 않고 공기와 예혼합 되며, B 지점까지 지연되다가 온도와 압력이 상승된 다음 착화된다. 지 연 원인으로는 물리적인 원인과 화학적인 원인이 있다.

① 물리적 지연 : 가연 혼합기가 형성되는 기간
② 화학적 지연 : 열염이 나타날 때까지 걸리는 기간

(2) 폭발 연소기간(B ~ C 기간)

폭발(급속) 연소기간은 연료가 급격하게 연소되어 온도와 압력이 급상승하는 기간 (B-C)을 말하며 화염 전파기간이라고도 한다. 연료가 분사되고 예혼합 된 이후 B에서 착화되면 온도와 압력이 급격하게 상승하면서 폭발적인 연소를 한다.

(3) 제어 연소기간(C ~ D 기간)

제어 연소기간은 연소실로 분사되는 연료가 바로 연소되는 기간(C-D)을 말하며 연료 분사량에 따라 제어가 가능하며, 직접 연소가 가능하므로 직접 연소기간이라고도 한다. 이 기간에는 실린더 내의 온도가 매우 높아서, 분사된 연료는 즉시 연소하게 된다. 제어 연소기간에는 열 발생률 및 압력 상승률이 급속 연소기간보다 낮고, 실린더 내의 산소량, 연료 입자와 공기 입자의 속도 등에 따라 영향을 받는다.

(4) 후 연소기간(D ~ E 기간)

후 연소기간은 연료 분사가 종료된 후 연소가 끝날 때까지의 기간(D-E)을 말한다. 연료 분사는 D에서 끝나고, 연소실 내부에 미연소된 연료가 연소되면서 온도와 압력을 유지한다. 이 기간 동안 연소된 열량은 유효한 일로 변환되지 못하고 온도상승에 소비 된다. 끝까지 산소와 결합되지 못한 연료 입자는 그을음(Soot) 또는 매연(Smoke)을 형성하게 된다.

03 디젤 엔진의 착화 지연 원인

① 엔진 온도 낮음 : 엔진의 온도가 낮을 때 공기가 압축되어도 온도가 연료의 착화에 필요한 온도까지 상승되지 않아 착화지연이 발생한다. 특히 냉시동 시 착화지연이 자주 발생한다.

② 연료 품질 불량 : 디젤의 세탄가는 착화성을 나타내는 지표로 세탄가가 너무 낮은, 품질이 낮은 경유는 착화가 제대로 되지 않아 착화지연이 된다.

③ 압축 압력 부족 : 연소실의 압축비가 낮거나, 공기의 밀도가 낮아 압축이 되어도 착화에 필요한 온도와 압력이 형성이 되지 않으면 착화성이 저하되고, 착화지연이 발생한다.

④ 연료 분사압력 낮음 : 연료가 분사될 때 고압으로 형성된 공기를 투과하기 위해서는 연료의 분사압력이 높아야 한다. 연료의 분사압력이 높지 않을 경우 고압의 공기를 통과하지 못해 분포성이 저하되고, 미립화 되지 못하여 공기와 결합하지 못하게 된다. 따라서 점화지연이 발생하며, 실화가 발생할 수 있다.

⑤ 연료 분사시기 빠름 : 연료의 분사시기가 지나치게 빠를 경우 착화에 필요한 연소실의 온도와 압력이 형성되지 않아서 점화지연이 발생한다.

⑥ **연소실 난류 부족** : 연소실의 공기 흐름이 느릴 때에는 연료의 분포가 불균일해지고, 공기와 혼합되는 비율이 낮아져 착화지연 현상이 발생한다. 따라서 SCV(Swirl Control Valve) 등을 이용하여 내부 와류를 형성하여 주고, 공기 흐름을 빠르게 만들어준다.

04 디젤 엔진 후연소기간이 길어지는 원인과 대책

연료 분사가 종료된 시점 이후 연소실 내부에 남아있는 연료는 팽창되면서 산소와 접촉하여 연소된다. 후 연소기간은 전체 연소기간의 약 50% 정도인데, 기간이 길어질수록 배기가스의 온도는 상승하고 엔진의 효율은 저하된다. 따라서 후 연소기간을 짧게 할수록 엔진의 효율이 개선된다.

(1) 후 연소기간이 길어지는 원인

① **연료의 분포성** : 연료의 분사 압력이 낮고 연료의 점성이 클수록 연료가 분사될 때, 관통성이 작아져 연료가 균일하게 분포되지 못한다. 따라서 폭발 연소 이후에도 산소와 결합하지 못한 연료가 남아 있게 되어 후 연소가 길어진다.

② **연료 액적의 크기** : 인젝터의 분공경이 크거나 분사 압력이 낮을 때, 연료의 점성이 클 때, 연료가 미립화 되지 않고 액적의 크기가 커서 폭발 연소기간에 연소되지 않고 남게 된다.

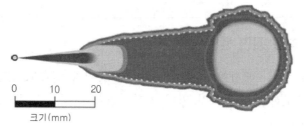

연료의 액적 크기

③ **공기 중 산소와의 접촉** : 연소실 내부로 공급되는 공기 중 산소의 밀도가 낮거나, 공기의 흐름이 원활하지 않아 연료와 산소가 혼합되지 못하면 폭발 연소 이후에도 미연소 연료가 남아 후 연소기간이 길어진다.

④ **연료 후적** : 연료가 분사되고 난 이후에 연료가 노즐 끝부분에 연료가 맺히는 후적이 남아 있게 된다. 따라서 이 후적의 양에 따라서 후 연소기간이 길어진다.

(2) 후 연소기간 축소 대책

후 연소기간을 줄여주기 위해 세탄가가 높은 연료를 사용하고, 압축비, 온도를 높게 하여 착화지연을 줄여주어 완전연소에 가깝게 되도록 제어한다. 이를 위해 장행정 엔진을 적용하여 압축비를 높여주고, 글로우 플러그를 사용하여 엔진 연소실의 온도를 높여준다. 스월 컨트롤 밸브를 적용하여 난류를 만들어 주고, 과급기를 적용하여 체적효율을 증대시켜 준다. CRDI 엔진을 적용하고, 연료 분사 압력을 높여주어 관통력을 증대시킨다.

피에조 인젝터와 같은 응답 속도가 높고, 제어 성능이 좋은 인젝터를 적용하고, 분공경의 크기를 미세화시켜 연료가 분사되면서 미립화되게 만들어 준다. 또한 인젝터에서 후적이 생기지 않도록 만든다.

기출문제 유형

✦ 가솔린 엔진의 연소에서 연소기간에 영향을 미치는 요인을 다음 측면에서 설명하시오.(공연비, 난류, 연소실 형상, 연소 압력과 온도, 잔류가스)(93-3-6)

01 개요

(1) 배경

내연기관은 연료와 공기를 빠르게 연소시켜 발생하는 폭발력으로 구동력을 얻는 장치이다. 대표적으로 가솔린 엔진과 디젤 엔진이 있다. 가솔린 엔진은 불꽃 점화 엔진으로 연료와 공기의 혼합기를 실린더 내부로 유입시켜 압축시킨 후 점화 플러그의 불꽃점화로 연소시킨다.

연소란 가연성 물질이 공기 중의 산소와 만나 빛과 열을 수반하며 급격히 산화 (Rapid Oxidation Process)하는 현상으로 연료가 연소되면 발열반응에 의해 온도가 상승하고, 상승된 온도에 의해 분자의 운동이 증가하면서 에너지가 증가되고, 이로 인해 파장이 짧아져 화염이 형성된다.

(2) 가솔린 엔진(Gasoline Engine)의 정의

가솔린 엔진은 가솔린과 공기의 혼합가스를 실린더 내에 흡입시키고 전기 스파크로 점화·연소시켜 연소가스의 팽창압력을 피스톤에 전달하여 얻은 직선 운동을 크랭크를 통하여 회전 운동으로 변환하는 엔진이다.

02 가솔린 엔진의 행정과 크랭크 각도

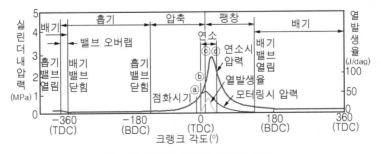

가솔린 엔진의 행정과 크랭크 각도

가솔린 엔진은 흡입, 압축, 폭발, 배기행정으로 이루어져 있다. TDC 이전 약 -40 ~ -10°에서 점화가 이루어진 후 TDC 이후(ATDC) 약 10~15°에서 최대 폭발압력이 발생하도록 제어한다. 연소기간은 TDC 이전(BTDC) -10 ~ 40° 정도의 기간에 이루어진다.

03 연소기간에 영향을 미치는 요인

(1) 공연비

이론 공연비보다 약간 농후한 12.5 : 1, 공기 과잉률(λ)=0.9, 당량비 1.1 정도에서 화염 전파속도가 가장 빨라진다. 따라서 이 시점에서 최대출력이 발생된다. 이론 공연비일 경우에는 연소실 내 최고 온도가 올라가 N_2, CO_2의 열해리 현상에 의해 흡열 반응이 진행되어 출력이 저하되고, 화염 전파속도가 저하된다.

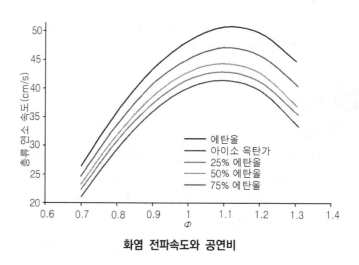

화염 전파속도와 공연비

공연비가 더 농후한 경우에는 산소가 부족하여 화염 전파속도가 길어지고, 공연비가 희박한 경우에는 연료가 부족하여 화염 전파속도가 길어지게 된다. 그림은 연료별 당량비에 따른 화염 전파속도를 나타내고 있다. 연료별로 당량비 1.1(람다비 0.9) 정도에서 최고속도를 나타내고 있다.

(2) 난류

연소기간에 가장 큰 영향을 미치는 요인은 화염 전파속도이다. 화염 전파속도는 온도가 높을수록, 점화 불꽃 에너지가 강할수록, 혼합기의 난류가 강할수록, 난류의 밀도가 높을수록 빨라진다. 연소실 내부에 난류(스월, 텀블, 스퀴시) 등이 발생하면 화염 전파속도가 빨라지게 되고 이로 인해 토크와 출력이 증가한다.

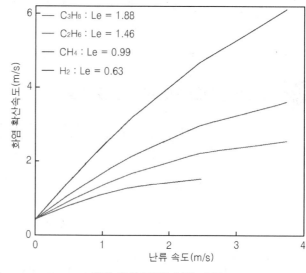

화염 확산속도와 난류 속도

하지만 난류의 속도가 지나치게 증가하면 화염이 소실되는 현상이 발생하여 실화가 발생할 수 있다. 화염 확산속도는 열전달속도에 비례하여, 연료의 밀도, 연료의 비열, 단면적, 발화온도에 반비례한다. 또한 연료의 온도가 높을수록 화염 확산속도는 빨라진다.

$$V = \frac{q}{\rho c A (T_{ig} - T_s)}$$

여기서, V : 화염 확산속도, ρ : 연료의 밀도, c : 연료의 비열, A : 단면적,
T_s : 연료의 온도(화염 온도범위 외), T_{ig} : 발화온도, q : 열전달속도

(3) 연소 압력과 온도

연소실의 온도가 높을수록 화염 전파속도가 빨라진다. 이는 연료가 연소되는데 필요한 발화 에너지에 도달하는 시간이 감소되기 때문이다. 또한 화염 전파속도가 빨라지면 연소 압력이 높아진다. 연소 압력은 약 300m/s 정도의 음속에 가까운 속도로 압력파를 발생시키고, 화염이 전파되기 전에 말단부의 미연가스를 압축시켜 온도를 상승시킨다.

따라서 압력파가 확산되면, 실린더 내부에 난류를 증대시켜 열전달이 활성화되는 효과를 얻을 수 있어서 연소 속도가 빨라진다. 아래의 그림은 온도에 따른 당량비 대 화염 전파속도를 보여주고 있다. 온도가 높아질수록 화염 전파속도가 빨라진다.

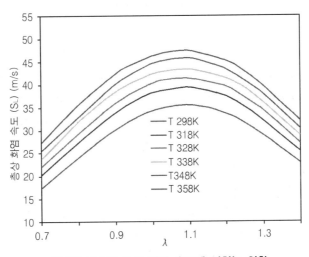

온도가 가솔린 층상 화염 속도에 미치는 영향

(4) 연소실 형상

화염 전파거리를 줄이기 위해 연소실 형상을 콤팩트하고, 소염층이 발생되지 않도록 구성해야 한다. 또한 점화 플러그를 연소실 중앙에 위치시키거나 다중으로 배치하여 화염 전파거리를 줄이는 것이 유리하다.

(5) 잔류 가스

연소실 내 잔류가스가 많아지면 연료와 산소가 부족해져 연소속도가 저하된다. 따라서 냉시동이나 저속에서는 잔류가스 비율을 줄여 연소 안정성을 확보하고, 연소가 안정적인 중부하에서 잔류가스 비율을 높여 배출가스 중 질소산화물의 양을 저감시켜주고 연비를 향상시킨다. 우측 그림은 EGR률(β)이 0%, 5%, 10%일 때, 당량비에 따른 화염 전파속도를 보여주고 있다. EGR률이 증가할수록 화염 전파속도가 감소된다.

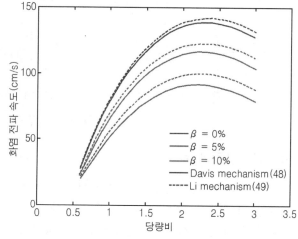

당량비에 따른 화염 전파속도

기출문제 유형

✦ 소염층(Quenching Area)을 설명하시오.(53-1-5)

---

01 개요

내연기관은 연료와 공기를 빠르게 연소시켜 발생하는 폭발력으로 구동력을 얻는 장치이다. 연소란 가연성 물질이 공기 중의 산소와 만나 빛과 열을 수반하며 급격히 산화(Rapid Oxidation Process)하는 현상으로, 연료가 연소되면 발열반응에 의해 온도가 상승하고, 상승된 온도에 의해 분자의 운동이 증가하면서 에너지가 증가되고, 이로 인해 파장이 짧아져 화염이 형성된다.

점화 플러그에서 발생한 화염은 점차적으로 주변 혼합기를 연소시키면서 전파되는데, 실린더 벽 주변이나 온도가 낮은 틈새(Crevice)에서는 화염이 전파되지 않고 소멸된다.

02 소염층(Quenching Area)의 정의

소염층은 실린더 벽 주변의 비교적 온도가 낮은 부분으로 화염의 영향을 받지 않아서 불완전연소가 발생하는 지역을 말한다. 실린더 벽면이나 피스톤 헤드 면에는 전체적으로 소염층이 형성되어 정상 연소 시에도 200~300℃의 온도를 유지하며, 실린더·피스톤 틈새(Crevice Volume), 밸브의 작은 틈새 등에서는 이보다 더 낮은 온도를 형성한다.

03 소염층(Quenching Area)의 형성과정

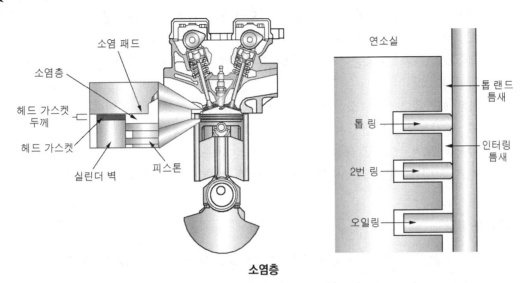

소염층

엔진의 실린더의 주변 부위는 냉각수가 흐를 수 있는 워터 재킷으로 구성되어 있다. 냉각수는 워터 재킷을 순환하면서 엔진에서 발생한 열을 라디에이터를 통해 냉각시킨다. 따라서 엔진 실린더 벽면의 온도는 약 200~300℃의 경계층을 형성하기 때문에 고온의 화염이 전파되다가 벽면 근처에서는 소실되게 된다. 소염층은 주로 피스톤 가장자리 영역의 피스톤과 실린더 헤드가 맞닿는 부분, 틈새 간극(Crevice Volume) 등에서 발생한다.

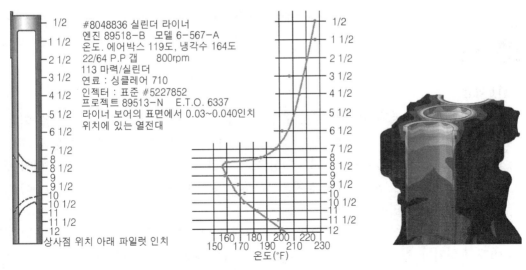

실린더 라이너 벽면의 온도

(자료 : sankar.com/index.php/what-we-do/innovation)

04 소염층(Quenching Area)의 영향

① 엔진 성능 저하 : 소염층이 발생하여 혼합기가 연소되지 않으면 공연비가 맞지 않게 되어 출력이 저하되고, 미연소 연료가 발생하여 연비가 저하되게 된다.

② 배출가스 증가 : 소염층에서 미연소 되는 혼합기가 발생하여 배출가스 중 HC가 증가한다.

③ 카본 퇴적물 생성 : 연소실 내부에 미연 혼합기가 퇴적되어 공연비를 불리하게 만들고, 조기점화를 발생시켜 엔진의 성능을 저하시킨다.

④ 윤활유 오염, 슬러지 생성 : 미연 혼합기는 연소실 내부에 퇴적되거나 블로바이 가스로 크랭크 케이스로 유출되어 윤활유를 오염시키고, 슬러지를 발생시킨다.

기출문제 유형

◆ 가솔린 엔진에서 노킹(knocking)이 발생하기 쉬운 조건에 대해 설명하시오.(63-2-3)

◆ 스파크 점화 엔진의 노킹 발생 원인과 이를 방지할 수 있는 방법에 대해 설명하시오.(69-3-4)

◆ 가솔린 엔진에서 노킹(knocking)이 발생하는 이유와 노킹을 방지하기 위한 방법을 설명하시오. (75-2-1)

◆ 가솔린 엔진에서 옥탄가, 공연비, 회전수, 압축비 및 점화시기가 이상 연소에 미치는 영향을 설명하시오.(96-1-6)

◆ 스파크 점화 엔진에서 노킹의 발생 원인과 방지를 위하여 엔진 설계 시 고려할 사항을 설명하시오.(95-3-1)

---

01 개요

(1) 배경

내연기관은 연료와 공기를 빠르게 연소시켜 발생하는 폭발력으로 구동력을 얻는 장치이다. 연소란 가연성 물질이 공기 중의 산소와 만나 빛과 열을 수반하며 급격히 산화(Rapid Oxidation Process)하는 현상으로, 연료가 연소 되면 발열반응에 의해 온도가 상승하고, 상승된 온도에 의해 분자의 운동이 증가하면서 에너지가 증가되고, 이로 인해 파장이 짧아져 화염이 형성된다.

점화 플러그에서 발생한 화염은 점차적으로 주변 혼합기를 연소시키면서 전파되는데, 이때 혼합기나 연료 입자가 연소실 내부의 뜨거운 공기로 인해 말단부에서 화염이 발생될 경우, 점화 플러그에서 발생되는 화염과 부딪쳐 큰 충격과 소음을 발생시킨다. 이런 현상을 노킹(Knocking)이라고 한다.

(2) 노킹(Knocking)의 정의

노킹은 실린더 내에서 연료가 연소될 때, 비정상적인 연소에 의해 발생하는 급격한 압력 상승 때문에 큰 충격과 소음이 발생하는 현상을 말한다.

02 가솔린 엔진에서 노킹이 발생하는 원인

가솔린 엔진은 연료와 공기를 혼합한 후 압축시켜 불꽃 점화시킨다. 이때 연소실 내부의 온도와 압력, 혼합기의 분포에 따라서 이상 연소가 발생한다. 이상 연소는 정상적인 화염전파 전에 연소실 말단의 미연소 혼합기가 자연 발화하거나 연소실 표면에 퇴적되어 있던 카본 입자들이 표면점화를 일으키는 현상을 말한다.

조기점화가 발생되면 피스톤 상승행정 시 폭발가스가 발생하여 피스톤의 회전에너지가 감쇄되고, 정상적으로 점화 플러그에서 발생한 화염과 부딪쳐 급격한 압력 상승과 소음을 발생시킨다. 정상적인 화염 전파속도는 20~40m/s이며 노킹 발생 시 연소 속도는 대략 300~500m/s 정도로 정상 화염속도의 10배 정도 된다. 노킹음의 주파수는 대략 3,000~6,000Hz이다.

① 연소실 내부, 혼합기의 온도가 높아져 연료가 자기 발화하여 발생한다.

② 화염 전파속도가 느릴 때, 연료가 자기 발화할 시간이 충분할 때 발생한다.

③ 화염 전파거리가 길면 화염 전파시간이 길어져 말단 혼합기가 자기 발화하여 발생한다.

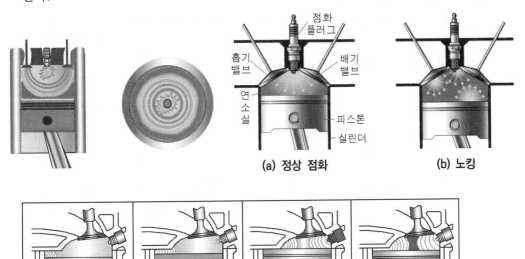

(a) 정상 점화 (b) 노킹

| 열점에 의한 표면점화 | 점화 플러그의 점화 | 남아 있는 연료에 점화 | 화염면의 충돌 |

(c) 노킹 발생

03 가솔린 엔진에서 노킹에 영향을 주는 요인

(1) 옥탄가

연료의 옥탄가는 노킹에 대한 저항을 나타내는 수치로 옥탄가가 낮을수록 조기점화나 표면점화 등의 이상연소가 발생하여 노킹이 발생되는 비율이 높아진다.

(2) 공연비

노킹 영역은 공연비가 농후한 영역에서 증가한다. 공기과잉률이 1~1.2 : 1인 영역에서 노킹이 발생 비율이 높아진다.

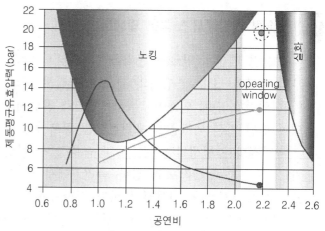

공연비에 따른 노킹 영역

(3) 회전수

엔진 회전수가 증가하면 흡·배기 시간과 연소 시간이 짧아지고, 공기의 유동 속도가 빨라져 노킹이 저감된다. 그림은 엔진 rpm에 따른 노킹 강도를 보여준다. rpm이 높아질수록 노킹 강도가 약해진다.

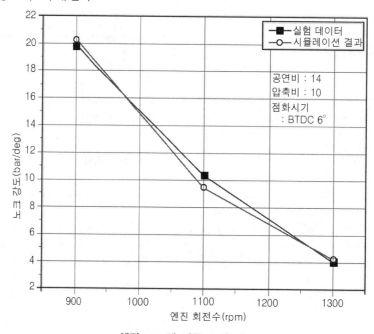

엔진 rpm에 따른 노킹 강도

(4) 압축비

압축비가 증가 할수록 연소실 내부의 압력과 온도가 증가하여 노킹이 증가한다.

(5) 점화시기

점화시기가 진각될수록 실린더 내부의 압력은 증가하고 이로 인해 노킹이 증가한다.

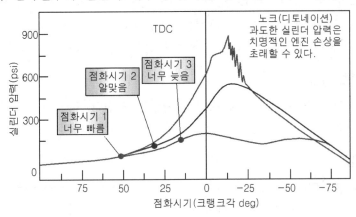

점화시기에 진각, 노크 및 실린더 압력의 관계

04 노킹에 의한 영향

① 노킹이 발생하면 실린더 내부의 압력이 급격히 상승하여 소음과 진동이 발생한다.

② 노킹으로 인해 발생된 충격은 피스톤과 커넥팅 로드, 베어링, 크랭크축에 전달되어 각 부분을 손상시킨다. 특히 노킹에 의한 압력은 정상 연소보다 높으므로 피스톤과 커넥팅 로드, 크랭크축으로 전달되는 압력이 한계값을 넘어 파손될 수 있다.

③ 노킹이 발생하면 연소 온도가 급격하게 상승하여 피스톤과 실린더 벽, 실린더 헤드가 과열되고 파손된다. 연소가스는 최고 2,000~2,400℃ 정도 되는데 정상 연소 시에는 실린더 벽면이나 피스톤 헤드 면에서는 소염층(Quenching Area)이라고 부르는 경계층이 있어서 200~300℃ 정도로 낮아진다. 노킹이 발생하는 경우에는 이 경계층이 박리되어 온도가 상승한다. 또한 윤활유를 열화시켜 엔진의 금속 구성품간 마찰을 증대시켜 내구성을 저하시킨다.

④ 정상적인 동력행정 시 폭발이 발생되지 않기 때문에 출력이 저하되며, 연소 온도가 급격히 상승하여 연소 과정 중 냉각손실이 커져 출력이 저하된다.

05 가솔린 엔진에서 노킹을 방지할 수 있는 방안

(1) 엔진 설계 시 고려 방안

① 점화 플러그를 최대한 연소실 중앙에 위치시키고 연소실의 구조를 단순화하여 화염 전파거리가 짧아지도록 설계한다.

② 연소실 내부에 난류(스월, 텀블, 스퀴시)가 발생될 수 있는 구조로 설계하여 화염 전파속도를 증가시킨다.

③ 말단부의 S/V(Surface/Volume) 비율을 증가시켜 온도를 저감시켜, 말단부에서 자연적으로 발화되지 않도록 한다.

④ 밸브 오버랩을 증가시키고, 냉각 성능을 높여 연소실 내부의 온도가 높아져 말단 부분의 미연 혼합기를 자연 발화시키지 않도록 한다.

⑤ 엔진의 성능에 맞도록 압축비를 최적화 한다. 높은 압축비는 노킹을 증가시킨다.

(2) 고옥탄가 연료 사용

옥탄가 수치가 높을수록 노킹에 대한 저항성이 커진다. 따라서 옥탄가가 높은 연료를 사용한다.

(3) 점화시기 지연

연소실이나 혼합기의 온도가 높을수록 점화시기를 지각 보정해 준다. 엔진 회전수가 증가하면 피스톤의 속도가 빨라지므로 연소 시간을 충분히 확보하기 위해 점화시기를 진각시켜 주고 엔진의 회전수가 느린 경우에는 지각시켜 노킹을 방지한다.

(4) 온도 저하

흡기온도가 낮으면 말단 가스의 온도도 낮아지고, 화염 전파속도가 빨라

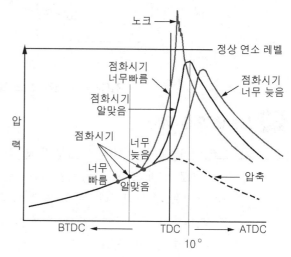

점화 진각과 연소 최고 압력

져 노크가 방지된다. 실린더 벽면의 온도를 낮춰주면 말단 가스의 온도가 낮아져 노크가 방지된다. 단, 냉각손실이 증가한다.

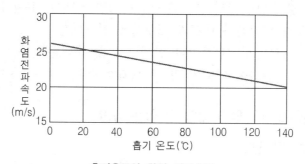

흡기온도와 화염 전파속도

(5) 회전수 증가

회전수를 증가시키면 흡·배기 시간과 연소 시간이 짧아지고, 공기의 유동 속도가 빨라져 노킹이 저감된다.

(6) 공연비 조절

공연비를 13 : 1 이하로 농후하게 하거나, 16 : 1 이상으로 희박하게 하면 화염 전파 속도가 빨라져 노킹이 저감된다. 공연비를 희박하게 할 경우 출력이 저하되므로 보통 공연비를 농후하게 운전하여 노킹을 방지한다.

기출문제 유형

✦ 디젤 엔진의 노크 특성과 경감 방법에 대해 설명하시오.(114-3-2)

✦ 디젤 엔진의 연소 과정과 디젤 노킹의 원인을 설명하시오.(59-4-3)

✦ 가솔린 엔진과 디젤 엔진의 Knock에 대한 대책을 각각 기술하시오.(60-2-5)

✦ 디젤 노크와 가솔린 노크의 원인과 대책을 설명하시오.(98-3-3)

✦ 가솔린과 디젤 연소 노킹에 대해 비교 논하시오.(41)

✦ 휘발유 엔진과 경유 엔진의 노킹 현상의 차이점과 원인 및 방지 대책에 대해서 설명하시오.(65-3-4)

✦ 전기 점화 엔진과 압축 착화 엔진의 연소 노킹에 대해 서술하시오.(37)

✦ 전기 점화 엔진과 압축 착화 엔진의 노킹에 대해 서술하시오.(39)

---

01 개요

(1) 배경

디젤 엔진은 압축 착화 엔진으로 공기를 고온으로 압축시킨 후 연료를 분사하여 자기 착화시켜 폭발력을 얻는다. 디젤 엔진의 연소실로 공급된 공기는 압축되면서 온도가 증가하게 되어 자기착화에 적합한 온도를 형성한다. 이때 연료를 분사하면 연료는 공기를 통과하며 예혼합되고 약간의 시간 지연을 거친 후 연소하기 시작한다. 예혼합 연소로 실린더 내부의 압력과 온도는 급격하게 증가하게 되고, 이 시점 이후부터 분사되는 연료는 분사와 동시에 연소되는 확산 연소가 된다.

(2) 디젤 엔진의 노킹(Knocking)

디젤 엔진의 노킹은 비정상적인 연소에 의해 발생한 급격한 압력 상승으로 충격적인 진동과 소음이 발생하는 현상을 말한다.

02 디젤 엔진에서 노킹이 발생하는 과정 및 원인

디젤 엔진은 압축 착화 엔진으로 공기를 고온으로 압축시킨 후 연료를 분사하여 자기 착화시켜 폭발력을 얻는다. 연소실의 온도와 압력이 올라가 있는 압축행정 말기(BTDC -30~-20°), A 지점에서 연료의 분사가 시작되는데, 분사된 연료는 바로 착화되지 않고 공기와 예혼합 되며, B 지점까지 지연되다가 온도와 압력이 상승된 다음 착화된다. 이 기간을 착화 지연

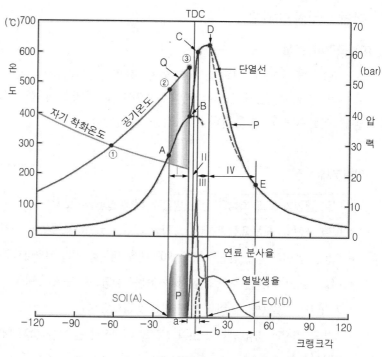

디젤 엔진의 열 발생률과 연소과정

기간이라고 하며, 가연 혼합기가 형성되는 기간(물리적 지연)과 열염이 나타날 때까지 걸리는 기간(화학적 지연)으로 인해 발생한다. 이 기간이 길어질수록 연료가 한꺼번에 폭발하게 되어 디젤 노킹이 발생하게 된다. 착화 지연기간에 영향을 미치는 요소와 착화 지연의 원인은 다음과 같다.

① **연료의 착화성** : 세탄가가 낮은 연료를 사용했을 경우 착화성이 낮아 착화가 잘 되지 않고 한꺼번에 폭발하게 되어 노킹이 발생된다. 또한 연료의 분사 압력이 낮은 경우, 미립화가 안될수록 공기와 접촉 시간이 늦어지게 되어 착화 지연 현상이 발생한다.

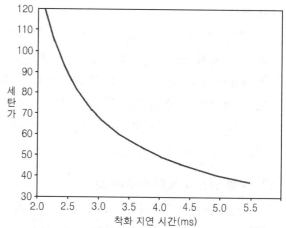

착화 지연시간과 세탄가의 관계

② **압축비** : 압축비가 낮은 경우 공기가 압축되지 않고, 온도가 착화에 적합한 온도로 상승되지 않아 착화성이 낮아진다.

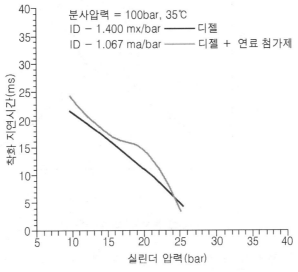

실린더 압력과 착화 지연시간의 관계

③ **연소실 온도** : 흡입공기의 온도가 높거나, 실린더 벽면의 온도가 높은 경우 착화 온도에 빨리 도달하게 되어 점화 지연시간이 단축된다.

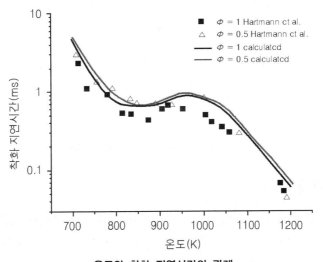

온도와 착화 지연시간의 관계

④ **연료 분사시기** : 연료의 분사시기가 적합하지 않은 경우 착화성이 저하되어 착화 지연이 생긴다. 연료의 분사시기가 빠를수록 착화 지연시간이 증가되어 압력이 상승된다.

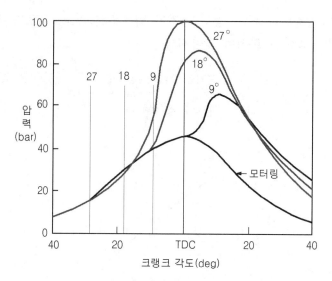

연료 분사시기와 압력의 관계

⑤ **공기 유동성** : 연소실 내부에 난류, 와류가 형성되지 않는 경우 연료와 공기의 혼합이 원활하게 이루어지지 않아 착화 지연 현상이 발생한다.

⑥ **엔진 회전속도** : 엔진의 회전속도가 낮을수록 연소실의 온도가 낮고, 이로 인해 착화 지연기간이 길어진다.

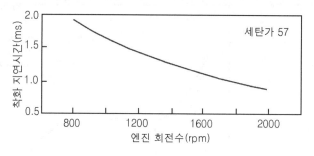

엔진 회전수와 착화 지연시간의 관계

03 노킹에 의한 영향

① 노킹이 발생하면 실린더 내부의 압력이 급격히 상승하여 소음과 진동이 발생한다.

② 노킹으로 인해 발생된 충격은 피스톤과 커넥팅 로드, 베어링, 크랭크축에 전달되어 각 부분을 손상시킨다. 특히 노킹에 의한 압력은 정상 연소보다 높으므로 피스톤과 커넥팅 로드, 크랭크축으로 전달되는 압력이 한계값을 넘어 파손될 수 있다.

③ 노킹이 발생하면 연소 온도가 급격하게 상승하여 피스톤과 실린더 벽, 실린더 헤드가 과열되고 파손된다. 연소가스는 최고 2,000~2,400℃ 정도 되는데 정상 연소 시에는 실린더 벽면이나 피스톤 헤드 면에서는 소염층(Quenching Area)이라

고 부르는 경계층이 있어서 200~300℃ 정도로 낮아진다. 노킹이 발생하는 경우에는 이 경계층이 박리되어 온도가 상승한다. 또한 윤활유를 열화시켜 엔진의 금속 구성품간 마찰을 증대시켜 내구성을 저하시킨다.

④ 정상적인 동력행정 시 폭발이 발생되지 않기 때문에 출력이 저하되며, 연소 온도가 급격히 상승하여 연소 과정 중 냉각손실이 커져 출력이 저하된다.

04 디젤 엔진 노킹의 경감 대책

(1) 연료의 착화성 향상

고 세탄가 연료를 사용하면 연료의 착화성이 증가하여, 착화 지연시간이 감소한다.

(2) 실린더 온도 상승

냉시동 시, 저부하 시 실린더 내부의 온도는 높게 유지하여 착화 온도에 빠르게 도달하게 한다. 하지만 지나친 온도 상승은 흡기 효율을 저감시킨다. 흡입공기, 실린더 벽 온도 등이 상승되면 착화 온도에 빨리 도달하게 되어 점화 지연시간이 단축된다.

(3) 고 압축비

압축비가 높으면 압력과 온도가 상승한다. 따라서 디젤 엔진의 노킹이 경감된다. 하지만 지나친 압축비 상승은 엔진의 기계적, 열적 부하를 증대시키고, 최고 온도를 상승시켜 질소산화물의 발생량이 많아지고, 기계의 마찰, 마모 현상이 심화되어 엔진의 효율이 저하된다.

(4) 다단 분사

분사시기를 한 행정 동안 여러 번으로 나눠 다단 분사를 해준다. 다단 분사는 Pre, Pilot, Main, After, Post Injection 등으로 이루어져 있다. 주 분사 이전에 소량의 연료를 미리 분사하면 연소실 온도가 올라가서 이후 분사되는 연료의 착화 지연시간을 단축할 수 있게 된다.

(5) 공기 유동성 증가

연소실 내부에 난류, 와류가 발생하면 연료와 공기의 혼합 시간이 감소하여 착화 지연기간이 단축된다.

05 가솔린 엔진과 디젤 엔진의 노킹 현상의 차이점

가솔린 엔진에서 노킹은 이상 연소에 의해 발생하는 화염면이 정상적으로 발생하는 화염면과 부딪쳐 발생한다. 이상 연소는 정상적인 화염 전파 전에 연소실 말단의 미연소 혼합기가 자연 발화하거나 연소실 표면에 퇴적되어 있던 카본 입자들이 표면 점화를 일으키는 현상을 말한다.

조기 점화가 발생되면 피스톤 상승행정 시 폭발 가스가 발생하여 피스톤의 회전에너지가 감쇄되고, 정상적으로 점화 플러그에서 발생한 화염과 부딪쳐 급격한 압력 상승과 소음을 발생시킨다. 이에 비해 디젤 엔진에서 발생하는 노킹은 연소 초기 분사된 연료의 착화가 지연되어 발생한다. 디젤 엔진은 고온, 고압으로 압축된 공기에 연료를 분사하여 자기 착화에 의해 연소가 되도록 한다.

이때 분사된 연료가 착화 조건에 맞지 않아 착화가 지연되고 폭발 연소기간에 동시에 폭발하여 급격한 압력 상승과 폭발음을 발생시키는 현상이다.

06 가솔린 엔진과 디젤 엔진의 노킹 현상의 대책

항목	연료의 착화점	연료	착화지연	압축비	흡기온도	실린더 벽 온도	흡기압력	회전수
가솔린 엔진	높일 것	높은 옥탄가	길게 할것	낮출 것	낮출 것	낮출 것	낮출 것	높일 것
디젤 엔진	낮출 것	높은 세탄가	짧게 할것	높일 것	높일 것	높일 것	높일 것	높일 것

기출문제 유형

✦ 표면 점화(Surface Ignition)를 설명하시오.(81-1-5)

✦ 속주(RUN-ON) 현상을 설명하시오.(53-1-2)

✦ Run-on 현상을 설명하시오.(63-1-13)

✦ 디젤링을 설명하시오.(65-1-2)

01 개요

가솔린 엔진은 연료와 공기를 혼합한 후 압축시켜 불꽃 점화시킨다. 이때 연소실 내부의 온도와 압력, 혼합기의 분포에 따라서 이상 연소가 발생한다. 이상 연소는 정상적인 화염 전파 전에 연소실 말단의 미연소 혼합기가 자연 발화하거나 연소실 표면에 퇴적이 되어 있던 카본 입자들이 표면 점화를 일으키는 현상을 말한다.

02 표면 점화(Surface Ignition)의 정의

표면 점화는 연소실 내부 표면의 과열된 부분에서 화염이 발생하는 현상을 말한다.

03 표면 점화(Surface Ignition)의 발생 원인

연소실 내부의 스파크 플러그, 흡·배기 밸브, 실린더 벽면 등이 연소 때 발생했던 열을 냉각시키지 못하고 고온을 유지하고 있을 때, 혼합기나, 퇴적되어 있던 카본 입자들을 점화시켜 화염을 형성한다.

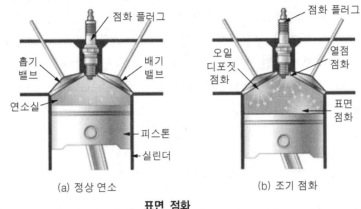

표면 점화

04 표면 점화의 종류

표면 점화는 노크를 동반하는 노크성 표면 점화, 노크를 동반하지 않는 비노크성 표면 점화로 구분할 수 있다. 또한 정상 점화시기보다 이전에 발생하는 조기 점화, 이후에 발생하는 지연 점화로 구분할 수 있다.

(1) 와일드 핑(Wild Ping)

와일드 핑은 연소실 내부 과열부에 퇴적된 카본 입자와 배기가스(Deposit)가 표면 점화를 일으키는 현상으로 조기 점화되어 노킹을 유발하는 노크성 표면 점화이다. 불규칙적인 금속음을 발생한다.

(2) 폭주성 표면 점화

폭주성 표면 점화는 주로 고부하 운전 시 과열된 점화 플러그와 배기밸브 등이 과열되어 조기 점화를 일으키는 현상으로 심한 경우, 엔진 부품의 파손을 유발한다. 노크성 표면 점화의 한 종류이다.

(3) 럼블(Rumble)

럼블은 비노크성 표면 점화로 압축비를 높일 때 비교적 진동수가 낮은 600~1,000Hz의 둔하고 강한 충격음이 발생하는 현상을 말한다.

(4) 디젤링/속주/런온(Run-on) 현상

런온 현상은 시동을 끈 상태에서 연료 공급이 중단되고 점화 플러그에 전기가 공급되지 않는 상황에서도 고온과 고압에 의해서 연소실 내부의 카본 입자, 디포짓(Deposit)이 자연 발화하여 엔진이 정지하지 않고 일정 시간 동안 작동하는 현상이다. 주로 압축착화 엔진인 디젤 엔진에서 발생한다.

디젤 엔진은 공기를 연소실로 최대한 공급한 후 압축시키기 때문에 스로틀 밸브와 같은 공기 제어장치가 없다. 따라서 시동이 꺼진 이후에도 피스톤의 왕복운동에 의해 공기가 실린더 내부로 유입되고, 고온, 고압으로 압축된다. 이때 실린더 내부에 연료 입자들이 자연 발화하여 엔진이 구동된다. 이를 디젤링, 속주, 런온 현상이라고 한다.

디젤링 현상이 발생되면 차량이 의도치 않게 발진하거나, 이상 동작을 유발할 수 있기 때문에 시동 정지 시 흡입공기를 차단할 수 있는 ACV(Air Control Valve) 등을 장착하여 디젤링 현상을 방지해 준다.

기출문제 유형

✦ 가솔린 연료의 Deposit 이 엔진에 미치는 영향과 대책을 설명하시오.(81-2-5)

---

01 개요

(1) 배경

가솔린 엔진은 연료와 공기를 혼합한 후 연소실에 공급하여 점화 플러그를 이용해 연소시키는 불꽃 점화 엔진이다. 연소란 가연성 물질이 공기 중의 산소와 만나 빛과 열을 수반하며 급격히 산화(Rapid Oxidation Process)하는 현상으로, 연료가 연소 되면 물과 이산화탄소가 발생하고 이외에도 일산화탄소, 탄화수소, 질소산화물 등이 발생한다.

따라서 연소실로 공급되는 연료와 연소 후 발생하는 배기가스, 연소실에 남아있던 윤활유 등은 연소실 내부에 퇴적되기도 하며, 퇴적된 입자들은 연소실 형상을 변경 시키고, 이상 연소 현상을 발생시킨다.

(2) Deposit의 정의

디포짓은 연료나 배기가스, 윤활유 등이 연소실 내부나 외부에 퇴적되어 형성되는 카본 덩어리를 말한다.

02 Deposit의 생성 과정

가솔린 엔진은 연료와 공기를 혼합한 후 압축시켜 불꽃 점화 시킨다. 연소 후 연소실 내부에는 연소 후 가스, 미연소 연료, 윤활유 등이 비교적 온도가 낮은 표면에 퇴적되어 퇴적층을 형성한다. 퇴적층은 HC와 CO등으로 이루어져 있으며, 주 성분은 카본 입자이다. 주로 피스톤 헤드, 흡기밸브 뒷면, 인젝터 니들밸브 등에 생성된다.

(a) 피스톤　　　　　　　(b) 흡기 밸브　　　　　　(c) 인젝터 니들 밸브

dsposit의 생성

03 Deposit이 엔진에 미치는 영향

엔진 내부에 Deposit이 형성되면 연소실 내부 행정체적이 변하고, 연료를 흡수하여 공연비 제어가 불량해지며, 표면 점화가 발생하여 노킹 현상이나 런온 현상 등이 발생할 수 있다. 따라서 연비가 저하되고, 출력이 감소되며, 엔진 부조 현상 등이 발생할 수 있다. 또한 윤활유에 혼입되어 슬러지를 형성하고, 윤활유를 열화시켜 윤활 성능을 저하시킨다.

(1) 연소실 내부에 생성되는 Deposit

연소실 내부의 Deposit은 주로 피스톤 헤드나 실린더 벽, 흡·배기 밸브 헤드, 연소실 윗면 등에서 생성되어 연소실 체적을 감소시킨다. 연소실 체적이 감소하면, 연소실 내부로 흡입되는 혼합기의 양이 감소하여 출력이 저하된다. 또한 압축비가 증가되는 효과가 발생하여, 노킹 발생량이 많아지고, 연소 최고 온도가 증가해 질소산화물의 생성량이 증가된다.

또한 연소실의 온도가 높아질 때 표면 점화를 발생시켜 조기 점화, 런온(Run-On) 등의 이상 연소 현상을 발생시킨다. Deposit은 혼합기 중 연료와 윤활유를 흡수했다가 배기행정 중에 일부를 배출시킨다. 따라서 배출가스 중 HC와 CO의 배출량이 증가하게 된다. Deposit이 심하게 형성된 경우 운동 부품과 부딪쳐 엔진 소음을 야기하고, 덩어리째로 분리되어 엔진을 손상시킨다.

불완전 연소에 의해
오염된 배기 밸브

인젝터
포트 막힘

흡기 밸브
카본 퇴적

(a) 연소실 디포짓　　　　(b) 피스톤 디포짓　　　　(c) 실린더 벽 디포짓

dsposit의 생성

(2) 흡기밸브 뒷면에 생성되는 Deposit

흡기 밸브 뒷면에 생성되는 Deposit은 실린더로 유입되는 공기나 혼합기의 흐름을 방해하여 체적효율을 저하시키고, 연료를 흡수하는 역할을 하여 공연비를 불량하게 만든다. 따라서 엔진의 출력이 저하되고, 엔진 부조 현상, 가속 불량 등이 발생하게 된다.

가솔린 엔진 중 포트 인젝션 엔진은 연료를 실린더 입구측, 즉 흡기 밸브 뒷면에서 분사한다. 따

흡기 밸브 뒷면의 Deposit

라서 연료가 직접 밸브에 닿게 되어 쉽게 Deposit이 형성되는 구조이지만 연료가 주기적으로 분사되기 때문에 일정량 이상 퇴적되지 않는다. 하지만 GDI 엔진이나 디젤 엔진은 연료를 실린더 내부에서 직접 분사해 주기 때문에, PCV(Positive Crankcase Ventilation), EGR(Exhaust Gas Recirculation) 등의 시스템을 통해 블로바이 가스, 배기가스가 재순환 할 때 흡기 다기관과 흡기 밸브에 Deposit이 지속적으로 누적된다.

(3) 점화 플러그, 인젝터에 생성되는 Deposit

점화 플러그의 온도가 자기 청정온도(450~850℃) 이하로 동작될 때 점화 플러그의 전극 부위에는 연료의 카본 입자가 퇴적되어 Deposit을 형성한다. 점화 플러그에 생성된 Deposit은 점화 플러그의 불꽃 방전 전압의 형성을 방해하여 엔진의 실화를 야기한다.

또한 연소실의 온도가 높을 때 표면 점화 등으로 인해 조기 착화 등의 이상 연소를 발생시킨다. 인젝터의 분사구는 연료가 직접 분사되는 부분으로 후적 등으로 인해 Deposit이 생성된다. 분사구에 생성된 Deposit은 분사구의 직경을 감소시키거나 연료의 분사를 방해하여 공연비를 불량하게 만든다.

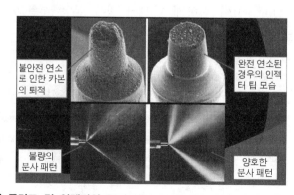

불안전 연소로 인한 카본의 퇴적

완전 연소된 경우의 인젝터 팁 모습

불량의 분사 패턴

양호한 분사 패턴

점화 플러그 및 인젝터의 Deposit

04 Deposit 대책

① 연료에 세정제(Detergents, Surfactants)를 첨가하여 Deposit을 제거해 준다.

② 엔진의 과열을 방지하고, 엔진의 예열, 후열을 통해 급격한 온도 변화를 방지하여 연료가 퇴적되는 비율을 저감시켜 준다.

③ 엔진 오일이 산화되면 엔진 내의 Deposit 생성 비율이 많아지기 때문에 엔진 오일의 교체 주기를 준수하여 Deposit의 생성을 저감시킨다.

기출문제 유형

✦ 가솔린 자동차의 실화 원인을 설명하시오.(63-1-4)

✦ 엔진 실화(Engine Misfire) 감지 기술에 대해 설명하시오.(81-2-4)

---

01 개요

(1) 배경

내연기관은 연료와 공기를 빠르게 연소시켜 발생하는 폭발력으로 구동력을 얻는 장치이다. 대표적으로 가솔린 엔진과 디젤 엔진이 있다. 가솔린 엔진은 불꽃 점화엔진으로 연료와 공기의 혼합기를 실린더 내부로 유입시켜 압축시킨 후 점화 플러그의 불꽃 점화에 의해 폭발력을 얻는다.

디젤 엔진은 압축착화 엔진으로 공기를 고온으로 압축시킨 후 연료를 분사하여 자기 착화시켜 폭발력을 얻는다. 이때 연소에 적합한 점화, 착화 조건이 이루어지지 않으면 연소가 이루어지지 않고 실화(Miss-Fire)가 발생하여 엔진의 부조가 발생하고 출력이 저하되며, 배출가스가 증가하게 된다.

(2) 엔진 실화(Miss Fire)의 정의

엔진의 실화는 내연기관의 연소실 내에서 연료가 분사되거나 점화 플러그가 점화해도 연소가 되지 않는 현상을 말한다.

02 엔진 실화(Miss Fire)의 원인

(1) 점화 조건 불만족

가솔린 엔진에서 연료와 공기의 혼합기가 점화되기 위해서는 고온, 고압으로 압축된 혼합기에 점화에 필요한 점화 에너지가 생성되어야 한다. 점화에 필요한 점화 에너지는 약 2.0~3.0mJ 정도이며, 방전 전압으로는 약 10kV 정도가 된다. 방전 요구 전압은 연소실의 압력, 공연비, 온도, 습도, 난류의 속도, 점화 플러그 전극 상태 등에 따라 달라지며, 점화 플러그에서 방전되는 전압이 낮을 경우 혼합기는 연소에 필요한 점화 에너지를 얻지 못해 실화가 발생한다.

(2) 착화 조건 불만족

디젤 연료가 원활하게 착화되기 위해서 연소실로 공급된 공기는 고온(400℃ 이상)이 형성될 수 있도록 압축되어야 한다. 보통 압축압력은 30~40kgf/cm² 정도이다. 고온, 고압의 착화 조건이 형성되지 않으면 연료가 연소되지 않으며 실화가 발생한다.

(3) 점화시기 지연, 연료 분사시기 지연

가솔린 엔진에서 점화시기가 지각되거나 디젤 엔진에서 연료 분사시기가 지연될 경우 실화가 발생된다.

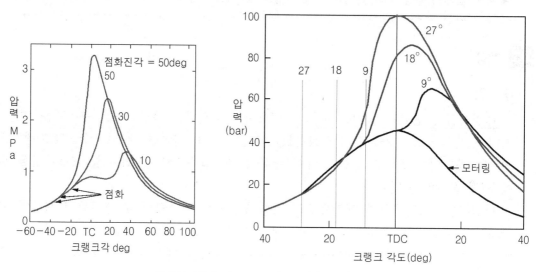

점화시기와 분사시기에 따른 압력과의 관계

03 엔진 실화(Miss Fire) 발생 시 문제점

발생 토크가 저하되어 운전성능이 감소하고, 연료의 불완전연소에 따라 환경 유해물질의 배출량이 증가하며, 크랭크축(Crankshaft)이나 중간축(Intermediate Shaft) 및 플렉시블 커플링(Flexible Coupling) 등과 같은 여러 가지 축계 요소(Crankshaft, Intermediate Shaft, Flexible Couplings)의 손상 가능성이 증대된다. 그 중에서도 축계 요소의 치명적 손상은 엔진의 운전 중단으로 이어지기 때문에, 실화 발생 시 따르는 위험 및 악영향을 최소화하기 위한 노력이 절실히 요구되고 있다.

(1) 출력 저하

실화가 발생하면 피스톤에 압축압력을 가해주는 연소가스가 발생되지 않아 동력행정이 없어진다. 따라서 축 토크가 저하되어 출력이 감소된다.

(2) 연비 저하

연료가 분사된 이후 연소되지 못하고, 배기가스로 배출되기 때문에 연비가 저하된다.

(3) 엔진 부조

동력행정에서 발생되어야 할 동력이 손실되어 엔진의 진동이 발생하고, 엔진이 떨리는 부조 현상이 발생한다.

(4) 엔진 구성 부품의 내구성 저하

엔진에서 실화가 발생되면 동력이 발생되지 않아 크랭크축(Crankshaft)이나 중간축(Intermediate Shaft) 및 플렉시블 커플링(Flexible Coupling) 등과 같은 여러 가지 축계 요소의 손상 가능성이 증대된다.

(5) 배출가스 증가, 촉매장치 손상

연료가 불완전연소됨에 따라 유해물질의 배출량이 증가하고, 촉매 컨버터의 손상 가능성이 증대된다.

04 엔진 실화(Miss Fire)의 감지 기술

(1) 크랭크축 위치 센서(CKP : Crankshaft Position Sensor) 이용

크랭크축 위치 센서(CKP)를 이용하여 구간별 회전시간을 측정하여 비교하거나, 각가속도, 엔진 회전의 불균율 등을 계산하여 비교한다. 실화에 의해 연소실 내 폭발이 일어나지 않는 경우 동력이 발생되지 않아 순간적으로 크랭크축의 각속도가 느려진다. 각속도가 느려지면 엔진의 회전 불균율이 순간적으로 증가하게 되며, 따라서 그 순간의 구간별 회전시간이 늘어나게 된다. OBD 시스템은 변수가 일정 한계를 초과한 경우, 오작동으로 판단한다.

(2) 산소 센서 이용

산소 센서를 이용하여 연소실 내의 연소 상태를 직접 감지함으로써 정밀하고 정확하게 실화를 감지한다. 엔진의 실화가 일어나면 연소가 일어나지 않으므로 연소실에 공급된 공기가 소모되지 않고 그대로 외부에 배출되어 산소 센서에서 감지하는 산소의 양이 크게 변화한다. 이 변화량을 감지하여 배출가스 중 HC, CO, NOx의 배출량이 기준 범위 이상을 벗어난 경우 엔진 실화가 발생한 것으로 판단한다.

08 열역학

기출문제 유형

✦ 제동 연료 소비율(brake specific fuel consumption)의 산출 인자를 설명하시오.(92-1-11)

01 개요

내연기관은 연료의 화학 에너지를 기계적 에너지로 변환하는 장치이다. 연료가 연소될 때 발생하는 폭발력으로 피스톤을 회전시켜 동력을 얻는다. 따라서 연료가 적게 연소되면서도 동력이 충분히 발생하는 엔진을 효율이 높은 엔진이라고 한다. 이러한 상관관계를 나타내기 위해 제동 연료 소비율을 사용한다. 제동 연료 소비율은 엔진에서 발생되는 동력, 즉 제동마력과 연료가 소비되는 양의 관계를 나타낸다.

02 제동 연료 소비율[BSFC : Brake Specific Fuel Consumption]의 정의

제동 연료 소비율은 제동출력 1kW에 대한 단위시간당 연료 소비량이다. 단위는 액체연료의 경우는 [g/kWh], [L/kWh], [kgf/PS-h]로, 가스연료의 경우는 [Nm³/kWh]로 표시한다. [Nm³/kWh]에서 N은 Normal 즉, 기준상태(1013hPa, 0℃)를 의미한다.

03 제동 연료 소비율(brake specific fuel consumption)의 산출인자

$$b_e = \frac{B}{N_e}$$

여기서, b_e : 제동 연료 소비율, B : 단위 시간당 연료 소비량[g 또는 L],
N_e : 제동출력[kW 또는 PS]

(1) 제동 연료 소비율 산출인자

제동 연료 소비율 산출인자는 단위시간[h], 연료 소비량[g], 제동출력[kW 또는 PS]이다. 실제 엔진에서 연료 소비율은 축 토크와 엔진 회전속도에 따라 달라진다. 축 토크가 높은 2,400~3,200rpm 사이에서 연료 소비율이 가장 낮다.

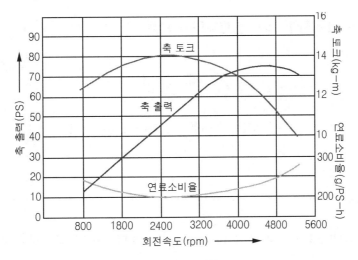

엔진 성능 곡선도

(2) 제동 연료 소비율(brake specific fuel consumption)의 측정방법

제동 연료 소비율의 측정방법은 축 출력을 일정하게 유지한 상태에서, 일정 양의 연료가 소비되는 시간을 측정하여 단위시간당 연료 소비량을 구하고, 연료 소비량을 다시 축 출력으로 나누어 구한다. 제동 연료 소비율은 가솔린 엔진은 285~345[g/kWh], 디젤 엔진은 190~285[g/kWh] 정도이다.

1) 단위시간당 연료 소비량(Be)

$$B_e = \frac{3600 \cdot V \cdot p}{1000 \cdot t} [\mathrm{kg/h}]$$

여기서, V : 소비된 연료의 체적[cm^3 또는 cc]

p : 연료의 밀도[g/cm^3 또는 kg/ℓ]

t : 연료 계량 시간[s]

2) 연료 소비율(be)

$$b_e = \frac{B_e}{N_e} = \frac{3600 \cdot V \cdot p}{t \cdot N_e} [\mathrm{gf/PSh}]$$

여기서, N_e : 제동 출력[PS], p : 연료의 비중[gf/cm^3 또는 kgf/ℓ]

t : 연료 계량 시간[s]

04 제동 연료 소비율과 제동 연효율과의 관계

$$b_e = \frac{86}{\eta_e} = [\mathrm{g/kWh}] = \frac{60.2}{\eta_e}[\mathrm{gf/PSh}]$$

여기서, b_e : 제동 연료 소비율[g/kWh] 또는 $\mathrm{gf/PS-h}$], η_e : 제동연효율

기출문제 유형

✦ 제동연료 소비율(brake specific fuel consumption)의 산출인자를 설명하시오.(92-1-11)

✦ 제동 평균 유효압력(BMEP, Brake Mean Effective Pressure)을 설명하시오.(75-1-1)

✦ 자연 흡입 디젤 엔진의 BMEP(Brake Mean Effective Pressure)가 자연 흡입 가솔린 엔진의 BMEP보다 낮은 이유를 설명하시오. 또한 주어진 엔진에 대해 최대 토크 조건에서의 BMEP보다 최대 정격 출력 조건에서의 BMEP가 낮은 이유를 설명하시오.(80-2-4)

✦ 자동차용 엔진이 고속과 저속에서 축 토크가 저하되는 원인을 설명하시오.(93-1-6)

✦ 평균 유효압력을 증가시키는 방법에 대해 상세히 설명하시오.(83-4-5)

✦ 제동 평균 유효압력 증대 방안(5가지 이상)을 설명하시오.(78-1-12)

✦ 가솔린 엔진의 제동 평균 유효압력을 증가시키는 방법을 설명하시오.(63-1-3)

01 개요

(1) 배경

내연기관은 연료의 화학 에너지를 기계적 에너지로 변환하는 장치이다. 연료가 연소될 때 발생하는 폭발력으로 피스톤을 회전시켜 동력을 얻는다. 이때 연소가스의 압력은 피스톤에 작용하여 유효한 일을 발생시킨다. 평균 유효압력(MEP : Mean Effective Pressure)은 피스톤에 작용하는 유효한 일에 대한 연소가스의 평균압력을 의미한다. 평균 유효압력은 이론 평균 유효압력, 지시 평균 유효압력, 제동 평균 유효압력으로 구분할 수 있다.

(2) 평균 유효압력(MEP : Brake Mean Effective Pressure)의 정의

평균 유효압력은 피스톤에 작용하는 유효한 일에 대한 연소가스의 평균압력을 말하며, 1 사이클 동안 1개의 실린더에서 수행된 일량(W)을 행정체적으로 나눈 값이다.

$$P_m = \frac{W}{V_s}$$

여기서, P_m : 평균 유효압력[$\mathrm{kg_f/m^2}$], W : 일량[$\mathrm{kg_f/m}$], V_s : 행정체적[$\mathrm{m^3}$]

(3) 이론 평균 유효압력(TMEP, Pmth : Theoretical Mean Effective Pressure)의 정의

이론 평균 유효압력은 피스톤에 작용하는 유효한 이론 평균 유효일에 대한 연소가스의 평균압력을 말하며, 1사이클 동안 수행되는 이론 평균 유효일(Wth)을 행정체적으로 나눈 값이다.

$$P_{mth} = \frac{W_{th}}{V_s}$$

여기서, P_{mth} : 이론 평균 유효압력[$\mathrm{kg_f/m^2}$], W_{th} : 이론 일량[$\mathrm{kg_f/m}$]

$$P_{mth} = \frac{W_{th}}{V_2 - V_1} = \frac{Q_1}{V_2 - V_1} \eta_{mth} = \frac{Q_1 - Q_2}{V_2 - V_1}$$

여기서, P_{mth} : 이론 평균 유효압력[$\mathrm{kg_f/m^2}$], W_{th} : 이론 평균 유효일

Q_1 : 공급열량, Q_2 : 방출열량

V_1 : 피스톤 하사점의 실린더 체적

V_2 : 피스톤 상사점의 실린더 체적

η_{mth} : 이론 열효율

(4) 지시 평균 유효압력(IMEP, Pmi : Indicated Mean Effective Pressure)의 정의

지시 평균 유효압력은 피스톤에 작용하는 유효한 이론 평균 유효일에 화염 전파지연, 밸브 개폐 등으로 인한 흡·배기 손실, 냉각손실 등의 손실을 감안한 유효일에 대한 연소가스의 평균압력을 말하며, 1사이클 동안 수행되는 지시 평균 유효일(W_i)을 행정체적으로 나눈 값이다.

$$P_{mi} = \frac{W_i}{V_s}$$

여기서, P_{mi} : 지시 평균 유효압력[$\mathrm{kg_f/m^2}$], W_i : 지시 일량[$\mathrm{kg_f/m}$]

$$P_{mi} = \frac{W_i}{V_2 - V_1} = \frac{W_{th}}{V_2 - V_1}\eta_g = P_{mth} \times \eta_g$$

여기서, P_{mi} : 지시 평균 유효압력

W_i : 지시 평균 유효일, W_{th} : 이론 평균 유효일

V_1 : 피스톤 하사점의 실린더 체적, V_2 : 피스톤 상사점의 실린더 체적

η_s : 지시 열효율

(5) 제동 평균 유효압력(BMEP, Pme : Brake Mean Effective Pressure)의 정의

제동 평균 유효압력은 지시 평균 유효일에서 피스톤과 실린더 벽, 베어링 등의 마찰 손실 등의 손실을 감안한 유효일에 대한 연소가스의 평균압력을 말하며, 1사이클 동안 수행되는 제동 평균 유효일(We)을 행정체적으로 나눈 값이다.

$$P_{me} = \frac{W_e}{V_2 - V_1} = \frac{W_i}{V_2 - V_1}\eta_m = P_{mth} \times \eta_g \times \eta_m$$

여기서, P_{me} : 제동 평균 유효압력, P_{mi} : 지시 평균 유효압력

W_e : 제동 평균 유효일, W_i : 지시 평균 유효일, W_{th} : 이론 평균 유효일

V_1 : 피스톤 하사점의 실린더 체적, V_2 : 피스톤 상사점의 실린더 체적

η_s : 지시 열효율, η_s : 제동 연효율

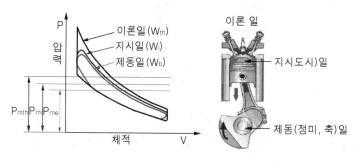

평균 유효압력

02 제동 평균 유효압력 산출 공식

제동 평균 유효압력은 제동출력과 행정체적, 축 토크 등을 통해 다음과 같은 공식으로 구할 수 있다.

$$P_{me} = \frac{N_e \cdot x \cdot 3000}{l \cdot A \cdot n \cdot z} [\text{bar}]$$

여기서, N_e : 제동출력[kW], P_{me} : 제동 평균 유효압력

I : 행정[m], A : 피스톤 단면적[cm^2]

n : 엔진 회전수[mim^{-1}]

z : 실린더 수

x : 사이클 상수, 4사이클 $x = 4$, 2사이클 $x = 2$

$$P_{me} = \frac{4 \cdot \pi \cdot T}{V_h} = \frac{2 \cdot N_e}{V_H \cdot n_s}$$

여기서, N_e : 제동출력[kW]

P_{me} : 제동 평균 유효압력 $\left[\dfrac{\text{kN}}{\text{m}^2}\right]$

T : 축 토크[kNm], V_h : 행정체적[m^3]

n_s : 엔진 회전수[s^{-1}], V_H : 총배기량[m^3]

03 자연 흡입 디젤 엔진의 BMEP가 자연 흡입 가솔린 엔진의 BMEP보다 낮은 이유

디젤 엔진은 압축착화 엔진으로 고온, 고압의 압축된 공기에 연료를 분사하여 연소시킨다. 따라서 노킹의 우려 없이 과급이 가능하여 펌핑손실이 없고, 연료 분사 및 혼합시간이 필요하여 장행정 엔진을 사용한다. 가솔린 엔진은 불꽃점화 엔진으로 연료와 공기의 혼합기를 고온, 고압으로 압축한 후 점화 플러그의 점화를 통해 연소시킨다.

따라서 스로틀 밸브를 통해 공기의 양을 제어하기 때문에 펌핑손실이 발생하며, 압축비가 높아지면 노킹이 발생하여 압축비가 낮은 단행정 엔진을 사용하기 때문에 회전속도는 빨라진다. 하지만 디젤 엔진은 폭발압력이 크고, 높은 압축압력을 감당하기 위해 각 부품의 중량이 크다. 또한 자연 흡기 디젤 엔진은 과급을 해주지 않고, 흡입 관성을 이용할 수 없어 흡입효율도 저하된다.

$$P_{me} = \frac{N_e \cdot x \cdot 3000}{l \cdot A \cdot n \cdot z} [\text{bar}]$$

여기서, N_e : 제동출력[kW], P_{me} : 제동 평균 유효압력, I : 행정[m],

A : 피스톤 단면적[cm^2], n : 엔진 회전수[mim^{-1}], z : 실린더 수

x : 사이클 상수, 4사이클 $x = 4$, 2사이클 $x = 2$

x : 사이클 상수, 4사이클 $x = 4$, 2사이클 $x = 2$

(1) 행정체적(압축비)

디젤 엔진은 연소 특성상 주로 장행정 엔진을 사용하며 가솔린 엔진은 주로 단행정 엔진을 사용한다. 따라서 디젤 엔진의 행정체적이 크며 이로 인해 BMEP가 작아진다. BMEP 식에서 행정(l)이 크기 때문에 BMEP가 작아진다.

(2) 마찰손실

디젤 엔진은 장행정 엔진을 적용하며, 연료의 다중 점화에 의해 폭발압력이 크기 때문에 부품의 무게가 증가된다. 따라서 관성력이 커지고, 마찰손실이 증가되어 BMEP가 저하된다. 저속에서는 마찰손실이 적어 토크가 크지만, 고속에서는 마찰손실이 증가되어 축 토크가 급격히 저하된다.

(3) 흡입효율

디젤 엔진은 실린더 내부로 공기만 유입하여 압축하기 때문에 스로틀 밸브가 없어서 흡기 관성을 이용하기 어렵다. 따라서 흡입공기량이 일정하기 때문에 압축행정의 압력이 일정하며, 연소의 최고 압력도 거의 일정하다. 가솔린 엔진은 부하에 따라 공기량을 다르게 제어하며, 고속에서는 흡입효율이 증대된다. 따라서 연소의 최고 압력도 증대된다.

04 최대 토크 조건에서의 BMEP보다 최대 정격 출력 조건에서의 BMEP가 낮은 이유(저속과 고속에서 축 토크가 저하되는 이유)

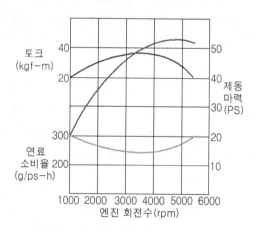

엔진의 성능 곡선

가솔린 엔진에서 최대 토크의 조건에서 엔진의 회전속도는 약 3,000~4,000rpm이며, 정격 출력은 약 200kW이다. 최대 정격 출력의 조건은 엔진의 회전속도 약 5,500~6,000rpm에서 약 240kW이다. BMEP 계산에 대입해 보면 행정체적, 실린더 수, 피스톤 단면적 등은 일정하고, 제동출력과 엔진의 회전수만 변화한다.

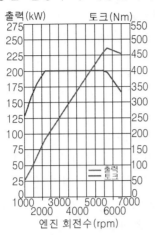

가솔린 엔진의 토크, 출력 곡선   **디젤 엔진의 토크, 출력 곡선**

최대 토크의 조건에서 BMEP 대 최대 정격 출력의 조건에서 BMEP는 약 1.7 : 1이다. 이는 엔진 회전속도가 증가하면서 엔진의 출력이 증가하지만 엔진의 축 토크는 저하되기 때문이다. 축 토크가 저하되는 이유는 엔진 운동부품의 마찰 저항, 관성 저항이 증가하고, 회전속도가 증가하면서 연소속도가 이를 따르지 못해 연소압력이 저하되기 때문이다.

$$최대 토크 조건에서 \ BMEP = \frac{200}{3000} = 0.067$$

$$최대 정격 출력 조건에서의 \ BMEP = \frac{240}{6000} = 0.04$$

$$0.067 : 0.04 = 1.7 : 1$$

(1) 저속에서 축 토크 저하 원인

저속에서는 엔진의 회전속도가 빠르지 않아 흡기(체적) 효율이 좋지 않고, 연료의 분사량이 많지 않아 축 토크가 저하된다. 축 토크는 회전력으로 연료와 공기의 폭발에 의한 팽창력으로 발생한다. 이때 연료와 공기가 작게 공급되면 발생되는 팽창력도 작아지게 되어 축 토크가 저하된다. 저속에서는 연료와 공기가 적게 공급되므로 축 토크가 작다.

(2) 고속에서 축 토크 저하 원인

고속에서는 연료와 공기가 충분히 공급된다. 하지만 마찰손실과 연소시간, 흡·배기 시간의 부족으로 인해 축 토크가 저하된다. 특히 디젤 엔진은 장행정 엔진으로 고온, 고압으로 압축된 공기에 연료를 분사하여 압축 착화시키는 엔진으로 연료를 분사한 후 점화되기까지 시간이 소요된다. 따라서 엔진의 회전수가 증가할수록 연소시간이 부족해

또한 장행정 엔진으로 피스톤의 왕복거리가 길고, 부품의 무게가 무겁기 때문에 엔진 회전수가 증가할수록 마찰손실도 급격히 늘어난다. 엔진 회전수가 빨라질수록 밸브의 속도도 빨라지지만 흡·배기 유동의 속도는 일정한 한계가 있기 때문에 흡·배기효율이 저하된다. 따라서 축 토크가 저하된다.

05 제동 평균 유효압력을 증가시키는 방법

제동 평균 유효압력을 높이기 위해서는 총 행정체적, 회전속도를 작게 하고, 제동출력을 상승시켜야 한다. 제동출력을 상승시키기 위해서는 유효일을 크게 하고, 각종 손실을 저감시켜 주어야 한다. 따라서 제동 평균 유효압력을 증가시키기 위해 흡기온도를 높게 하고 부스트 압력을 높게 과급을 해준다. 또한 배압을 낮게 하고, 공기 과잉률을 0.9 정도로 농후하게 해주고, 압축비를 높여준다. 또한 펌핑손실, 냉각손실, 마찰손실을 저감시켜 준다.

(1) 부스트 압력과 흡기온도

흡입 부스트 압력이 증가되고, 흡기온도가 낮아지면 제동 평균 유효압력이 증가된다. 그래프는 도시 평균 유효압력과 부스트 압력, 흡기온도의 관계를 나타내고 있다. 제동 평균 유효압력은 도시 평균 유효압력보다 작지만 유사한 특성을 나타낸다.

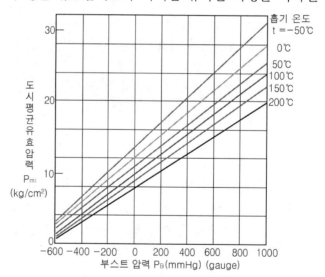

부스트 압력과 흡기온도의 관계

(2) 배압의 영향

배압이 작을수록 도시 평균 유효압력이 커진다. 그래프는 도시 평균 유효압력과 배압과의 관계를 나타낸다. 배압이 500에서 1200[mmHg]으로 증가함에 따라 도시 평균 유효압력은 작아진다.

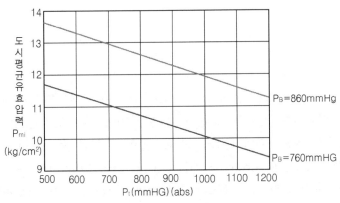

도시 평균 유효압력과 부압과의 관계

(3) 혼합비(공기 과잉률, λ), 압축비

공기 과잉률이 약 0.9일 때 평균 유효압력은 가장 높다. 또한 압축비가 높을수록 평균 유효압력이 높아진다.

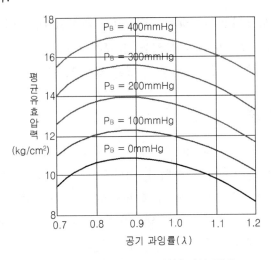

혼합비, 압축비와 공기 과잉율과의 관계

$$\lambda = \frac{G_a}{G_{th}}$$

여기서, λ : 공기 과잉률(air excess ratio), G_a : 흡입공기량, G_{th} : 이론 연료량

기출문제 유형

✦ 내연기관의 성능인 제동 연효율과 평균 유효압력을 이용하여 엔진 출력의 향상 방안에 대해 설명 하시오.(84-3-5)

01 개요

(1) 배경

내연기관은 연료와 공기를 혼합하여 연소시켜 열에너지를 발생시키고, 열에너지를 기계적 에너지로 변환하여 동력을 만들어 내는 장치이다. 내연기관의 성능은 공급 열량, 방출 열량, 압력과 온도, 부피 등을 이용해 열효율, 평균 유효압력, 마력, 출력 등으로 나타낼 수 있다. 열효율(η : Energy Efficiency)은 공급열량 대비 일량의 비율을 나타내는 것이고 평균 유효압력(MEP : Mean Effective Pressure)은 피스톤에 작용하는 유효한 일에 대한 연소가스의 평균압력을 의미한다.

(2) 열효율(η : Thermal Efficiency)의 정의

열효율은 엔진의 출력을 공급 연료의 열에너지로 나눈 값을 말한다. 엔진으로 공급되는 연료의 공급 열량 대비 유효한 일로 변한 열량에 대한 비율이다.

(3) 평균 유효압력(MEP : Brake Mean Effective Pressure)의 정의

평균 유효압력은 피스톤에 작용하는 유효한 일에 대한 연소가스의 평균압력을 말하며, 1사이클 동안 1개의 실린더에서 수행된 일량(W)을 행정체적으로 나눈 값이다.

02 내연기관의 열효율

내연기관의 열효율은 압축비(ε)가 증가함에 따라 증가한다. 하지만 압축비가 증가하면 엔진의 중량이 증가하여 제작비가 비싸지고, 무게가 무거워져 마찰손실, 관성 저항 등이 발생한다. 또한 일정 이상의 압축비에서는 노킹이 발생할 수 있으며, 압축비의 증가 폭에 비해 열효율의 증가 폭이 상대적으로 둔화되기 때문에 비용과 성능, 열효율에 따른 경제성을 고려하여 압축비를 설정해야 한다.

압축비가 같을 경우 이론 열효율은 정적 사이클이 가장 크며, 복합 사이클, 정압 사이클 순서로 크다. 최고 온도, 최대 압력이 같을 경우 이론 열효율은 정압 사이클이 가장 크며, 복합 사이클, 정적 사이클 순서로 크다. 실제 엔진에서는 제동 연효율을 적용해 준다. 제동 연효율은 기체 온도에 따라 비열비 k가 증가하며, 연료 혼합 손실, 흡·배기관의 펌핑손실, 냉각손실, 마찰손실 등으로 열효율이 저하된다.

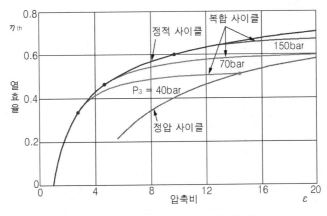

이론 사이클들의 열효율 비교(압축비)

(1) 이론 열효율

이론 열효율은 이론 사이클에 의해 공급되는 열량 대비 일로 변화된 열량의 비율이다.

1) 정적 사이클의 열효율

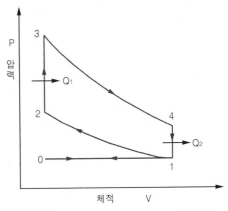

정적 사이클의 P-V 선도

$$\eta_{thO} = \frac{일량}{공급열량} = \frac{AW}{Q_1} = \frac{Q_1 - Q_2}{Q_1} = 1 - \frac{Q_2}{Q_1} = 1 - \frac{T_4 - T_1}{T_3 - T_2}$$

$$\eta_{thO} = 1 - \frac{T_4 - T_1}{T_3 - T_2} = 1 - \frac{\rho T_1 - T_1}{(\rho \varepsilon^{k-1} T_1) - (\varepsilon^{k-1} T_1)} = 1 - \frac{1}{\varepsilon^{k-1}}$$

$$압축비(\varepsilon) = \frac{V_1}{V_2} = \frac{V_4}{V_3}, \ 비열비 = k$$

2) 정압 사이클의 열효율

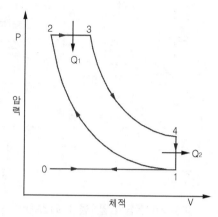

정압 사이클의 P=V 선도

$$\eta_{thD} = \frac{일량}{공급열량} = 1 - \frac{T_4 - T_1}{k(T_3 - T_2)} = 1 - \frac{1}{\varepsilon^{k-1}} \frac{\sigma^k - 1}{k(\sigma - 1)}$$

$$압축비(\varepsilon) = \frac{V_1}{V_2}, \ 차단비(\sigma) = \frac{V_3}{V_2}, \ 비열비 = k$$

3) 복합 사이클의 열효율

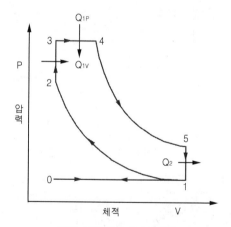

복합 사이클의 P-V 선도

$$\eta_{ths} = \frac{Q_1 - Q_2}{Q_1} = 1 - \frac{Q_2}{Q_1} = 1 - \frac{Q_2}{Q_v + Q_p} = 1 - \frac{1}{\varepsilon^{k-1}} \frac{\rho\sigma^k - 1}{(\rho - 1) + k\rho(\sigma - 1)}$$

$$압축비(\varepsilon) = \frac{V_1}{V_2}, \ 폭발비(\rho) = \frac{P_3}{P_2}, \ 차단비(\sigma) = \frac{V_4}{V_3}, \ 비열비 = k$$

(2) 도시(지시) 열효율

도시 열효율은 실린더 내에 연소가스가 피스톤에 한 일과 공급 열량의 비율이다.

$$\eta_i = \frac{N_i}{Q_{IN}}$$

여기서, N_i : 도시출력, $Q_{IN} = B \cdot H_L$,

　　　　B : 연료 소비량[kg/s],

　　　　H_L : 연료의 저위 발열량[kJ/kg]

(3) 제동 연효율

제동 연효율은 제동일로 변환된 열량과 공급 열량의 비율이다. 제동일은 크랭크 축이 하는 일을 말한다.

$$\eta_e = \frac{N_e}{B \cdot H_L}$$

여기서, N_i : 도시출력

　　　　B : 단위시간당 연료 소비량

　　　　H_L : 연료의 저위 발열량

03 이론 열효율과 제동 연효율에 영향을 주는 인자

(1) 압축비(ε : Compression Ratio)

압축비는 실린더 내의 최대 체적과 최소 체적의 비로 표시된다. 즉, 연소실 체적 대비 실린더 체적의 비를 의미한다. 열역학적인 면에서 압축비가 클수록 열효율이 높지만, 실제 엔진에서는 압축비가 너무 높으면 노킹이 발생하며, 마찰이 증가하여 열효율이 떨어진다. 따라서 가솔린 엔진은 보통 7~11 : 1로 압축비를 설정해 주고, 디젤 엔진은 공기만 압축해주므로 노킹 현상에 대한 우려가 없기 때문에 12~20 : 1의 압축비로 설정해 준다.

(2) 비열비(k : Ratio of Specific Heat / Specific Heat Ratio)

비열비는 기체 분자들의 정압비열(Cp)과 정적비열(Cv)의 비를 말한다. 기체의 비열은 조건에 따라 달라지는데, 압력이 일정한 상태에서 측정한 비열을 정압비열이라 하고, 부피가 일정한 상태에서 측정한 비열을 정적비열이라 한다. 비열비는 Cp/Cv이다. 비열비가 클수록 열효율이 향상된다.

(3) 단절비 또는 차단비(σ : Cut-Off Ratio)

차단비는 정압 사이클에서 연소과정 중 증가하는 용적비(V_3/V_2)를 나타낸다. 차단비가 작을수록 열효율이 좋아진다.

(4) 연료 소비량(Fuel Consumption)

단위 시간당 연료 소비량이 작을수록 열효율이 높아진다. 출력은 동일하지만 연료가 소비되는 양이 작아지는 것을 의미한다.

(5) 저위 발열량(LHV : Low Heating Value)

저위 발열량은 연료 중에 포함되어 있는 수증기의 열량을 고려하지 않은 열량으로 실제 사용되는 발열량을 의미한다. 저위 발열량이 작을수록 열효율이 커진다.

04 제동 연효율과 평균 유효압력을 이용한 엔진 출력 향상 방안

엔진의 출력은 열효율과 평균 유효압력이 커지면 향상된다.

(1) 열효율 향상 방안

① 압축비 상승 : 압축비를 높여 열효율을 향상시킬 수 있다. 고옥탄가 연료를 사용하여 노킹을 방지하고, 압축비를 높인다.
② 팽창행정 상승 : 실제 일로 변환되는 팽창행정을 길게 제어한다. 애킨슨 엔진, 밀러 사이클을 적용하면 저압축 고팽창으로 열효율이 향상된다.
③ 펌핑손실 저감 : 가변 밸브 시스템을 적용하여 흡·배기 저항을 개선하고, 과급기를 적용하여 체적효율을 높이고 펌핑손실을 저감해 준다.
④ 마찰손실 저감 : 운동 부품의 중량을 경량화하고 윤활유의 성능이 저하되지 않도록 하여 마찰손실을 저감해 준다.
⑤ 냉각손실 개선 : EGR을 사용하여 비열비를 높게 해주고, 연소실 최고온도를 낮춰 냉각손실을 저감시킨다.

(2) 평균 유효압력 향상 방안

제동 평균 유효압력을 높이기 위해서는 총 행정체적, 회전속도를 작게 하고, 제동출력을 상승시켜야 한다. 제동출력을 상승시키기 위해서는 유효일을 크게 하고, 각종 손실을 저감시켜 주어야 한다. 따라서 제동 평균 유효압력을 증가시키기 위해 흡기온도를 높게 하고 부스트 압력을 높게 과급을 해준다. 또한 배압을 낮게 하고, 공기 과잉률을 0.9 정도로 농후하게 해주고, 압축비를 높여준다. 또한 펌핑손실, 냉각손실, 마찰손실을 저감시켜 준다.

✦ 내연기관의 열정산에 대해 설명하시오.(101-1-7)

01 개요

내연기관은 연료와 공기를 혼합하여 연소시켜 열에너지를 발생시키고, 열에너지를 기계적 에너지로 변환하여 동력을 만들어 내는 장치이다. 연료의 화학적 에너지를 연소를 통해 열에너지로 변환하고, 피스톤의 운동을 통해 기계적 에너지로 만들어준다.

이때 연료의 화학적 에너지 대비하여 기계적 에너지로 변환되는 비율을 열효율(Thermal Efficiency)이라고 할 수 있다. 에너지가 변환되는 과정에서 많은 손실이 발생하기 때문에 가솔린 엔진의 열효율은 25~30%, 디젤 엔진의 경우 30~38% 정도이다.

02 열정산(Heat Balance)의 정의

열정산은 연료의 발열량 중 유효한 일로 사용된 열량과 손실된 열량의 비율을 계산하는 것이다. 열정산을 통해 손실 요인을 줄여 열효율을 향상시킬 수 있다.

03 내연기관 열정산 비율

이론적으로 엔진에서 연소되는 연료는 발열량과 같은 출력이 발생되어야 한다. 하지만 실제 엔진에서는 여러 가지 요인으로 인해 연료 발열량 대비 낮은 출력이 발생한다. 실제로 가솔린 엔진의 열효율은 25~30%, 디젤 엔진의 경우 30~38% 정도로 연료의 발열량 대비 70% 정도가 유효한 일로 변환되지 못하고 손실된다. 이러하는 요인으로는 냉각손실, 배기손실, 펌핑손실, 마찰손실 등이 있다.

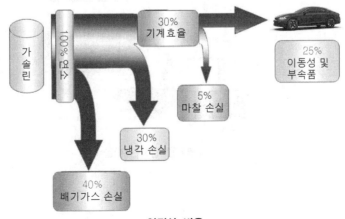

열정산 비율

(1) 배기(Exhaust Gases) 손실

배기손실은 연료의 발열에너지 중 약 35~40%를 차지한다. 연료가 연소되고 난 이후 대부분의 연소가스는 배출된다. 이때 불완전연소 등으로 연소되지 않은 연료가 배출되고, 뜨거운 온도의 연소 후 가스도 배출된다. 짧은 시간 동안 연소가 이루어지기 때문에 연소효율이 좋지 않을수록, 유효한 일로 변환되지 못한 에너지가 사용되지 못하고 버려지기 때문에 손실 비율이 크다.

(2) 냉각(Coolant) 손실

냉각손실은 연소실 내부에서 실린더 벽면의 냉각으로 인해 버려지는 에너지로 연료의 발열에너지 중 약 30% 정도를 차지한다. 연소실 내부에서 폭발이 일어날 경우 연소 온도는 2,000~2,500℃까지 올라가게 된다. 이는 실린더 벽면과 피스톤을 손상시킬 수 있는 충분한 온도가 된다. 따라서 이를 저감시켜 주기 위해 실린더 주위로 냉각수가 흐를 수 있도록 냉각수 재킷을 구성하여 부품을 보호해 준다. 따라서 연소가스가 실린더 벽면과 접촉할 경우 냉각이 되고 이로 인해서 에너지가 손실된다.

(3) 마찰(Friction) 손실

마찰손실은 기계가 동작될 때 발생하는 마찰에 의한 손실을 말한다. 대부분 윤활유에 의한 전단 마찰에 의한 것으로 연료 에너지의 약 5% 정도를 차지하며, 이외에도 냉각수 펌프, 냉각팬, 윤활유 펌프, 과급기, 에어컨 컴프레서, 발전기 등을 구동시키는데 사용되는 동력으로 손실이 발생된다.

내연기관 열정산 비율

기출문제 유형

✦ 비출력의 정의와 증대 방안을 설명하시오.(66-1-3)

01 개요

엔진의 성능을 비교하기 위해 배기량, 토크, 출력, 연비 등을 측정한다. 또한 성능의 상대적인 비교를 위해서 비출력을 사용한다. 비출력은 리터당 출력, 면적당 출력 등으로 각 성능에 대해 상대적으로 비교를 할 수 있도록 만든 수치이다.

02 비출력(Specific Power)의 정의

비출력은 엔진의 성능을 상대적으로 비교하기 위한 출력으로 리터 출력, 단위출력당 질량, 피스톤 단위 면적당 출력 등이 있다.

03 리터 마력(LHP : Liter Horse Power)

리터 마력은 리터당 출력으로 1리터에서 발생하는 제동출력을 말한다. 공식은 다음과 같다.(첫 번째 식은 제동 출력을 리터 출력으로 나눠준 식이고, 두 번째 식은 제동출력을 제동 평균 유효압력과 엔진 회전속도로 나타낸 식이다. 세 번째 식은 단위를 공학 단위로 변경한 식이다.)

$$N_L = \frac{N_e}{V_H} \left[\frac{\mathrm{kW}}{\ell} \right]$$

여기서, N_e : 제동출력[kW], N_L : 리터출력 $\left[\dfrac{\mathrm{kW}}{\ell} \right]$, V_H : 총 행정체적[ℓ]

$$N_L = \frac{P_{me} \cdot n}{300x} [\mathrm{kW}/l]$$

여기서, P_{me} : 제동 평균 유효압력[bar], n : 엔진 회전수[$\min^{-1}$]
x : 사이클 상수, 4사이클 $x = 4$, 2사이클 $x = 2$

$$N_L = \frac{P_{me} \cdot n}{225x} [\mathrm{PS}/l]$$

여기서, P_{me} : 제동 평균 유효압력[$\mathrm{kgf/cm^2}$]

04 단위출력당 질량(Power Mass)

단위출력당 질량은 엔진의 총 질량을 제동출력으로 나누어준 값이다. 공식은 다음과 같다.

$$m_N = \frac{m_M}{N_e} [\text{kg/kW}]$$

여기서, m_M : 엔진의 총 질량[kg],

m_N : 단위출력당 질량[kg/kW]

N_e : 제동출력[kw]

05 피스톤-헤드 단위면적당 마력(AHP : Piston Area Horse Power)

피스톤 헤드 단위 면적당 마력은 각 기통에 있는 피스톤 헤드의 총 단면적으로 제동 출력을 나눠준 값이다. 공식은 다음과 같다.

$$N_a = \frac{N_e}{A \cdot z} [\text{kW/cm}^2]$$

여기서, N_e : 제동출력[kW]

N_{ε} : 피스톤-헤드 단위면적당 출력[kW/cm^2]

A : 피스톤-헤드 단면적[cm^2]

z : 실린더 수

기출문제 유형

✦ SAE 마력을 설명하시오.(62-1-11, 71-1-9)

01 개요

내연기관의 성능은 열효율, 평균 유효압력, 회전력, 마력(출력) 등으로 나타낼 수 있다. 자동차의 출력은 보통 마력으로 나타내는데, 1마력이란 75kg의 물체를 1초 동안에 1m 움직일 수 있는 힘을 말한다. 회전력(Torque)과 속도(회전수)를 곱하여 산출한다. 마력에는 지시마력, 제동마력, 연료 마력, 공칭마력(SAE 마력) 등이 있다.

02 SAE 마력의 정의

SAE 마력은 미국자동차기술협회(Society of Automotive Engineers)에서 사용하고 있는 마력으로 실린더 내경과 실린더 수를 기준으로 산출된 이론적인 마력이다.

03 SAE 마력 계산 공식

- 실린더 안지름이 mm인 경우
$$SAE마력 = \frac{D^2 N}{1613}$$

- 실린더 안지름이 inch인 경우
$$SAE마력 = \frac{D^2 N}{2.5} \text{ (여기서, } D : \text{실린더 안지름}, N : \text{실린더 수)}$$

04 SAE 마력과 RAC 출력

SAE 마력은 자동차의 등록 및 과세 기준으로 이용되고 있으며, 영국자동차협회(RAC : Rolyal Automobile Club)에서 사용하는 RAC 출력과 같은 개념이다. RAC 출력의 도출 공식은 다음과 같으며, 단위에 따라서 공식의 수치가 달라진다.

$$RAC Power = \frac{P_{mi} \cdot l \cdot A \cdot n \cdot N}{2 \times 33000} = \frac{D^2 N}{2.5} [HP]$$

여기서, P_{mi} : 지시 평균 유효압력, 약 67.2[1bf/in2],I : 행정[ft]

　　　A : 피스톤 단면적($= \pi D^2/4$), D : 실린더 내경[inch]

　　　n : 엔진회전 수[rpm], N : 실린더 수

$$RACHP = \frac{D^2 N}{1613} [HP]$$

여기서, D : 실린더 내경[mm]

기출문제 유형

✦ 엔진이 3,000rpm으로 운전될 때 출력하는 축 토크를 측정하였더니, 120Nm이었다. 엔진의 출력을 kW로 구하시오.(86-1-13)

✦ 크랭크 핸들로서 엔진을 구동시킬 때 크랭크 핸들을 한손으로 회전시키는 속도는 50rpm이고, 그 반경은 20cm이다. 지금 체중이 60kg인 사람이 전력을 다하여 압축압력 $10kg/cm^2$인 엔진을 시동한다고 하면 사람에게서 나온 힘은 체중의 몇 %인가? 단, 피스톤의 직경은 80mm, 크랭크 반경은 50mm라고 한다.(68-2-2)

✦ 실린더의 지름이 70mm, 행정 80mm의 4사이클 4실린더 엔진이 3000rpm으로 운전하며 축 출력을 10ps 낼 때 평균 유효압력은 몇 kgf/cm^2이며, 축 토크는 몇 kgf.m인가를 구하시오(단, π는 3.14임).(56-2-5)

✦ 총 배기량이 12리터인 2 Stroke Cycle 엔진의 출력이 2000rpm에서 300kW일 때, 평균 유효압력을 구하시오.(69-1-13)

✦ 배기량 2,000cc, 4사이클 4기통 엔진이 1,500rpm으로 회전하는 조건에서 암(Arm)의 길이가 1m인 동력계 하중은 500kgf로 측정된다. 이 작동 조건에서 20시간 동안 300리터의 연료(비중 0.91)를 소비하고 기계효율이 85%일 경우 다음을 계산하시오.(80-2-3)
  1) 제동마력   2) 도시마력   3) 제동 평균 유효압력
  4) 도시 평균 유효압력   5) 제동연료 소비율   6) 도시 연료 소비율

✦ 실린더 지름 120mm, 피스톤 행정 150mm, 회전수 1,600rpm, 4-cycle, 6실린더 디젤 엔진이 있다. 저위 발열량이 10,250kcal/kg인 연료를 사용하여 이 엔진을 운전할 경우 연료 소비량이 22kg/h로서 축마력이 115ps이었다. 이 엔진의 다음 각항을 구하시오.
  1) 연료 소비율   2) 제동 연효율   3) 제동 평균 유효압력(87-4-3)

✦ 4 사이클 엔진에서 행정체적 1500cc, 회전수 600rpm의 성능 시험시 75kW가 발생하며 연료 소비량이 1분에 354g이 소비된다. 가솔린의 발생 열량은 44500kJ/kg, 마찰 마력은 10.4kW일 때 다음에 답하시오. : 연료 소비율, 도시 및 제동 평균 유효압력, 제동 및 도시 열효율, 기계효율, 마찰 평균 유효압력(56-4-5)

01 개요

내연기관의 성능은 열효율, 평균 유효압력, 회전력(토크), 마력(출력), 연료 소비율 등으로 나타낼 수 있다. 회전력은 피스톤에 전달되는 연소가스의 압력에 의해 크랭크축에 발생하는 힘을 말한다. 자동차의 출력은 보통 마력으로 나타내는데, 1마력이란 75kg의 물체를 1초 동안에 1m 움직일 수 있는 힘을 말한다. 회전력(Torque)과 속도(회전수)를 곱하여 산출한다.

02 기관의 토크, 출력단위 및 계산 방법

(1) 단위 기준

토크와 출력의 단위는 [N·m], [kgf·m], [J], [PS], [HP], [kW] 등을 사용한다.

1) 축 토크

- 1 [N·m]=1/9.8 [kgf·m]=1 [J]
- 1 [kgf·m]=9.8 [N·m]=9.8 [J]

2) 출력

- 1 [kW]=102 [kgf·m/s]=1.36 [PS]=1.34 [HP]
- 1 [PS]=75 [kgf·m/s]=0.735 [kW]
- 1 [HP]=33,000 [ft·lbf/min]=550 [ft·lbf/sec]=0.746 [kW]

(2) 출력의 단위

엔진의 출력 단위는 단위시간당 일량으로 [W], [kW]를 사용한다. 질량과 가속도를 곱하면 힘이 된다. 이 힘에 거리를 곱하면 일이 된다. 따라서 다음의 공식과 같이 관계를 도출할 수 있다.

- 힘=질량×가속도

$$F = m \cdot a = 1\text{kg} \cdot 1\frac{m}{s^2} = 1\frac{\text{kg} \cdot \text{m}}{s^2} = 1\text{N (newton)}$$

- 일=힘×거리

$$W = 1\text{N} \times 1\text{m} = 1\text{N} \cdot \text{m} = 1\text{J (joule)}$$

* 열역학 제1법칙으로부터(일=열)

- 출력 $= \dfrac{\text{일}}{\text{시간}} = \dfrac{(\text{힘} \times \text{거리})}{\text{시간}} = \text{힘} \times \left(\dfrac{\text{거리}}{\text{시간}}\right) = \text{힘} \times \text{속도}$

- $\text{Power} = \dfrac{1\text{J}}{1\text{s}} = 1\dfrac{\text{J}}{\text{s}} = 1\text{W}$

1[W]는 열량 단위로 [J/s]가 된다. 출력은 공학 단위계에서 마력을 사용한다. 마력의 단위로는 독일과 프랑스에서 사용하는 [PS](Pferde Stärke)와 영국과 미국계의 [HP](Horse Power)가 있다. 우리나라에서는 주로 [PS]를 사용해 왔으며, 아직도 일부 사용하고 있다. 이들 단위의 관계는 다음과 같다.

- 1 [kW]=102 [kgf·m/s]=1.36 [PS]=1.34 [HP]
- 1 [PS]=75 [kgf·m/s]=0.735 [kW]
- 1 [HP]=33,000 [ft·lbf/min]=550 [ft·lbf/sec]=0.746 [kW]

(3) 토크(Torque) 산출 방법

토크(회전력)는 물체를 회전시키는 원인이 되는 물리량을 말하며 내연기관의 크랭크축에 가해지는 돌리는 힘을 말한다. 어떤 중심축에 대해 물체에 토크가 가해지면 그 축을 중심으로 물체의 회전상태, 각 운동량이 바뀐다. 실린더 내에서 연료가 폭발되면 연소가스의 압력에 의해 크랭크축에 회전력이 발생한다. 엔진의 최대 토크값이 [15kgf·m/6,000rpm]이라면, 이것은 엔진이 분당 6,000회 회전할 때 크랭크축에서 1m 길이의 막대 끝에 15kg의 힘이 가해진다는 뜻이다. 토크의 단위는 [kgf·m] 또는 [N·m]이다.

$$T = F \times r \ [\text{N·m}]$$

여기서, T : 토크 [kgf·m] 또는 [N·m], r : 회전 반지름, F : 힘(Force)

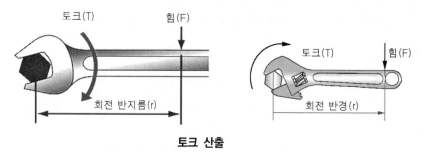

토크 산출

(4) 회전 출력(Horse Power) 산출 방법

엔진에서 토크가 발생할 때, 크랭크축이 1회전 할 때의 일은 힘에 거리($2\pi r$)을 곱한 값이 된다. 따라서 크랭크축이 n 회전할 때 일은 다음 공식과 같다.

$$W_1 = F \times 원둘레 = F \times 2\pi r = 2\pi T \ [\text{Nm}]$$
$$W_n = 2\pi T \times n \, [\text{Nm}]$$

크랭크축 즉, 엔진이 n[min⁻¹]으로 회전할 때의 출력은 다음과 같다.

$$N_e = \frac{일}{시간} = \frac{2\pi Tn}{60} [\text{W}]$$

$$N_e = \frac{2\pi Tn}{60 \times 1000} = \frac{\pi Tn}{30000} = \frac{Tn}{9549.296} \fallingdotseq \frac{Tn}{9550} [\text{kW}]$$

여기서, T : 축 토크[N·m], n : 1분당 회전속도[rpm]

$$N_e = \frac{2\pi Tn}{60 \times 75} = \frac{\pi Tn}{2250} \fallingdotseq \frac{Tn}{716.2} [\text{PS}]$$

여기서, T : 축 토크[kgf·m], n : 1분당 회전속도[rpm]

03 마력과 평균 유효압력

제동마력은 토크로부터 구하는 방식과 평균 유효압력으로 구하는 방식, 지시마력으로부터 효율을 통해 구하는 방식 등이 있다. 위의 회전출력 산출 방법에서는 토크와 회전수를 기준으로 제동마력을 산출하였다. 제동 평균 유효압력을 기준으로부터 제동마력을 산출하는 방법은 제동 평균 유효압력과 행정체적, 분당 회전수, 1행정당 폭발 횟수를 곱해준 값으로 산출한다.

$$BHP = P_{me} \times V \times N \times Z \times i\,[\text{kgf}\cdot\text{cm/min}]$$

$$= \frac{(P_{me} \times V \times N \times Z \times i)}{(100 \times 60)}[\text{kgf}\cdot\text{m/sec}]$$

$$= \frac{(P_{me} \times V \times N \times Z \times i)}{(75 \times 100 \times 60)}[\text{PS}]$$

여기서, BHP : 제동마력(Brake Horse Power) [PS],

P_{me} : 제동 평균 유효압력[kgf/cm²]

V : 행정체적[$\frac{\pi \times D^2 \times L}{4}$ cm³], Z : 실린더 수, N : 엔진 분당 회전수[rpm].

i : 행정당 폭발횟수(4행정기관 : 1/2, 2행정기관 : 1)

04 엔진이 3,000rpm, 축 토크 120Nm일 때, 엔진의 출력

$$N_e = \frac{NT}{9550}[\text{kw}] = \frac{3000 \times 120}{9550} = 37.7[\text{kw}]$$

엔진이 3,000rpm, 축 토크가 120Nm일 때, 엔진의 출력을 [kW]로 나타내면 37.7[kW]가 된다.

> **예제**
> 크랭크 핸들로서 엔진을 구동시킬 때 크랭크 핸들을 한손으로 회전시키는 속도는 50rpm 이고, 그 반경은 20cm이다. 지금 체중이 60kg인 사람이 전력을 다하여 압축압력 10kg/cm²인 엔진을 시동한다고 하면 사람에게서 나온 힘은 체중의 몇 %인가? 단, 피스톤의 직경은 80mm, 크랭크 반경은 50mm라고 한다.

> **해설** 문제에서 주어진 조건은 행정체적(피스톤의 직경, 크랭크 반경)과 rpm, 크랭크 암의 길이 등이다. 제동마력은 압축압력, 행정체적, rpm, 1행정당 폭발횟수에 따라서 산출할 수 있고, 여기에서 단위를 변환해 주어 제동마력을 산출한다.

$$BHP = \frac{P_{me} \times V \times N \times Z \times i}{75 \times 60 \times 100}[PS]$$

BHP : 제동마력(Brake Horse Power) [PS], P_{me} : 제동 평균 유효압력[kgf/cm²]

V : 행정체적[$\frac{\pi \times D^2 \times L}{4}$ cm³], Z : 실린더 수, N : 엔진 분당 회전수[rpm].

i : 행정당 폭발횟수(4 행정기관 : 1/2, 2 행정기관 : 1)

$$BHP = \frac{P_{mi} \times \pi \times D^2 \times L \times N \times Z \times i}{4 \times 60 \times 2 \times 100 \times 75}$$

$$BHP = \frac{10\mathrm{kgf}/\mathrm{cm}^2 \times \pi \times 8^2 \times 5 \times 50 \times 1}{4 \times 60 \times 2 \times 100 \times 75} = 0.14(\mathrm{PS})$$

토크는 힘과 회전 반지름의 곱이고, 출력은 토크와 회전거리(원둘레)의 곱이다. 위에서 산출한 제동마력은 토크와 회전 거리(원주율), 회전수의 곱으로 산출한다.

$$BHP = \frac{2 \times \pi \times T \times N}{75 \times 60} = \frac{T \times N}{716.2}$$

여기서, T : 축 토크(kgf·m), N : 1분당 회전속도(rpm)

$$T = F \times r$$

여기서, T : 축 토크(kgf·m), F : 힘(kgf), r : 회전 반지름(m)

$$BHP = \frac{T \times N}{716.2}$$에서 $0.14 = \frac{F \times 0.2 \times 50}{716.2}$(PS) 이므로

$$F = \frac{0.14 \times 716.2}{0.2 \times 50} = 10.03\mathrm{kgf}$$

힘은 10.03[kgf]이고 사람의 체중은 60kg이므로 사람에서 나온 힘은 체중의 약 16.72%가 된다.

$$\frac{10.03}{60} \times 100 = 16.72(\%)(\%)$$

예제

실린더의 지름이 70mm, 행정 80mm의 4사이클 4실린더 기관이 3000rpm으로 운전하며 축 출력을 10ps 낼 때 평균 유효압력은 몇 kgf/cm²이며, 축 토크는 몇 kgf.m인가를 구하시오(단, π는 3.14임)

 제동마력은 평균 유효압력, 행정체적, 실린더 수, 엔진회전 수, 1행정당 폭발 횟수에 의해 산출할 수 있다. 또한 축 토크와 엔진 회전수로 구할 수 있다.

$$BHP = \frac{P_{me} \times V \times N \times Z \times i}{75 \times 60 \times 100}[PS]$$

BHP : 제동마력(Brake Horse Power) [PS], P_{me} : 제동 평균 유효압력[kgf/cm²]

V : 행정체적[$\dfrac{\pi \times \mathrm{D}^2 \times \mathrm{L}}{4}$ cm³], Z : 실린더 수, N : 엔진 분당 회전수[rpm]

i : 행정당 폭발횟수(4 행정기관 : 1/2, 2 행정기관 : 1)

$$BHP = \frac{P_{mi} \times \pi \times D^2 \times L \times N \times Z \times i}{4 \times 60 \times 2 \times 100 \times 75}$$

(1) 축 토크 계산

$$BHP = \frac{2 \times \pi \times T \times N}{75 \times 60} = \frac{T \times N}{716.2}$$

여기서, T : 축 토크(kgf·m), N : 1분당 회전속도(rpm)

$$T = \frac{BHP \times 716.2}{N} = \frac{10 \times 716.2}{3000} = 2.39\,(\mathrm{kgf-m})$$

(2) 제동 평균 유효압력

$$BHP = \frac{P_{mi} \times \pi \times D^2 \times L \times N \times Z \times i}{4 \times 60 \times 2 \times 100 \times 75}\text{에서}$$

$$= \frac{BHP \times 4 \times 60 \times 2 \times 100 \times 75}{3.14 \times D^2 \times L \times N \times Z \times i}$$

$$= \frac{10 \times 4 \times 60 \times 2 \times 100 \times 75}{3.14 \times 7^2 \times 8 \times 3000 \times 4} = 2.44\,(\mathrm{kgf/cm}^2)$$

축 토크는 2.39[kgf·m], 제동 평균 유효압력은 2.44[kgf/cm²]이다.

예제

총 배기량이 12리터인 2 Stroke Cycle 엔진의 출력이 2000rpm에서 300kW일 때, 평균 유효압력을 구하시오.

해설 총 배기량이 12리터이므로 12L=12000cc=12000cm³이다. 또한 1기통, 2행정 엔진이므로 N, i는 1이 된다. 평균 유효압력으로 구하는 제동마력 계산식에 넣어 계산해보면 다음과 같다.

$$BHP = \frac{P_{mi} \times \pi \times D^2 \times L \times N \times Z \times i}{4 \times 60 \times 2 \times 100 \times 75}\text{에서}$$

$$BHP = \frac{P_{mi} \times V \times N \times Z \times i}{100 \times 60}$$

$$= \frac{P_{mi} \times 12000 \times 2000 \times 1 \times 1}{100 \times 60} = P_{mi} \times 4000(\mathrm{cm}^2/\mathrm{sec})$$

1[kW]는 102[kgf·m/s]=1.36[PS]=1.34[HP]이므로 엔진의 출력은 다음과 같이 단위 변환할 수 있다. 따라서 위의 식에 대입하여 평균 유효압력을 구할 수 있다.

$$300\text{kW} = 300 \times 102\text{kgf} - \text{m/s}$$ 이므로

$$P_{mi} \times 4000\,(\text{cm}^2/\sec) = 300 \times 102$$

$$P_{mi} = \frac{300 \times 102}{4000} = 7.65\,(\text{kgf/cm})$$

따라서 평균 유효압력은 7.65[kgf/cm²]이다.

> **예제**
>
> 배기량 2,000cc, 4사이클 4기통 기관이 1,500rpm으로 회전하는 조건에서 암(Arm)의 길이가 1m인 동력계 하중은 500kgf로 측정된다. 이 작동 조건에서 20시간 동안 300리터의 연료(비중 0.91)를 소비하고 기계 효율이 85%일 경우 다음을 계산하시오.
> 1) 제동마력,　2) 도시마력,　3) 제동 평균 유효압력,　4) 도시평균 유효압력
> 5) 제동 연료 소비율,　6) 도시연료 소비율

해설 (1) 제동마력

$$BHP = \frac{2 \times \pi \times T \times N}{75 \times 60} = \frac{T \times N}{716.2}$$

여기서, T : 축 토크(kgf·m), N : 1분당 회전속도(rpm)

$$BHP = \frac{500 \times 1 \times 1500}{716.2} = 1047\,(\text{PS})$$

(2) 도시마력

제동마력 = 도시마력(IHP) × 기계효율(η)

$$1047 = 도시마력\,(IHP) \times \eta = \frac{IHP \times 85}{100}$$

$$IHP = \frac{1047 \times 100}{85} = 1232\,(PS)$$

(3) 제동 평균유효값

$$BHP = \frac{P_{mi} \times \pi \times D^2 \times L \times N \times Z \times i}{4 \times 60 \times 2 \times 100 \times 75}$$ 에서

$$1047 = \frac{P_{mi} \times 2000 \times 1500 \times 4 \times 1}{60 \times 2 \times 100 \times 75}$$

$$P_{mi} = \frac{1047 \times 60 \times 2 \times 100 \times 75}{2000 \times 1500 \times 4 \times 1} = 78.53\,(\text{kgf/cm}^2)$$

(4) 도시 평균 유효압력

제동 평균유효압력 = 도시 평균압력 × 기계효율

$$도시 평균유효압력 = \frac{78.53 \times 100}{85} = 92.39\,(\text{kgf/cm}^2)$$

(5) 제동 연료 소비율

연료 소비량은 20시간 동안 300리터의 연료(비중 0.91)을 소비한다. 1L는 1kg이다. 하지만 비중이 0.91이므로 총 연료 소비량은 273[kg]가 된다. 총 20시간 동안 연료를 소비했으므로 시간당 연료 소비량은 13.65[kg/h]가 된다. 제동마력은 1047[PS]이므로 제동 연료 소비율은 13.04[g/PSh]가 된다.

$$연료 \ 소비량 = 연료량 \times 비중 = 300 \times 0.91 = 273(kg)$$

$$시간당 \ 연료 \ 소비량 = \frac{연료 \ 소비량}{소비 \ 시간} = \frac{273kg}{20h} = 13.65(kg/h)$$

$$제동 \ 연료 \ 소비율 = \frac{시간당 \ 연료 \ 소비량}{제동마력}$$
$$= \frac{13.65kg}{1047PSh} = 0.013kg/PSh = 13.04(g/PSh)$$

(6) 도시 연료 소비율

도시마력은 1232[PS]이므로 도시 연료 소비율은 11.08[g/PSh]이 된다.

$$도시 \ 연료 \ 소비율 = \frac{시간당 \ 연료 \ 소비량}{도시마력}$$
$$= \frac{13.65kg}{1232PSh} = 0.011079kg/PSh = 11.08kg/PSh$$

실린더 지름 120mm, 피스톤 행정 150mm, 회전수 1,600rpm, 4-cycle, 6실린더 디젤 엔진이 있다. 저위 발열량이 10,250kcal/kg인 연료를 사용하여 이 기관을 운전할 경우 연료 소비량이 22kgf/h로서 축 마력이 115PS이었다. 이 기관의 다음 각항을 구하시오.
1) 연료 소비율, 2) 제동 열효율, 3) 제동 평균 유효압력

해설 **(1) 연료 소비율**

$$연료 \ 소비율 = \frac{연료 \ 소비량}{제동마력} = \frac{22 \times 1000}{115PSh} = 191.3(g/PSh)$$

(2) 제동 열효율

제동 열효율은 공급열량 대비 발생열량의 비율을 말한다. 따라서 연료 마력 대비 제동 마력으로 산출할 수 있다. 연료 마력은 시간당 연료 소비량과 연료의 발열량을 이용해 산출할 수 있다.

$$연료 \ 마력 = \frac{C \times W}{t} = \frac{C \times W}{10.5 \times t}(PS)$$

여기서, 연료 마력[PS], W:연료의 중량(kg=리터×비중)[kg], t:시간[min]
       C:연료의 저위발열량[kcal/kg]

$$연료 \ 마력의 \ 열량 = 연료 \ 소비량(kg/h) \times 저위 \ 발열량(kcal/kg)$$
$$= 22(kg/h) \times 10250(kcal/kg) = 225500(kcal/h)$$

1[PS]=632.3[Kcal/h]이므로 연료마력은 356.63[PS]가 된다.

$$연료 \ 마력 = \frac{연료 \ 마력의 \ 열량}{632.3}$$

$$= \frac{225500}{632.3} = 356.63(PS)$$

$$제동 \ 열효율 = \frac{발생량}{공급량} = \frac{제동마력}{연료마력} \times 100$$

$$= \frac{115}{356.63} \times 100 - 32.24\%$$

(3) 제동 평균유효압력

제동마력은 115[PS] 이며 실린더 체적, 기통 수, 회전수, 제동 평균유효압력 등을 통해 제동마력을 산출할 수 있다.

$$BHP = \frac{P_{mi} \times \pi \times D^2 \times L \times N \times Z \times i}{4 \times 60 \times 2 \times 100 \times 75} 에서$$

$$115 = \frac{P_{mi} \times \pi \times 12^2 \times 15 \times 1600 \times 6 \times 1}{4 \times 60 \times 2 \times 100 \times 75}$$

$$P_{mi} = \frac{115 \times 4 \times 60 \times 2 \times 100 \times 75}{\pi \times 12^2 \times 15 \times 1600 \times 6 \times 1} = 6.36(kg/cm^2)$$

예제

4 사이클 기관에서 행정체적 1500cc, 회전수 600rpm의 성능 시험시 75kW가 발생하며 연료 소비량이 1분에 354g이 소비된다. 가솔린의 발생 열량은 44500kJ/kg, 마찰 마력은 10.4kW일 때 다음에 답하시오: 연료 소비율, 도시 및 제동 평균 유효압력, 제동 및 도시 열효율, 기계 효율, 마찰 평균 유효압력(56-4-5)

해설 (1) 연료 소비율

연료소비량이 1분당 354g이므로 시간당 21,240g을 소비한다. 또한 1[kW]는 1.36[PS]이므로 75[kW]는 102[PS]가 된다. 따라서 연료소비율은

$$시간당 \ 연료 \ 소비량 = 354(g/min) \times 60h = 21240(g/h)$$

$$1 \ [kW] = 1.36 \ [PS]$$

$$75kW = 1.36PS \times 75kW = 102(PS)$$

$$연료 \ 소비율 = \frac{시간당 \ 연료 \ 소비량}{성능 \ 시험시 \ 마력} = \frac{21240g}{102PSh} = 208.24g/PSh$$

(2) 제동 평균유효압력

$$BHP = \frac{P_{mi} \times \pi \times D^2 \times L \times N \times Z \times i}{4 \times 60 \times 2 \times 100 \times 75} \text{에서}$$

$$BHP = \frac{P_{mi} \times 1500 \times 600 \times 1 \times 1}{60 \times 2} = P_{mi} \times 7500\,(\mathrm{cm^3/sec})$$

1[kW]는 102[kgf·m/s] 이다.

따라서, $BHP = 75\mathrm{kW} = 75 \times 102 = 7650\,(\mathrm{kgf - m/s})$

$$= 7650 \times 100 = 765000\,(\mathrm{kgf - cm/s})$$

$$P_{mi} = \frac{765000\,(\mathrm{kgf - cm/s})}{7500\,(\mathrm{cm^3/s})} = 102\,(\mathrm{kgf/cm^2})$$

(3) 도시 평균유효압력

제동마력은 75[kW]이며 마찰마력은 10.4[kW]이다. 따라서 도시마력은 85.4[kW]이다.

$$IHP = \frac{P_{mi} \times \pi \times D^2 \times L \times N \times Z \times i}{4 \times 60 \times 2 \times 100 \times 75} \text{에서}$$

$$IHP = \frac{P_{mi} \times 1500 \times 600 \times 1 \times 1}{60 \times 2} = P_{mi} \times 7500\,(\mathrm{cm^3/sec})$$

$$IHP = 85.4\,(\mathrm{kW}) \times 102 = 8710.8\,(\mathrm{kgf - m/s})$$

$$= 8710.8 \times 100 = 871080\,(\mathrm{kgf - cm/s})$$

$$IHP = 871080\,(\mathrm{kgf - cm/s}) = \mathrm{P}_{mi} \times 7500\,(\mathrm{cm^3/s})$$

$$P_{mi} = \frac{871080\,(\mathrm{kgf - cm/s})}{7500\,(\mathrm{cm^3/s})} = 116.14\,(\mathrm{kgf/cm^2})$$

(4) 제동 연효율

제동 열효율은 공급열량 대비 발생열량의 비율을 말한다. 따라서 연료마력 대비 제동마력으로 산출할 수 있다. 연료마력은 시간당 연료 소비량과 연료의 발열량을 이용해 산출할 수 있다.

$$\text{연료 마력} = \frac{C \times W}{t} = \frac{C \times W}{10.5 \times t}\,(\mathrm{PS})$$

여기서, 연료 마력[PS], W:연료의 중량(kg=리터×비중)[kg], t:시간[min], C:연료의 저위 발열량[kcal/kg]

1[kcal]=1[J], 1[PS]=632.3[kcal/h]=0.7355[kW]

$$\text{연료마력} = \frac{\text{연료 소비량} \times \text{발생열량}}{1000 \times 4.2 \times 632.3}$$

$$= \frac{354\,(\mathrm{g/min}) \times 44500\,(\mathrm{kJ/kg}) \times 60}{1000 \times 4.2 \times 632.3} = 356\,(PS)$$

1[PS]=0.7355[kW] 이므로

$$연료 \ 마력(kW) = 356(PS) \times 0.7355 = 261.8kW$$

$$제동 \ 열효율 = \frac{발생량}{공급량} = \frac{75}{261.8} \times 100 = 28.6(\%)$$

(5) 도시 열효율

$$연료 \ 마력(kW) = 356(PS) \times 0.7355 = 261.8kW$$

$$제동 \ 열효율 = \frac{발생량}{공급량} = \frac{(75 + 10.4)}{261.8} \times 100 = 32.6(\%)$$

(6) 기계효율

기계효율은 도시마력 대비 제동마력을 말한다.

$$\eta_m = \frac{W_e}{W_1} = \frac{N_e}{N_i} = \frac{\eta_e}{\eta_i}$$

여기서 η_m : 기계효율, W_e : 제동일, W_i : 지시일 또는 도시일

$\qquad N_e$: 제동출력, N_i : 지시출력 또는 도시출력

$$\eta_m = \frac{75}{85.4} \times 100 = 87.8\%$$

(7) 마찰 평균 유효압력

$$P_{mr} = \frac{W_i - W_e}{V_h} = P_{mi} - P_{me}$$

여기서, $P_{mi} = 116.6[\text{kgf}/\text{cm}^2]$

$\qquad P_{me} = 102[\text{kgf}/\text{cm}^2]$

$\qquad P_{mr} = 116.16 - 102 = 14.16[\text{kgf}/\text{cm}^2]$

09 연비 규제

기출문제 유형

✦ 자동차의 연비에 영향을 주는 인자와 개선 기술에 대해 설명하시오.(69-3-6)

✦ 자동차의 연료 소비율에 영향을 미치는 인자에 대해 기술하고, 가속, 연비율, 자동차 무게, 감속비의 상관 관계를 그림으로 도식하고 설명하시오.(81-4-2)

✦ 차량의 연비에 영향을 미치는 4가지 요인을 서술하시오. 가. 운전자의 운전습관, 나. 차량의 설계 요인, 다. 차량의 정비 요인, 라. 도로 요인 및 기상 요인.(32)

✦ 자동차의 운전 조건 중 아래의 요소가 연료 소비율에 미치는 영향을 설명하시오.(101-4-4)
 1) 점화시기(디젤의 경우 분사시기)
 2) 혼합기 조성(공연비, EGR률)
 3) 회전수와 부하

✦ 자동차의 연비 향상 및 배출가스 저감을 위하여 재료 경량화, 성능 효율화, 주행 저항 감소 측면에서의 대책을 설명하시오.(98-4-4)

✦ 파워 트레인(power train)과 관련하여 성능, 연비, 중량 등에 영향을 줄 수 있는 신기술 적용 항목 5가지를 설명하시오(92-4-6)

01 개요

(1) 배경

자동차는 연료의 화학에너지를 운동에너지로 변환시켜 구동력을 발생시키는 기구로 연료의 화학에너지를 변환시킬 때 각종 손실에 의해 연료가 본래 가지고 있던 화학에너지의 20~35% 정도만 구동력으로 변환이 가능하다. 구동력으로 변환된 에너지도 주행시 구름저항, 공기저항 등 각종 저항이 발생하기 때문에 감소된다.

연료 1L로 주행 가능한 거리를 연료 소비율, 연비라고 하는데 자동차의 연비는 고갈되는 석유자원을 보호하고 심각해져 가는 대기오염을 줄이기 위해 세계 각국에서 규제되고 있으며 계속 강화되고 있는 추세이다.

(2) 연료 소비율(Rate of Fuel Consumption)의 정의

자동차의 연료 소비율은 연료 1L당 주행 가능한 거리를 말하며 자동차의 주행거리에 대한 연료 소비의 비율을 의미한다. 단위는[km/L]이다.

> **참고** 엔진의 연료 소비율(Specific Fuel Consumption)은 단위출력당 연료 소비량을 말하며
> 단위는[g/PS·h]이다.
> $b_e = B/N_e$　여기서, b_e : 제동연료 소비율[G/kW · h 또는 g/PS · h]
> N_e : 축 출력[kW 또는 PS], B : 연료의 소비량[kg/s]

02 연료 소비율에 영향을 주는 인자

(1) 운전자의 운전습관

연료 소비율은 운전자의 운전습관에 따라 달라진다. 급가/감속, 급정지, 고속주행, 불필요한 화물의 적재, 과도한 전기장치의 사용 등 운전자의 주행 습관에 따라 연료 소비율이 증가한다.

(2) 차량의 설계 요인

자동차의 설계 요인은 엔진의 점화시기, 혼합기 조성, 회전수 등 엔진과 관련된 요인이 있고 동력 변환 시 손실이 발생할 수 있는 내부저항, 자동차의 형상과 관련된 공기저항, 노면의 접지력과 관련된 구름저항 등이 있다.

1) 엔진 관련 요인

① 점화시기의 영향(디젤의 경우 분사시기) : 혼합기에 연료가 농후한 경우에는 점화시기의 변화에 따른 연료소모량의 변동이 적지만, 희박영역에서는 점화시기 변화에 따라 연료소모량의 변동이 크다. 점화시기가 지각될 때, 압축비가 높아질 때가 연료 소비율이 작아진다. 즉, BTDC 20°일 때보다 50°가 연료 소비율이 작아진다.

② 혼합기 조성(공연비, EGR률) : 연료를 적게 분사할수록 연료의 소비량은 적어지지만 출력이 작아져 엔진의 회전력 유지가 힘들어진다. 따라서 적정한 양의 연료가 분사되어야 한다. 이론공연비보다 약간 희박한 영역에서 혼합비가 조성될 때 연료 소비율은 가장 작다. EGR은 엔진이 안정된 상태에서 운전될 때 연소실 최고 온도를 낮춰주어 질소산화물의 배출을 저감시켜 주는 장치로 저부하에서는 약 40% 정도, 중부하에서는 20% 수준에서 최적의 EGR률이 결정된다.

③ 회전수와 부하 : 엔진회전수가 중속(2,400~3,200rpm)에서 연료 소비율이 가장 작다. 부분부하일 경우 연료 소비율이 작고, 저부하, 고부하시는 연료 소비율이 크다.

2) 자동차 형상 및 공기저항

자동차의 공기저항 계수는 자동차의 형상이 유선형일수록, 표면에 돌출부위가 없을수록 감소한다. 따라서 자동차의 표면에서 와류가 발생하지 않도록 범퍼와 후드가 만나는

경사각, 후드와 윈드 글라스가 만나는 경사각, 범퍼의 측면 경사각 등을 최적화하여 와류가 발생하지 않도록 하고 전체적인 형상을 유선형으로 만들어 와류, 후류에 의한 항력이 발생하지 않도록 설계해야 한다.

3) 구름저항

자동차가 노면과 접촉되어 주행할 때 차량의 무게가 무거울수록, 구름저항계수가 커질수록 구름저항이 증가한다. 따라서 자동차의 재료를 알루미늄이나 마그네슘, 탄소 복합소재를 적용하여 경량화함으로써 구름저항을 감소시키고 노면과 접지력이 적절하게 유지될 수 있도록 타이어의 넓이와 소재를 결정한다.

(3) 차량의 정비 요인

연료 소비율은 자동차의 길들이기가 잘 될수록 감소된다. 하지만 자동차의 정비 상태가 불량하거나 노화가 진행되면 연료 소비율은 증가한다. 휠 얼라인먼트가 불량하거나 주행관련 부품이 마모되거나 노화됐을 때, 타이어 공기압이 적게 들어갔을 때, 적재가 과도한 상태일 때 연료 소비율이 증가한다.

(4) 도로 요인 및 기상 요인

실제 도로 상에서 발생하는 경사로에 의한 저항, 맞바람에 의한 공기저항, 노면과의 접촉에 의한 구름저항 등으로 인해 연료 소비율이 영향을 받는다. 또한 노면의 진동, 교통상황, 기후조건 등도 연료 소비율에 영향을 준다. 진동이 과도할수록, 정체구간이 많을수록, 기온이 너무 높거나 너무 낮은 경우 연료 소비율은 증가한다.

03 가속, 연비율, 자동차 무게, 감속비의 상관 관계 도식

연료 소비율은 연료 1L로 갈수 있는 주행거리를 나타내는 지표로 연료에서 발생하는 축토크와 변속기, 최종감속기어의 감속비, 동력전달장치의 동력전달 효율, 바퀴의 동하중반경등의 요인에 의해 구동력으로 변환되는 힘과 주행저항에 많은 영향을 받는다. 구동력이 클수록, 주행저항이 작을수록 연료 소비율은 감소하여 같은 연료의 양으로 많은 거리를 주행할 수 있게 된다. 구동력과 주행저항마력의 차이를 여유구동력이라고 하는데 여유구동력은 다음과 같이 나타낼 수 있다.

$$여유구동력(F_n) = 구동력(F) - 전주행저항(R_t)$$

따라서 가속이 증가할수록, 자동차 무게가 증가할수록 연료 소비율이 증가하며, 감속비가 증가할수록 연료 소비율은 감소한다.

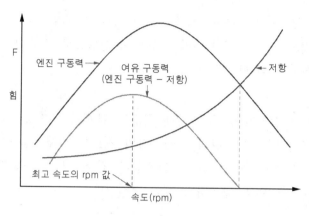

엔진의 여유구동력

04 연료 소비율 개선 기술

연료 소비율을 개선하기 위해서는 엔진에서 발생하는 각종 손실(펌핑손실, 냉각손실, 마찰손실, 흡·배기 손실)을 줄이고 열효율을 최적화하여 엔진의 출력을 증대시켜야 한다. 또한 각종 주행저항(구름저항, 공기저항, 가속저항)을 감소시키고, ECO 시스템을 사용하거나 에코 드라이빙 주행을 하여 연료 소비율을 개선할 수 있다.

(1) 열효율, 전달효율 증대(성능효율화)

흡·배기 가변시스템(CVVL : Continuously Variable Valve System, CVVT : Continuously Variable Valve Timing)을 사용하여 펌핑손실 및 흡·배기 손실을 최소화하고, 터보 과급기, GDI(Gasoline Direct Injection)를 사용하여 엔진을 다운사이징하고, 체적효율 증대, 펌핑손실, 열전달 손실을 최소화한다. 또한 지능형 냉각시스템을 사용하여 엔진 내부의 냉각손실을 최소화한다. CVT(Continuously Variable Transmission), DCT(Dual Clutch Transmission)를 사용하여 동력전달 손실을 줄이고, 변속기 다단화를 통해 다운스피딩을 하여 연비를 개선하고, ISG(Idle Stop & Go), e-Clutch를 사용하여 연료의 소비를 원천적으로 차단한다.

(2) 재료 경량화

기존에 강철이 주로 적용되었던 엔진, 동력전달 부품, 차체, 타이어 휠 등을 탄소섬유강화플라스틱(CFRP : Carbon Fiber Reinforced Plastic)이나 복합 알루미늄-스틸, 알루미늄, 마그네슘, 망간 등을 사용하여 무게를 감소시킨다. 대표적으로 Audi에서 적용한 Aluminum Space Frame 기술이 있다.

Aluminum Space Frame 기술은 기존 철강 소재를 알루미늄 합금으로 대체하여 경량화를 하는 기술로 기존 철강 소재 차체 대비 43%의 경량화를 달성했다. 또한 기존 금속 중심의 다중 소재가 아닌 고분자 소재인 CFRP(Carbon-fiber-reinforced polymer)

까지 적용하는 다중소재융합(MMI : Multi-Material Integration) 기술이 있다. 보통 차량이 10% 가벼워지면 연료 소비율은 약 3% 가량 감소한다. 또한 이산화탄소 배출량도 감소한다.

(3) 주행저항 감소

자동차의 형상을 유선형으로 만들고 표면에 돌출부위가 없도록 만든다. 사이드미러를 카메라로 대체하여 삭제하고, 하부커버 적용으로 공력손실을 최소화한다. 리어 스포일러를 장착하여 후류 발생을 감소시킨다. 자동차의 재료를 알루미늄이나 마그네슘, 탄소복합소재를 적용하여 경량화하여 구름저항을 감소시키고 친환경 타이어, 저연비 타이어를 사용한다.

(4) 에코드라이빙, ECO 시스템 사용

경제속도(60~80km/h) 준수하기, 급출발, 급가감속하지 않기, 정차, 신호 대기시 기어 중립으로 놓기, 불필요한 물건 적재하지 않기 등, 경제운전을 하면 연료 소비율을 줄일 수 있다. 또한 공회전 제한장치, 액티브 에코, 에코 페달 등의 에코 드라이브 시스템을 사용하여 연비를 절약할 수 있다.

기출문제 유형

✦ 에코 드라이브(Eco-Drive)에 대해 설명하시오.(89-1-8)

---

01 개요

고갈되는 석유자원을 보호하고 심각해져 가는 대기오염을 줄이기 위해서 세계 각국은 지속 가능한 전략을 수립 중에 있다. 우리나라 온실가스 배출량 수준은 세계 7위이며, 이 중 교통 부문이 약 20%를 차지하고 있으며, 산업 부문 다음으로 2위를 기록하고 있다.

도로 교통 부문의 온실가스 감축을 위해서 전기차, 수소 연료 전지차 등 친환경 자동차 개발 및 보급도 중요하지만 친환경차의 대중화에 걸리는 시간을 고려해볼 때 자동차 운전자가 운전습관을 바꿔 연료를 절약하는 방안도 효과적일 수 있다. 운전자 개인적으로도 과속 운전을 하지 않고 경제속도에 맞춰 주행을 하여 연료의 사용을 최적화하면 증가하는 연료비로 인한 경제적 부담을 줄일 수 있다.

02 에코 드라이브(Eco-Drive)의 정의

에코 드라이브는 교통수단을 운행하는 방법, 습관 또는 행태 등을 개선하여 연료 소비와 온실가스 배출 등을 감축하는 경제운전을 말한다. 주로 친환경성, 경제성, 안전성, 편리성, 에너지 절약을 지향하는 운전을 의미한다.

에코 드라이브의 좁게는 운전자의 운전습관 및 방법의 개선을 나타내는 의미로 정의되고 있으며, 넓게는 환경 친화적인 운행을 위한 차량의 관리 방법, 도로 개선, 교통정보 활용 등을 의미한다. 참고로 에코 드라이빙은 자동차 운전에 한정된 의미로 사용되며, 에코 드라이브는 추진체계 등 녹색교통을 포괄하는 의미로 사용된다.

03 에코드라이브(Eco-Drive)의 방법

① 경제속도(60~80km/h) 준수하기 : 자동차는 시속 60~80km로 주행할 때 연비가 높으며 연료비를 약 10% 절약할 수 있다.

② 급출발, 급가감속 하지 않기 : 급출발을 하게 되면 10cc의 연료가 낭비되고, 급가속을 할 시에는 30% 이상의 연료소모와 50% 이상의 오염물질을 배출한다. 따라서 출발 시 처음 5초 동안은 시속 20km까지 천천히 가속하는 것이 효과적인 운전방법이다.

③ 정차, 신호대기 시 기어 중립 : 신호 대기 시에는 30% 이상 연료를 절감할 수 있는 중립모드를 활용한다.

④ 불필요한 물건 적재하지 않기 : 자동차의 중량이 증가하면 연료 소비율이 증가한다.

04 에코 드라이브 시스템의 기능

(1) 공회전 제한장치(Idle Stop & Go)

자동차가 정차하는 경우 자동으로 시동이 꺼졌다가 출발 시 켜지는 시스템으로 연비를 약 10% 정도 저감할 수 있는 장치이다.

(2) 액티브 에코(Active Eco)

엔진 회전수, 변속기의 변속단, 에어컨 등을 제어하여 최적의 연비를 낼 수 있도록 보조하는 시스템이다. 이를 이용해 3~5%의 연비 향상이 가능하다.

(3) 에코 페달(Eco Pedal)

운전자가 필요 이상으로 가속페달을 밟을 경우 가속페달의 반력을 통해 이를 알려주는 시스템으로 운전자 스스로 불필요한 연료소모를 줄일 수 있도록 하여 5~10%의 연비 향상을 기대할 수 있는 시스템이다.

05 에코 드라이브(Eco-Drive)의 효과

(1) 경제성

에코 드라이브를 통해 연료비, 타이어 교체 비용, 수리비, 유지보수비 등의 비용을 절약할 수 있다. 경제운전을 하면 같은 거리를 주행하는 경우에도 10~30%의 연료가 절약되며, 과부하로 인한 구동 부품의 열화나 피로 파괴를 방지하여 내구성을 유지할 수 있다.

(2) 친환경성

연료의 사용을 저감하면 배출가스로 배출되는 유해물질(HC, CO, PM)과 지구온난화를 유발하는 온실가스인 이산화탄소(CO_2)의 배출이 감소될 수 있다.

(3) 안전성

경제운전을 통해 안전속도를 준수하면 교통사고의 발생률이 감소되는 효과가 발생한다.

기출문제 유형

✦ 연비를 개선하기 위해 다운사이징과 다운스피딩이 채택되고 있다. 연비가 개선되는 원리를 예를 들어서 설명하시오.(95-2-2)

✦ 엔진의 다운사이징(Engine Downsizing)에 대해 배경 및 적용기술 측면에서 설명하시오.
(111-1-11)

---

01 개요

(1) 배경

자동차의 엔진은 연료의 화학에너지를 운동에너지로 변환하는 장치로 연료를 공기 중의 산소와 연소 폭발시켜 구동력을 얻는다. 배기량이 클수록 큰 토크와 출력을 만들수 있다. 하지만 배기량이 클수록 연료가 많이 사용되고 열효율이 저하되며 배출가스가 많아진다.

고갈되는 화석연료의 사용을 저감하고, 강화되는 배출가스 규제를 만족시키기 위해서는 연료 소비율을 줄여야 하는데 이에 대해 다양한 방안이 적용되고 있다. 특히 연료 소비율을 개선하기 위해 엔진의 열효율을 증대시켜 배기량을 줄이고, 변속기를 다단화하여 엔진의 효율이 가장 좋은 구간을 이용하는 방법 등이 이용되고 있다.

(2) 다운사이징(DownSizing)의 정의

다운사이징이란 엔진의 배기량이나 기통 수는 줄이되 출력은 그대로 유지해 연비를 높이는 기술이나 엔진의 소형화를 의미한다. 엔진의 배기량을 줄여 효율이 좋은 고토크 운전영역을 사용하는 개념이다. 터보차저, 마일드 하이브리드, 하이브리드 등의 기술을 사용한다.

(3) 다운스피딩(DownSpeeding)의 정의

다운스피딩이란 엔진의 회전수를 낮추어 사용하는 것을 말한다. 변속기 다단화를 통한 기어비 하향으로 엔진의 효율이 좋은 구간(고토크, 저연비 구간)을 사용하여 연비를 개선할 수 있다.

02 다운사이징으로 연비가 개선되는 원리

터보차저와 같은 기술을 적용하면 엔진의 열효율이 높아져 엔진의 사이즈(배기량)를 축소해도 기존의 배기량이 큰 엔진과 비슷한 토크와 출력을 낼 수 있게 된다. 하지만 엔진의 크기와 무게가 감소되기 때문에 연료 소비와 배출가스가 저감된다.

(1) 경량화

다운사이징을 하면 배기량이나 기통 수가 줄어들기 때문에 전체적인 차량의 크기가 줄어들고 중량이 가벼워져 차량의 경량화가 이루어진다. 따라서 구름저항, 공기저항 등의 주행저항이 감소하여 연료 소비율이 향상되고 배출가스가 저감된다.

(2) 열효율 증대

과급기는 엔진의 동력이나 배기가스의 유속을 이용해 엔진에 공기를 강제적으로 공급해주는 장치이다. 특히 터보차저는 엔진 안에서 폭발한 후 빠르게 배출되는 배기가스의 힘을 이용해 과급을 해주는 장치로 터보차저가 장착된 엔진은 배기량이 작아도 체적효율이 증대되기 때문에 적은 연료로도 높은 폭발력을 만들 수 있어서 배기량이 좀 더큰 엔진과 비슷한 토크와 출력을 낼 수 있다.

(3) 열손실 저감

배기량이 축소되면 연소실 체적이 감소하여 냉각손실이 줄어들고 운동 부품의 무게가 줄어들기 때문에 마찰손실, 펌핑손실 등이 줄어든다. 따라서 전체적인 효율이 증대된다.

03 다운스피딩으로 연비가 개선되는 원리

다운스피딩은 변속기의 다단화나 CVT 변속기를 통해 기어비를 하향하여 엔진성능곡선 상에서 엔진의 효율이 좋은 구간, 즉 고토크, 저회전수 영역을 사용하는 개념이다.

엔진의 토크는 보통 2,000~3,200rpm 에서 축 토크가 가장 크고 연료 소비율이 가장 작다. 또한 회전수도 작기 때문에 마찰손실이 적다.

따라서 변속기의 변속비를 하향하여 엔진의 효율이 가장 좋은 구간을 사용하면 연료 소비율이 개선된다. 기어비를 10% 하향할 경우 2.0 ℓ급 중형차량의 경우 고속도로 주행 시 약 3~4%의 연비 개선 효과를 얻을 수 있다.

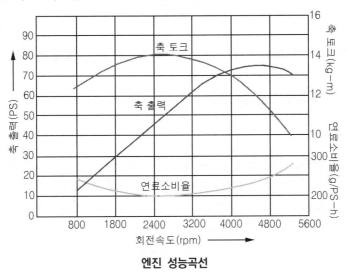

엔진 성능곡선

기출문제 유형

✦ 차량에서 연료 에너지가 타이어 구동 에너지까지의 변환 과정을 각 단계에서의 손실 요인 중심으로 설명하시오.(87-4-6)

---

01 개요

(1) 배경

자동차의 엔진은 연료의 화학에너지를 운동에너지로 변환하는 장치로 연료를 공기 중의 산소와 연소 폭발시켜 열에너지를 얻은 다음 폭발력을 이용해 피스톤을 동작시켜 운동에너지를 얻는다. 연료가 연소될 때 이론적으로 모든 화학에너지가 운동에너지로 변환되어야 하지만 실제 연소 시에는 각종 손실이 발생되어 연료의 화학에너지 중 일부만 운동에너지로 전달된다.

또한 동력전달 과정에서도 각종 손실이 발생되어 자동차의 바퀴로 전달되는 동력은 최초 연료의 화학에너지에 비해 15~25% 정도가 된다.(배기손실 35%, 냉각손실 33%, 기계손실 7% 등을 차지한다.)

(2) 에너지 변환 과정

가솔린 엔진에 공급되는 연료는 공기와 혼합되어 연소실 내부에서 고온 고압으로 압축된다. 이때 점화 플러그의 점화에너지로 인해 혼합기는 폭발되어 연료의 화학에너지는 열에너지로 변환되고 피스톤을 아래로 밀어 기계적인 운동에너지로 변환시킨다. 피스톤의 왕복운동은 크랭크축을 통해 회전운동으로 변환되고 변속기와 동력전달장치를 통해 타이어로 전달된다.

연료의 화학에너지 → 연소에 의한 열에너지 → 피스톤에 의한 기계에너지

02 에너지 변환 단계에서의 손실 요인

(1) 엔진에서의 손실 요인

① **열손실, 냉각손실, 배기손실** : 연료의 화학에너지는 연소로 생성된 열너지로 변환되지만 모두 기계에너지로 변환되지는 않는다. 일부는 운동에너지로 변환되고 운동에너지로 변환되지 못한 열에너지는 냉각손실, 배기손실 등으로 외부로 버려진다. 열 손실에 의한 에너지는 전체 연료 에너지의 약 63~65%이다. 열손실은 엔진의 압축비가 높을수록, 혼합기의 비열비가 클수록 줄어든다.

② **펌핑손실, 흡기손실** : 가솔린 엔진은 유입되는 공기를 스로틀 밸브를 통해 제어한다. 스로틀 밸브가 완전히 열려있다면 연소실로 공급되는 공기가 아무런 저항 없이 유입되지만 스로틀 밸브는 일반적으로 0.2~5%만 열려있기 때문에 피스톤이 내려갈 때, 바늘구멍을 막고 주사기를 당기는 것과 같은 펌핑손실이 발생한다. GDI, EGR, 터보차저, 디젤 엔진은 스로틀 밸브가 없거나 펌핑손실이 저감되는 요인이 있기 때문에 펌핑손실이 적다. 펌핑손실로 인한 에너지는 연료 전체 에너지의 약 5% 내외이다.

③ **마찰손실** : 피스톤과 실린더 벽의 마찰, 밸브 마찰, 베어링 마찰과 같이 운동하는 부품간의 마찰로 인한 손실이 발생한다. 특히 윤활유가 노화되거나 모자랄 때 마찰손실 발생이 많아지며 이로 인해 연료 전체 에너지의 약 3%가 손실된다.

④ **연소손실** : 연소란 연료의 화학에너지를 열에너지로 변환하는 과정이다. 이론적으로는 모든 연료가 공기 중의 산소와 결합하여 완전연소가 되어야 하나 실제 연소 시에는 혼합기의 불균형, 점화속도 지연, 화염소실 등의 이유로 국부적인 불완전연소, 실화가 발생하여 연료의 모든 화학에너지가 열에너지로 변환되지 못하게 된다. 연료 전체 에너지의 약 3%를 차지한다.

(2) 동력전달 계통에서의 손실 요인

엔진에서 발생한 기계에너지는 크랭크축을 통해 회전운동으로 변환되어 변속기로 전달된다. 이때 수동변속기는 기계적인 연결로 인해 동력전달의 효율 저하가 작으나 자동

변속기는 토크 컨버터의 유체를 작동유로 이용하기 때문에 동력전달 손실이 생긴다. 또한 최종 감속기어에서 회전방향이 변환되고 등속 조인트를 통해 바퀴로 동력이 전달되기 때문에 동력전달 손실이 발생한다.

기출문제 유형

✦ 엔진의 압축비와 연료공기비가 연비에 어떻게 연관되는지 설명하시오.(95-1-1)

01 개요

자동차의 엔진은 연료의 화학에너지를 운동에너지로 변환하는 장치로 연료를 공기 중의 산소와 연소 폭발시켜 구동력을 얻는다. 연료가 연소될 때 이론적으로 모든 화학에너지가 운동에너지로 변환되어야 하지만 실제 연소 시에는 각종 손실이 발생되어 연료의 화학에너지 중 일부만 운동에너지로 전달된다. 이러한 에너지 변환 효율에 따라 연료 소비율이 영향을 받으며, 특히 엔진 내부에서는 연료와 공기의 혼합비율, 엔진 압축비, 냉각손실, 흡·배기 손실 등에 따라서 연료 소비율이 영향을 받는다.

02 압축비의 정의

내연기관에서 실린더 안으로 들어간 기체가 피스톤에 의해 압축되는 체적의 비율이다. 즉, 실린더 체적과 연소실 체적의 비율을 말한다. 일반적으로 디젤 엔진은 16~23 : 1, 가솔린 엔진은 8~10 : 1의 압축비를 갖고 있다.

$$\varepsilon = \frac{V_{cyl}}{V_c} = \frac{V_c + V_s}{V_c} = 1 + \frac{V_s}{V_c}$$

03 연료공기비의 정의

연료공기비란 연료와 공기의 비율을 말한다. 공연비라고도 말한다. 이론공연비는 일정 연료가 완전연소하는데 필요한 산소량의 비율을 말하는 것으로 가솔린은 14.7 : 1이다. 공기비, 공기과잉률은 실제공기량과 이론공기량의 비를 말하며 람다(λ)로 나타낸다.

$$\text{공기비}(\lambda) = \frac{\text{실린더에 유입된 실제 공기량(kg)}}{\text{완전연소에 필요한 이론 공기량(kg)}}$$

04 압축비와 연료 소비율의 관계

압축비는 행정체적(swept volume)과 피스톤이 상사점에 이르렀을 때의 체적(연소실 체적)의 비로 정의된다. 연소실 체적은 헤드의 연소실 체적, 개스킷 장착 체적, 피스톤 보울(bowl) 체적, 블록 체적 및 기타 틈새 체적(crevice volume)이 있다. 엔진의 압축비는 이론적으로 높으면 높을수록 효율이 커지기 때문에 성능이 향상되고 연료 소비율이 좋아진다.(낮아진다)

하지만 실질적으로는 압축비를 높이면 '노킹(knocking)'을 포함한 이상연소 현상이 발생하고 마찰력이 증가하여 연료 소비율이 급격하게 저하된다. 또한 연소실 내부의 온도가 높을수록 노킹이 잘 발생하기 때문에 가솔린 MPI 엔진의 경우에는 압축비를 10:1 이상 높이기 힘들다. 하지만 GDI 엔진의 경우에는 연료가 없기 때문에 압축비를 올려도 노킹 현상이 발생하지 않아 연료 소비율이 좋아진다.

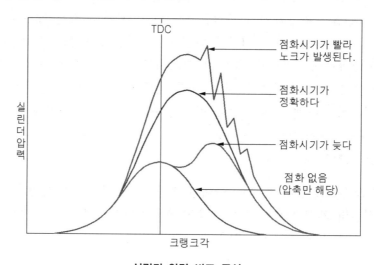

실린더 압력 비교 곡선

05 공기비와 연료 소비율의 관계

가솔린 엔진의 이론공연비는 14.7:1이다. 연료 1kg이 완전연소하기 위해서는 공기가 14.7kg이 있어야 한다는 말이다. 연료 소비율은 연료를 사용하는 비율이 적을수록 높아지지만 동시에 출력도 낮아지기 때문에 적절한 비율의 공연비가 필요하다. 최고 출력을 내기 위해서는 이론공연비보다 약간 농후한 공연비가 필요하며 람다 값이 약 0.9에서 출력은 가장 높다. 연비는 약간 희박한 공연비인 람다값 1.1인 상태에서 가장 좋다. 디젤 엔진은 압축비가 높고 희박한 공연비를 사용하기 때문에 가솔린 엔진에 비해 연료 소비율이 낮다.

기출문제 유형

✦ 기업 평균 연비(CAFE : Corporate Average Fuel Economy)를 설명하시오.(63-1-5)

✦ CAFE(Corporate Average Fuel Economy)를 설명하시오.(68-1-5)

✦ CAFE(Corporate Average Fuel Economy)에 대해 설명하시오.(90-1-7)

01 개요

미국연방정부에서는 1차 오일 쇼크를 계기로 1975년 승용차에 대한 기업 평균 연비(CAFE) 제도를 시행하였다. 고갈되는 석유자원을 보호하고 심각해져 가는 대기오염을 줄이기 위해 미국연방차원에서 실시되었다. 이 제도로 인해 자동차 제조사(또는 수입업체)는 보다 적은 양의 연료를 소비하는 자동차를 판매하도록 요구 받게 되었다. 이후 CAFE 규제는 2012년 오바마 행정부에서 계속 강화되어 왔으나 2018년 미국 트럼프 행정부는 보다 완화된 규정인 SAFE(Safer Affordable Fuel Efficient)를 발표하였다.

02 CAFE(Corporate Average Fuel Economy)의 상세 내용

(1) CAFE(Corporate Average Fuel Economy)의 정의

CAFE 제도는 특정 자동차 제조업체에서 신규 생산되는 승용차의 평균 연비를 규제하는 방식으로 미국에서 1만 대 이상을 판매한 제조사에 적용되며, 시가지 및 고속 도로 인증 연비의 평균 연비를 사용한다.

(2) CAFE 세부 규정

미국은 2011년부터 개정된 CAFE 규정에 따라 승용차와 소형트럭(차량 총중량 4,536kgf 이하의 트럭)에 대한 연비 규제 수치를 단계적으로 강화하였고, 2025년에는 승용차와 소형트럭의 평균연비를 54.5mpg까지 향상시키도록 계획하고 있다. 이것은 CO_2 발생량 163g/mile에 해당하는 비율이다. 자동차 제조사(또는 수입업체)는 매년 미국 내에서 신규로 판매하는 승용차와 소형트럭에 대해, CAFE 기준 연비(기업별 판매대수 가중 조화평균연비)를 만족해야 하며, 각 제조사의 평균 연비가 CAFE 기준을 미달하는 경우에는 벌금이 부과된다. 기업 평균연비 기준 미달 시 0.1 mpg(Mile Per Gallon)당 14달러를 판매대수에 비례해 과태료가 부과되고 기준을 초과 달성하였을 경우 크레디트로 계산하여 미달분에 사용할 수 있다. 크레디트는 기준 초과 달성 경우에는 해당 부분 크레디트를 받아 모델년도 3년 전후의 미달분을 상쇄하는데 사용 가능하다.

2025년까지의 CAFE 제도 기준(승용차 및 소형 트럭)

MY (Model Year)	2008	2017	2018	2019	2020	2021	2022	2023	2024	2025
기준 (mpg)	27.5	36.6	38.3	40.0	41.7	44.7	46.8.	49.4.	52.0.	54.5
기준 (km/l)	11.7	115.6	16.3	17.0	17.7	19.0	19.9	21.0	22.1	23.2

(자료 : NHTSA(National Highway Traffic Safety Administration. 도로교통안전국)

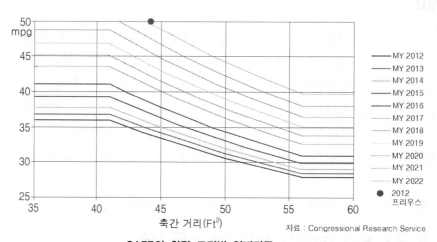

CAFE의 차량 크기별 연비기준

(3) 미국 연비 측정 방식

미국의 연비 측정방식은 통합 모드(Combined mode)라고 한다. 시가지 주행 연비와 고속도로 주행 연비를 조화 평균한 값으로 나타낸다.

$$복합에너지소비효율(km/L) = \cfrac{1}{\cfrac{0.55}{\substack{도심주행 \\ 에너지소비효율}} + \cfrac{0.45}{\substack{고속도로주행 \\ 에너지소비효율}}}$$

(4) CAFE 규제 대응 방안

CAFE 규제에 대응하기 위해 주요 완성차 업체들은 터보 과급기 장착을 통한 엔진 다운사이징, DCT, CVT, 변속기 다단화 등 최신 변속기 도입, 신소재 적용을 통한 차량 경량화, 하이브리드, 전기차, 수소연료 전지차의 개발 비율 확대 등을 통해 연비를 개선하고 있다.

① 터보 과급기 : 엔진에서 발생하는 배출가스의 힘을 이용하여 터빈을 회전시키고 흡입되는 공기를 과급하여 체적효율을 높임으로써 출력을 향상시키는 장치이다. 터

보차저를 장착할 경우 엔진의 출력 성능이 향상되기 때문에 엔진의 다운사이징이 가능해진다.

② GDI(Gasoline Direct Injection) : 가솔린 엔진에 연료를 직접 분사하는 시스템으로 적은 연료로 높은 출력을 낼 수 있다. 초희박 GDI는 연소효율 증대와 펌핑 로스 및 열전달 손실 감소로 추가적인 연비 개선 효과를 얻을 수 있다.

③ 흡·배기 가변 시스템(CVVL : Continuously Variable Valve System, CVVT : Continuously Variable Valve Timing) : 흡·배기 밸브의 양정이나 타이밍을 가변적으로 조절하여 흡·배기 손실을 저감하여 열효율을 증대시킨다.

④ CVT(Continuously Variable Transmission) : 무단 변속을 통해 변속 충격이 저감되고, 엔진의 성능이 효율적인 구간을 사용할 수 있게 되어 연비가 저감된다.

⑤ ISG(Idle Stop & Go) : ISG 기술은 차량이 공회전 상태일 때 엔진의 구동을 일시적으로 정지시키는 기술로 연료의 사용을 줄여 연비 향상을 유도한다.

⑥ e-Clutch : 수동변속기이지만 1, 2단에서는 클러치 페달을 밟을 필요 없이 변속할 수 있는 시스템으로 내리막길이나 평지 주행 시 운전자가 가속페달을 밟지 않는 경우 변속기와 엔진의 연결을 차단하고 엔진을 정지시키는 기술로 연비를 향상시킨다.

⑦ 지능형 냉각 시스템 : 냉각수 유로를 이원화하여 초기 냉간 시동 때에는 냉각수의 흐름을 최소화하여 엔진 내부의 냉각손실을 최소화한다.

03 SAFE(Safer Affordable Fuel Efficient) 설명

(1) SAFE(Safer Affordable Fuel Efficient)의 정의

미국환경보호청(EPA)과 미국연방자동차안전기준국(NHTSA)이 2018년 발표한 새로운 연비 기준으로 소형차 및 트럭에 적용되는 연비 기준을 2025년까지 37.5mpg로 동결하는 정책이 포함되어 있다.(2020년 2월 기준 법규 발효 시점 미정)

(2) SAFE 상세 내용

CAFE의 연비 규제치 54.5mpg가 비현실적이라는 판단으로 2020년의 규제치인 37.5mgp를 기준으로 2021년부터 2026년까지 연비 기준을 동결한다. 이로 인해 신차를 보다 저렴하게 생산할 수 있게 되어 자동차의 가격 저하를 유도할 수 있다. 캘리포니아 주에 부여되었던 연방 배출기준 면제 제도를 철회하여 단일 기준에 의한 배출가스 제도 정책을 실시한다.

캘리포니아주는 지역 특성상 배출가스 오염으로 인한 환경문제를 해결하기 위해 EPA보다 엄격한 대기오염 기준을 설정하도록 허용되어 왔다. 이 연비 기준을 13개 다른 주에서도 따르고 있는데 EPA에서는 모든 주에서 SAFE를 강제하겠다고 발표하였다.

기출문제 유형

✦ 자동차 연비 규제 제도에서 목표 연비 제도에 대해 서술하시오.(68-3-1)

01 개요

(1) 배경

석유의 고갈 가능성, 유가 상승, 자원 무기화 등으로 자동차 배기가스에 대한 국제 환경규제가 강화되고 있다. 이러한 규제의 목표는 원칙적으로 '에너지 소비의 절약'이다. 연료 소비율(연비)과 관련된 법규는 화석연료의 소비를 감소시켜 연소 후 배출되는 배출가스로 인한 대기오염을 감소시키고, 온실가스의 배출을 줄여 지구 온난화를 방지하는 것이다. 미국, 유럽연합, 일본, 우리나라 등 세계 각국에서는 연비와 이산화탄소의 배출량을 규제하는 법안을 수립하여 시행하고 있다.

(2) 목표연비제도의 정의

목표연비제도는 각국의 환경관련 국가기관이 연비 목표치를 설정하여, 자동차 제조사 또는 판매사의 평균 연비가 목표치를 달성하도록 유도하는 제도이다.

02 세계 각국의 목표연비제도 내용

(1) 우리나라

우리나라의 목표연비제도는 2000년대 초반 [목표 소비효율] 제도에서 [평균 에너지 소비효율] 제도로 명칭을 변경하였다. 목표 소비효율 제도는 2000년대 초반 시행되었던 제도로 가솔린 승용차 및 차량 총중량 2.5톤 이하의 가솔린 화물자동차를 대상으로 각각 2000, 2003년에 달성해야 할 목표 연비치를 고시한 제도이다.

연비 목표치는 법적 구속력을 갖는 것은 아니나, 목표 미달 차량에 대해는 광고 등을 통하여 홍보함으로써 기업의 이미지에 영향을 미치도록 하였다. 이후 2006년 8월 평균 에너지 소비효율 제도가 신설되면서 목표 소비효율 제도는 삭제되었다. 평균 에너지 소비효율 제도는 10인승 이하 승용 및 승합자동차의 경우 24.3km/L, 11인승 이상 15인승 이하의 승합 및 화물자동차는 15.6km/L의 연비를 만족하도록 규정하고 있다. 평균 연비 기준을 충족하지 못하면 과징금이 부과된다. 자동차 제작·수입업체는 자동차 평균 연비 또는 온실가스 배출허용 기준 중 한 가지 기준을 선택하여 준수할 수 있다.

1) 평균 에너지 소비효율 제도의 정의

각 자동차 제작사가 1년 동안 국내에 판매한 전체 승용차의 평균 연비를 통해 국내 승용차의 연비를 향상시키는 제도이다.

2) 평균에너지소비효율 적용대상

승용자동차 및 승합자동차 중 승차인원 15인승 이하의 자동차로, 총 중량이 3.5톤 미만인 자동차를 대상으로 하며 특수 목적을 위한 자동차에 대해는 기준 적용에서 제외한다.

3) 목표 연비기준

2020년 연비 24.3km/L 이상 또는 온실가스배출량 97g/km 이하를 목표 연비기준으로 하여, 연도별 단계적으로 2016년 10%, 2017년 20%, 2018년 30%, 2019년 60%, 2020년 100% 만족해야 한다.

4) 평균 에너지 소비효율 계산방법

평균 에너지 소비효율(km/ℓ)=[대상 자동차 총 판매량(대)/Σ(대상 자동차 종류별 판매량(대)/대상 자동차 종류별 에너지 소비효율(km/ℓ))]

5) 평균연비 기준 미달 과징금 부과 과징금 기준

① 2017년부터 2019년까지 평균연비 119,753원/(km/ℓ)
② 2020년 이후 199,588원/(km/ℓ)

(2) 미국

미국은 미연방환경청(EPA : Environmental Protection Agency)에 의해 기업 평균연비(CAFE : Corporate Average Fuel Economy) 제도가 운영되고 있다. 2011년도에 승용차와 소형트럭(차량 총중량 4,536kg 이하의 트럭)에 대한 연비규제 수치를 단계적으로 강화하였고, 2025년도에는 승용차와 소형트럭의 평균 연비를 54.5mpg까지 증가시키도록 계획하고 있다. 이는 CO_2 발생량 163g/mile에 해당하는 비율이다.

기업 평균연비 기준 미달 시 0.1 mpg(Mile Per Gallon)당 14달러의 과태료가 판매대수에 비례해 부과된다. 현재 트럼프 행정부에서는 CAFE 규정인 54.5mpg가 비현실적이라는 판단으로 2020년의 규정인 37.5mpg로 2021년부터 2026년까지 기준을 동결하려고 진행 중에 있다.

(3) 유럽연합(EU)

EU 내 완성차 판매기업은 평균 판매 대수를 기준으로 대당 연평균 CO_2 배출량이 2015년~2019년 130g/km, 2020년 95g/km을 상회하지 않아야 한다고 규정하고 있다. 또한 승용차의 경우 2021년 CO_2 발생량을 기준으로 하여 2025년에는 15%, 2030년에는 37.5%를 감축해야 하며 소형 상용차의 경우 2021년 CO_2 발생량을 기준으로, 2025년에는 15%, 2030년에는 31%를 감축해야 한다.

이를 위반할 경우 기존에는 대당 1g/km 초과시 5유로를 기준으로 초과량에 대한 추가 벌금이 부과되었는데 2021년부터는 초과 g당 일률적으로 95유로가 부과된다. 이는 승용차의 CO_2 배출량이 60g/km 이하로 규제되는 것이기 때문에 자동차 업계에서는 사실상 화석연료 자동차는 달성할 수 없는 규제치라는 우려가 제기되고 있는 실정이다.

참고 law.go.kr

※ 대기환경보전법 : 온실가스 과징금

※ 대기환경보전법 : 배출가스 증가하는 경우 과징금=매출액×5/100×가중부과계수

※ 에너지이용합리화법 평균연비 위반 과징금 요율

기출문제 유형

✦ 자동차의 연료 소비율과 관련된 피베이트 제도에 대해 설명하시오.(95-1-13)

01 개요

자동차에서 배출되는 이산화탄소로 인해 지구 온난화가 가속화 되고 있다는 판단 아래, 세계 각국에서는 온실가스 배출량을 제한하고 연비를 향상시키기 위해 각종 제도를 도입하여 운영하고 있다. 이러한 제도로는 목표연비제도, 연비표시제도, 자동차 에너지 소비효율 제도, 피베이트(Fee-Bate) 제도, 연료과소비세(Gas Guzzler Tax) 제도, 저탄소차 협력금제도 등이 있다.

02 피베이트 제도의 정의

온실가스 배출량이나 연료 소비율을 일정 기준으로 나누고 자동차의 에너지 팩터의 등급에 비례하여 차량 판매가격에 Fee(세금) 또는 Rebate(인센티브)를 부과하는 제도를 말한다.

03 피베이트 제도의 목적

① 배출가스 중 오염물질을 저감하고 연료의 사용을 줄여 에너지를 절약할 수 있는 제품(자동차) 구매를 유도하고 연료 효율에 대한 인식을 제고시킨다.

② 신차 구입시에 오염자 부담원칙을 확장하고 세수를 확보한다.

04 피베이트 제도의 특징

① 구매자에게 직접적이고 즉각적으로 인센티브나 벌금이 적용되기 때문에 구매패턴에 크게 영향을 미친다.

② 벌금의 대부분은 평균 이상 소득자에게, 리베이트의 대부분은 평균 이하 소득자에게 부과되는 효과가 있어서 적용에 따른 반발을 최소화할 수 있다.

05 피베이트 제도의 현황

피베이트 제도는 캐나다, 미국, 프랑스, 싱가포르 등 세계 각국에서 운영되고 있다. 캐나다의 온타리오주에서 연료 소비율이 6L/100km 이하인 고연비 차량에 대해서 캐나다 달러 100 달러를 부과하고 18L/km 까지 차등하여 인센티브를 제공하는 프로그램을 운영하였다. 미국의 캘리포니아, 메릴랜드, 메사추세츠에서도 피베이트 프로그램이 적용중이다. 또한 다른 여러 주에서도 검토하고 있다.

덴마크, 노르웨이, 프랑스, 독일 등에서도 제도를 운영 중이고 최근 싱가포르에서도 도입하였다. 프랑스의 경우 Neutral Zone은 CO_2 발생량이 130~160g/km이며 CO_2 발생량이 40g/km인 경우 5,000유로를 인센티브로 제공하며 CO_2 발생량이 240g/km 이상인 경우에는 2,000 유로 이상의 Fee를 부과한다.

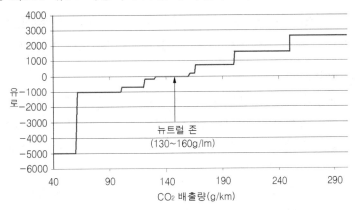

피베이트 제도(프랑스의 예)

기출문제 유형

- ✦ 휘발유, 경유, LPG, 하이브리드 자동차의 에너지 소비효율을 CVS-75 모드 측정 방법에 따라 설명하시오.(93-3-5)
- ✦ CVS-75 모드를 이용한 연료 소비율 측정 방법에 대해 설명하시오.(78-4-1)
- ✦ 자동차 연비를 나타내는 방법에서 복합 에너지 소비효율과 5-cycle 보정식에 대해 설명하시오.(98-2-4)
- ✦ 자동차 에너지 소비효율 등급 라벨에 표시된 복합연비의 의미에 대해 설명하시오.(116-1-3)

01 개요

(1) 배경

우리나라 소형차의 배출가스 시험방법은 1980년부터 일본 10모드를 사용하다가

1987년부터 미국의 배출가스 시험모드인 FTP-75모드를 도입하여 사용하였다. 에너지 소비효율(연비)은 자동차 배출가스를 측정하면서 탄소 밸런스로 자동 계산되어 km/L로 표시되는데 1997년 이전까지는 환경부에서 배출가스 인증시험 시 측정하여 산업자원부에 보고하다가 2008년 이후에는 온실가스와 에너지 소비효율이 산업통상자원부, 환경부, 국토교통부에 의해 합동 고시되고 있다.

> **참고** 『자동차의 에너지 소비효율, 온실가스 배출량 및 연료 소비율 시험방법 등에 관한 고시』

(2) CVS-75(Constant Volume Sampling) 모드의 정의

CVS-75 모드는 미연방에서 사용하는 FTP-75 모드와 동일하다. 아침의 출근시간, 도심의 정체구간, 고속 주행구간 등의 주행 패턴을 모사하여 만든 주행모드이다.

(3) 복합 에너지 소비효율의 정의

복합 에너지 소비효율은 도심주행 에너지 소비효율과 고속도로 주행 에너지 소비효율에 각각 보정계수를 적용하여 산출한 에너지 소비효율을 말한다.

(4) 5-Cycle 보정식

5-cycle 보정식(이하 "보정식"이라 한다)이라 함은 FTP-75(도심주행) 모드로 측정한 도심주행 에너지 소비효율 및 HWFET(고속도로 주행)모드로 측정한 고속도로 주행 에너지 소비효율을 기준으로, 5가지의 실주행 여건(5-Cycle)을 고려하여 만든 보정 관계식을 적용하여 연비를 산출한 방식이다.

5가지의 실주행 여건은 FTP-75 모드(도심주행 모드), HWFET 모드(고속도로 주행 모드), US06 모드(최고속·급가감속 주행 모드), SC03 모드(에어컨 가동 주행 모드), Cold FTP-75 모드(저온 도심주행 모드)가 있다. 보정식을 사용하면 5가지 주행 모드(5-Cycle)로 측정한 도심주행 에너지 소비효율 및 고속도로 주행 에너지 소비효율과 유사한 결과를 얻을 수 있다.

02 자동차 에너지 소비효율 측정 방법 설명

(1) 도심주행(FTP-75 : Federal Test Procedure, CVS-75 : Constant Volume Sampling) 모드

CVS-75 모드는 시험실 온도 20~30℃에서 진행되며 동력계 상에서의 휘발유, 가스, 경유 자동차의 경우는 3단계(3bag 시험)로 이루어진 주행계획에 의해 운전되며, 하이브리드 자동차의 경우는 4단계(4bag 시험)로 이루어진 주행계획에 의해 운전된다. 주행할 때 배출되는 배출가스를 포집하여 배출가스 분석기로 분석한 후 연비를 계산한다.

3단계 시험은 저온 시동시험 초기단계, 저온 시동시험 안정단계, Soaking Time, 고온 시동시험 초기단계로 이루어진다. 소킹 시간을 제외한 총 시간은 1877초, 총 주행거리는 17.8km, 평균속도는 34km/h, 최대속도는 92km/h이다.

휘발유 및 가스, 경유 자동차 주행 계획

단 계	시 간(초)	거 리	비 고
저온시동시험 초기단계	505	5.78km(3.59mile)	저온시동
저온시동시험 안정단계	865	6.29km(3.91mile)	
주 차	9-11분	-	
고온시동 시험단계	505	5.78km(3.59mile)	고온시동
계	42분	17.85km(11.59mile)	

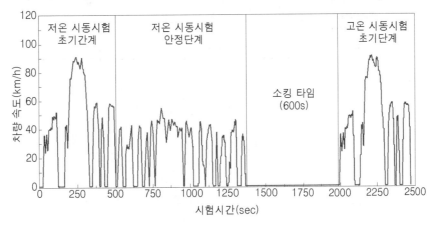

FTP-75 모드의 주행시험 계획(3 bag 시험)

하이브리드 자동차 주행 계획

단 계	시 간(초)	거 리	비 고
저온 시동시험 초기단계	505	5.78km(3.59mile)	저온 시동
저온 시동시험 안정단계	865	6.29km(3.91mile)	
주 차	9~11분	-	
고온 시동시험 초기단계	505	5.78km(3.59mile)	고온 시동
고온 시동시험 안정단계	865	6.29km(3.91mile)	
계	57분	24.14km(15.00mile)	

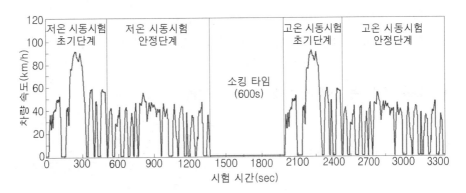

하이브리드자동차 FTP-75 모드의 주행시험 계획(4 bag 시험)

(2) 고속도로 주행(HWFET : HighWay Fuel Economy Test) 모드

HWFET는 예비주행주기와 배출가스 측정을 위한 주행주기로 이루어져 있다. 주행거리는 각각 16.4km, 평균속도 78.2km/h, 최고속도 96.5km/h로 이루어져 있으며 총 1,545초 동안 시험한다.

단계	시간(초)	거리	비고
예비 주행단계	765	16.4km	
안정단계	15	-	
측정 주행단계	765	16.4km	
계	1,545	32.8km	

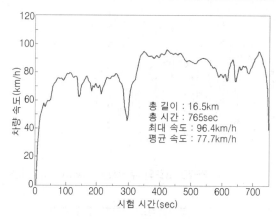

총 길이 : 16.5km
총 시간 : 765sec
최대 속도 : 96.4km/h
평균 속도 : 77.7km/h

HWFET 주행시험 계획

03 배출가스 분석 및 연료 소비율 계산 방법(카본밸런스법)

주행 모드를 주행한 후 포집되는 배출가스를 분석한다. 휘발유 및 가스 자동차의 CO, CO_2는 비분산적외선 분석기(NDIR), HC는 수소염 이온화 검출기(FID), NO_X는 화학발광법(CLD), CH_4는 가스크로마토그래피-수소염 이온화 검출기(GC-FID)를 이용하여 분석한다. 경유 자동차의 HC는 가열수소염 이온화 검출기(HFID)로 검출하고 나머지는 휘발유 및 가스 자동차의 분석방법과 동일한 방법으로 분석한다. 각 주행시험 단계별 배출가스 중량 농도에 의해 계산한다.

(1) 휘발유를 사용하는 경우 연료 소비율 계산 방법

$$에너지소비효율(km/L) = \frac{640(g/L)}{0.866 \times HC + 0.429 \times CO + 0.273 \times CO_2}$$

여기서, 1) CH비는 1.85임

2) HC, CO, CO_2는 각각 배출가스 농도(g/km)임

(2) 경유를 사용하는 경우 연료 소비율 계산 방법

$$에너지소비효율(km/L) = \frac{734(g/L)}{0.866 \times HC + 0.429 \times CO + 0.273 \times CO_2}$$

여기서, 1) CH비는 1.85임

2) HC, CO, CO_2는 각각 배출가스 농도(g/km)임

(3) LPG를 사용하는 경우 연료 소비율 계산 방법

$$에너지소비효율(km/L) = \frac{483(g/L)}{0.827 \times HC + 0.429 \times CO + 0.273 \times CO_2}$$

여기서, 1) 시험용 LPG는 부탄 100% 기준임

2) CH비는 2.5임

3) HC, CO, CO_2는 각각 배출가스 농도(g/km)임

(4) 전기를 사용하는 경우 연료 소비율 계산 방법

$$에너지소비효율(km/kWh) = \frac{1회\ 충전\ 주행거리}{차량주행\ 시\ 소요된\ 전기에너지\ 충전량(kWh)}$$

(5) 플러그인 하이브리드 자동차의 경우 연료 소비율 계산 방법

$$CD모드\ 에너지\ 소비효율(km/kWh) = \frac{Rcda(km)}{Rcda\ 구간에서\ 소모된\ 충전량(kWh)}$$

여기서, Rcda 구간에서 소모된 충전량(kWh 또는 L)=Rcda 구간에서 측정한 충전량 + Rcda 구간에서 소모된 연료량. 이때 충전량의 단위변환을 위하여 자동차에 사용된 연료의 순발열량을 적용한다.

플러그인 하이브리드 자동차의 경우 CD모드 복합 에너지 소비효율과 CS모드 복합 에너지 소비효율로 구성된다. "CD 모드(충전-소진 모드, Charge-depleting mode)"는 RESS(Rechargeable Energy Storage System)에 충전된 전기 에너지를 소비하며 자동차를 운전하는 모드를 말한다.

"CS 모드(충전-유지 모드, Charge-sustaining mode)"는 RESS(Rechargeable Energy Storage System)가 충전 및 방전을 하며 전기 에너지의 충전량이 유지되는 동안 연료를 소비하며 운전하는 모드를 말한다.

"CD 사이클 주행거리(Rcdc, Charge-Depleting Cycle Range)"는 CD 모드 시험의 시작부터 시험 종료 기준을 만족하여 CS 모드로 넘어가기 직전 사이클까지의 총 주행거리를 의미한다. 실제 CD 사이클 주행거리(Rcda, Actual Charge-Depleting Cycle Range)는 CD 모드 시험의 시작부터 마지막 한 개 또는 두 개의 주행 사이클의 평균 배터리 SOC와 동일한 값을 가지는 사이클까지 주행한 거리를 의미한다. Rcda는 Rcdc보다 항상 작거나 동일하다.

04 5-Cycle 보정식에 의한 계산

각 주행시험 단계별 배출가스 중량 농도에 의해 구한 연료 소비율을 이용하여 5-Cycle 보정식에 의한 도심주행 에너지 소비효율, 고속도로 에너지 소비효율을 구하고, 이를 이용해 복합 에너지 소비효율을 계산한다.

(1) 도심주행 에너지소비효율

$$\text{도심주행 에너지 소비효율(km/L)} = \cfrac{1}{0.007639 + \cfrac{1.1886}{\text{FTP-75 모드 측정 에너지 소비효율}}}$$

여기서, 전기자동차 도심주행 및 플러그인 하이브리드 자동차의 CD 모드 도심주행 에너지 소비효율은 0.7×FTP-75 모드에서 시가지 동력계 주행 시험 계획(UDDS) 반복 주행에 따른 에너지 소비효율

(2) 고속도로 에너지 소비효율

$$\text{고속도로 주행 에너지 소비 효율(km/L)} = \cfrac{1}{0.004425 + \cfrac{1.3425}{\text{HWFET 모드 측정 에너지 소비효율}}}$$

여기서, 전기자동차의 고속도로 주행 및 플러그인 하이브리드 자동차의 CD 모드 고속도로 주행 에너지 소비효율은 0.7×HWFET 모드 반복주행에 따른 에너지 소비효율

05 복합 에너지 소비효율

(1) 복합 에너지 소비효율

$$\text{복합 에너지 소비효율(km/L)} = \cfrac{1}{\cfrac{0.55}{\substack{\text{도심주행} \\ \text{에너지 소비효율}}} + \cfrac{0.45}{\substack{\text{고속도로 주행} \\ \text{에너지 소비효율}}}}$$

$$\text{CD 복합 에너지 소비효율(km/kWh)} = \cfrac{1}{\cfrac{0.55}{\substack{\text{CD 모드 도심주행} \\ \text{에너지 소비효율}}} + \cfrac{0.45}{\substack{\text{CD 모드 고속도로 주행} \\ \text{에너지 소비효율}}}}$$

$$\text{CS 복합 에너지 소비효율(km/L)} = \cfrac{1}{\cfrac{0.55}{\substack{\text{CS 모드 도심주행} \\ \text{에너지 소비효율}}} + \cfrac{0.45}{\substack{\text{CS 모드} \\ \text{고속도로 주행} \\ \text{에너지 소비효율}}}}$$

(2) 전기자동차의 복합 측정 에너지 소비효율

$$\substack{\text{복합 측정 에너지 소비효율} \\ \text{(km/kWh)}} = \cfrac{1}{\cfrac{0.55}{\substack{\text{FTP-75 모드에서 시가지 동력계} \\ \text{주행 시험 계획(UDDS) 반복 주행에} \\ \text{따른 에너지 소비효율}}} + \cfrac{0.45}{\substack{\text{HWFET 모드} \\ \text{반복 주행에 따른} \\ \text{에너지 소비효율}}}}$$

06 자동차 에너지 소비효율 등급 라벨에 표시된 복합 연비의 의미

복합 연비는 복합 에너지 소비효율을 말하며, 복합 에너지 소비효율은 도심주행 에너지 소비효율과 고속도로 주행 에너지 소비효율에 각각 5-Cycle 보정식을 적용하여 산출한 에너지 소비효율을 말한다. 자동차 에너지 소비효율 등급 라벨에는 복합 연비, CO_2 배출량, 도심 연비, 고속도로 연비가 표시된다.

산업통상자원부에서 고시한 [자동차의 에너지 소비효율 및 등급표시에 관한 규정]에 표시 에너지 소비효율이 규정되어 있다.("표시 에너지 소비효율"이라 함은 자동차 및 광고 매체에 표시되는 에너지 소비효율로 도심주행 에너지 소비효율, 고속도로 주행 에너지 소비효율 및 복합 에너지 소비효율로 구성된다. 단, 플러그인 하이브리드 자동차의 경우 CD(충전-소진, Charge-depleting) 모드 복합 에너지 소비효율과 CS(충전-유지, Charge-sustaining) 모드 복합 에너지 소비효율로 구성된다.

① **도심 연비(도심주행 에너지 소비효율)** : 도심주행 모드(FTP-75)로 측정한 에너지 소비효율을 5-cycle 보정식에 적용하여 산출한 연비이다.

② **고속도로 연비(고속도로 주행 에너지 소비효율)** : 고속도로 주행 모드(HWFET 모드)로 측정한 에너지 소비효율을 5-cycle 보정식에 적용하여 산출한 연비이다.

③ **복합 연비** : 도심 연비와 고속도로 주행 연비에 각각 55%, 45%의 가중치를 적용하여 산출된 연비로, 복합 연비를 기준으로 자동차의 연비 등급을 부여한다. 배기량에 상관없이 복합 연비가 높은 차량에 높은 등급(1등급)을 부여하고 복합 연비가 낮은 차량에는 낮은 등급(5등급)을 부여한다.

④ **복합 CO_2 배출량(g/km)** : 자동차가 1km를 주행할 때 배출하는 이산화탄소의 양을 표시한 것으로, 숫자가 낮을수록 환경 친화적인 자동차이다.

⑤ **1회 충전 주행거리(km)** : 전기자동차를 1회 충전했을 때 주행할 수 있는 거리를 의미한다.

▶ 변경/신설 라벨

1 : 도심 연비(도심주행 에너지 소비효율)
2 : 고속도로 연비(고속도로 주행 에너지 소비효율)
3 : 복합 연비
4 : 복합 CO_2 배출량(g/km)
5 : 1회 충전 주행거리(km)

▶ 변경 등급　　　　　　　　　　　　　　　　　　　　(단위 : km/l)

구분 \ 등급	1	2	3	4	5
복합 에너지 소비효율	16.0 이상	15.9~13.8	13.7~11.6	11.5~9.4	9.3 이하

▶ 표시 방법

경형자동차	승용자동차, 15인승 이하 승합자동차 1.5톤 미만 화물자동차	하이브리드 자동차	저속 전기자동차	고속(일반) 전기자동차

자동차 연비 · 등급 라벨　　(자료 : 한국에너지공단)

✦ 카본 밸런스법에 대해 설명하시오.(101-1-2)

✦ Carbon balance법에 대해 설명하시오.(89-1-12)

01 개요

석유의 고갈 가능성, 유가 상승, 자원 무기화 등으로 자동차 배기가스와 연비에 대한 국제 환경규제가 강화되고 있다. 자동차의 연비를 측정하는 방법은 여러 가지가 있는데, 주로 시험실에서 일정한 환경을 구성하여 배출가스를 포집하고, 배출가스에 포함된 탄소의 수를 이용하여 계산하는 방식인 카본 밸런스법을 이용하고 있다.

02 카본 밸런스법(Carbon Balance)의 정의

카본 밸런스법은 자동차에서 주행 시 배출되는 탄소 성분을 포집해 연료 소비율을 산정하는 방식이다. 연료에 포함된 탄소는 배출가스의 일산화탄소(CO), 이산화탄소(CO_2), 탄화수소(HC)로 배출되기 때문에 배출되는 탄소를 계산하면 사용된 연료를 추정할 수 있다는 원리를 이용한 방식이다.

03 카본 밸런스법에 의한 연비 산출방법

$$FE(가솔린) = \frac{5174 \times 10^4 \times CWF \times SG}{[(CWF \times HC) + (0.429 \times CO) + (0.273 \times CO_2)] \times [(0.6 \times SG \times NHV) + 5471]]}$$

여기서, FE : 연료 소비율, CWF : 탄소 가중치, SG : 연료의 비중, HC : 탄화수소의 배출량, CO : 일산화탄소의 배출량, CO_2 : 이산화탄소 배출량, NHV : 연료의 저위발열량

$$FE(디젤) = \frac{2778}{(0.866 \times HC) + (0.429 \times CO) + (0.273 \times CO_2)}$$

여기서, FE : 연료 소비율, HC : 탄화수소의 배출량, CO : 일산화탄소의 배출량, CO_2 : 이산화탄소 배출량

04 연비 측정 과정

(1) 시험 준비 과정

대상 자동차를 시험실의 차대 동력계에 위치시킨 후 예비 주행(UDDS : Urban

Dynamometer Driving Schedule)을 실시하고, 자동차 전체의 냉간 상태가 지속될 수 있도록 25℃의 항온 항습실에서 12~36시간 동안 주차한다.

(2) 모드 주행 과정(도심주행 모드, 고속도로 주행 모드)

연비 측정 대상 차량을 시동을 걸지 않고 차대 동력계 상에 위치시킨다. 그 뒤 배기 분석계 및 시료 채취관을 연결하고, 냉각팬을 설치한 후 주행 모드에 따라 주행을 실시한다.

(3) 배기가스 분석

모드 주행 동안 자동차의 배기구에 연결된 시료 채취관을 통하여 포집된 배기가스를 분석하여 대상 차량의 연비를 산출한다. 연비 측정 배출가스의 구성 요소를 분석하여 그 중 탄소 성분을 통해 사용된 연료의 양을 산출한다.

기출문제 유형

✦ 실용 연비는 주행 방법에 따라 다르지만, 일반적으로 3가지로 나타낸다. 이 3가지를 상세히 기술하시오.(72-2-3)

✦ 실용 연비는 주행 방법에 의해 연비가 다르지만 일반적으로 3가지로 나타내며, 3가지 (정지 연비, 운행 연비, 모드 연비) 연비를 상세히 기술하시오.(90-3-2)

---

01 개요

(1) 배경

석유의 고갈 가능성, 유가 상승, 자원 무기화 등으로 자동차 배기가스와 연비에 대한 국제의 환경규제 강화되고 있다. 연비를 측정하기 위해서 다양한 방법들이 있었는데 이 중에 대표적인 것이 정지 연비, 운행 연비, 모드 연비이다. 이들은 공인연비 측정 방식이 도입되기 전에 사용됐던 방식으로 현재는 도심 모드와 고속도로 모드를 사용하여 연비를 산출하고, 정속주행 연비를 사용하고 있다.

(2) 정지 연비(定地燃比, fuel economy at constant speed)의 정의

정지 연비는 평탄한 포장도로를 일정한 속도로 진행했을 때의 연료 소비율을 말한다. 연료 1L당 주행 가능한 거리(km)를 측정한다.

(3) 운행 연비(運行燃費)의 정의

운행 연비는 한정된 도로를 동일한 주행 방법으로 운행하였을 때의 연료 소비율을 말한다. 연료 1L당 주행 가능한 거리(km)를 측정한다.

(4) 모드 연비의 정의

모드 연비는 실제 도로 주행 시 주행 패턴을 모사하여 주행 모드를 만들고 시험실에서 연료 소비량을 측정하는 방식이다. 미국에서는 FTP-75 모드, EU는 NECE모드, 일본은 10-15 모드가 있었는데 모드를 실제 도로환경에 맞추기 위해 2020년 현재 미국은 5-Cycle 모드, 유럽은 WLTC, RDE 모드, 일본은 J08 모드로 연비와 배출가스를 측정하고 있다.

02 정속 주행 연비(정지 연비)의 측정 방법

정속 주행 에너지 소비효율은 풍속 3m/sec 이하, 대기온도 10~30℃에서 실시한다. 시험자동차는 평균 주행속도 80km/h로 약 20km를 주행하는 길들이기 운전을 실시한다. 60km/h의 정속으로 측정구간(500m)을 변속기 최고단을 사용하여 주행하며 연료 소비량 측정 장치로 유량을 측정한다.

지정된 구간을 주행할 때 연료 소비량과 시간을 측정한다. 5회 왕복시험을 실시하여 각 주행방향의 최대값과 최소값을 제외한 시험 결과값을 취한다. 휘발유, 경유인 경우에는 연료 1L당 주행한 거리[km/L], 압축천연가스는 연료 $1m^3$당 주행한 거리[km/m^3]로 표시한다.

03 모드 연비 측정방법

(1) 5-Cycle 모드 측정방법

미국에서 측정하는 주행 모드로 FTP-75 모드(도심주행 모드) 측정 방법, HWFET 모드(고속도로 주행 모드) 측정 방법, US06 모드(최고속·급가감속 주행 모드) 측정 방법, SC03 모드(에어컨 가동 주행 모드) 측정 방법과 Cold FTP-75 모드(영하 7도 저온 도심주행 모드)가 있다.

(2) WLTC(Worldwide Lightduty Test Cycle) 모드

기존 유럽의 연비 및 배출가스 측정 모드인 NEDC(New European Driving Cycle)이 1980년대에 도입되어서 현재 주행 상황을 반영하는데 한계가 있다는 판단 하에 유럽 연합 산하 기구인 WLTP(Worldwide harmonized Light vehicles Test Procedure, 국제표준 배기가스 시험방법)에서 새로운 주행 패턴으로 WLTC를 도입하였다.

속도를 기준으로 저속(Low 구간 평균 속도 19km/h), 중속(Medium, 39.5km/h), 고속(High, 56.7km/h), 초고속(92.3km/h)으로 나누고 이 네 가지 패턴을 조합하여 주행 모드를 만든다. 또한, 주행거리는 기존보다 두 배 이상 긴 23.25km로 연장하였다.

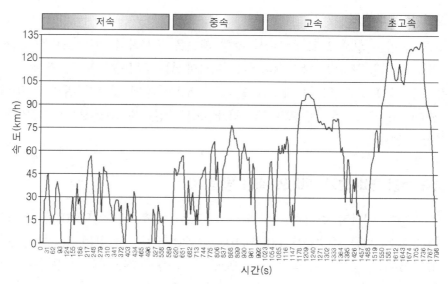

WLTP 인증 주행 모드인 WLTC

01 개요

(1) 배경

석유의 고갈 가능성, 유가 상승, 자원 무기화 등으로 자동차 배기가스와 연비에 대한 국제의 환경규제 강화되고 있다. 우리나라의 공인 연비는 도심 모드로 측정한 도심 연비, 고속도로 모드로 측정한 고속도로 연비, 이 두 가지를 5-Cycle 보정식을 이용하여 산출한 복합 연비 그리고 정속 주행 연비를 사용하고 있다. 하지만 사용자들이 실도로 주행 시 느끼는 체감 연비는 인증 연비와 차이가 있다.

(2) 실주행 연비(actual fuel consumption)의 정의

실주행 연비는 실제 도로를 주행할 때의 연료 소비율을 말한다. 운전자의 습관, 차량의 상태, 노면의 상태, 경사로 등 주행환경에 많은 영향을 받는다.

(3) 모드 연비(mode fuel consumption)의 정의

모드 연비는 공인 연비를 인증할 때의 인증 연비로 실제 도로 주행 시 주행 패턴을 모사하여 주행 모드를 만들고 시험실에서 연료 소비량을 측정하는 방식이다. 2020년 현재 미국은 5-Cycle 모드, 유럽은 WLTC, RDE 모드, 일본은 J08 모드로 연비와 배출가스를 측정하고 있다.

02 연비 측정 방식

(1) 도심주행(FTP-75 : Federal Test Procedure, CVS-75 : Constant Volume Sampling) 모드

CVS-75 모드는 시험실 온도 20~30℃에서 진행되며 동력계 상에서의 휘발유, 가스, 경유 자동차의 경우는 3단계(3bag 시험)로 이루어진 주행 계획에 의해 운전되며, 하이브리드 자동차의 경우는 4단계(4bag 시험)로 이루어진 주행 계획에 의해 운전된다.

주행할 때 배출되는 배출가스를 포집하여 배출가스 분석기로 분석한 후 연비를 계산한다. 저온 시동시험 초기단계, 저온 시동시험 안정단계, Soaking Time, 고온 시동시험 초기단계로 이루어진다. 소킹 시간을 제외한 총 시간은 1877초, 총 주행거리는 17.8km, 평균속도는 34km/h, 최대속도는 92km/h 이다.

(2) 고속도로 주행(HWFET : HighWay Fuel Economy Test) 모드

HWFET는 예비 주행주기와 배출가스 측정을 위한 주행주기로 이루어져 있다. 주행거리는 각각 16.4km, 평균속도 78.2km/h, 최고속도 96.5km/h로 이루어져 있으며 총 1,545초 동안 시험한다.

03 인증 연비와 실제 연비의 차이점에 대한 원인

(1) 차량 요인

공인 연비를 측정하는 인증 차량은 양산 직전 단계의 차량이 사용되므로 실제로 판매되는 차량과 제원이 일부 상이할 수 있고, 타이어 공기압, 정비 상태, 적재 상태, 연료의 품질 등의 차이가 발생할 수 있다.

(2) 도로 및 환경 요인

공인 연비는 시험실 내부에 있는 차대 동력계(섀시 다이나모)에서 균일한 온도로 측정을 한다. 따라서 실제 도로 상에서 발생하는 경사로에 의한 저항, 공기 저항, 구름 저항 등의 주행 저항을 반영하지 못하고 노면의 진동, 교통 상황, 기후 조건 등이 상이하여 실제 연비와 차이가 발생한다.

(3) 운전자 요인

공인 연비는 주행 모드를 모사한 동일한 주행 패턴으로 측정된다. 따라서 급가·감속, 고속주행, 불필요한 화물의 적재, 과도한 전기장치의 사용 등 운전자의 주행습관에 따른 실제 주행 연비와는 차이가 발생한다.

04 인증 연비와 실제 연비의 차이점에 대한 대책

공인 연비를 측정하는 모드를 실제 도로와 유사한 주행 패턴으로 바꾸거나 실제도로에서 측정을 하고, 배출가스 분석 시 보정식을 변경하여 실제 도로 상황에 유사한 연비가 나올 수 있도록 한다.

(1) 주행 모드, 주행 조건 현실화

WLTP(Worldwide harmonized Light vehicles Test Procedure, 국제 표준 배기가스 시험 방법)는 연비 측정 방식을 통일하고자 한국과 유럽, 일본, 미국 등 전세계 33개국에서 도입 중이거나 도입할 예정인 시험 방법이다. WLTP는 기존 연비 측정 방식보다 실제 도로 상황을 반영하도록 만들어졌다.

냉간 시동 온도의 기준이 14°C로 기존 대비 9°C 낮아졌다. 또한 각종 화물을 더해 125kg의 무게를 싣고 측정하게 된다. 이는 성인 남성 2명이 탑승했을 때의 중량이다. 또한, 최고 속력의 한계점, 가·감속 빈도가 상향 조정 되었으며 정차시간, 아이들링 스톱 시스템(ISG)의 개입이 감소했다. 즉 최대한 가혹한 주행 조건 속에서 차량의 연비를 시험하도록 했다.

(2) 연료 소비율 계산값 보정

연비를 측정할 때 사용하는 휘발유 및 경유의 탄소 함량을 낮추어 계산한다. 탄소 함량을 낮추면 배출 탄소 값이 낮아져 연비가 낮아진다.

(3) 차량 요인 변경

연비 측정 대상 차량의 주행거리 기준을 엄격히 제한하여 연비가 잘 나오는 많이 길들여진 차가 아닌 차량으로 측정을 받게 한다. 또한 차량의 타이어를 연비가 잘 안 나오는 타이어로 교체하여 검증한다.

10 배기규제

기출문제 유형

✦ 광화학 스모그(Photochemical Smog)의 발생 기구와 특징을 설명하시오.(71-4-4)

✦ 대기 중에서 스모그 현상이 발생되게 하는 주원인은 엔진의 배출가스 중에 함유하고 있는 어느 성분에 의한 것인가?(42)

01 개요

(1) 배경

스모그(Smog)라는 단어는 1900년대 초 영국 런던에서 석탄을 이용해 난방을 하던 때에 최초로 사용되었다. 저녁에 안개와 같이 대기가 뿌옇게 보이는 현상이 발생하여 몇 주 동안 수천 명의 사상자를 발생시켰다. 이를 런던형 스모그라고 한다. 이후 1950 년대 미국 로스앤젤레스에서 대낮에 대기가 뿌옇게 보이는 현상이 발생되었는데 이를 LA형 스모그(광화학 스모그)라고 한다. 런던형 스모그는 석탄의 아황산가스가 주요 원인이었고, LA형 스모그는 자동차의 배출가스 중 질소산화물이 주요 원인이었다. LA형 스모그로 인해 자동차의 배출가스 규제가 시작되었다.

(2) 스모그(Smog)의 정의

스모그(Smog)는 연기(Smoke)와 안개(Fog)가 결합된 용어로, 화석연료가 연소될 때 배출되는 오염물질이 수증기, 자외선 등에 노출되어 대기가 뿌옇게 보이는 현상을 말한다. 자동차 배기가스나 화력 발전소, 공장에서 나오는 대기 오염 물질로 인해 발생한다.

(3) 스모그의 종류

① 런던형 스모그(황화 스모그) : 석탄과 석유 같은 화석연료가 연소될 때 일산화탄소(CO), 탄화수소(HC), 이산화황(SO_2), 질소산화물(NOx)이 발생되는데 이 중에서 SO_2는 안개와 결합하여 스모그가 된다. 주로 온도가 낮고 습한 밤이나 새벽에 대기층이 안정되어 대류가 잘 일어나지 않을 때 발생되며 호흡기를 자극하여 사망에까지 이르게 한다.

런던형 스모그

❖ 원인 : 석탄과 중유 등의 연소로 발생한 황산화물과 일산화탄소가 주요 오염 물질
❖ 생성과정 : 이산화황이 공기 중의 산소와 반응하여 삼산화황이 생성되고, 삼산화황이 공기 중의 수증기와 반응하여 황산이 생성되기 때문에 나타난다. 이렇게 만들어진 황산은 심한 호흡기 자극제로, 작은 황산입자가 폐 속까지 흡입되어 피해를 준다

$$2SO_2(g) + O_2(g) \rightarrow 2SO_2(g), \ SO_2(g) + H_2O_2(l) \rightarrow H_2SO_4(aq)$$

② LA형 스모그(광화학 스모그) : 자동차 배기가스에서 나온 질소산화물(NOx)과 탄화수소(HC)가 강렬한 태양광선(자외선)에 노출되면 광화학 반응이 일어나 여러 가지 산화성 물질(오존, 알데하이드, PAN)이 형성되어 맑은 날에도 안개가 낀 것과 같이 대기가 뿌옇게 보이는 현상이다. 주로 태양 광선이 강하고, 기온이 높으며, 바람이 적은 날 낮에 자동차가 많은 대도시에서 주로 발생한다. 광화학 스모그에 노출될 경우 각막이나 기관의 점막이 자극되고 호흡기 질환이 유발된다.

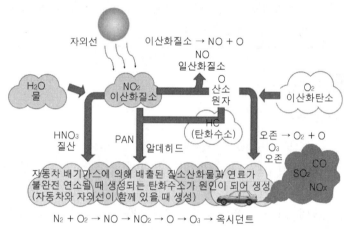

LA 스모그(광화학 스모그)

런던 스모그와 LA 스모그의 비교

구분		런던 스모그	LA 스모그
주요 발생시간		새벽 ~ 이른 아침	한낮
기상 조건	기온	4℃ 이하	24℃ 이상
	습도	습도가 90% 이상으로 높은 상태	습도가 70% 이하로 낮은 상태
	바람	무풍 상태	무풍 상태
	안정도	접지 역전조건(새벽이나 이른 아침)	공중 역전조건(고기압의 정체지역)
오염형태	주 오염원	공장, 가정난방	자동차
	오염물질	SO_2	O_3, PAN 등의 광산화물
	반응 형태	열적 환원반응, 1차 오염	광화학적 산화반응, 2차 오염 HC + NOx + (光)hv → 산화형 스모그
	스모그 형태	차가운 취기가 있는 농무형	회청색의 연무형
	시정거리	100m 이하	1km 이하
피해 상황		기관지염, 폐기종 등의 호흡 기질환	눈, 코, 기도의 점막 자극과 고무의 균열

02 광화학 스모그의 발생 메커니즘

광화학 스모그는 자동차에서 배출되는 질소산화물(NOx)이 자외선에 노출되면 광화학 반응을 일으켜 생성된다. 자동차 배기가스로 배출되는 일산화질소(NO)는 대기 중의 산소와 결합하여 이산화질소(NO_2)로 된다.

이산화질소(NO_2)는 자외선에 노출되면 일산화질소(NO)와 산소 이온(O^-)으로 분해되고 산소 이온(O^-)은 대기 중의 산소(O_2)와 결합하여 오존(O_3)을 만들거나 휘발성 유기화합물(VOCs)과 결합하여 알데하이드, 아크롤레인, 케톤 등을 만든다. 또한 탄화수소와 산소, 질소가 결합되면 질산과산화아세틸(PAN : Peroxy Acetyl Nitrate, $CH_3COOONO_2$)이 만들어진다.

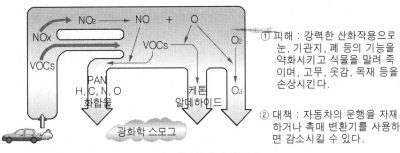

① 피해 : 강력한 산화작용으로 눈, 기관지, 폐 등의 기능을 약화시키고 식물을 말려 죽이며, 고무, 옷감, 목재 등을 손상시킨다.

② 대책 : 자동차의 운행을 자재하거나 촉매 변환기를 사용하면 감소시킬 수 있다.

※ VOCs(Volatile Organic Compounds) : 휘발성 유기 화합물
※ PAN(Peroxyacetyl Nitrate) : 질소과산화아세틸

광화학 스모그 생성의 원리

(1) 1차 오염 물질

자동차 연료가 연소하여 발생하는 배출가스 중 유해물질이다. 주로 NOx, HC, SOx, VOCs로 구성된다. 질소산화물은 주로 NO로 구성이 되는데 대기 중의 산소, 오존, 수증기와 결합하여 NO_2가 된다.

$$NO + O_3 \rightarrow NO_2 + O_2$$
$$NO + H_2O \rightarrow NO_2 + HO$$
$$NO + RO_2 \rightarrow NO_2 + RO$$

(2) 2차 오염 물질

1차 오염 물질이 자외선에 노출될 경우 만들어지는 유해물질이다. 주로 오존(O_3), 케톤, 알데하이드, 아크롤레인, PAN 등이 있으며 이들을 옥시던트(Oxidant)라고 한다. NO_2는 자외선에 노출될 경우 NO와 O^-로 분리되고 O^-는 대기 중의 O_2와 결합하여 O_3를 생성하며 VOCs, NO와 결합하여 포름알데하이드, 아크롤레인, 케톤, PAN 등을 만든다.

$$NO_2 + hv(자외선) \rightarrow NO + O-$$
$$O- + O_2 \rightarrow O_3$$
$$O- + O_3 + VOCs \rightarrow HCHO(포름알데하이드),$$
$$CH_2 = CHCHO(아크롤레인),\ RC(=O)R'(케톤)$$
$$O- + NO + VOCs + O_2 \rightarrow CH_3CO_3NO_2(PAN)$$

03 광화학 스모그의 특징

광화학 스모그는 자동차 배기가스로 배출된 질소산화물이 태양광선(자외선)에 의해 옥시던트를 생성하여 만들어지는 스모그로 자외선이 강하고, 기온이 높고, 바람이 적은 맑은 날 낮에 자동차가 많은 대도시에서 주로 발생된다. 광화학 스모그에 지속적으로 노출될 경우 각막이나 기관지의 점막이 자극되고 호흡기 질환이 유발된다.

증상이 심한 경우에는 호흡 곤란, 수족 마비, 현기증, 두통, 발한, 구토 등이 나타날 수 있다. 또한 고무 제품이 노화되며 가축 및 농작물 등에도 피해를 일으킨다. 광화학 스모그를 이루는 물질은 오존, 알데하이드, 아크롤레인, 케톤, PAN이 있다

(1) 오존(O₃)

오존은 무색으로 해초의 비릿한 냄새가 난다. 0.1ppm 정도의 농도부터 눈이나 코의 점막을 자극하여 반사성 기관지 수축을 일으킨다. 고무를 쉽게 노화시키며, 인체에 노출되면 호흡이 어려워지고 기침이 발생하며 심한 경우 뇌의 통증이 수반된다.

(2) 포름알데하이드(Formaldehyde)

무색의 기체로 자극이 강하고 물에 잘 녹는다. 금속 부식성이 있고 방부제, 옷감, 잉크 등의 원료로 사용된다. 인체에 노출되면 피부, 눈, 호흡기에 강한 자극을 주며 폐부종, 알레르기성 피부염, 천식 등을 야기한다. 또한 건물의 퇴색이나 고무제품의 균열을 유발한다.

(3) PAN(Peroxyacetyl Nitrate)

PAN은 대기 중의 NOx와 VOCs, HC로부터 광화학 반응에 의해 생성되는 2차 오염 물질로 강한 산화력을 갖고 있으며 눈에 대한 자극성이 있는 옥시던트이다. 0.1ppm 정도에서 안구통증을 유발한다.

✦ 온실가스 효과(Greenhouse Effect)를 설명하시오.(71-1-2)

✦ 온실 효과(Greenhouse Effect)에 대해 설명하고, 원인이 되는 유해 가스 5가지를 설명하시오.(86-4-3)

01 개요

(1) 배경

온실 효과란 대기를 가지고 있는 행성 표면에서 나오는 복사 에너지가 대기를 통과해 빠져나가기 전에 온실가스에 흡수되어 기온이 상승하는 현상을 말한다. 주로 대기 중에 존재하는 이산화탄소에 의해 복사 에너지(열)이 흡수된다. 자연 상태에서 지구의 온도를 조절하고 유지하는 중요한 현상이다. 하지만 산업의 발전과 화석연료의 과도한 사용으로 인해 온실가스의 발생량이 증가하게 되었고 이로 인해 지구 온난화 현상이 발생하게 되었다.

(2) 온실 효과(Greenhouse Effect)의 정의

온실 효과는 온실가스(CO_2, CH_4, N_2O 등)가 대기 중에 두터운 층을 이뤄 지구의 지표면에서 우주로 발산하는 적외선 복사열을 흡수, 반사하여 지구 표면의 온도를 상승시키는 현상을 말한다. 이로 인해 태양의 열이 지구로 들어와서 나가지 못하고 지구의 온도를 높이는 지구 온난화 현상이 발생되게 된다.

02 온실 효과의 원리

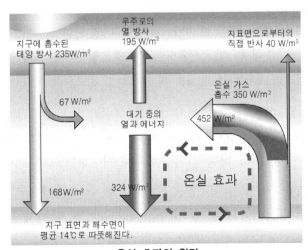

온실 효과의 원리

태양에서 지구로 오는 빛 에너지 중 약 70%는 지구 표면으로 흡수되고 약 28%는 대기 중으로 흡수된다. 지구의 대기에는 이미 온실효과로 흡수된 에너지와 지표면에서 나오는 에너지가 존재하며 이 에너지 중 40%는 우주로 나가고 60%는 지구 표면으로 다시 흡수된다. 지구 표면에 흡수된 에너지는 일부가 다시 방출되며, 온실가스에 의해 지표로 돌아와 지구의 온도를 올리게 된다.

03 인위적인 온실가스로 인한 지구 온난화의 영향

현재 온실가스가 배출되는 비율로 계속 온실가스가 배출된다고 가정하면 지구의 평균 기온은 1900년 기준으로 2100년에는 1.4~5.8℃ 상승하며, 해수면은 약 88~90cm 정도 상승할 것으로 예상된다. 기후 변화는 기상이변, 해수면 상승, 강수량 변화 등으로 인해 인간의 건강과 자연의 생태계에 부정적인 영향을 미칠 것으로 예상된다.

04 온실가스(GHGs : Green House Gases)의 종류

온실 효과의 원인이 되는 유해가스를 온실가스라고 한다. 온실가스는 지구의 지표면에서 우주로 발산하는 적외선 복사열을 흡수 또는 반사하여 지구 표면의 온도를 상승시키는 역할을 하는 특정 기체를 말한다. 이산화탄소(CO_2), 메탄(CH_4), 아산화질소(N_2O), 염화불화탄소(CFCs)/수소불화탄소(HFCs)/과불화탄소(PFCs)/육불화황(SF_6)이 있다. 지구 온난화지수(Global Warming Potential)는 가스별로 지구온난화에 기여하는 정도를 나타내는 지수인데 CO_2를 1로 보았을 때 CH_4가 21, N_2O가 310, HFCS가 1,300, PFCs가 7,000, SF6가 23,900이다.

(1) 이산화탄소(CO_2)

이산화탄소는 대표적인 온실가스로 온실가스 배출량의 77%를 차지하고 있다. 유기물의 연소, 생물의 호흡, 미생물의 발효 등으로 만들어진다. 주로 석유나 석탄을 연소시킬 때, 나무나 삼림을 불태울 때, 생물이 호흡, 발효할 때에 발생한다.

(2) 메탄(CH_4)

메탄은 온실가스의 14%정도를 차지하며 천연가스나 석탄가스의 주성분을 이룬다. 유기물이 물속에서 부패, 발효할 때 생성된다. 대기 중 메탄의 양은 이산화탄소의 1/200에 불과하지만, 메탄 분자 하나의 온실효과는 이산화탄소의 23배나 된다.

(3) 아산화질소(N_2O)

아산화질소는 온실가스의 8%를 차지하며 감미로운 향기와 단맛을 지닌다. 비교적 독성, 자극성이 약하고 안전하여 전신마취에 사용되기도 한다. 온실효과 기여도는 이산화탄소의 250배에 달한다. 석유나 석탄을 연소시킬 때, 질소비료를 사용할 때 발생된다.

(4) 염화불화탄소(CFCs)/수소불화탄소(HFCs)/과불화탄소(PFCs)/육불화황(SF6)

염화불화탄소, 수소불화탄소, 과불화탄소, 육불화황은 자연계에서는 존재하지 않으며 인간이 합성한 가스로 온실가스의 1%를 차지하지만 지구 온난화 지수가 매우 높다. 염화불화탄소는 화학적으로 합성된 프레온 가스로 에어컨, 냉장고의 냉매로 널리 사용되었다. 하지만 오존층을 파괴하며 이산화탄소에 비해 2만배에 이르는 적외선 흡수 능력으로 인해 사용이 금지되었다. 수소불화탄소, 과불화탄소, 육불화황 등은 냉매 및 반도체 공정용으로 사용된 후 배출된다.

기출문제 유형

✦ 지구 환경과 관련하여 채택된 교토의정서에 대해 설명하시오.(71-3-1)

01 개요

(1) 배경

산업의 발전과 화석연료의 과도한 사용으로 인해 인위적인 온실가스의 배출량이 증가하여 지구의 온도가 점점 올라가는 지구 온난화 현상이 발생하고 있다. 이러한 현상이 더 이상 확산되는 것을 방지하기 위해 세계 각국은 1992년 브라질의 리우데자네이루에서 '기후 변화에 관한 유엔 기본협약(약칭 기후변화협약)'을 결성했다. 기후변화협약의 목표는 '인간이 기후 체계에 위험한 영향을 미치지 않는 수준으로 대기 중의 온실가스 농도를 안정화'시키는 것이었다. 이후 1997년 교토에서 '2000년 이후 온실가스 감축 목표'에 관한 의정서를 채택하였는데, 이것을 '교토의정서'라고 부른다. 교토의정서는 2020년에 만료되기 때문에 2015년 파리에서 2020년 이후의 기후변화 대응에 대한 내용을 담은 협약을 채택하였다. 이것을 신기후 체제, '파리협정'이라고 부른다.

(2) 교토 의정서의 정의

교토 의정서의 정식 명칭은 '기후 변화에 관한 국제연합규약의 교토 의정서(Kyoto Protocol to the United Nations Framework Convention on Climate Change)'이다. 1997년 일본 교토에서 채택된 기후변화협약의 수정안이다. 기존에 규정되지 않았던 감축 의무의 이행을 구체적으로 규정한 협약으로 2000년부터 2020년까지 이산화탄소를 포함한 여섯 종류의 온실가스의 배출을 규제하는 내용이 담겨있다. 당시 한국은 개발도상국으로 분류되어 온실가스 감축 의무는 없었으며, 이후 미국, 중국, 인도, 캐나다 등이 탈퇴하거나 미포함되면서 전체 온실가스 중 15% 정도를 차지하고 있는 40여 개 국가들만 참여하고 있다.

(3) 파리 협정(Paris Agreement)의 정의

2015년 파리에서 개최된 2020년 이후 기후변화 대응에 대한 내용을 담은 협약이다. 지구 평균온도 상승 폭을 산업화 이전 대비 2℃ 이하로 유지하고, 온도 상승 폭을 1.5℃ 이하로 제한하기 위한 국제적인 약속이다. 2016년 11월 4일부터 발효되었으며, 200여 개 국가가 협정을 이행 중에 있다.(한국 포함)

02 교토 의정서의 상세 내용

(1) 목표

온실가스 배출량 감축

(2) 발효 시점

2005년 2월

(3) 온실가스 감축 의무 대상국

개발도상국을 제외한 선진국(한국 미포함)

(4) 감축 대상 가스

이산화탄소(CO_2), 메탄(CH_4), 아산화질소(N_2O),
수소불화탄소(HFCs) /과불화탄소(PFCs)/육불화황(SF_6)

(5) 감축 기간, 감축 조건

① 1차 감축 공약기간 : 2008년~2012년, 1990년에 비해 온실가스를 평균 5.2% 감축한다.
② 2차 감축 공약기간 : 2013년~2020년, 온실가스를 평균 18%까지 감축한다.

(6) 교토의정서에 도입된 제도

① 공동이행제도(JI : Joint Implementation) : 온실가스 감축의무가 있는 A국이 다른 국가에 투자하여 온실가스 배출을 감축하면 그 가운데 일부를 A국의 배출 저감 실적으로 인정해주는 제도이다.
② 청정개발체제(CDM : Clean Development Mechanism) : 선진국에서 구매한 개도국의 온실가스 감축실적을 선진국의 감축실적으로 인정하는 제도이다.
③ 배출권거래제(ETS : Emission Trading System) : 온실가스 감축 의무가 있는 사업장, 국가 간에 배출 권한 거래를 허용하는 제도이다. 기업들은 교토의정서에 의거하여 6대 온실가스를 저감한 실적을 유엔 기후변화협약에 등록하면 탄소배출권(CER : Certificated Emission Reduction)을 받게 되는데, 이 탄소배출권을 시장에서 거래할 수 있게 하는 제도이다.

03 파리협정 상세 내용

(1) 목표

파리협정은 기존의 기후변화협약 목표보다 구체화되었다. 목표는 평균 기온의 온도 상승폭은 산업화 이전과 비교하여 2℃ 보다 낮은 수준으로 유지하고, 1.5℃로 제한되도록 노력한다는 것이다. 목표 달성을 위해 온실가스 감축뿐만 아니라 온도 상승으로 인한 적응 재원 마련, 기술이전, 역량 배양, 투명성 등의 이행 노력을 지속적으로 강화한다.

(2) 발효 시점

2020년 2월, 당사국은 스스로 정한 감축 목표(NDC : Nationally Determined Contribution)를 5년마다 제출한다. 이때 새로운 NDC는 이전보다 더 높은 수준의 목표를 담고 있어야 한다.

(3) 온실가스 감축 의무 대상국

모든 당사국(한국 포함), 약 195개 나라

(4) 파리협정 주요 내용

① 협력적 접근법(Cooperative Approaches) : 국제적으로 감축 결과를 사용할 때 이중 계산 등의 오류를 방지할 수 있도록 엄격한 회계방식을 적용하여야 한다.
② 지속가능 발전 메커니즘(SDM : Sustainable Development Mechanism) : 공공과 민간의 참여를 독려하고 실질적으로 온실가스 배출량을 감축해야 한다.
③ 비시장 접근법(NMA : Non-Market Mechanism) : 비시장 접근법은 감축과 적응을 촉진시키고 공공과 민간의 참여를 증진시키는 것을 말한다.

기출문제 유형

✦ 온실가스 배출권 거래제를 설명하시오.(75-1-10)

---

01 개요

산업의 발전과 화석연료의 과도한 사용으로 인해 온실가스가 발생하여 지구의 온도가 점점 올라가는 지구 온난화 현상이 발생하고 있다. 이러한 현상이 더 이상 확산되는 것을 방지하기 위해 세계 각국은 1992년 브라질의 리우데자네이루에서 '기후 변화에 관한 유엔 기본협약(약칭 기후변화협약)'을 채택했다.

이후 1997년 교토에서 '2000년 이후 온실가스 감축 목표'에 관한 의정서를 채택하였는데, 이것을 '교토의정서'로 부른다. 교토 의정서는 기존에 규정되지 않았던 감축의무의 이행을 구체적으로 규정한 협약으로 2000년부터 2020년까지 이산화탄소를 포함한 여섯 종류의 온실가스 배출을 규제하는 내용을 담고 있다. 공동이행제도, 청정개발체제, 배출권거래제 등의 시장 요소가 도입되었다.

02 온실가스 배출권 거래제의 정의

배출권거래제(ETS : Emission Trading System)란 온실가스 감축 의무가 있는 사업장, 국가 간에 배출 권한 거래를 허용하는 제도이다. 기업들은 교토의정서에 의거하여 6대 온실가스를 저감한 실적을 유엔 기후변화협약에 등록하면 탄소배출권(CER : Certificated Emission Reduction)을 받게 되는데, 이 탄소배출권을 시장에서 거래할 수 있다.

03 온실가스 배출권 거래제의 상세 내용

정부가 경제 주체들을 대상으로 배출허용총량(Cap)을 설정하면 대상 기업체는 정해진 배출허용범위 내에서만 온실가스를 배출할 수 있는 권리인 배출권(Permit)을 부여받는다. 배출권은 정부로부터 할당 받거나 구매할 수 있으며 해당 기업체들 간에 거래(Trade) 할 수 있다. 배출권거래제 대상 기업체는 일정기간 동안 온실가스에 대해 배출량을 감축하거나, 잉여 배출권을 획득한 다른 기업체로부터 배출권을 구매하거나, 신재생 에너지와 산림분야 프로젝트 등을 통한 상쇄 크레딧(배출량 감축분 인정)을 활용하여 온실가스 배출량을 관리하고 감독기관에게 보고해야 한다. 현재 규제 대상은 발전 및 산업부문으로 제한되고 있으며 규제 온실가스는 이산화탄소(CO_2), 메탄(CH_4), 아산화질소(N_2O), 수소불화탄소(HFCs)/과불화탄소(PFCs)/육불화황(SF_6)가 있다.

04 교토의정서에 도입된 시장 요소

(1) 공동이행제도(JI : Joint Implementation)

온실가스 감축의무가 있는 A국이 다른 국가에 투자하여 온실가스 배출을 감축하면 그 가운데 일부를 A국의 배출 저감 실적으로 인정해주는 제도이다.

(2) 청정개발체제(CDM : Clean Development Mechanism)

개도국의 온실가스 감축실적을 선진국에서 구매하면, 구매한 실적을 선진국의 감축실적으로 인정하는 제도이다.

01 개요

(1) 배경

온실 효과(Greenhouse Effect)는 온실가스(CO_2, CH_4, N_2O 등)가 대기 중에 두터운 층을 이뤄 지구의 지표면에서 우주로 발산하는 적외선 복사열을 흡수, 반사하여 지구 표면의 온도를 상승시키는 현상을 말한다. 이로 인해 태양의 열이 지구로 들어와서 나가지 못하고 지구의 온도를 높이는 지구 온난화 현상이 발생된다. 현재 온실가스가 발생되는 추세로 온실가스가 발생된다면 지구의 평균 기온은 1900년 기준으로 2100년에는 약 1.4~5.8℃ 정도 상승하며, 해수면은 약 88~90cm 상승할 것으로 예상된다.

이러한 기후 변화는 기상이변, 해수면 상승, 강수량 변화 등으로 인해 인간의 건강과 자연의 생태계에 부정적인 영향을 미칠 것으로 예상된다. 따라서 전 세계적으로 온실가스를 저감하기 위해 노력하고 있다.

(2) 온실가스(GHGs : GreenHouse Gases) 배출량의 정의

온실가스 배출량이란 단위 주행거리당 자동차에서 배출되는 이산화탄소(CO_2)의 배출량(g/km)을 말한다.

(3) 온실가스 평균배출량의 정의

온실가스 평균배출량이란 자동차 제작업체가 판매한 모든 자동차 온실가스 배출량의 합계를 자동차 판매 대수로 나누어 산출한 평균값을 말한다.

(4) 온실가스(GHGs : GreenHouse Gases)의 종류

온실 효과의 원인이 되는 온실가스는 지구의 지표면에서 우주로 발산하는 적외선 복사열을 흡수 또는 반사하여 지구 표면의 온도를 상승시키는 역할을 하는 특정한 기체를 말한다. 이산화탄소(CO_2), 메탄(CH_4), 아산화질소(N_2O), 염화불화탄소(CFCs)/수소불화탄소(HFCs)/과불화탄소(PFCs)/육불화황(SF_6)이 있다.

(5) 초 저탄소 자동차(ULCV : Ultra Low Carbon Vehicle)의 정의

탄소를 극히 적게 배출하는 자동차로, 주로 CO_2를 거의 배출하지 않는 차량을 말한다. 유럽 배출가스 주행 모드인 NEDC(New European Drive Cycle)로 배출가스량을 측정했을 때 CO_2의 배출량이 75g/km보다 적은 자동차로 주로 전기차나 수소연료 전지차, 하이브리드, 플러그인 하이브리드 차량을 말한다. 전기차는 CO_2의 배출량이 없고 하이브리드, 플러그인 하이브리드 자동차는 CO_2의 배출량이 15~70g/km 정도로 기존 화석연료에 비해 배출량이 훨씬 적다.

02 온실가스 규제 동향

(1) 국내 규제 동향(한국정부의 이산화탄소 저감 목표)

① 규제 계획 : 2030년 국가 온실가스 감축목표 달성을 위한 기본 로드맵 수정안

② 계획 기간 : 2018년~2030년

③ 배출 목표 : 2030년 온실가스 배출 목표는 5억 3,600만 톤 이내로 유지한다. 온실가스는 2030년 8억 5,100만 톤이 배출될 것으로 전망된다. 이에 2015년도에는 온실가스 배출 전망치(BAU)

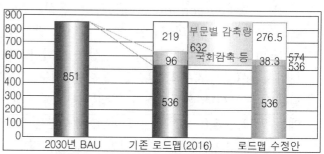

기존 감축 로드맵과 수정안의 국가 감축목표 비교

대비 22.3%를 목표로 설정했으나 2018년도 수정안에서는 37%인 5억 3,600만 톤으로 목표를 수정했다. 에너지 효율화 및 수요관리 강화, 감축 기술 확산 등을 통해 2억 7,700만 톤을 감축하고 삼림흡수원 활용과 국외 감축 등으로 38,300만 톤을 추가로 감축한다. 수송부문에서는 2030년까지 전기차 300만 대를 보급하고, 친환경 대중교통 확충 등의 방법으로 약 3,100만 톤을 줄인다.

> 참고 온실가스 배출전망치(BAU : Business As Usual) : 현재 시점에서 전망한 목표 연도의 배출량

(2) 국내 자동차 부문 규제 동향

① 규제 법령 : 자동차 평균 에너지 소비효율 기준·온실가스 배출허용 기준 및 기준의 적용·관리 등에 관한 고시, 별표1, 자동차 평균 에너지 소비효율 기준 및 온실가스 배출허용 기준

② 온실가스 배출허용 기준 : CO297g/km(10인승 이하 승용·승합), 166g/km(11~15인승 승합·화물)

③ 규제 대상 차종 : 15인승 이하, 총 중량이 3.5톤 미만 승용·승합, 화물자동차

(3) 해외 규제 동향

EU는 승용차의 경우 2021년부터 CO_2 배출량이 95g/km를 초과하지 않아야 하며 2025년에는 2021년 대비 15%, 2030년에는 37.5%를 감축해야 한다고 규정하고 있다. 소형 상용차의 경우 2021년 대비 2025년에는 15%, 2030년에는 31% 감축하기로 합의했으며, 유럽이사회 승인을 대기 중이다. 미국은 2020년까지 113g/km, 일본은 100g/km로 온실가스 배출량을 규제할 계획이다.

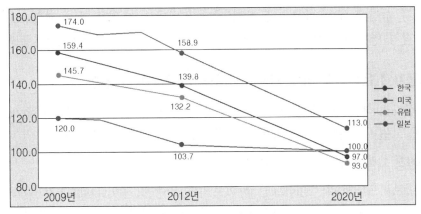

국가별 온실가스 저감 목표

03 온실가스 배출을 저감하기 위해 정부, 기업, 소비자가 하는 역할

(1) 정부

정부는 국가 단위의 기후변화 대책을 계획하고 통제할 필요가 있다. 저탄소 소비문화를 확산시켜 시장 주도로 저탄소 기술개발을 유도하고 이를 토대로 온실가스 저감을 통한 지구환경 개선이 이루어질 수 있도록 해야 한다. 이를 위해 소득공제의 부여, 배출권 거래제도의 도입, 온실가스 저감 기업에 대한 혜택 부여, 저탄소차 협력금 제도 시행 등의 조치를 취할 수 있다. 자동차 분야에서는 온실가스 관리 차종을 확대하고 기준을 강화하지만, 다양한 유연성 수단과 혜택 부여를 통해 업계의 입장을 최대한 반영해서 제도가 안착될 수 있게 해야 한다. 이를 위해 온실가스 배출량 50g/km 이하 차량이나 수동변속기 차량, 경차 등은 1대 판매 시 1.2~1.3대의 판매량을 인정하고 있으며 소규모 제작사에 대해서는 기준을 완화하고 있다.

(2) 기업

기업은 최적의 이익을 결정하는데 있어서 단기적인 주주의 이익뿐만 아니라 그 밖의 장기적인 이익도 고려 대상으로 봐야 한다. 따라서 기업은 환경과의 관계에서 지속 가능한 발전을 위해서 사회적 책임의 인식 전환과 자율적인 이행을 위한 노력이 필요하다. 이러한 측면에서 기업은 지구환경을 보전하고자 하는 온실가스 배출 저감 목표에 대해서 적극적으로 규제를 준수하고 더 나아가 배출가스 저감 기술 개발 등을 통해 새로운 시장개척의 기회로 만들려는 자세가 필요하다.

(3) 소비자

정부에서는 소비자의 녹색제품 구매 활성화를 위해 제품의 생산, 수송, 유통, 사용, 폐기 등의 모든 과정에서 발생되는 온실가스량을 CO_2 배출량으로 환산하여, 라벨 형태로 제품에 표기하는 탄소성적표지 제도를 운영하고 있다. 소비자는 이러한 정부의 정책 운영과 지구 환경에 대한 관심을 통해 자신이 소비하는 제품의 탄소 배출량을 파악하고 이에 대한 환경 영향을 실질적으로 인식하여 온실가스를 저감할 수 있도록 동참이 요구된다.

04 자동차의 온실가스 대책 기술(초 저탄소차 기술개발 동향)

온실가스 저감을 위해 자동차 분야에서는 친환경 자동차, 전기자동차, 에코드라이브, 고효율·고연비 차량, 연료절약형 전장품 도입 등이 추진되고 있다.

(1) 친환경 자동차(HEV, PHEV, FCEV)

하이브리드 자동차, 플러그인 하이브리드 자동차, 수소 연료전지 자동차 등의 친환경 자동차를 사용할 경우 화석연료의 사용이 저감되어 자동차에서 발생되는 온실가스 배출량이 급격히 저감된다. 이를 위해서 정부에서도 친환경 자동차에 대한 안전기준을 수립하고 기업체의 기술개발을 유도하고 있다.

현재 하이브리드 자동차, 플러그인 하이브리드 자동차는 양산되어 고연비 자동차로 각광받고 있으며 수소 연료전지 자동차는 현대자동차에서 개발한 '넥쏘'가 양산되고 있는 상태이다. 하이브리드 자동차는 휘발유·경유·액화석유가스·천연가스 또는 산업통상자원부령으로 정하는 연료와 전기에너지(전기 공급원으로부터 충전 받은 전기에너지를 포함한다)를 조합하여 동력원으로 사용하는 자동차를 말한다. 보통 내연기관 시스템에 전기 모터를 장착한 차량을 말한다.

엔진의 동력을 모터로 보조해 주거나 모터로만 주행이 가능하여 동력전달 효율성과 연비가 향상되고 배기가스가 저감된다. 하지만 구성 부품이 많이 적용돼 구조가 복잡하고 중량이 많이 증가한다. 또한 배터리의 성능이 높지 않고 배터리와 모터 등 구성부품의 비용 증가로 차량 판매 가격이 높다는 단점이 있다. 수소 연료전지 자동차는 수소와 공기를 이용하여 발생시킨 전기에너지를 동력원으로 사용하는 자동차로 수소 연료탱크, 연료전지, 냉각시스템, 제어기, 공기 공급기, 보조 배터리, 인버터 등으로 구성되어 있다.

수소와 공기의 에너지를 전기화학 반응을 통해 전기와 열로 직접 변환시키므로 기존의 내연기관과는 달리 연소과정이나 구동장치가 필요 없어 열효율이 높을 뿐만 아니라 환경문제(대기오염, 진동, 소음 등)를 유발하지 않는다는 장점을 가지고 있다. 하지만 연료전지의 성능, 가격, 수소 연료 인프라 부재 등과 같은 문제로 대중화가 더디게 진행되고 있다.

(2) 전기자동차

전기자동차는 전기 공급원으로부터 충전 받은 전기에너지를 동력원(動力源)으로 사용하는 자동차로 배터리, 모터, 인버터, 제어기, 감속기로 구성되어 있다. 화석연료(가솔린, 디젤 등)를 사용하지 않고 전기 배터리와 전기 모터만을 사용하여 구동하기 때문에 화석연료의 사용이 감소되며 온실가스(CO_2), 대기오염 물질(CO, HC, NOx, PM)이 배출되지 않아 지구온난화, 산성비, 스모그, 미세먼지 등으로 인해 대기 오염 현상이 방지될 수 있다.

하지만 '충분한' 주행거리 확보를 위한 배터리 기술의 미흡, 전기자동차 충전 인프라 부재, 높은 차량가격, 소비자의 신뢰성 부족 등 전기자동차가 확산되기 위해서는 다양한 장애요인이 존재하고 있는 상황이다.

(3) 고효율·고연비 기술

ISG(Idle Stop & Go) 시스템, 가변 압축비 엔진, 다단분사, 가변 밸브 시스템(CVVT, CVVL), 캠 리스 밸브, 가변 실린더(CDA : Cylinder De-Activation), 과급기를 이용한 다운사이징, 다운스피딩, 배기열 회수기술(WHR : Waste Heat Recovery), 지능형 냉각시스템, DCT(Dual Clutch Transmission), AMT(Automated Manual Transmission), E-Clutch등을 통해 엔진 열효율, 동력전달 효율 등을 향상시키고, 연비를 저감하여 온실가스 배출량을 저감시킨다.

기출문제 유형

✦ 저탄소차 협력금제도에 대해 설명하시오.(104-1-6)

01 개요

온실 효과(Greenhouse Effect)는 온실가스(CO_2, CH_4, N_2O 등)가 대기 중에 두터운 층을 이뤄 지구의 지표면에서 우주로 발산하는 적외선 복사열을 흡수, 반사하여 지구 표면의 온도를 상승시키는 현상을 말한다. 이로 인해 기상이변, 해수면 상승, 강수량 변화 등이 발생되며, 인간의 건강과 자연의 생태계에 부정적인 영향을 미칠 것으로 예상된다. 자동차의 배기가스로 배출되는 온실가스는 대표적으로 이산화탄소(CO_2)가 있으며 이를 저감시키기 위해 다양한 제도가 있는데 그 중 저탄소차 협력금제도가 있다.

02 저탄소차 협력금 제도의 정의

저(低)탄소 배출 자동차를 구매할 경우 보조금을 지급하고, 고(高)탄소 배출차를 구매할 경우 부담금을 부과하여 온실가스를 저감하는 제도이다. 휘발유·디젤 자동차와 같이 온실가스나 대기오염 물질을 많이 배출하는 내연기관 승용차 구매자에게 부담금을 걷어 전기차 등 친환경차를 사는 소비자에게 보조금으로 지급하여 저탄소차 구매를 유도하는 제도이다.(대기환경보전법 76조8항) 향후 '친환경차 의무판매 제도'로 통합될 예정이다. (환경친화적 자동차의 개발 및 보급 촉진에 관한 법률)

03 저탄소차 협력금 제도의 적용 대상

승용차 및 10인승 이하 승합차(총 중량이 3.5톤 미만)에 대해 신차 구매시 구매자에게 1회 적용한다.

04 저탄소차 협력금 제도의 적용 기준

CO_2 배출량에 따라 '보조금-중립-부담금'으로 구간을 구분하여 차등적으로 보조금을 지급하거나 부담금을 부과한다.

05 친환경차 의무판매 제도

친환경차 의무판매 제도는 미세먼지 종합대책의 일환으로 도입된 제도로 자동차 제작사가 전체 판매 자동차 중 일정 비율을 ZEV(Zero Emission Vehicles), LEV(Low Emission Vehicles)로 판매하도록 강제하는 제도이다.

(1) 규제 내용

① ZEV(Zero Emission Vehicles) : 전체 판매량의 7.5%, EV, FCEV 등
② LEV(Low Emission Vehicles) : 전체 판매량의 4.5%, 가솔린, LPG, HEV, PHEV 등

(2) 규제 방법

규제치를 지키지 못할 경우 2021년부터 대당 100만원의 벌금을 부과하고 2025년부터는 대당 500만원의 벌금을 부과하는 방안이 검토되고 있다.(2019년12월)

✦ PMP(Particle Measurement Program)를 설명하시오.(78-1-11)

01 개요

디젤차에서 배출되는 입자상 물질에 대한 규제 기준은 입자 크기에 관계없이 전체 입자상 물질에 대한 중량단위 규제를 사용하고 있었다. 하지만 입자 크기에 따라 인체에 미치는 영향이 다르고, 폐포에 침착률이 높은 입자는 100mm 이하의 극미세입자라는 것이 많은 연구자들에 의해서 조사되고 있다. 따라서 유럽을 중심으로 미국 등 선진국에서는 입자상 물질의 배출가스 규제기준을 단순히 총중량을 환산하는 규제뿐만 아니라 크기 분포를 기준으로 개수 또는 질량으로 규제하는 방안을 도입하였다.

02 미세입자 측정 프로그램(PMP : Particle Measurement Program)의 정의

PMP는 UN 유럽경제위원회(UN ECE) 산하 자동차 인증 국제표준화 그룹 중 하나로 자동차로부터 배출되는 미세입자에 대해 연구를 진행하여 시험방법과 장비규격 및 교정방법을 국제통합법규로 정하는 실무 그룹에서 선정한 미세입자 측정 프로그램을 말한다.

03 PMP 상세 내용

UN-ECE(United Nations Economic Commission for Europe)에서는 2001년 입자 측정 프로그램(PMP) 실무 그룹을 구성하여 종래의 입자상 물질(PM) 계측법을 보완하거나 대체하는 새로운 나노 입자 측정법의 형식 인증시험 프로토콜의 개발을 추진하였다.

PMP 실무 그룹에서는 엔진에서 배출되는 입자의 정확한 측정을 위해 계측기 선택, 샘플링 방법 선정, 측정 시스템의 교정 등의 방법을 선택하여 시험을 실시하고 강건성(Robustness), 반복성(Repeatability), 응답시간(Time Response), 검출한계(Limit of detection), 다른 시스템과 연관성(Correlation with other system) 등을 기준으로 평가 프로토콜을 선정했다.

그 결과 중량기준의 필터중량법(Modified2007 PM)과 개수기준측정법(CVS + Thermodiluter+ CPC)의 2가지를 추천하였고, CI(Compressed Ignition) 엔진에서 배출되는 입자상 물질의 측정에 대한 내용을 담은 Regulation 49와 차량 승인을 위한 입자상 오염물질 측정에 대해 규정하고 있는 Regulation 83을 제정하였다. 특히 Regulation 83을 개정하면서 배출 입자 질량 측정 장치 및 배출 입자 수 측정 장치에 대한 사양서 및 교정, 검정 절차서를 부속서(Appendix 4,5)로 추가하였으며, 입자상 물질(PM)에 대한 수량 측정 방법 및 측정 장비에 대한 기준을 마련하였다.

04 PMP 시스템 구성

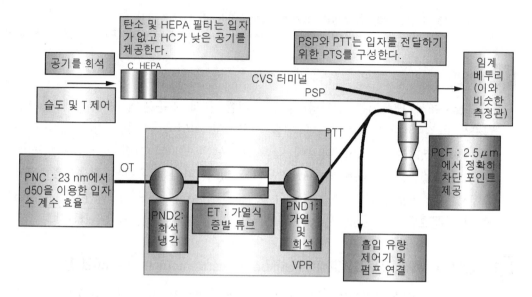

탄소 및 HEPA 필터는 입자가 없고 HC가 낮은 공기를 제공한다.

PSP와 PTT는 입자를 전달하기 위한 PTS를 구성한다.

공기를 희석

습도 및 T 제어

C HEPA

CVS 터미널

PSP

임계 베투리 (이와 비슷한 측정관)

PTT

PCF : 2.5μm 에서 정확히 차단 포인트 제공

PNC : 23 nm에서 d50을 이용한 입자 수 계수 효율

OT

PND2: 희석 냉각

ET : 가열식 증발 튜브

PND1: 가열 및 희석

VPR

흡입 유량 제어기 및 펌프 연결

① CVS(Constant Volume Sampling) : 희석 터널
② PSP(Particle Sampling Tube) : 입자 샘플링 프로브
③ PTT(Particle Transfer Tube) : 입자 전달관
④ PTS(Particle Transfer System) : 입자 채취 시스템(PSP+PTT)
⑤ PCF(Particle pre-Classfier) : 입자 전 분류기(Cyclone)
⑥ VPR(Volatile Particle Remover) : 휘발성 입자 제거기
⑦ PND1(First Particle Number Diluter) : 1차 희석장치
⑧ ET(Evaporation Tube) : 증발관
⑨ PND2(Second Particle Number Diluter) : 2차 희석장치
⑩ PNC(Particle Number Counter) : 입자 개수 측정기

배출가스가 희석터널로 지나갈 때 입자 채취 시스템은 입자 샘플링을 프로브로 채취하여 입자 전 분류기로 전송한다. 입자는 입자 전 분류기에서 입자 전달관을 통해 1차 희석 장치로 전송되고, 휘발성 입자 제거기를 통해 휘발성 입자가 제거된다. 이후 증발관을 통과한 후 2차 희석장치로 전송되고 입자 개수 측정기를 통해 입자 개수가 측정된다.

기출문제 유형

✦ 자동차 부품에 포함된 유해 성분의 규제에 대해 설명하시오.(69-1-8)

✦ 유럽 수출차의 유해물질 규제 내용과 대책을 설명하시오.(81-1-13)

01 개요

자동차에는 여러 가지 유해물질과 복합재질이 사용되기 때문에 세계적으로 자동차의 판매량과 폐차량이 많아지면서 환경에 미치는 영향성이 증가되고 있다. 이에 대해 세계

각국은 자동차 제조 단계부터 유해물질의 사용을 줄이고, 재활용이 용이하게 하여, 환경에 미치는 유해성이 최소화되도록 규제하고 있다.

우리나라는 환경부에서 고시한 [전기·전자제품 및 자동차의 자원순환에 관한 법률]에 관련 내용이 기술되어 있고, 유럽연합(EU)은 [폐자동차에 관한 규정(ELV : End-of-Life Vehicles Regulation)에 관련 내용이 기술되어 있다.

02 우리나라 자동차 부품에 포함된 유해성분 규제 내용

(1) 유해물질 함유기준

자동차 제조·수입업자는 제조단계에서 환경에 미치는 유해성이 높은 중금속·난연제(難燃劑) 등의 유해물질에 대해서 다음의 기준을 지켜야 한다.

① 납 : 동일물질 내 중량기준(wt)으로 0.1% 미만
② 수은 : 동일물질 내 중량기준(wt)으로 0.1% 미만
③ 6가 크롬 : 동일물질 내 중량기준(wt)으로 0.1% 미만
④ 카드뮴 : 동일물질 내 중량기준(wt)으로 0.01% 미만

자동차의 유해물질 함유기준

종류	함유기준
납	동일물질 내 중량기준(wt)으로 0.1% 미만
수은	
육가크롬	
카드뮴	동일물질 내 중량기준(wt)으로 0.01% 미만

(2) 위반 시 제재

유해물질의 함유기준을 초과한 제품을 유통시킨 자에게는 3,000만 원 이하의 과태료가 부과되며, 유해물질 함유기준을 확인하지 않거나 재활용 가능률을 평가하지 않고 제품을 유통시킨 자에게는 1,000만 원 이하의 과태료가 부과된다.

03 유럽 수출차의 유해물질 규제 내용

(1) 폐자동차 처리지침(ELV : End-of-Life Vehicles)의 정의

자동차 폐기물의 감소와 재활용을 위해 EU 지역 내 자동차 제조업체와 판매업체에게 폐자동차의 무료회수 의무를 부과하고, 재사용(Reuse), 재활용(Recycle), 재생(Recovery) 의무화 비율을 준수하도록 강제하는 조치로 유해물질과 관련하여 '신규 판매 자동차는 수은, 납, 6가 크롬 등 중금속이 자동차의 어느 부품에서도 검출되어서는 안되며, 검출되면 EU로 수출하지 못한다'라고 규정하고 있다. [Directive 2000/53/EC]

(2) 유해물질 함유기준

ELV에서는 2003년 7월 이후 판매되는 모든 차량, 폐차량과 그 부품에 수은(Hg), 납(Pb), 카드뮴(Cd), 6가 크롬(Cr6+)의 사용을 금지하고 있다. 기준치는 국내기준과 동일하게 납, 수은, 6가 크롬은 1000ppm(동일물질 내 중량기준으로 0.1% 미만), 카드뮴은 100ppm(동일물질 내 중량기준으로 0.01% 미만)이다.

하지만 일부 부품은 안전한 대체 소재가 확보될 때까지 예외 조항을 두어 적용을 유예하고 있다. 납의 예외 조항은 배터리, 전자기판 솔더링 납, 유리, 세라믹 적용 납 등이 있고, 수은은 방전 램프, 디스플레이 장치, 카드뮴은 방전램프, 인판넬 디스플레이 등이 있다.

04 유해물질 규제 대응 방안

(1) 6가 크롬 대체 방법

6가 크롬은 전기 아연도금 크로메이트 처리에 사용한다. 제품의 내식 특성상 완전히 다른 도금으로 대체가 불가능하므로 3가 크롬으로 대체하여 사용한다.

(2) 납 대체 방법

납은 보통 와이어링의 솔더링(납땜)에 사용된다. 이를 대체하기 위해 솔더 소재로 우수한 연성을 가지는 인듐(In)이 포함된 무연 솔더 소재를 사용한다.

기출문제 유형

✦ 급유연료 증기(Onboard Refueling Vapor Recovery: ORVR) 적용 배경 및 기술에 대해 설명하시오.(119-1-5)

✦ ORVR(On-board Refuelling Vapor Recovery)을 설명하시오.(65-1-11) (77-1-10) (71-1-7)

✦ 다음을 설명하시오.(72-1-13)
   1) ORVR(On-Borad Refuelling Vapor Recovery)
   2) HSL(Hot Soak Loss)
   3) DBL(Diurnal Heat Breathing Loss)

✦ 가솔린 연료 시스템의 증발손실 측정방법에 대해 설명하시오.(89-4-6)

---

01 개요

(1) 배경

엔진과 연료 계통에서 대기 중으로 배출되는 가스는 배출원에 따라 배기관으로부터 배출되는 배기가스(Exhaust Gas), 엔진 크랭크 케이스에서 누설되는 블로바이 가스(Blow-By

Gas), 연료 탱크와 연료 계통에서 누설되는 증발가스(Evaporative Gas)가 있다.

모두 대기를 오염시키는 유해한 물질이 함유되어 있어 사회문제가 되고 있다. 증발가스는 주간 증발가스(Diurnal Loss), 고온 주차 증발가스(Hot Soak Loss), 주행 증발가스(Running Loss)가 있으며 연료 급유 중 증발가스도 포함된다. 현재 국내의 자동차 증발가스에 대한 규제는 환경부에서 고시한 '제작자동차 시험검사 및 절차에 관한 규정'에 의거하여 주간 증발 손실(DBL), 고온 증발 손실(HSL)이 있다.

(2) 급유연료 증기회수 장치(Onboard Refueling Vapor Recovery : ORVR)의 정의

ORVR은 연료 급유 시 발생하는 증발가스를 차량에서 제어하여 대기로 방출되는 것을 방지하기 위한 장치이다. ORVR 규제는 연료 급유 시 발생하는 증발가스의 배출량을 기준치(1gallon당 0.2g) 이하로 규제한다.

(3) 주간 증발손실(DBL : Diurnal Breathing Loss)

주간 증발손실이란 자동차가 주차 시 태양열에 의해 연료 탱크나 엔진이 가열되어, 연료가 증발해 배출되는 휘발성 탄화수소를 말한다.

(4) 고온 증발손실(HSL : Hot Soak Loss)

고온 증발손실은 자동차가 일정 속도로 주행한 후 고온이 된 상태에서 연료가 증발하여 배출되는 휘발성 탄화수소를 말한다.

02 급유연료 증기 회수장치(Onboard Refueling Vapor Recovery : ORVR)적용 배경

증발가스는 연료를 보관하는 장치에서 대기 중으로 직접 증발하는 탄화수소 가스로 자동차에서 발생하는 탄화수소의 약 30%를 차지한다. 증발가스에는 휘발성 유기화합물(VOCs : Volitle Organic Compounds)이 포함되어 있어서 대도시의 오존과 스모그 생성의 주요 원인이 되며 인체의 호흡기에 매우 해롭고 식물에도 나쁜 영향을 미친다. VOCs는 연료 연소 후 배기관을 통해 배출되거나 연료 자체의 증발에 의해 배출된다.

미국은 1977년 대기정화법의 개정으로 오존 미달성 지역에서 주유 시 VOCs 회수가 의무화되었고 미연방환경보호청(EPA : Environmental Protection Agency)은 1998년부터 VOCs를 자동차 자체에서 회수, 처리하는 시스템을 장착하도록 의무화하였다. 급유 중 배출되는 VOCs를 제어하고 저감하기 위한 방법은 주유기(Refueling nozzle)에 의해 증기를 포집하는 방법과 자동차에서 증기를 포집 회수하는 방법(ORVR : On-board Refueling Vapor Recovery)등이 있다.

주유기에 의해 증기를 포집하는 방법은 미국과 유럽의 일부 나라에서 시행하고 있으며 ORVR은 미국에서만 규제를 실시하고 있다. 전체 VOCs 배출에 대한 주유소에서의 배출비율은 약 3% 정도이다.

03 급유연료 증기회수 장치 규제 내용, 시험방법

(1) 규제 기준

1 gallon을 주유할 경우 증발가스는 0.2g 이하로 배출되어야 하고 연료가 다시 되돌아가는 Spit Back 양은 1g/test(Liquid)로 규제된다.

(2) 시험 방법

20~30℃에서 시험하며 시험 전 공칭 탱크 용량의 40%를 주유한 후 예비 주행을 하고 12시간~36시간 동안 상온 주차를 하는 등의 준비를 통해 캐니스터를 안정화 후 밀폐실에서 측정한다. 초기값 측정 후 1분 이내 차량에 최대한의 깊이로 주유기를 삽입하여 주유를 시작한다.

① 연료주입속도(fuel dispense rate) : 9.8±0.3 gal/min(37.1±1.1liter/min)
② 연료온도(fueltemperature) : 19.4±0.8℃

유량은 주유기의 자동 멈춤 때(autoshut-off)까지 일정하여야 하며, 최소 공칭탱크 용량의 85% 이상 주유되어야 한다.

04 급유연료 증기(Onboard Refueling Vapor Recovery: **ORVR**)의 기술

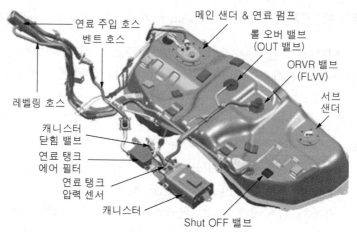

※ ORVR 밸브 : Onboard Refueling Vapor Recovery Valve

연료 탱크의 구성

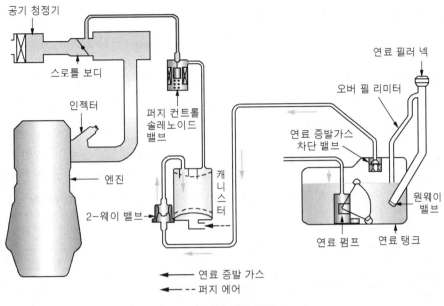

ORVR 시스템의 구성

ORVR 시스템은 주로 캐니스터가 적용된 증발가스 제어 시스템을 이용한다. 연료를 주유하는 동안 발생한 연료 증발가스는 활성탄 알갱이로 채워진 캐니스터에 포집되고, 캐니스터에 흡착된 증발가스는 엔진이 운전되는 동안 엔진 흡기 매니폴드 측으로 빨려 들어가 연소실에서 연소된다.

ORVR 시스템과 증발가스 제어 시스템의 기본적인 차이점은 급유 시 연료 주입구 (Filler neck)를 통해 배출되는 증기가 제어된다는 것과 캐니스터에 증기가 흡착되는 빈도에 차이가 있다는 것이다. 증발가스의 경우 차량 운행 중이나 주차 시 외기 온도에 의해 배출되는데, 이러한 배출은 긴 시간에 걸쳐서 일어나게 된다. 반면 급유 시 배출은 빈도가 적지만 한 번에 배출되는 증기의 양이 상대적으로 많다.

따라서 많은 양의 배출 증기를 제어하기 위해 캐니스터의 용량을 늘려야 한다. 캐니스터를 기본으로 하는 급유/증발 통합 제어 시스템의 기본 구성은 연료 주유구 밀폐장치 (filler neck seal), 연료 탱크 환기장치(fuel tank vent mechanism), 증발가스 라인 (vapor line), 캐니스터(canister), 퍼지 시스템(purge system)등으로 이루어져 있다. 이 외에도 ORVR 밸브(Onboard Refueling Vapor Recovery Valve), ROV(Roll Over Valve), CCV(Canister Close Valve), 연료 펌프 모듈(Fuel Pump Module) 등이 있다.

05 고온 증발손실, 주간 증발손실 시험 방법

(1) 시험방법

고온 증발손실과 주간 증발손실은 CVS-75 모드로 배출가스 측정을 하고 난 뒤 측정한다. 차대 동력계에서 배출가스 시험이 끝나면 차량을 밀폐실로 옮겨서 기관의 시동을 끈 후 2분 이내, 배출가스 측정 후 7분 이내 밀폐시킨 후 60±0.5분간 방치한다. 측정시간이 끝나면 밀폐실 내의 공기를 분석, 기록하여 고온 증발손실을 측정한다. 고온증발가스 측정이 완료된 후 6~36시간 동안 밀폐실 외부에 주차했다가 다시 밀폐실로 옮겨 주간 증발손실을 측정한다. 주간 증발손실은 24시간(±2분) 동안 측정하며, 시간별로 온도를 제어한다.

시간	0	1	2	3	4	5	6	7	8	9	10	11	12
온도(℃)	22.2	22.5	24.2	26.8	29.6	31.9	33.9	35.1	35.4	35.6	35.3	34.5	33.2
시간	13	14	15	16	17	18	19	20	21	22	23	24	-
온도(℃)	31.4	29.7	28.2	27.2	26.1	25.1	24.3	23.7	23.3	22.9	22.6	22.2	-

(2) 탄화수소 농도계산

$$M_{HC} = KV_n \times 10^{-4} \left[\frac{C_{HCf} P_{Bf}}{T_f} - \frac{C_{HCi} P_{Bi}}{T_i} \right]$$

위 공식에서,

- M_{HC} : 탄화수소 중량(g)
- C_{HC} : 탄화수소 농도(ppmC)
- V_n : 밀폐실 순체적(m³), 밀폐실 체적에서 차량의 체적(1.42m³)을 뺀 값
- P_B : 밀폐실의 대기압(kPa)
- T : 밀폐실의 대기온도(K)
- K : 1.2(12 + H/C)
- M_{HC}, out : 밀폐실에서 유출된 탄화수소 중량(고정체적 밀폐실)
- M_{HC}, in : 밀폐실로 유입된 탄화수소 중량(고정체적 밀폐실)
- H/C : 수소와 탄소비(주간 증발손실 시험 : 2.33, 고온 증발손실 시험 : 2.2)
- i : 최초값
- f : 최종값

기출문제 유형

✦ 증발가스(Evaporative Emissions) 규제 대응 기술에 대해 설명하시오.(74-3-2)

✦ 연료 증발가스 제어 시스템의 종류와 특성에 대해 설명하시오(66-3-2)

01 개요

(1) 배경

증발가스는 엔진과 연료 계통에서 대기 중으로 배출되는 가스로 주간 증발가스 (Diurnal Heat Breathing Loss), 고온 증발가스(Hot Soak Loss), 주행 증발가스 (Running Loss)가 있으며, 연료 급유 중 증발가스도 포함된다. 현재 국내의 자동차 증발가스에 대한 규제는 환경부에서 고시한 '제작자동차 시험검사 및 절차에 관한 규정'에 의거하여 주간 증발손실(DBL), 고온 증발손실(HSL) 두 가지가 있다.

(3) 주간 증발손실(DBL : Diurnal Breathing Loss)

주간 증발손실이란 자동차가 주차 시 태양열에 의해 연료 탱크나 엔진이 가열되어, 연료가 증발해 배출되는 휘발성 탄화수소를 말한다.

(4) 고온 증발손실(HSL : Hot Soak Loss)

고온 증발손실은 자동차가 일정 속도로 주행한 후 고온이 된 상태에서 연료가 증발하여 배출되는 휘발성 탄화수소를 말한다.

02 증발가스 규제 대응 기술

증발가스 규제에 대응하기 위한 기술로는 증발가스 제어 시스템이 있다. 증발가스 제어 시스템은 연료 탱크 내에서 발생하는 증발가스를 캐니스터에 일시적으로 저장해 두었다가 엔진으로 유입시켜 연소시키는 장치이다. 서모왁스를 이용한 기계적인 제어 방식과 엔진 ECU와 센서를 이용한 전자제어 방식이 있다. 증발가스 규제에 대응하기 위해서는 엔진 ECU에 의한 전자제어 방식이 주로 사용된다.

03 연료 증발가스 제어 시스템(전자제어식)

전자제어식은 캐니스터 클로즈 밸브(CCV : Canister Close Valve)와 퍼지 컨트롤 솔레노이드 밸브(PCSV : Purge Control Solenoid Valve)를 이용하여 연료 탱크에서 증발하는 증발가스를 포집한 후 연소시킨다. 연료 탱크 내에서 발생하는 증발가스는 활성탄 알갱이로 채워진 캐니스터에 포집된다. 캐니스터에 흡착된 증발가스는 캐니스터 클로즈 밸브(CCV)가 개방되면, 유입되는 외기에 의해 이탈되어 퍼지 컨트롤 솔레노이드 밸브 (PCSV)를 통해 엔진 흡기 매니폴드 측으로 빨려 들어가 연소실에서 연소된다.

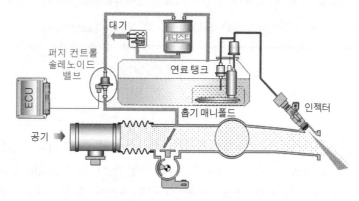

연료 증발가스 제어 시스템

(1) 연료 탱크(Fuel Tank), 연료 탱크 압력센서(Fuel Tank Pressure Sensor)

연료 탱크는 연료가 저장되는 곳으로, 일정 조건에서 연료가 기화하여 증발가스가 발생된다. 연료 탱크 압력 센서는 연료 탱크 내부의 압력을 감지하여 엔진 ECU로 전송한다.

(2) 캐니스터(Canister)

캐니스터는 활성탄으로 채워져 있는 원통형의 부품이다. 연료 탱크와 연결되어 있으며, 연료 탱크 내부에서 증발된 가스는 캐니스터의 활성탄에 흡수 저장된다. 캐니스터의 교환주기는 5년 또는 10만km이다.

(3) 캐니스터 클로즈 밸브(CCV : Canister Close Valve)

CCV는 캐니스터로 외부 공기를 유입하거나 차단하는 역할을 한다. 평상시 열려있는 N.O(Normal Open) 밸브이다. OBD 시스템에서는 CCV를 이용해 연료 누설을 진단한다.

(4) 퍼지 컨트롤 솔레노이드 밸브(PCSV : Purge Control Solenoid Valve)

PCSV는 ECU의 제어에 의해 캐니스터에 저장되어 있는 증발가스를 흡기 다기관에 유입시키거나 차단시키는 역할을 한다. 작동 조건은 제작사별로 다르지만 보통 냉각수 온도 70℃ 이상, 엔진 회전수 1500rpm 이상이다. 평상시 닫혀 있는 N.C(Normal Closed) 밸브이다. 고장 시 가속불량이나 엔진 부조 등이 발생된다.

(5) 엔진 ECU(Engine Control Unit)

엔진 ECU는 증발가스 시스템의 PCSV와 CCV의 제어를 담당하고 연료 증발가스의 누설을 진단한다.

✦ OBD(On-Board Diagnostics : 차량 자가진단 장치)를 설명하시오.(74-1-1)

✦ OBDII(차량 자가진단 장치) 시스템에 대해 서술하시오.(62-1-6)

✦ OBD(On-Board Diagnostic) II 시스템에 대해 서술하시오.(59-4-2)

✦ OBDI 시스템의 문제점과 이를 개선한 OBDII 시스템에 대해 설명하시오.(84-4-2)

✦ OBDII를 적용하는 목적을 설명하고, 주요 감시 체계(Monitoring System) 6가지를 설명하시오.(72-4-5)

✦ OBD-II(On Board Diagnostics II)에서 배출가스 관련 주요부품의 작동 오류뿐만 아니라 기능 저하까지를 감지하도록 범위를 확장하였다. 이에 대한 대표적인 감시 체계(Monitoring System) 6가지를 상세히 기술하시오.(90-3-3)

✦ OBDII에서는 배출가스 관련 주요 부품의 작동 오류뿐만 아니라 기능 저하까지를 감지하도록 감시 체계 범위를 확장하였다. 모니터링 시스템에 대해 상세히 설명하라.(77-3-1)

✦ OBD2에 규정된 감지 항목 중 3가지 항목 이상을 설명하시오.(83-1-6)

✦ OBD2 항목별 진단 방법 중 촉매 열화 감지(Catalyst Deterioration Monitoring)에 대해 상세히 설명하시오.(83-2-2)

✦ 가솔린 엔진에서 증발가스 제어 장치의 OBD(On Board Diagnostics) 감시 기능을 6단계로 구분하고 설명하시오.(92-2-3)

01 개요

(1) 배경

자동차에서 배출되는 배출가스에는 일산화탄소, 탄화수소, 질소산화물, 입자상물질 등 유해한 물질이 포함되어 있다. 유해물질로 인한 피해를 방지하기 위해 미국, 유럽, 우리나라에서는 배출가스 규제 법안을 시행 중이다. OBD 법규는 배출가스 관련 규제 중 하나로, 차량에 장착된 컴퓨터로 차량 운행 중 배출가스 제어 부품이나 시스템을 진단하여 고장이 판정되면, 고장코드(DTC : Diagnostic Trouble Code)가 저장되고 경고등 (MIL : Malfunction Indicator Lamp)이 켜지도록 규정한 법규이다. 최초 규격인 OBD-I과 이를 개선한 OBD-II가 있다.

(2) OBD(On-Board Diagnostic) 시스템의 정의

배출가스 관련부품의 오작동을 진단하여 배출가스가 일정 수준 이상으로 증가할 경우 고장을 판정하고, 고장코드를 저장하며, 계기판의 엔진정비 지시등(MIL)을 점등하는 시스템을 말한다. 배출가스 관련 부품을 적시에 원활하게 정비할 수 있도록 유도하여 배출가스의 배출량을 저감하도록 한다.

02 OBD 시스템의 발전과정

(1) OBD-I 시스템과 문제점

OBD-I 법규는 배출가스 제어에 사용되는 부품들의 고장 진단에 관한 법규로 단순히 관련 부품의 손상만 진단하였다. 따라서 OBD-I 시스템은 배출가스 관련 부품의 동작 여부를 진단할 수 있었지만 촉매장치나 산소 센서의 열화, 엔진의 실화, 연료장치의 이상과 같은 정밀한 진단은 불가능하였다.

또한, 오작동 확인을 위한 진단장비(Scan-Tool)의 입출력 신호 및 부품 사양, 통신 프로토콜, 데이터 링크 커넥터(DLC : Data Link Connector) 사양 등이 표준화되어 있지 않았다. 따라서 자동차 제작사마다 별도의 진단장비가 요구되었다.

(2) OBD-II 법규와 OBD-II 시스템

OBD-II 법규는 배출가스 관련 주요부품의 작동 오류뿐만 아니라 기능 저하까지 감시하도록 범위를 확장하였다. 운행 중 차량에 내장된 컴퓨터로 배출가스 제어부품이나 시스템을 지속적으로 감시하여 각 항목의 상태가 규정된 "오작동 기준(Malfunction Criteria)"을 벗어날 경우, 관련 정보를 저장하고 운전석 계기판의 경고등이 점등 되도록 규정하고 있다.

또한 SAE, ISO 등 여러 종류로 규정된 OBD 장치와 진단장비 간의 표준 통신규약 (Protocol)을 2008년 이후부터 CAN(Controller Area Network) 1개로 단일화하였고 커넥터 사양을 표준화하여 장치 사양에 따른 혼란을 최소화하였다. 통신 프로토콜과 데이터 링크 커넥터(DLC)등을 표준화 하였으며 오작동이 발생할 경우 관련 정보를 저장하고 경고등을 점등하는 기능을 추가하였다.

북미 지역에 판매하는 자동차에 대해서는 미국 캘리포니아 대기 보전국(CARB : California Air Resources Board)에서 규정한 OBD 법규(Title 13, California Code Regulations, Section 1968.2)를 만족하여야 한다. 국내와 유럽에서는 KOBD, EOBD로 규정은 있지만 아직 권장사항으로만 운영되고 있다. 검사 항목은 통신상태, 준비 (Readiness) 상태, 오작동 코드, 오작동 경고등 점등상태 등이다.

> **참고** 국내 규정 : 제작자동차 시험검사 및 절차에 관한 규정 [시행 2019. 7. 15.]
> [환경부고시 제2019-129호, 2019. 7. 15., 일부개정] 별표 15 참조 요망

03 OBD-II 법규 요구 감시항목

촉매, 엔진 실화, 증발가스 계통, 2차 공기 공급 계통, 에어컨 계통, 연료 계통, 산소 센서, EGR 계통, PCV 계통, 서모스탯, 가변 밸브 타이밍 제어 장치, 냉시동 배출가스, 직접 오존 저감 장치, 기타 엔진이나 트랜스미션의 제어나 진단에 사용되는 센서와 솔레노이드 등이 포함된다.

(1) 촉매 감시장치

촉매는 배기 후처리 장치에 포함되어 있는 물질로 자기 자신은 변화하지 않으면서 주변 물질의 반응속도를 변화시키는 물질이다. 황, 인 등의 독성 화합물에 의해 쉽게 피독되어 열화되며, 열화되면 배출가스가 정화되지 않고 그대로 배출되게 된다.

촉매 감시장치는 자동차에 장착된 촉매의 성능을 감시하여, 촉매의 전환효율이 악화되어 탄화수소의 배출량이 배출허용 기준의 1.75배(제3종 저공해 휘발유 자동차의 경우 2.5배)를 초과한 경우 또는 촉매의 비메탄 탄화수소(NMHC : Non methane HydroCarbons)의 전환효율이 50% 이하로 악화된 경우에는 오작동으로 판단하여 경고등을 점등한다.(단, 촉매 감시장치는 HC를 저감하는 장치에 대해서만 사용되어 경유 사용 자동차는 해당되지 않는다.) 촉매 감시장치는 CVS-75 모드 동력계 주행주기의 저온 시동 배출가스 시험 중 최소 1회 이상 동작하여야 한다.

① **진단 방법** : 촉매는 촉매 열화 감지(Catalyst Deterioration Monitoring) 방법을 사용한다. 촉매가 있는 부품의 입구측과 출구측에 산소 센서를 이용하여 신호를 비교하여 촉매의 산소 저장 용량(OSC : Oxygen Storage Capacity)을 점검한다. 많이 열화된 촉매일수록 촉매 통과 전후의 산소 센서 신호가 유사하게 된다. 다른 방법으로는 산소 센서의 진폭과 주파수를 비교하는 방법이 있다. 촉매의 열화정도를 정량화하는 열화지수는 촉매 출구측 산소 센서 신호의 진폭이나 주파수를 입구측 산소 센서 신호의 진폭이나 주파수로 나누어서 구한다. 열화지수가 '0'에 가까울수록 촉매의 성능이 양호한 것이고 '1'에 가까울수록 성능이 불량한 것이다.

	Good Catalyst	Deteriorated Catalyst
Front O₂ Sensor (Upstream O2 Sensor)		
Rear O₂ Sensor (Downstream O₂ Sensor)		

촉매 성능 상태에 따른 산소 센서 신호의 예

(2) 실화 감지장치

실화(Misfire)는 엔진의 점화불량, 공연비 불량, 압축 불량 등으로 인해 엔진 연소실 내에서 혼합기가 폭발되지 않는 현상을 말한다. 실화가 발생하면 연료가 미연소된 상태로 배출되어 탄화수소 배출량이 증가하고 엔진의 동력성능이 저하되며 연비가 저하된다.

실화 감지장치는 실화 발생 및 발생 기통을 확인하여 오작동 코드를 기통별로 분류하여 저장할 수 있어야 한다. 2개 이상의 기통에서 실화가 발생하는 경우, 실화 오작동 코드는 1개 기통에서 실화가 발생된 경우와는 구분되어야 한다. 촉매를 손상시킬 수 있는 실화가 발생하거나 대기오염 물질 배출허용 기준의 1.5배 이상의 배출가스를 초래할 수 있는 실화가 발생하는 경우 실화 관련 오작동으로 판단하고, 경고등을 점등한다.

① 진단 방법 : 크랭크축 위치 센서(CKP : Crankshaft Position Sensor)를 이용하여 구간별 회전시간을 측정하여 비교하거나, 각가속도, 엔진 회전 불균율 등을 계산하여 비교한다. 실화에 의해 연소실 내 폭발이 일어나지 않는 경우 동력이 발생되지 않아 순간적으로 크랭크축의 각속도가 느려진다. 각속도가 느려지면 엔진의 회전 불균형율이 순간적으로 증가하게 되며, 구간별 회전 시간이 늘어나게 된다. OBD 시스템은 회전속도, 회전 불균형율이 기준값을 초과한 경우, 오작동으로 판단한다.

(3) 증발가스 감지장치

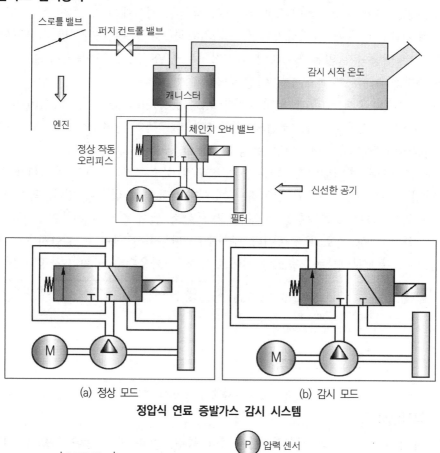

(a) 정상 모드   (b) 감시 모드

정압식 연료 증발가스 감시 시스템

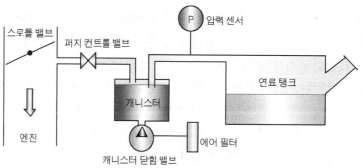

부압식 연료 증발가스 감시 시스템

증발가스는 연료 탱크 내의 연료가 증발하여 대기 중으로 방출되는 가스로, 주성분은 탄화수소이다. 증발가스 감시 방법으로는 부압 방식(Vacuum Type)과 가압 방식(Positive Pressure Type)이 있다. 부압 방식 증발가스 제어 시스템은 연료 탱크, 연료 탱크 압력 센서(F/Tank Pressure Sensor), 캐니스터, CCV(Canister Close Valve), PCSV(Purge Control Sol. Valve) 등으로 구성이 되어 있고, PCSV와 CCV의 동작에 따른 FTPS의 압력으로 증발가스의 누설을 감지한다.

가압 방식은 PCSV(Purge Control Sol. Valve), 캐니스터, 오리피스 튜브, 필터 등으로 구성이 되어 있고 전체 증발가스 계통에 대한 누설 진단을 통해 탄화수소 성분의 대기 유출을 확인한다. 유출량이 지름 1mm의 오리피스에 의한 유출량 이상일 경우 오작동으로 판단한다.(배출허용 기준의 1.5배 이상의 배출가스를 초래하지 않는 범위 내에서 오리피스의 지름을 제작사가 규정할 수 있다.) 부압 방식 증발가스 누설감지 장치의 동작 방법은 다음과 같다.

1) 진단 방법(연료 누설감지 절차)

증발가스 누설감지는 공회전 중, 연료량이 15~85%이며 모든 부품이 정상일 경우 시동 후 10분 뒤 1회 실시된다.

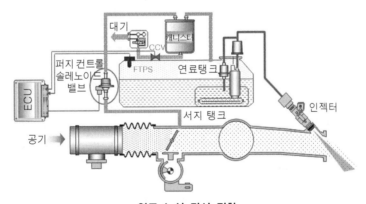

연료 누설 감시 절차

① 엔진 시동 : CCV와 PCSV는 열린 상태이며 이때 연료 탱크의 압력은 대기압과 같다.(0kPa)

② 누설감지 1단계 : CCV와 PCSV를 모두 닫으면 연료 탱크 내부에서는 연료가 증발하여 압력이 미세하게 상승하게 된다. 이때 연료 탱크 압력이 올라가지 않고 내려가면 PCSV 열림 고착으로 판단하고 누설감지 모드는 중단된다. 고장코드는 P0441(Evaporative Emission Control System Incorrect Purge Flow)이 발생한다.

③ 누설감지 2단계 : CCV가 닫힌 상태에서 PCSV를 열면 연료 탱크 내부의 압력은 흡기관(서지 탱크)의 진공으로 인해서 내려가게 된다.(부압 발생) 압력이 떨어지지 않으면 PCSV 밸브가 닫힌 상태로 고착되었을 수 있다. PCSV 관련 고장코드는

P0444, P0445가 있고 CCV 관련 고장코드는 P0447, P0448, P0449가 있다.

④ **누설감지 3단계** : 누설감지 2단계에서 다시 PCSV를 닫으면 흡기관의 진공 압력이 차단되면서 연료 탱크 내부의 압력은 서서히 상승하게 된다. 연료 탱크의 압력이 올라가지 않는 경우에는 소량의 누설이 있다고 판단할 수 있다. 이때 고장코드는 P0442(Evaporative Emission Control System Leak Detected, small leak) 가 발생된다. 대량 누설이 발생한 경우에는 P0455가 발생한다.

⑤ **누설감지 4단계** : CCV와 PCSV가 모두 열린 상태로 제어하면 연료 탱크 내부의 압력은 대기압으로 복귀한다. FTPS 회로에 이상이 있을 경우 P0451, P0452, P0453 고장코드가 발생한다.

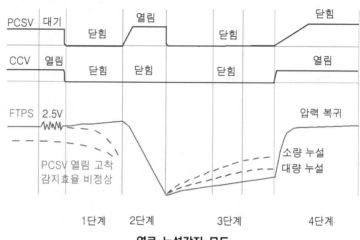

연료 누설감지 모드

(4) 연료계통 감시장치

연료계통은 연료량 제어장치와 연료 공급장치로 구성되어 있다. 엔진의 목표 연료량은 흡입공기량에 따라 달라지기 때문에 연료량 제어장치는 흡입공기량 측정 센서(MAF : Mass Air Flow Sensor), 흡기관 압력센서(MAP : Manifold Absolute Pressure

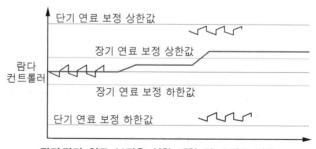

장기·단기 연료 보정을 위한 제한 및 오작동 기준

Sensor) 등이 있으며 연료 공급장치는 연료 인젝터, 연료 압력 조절기, 연료 펌프 및 배관 으로 구성되어 있다. 센서 이상, 인젝터 막힘, 누유 등으로 오작동할 수 있다. 연료계통 감 시장치는 연료계통에 장착된 전자식 부품의 성능을 감시하여 대기오염물질 배출량이 허용 기준의 1.5배를 초과하는 경우 오작동으로 판단한다.

① 진단 방법 : 연료장치의 오작동을 판단하는 기준 신호로는 촉매 입구측 산소 센서 신호에 의한 공연비 제어장치의 보정 평균값을 이용한다. 보정 평균값은 단기 연료보정(Short Term Fuel Trim)값과 장기 연료보정(Long Term Fuel Trim)값으로 구분된다. 보정 평균값이 일정 범위를 벗어나 한계값 이상이 될 때 오작동으로 판단한다.

(5) 산소 센서 감시장치

산소 센서는 배출가스의 산소를 감지하는 센서로, 공연비 피드백 제어에 사용되는 중요한 센서이다. 촉매 감시 장치 및 연료 계통 감시 장치의 기본 신호를 제공하는 중요한 부품이다. 산소 센서 감시 장치는 산소 센서의 출력 전압, 응답률, 기타 특성 등을 감시하여 배출허용 기준의 1.5배를 초과하는 경우, 산소 센서의 출력특성이 감시 장치용 부품으로 사용되기에 충분치 않은 경우 오작동으로 판단한다.

① 진단 방법 : 응답시간 변화, 신호 주파수 변화 등, 센서의 특성 변화를 감지하여 열화 상태를 판단한다. 촉매 출구측에 설치된 산소 센서의 경우, 촉매 정상 동작 시 신호가 매우 미약하기 때문에 차량 감속 운전 중 연료 차단 시 발생되는 신호의 변화로 오작동을 판단한다.

(6) 배기가스 재순환 계통 감시 장치

배기가스 재순환(EGR : Exhaust Gas Recirculation) 시스템은 배출되는 배기가스의 일부를 재순환시켜 연소실로 새로운 혼합기와 함께 공급해주는 시스템이다. 연소 온도를 낮춰 질소산화물의 발생을 저감시켜 준다. EGR 감시장치는 EGR 가스량을 모니터링하여 비정상적인 값이 검출되거나 배출허용 기준의 1.5배를 초과할 경우 오작동으로 판단한다.

① 진단 방법 : MAP을 이용하여 흡기매니폴드의 압력을 측정하거나 EGR 온도를 측정하여 진단한다. EGR 밸브의 위치에 따라서 MAP이 변화하는데

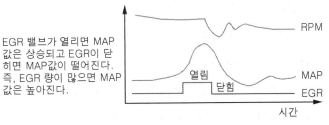

EGR 밸브가 열리면 MAP 값은 상승되고 EGR이 닫히면 MAP값이 떨어진다. 즉, EGR 량이 많으면 MAP 값은 높아진다.

EGR과 MAP과의 관계

EGR 밸브가 열리면 MAP의 압력이 높아지고 밸브가 닫히면 압력이 낮아진다. 또한 EGR 온도 센서를 통해 EGR 가스의 온도를 검출한다. OBD 감시장치는 배기가스 재순환량, 온도, MAP 신호를 분석하여 배기가스 재순환 장치의 압력과 온도가 기준치를 벗어나면 고장으로 판단하고 고장코드를 발생시킨다.

01 개요

자동차에서 배출되는 배출가스에는 일산화탄소, 탄화수소, 질소산화물, 입자상물질 등 유해한 물질이 포함되어 있다. 이러한 유해물질로 인해 환경과 인체에 피해를 방지하기 위한 대책으로 미국, 유럽에서는 배출가스 허용기준을 단계적으로 강화해오고 있다.

유럽연합은 EURO-6 규제를 진행하고 있으며, 2020년 이후 EURO-7로 강화할 예정이다. 미국은 캘리포니아 대기보전국(CARB : California Air Resources Board)에서 LEV-3 프로그램이 적용되고 있고 미연방환경청(EPA : Environmental Protection Agency)에서 미국 전역을 대상으로 Tier-3 단계를 운영하고 있다. 우리나라에서는 경유차는 유럽연합 규제를, 휘발유차, LPG차는 미국 법규를 참조하여 규제하고 있다.

02 캘리포니아 대기보전국(CARB) LEV 규정

캘리포니아 주의 배기가스 규제는 LEV(Low Emission Vehicle) 규제라고 부른다. 미연방환경청에서 제정한 미연방법과 비교해 독자성을 갖고 있으며, '대기품질규정(California Quality Legislation)'에 근거하여 대기오염 물질인 NMOG, CO, NOx, PM에 대해 단위주행당 허용배출 중량을 더욱 엄격하게 정하고 있다. 1994년~2003년에는 LEV I, 2004년~2015년에는 LEV II, 2016년~2025년에는 LEVIII를 적용 중에 있다.

(1) LEV I(1994~2003)

LEV I은 차량을 Tier 1, TLEV(Transitional Low Emission Vehicle), LEV(Low Emission Vehicle), ULEV(Ultra Low Emission Vehicle), SULEV(Super Ultra Low Emission Vehicle)와 ZEV(Zero Emission Vehicle)로 분류하고 배출가스 배출량을 규제하였다.

(2) LEV II(2004~2015)

LEV II는 배출가스 허용기준을 LEV, ULEV, SULEV, ZEV의 4단계로 나누어 규제하였다. 또한 경량자동차(Light Duty Vehicle)을 위한 'BIN' 카테고리 기준으로 구성되었다. 개별 자동차는 각각의 카테고리에 해당하는 배출가스 기준을 만족해야 인증을 획득할 수 있으며, 2009년 이후 평균 배출량 제도(FAS : Fleet Average System)를 도입하여 전체 판매 차량의 배출가스 배출량을 제한하였다.

(3) LEV III(2016~2025)

2016년부터 배출가스 허용기준을 4단계에서 7단계(LEV, ULEV, ULEV70, ULEV50, ULEV30, SULEV20, ZEV)로 세분화하였다. 기존에 개별 적용되던 NMOG와 NOx를 결합한 NMOG+NOx로 기준을 변경하고, 2016년 기준으로 0.063g/km에서 2025년에는 0.019g/km로 70%를 저감하도록 규정 하였으며 무공해 자동차를 일정 비율 이상 판매하도록 하는 ZEV 프로그램도 함께 적용된다. 또한 2017년부터 PN(Particulate Number) 규제는 기존 6×10^{12}개에서 6×10^{11}개로 강화된다.

개정 국내 휘발유·LPG차 배출가스 허용기준(단위 : g/km)

기준	보증기간	CO	NMOG+NOx	PM
LEV		2.61	0.100	0.002
ULEV		1.31	0.078	0.002
ULEV70		1.06	0.044	0.002
ULEV50	24만km	1.06	0.031	0.002
ULEV30		0.625	0.019	0.002
SULEV20		0.625	0.0125	0.002
ZEV		0	0	0

국내 경유차 배출가스 허용기준(단위 : g/km)

차종	CO		NOx		HC+NOx		PM		PN
	유로5	유로6	유로5	유로6	유로5	유로6	유로5	유로6	유로5/6
승용차	0.50	0.50	0.18	0.08	0.23	0.17	0.005	0.0045	6×10^{11}#/km

03 LEV 차량 분류

배출가스 배출량을 기준으로 제1 기준차(Tier 1 기준 적합차), 잠정 저공해차(TLEV : Transitional Low Emission Vehicle), 저공해차(LEV : Low Emission Vehicle), 초저공해차(ULEV : Ultra Low Emission Vehicle), 극초저공해차(SULEV : Super Ultra Low Emission Vehicle)와 무공해차(ZEV : Zero Emission Vehicle)등으로 차량을 분류하여, 제조업체별로 판매되는 차량들에 대해 평균 배출량(Fleet Average System)을 만족하도록 규제하고 있다.

(1) Tier 1 기준 적합차

Tier 1은 미연방 환경보호청(EPA)에서 1994년~2000년에 적용한 배출허용 기준으로 FTP-75 모드로 시험했을 경우 CO(2.11g/km), NMHC(0.156g/km), NOx(0.25g/km), 증발가스(2.0g/test), PM(0.05g/km)의 규제치를 만족하는 차량을 말한다.

(2) 잠정 저공해차(TLEV : Transitional Low Emission Vehicle)

잠정 저공해차는 캘리포니아에서 가장 높은 배출기준의 자동차 유형을 말하며 FTP-75 모드로 시험했을 경우 CO(2.11g/km), NMOG(0.125g/km), NOx(0.25g/km)의 규제치를 만족하는 차량을 말한다. 2004년에 유형이 삭제되었다.

(3) 저공해차(LEV : Low Emission Vehicle)

저공해차는 캘리포니아에서 배출기준이 적은 신규 자동차 유형을 말한다. FTP-75 모드로 시험했을 경우 CO(2.11g/km), NMOG(0.047g/km), NOx(0.031g/km)의 규제치를 만족하는 차량을 말한다.

(4) 초저공해차(ULEV : Ultra Low Emission Vehicle)

초저공해차는 저공해차보다 배출가스 배출량이 적은 자동차 유형을 말한다. FTP-75 모드로 시험했을 경우 CO(1.06g/km), NMOG(0.025g/km), NOx(0.031g/km)를 만족하는 차량을 말한다.

(5) 극초저공해차(SULEV : Super Ultra Low Emission Vehicle)

극초저공해차는 초저공해차보다 배출가스 배출량이 적은 자동차 유형을 말한다. FTP-75 모드로 시험했을 경우 CO(0.0625g/km), NMOG(0.00625g/km), NOx(0.0125g/km)를 만족하는 차량을 말한다.

(6) 무공해차(ZEV : Zero Emission Vehicle)

무공해차는 배출가스를 배출하지 않는 자동차 유형으로 전기차 및 수소자동차를 말한다.

캘리포니아 PM 기준의 Phase-in 일정

Year	PC, LDT, MDPV		MDV
	PM=3(mg/ml)	PM=1(mg/ml)	PM=8/10(mg/ml)
2017	10	0	10
2018	20	0	20
2019	40	0	40
2020	70	0	70
2021	100	0	100
2022	100	0	100
2023	100	0	100
2024	100	0	100
2025	75	25	100
2026	50	50	100
2027	25	75	100
2028	0	100	100

기출문제 유형

✦ 온실가스 배출과 관련하여 Off-cycle 크레디트(credit)에 대해 설명하시오.(119-1-1)

01 개요

온실가스(CO_2, CH_4, N_2O 등)로 인한 지구 온난화 현상은 기상이변, 해수면 상승, 강수량 변화 등, 인간의 건강과 자연의 생태계에 부정적인 영향을 미칠 것으로 예상되어 전 세계적으로 온실가스를 저감시키기 위해 노력하고 있다. 특히 미국은 2012년부터 승용차와 트럭의 온실가스 저감을 위한 프로그램을 확정하고 신규 혁신 기술에 대해 크레디트를 부여하는 제도를 운영하고 있다. 미연방 환경보호청(EPA : Environmental Protection Agency)은 2011년 8월에 Off-Cycle 크레디트 관련 제도가 포함된 CAFE 기준 법규를 발표하였다. 우리나라에서는 2012년도부터 에코이노베이션 기술에 의한 자동차 온실가스 배출저감 및 에너지 소비 관련 개선 효과 인정 제도가 제정되었다.

02 Off-Cycle 크레디트의 정의

Off-Cycle 크레디트란 현재의 인증 모드로는 측정할 수 없지만, 온실가스 저감 및 에너지 소비효율 향상에 효과가 있는 기술에 대해 크레디트를 부여하여 온실가스 평균 배출량 또는 평균 에너지 소비효율 산정에 이를 반영할 수 있도록 하는 제도이다. 간단히 말해 CO_2 배출을 저감시키는 기술에 대해 크레디트를 부여하는 제도를 말한다. 우리나라에서는 에코이노베이션 제도라고도 한다.

03 Off-Cycle 신기술(에코이노베이션)

Off-Cycle 기술은 에코이노베이션(Eco-Innovation) 기술이라고도 하며 연비 측정 시에는 나타나지 않지만 실도로에서 연비 향상에 기여하는 것으로 간주되는 기술로, 자동차 주행과 관련된 온실가스 저감 기술(Automobile Eco-Innovation Technology)을 의미한다. 폐열 회수장치, 고효율 등화장치, 태양전지판 기술, 공기저항 저감 기술, 엔진 공회전 제한 장치, 변속기 조기 예열 장치 등이 있으며, 우리나라의 규정에서는 에코이노베이션 기술의 인정범위를 다음과 같이 규정하고 있다.

① 자동차의 성능 또는 안전성과 관계있는 기술일 것
② 연비·온실가스 고시에 따른 측정 방법으로 온실가스 배출 저감 또는 에너지소비관련 개선 효과 측정이 불가능한 기술
③ 운전자의 영향 및 기술 설명이 가능해야 하며, 운전자가 항상 사용하는 기술이 아닌 경우에는 사용 빈도 계수를 결정하여 적용하여야 함

에코이노베이션 기술

기술명	인정 수치	비고
에어컨 냉매 또는 효율 개선	Max. 11g/km	
폐열 회수 장치	별도의 수식	
고효율 등화 장치	Max. 0.6g/km	
태양전지판 기술	별도의 수식	
공기저항 저감 기술	별도의 수식	단, 기술에 대한 효과의 합이 온실가스 14g/km를 초과할 수 없다.
엔진 공회전 제한 장치	2.3g/km	
변속기 조기 예열 장치	0.9g/km	
엔진 조기 예열 장치	0.9g/km	
실내 온도 상승 억제 기술	1.9g/km	
고효율 발전기	별도의 수식	

04 Off-Cycle 크레딧 비율

오프사이클 크레딧은 마일당 g(한국에선 km당 g)으로 표기되며, 각국의 정부기관(미국은 EPA, 우리나라는 환경부)이 설정한 장치별 수치에 따라 이산화탄소 배출량을 차감한다. 고효율 등화장치는 0.6g/km, ISG(Idle Stop & Go)는 2.3g/km의 크레딧을 획득한다. 단, 합이 온실가스 14g/km를 초과할 수 없다.

기출문제 유형

✦ 제작차 배출가스 정기검사, 수시검사 및 결함 확인 검사에 대해 설명하시오.(77-3-6)

01 개요

(1) 배경

우리나라 환경부에서 고시한 [대기환경보전법]은 대기오염으로 인한 국민건강이나 환경에 관한 위해(危害)를 예방하고 대기환경을 적정하고 지속가능하게 관리·보전하여 모든 국민이 건강하고 쾌적한 환경에서 생활할 수 있게 하는 것을 목적으로 제정되었다.

이 법규에 의거하여 자동차 제작자가 자동차를 제작하려면 미리 환경부장관으로부터 그 자동차의 배출가스가 배출가스 보증기간 동안 제작차 배출허용 기준에 맞게 유지될 수 있다는 인증을 받아야 한다. 이에 따라 자동차 제작자 및 수입자는 국립환경과학원에서 정기검사 및 수시검사, 결함확인검사를 받는다. 환경부장관은 검사 결과 불합격된 자동차의 제작자에게 그 자동차와 동일한 조건으로 생산된 것으로 인정되는 같은 종류의 자동차에 대해 판매정지 또는 출고정지를 명할 수 있고, 이미 판매된 자동차에 대해서는 배출가스 관련 부품의 교체를 명할 수 있다.

(2) 정기검사의 정의

정기검사는 제작 중인 자동차가 제작차 배출허용 기준에 맞는지 확인하기 위하여 자동차 종류별로 제작 대수(臺數)를 고려하여 일정 기간마다 실시하는 검사이다. 단, 국립환경과학원장은 자동차 제작자가 「대기환경보전법 시행규칙」에서 정하는 인력과 장비를 갖추고 「제작 자동차 인증 및 검사 방법과 절차 등에 관한 규정」에 따라 검사를 실시한 경우에는 정기검사를 생략하고 인증서류로 대체할 수 있다.

(3) 수시검사의 정의

수시검사는 제작 중인 자동차가 제작차 배출허용 기준에 맞는지 수시로 확인하기 위하여, 필요한 경우에 실시하는 검사이다.

(4) 결함 확인검사의 정의

결함 확인검사는 배출가스 보증기간 내에 운행 중인 자동차에서 나오는 배출가스가 배출허용 기준에 맞는지 확인하기 위한 검사이다.

02 수시검사 상세

(1) 수시검사 시점

신규 또는 변경 인증 받은 자동차를 판매 목적으로 제작(수입을 포함)한지 4년 이내인 경우, 부품 결함 시정 요구 건수나 비율, 소비자의 배출가스 부품과 관련한 불만사항, 외국에서 판매된 동일 차종에 대한 결함 시정 사례, 정기검사 및 운행차 검사 등 각종 검사의 결과를 토대로 허용기준의 적합 여부에 대한 검증이 필요하다고 환경부장관이 판단하는 경우 실시한다.

(2) 수시검사 대상 차량 선정

국립환경과학원은 자동차 제작자가 보유하고 있는 자동차 중 동일 차종별로 연간 생산 대수에 맞추어 단계별로 무작위적으로 표본 자동차를 선정한다.

① 표본 자동차를 1대만 선정하는 경우 : 국토교통부장관이 선정을 요청하는 경우, 전년도 자동차 생산대수가 50대 미만인 경우, 소음검사를 위한 표본 자동차 선정의 경우
② 신규 또는 변경인증 받은 자동차를 판매 목적으로 제작한지 4년 이내인 경우 : 전년도 판매대수가 1,999대 이하에서는 표본 자동차 1대, 판매대수가 2,000대 이상이고 14,999대 이하에서는 표본 자동차 2대, 판매대수가 15,000대 이상에서는 표본 자동차 3대를 선정한다.

03 정기검사 상세

(1) 정기검사 시점

정기검사는 자동차 종류별로 제작 대수(臺數)를 고려하여 일정 기간마다 실시한다. 자동차 제작자는 동일 차종 단위로 매 연도의 생산대수(수입 자동차는 통관대수)를 기준으로 하여 정기검사 로트를 구성한다. 다만, 연간 생산대수가 501대 미만인 경우에는 501대에 도달하는 연도를 기준으로 한다.

(2) 정기검사 대상 차량 선정

자동차 제작자는 로트 중에서 시험 자동차를 비례 샘플링 방식으로 선정하되, 다음 각 호의 어느 하나에 따른다. 자동차 제작자는 로트에 해당하는 동일 차종 중 생산량이 가장 많거나 정기검사의 필요성이 있는 차종을 대상으로 시험 자동차를 선정한다. 다만, 소음검사의 경우에는 1대를 선정한다.

① 로트가 501대 이상 10,000대 이하인 경우 시험 자동차 1대
② 로트가 10,001대 이상인 경우 시험 자동차 2대

(3) 정기검사 대상 차량 선정

자동차 제작자는 로트 중에서 시험자동차를 비례샘플링방식으로 선정하되, 다음 각 호의 어느 하나에 따른다. 자동차 제작자는 로트에 해당하는 동일차종 중 생산량이 가장 많거나 정기검사의 필요성이 있는 차종을 대상으로 시험자동차를 선정한다. 다만, 소음검사의 경우에는 1대를 선정한다.

① 로트가 501대 이상 10,000대 이하인 경우 시험자동차 1대
② 로트가 10,001대 이상인 경우 시험자동차 2대

04 결함확인 검사 상세

(1) 결함확인 검사 시점

환경부장관은 배출가스 보증기간 내에 운행 중인 자동차에 대해 배출가스가 배출허용 기준에 맞는지 검사한다. 매년 선정 기준에 따라 결함확인 검사를 받아야 할 대상 차종을 결정하여 고시한다.

(2) 결함확인 검사의 대상 차량 조건

결함확인 검사의 대상이 되는 자동차는 보증기간이 정해진 자동차로 다음에 해당되는 자동차이다.

① 자동차 제작자가 정하는 사용 안내서 및 정비 안내서에 따르거나 그에 준하여 사용하고 정비한 자동차

② 원동기의 대분해 수리(무상 보증수리를 포함한다)를 받지 않은 자동차

③ 무연 휘발유만을 사용한 자동차(휘발유사용 자동차만 해당한다)

④ 최초로 구입한 자가 계속 사용하고 있는 자동차

⑤ 견인용으로 사용하지 않은 자동차

⑥ 사용상의 부주의 및 천재지변으로 인하여 배출가스 관련 부품이 고장을 일으키지 않은 자동차

⑦ 그 밖에 현저하게 비정상적인 방법으로 사용되지 않은 자동차

(3) 결함확인 검사 절차

결함확인 검사는 예비검사와 본 검사로 나눠진다. 우선 예비검사를 5대의 차량에 대해 실시한 후 적합 판정을 받은 경우 본 검사를 생략하며 부적합 판정을 받으면 결함을 시정할 의사나 본 검사에 응할 의사를 서면으로 통지해야 한다.(15일 이내) 서면 통지가 없을 경우에는 결함 시정명령 대상에 해당하게 된다.

본 검사는 10대의 차량에 대해 배출가스를 측정하고 적합 판정을 받으면 별도의 조치가 없고 부적합 판정을 받으면 15일 이내에 결함을 시정할 의사를 서면으로 통지해야 한다. 서면 통지가 없을 경우 결함 시정명령 대상에 해당하게 된다.

국내 자동차용 휘발유 품질 기준

구분	예비검사	본 검사
검사대상 차량 수	인증별·연식별로 5대	인증별·연식별로 10대
부적합 판정 기준	1. 검사차량 5대에 대해 항목별 배출가스를 측정한 결과 검사차량의 평균 가스 배출량이 항목별 제작차 배출허용 기준을 초과하고, 초과한 항목과 같은 항목에서 검사차량 5대 중 2대 이상의 자동차가 제작차 배출허용 기준을 초과하는 경우 2. 검사차량 5대에 대해 항목별 배출가스를 측정한 결과 같은 항목에서 3대 이상의 자동차가 제작차 배출허용 기준을 초과하는 경우	1. 검사차량 10대에 대해 항목별 배출가스를 측정한 결과 검사차량의 평균 가스 배출량이 항목별 제작차 배출허용 기준을 초과하고, 초과된 항목과 같은 항목에서 검사차량 10대 중 3대 이상의 자동차가 제작차 배출허용 기준을 초과하는 경우 2. 검사차량 10대에 대해 항목별 배출가스를 측정한 결과 같은 항목에서 6대 이상의 자동차가 제작차 배출허용 기준을 초과하는 경우
검사 결과 조치	1. 적합 판정을 받은 경우 ·본검사를 생략(별도 조치 필요 없음) 2. 부적합 판정을 받은 경우 – 15일 이내에 결함을 시정할 의사나 본검사에 응할 의사를 서면으로 통지해야 합니다. – 서면 통지가 없을 경우에는 결함시정명령 대상에 해당하게 됩니다.	1. 적합 판정을 받은 경우 – 별도조치 필요 없음 2. 부적합 판정을 받은 경우 – 15일 이내에 결함을 시정할 의사를 서면으로 통지해야 한다. – 서면 통지가 없을 경우에는 결함시정 명령 대상에 해당된다.

(4) 결함의 시정

환경부장관은 결함확인 검사에서 검사 대상차가 제작차 배출허용 기준에 맞지 않다고 판정되고, 그 사유가 자동차 제작자에게 있다고 인정되면 그 차종에 대해 결함을 시

정하도록 명할 수 있다. 다만, 자동차 제작자가 결함사실을 인정하고 스스로 그 결함을 시정하려는 경우에는 결함 시정명령을 생략할 수 있다.

기출문제 유형

✦ 경유 승용차의 국내 배기 기준과 유럽 기준을 비교 설명하시오.(69-1-11)

01 개요

디젤 엔진은 화석연료를 연소시켜 동력을 얻는 기구로 연소 특성상 배출가스가 배출된다. 배출가스에는 이산화탄소(CO_2)와 물(H_2O) 외에 일산화탄소(CO), 탄화수소(HC), 질소산화물(NO_x), 입자상물질(PM, 매연, 검댕, 그을음)등이 배출되어 환경과 인체에 유해한 영향을 미친다. 이에 세계 각국에서는 자동차에서 배출되는 배출가스를 규제하고 있다. 우리나라 경유차의 규제는 주로 유럽에서 규제하는 EURO 법규를 참조하고 있는데, 2009년 EURO-5 기준부터 소형경유차는 유럽과 동일한 규제를 적용하고 있다. 유럽에서는 2019년 9월부터 판매되는 모든 차량은 EURO-6d-TEMP를 만족해야 하고 2020년부터 신차는 EURO-6d를 만족해야 한다. 2021년부터는 모든 차가 EURO-6d를 만족해야 한다.

02 경유 승용차의 배기 기준

(1) 국내 경유 승용차의 배기 기준

현재 국내 경유 승용차의 배기 기준은 [대기환경보전법 시행규칙 별표 17, 제작차 배출허용 기준]에 기술되어 있는 것과 같이 질소산화물과 입자개수는 시험방법에 따라 다르게 규제되고 있다. 시험방법은 시험실에서 행해지는 WLTP(Worldwide harmonized Light-duty vehicles Test Procedure)와 실제 도로를 주행하며 측정하는 RDE-LDV(RDE-LDV : Real Driving Emission - Light Duty Vehicle)가 있다. 시험실의 규제치보다 실제 도로에서 주행하는 방법이 더 가혹하므로 RDE의 규제 기준이 완화되었다.

1) WLTP(Worldwide harmonized Light-duty vehicles Test Procedure) 측정 기준

WLTP는 2017년 10월부터 적용되는 시험절차로 주행 모드는 WLTC(Worldwide harmonized Light-duty vehicles Test Cycle)를 따른다. 일산화탄소는 0.5g/km, 질소산화물은 0.08g/km, 탄화수소 및 질소산화물은 0.17g/km, 입자상물질은 0.0045g/km, 입자개수는 6 × 1011#/km로 규제하고 있다.

2) RDE-LDV(RDE-LDV : Real Driving Emission-Light Duty Vehicle) 측정 기준

① 2017년 10월 1일부터 2019년 12월 31일까지 인증을 받거나 2019년 9월1일부터 2020년 12월 31일까지 출고되는 자동차, 소형·중형 승용차 및 시험 중량이 1,305kg 이하인 소형화물차는 배출가스를 측정했을 때 질소산화물 배출량 0.168g/km 이하로 규제된다. 또한 2017년 10월 1일부터 2019년 12월31일까지 인증을 받거나 2018년 9월 1일부터 2020년 12월 31일까지 출고되는 경자동차, 소형·중형승용차 및 시험 중량이 1,305kg 이하인 소형화물차는 RDE-LDV 측정방법으로 입자개수가 $9 \times 1011\#/km$ 이하로 규제된다.

② 2020년 1월 1일 이후 인증을 받거나 2021년 1월 1일 이후 출고되는 경자동차, 소형·중형승용차 및 시험 중량이 1,305kg 이하인 소형화물차는 RDE-LDV 측정방법으로 질소산화물 0.12g/km 이하, 입자개수 $9 \times 1011\#/km$ 이하로 규제된다.

(2) 유럽 경유 승용차의 배기 기준

유럽연합의 배출가스 규제는 EURO-1부터 시작해서 EURO-6까지 규제되고 있으며 2019년 9월부터 판매되는 모든 차량에 대해 EURO-6d-Temp를 시행하고 2020년부터 신차는 EURO-6d를, 2021년부터는 모든 차가 EURO-6d를 만족하도록 규제된다.

EURO-6d-Temp와 EURO-6d는 1,305kg 이하 자동차에 대해서 WLTC 주행 모드로 측정할 때는 일산화탄소 0.5g/km, 질소산화물 0.08g/km, 탄화수소 및 질소산화물은 0.17g/km, 입자상 물질은 0.0045g/km, 입자 개수는 $6 \times 1011\#/km$로 규제하고 있다. RDE 모드일 때는 2017년 9월부터 NOx는 0.168g/km, 입자 개수는 $9 \times 1011\#/km$, 2020년 1월부터 0.12g/km, 입자개수는 $9 \times 1011\#/km$로 규제된다.

국내 자동차용 휘발유 품질 기준

Tier	Date (type approval)	Date(first registration)	CO	THC	VOC	NOx	HC+ NOx	P	PN [#/km]
Diesel									
Euro 1†	July 1992	January 1993	2.72 (3.16)	–	–	–	0.97 (1.13)	0.14 (0.18)	–
Euro 2	January 1996	January 1997	1.0	–	–	–	0.7	0.08	–
Euro 3	January 2000	January 2001	0.66	–	–	0.50	0.56	0.05	–
Euro 4	January 2005	January 2006	0.50	–	–	0.25	0.30	0.025	–
Euro 5a	September 2009	January 2011	0.50	–	–	0.180	0.230	0.005	–
Euro 5b	September 2011	January 2013	0.50	–	–	0.180	0.230	0.0045	6×10^{11}
Euro 6b	September 2014	September 2015	0.50	–	–	0.080	0.170	0.0045	6×10^{11}
Euro 6c	–	September 2018	0.50	–	–	0.080	0.170	0.0045	6×10^{11}
Euro 6d-Temp	September 2017	September 2019	0.50	–	–	0.080	0.170	0.0045	6×10^{11}
Euro 6d	January 2020	January 2021	0.50	–	–	0.080	0.170	0.0045	6×10^{11}

01 개요

(1) 배경

기존 배출가스 측정 방식은 실험실의 차대 동력계에서 측정하는 방식으로 실제 도로에서 주행할 때 발생하는 다양한 주행 패턴을 충분히 반영하지 못한다. 따라서 배출되는 배기가스의 차이가 발생한다. 유럽에서는 이에 대한 개선 방안으로 실험실에서 자동차의 배출가스를 측정할 때 주행하는 주행 패턴을 실제 도로의 주행 패턴과 유사하게 강화하고, 실제 도로를 주행하는 실도로 테스트를 추가하였다. 강화된 주행 모드는 WLTP(Worldwide Harmonized Light Vehile Test Procedure)로 기존 배출가스와 연비 측정을 위한 주행 모드인 NEDC(New European Driving Cycle)보다, 주행거리, 주행 패턴, 주행 속도 등이 강화되었다. 하지만 WLTP가 강화된 테스트임에도 불구하고 실제 도로 주행 환경에서의 배출가스 배출값을 정확하게 측정하기 어렵다는 판단아래 실주행 테스트(RDE : Real Driving Emssion)도 추가로 도입되었다.

(2) 실 도로주행(RDE : Real Driving Emssion)의 정의

실제 도로를 주행하며 배출가스를 측정하는 방식으로 이동식 배기가스 측정장치(PEMS : Portable Emission Measurement System)를 이용해 도심 구간, 교외 구간, 고속도로 구간을 일정시간 이상 주행하며 배출가스와 연비를 측정하는 시험 방법이다.

02 실 주행시험(RDE : Real Driving Emssion)의 배출허용 기준

2020년 1월 1일 이후 인증을 받거나 2021년 1월 1일 이후 출고되는 경자동차, 소형·중형 승용차 및 시험중량이 1,305kg 이하인 소형 화물차의 질소산화물은 실내 인증 기준의 1.43배인 0.114g/km로 강화된다. 입자개수는 9.0×10^{11}#/km로 규제된다.

소형 경유차량의 실 도로 주행 배출가스 허용기준

배출가스	국내 대기환경보전법 적용		도로 주행 배출가스 허용기준	실험실 배출가스 허용기준	비고
	신규 인증	신차 적용			
NOx	2017.9~	2019.9~	0.168 (g/km)	0.08 (g/km)	Euro6d temp
	2020.1~	2021.1~	0.114 (g/km)		Euro6d
PN	2017.10~	2018.9~	9.0×10^{11}(#/km)	6×10^{11}(#/km)	Euro6d

03 실 주행시험(RDE : Real Driving Emssion)의 주행조건

(1) 실 주행 속도 및 모드

실제 도로 주행 모드는 차량 주행속도 조건에 따라 도심, 교외, 전용도로로 구분된다. 각 주행 모드의 주행 점유율은 총 주행거리에 대한 백분율로 도심 주행 34%, 교외 주행 33%, 전용도로 주행 33%로 구성한다. 이 주행 점유율은 ±10% 범위 내에서 조정 가능하나 도심 주행 점유율은 최소 29% 이상이어야 한다.

각 주행구간의 최소 주행거리는 16km이며, 주행경로 구성은 도심, 교외, 전용도로 구간 순서로, 연속적으로 이루어져야 한다. 특히 도심구간은 정지구간(평균차속은 1km/h 미만)을 포함하여 15~40km/h 사이에 이루어져야 하고, 정지구간은 도심구간 주행시간 중 6~30% 포함되어야 한다. 전용도로 주행은 90~110km/h의 평균 속도범위에서 이루어져야 하며, 100km/h 이상을 초과하는 시간이 5분 이상이어야 한다. 총 주행시간은 90~120분 사이에 이루어져야 한다.

① 도심 주행 : 차량속도 60km/h 이하, 정지구간(평균 차속은 1km/h 미만) 6~30% 포함
② 교외 주행 : 차량속도 60~90km/h
③ 전용도로 : 차량속도 90km/h 초과, 100km/h 초과 시간 5분 이상 포함
④ 각 주행구간의 최소 주행거리 16km, 총 주행 시간 90분~120분

(2) 고도, 온도조건

고도, 온도조건은 일반 조건과 확장 조건이 있으며 확장조건에서 시험하는 경우 측정된 배출가스를 1.6으로 나누어 평가한다.

① 일반 조건(Moderate Condition) : 해발고도 700m 이하, 0℃ - 30℃
② 확장 조건(Extended Condition) : 해발고도 700m 초과, 1,300m 이하, -7℃ - 0℃ 미만 또는 30℃ 초과, 35℃ 이하

04 배기가스 분석 방법

(1) 배기가스 측정 장치

실제 주행시험 시 배출가스를 분석하기 위해 자동차의 배기관에 이동식 배기가스 측정장치(PEMS : Portable Emissions Measurement System)를 장착하여 배기가스를 분석한다. PEMS는 배기가스 유량계, 배기가스 샘플링 장치, 배기가스 분석기, 교정용 가스, 전원공급 장치, 제어 및 데이터 분석 장치, GPS(Global Positioning System), 대기온도 및 압력 센서, ECU 데이터 수집 장치로 구성되어 있다.

> 참고 PEMS(Potable Emission Measurement System) : 차량에 탑재할 수 있는 휴대용 장비로서 일산화탄소, 탄화수소, 질소산화물, 미세먼지를 연속으로 측정할 수 있다.

① CO, CO_2 : HeatedNDIR(Non-DispersiveInfrareddetection)
② NO, NOx : NDUV(비분산 자외선법, Non-Dispersive Ultra-violet), CLD(화학
발광법)
③ Exhaust Flow : Pitot flow meter(피토 튜브 유량계)

(2) 배기가스 분석 방법

배기가스를 분석하는 방법은 이동 평균구간(MAW, Moving Averaging Windows)
방법과 출력구간(Power-binning) 방법 두 가지가 있다.

① 이동 평균구간 분석 방법 : 기준이 되는 CO_2의 배출량을 설정하여, 설정된 양의
CO_2가 배출되는 주행 구간에서의 NOx 배출량 평균값을 산출한다. 기준이 되는
CO_2의 배출량은 WLTC 모드로 산정하며, 한 구간의 측정이 끝나면 1초 이동 후
다시 설정된 양의 CO_2가 배출되는 동안 NOx 배출량의 평균값을 산출한다.
② 출력구간 분석방법 : 차량 출력을 WLTC 데이터 등을 바탕으로 정규화한 표준 차량
출력 분포의 구간으로 구분 한 후, 각 출력 구간에 해당하는 평균 배출가스량에
차량 출력 빈도수를 곱하여 가중 평균함으로써 정상적인 주행조건으로 배출가스
량을 보정한다. 동일한 주행경로에서 운전자들의 서로 다른 주행 패턴을 보정하여
정상적인 주행조건에서의 데이터로 평가하기 위한 방법으로 배출가스 데이터를
출력 빈(Power Bin)의 표준 빈도수로 가중하여 평균하는 가중평균 배출량 분석
방법이다.

기출문제 유형

✦ 국내 운행차 검사의 종류와 방식에 대해 설명하시오.(69-1-4)

01 개요

우리나라의 자동차 검사는 국토교통부에서 고시한 [자동차관리법] 제 43조의 1, 2
'자동차 검사, 자동차 종합검사'에 기술되어 있다. 이 법은 자동차의 등록, 안전기준, 자
기인증, 제작 결함 시정, 점검, 정비, 검사 및 자동차 관리사업 등에 관한 사항을 정하
여 자동차를 효율적으로 관리하고 자동차의 성능 및 안전을 확보함으로써 공공의 복리
를 증진함을 목적으로 하는 법령이다.

02 자동차 검사의 종류

(1) 자동차관리법에 의한 검사 종류

「자동차관리법」 제 43조에 의거하여 우리나라에서 자동차 소유자는 다음의 검사를 받아야 한다.

① 신규검사 : 신규등록을 하려는 경우 실시하는 검사

② 정기검사 : 신규등록 후 일정 기간마다 정기적으로 실시하는 검사

③ 튜닝검사 : 제34조에 따라 자동차를 튜닝한 경우에 실시하는 검사

④ 임시검사 : 이 법 또는 이 법에 따른 명령이나 자동차 소유자의 신청을 받아 비정기적으로 실시하는 검사

⑤ 수리검사 : 전손 처리 자동차를 수리한 후 운행하려는 경우에 실시하는 검사

(2) 대기환경보전법에 의한 검사의 종류

「대기환경보전법」, 「대기관리권역의 대기환경개선에 관한 특별법」에 따라 운행차 배출가스 정밀검사 시행지역에 등록한 자동차 소유자 및 특정경유자동차 소유자는 정기검사와 배출가스 정밀검사, 특정경유자동차 배출가스 검사 통합하여 자동차 종합검사를 받아야 한다. 종합검사를 받은 경우에는 정기검사, 정밀검사 및 특정경유자동차 검사를 받은 것으로 본다.

① 자동차의 동일성 확인 및 배출가스 관련 장치 등의 작동 상태 확인을 관능검사(官能檢査, 사람의 감각기관으로 자동차의 상태를 확인하는 검사) 및 기능검사로 하는 공통 분야

② 자동차 안전검사 분야

③ 자동차 배출가스 정밀검사 분야

03 자동차 종합검사 제도

(1) 자동차 종합검사 제도의 정의

자동차 종합검사 제도는 자동차 검사항목(정기검사, 운행차 배출가스 정밀검사, 특정경유자동차 배출가스 검사)을 하나의 검사로 통합하고 검사시기를 정기검사 시기로 통합하여 한 번의 검사로 모든 검사가 완료되도록 하는 제도이다.

(2) 자동차 종합검사 제도의 종류 및 방법

① 관능검사 및 기능검사 : 관능검사는 자동차의 동일성 여부, 배출가스 관련 장치 및 부품의 이상 여부를 기술인력의 시각, 청각, 후각 등의 관능에 의하여 확인하는 것을 말한다. 기능검사는 자동차의 배출가스 관련 장치 및 부품의 정상 작동 여

부를 검사용 기계, 기구 등을 이용하여 확인하는 것을 말한다. 자동차의 차대번호, 원동기 형식을 자동차 등록증과 상이 여부, 타이어의 손상 여부, 마모량, 휠 및 타이어의 돌출 여부, 조향, 제동, 연료 장치의 변형이나 용접 여부, 누유 여부, 창유리, 등화장치, 계기장치의 정상 작동, 장착 여부를 확인한다. 엔진 배출가스 제어부품, 장치 및 센서 등을 엔진제어 전자진단 장치에 의해 점검, 분석하여 정상작동 상태 여부를 판단한다.

② 자동차 안전검사 : 조향륜 옆 미끄럼량, 제동력 측정, 속도계 오차, 전조등 광도 및 광축, 경적음 및 배기소음, 액화석유가스 누출 등을 검사한다.

③ 자동차 배출가스 정밀검사 분야 : 자동차에 대해 무부하, 부하검사를 실시하여 규제 배출가스의 배출량을 확인한다. 정밀검사 대상 자동차 중 차량 총중량 5.5톤 이하의 자동차는 부하검사를 받게 되며 차량 총중량 5.5톤이 초과되거나 상시 4륜 구동자동차 등은 무부하 검사를 받는다.

(3) 자동차 종합검사 제도의 대상 및 유효기간

검사대상		적용 차량	검사 유효기간
승용차	비사업용	차령이 4년 초과인 자동차	2년
	사업용	차령이 2년 초과인 자동차	1년
경형·소형 승합 및 화물자동차	비사업용	차령이 3년 초과인 자동차	1년
	사업용	차령이 2년 초과인 자동차	1년
사업용 대형 화물자동차		차령이 2년 초과인 자동차	6개월
사업용 대형 승합자동차		차령이 2년 초과인 자동차	차령 8년까지는 1년, 이후부터는 6개월
중형 승합자동차	비사업용	차령이 3년 초과인 자동차	차령 8년까지는 1년, 이후부터는 6개월
	사업용	차령이 2년 초과인 자동차	차령 8년까지는 1년, 이후부터는 6개월
그 밖의 자동차	비사업용	차령이 3년 초과인 자동차	차령 5년까지는 1년, 이후부터는 6개월
	사업용	차령이 2년 초과인 자동차	차령 5년까지는 1년, 이후부터는 6개월

(4) 자동차 종합검사 위반 시 규제

1) 과태료

① 검사를 받아야 할 기간만료일부터 30일 이내인 경우 : 2만원

② 검사를 받아야 할 기간 만료일부터 30일 초과 114일 이내인 경우 : 2만원에 31일째부터 계산하여 3일 초과 시마다 1만원을 더한 금액

③ 검사를 받아야 할 기간 만료일부터 115일 이상인 경우 : 30만원

2) 형사 처벌

자동차 종합검사를 받지 않은 자동차에 대한 자동차 종합검사 명령을 위반한 사람은 1년 이하의 징역 또는 1천만원 이하의 벌금에 처해진다.

기출문제 유형

◆ 자동차 배출가스 검사 시 무부하 검사와 부하 검사의 차이점을 설명하시오.(74-2-5)

◆ 자동차 배출가스 검사 방법 중 ASM 부하 검사 방법에 대해 설명하고 무부하 검사 방법과 비교하여 장단점을 설명하시오.(65-3-2)

◆ 운행 자동차 배출가스 정밀검사 방법 중에서 휘발유, 가스, 알코올 사용 자동차 부하 검사 방법인 ASM2525 모드 측정 원리와 경유 사용 자동차 부하 검사 방법인 Lug Down3 모드의 측정 원리를 상세히 기술하시오.(72-3-3)

◆ ASM2525를 설명하시오.(77-1-7)

◆ ASM2525 Mode에 대해 설명하시오.(90-1-12)

◆ 자동차 배출가스 정기 검사의 무부하 검사에 대한 문제점을 기술하고 공기 과잉률 검사의 의미에 대해 설명하시오.(62-3-1)

◆ 운행 자동차 배출허용 기준에서 과급기(Turbocharge) 또는 중간 냉각기(Intercooler)를 부착한 경유 자동차의 매연 항목에 대한 배출허용 기준은 5%를 가산한 농도를 적용한다. 왜 5%를 가산한 농도를 적용하는지 이유를 자세히 설명하시오.(68-4-6, 77-4-2)

---

01 개요

(1) 배경

자동차 종합검사 중 배출가스 정밀검사는 운행차 배출가스 정밀검사 시행 지역에 등록한 자동차 및 특정경유자동차에 대해 실시하는 검사이다. 해당 지역은 서울특별시, 인천광역시, 경기도 대부분 지역, 광주광역시, 대전광역시, 울산광역시, 김해시, 전주시, 창원시, 천안시, 청주시, 포항시 등이다. 배출가스 정밀검사는 무부하 검사, 부하 검사가 있다.

(2) 무부하 검사의 정의

무부하 검사는 무부하 정지 가동검사 모드로 부하가 없는 상태에서의 검사를 의미하며 자동차가 정지한 상태에서 엔진을 최대 회전수까지 급가속하여 매연 배출량을 측정한다.

(3) 부하 검사의 정의

부하 검사는 자동차를 도로 운행과 유사한 조건에서 검사하기 위해 차대 동력계상에서 도로주행 상태와 유사한 조건을 재현하여 배출가스를 측정하는 검사를 말한다. 부하 검사로는 휘발유, 가스, 알코올 사용 자동차를 대상으로 하는 ASM2525 모드, IM-240 모드, 경유차를 대상으로 하는 Lug-Down 3모드, KD-147 모드 등이 있다.

02 무부하 검사의 종류 및 방법(무부하 검사의 문제점)

(1) 휘발유·알코올·가스 사용 자동차의 무부하 검사 방법

차대 동력계상에서 부하 검사 방법에 의하여 배출가스 검사가 불가능한 차량을 검사하기 위한 방법으로 저속 및 고속 공회전 검사 모드가 있다. 단, 고속 공회전 검사 모드는 승용차와 차량 총중량 3.5톤 미만의 소형자동차에 한하여 적용된다.

① 검사 조건 : 수동변속기 자동차는 변속 기어를 중립에 놓고, 자동변속기 자동차는 중립(N) 또는 주차(P) 위치에 놓고 자동차를 고정시키거나 주차 브레이크를 작동시킨다. 배출가스 측정값에 영향을 주거나 측정에 장애를 줄 수 있는 자동차의 에어컨, 서리제거 장치 등 부속 장치를 작동하지 않아야 한다.

② 검사 방법 : 저속 공회전 검사 모드는 무부하 정지가동(아이들링) 시의 엔진 회전수가 500~1,000rpm 이내로 안정되면 5초 후부터 검사를 시작하여 10초 동안 배출되는 일산화탄소, 탄화수소 및 공기 과잉률을 측정하여 각각 산술 평균한 값을 최종 측정값으로 결정한다. 고속 공회전 검사 모드는 저속 공회전 검사 모드가 끝난 후 가속페달로 가속하여 엔진 회전수를 2,500±300rpm으로 유지하며 10초 동안 배출되는 일산화탄소, 탄화수소 및 공기 과잉률을 측정한다. 저속 공회전 검사 모드의 최대 측정시간은 60초, 고속 공회전 검사 모드의 최대 측정시간은 30초로 제한된다.

(2) 경유 사용 자동차의 무부하 검사 방법

1) 광투과식 무부하 급가속 검사모드

예비 무부하 급가속 과정을 수행한 후 엔진이 적당히 예열되어 있을 때, 엔진의 최고 회전수에 도달할 때까지 가속페달을 급속히 밟는다. 이때 가속페달을 밟을 때부터 놓을 때까지의 소요시간은 4초 이내로 하고 이 시간 내에 매연 농도를 측정한다. 측정된 매연 농도 값은 최대 0.5초 단위로 산술평균하고 이중 최대값을 측정값으로 한다.

2) 무부하 검사의 문제점

무부하 검사는 휘발유·알코올·가스 사용 자동차의 무부하 검사와 경유 사용 자동차의 무부하 검사가 있는데 모두 실제 도로 주행 패턴의 반영이 미흡하여 배출가스 농도가 실제 주행과 차이가 많이 발생하기 때문에 측정치의 신뢰성이 낮다. 또한 경유 무부하 검사는 가속페달을 급격히 밟는 방식의 검사 방식으로 분진이나 소음이 유발되고 과부하로 인해 차량이 파손될 수 있다는 문제점이 있다.

03 부하 검사의 종류 및 방법

(1) ASM2525(Acceleration Simulation Mode) 모드

1) ASM2525(Acceleration Simulation Mode) 모드의 정의

휘발유, 가스, 알코올 사용 자동차를 차대 동력계에서 측정 대상 자동차 도로부하 마력의 25%에 해당하는 부하 마력으로 설정하고, 시속 40km(25mile) 속도로 주행하면서 배출가스를 측정하는 모드이다.

2) ASM2525(Acceleration Simulation Mode) 모드의 검사 방법

① 검사 조건 : 자동차 바퀴의 이물질은 제거된 상태여야 하며, 배출가스 측정값에 영향을 주거나 측정에 장애를 줄 수 있는 자동차의 에어컨, 서리제거 장치 등 부속장치 등을 작동하지 않아야 한다. 자동차 변속 기어는 40km/h의 주행속도를 유지하는데 적합한 변속 기어를 선택한다. 수동변속기 자동차는 변속 기어를 3단에 놓고, 자동변속기 자동차는 드라이브(D) 위치에 놓고 자동차를 고정시킨다.

② 검사 방법 : 예열모드로 40초 동안 예열한 후 저속 공회전 검사 모드로 10초 동안 측정한다. 이후 자동차의 주행 속도를 40±2.0km/h로 유지하며 25초 동안 정속 모드(ASM2525)를 유지한다. 검사모드가 시작되어 25초 이후 모드가 안정되면 10초 동안 배출되는 일산화탄소, 탄화수소, 질소산화물 등을 측정하여 각각 산술평균한 값을 최종 측정값으로 결정한다.

3) ASM2525(Acceleration Simulation Mode) 모드의 장단점

① 장점 : 무부하 검사 모드보다 실 주행에 가까운 패턴을 반영하여 측정 정밀도가 높다. 무부하 검사 모드는 차량이 정지된 상태에서 저속 및 고속 공회전 모드로 측정을 하므로 엔진에 부하가 적용되지 않아 실제로 배출되는 배출가스와 차이가 발생한다. 하지만 ASM2525 모드는 차대 동력계에서 실제로 주행을 하면서 배출가스를 측정하므로 무부하 검사모드보다 배출가스 측정값의 신뢰성이 높다.

② 단점 : 차대 동력계와 시험실이 필요하며 절차가 복잡하다. 무부하 검사 모드는 차량이 정지된 상태에서 측정을 하므로 차대 동력계가 필요하지 않지만 ASM2525 모드는 차대 동력계에서 실제로 주행을 하면서 배출가스를 측정하므로 차대 동력계가 필수적이다. 또한 40km/h로 주행을 해야 하므로 예비 주행이 필요하며, 이로 인해 측정 절차가 복잡하다.

(2) 한국형 경유 147(KD-147모드)

경유자동차를 차대 동력계에서 차량의 기준 중량에 따라 도로 부하 마력을 설정한 다음 주행 주기에 따라 147초 동안 최고 83.5km/h까지 가속, 정속, 감속하면서 매연 농도를 측정하는 모드이다. 여기서 K는 Korea, D는 Diesel, 147은 주행주기에 의한 검사시간을 말한다. 이 측정 방법은 승용 및 주형 이하 승합·화물·특수 경유 사용 자동차의 매연 농도를 측정하는데 적용된다.

(3) 한국형 경유 147(KD-147모드)의 측정 방법

예열모드가 끝나면 아래의 주행 그래프와 주행 데이터에 따라 총 147초 동안 정지 상태에서 최고 83.5km/h까지 주행하면서 급가속, 가속, 정속, 감속, 급감속하며 배출가스를 측정한다.

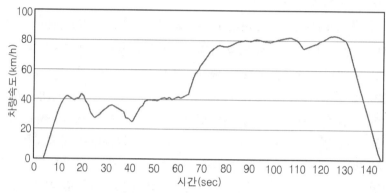

KD-147 모드 주행 그래프

(4) 엔진 회전수 제어방식(Lug Down 3모드)

1) 엔진 회전수 제어방식(Lug Down 3모드)의 정의

경유 사용 자동차를 차대 동력계에서 가속페달을 최대로 밟은 상태로 주행하면서 세 가지 모드로 나누어 엔진 출력, 엔진 회전수, 매연 농도를 측정하는 방식을 말한다. 이 측정 방법은 대형 승합·화물·특수자동차, 중형 화물·특수자동차 중 일반형에서 특수용도형으로 구조를 변경한 자동차, 한국형 경유147(KD-147) 부하검사방법을 적용할 수 없는 경유 사용 자동차의 엔진 정격회전수, 엔진 정격출력 및 매연 농도를 측정하는데 적용한다.

2) 엔진 회전수 제어방식(Lug Down 3모드)의 측정 방법

차대 동력계에서 주행하는 상태를 1모드, 2모드, 3모드로 구성하여 각각 엔진 출력, 엔진 회전수, 매연 농도를 측정한다. 매연 농도는 부분 유량 채취 방식의 광투과식 분석 방법을 채택한 측정기를 사용하여 측정한다. 1모드는 엔진 정격회전수로 주행하는 것을 말하고, 2모드는 엔진 정격회전수의 90%, 3모드는 엔진 정격회전수의 80%를 의미한다.

① 1모드 : 예열 모드가 끝나면 측정 대상 자동차를 구동하면서 70km/h에 근접하되 100km/h를 초과하지 아니하는 최저 변속 기어까지 신속히 변속하고, 그 변속 기어를 유지한 상태에서 가속 페달을 최대로 밟아 차대 동력계의 부하 마력에 의해 엔진 회전수가 엔진 정격회전수가 되도록 한다. 측정된 엔진 회전수가 엔진 정격회전수의 ±5% 이내로 안정되고, 5초 후부터 검사 모드를 시작하여 10초 동

안의 엔진 최대출력, 엔진 회전수, 자동차 주행속도, 매연 농도, 엔진구동토크 등을 측정하여 산술 평균값으로 나타낸다.

② **2모드** : 엔진회전수를 엔진 정격회전수의 90%가 되게 한 후 10초 동안 검사를 실시하고 1모드 검사 항목을 동일하게 측정한다.

③ **3모드** : 엔진 회전수를 엔진 정격회전수의 80%가 되게 한 후 10초 동안 검사를 실시하고 1모드 검사 항목을 동일하게 측정한다.

04 공기 과잉률 검사의 의미

공기과잉률은 실제 공연비와 이론공연비의 비율로 엔진에 흡입되는 혼합기의 공연비를 이론공연비로 나눈 값이다. 람다(λ)비, 공기비라고도 한다. 람다비가 1보다 큰 경우, 즉 공기 비율이 적정 비율보다 높을 경우 질소산화물이 다량 배출되고, 람다비가 1보다 작은 경우, 즉 공기 비율이 낮을 경우에는 일산화탄소와 탄화수소가 많이 배출된다.

기존(2000년 이전)에는 운행차 배출가스 단속 시 일산화탄소, 탄화수소, 매연농도 세 가지만 검사를 했지만 오존 오염 유발물질인 질소산화물을 저감하기 위해서 공기과잉률 검사를 추가하였다.

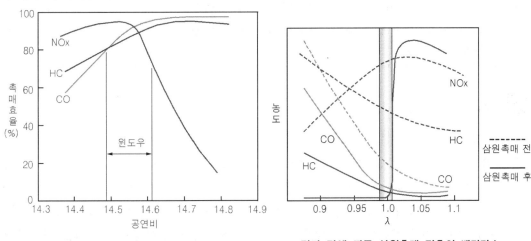

공연비에 따른 삼원 촉매장치 효율 　　　　람다 값에 따른 삼원촉매 전후의 배기가스

05 과급기(Turbocharge) 또는 중간 냉각기(Intercooler)를 부착한 경유 자동차의 매연 항목에 대한 배출 허용 기준은 5%를 가산한 농도를 적용하는 이유

경유 자동차의 배출가스(매연 농도)를 검사하기 위해서는 무부하 검사나 부하 검사 시 공회전 상태에서 급가속을 해야 하는데 과급기 장착 엔진의 경우 터보 래그가 발생할 수 있어서 배출가스 허용기준의 5%를 가산한다. 터보 래그(Turbo Lag)는 응답지연 현상으로 터보차저가 장착된 차량에서 가속을 위해 가속페달을 밟아준 후 과급되기까지

시간이 지연되는 현상을 말한다.

터보차저는 터빈 휠(Turbine Wheel), 컴프레서 휠(Compressor Wheel), 연결 축(Shaft), 터보차저 하우징으로 구성이 되어 있고, 터빈 휠과 컴프레서 휠에는 블레이드(Blade)가 설치되어 있다. 배기가스가 토출되는 부분에 터빈 휠(Turbine Wheel)을 설치하고, 흡기 부분에 컴프레서 휠(Compressor Wheel)을 설치하면 배기가스의 토출 속도에 따라 터빈 휠이 회전하게 되고, 이와 동시에 연결 축으로 연결된 컴프레서가 회전하게 되면서 컴프레서의 블레이드에 의해 공기가 과급되게 된다.

저속에서는 배기가스의 유량이 많지 않아 터빈을 회전시키는 속도가 빠르지 않다. 이때 가속페달을 밟으면 스로틀 밸브가 열리게 되어 흡기가 많아지고, 이 흡기가 연소실로 공급되어 연소 폭발된 후 배기가스의 양이 많아지게 된다. 따라서 가속페달을 밟음과 동시에 즉각적으로 터보차저의 터빈, 컴프레서가 작동되지 않고 약간의 시간 지연 이후에 동작한다. 따라서 배기가스의 유량이 많은 중·고속에서는 터보 래그 현상이 저감된다.

기출문제 유형

✦ R.S.D(Remote Sensing Device)에 대해 설명하시오.(87-1-4)

✦ RSD(Remote Sensing Device) 자동차 배출가스 검사제도의 긍정적인 면과 부정적인 면을 서술하시오.(90-2-2)

01 개요

(1) 배경

자동차 종합검사 중 배출가스 정밀검사는 운행차 배출가스 정밀검사 시행지역에 등록한 자동차 및 특정경유자동차에 대해 실시하는 검사이다. 자동차에서 배출되는 배출가스의 양을 규제하여 환경오염을 저감하고 인체에 미치는 영향을 최소화하기 위해 규제되고 있다. 또한 환경부는 휘발유, 가스차의 배출가스 수시점검의 단점을 보완하고 효율을 높이기 위해 원격측정기(RSD)를 도입하여 서울, 인천 등 수도권에 설치하여 운영하고 있다.

(2) R.S.D(Remote Sensing Device)의 정의

도로 양단에 설치한 계측기를 이용하여 주행 중에 있는 자동차의 배출가스를 비접촉식으로 측정하는 장치를 말한다. 차량이 계측기 사이를 통과하는 순간 배출가스 농도를 실시간으로 계측할 수 있다.

02 R.S.D(Remote Sensing Device)의 장치 구성

① 광원 감지기(SDM : Source Detector Module) : 적외선과 자외선을 도로 건너편에 있는 반사거울(CCM)로 방사하고, 반사거울에서 반사하는 적외선, 자외선을 감지한다. 적외선을 이용하여 HC, CO, CO_2를 검출하고 자외선을 이용하여 NO를 검출한다.

② 송신 반사거울(CCM) : 광원 감지기에서 방사하는 적외선, 자외선을 반사한다.

③ 보조 측정장치 : 속도 및 가속도 측정기, 자동차 번호판 촬영 비디오 카메라 등이 사용된다.

광원 검출기	반사 거울	원격 측정 차량
카메라	속도/가속도 반사기	기상 측정 장치

운행차량 배출가스 원격 측정(RSD) 장치의 구성

03 R.S.D(Remote Sensing Device)의 측정 방법

도로 양편에 원격측정장비(RSD)를 설치하여 주행 중인 차량으로 적외선과 자외선을 송신한 후 반사되어 되돌아오는 광선을 측정한다. 배출가스량에 따라 적외선과 자외선의 반사량이 달라진다. RSD는 최소한의 배출가스 기둥(Plume)이 감지되면 측정이 가능하고, 원리상 배출가스가 바람이나 주변 공기 등에 의해 희석되는 경우에도 그 농도를 측정할 수 있다. 측정에 소요되는 시간은 0.5초 정도에 불과하다. 자동차의 주행속도 10~110 km/h에서 측정이 가능하다.

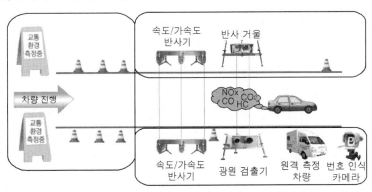

운행차 배출가스 원격 측정(RSD 측정 장비 설치)

04 R.S.D(Remote Sensing Device)의 장단점

(1) 장점

① 자동차가 주행 중 정차 없이 실시간으로 계측이 가능하여 하루에 수천대의 차량을 측정할 수 있다. 시간당 2,500~3,000 대까지 측정이 가능하다.

② 배출가스 검사를 위해 강제로 정차하여 교통체증을 유발하거나 교통사고의 위험이 증가하는 불편이 없어진다.

③ 풍속에 무관하게 측정이 가능하다. 단, 강수량이 많은 경우에는 측정이 불가하다.

④ 이동이 가능하며 수시점검 대체 및 정밀검사 보완기능으로 활용이 가능하다.

(2) 단점

① 강수(강수량 5mm 이상), 눈이 올 때는 측정이 불가하다.

② 2개 차로의 운행차를 동시에 측정하는 것이 불가능하다.

③ RSD 장비의 대당 3억원 이상으로 비용이 비싸다.

④ 검사된 차량 중 유효측정 대수의 비율이 낮고, 실효성이 낮다(유효측정 대수 : 45만대 중 23만여대, 개선명령 차량 : 150여대, 실제 사용 데이터 약 60% 정도).

기출문제 유형

✦ 자동차의 자기인증 제도(Self Certification)에 대해 설명하시오.(74-3-5)

✦ 자동차 자기인증 요령 등에 관한 규정의 목적을 기술하시오.(72-4-3)

01 개요

(1) 배경

자동차의 인증 제도는 형식승인(Type Approval)과 자기인증제도(Self Certification)가 있다. 형식승인 제도는 사전규제 항목으로 배기가스 및 소음 관련 항목에 대해서 운영되고 있으며 자동차 안전기준에 대해서는 사후규제항목으로 자기인증제도가 운영되고 있다. 형식승인제는 판매 전에 정부기관(환경부)에서 지정한 환경 기준을 충족해야 판매가 가능하고, 자기인증제는 판매 후에 문제가 생기면 정부기관(국토교통부)의 조사에 의해 리콜 등으로 사후 관리가 된다는 특징이 있다. 한국 미국 캐나다 등은 자기인증제 위주로, EU, 일본, 중국 등은 형식승인제 위주로 자동차의 성능을 관리하고 있다.

> 참고 관련 법규 : [자동차관리법] 제 30조, [자동차관리법 시행규칙] 제31조, 자동차 및 자동차부품의 인증 및 조사 등에 관한 규정

(2) 자기인증 제도(Self Certification)의 정의

자기인증 제도는 자동차(미완성 자동차, 단계 제작 자동차를 포함)를 제작·조립 또는 수입하고자 하는 경우, 그 자동차의 형식이 자동차 안전기준에 적합함을 스스로 인증하도록 하는 제도이다. 자동차 제작사는 국가의 사전승인 없이 스스로 안전기준에 적합함을 확인하여 제작·판매하고, 정부는 사후 자동차의 안전기준 적합성 등을 확인하여 제작결함이 있거나 결함 가능성이 있을 경우 이를 시정(RECALL)하도록 하는 제도로서 자동차의 안전도 확보를 위한 제도이다.

(3) 자기인증 제도(Self Certification)의 목적

제조사가 자율적인 시험을 통해 안전기준에 적합함을 스스로 인증하게 하여, 형식승인을 받기 위해 대기하는 시간(약 3~7개월)을 감소시켜 제작사의 시간적, 경제적 부담을 경감시키고, 빠르게 변하는 시장 상황에 대응을 가능하게 한다.

02 자기인증 대상 및 절차

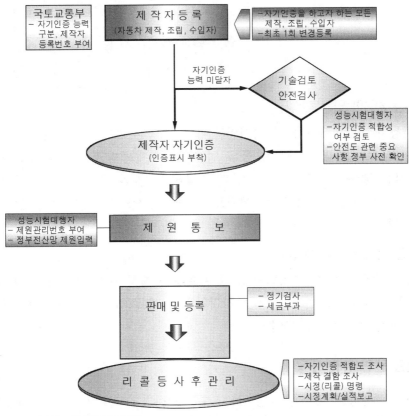

※ 기술검토, 안전검사 담당기관
- 한국교통안전공단 자동차 성능연구소(031-369-0275)(www.ts2020.kr)

등록 과정(자기인증절차)

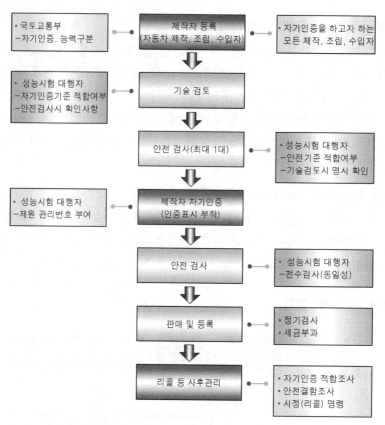

(1) 자기인증 능력이 있는 제작자

현대자동차, BMW코리아 등 자기인증 능력이 있는 제작 · 수입자(제작자 등록번호가 "0" 또는 "A"로 시작하는 제작자 등록 업체) 등은 제작자 등록 서류(제작자등 등록신청서, 안전시험/검사시설 확보 내역 등)를 제출하여 제작자를 등록하고, 성능시험 대행자에게 자동차의 제원(제원 통보서, 제원표, 외관도 등)을 통보하면 제원 관리 번호통보서가 발급된다.

(2) 자기인증 능력이 없는 제작자

자기인증 능력 요건을 충족하지 못한 자동차 제작자 등은 성능시험 대행자로부터 기술검토 및 안전검사를 받아 자동차 자기인증을 해야 한다. 자기인증이 되면 성능시험 대행자는 제원 관리번호를 부여한다.

03 자기인증 관련 규정 내용

자동차 자기인증을 하려는 자는 국토교통부령으로 정하는 바에 따라 자동차의 제작·시험·검사시설 등을 국토교통부장관에게 등록하여야 한다. 등록한 사항 중 중요한 사항을 변경할 때도 동일하다. 등록을 한 자 중 생산 규모, 안전검사 시설 및 성능시험 시설 등이 국토교통부령으로 정하는 자기인증 능력 요건을 충족하지 못한 자동차 제작자 등은 성능시험 대행자로부터 기술검토 및 안전검사를 받아 자동차 자기인증을 해야 한다.

다만, 자기인증 능력 요건 중 안전검사 시설을 갖춘 자동차 제작자 등은 직접 안전검사를 할 수 있다. 자동차 제작자 등이 자동차 자기인증을 한 경우에는 국토교통부령으로 정하는 바에 따라 성능시험 대행자에게 자동차의 제원(諸元)을 통보하고 그 자동차에는 자동차 자기인증의 표시를 하여야 한다. 국토교통부장관은 자기인증을 등록한 제작·시험·검사시설 등이 등록한 내용과 다른 경우에는 그 등록을 취소하거나 등록 사항을 변경할 것을 명할 수 있다.

국토교통부장관은 자동차 제작자, 부품 제작자 또는 성능 및 품질을 인증 받은 대체부품의 제작사 등은 자동차 안전기준에 적합하지 아니하거나 자기인증 내용과 다르게 제작 등을 한 경우, 부정한 방법으로 인증을 한 경우 그 자동차 또는 자동차 부품의 제작·조립·수입 또는 판매의 중지를 명할 수 있다.

04 자기인증을 한 자동차에 대한 사후관리 규정

자기인증을 하여 자동차를 판매한 경우 정부기관은 사후 관리를 위해 자기인증 적합 조사, 안전 결함조사, 제작 결함조사 등을 통해 자동차 안전기준 적합여부를 결정하고 이를 위반했을 경우 시정(리콜)을 명령한다. 자동차 제작자 등은 국토교통부령으로 정하는 바에 따라 필요한 시설 및 기술인력을 확보하고 다음 각 호의 조치를 하여야 한다.

① 국토교통부령으로 정하는 기간 또는 주행거리 이내에 발생한 하자에 대한 무상수리
② 국토교통부령으로 정하는 기간까지 자동차의 정비에 필요한 부품의 공급
③ 자동차 종합검사에 필요한 자료의 무상 제공
④ 인터넷 홈페이지 등을 통한 자동차 부품 가격 자료의 공개

기출문제 유형

✦ 자동차 제조물책임법(PL)과 리콜(Recall)제도를 비교하여 설명하시오.(96-1-13)

---

01 개요

소비자가 구매해서 사용하는 제품에 대해 각 국가는 여러 가지 인증 제도를 통해 일차적으로 소비자의 안전과 권리를 보호하고 있다. 하지만 기술이 발전하고 시장의 글로벌화에 따라 제품이 다양화, 복잡화, 고도화 되어 인증을 통과한 경우라도 제품 결함으로 인해 소비자의 안전이 위협받거나 사고가 발생해 소비자에게 손실을 미치는 경우가

발생한다. 이런 경우 제품 정보에 대해 열세에 있는 소비자를 보호하고 제품의 안전과 품질을 확보하기 위해 사전예방 제도로서 리콜(Recall)제도를 실시하고 있으며, 손해가 발생한 후 사후구제 제도로서 제조물책임(PL) 제도를 시행하고 있다.

02 자동차 제조물책임법(PL : Product Liability)

(1) 자동차 제조물책임법(PL : Product Liability)의 정의

PL법은 제조업체가 제조·가공·유통한 물품으로 소비자가 피해를 봤을 때 제품 결함과 그로 인해 손해가 발생했다는 것을 입증하면, 손해배상을 받을 수 있도록 한 법이다. [제조물 책임법]

(2) 자동차 제조물책임법(PL : Product Liability)의 요건

제조업자에게 제조물 책임이 적용되려면 제조물의 결함이 원인이 되어, 소비자가 생명·신체 또는 재산에 손해를 입어야 한다. 결함이란 제조물에 제조·설계 또는 표시상의 결함이 있거나 그 밖에 통상적으로 기대할 수 있는 안정성이 결여된 것을 말한다.

① **제조상의 결함** : 제조업자의 제조물에 대해 제조상·가공상의 주의 의무를 이행하였는지에 관계없이 제조물이 원래 의도한 설계와 다르게 제조·가공됨으로써 안전하지 못하게 된 경우

② **설계상의 결함** : 제조업자가 합리적인 대체 설계를 채용하였더라면 피해나 위험을 줄이거나 피할 수 있었음에도 대체 설계를 채용하지 않아 해당 제조물이 안전하지 못하게 된 경우

③ **표시상의 결함** : 제조업자가 합리적인 설명·지시·경고 또는 그 밖에 표시를 하였더라면 해당 제조물에 의해 발생할 수 있는 피해나 위험을 줄이거나 피할 수 있었음에도 이를 하지 않은 경우

(3) 자동차 제조물책임법(PL : Product Liability)의 배상

제조업자는 제조물의 결함으로 생명·신체 또는 재산에 손해(그 제조물에 대해만 발생한 손해는 제외한다)를 입은 자에게 그 손해를 배상하여야 한다. 만일, 제조업자가 제조물의 결함을 알면서도 그 결함에 대해 필요한 조치를 취하지 아니한 결과로 생명 또는 신체에 중대한 손해를 입은 자가 있는 경우에는 그 자에게 발생한 손해의 3배를 넘지 아니하는 범위에서 배상 책임을 진다.

03 리콜(Recall) 제도의 정의

(1) 리콜(Recall) 제도의 정의

리콜(Recall)이란 소비자에게 제공한 물품 또는 서비스(이하 "물품 등"이라 함)의 결함으로 인해 소비자의 생명·신체 또는 재산에 위해(危害)를 끼치거나 끼칠 우려가 있는 경우 사업자가 스스로 또는 강제적으로 물품 등의 위해성을 알리고 해당 물품 등을 수거·파기·수리·교환·환급 또는 제조·수입·판매·제공을 금지하는 등의 적절한 시정조치를 함으로써 위해 요인을 제거하는 소비자보호조치이다.

(2) 리콜의 종류

리콜은 사업자의 자발적인 리콜과 정부의 강제적인 리콜로 구분된다.(소비자기본법 제48조)

① **자발적 리콜** : 사업자가 자신이 공급하는 물품 등이 소비자의 생명·신체 또는 재산상의 안전에 위해를 계속적·반복적으로 끼치거나 끼칠 우려가 있어 스스로 결함을 시정하는 것을 말한다.

② **강제적 리콜** : 정부가 사업자에 대해 소비자의 생명·신체 및 재산상의 안전에 현저한 위해를 끼치거나 끼칠 우려가 있는 물품 등의 수거·파기를 강제함에 따라 이루어지는데, 강제적 리콜은 물품 등의 결함과 긴급성의 정도에 따라 '리콜권고'와 '리콜명령'으로 구분될 수 있다.

(3) 리콜(Recall) 제도의 절차

① **위험성 모니터링 단계** : 정부기관(성능시험대행자)은 소비자 상담센터, 단체, 한국소비자원 등을 통해 상시적으로 제품의 위험정보를 수집한다.

② **위해성 평가 단계** : 제품의 결함이 인지된 후 제품결함 조사를 통해 리스크를 분석, 평가한다.

③ **리콜 여부 결정 단계** : 제품결함 조사를 통해서 리콜 여부가 결정되면 자발적 리콜, 리콜권고, 리콜명령의 여부를 결정한다.

④ **리콜 계획, 실시 단계** : 해당 제조사는 리콜 계획서를 작성한 후 리콜을 실시한다. 해당 기관은 이를 검토하고 리콜 진척 상황을 검토한 후 필요시 보완하도록 한다.

⑤ **리콜 추진과정 검토 및 종료 단계** : 제조사는 리콜이 종료되면 리콜 종료 보고서를 제출하고 후속조치 사항을 검토하여 리콜 종료 시점을 협의한다.

⑥ **리콜 사후조치 단계** : 제조사는 후속 조치사항을 이행하고 정부기관은 리콜 제품에 대해 모니터링 한다.

구분	사업자		국가기술표준원
위해정보 수집	소비자상담센터 등을 통한 모니터링	≪ ≫	국가기술표준원 제품안전정보센터, 한국제품안전협회 및 한국소비자원 등을 통한 모니터링
위험성 평가	위해정보 현장파악 및 보고	≪ ≫	위해정보 및 결함 여부 분석
리콜 조치 결정	자발적 리콜	≪ ≫	리콜 권고·명령
리콜 계획	리콜 계획서 제출	≪ ≫	리콜 계획서 검토 및 필요시 보완 요구
리콜 실시	리콜 진척상황 파악 및 보고	≪ ≫	리콜 진척상황 검토 및 필요시 보완 요구
리콜 종료	리콜 종료 보고서 제출 및 후속조치 사항 검토	≪ ≫	리콜 종료 시점 검토 및 협의
사후조치	후속조치 사항 이행	≪ ≫	리콜 제품에 대한 시장유통 여부 모니터링

리콜 진척도

04 자동차 제조물책임법(PL)과 리콜(Recall) 제도의 비교

리콜 제도는 결함 제품의 수거 등을 통해 사전에 피해를 예방하는 제도로 사고 발생을 미리 방지하고, 이미 발생한 손해의 확대를 막을 수 있는 방법이다. 반면, 제조물 책임 제도는 물품 결함에 따른 손해를 배상해 주는 사후적 피해 구제 제도이다.

따라서 제조물 책임 제도는 물품의 결함에 기인하여 문제가 발생된 이후의 개별문제에 대한 해결 수단으로서의 실효성을 갖고 있을 뿐 잠재적인 위해 요인의 제거 등, 위해의 예방에 대해는 실효성이 없다고 할 수 있다.

기출문제 유형

✦ 제작결함 조사 및 제작결함 시정(리콜) 제도에 대해 설명하시오.(89-1-9)

01 개요

리콜(Recall)이란 소비자에게 제공한 물품 또는 서비스(이하 "물품 등"이라 함)의 결함으로 인해 소비자의 생명·신체 또는 재산에 위해(危害)를 끼치거나 끼칠 우려가 있는 경우 사업자가 스스로 또는 강제적으로 물품 등의 위해성을 알리고 해당 물품 등을 수거·파기·수리·교환·환급 또는 제조·수입·판매·제공 금지하는 등의 적절한 시정 조치를 함으로써 위해 요인을 제거하는 소비자 보호조치이다.

자동차 분야에서 리콜 관련 규정은 환경부에서 고시한 [대기환경보전법] 제51조와 국토교통부에서 고시한 [자동차관리법] 제31조에 각각 기술되어 있다. [대기환경보전법]은 제작차의 배출가스 관련 결함에 대한 결함확인 검사에 대해 기술되어 있고 [자동차관리법]은 자동차 안전기준 관련 결함에 대한 제작 결함 시정에 대해 기술되어 있다.

02 제작결함 조사의 정의

제작결함 조사는 자동차 또는 자동차 부품이 안전기준에 적합하지 아니하거나 안전 운행에 지장을 주는 등의 결함이 있는지 조사하는 제도이다. 안전 결함 조사라고도 한다.

03 제작결함 시정(리콜) 제도의 정의

자동차가 안전기준에 부적합하거나 안전 운행에 지장을 주는 결함이 있을 때 자동차의 제작, 조립, 수입 업체가 결함을 차량 소유자에게 통보하고 수리, 교환, 환불 등의 시정 조치를 할 수 있도록 하는 제도이다.

04 제작결함 시정 제도 관련 법령

국토교통부에서 고시한 [자동차관리법] 제31조에 따르면 자동차 제작자 등이나 부품 제작자 등은 제작을 한 자동차 또는 자동차 부품이 자동차 안전기준 또는 부품 안전기준에 적합하지 아니하거나 안전운행에 지장을 주는 등의 결함이 있는 경우에는 그 사실을 안 날부터 자동차 소유자가 그 사실과 그에 따른 시정조치 계획을 명확히 알 수 있도록 우편발송, 휴대전화를 이용한 문자메시지 전송 등 국토교통부령으로 정하는 바에 따라 지체 없이 그 사실을 공개하고 시정조치를 하여야 한다.

(1) 제작결함 조사 시점

결함 정보 수집용 전용 전화, 전산망, 소비자 불만 신고서 등을 바탕으로 결함 조사가 필요하다고 인정되거나, 자동차 또는 자동차 부품 제작결함에 대한 언론보도가 있거나 소비자 관련단체 등으로부터 제작결함 여부에 대한 조사 요청을 받고 검토한 결과 조사가 필요하다고 인정되는 경우 조사를 할 수 있다.

(2) 제작결함 조사 절차

1) 예비 조사

국토교통부장관의 제작결함 조사 지시를 받은 성능시험 대행자는 사실 확인 등 예비 조사를 실시하여야 한다. 다만, 외국에서 제작결함 시정(리콜)을 하는 사례에 대해서는 별도의 지시가 없어도 국내에 판매되는 자동차 또는 자동차 부품도 이에 해당되는지에 대해 예비 조사를 실시하여야 한다. 예비조사 시에는 해당 자동차 또는 자동차 부품이 안전 운행에 지장을 줄 가능성이 있는지, 안전기준에 적합한지 등을 조사하여야 한다.

성능시험 대행자는 예비 조사의 결과에 따라 지시를 받은 날 또는 외국에서 리콜을 실시하기 시작한 날로부터 30일 이내에 본조사의 필요성 여부를 국토교통부장관에게 보고하여야 한다. 다만, 추가 조사 기간이 필요한 경우에는 동 기간 내에 중간보고를 한 다음 조사기간을 연장할 수 있다. 예비 조사 기간을 연장하는 경우에는 매월 20일까지 예비 조사 진행상황을 국토교통부장관에게 보고하여야 하며, 필요한 경우 기한에 관계없이 보고할 수 있다.

제작자 등 또는 부품 제작자 등은 예비 조사 과정에서 자동차 또는 자동차 부품의 결함을 스스로 인정하거나 예비 조사 결과를 통보받고 결함을 인정하는 경우에는 시정조치 계획을 수립하여 성능시험 대행자에게 제출하여야 한다.

2) 본 조사

국토교통부장관은 예비 조사 결과 자동차 또는 자동차 부품이 안전기준에 부적합하거나 안전운행에 지장을 주는 것으로 확인되었으나 제작자 등 또는 부품 제작자 등이 이를 인정하지 않는 경우에는 성능시험 대행자에게 본 조사를 하도록 지시할 수 있다. 본 조사를 시행하는 성능시험 대행자는 예비 조사 과정에서 조사된 사항과 수집된 자료 및 현장 확인 등을 통하여 안전기준 부적합 또는 안전운행 지장여부를 조사하여야 한다. 성능시험 대행자는 매월 20일까지 본 조사 진행상황을 국토교통부장관에게 보고하여야 한다.

다만, 본 조사를 완료한 경우에는 15일 이내에 그 결과를 보고하여야 한다. 제작자 등 또는 부품 제작자 등은 본 조사 과정에서 자동차 또는 자동차 부품의 결함을 스스로 인정하거나 본 조사 결과 자동차 또는 자동차 부품에 제작결함이 있는 것으로 확인된 경우에는 시정조치 계획을 수립하여 성능시험 대행자에게 제출하여야 한다.

3) 제작결함의 시정(리콜)

제작자 등이나 부품 제작자 등은 결함 사실을 안 날부터 30일 이내에 다음 각 호의 사항이 포함된 시정조치 계획을 수립하여 자동차 소유자 또는 자동차 정비사업조합 및 자동차 전문정비사업조합(자동차 부품만 해당한다)에게 우편 또는 휴대전화를 이용한 문자메시지로 통지하고, 서울특별시에 주사무소를 두고 전국에 배포되는 1개 이상의 일간 신문에 이를 공고하여야 한다.

① 제작결함의 내용
② 제작결함을 시정하지 아니하는 경우 자동차에 미치는 영향과 주의사항
③ 제작결함의 시정조치 기간(1년 6월 이상의 기간을 말한다)·장소 및 담당부서
④ 제작자 등이 제작결함의 시정조치 비용을 부담한다는 내용

⑤ 제작자 등의 귀책사유로 인하여 제작결함의 시정조치를 이행하지 못하는 경우의 보상계획 및 내용

⑥ 자체 시정한 자동차 시정비용을 보상받을 수 있다는 설명과 보상기간, 보상신청 접수장소 및 연락처 등의 안내

⑦ 그 밖에 제작결함의 시정을 위하여 국토교통부장관이 필요하다고 인정하는 사항

05 제작결함 조사 관련 과징금

안전기준 위반 차량을 판매할 경우 매출액의 100분의 1(100억원을 초과하는 경우에는 100억원으로 한다.)을 과징금으로 부과하며 제작결함 은폐, 축소, 늑장 리콜일 경우 매출액의 100분의 1(상한선 없음)을 과징금으로 부과한다.(향후 안전기준 위반은 2%, 늑장 리콜은 3%로 상향될 예정이다.)

기출문제 유형

✦ 자동차 배출가스 성분 측정 방식에 대해 설명하시오.(69-1-9)

✦ 자동차 배출가스 측정기에서 비분산 적외선 분석계(NDIR : Non Dispersion Infrared Detector)의 원리를 상세히 설명하시오.(65-3-5)

✦ 자동차 배출가스 분석계에서 수소염 이온화 분석계(FID : Flame Ionization Detector)의 원리를 상세히 서술하시오.(68-4-2)

✦ 배출가스 분석계 중 화학 발광법(CLD:Chemical Luminescence Detector)에 대해 설명하시오.(78-4-3)

---

01 개요

(1) 배경

자동차에서 배출되는 배출가스는 대부분 이산화탄소와 물로 구성되어 있다. 하지만 불완전연소와 열해리 등으로 인해 배출가스 중에는 일산화탄소, 탄화수소, 질소산화물, 입자상물질 등이 포함되어 배출된다. 이러한 물질은 환경과 인체에 유해한 영향을 미치는 유해 배출가스로 정부에 의해 규제되고 있다. 배출가스 농도 및 연비는 차대 동력계에서 특정 모드로 주행한 후 배출가스를 포집하고 이를 분석하여 산출한다.

(2) 배출가스 성분 측정 방식

자동차에서 배출되는 배출가스는 주로 일산화탄소, 이산화탄소, 탄화수소, 질소산화물, 매연 등으로 이뤄진다. 휘발유 및 가스 자동차의 CO, CO_2는 비분산 적외선 분석기(NDIR), HC는 수소염 이온화 검출기(FID), NOX는 화학 발광법(CLD), CH_4는 가스 크로마토그래피-수소염 이온화 검출기(GC-FID)를 이용하여 분석한다. 경유 자동차는 HC는 가열 수소염 이온화 검출기(HFID)로 검출하고 매연은 여지 반사법, 광투과식을 사용한다. 나머지는 휘발유 및 가스 자동차의 분석방법과 동일한 방법으로 분석한다.

① CO, CO_2 : 비분산 적외선법(NDIR; Non dispersive Infrared)으로 측정
② NOx : 화학 발광법(CLD: Chemistry Luminescent Detector)로 측정
③ HC : 수소염 이온화 검출기(FID : Flame Ionization Detector), 가열식 불꽃 이온화 결합법(HFID : Heated Flame Ionization Detector) 사용
④ PM : 희석 터널법을 사용
⑤ 매연 : 여지 반사법, 광투과식을 사용

02 비분산 적외선 분석계(NDIR : Non Dispersion Infrared Detector)

(1) 비분산 적외선 분석계(NDIR : Non Dispersion Infrared Detector)의 정의

비분산 적외선 분석법은 선택성 검출기를 이용하여 시료 중의 특정 성분에 의한 적외선의 흡수량 변화를 측정하여 시료 중에 들어 있는 특정 성분의 농도를 구하는 방법이다. 정밀도가 좋으며 압력, 수분, 먼지가 있어도 측정이 가능한 측정 방법이다. 센서의 수명이 반영구적이고 장시간 연속으로 실시간 측정이 가능하며, 측정 값이 정확하다는 장점이 있다.

(2) 비분산 적외선 분석계(NDIR : Non Dispersion Infrared Detector)의 구성

비분산 적외선 가스센서는 광원, 광학적 구조물, 광학적 필터, 검출부(디텍터), 비교 셀, 시료 셀로 구성이 되어 있다. 광원에서 방출되는 에너지와 매질 내의 적외선 흡수 및 디텍터에 입사되는 에너지양에 따라 출력 특성이 주어진다.

시료 셀에는 시료가스가 채워져 있어서 적외선은 시료가스에 의해 흡수되어 감쇠된다. 비교 셀에는 적외선을 흡수하지 않는 질소 등이 봉입되어 적외선은 감쇠되지 않는다. 비분산 적외선 분석계는 복광석 분석계와 단광속 분석계가 있다.

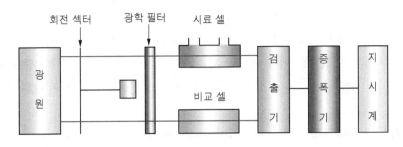

(a) 복광식 분석계의 구성

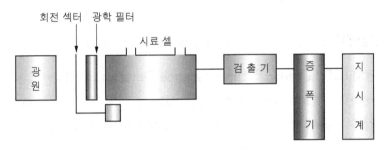

(b) 단광식 분석계의 구성

비분산 적외선 분석계의 구성

(3) 비분산 적외선 분석계(NDIR : Non Dispersion Infrared Detector)의 측정 원리

포집된 자동차 배출가스에서 채취된 시료는 여과재 등을 이용하여 먼지를 제거한 후 가열 채취관을 통하여 비분산 적외선 분석기(시료 셀)로 유입되어 분석된다. 대기 중에 있는 특정 가스들의 경우, 특정 파장의 적외선을 흡수하는 특성을 갖고 있다. 일산화탄소는 $4.7\mu m$, 이산화탄소는 $4.26\mu m$의 적외선에 대해 가장 높은 흡수율을 가지고 있다. 이 특성을 이용하여 비교 셀과 시료 셀의 적외선 차를 검출하거나 적외선의 흡수율을 측정하면 CO, CO_2의 현재 농도를 측정할 수 있다.

03 수소염 이온화 분석계(FID : Flame Ionization Detector)

(1) 수소염 이온화 분석계(FID : Flame Ionization Detector)의 정의

수소염 이온화법은 미연 탄화수소의 연소 특성을 이용한 것으로 배출가스에 포함된 탄소성분이 고온의 수소염에 의해 이온화 될 때 전류값이 변화된다는 것을 이용하여 가스의 성분을 분석하는 방법이다. 이 방법을 이용해 HC의 농도를 측정할 수 있다.

(2) 수소염 이온화 분석계(FID : Flame Ionization Detector)의 원리

수소염 이온화 검출기는 가스 크로마토그래피의 고감도 이온화 검출기의 하나이다. 검출기는 수소를 연료로 사용하는 버너 노즐로 수소염을 생성한다. 이 수소염을 사이에 두고 직류 전압을 가진 전극이 설치된다. 시료 가스를 가는 도관을 이용하여 작은 수소 염으로 공급하면 화염 내 고온 영역에서 열해리 된다. 이 과정에서 유기화합물 중의 탄소화합물은 이온화되는데 이때 생긴 이온을 전류로 검출하고 이를 증폭하여 기록한다. 전류값은 미연 탄화수소 농도 또는 미연 탄화수소 중 탄소원자 개수의 농도에 의해 변화된다.

> **참고** 가스 크로마토그래프법(GC : Gas Chromatography) : 기체 시료 또는 기화한 액체나 고체 시료 를 운반가스(Carrier Gas)에 의하여 분리, 관내에 전개시켜 기체 상태에서 분리되는 각 성분을 크로마토그래피 적으로 분석하는 방법이다.

04 화학 발광법(CLD : Chemical Luminescence Detector)

(1) 화학 발광법(CLD : Chemical Luminescence Detector)의 정의

화학 발광법은 여기 상태의 원자, 또는 분자가 기저 상태로 되돌아 올 때 광자를 방출하는 성질을 이용한 분석기이다. 이 방법을 이용해 NOx를 측정할 수 있다.

(2) 화학 발광법(CLD : Chemical Luminescence Detector)의 원리

시료 가스와 반응 가스(오존)를 반응실에 도입하여 혼합하면, 시료 가스에 있던 일산화질소(NO)는 오존(O_3)과 반응하여 산화되어 이산화질소(NO_2)가 된다. NO_2는 여기(勵起)상태가 되어 기저상태로 되돌아갈 때 그 일부가 590~2,500nm 파장의 광을 방출한다.

방출된 광자량은 반응한 NO량에 비례하며, 포토다이오드 등의 광전 변환 소자를 이용해 전기 신호로 측정된다. 배기가스를 계측할 때에는 NO와 NO_2를 모두 계측하기 위해 시료 가스를 촉매 컨버터에 통과시켜 시료 중의 NO_2를 NO로 환원하여 측정한다.

PART 2. 연료

PROFFESSIONAL ENGINEER TRANSPORTATION VEHICLES

01 연 료

01 개요

자동차 연료로는 휘발유, 경유, LPG, 압축천연가스(CNG), 액화천연가스(LNG)가 주로 사용되는데 이러한 화석연료는 지속적인 수요 증가와 석유 공급의 독점에 따라 수급 불안정이 갈수록 심화되고 있으며 각종 유해물질을 배출하여 환경오염을 야기하는 등 많은 문제를 노출하고 있다.

이를 해결하기 위한 다양한 형태의 대체 에너지원 개발 노력이 활발하게 이루어지고 있다. 대체 연료로는 수소(Hydrogen), 디메틸에테르(Dimethyl Ether), 알킬레이트(Alkylate), 바이오(Biomethanol, Bioethanol), 가소홀(Gasohol), 알코올(Methanol, Ethanol) 등의 연료가 있다.

02 휘발유(Gasoline)의 특성

휘발유는 석유 제품의 하나이며 원유를 분별 증류했을 때 40~75℃ 사이에서 끓는 액체를 말한다(석유를 정제할 때 LPG 다음으로 정제된다). 휘발 성분이 있으며 빛깔이 없는 투명한 액체이다. 휘발유는 다양한 탄화수소로 이루어져 있는데 탄소의 수가 보통 4개에서 9개인 C_4~C_9로 구성된 탄화수소로 이루어진다. 주로 옥탄(Octane, C_8H_{18})으로 구성이 되고 헵탄(Heptane, C_7H_{16})과 다른 알케인계 탄화수소로 구성된다. 휘발유의 비중은 0.65~0.75, 발열량은 7,780kcal/L, 인화점은 -20℃, 발화점은 550℃ 정도이다. 휘발유는 상온에서 쉽게 증발하는 성질이 있고 인화성도 매우 좋아서 휘발 성분이 공기와 혼합하면 전기 스파크 같은 자극에서 쉽게 폭발한다. 따라서 연료로서 효과적이다. 하지만 뜻하지 않은 폭발이 일어날 수 있기 때문에 휘발유를 취급할 때는 최대한 밀폐된 용기에 담아야 하는 등 취급에 주의가 필요하다. 연소 시 주로 일산화탄소와 탄화수소가 배출된다.

① 미국에서는 가솔린(gasoline)이라고 부르고, 영국에서는 petroleum을 줄인 페트럴(petrol)이라고 부른다.

② **인화점** : 인위적으로 불꽃을 가했을 때 연소할 수 있는 온도

③ **착화점(발화점)** : 인위적으로 불꽃을 가하지 않아도 스스로 타기 시작하는 온도

03 경유(Diesel)의 특성

경유는 원유를 분별 증류했을 때 220~250℃ 사이에서 얻을 수 있는 연한 노란색의 투명하며 점성을 가진 액체를 말한다. 휘발유처럼 다양한 탄화수소로 이루어져 있는데 분자당 탄소의 수가 보통 12개에서 25개인 C_{12}~C_{25}의 탄화수소로 이루어져 있다. 주로 세탄(Cetane, $C_{16}H_{34}$)으로 구성된다.

휘발유나 등유에 비해 밀도가 높으며 비중은 0.82~0.87, 발열량은 9,010kcal/L, 인화점은 50℃ 이상, 발화점은 210℃ 정도이다. 휘발성이 낮아서 불이 쉽게 붙지 않고 인화점이 높으며 발화점이 낮아서 압축착화 엔진에 사용하기 적합한 연료이다. 연료에 유황성분이 있고 배출가스는 주로 질소산화물(NOx)이나 입자상 물질(PM)이 배출된다.

04 액화석유가스(LPG : Liquefied Petroleum Gas)

LPG는 원유 정제시 30℃ 이하에서 나오는 C_3, C_4의 탄화수소 가스를 비교적 낮은 압력(6~7kg/cm²)을 가하여 액체 상태로 만든 것이다. LPG의 주성분은 프로페인/프로판(C_3H_8), 뷰테인/부탄(C_4H_{10})이며, 프로판은 비중이 액체 비중이 0.5, 기체 비중은 1.5, 발열량은 12,050kcal/kg(기체 발열량 22,450kcal/m³)이다.

부탄은 액체 비중이 0.58, 기체 비중은 2.0, 발열량이 11,850kcal/kg(기체 발열량 29,150kcal/m³)이다. 인화점은 프로판과 부탄이 각각 -104℃, -74℃로 공기 중에 누출이 되면 항상 폭발 위험성이 있다. 착화점은 프로판 490~550℃, 부탄 470~540℃로 점화 엔진에 더 적합하다. 다른 연료에 비해 열량이 높고 무색무취이며 공기보다 무겁고 공기 중으로 흩어지지 않기 때문에 가정이나 영업장소, 택시 등 자동차에서 사용하는 LPG에는 누설될 때 쉽게 감지하여 사고를 예방할 수 있는 불쾌한 냄새가 나는 메르캅탄류의 화학 물질을 섞어서 공급한다. 배출가스가 휘발유나 경유에 비해 청정하나 밀도가 높지 않아 1회 충전 시 주행거리가 짧다(약 550km, 가솔린 700km, 디젤 900km).

05 압축천연가스(CNG : Compressed Natural Gas)

CNG는 기체 상태의 천연가스를 압축해 부피를 200분의 1 수준으로 줄인 연료이다. 주 성분은 메테인/메탄(CH_4)으로 구성되어 있으며 에테인/에탄(C_2H_6), 프로페인/프로판

(C_3H_8), 뷰테인/부탄(C_4H_{10}) 등이 있다. 주로 가정 및 공장 등에서 사용하는 액화천연가스(LNG : Liquefied natural gas)를 자동차 연료로 사용하기 위해 약 200기압으로 압축하여 사용한다.

국내에 상용화 되어있는 천연가스버스에서 연료로 사용된다. 기체 비중은 0.61로 공기보다 가벼워 누출되어도 쉽게 확산되어 폭발위험성이 없고 발열량은 13,000kcal/kg이다. 메탄의 인화점은 -188℃이고 착화점은 530℃로 점화 엔진에 적합하다. 옥탄가가 120 정도로 높아 압축비를 높여도 엔진의 노킹이 없어 열효율과 출력이 향상된다. 또한 분자량이 작기 때문에 연소율이 높아 연소 후 물과 이산화탄소 이외의 불순물을 거의 배출하지 않는 청정 연료이다. 에너지 밀도가 높지 않아 1회 충전 시 주행거리가 짧다 (약 340km로 LNG의 1/3 수준).

06 액화천연가스(LNG : Liquefied natural gas)

LNG는 가스전에서 채취한 천연가스를 정제하여 얻은 메탄을 -162℃의 상태에서 약 600배로 냉각 액화시킨 상태의 가스이다. 무색투명한 액체로 정제 과정을 거쳐 순수 메탄 성분이 매우 높고 수분의 함량이 없는 청정 연료이다. 옥탄가와 연소율이 높고 주로 점화 엔진에 사용한다. 배출가스에 유해물질이 거의 없는 청정 연료이다.

액체 상태이기 때문에 연료 저장 효율이 높아 1회 충전 시 주행거리가 CNG보다 약 2~3배 정도 길다는 장점이 있다. 하지만 극저온 단열용기에 저장해 연료로 사용하기 때문에 무게와 비용이 증가한다. 또한 용기 내에서 시간이 지나면 비점이 낮은 메탄 성분은 증발하고 고비점의 연료 성분이 농축되는 현상이 발생한다.

연료별 총발열량 환산표			
제품	단위	총발열량	
		kcal	MJ
원유	kg	10,750	45.0
휘발유	ℓ	8,000	33.5
실내 등유	ℓ	8,800	36.8
보일러 등유	ℓ	8,950	37.5
경유	ℓ	9,050	37.9
프로판	kg	12,050	50.4
부탄	kg	11,850	49.6
나프타	ℓ	8,050	33.7
윤활유	ℓ	9,250	38.7
천연가스(LNG)	kg	13,000	54.5
도시가스(LNG)	Nm³	10,550	44.2
도시가스(LPG)	Nm³	15,000	62.8

연료별 탄소수, 비등점 및 용도			
제품명	탄소수	비등점 (℃)	용도
LPG (Propane. Butane)	C_3 C_4	-42 -12~0	취사용, 난방용 난방용, 운송용
Naphtha(납사)	$C_4 \sim C_9$	30~150	Gasoline 제조 석유화학 원료
Gasoline(가솔린) (Mogas)	$C_4 \sim C_{12}$	30~180	운송용
Kerosene(등유)	$C_9 \sim C_{13}$	150~250	취사용, 난방용 항공기연료 등
Diesel(경유)	$C_{10} \sim C_{25}$	180~390	난방용, 운송용
Heavy Oil (Bunker-A/B/C)	$C_{13} \sim$	235~	산업용, 선박용 연료 등
Asphalt(아스팔트)	$C_{25} \sim$	470~	도로포장

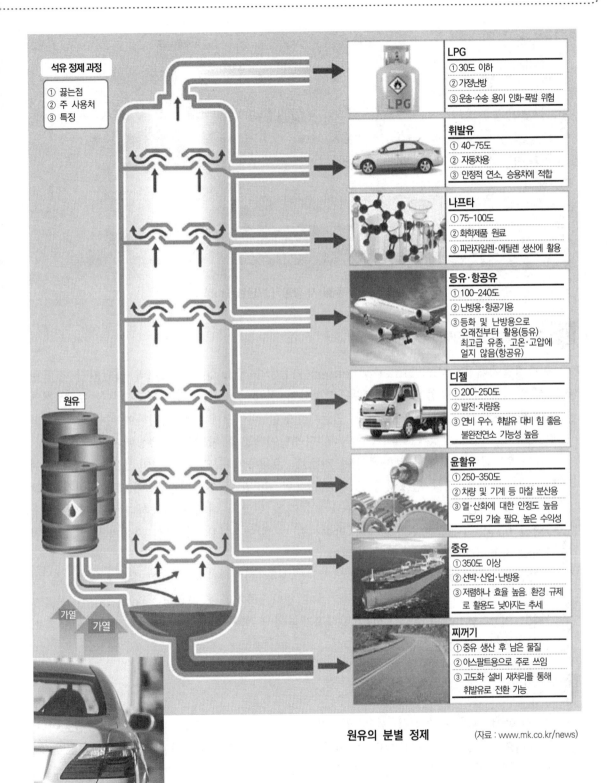

석유 정제 과정

① 끓는점
② 주 사용처
③ 특징

원유

가열 가열

LPG
① 30도 이하
② 가정난방
③ 운송·수송 용이 인화·폭발 위험

휘발유
① 40-75도
② 자동차용
③ 안정적 연소, 승용차에 적합

나프타
① 75-100도
② 화학제품 원료
③ 파라자일렌·에틸렌 생산에 활용

등유·항공유
① 100-240도
② 난방용·항공기용
③ 등화 및 난방용으로 오래전부터 활용(등유) 최고급 유종, 고온·고압에 얼지 않음(항공유)

디젤
① 200-250도
② 발전·차량용
③ 연비 우수, 휘발유 대비 힘 좋음. 불완전연소 가능성 높음

윤활유
① 250-350도
② 차량 및 기계 등 마찰 분산용
③ 열·산화에 대한 안정도 높음 고도의 기술 필요, 높은 수익성

중유
① 350도 이상
② 선박·산업·난방용
③ 저렴하나 효율 높음. 환경 규제로 활용도 낮아지는 추세

찌꺼기
① 중유 생산 후 남은 물질
② 아스팔트용으로 주로 쓰임
③ 고도화 설비 재처리를 통해 휘발유로 전환 가능

원유의 분별 정제   (자료 : www.mk.co.kr/news)

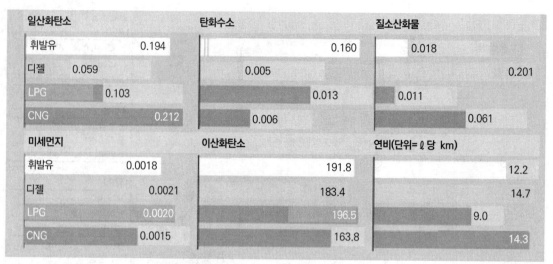

수송용 연료별 주행 시 배출가스(단위=km당 g)

(자료 : 에너지기술연구원)

07 디메틸에테르(DME : Dimethyl ether)

디메틸에테르(DME : Dimethyl ether)는 1개의 산소 분자와 2개의 메탄기가 결합된 에테르 화합물의 합성 연료로 매우 청정하여 차세대 연료로 평가되고 있다. 주로 천연가스를 개질한 합성가스를 이용해 만든다. 또한 바이오매스를 개질하여 수소와 일산화탄소로 이루어진 합성가스를 생성한 후 디메틸에테르를 합성하여 생성한다.

LPG와 같이 상온, 상압하에서도 가스로 존재하며 물리적 측성이 LPG와 유사하여 LPG 관련 수송, 저장 인프라를 그대로 사용할 수 있다. 이산화탄소 배출량이 현저히 낮게 나오고 세탄가가 디젤 연료와 유사하여 디젤 연료의 대체가 가능하다는 특징이 있다. 따라서 디메틸에테르는 환경규제를 만족시킬 수 있어서 LPG나 디젤 자동차의 연료나 첨가제로 사용이 확대될 것으로 전망된다.

천연가스를 이용한 디메틸에테르는 기존 석유 화학플랜트의 인프라를 활용할 수 있고 원유 의존도를 낮출 수 있다는 장점이 있다. 하지만 GTL(Gas To Liquid) 연료가 가지고 있는 청정성의 한계, 석유 화학플랜트에서 후처리 공정이 필요하고 대규모 가스전이 필요하다는 문제점을 갖고 있다.

08 가소홀(Gasohol)

가솔린에 메탄올, 에탄올 등의 알코올성 연료를 약 10~20% 정도 혼합한 연료이다. 주로 바이오 에탄올을 사용한다. 에탄올은 주로 식물에서 추출하는 알코올성 연료로 메탄올과 물성이 비슷하나 독성이 적기 때문에 취급이 용이하고, 기존의 엔진을 크게 바꾸지 않아도 사용 가능하므로 적용에 비용이 적게 드는 장점이 있다. 또한 옥탄가가 높고 함산소 화합물이여서 완전연소에 도움이 되고 CO, HC 등의 배출가스가 저감된다. 바이오 에탄올의 경우 원료로 사용되는 옥수수 등의 작물 재배 기간에 광합성으로 이산화탄소를 흡수하여 연소 시 대기의 이산화탄소 농도 증가를 유발하지 않는다. 하지만 착화성이 좋지 않아 냉시동성이 저하되고 가솔린에 비해 발열량이 1/3밖에 안되고 금속을 부식시키며 고무를 팽윤시키고 공기 중의 수분과 반응하여 상분리 현상이 생기는 단점이 있다(무색투명 액체, 주정이라 불리며 술의 원료, 섭취 시 아세트알데히드로 변하며 음용 가능함, 녹는점 -115도, 끓는점 80도).

09 메탄올(Methanol)

메탄올은 천연가스, 석탄, 나무 등으로부터 제조하며 옥탄가가 101.5로 높아 고압축비 엔진에 적합하다. 연소 중 검댕을 발생치 않기 때문에 PM 배출이 거의 없고, 연소가스 중 수분이 많아 연소 온도가 낮고, 연료 성분 중 유황분이 없다는 장점이 있다. 하지만 동일 체적당 발열량이 가솔린의 1/2 정도로 작아 동일 거리 주행 시 2배의 연료 탱크 용량이 필요하며, 배출가스 중 독성 물질인 폼알데히드(Form aldehyde)의 배출량이 많다는 단점이 있다(무색투명 액체, 옥탄가가 높으며 섭취시 폼알데히드 형성, 인체에 독극물로 작용, 녹는점 -100도, 끓는점 65도).

10 수소(Hydrogen)

수소는 연소할 때 이산화탄소를 발생하지 않기 때문에 가장 이상적인 연료라 할 수 있다. 수소는 주로 물의 전기분해를 이용해 만든다. 수소 연료는 넓은 가연 한계를 갖고 착화 에너지가 적어서 쉽게 점화가 되며 높은 옥탄가와 열효율을 지니고 있는 장점을 가진다.

하지만 연소 속도가 빠르기 때문에 제어가 어렵고 저점화 에너지로 인해 연소 불안정이 발생할 수 있다는 문제점이 있다. 따라서 수소 연료는 직접 연소되는 내연엔진에 이용되기 보다는 수소 연료전지차의 연료로 사용되는 비율이 늘어날 것으로 전망된다.

11 수소연료(Fuel Cell)

수소 연료전지는 수소와 산소의 전기화학적 반응을 통하여 화학에너지를 전기에너지로 직접 변환시켜주는 장치이다. 연소 과정이 없으며 최종 생성물이 이산화탄소가 아닌 물이기 때문에 오염물질, 공해물질의 배출이 거의 없는 청정 발전원이다. 하지만 화석연료 동력원과 비교했을 때 단위 질량당 출력, 단위 체적당 출력이 낮다. 따라서 연료전지의 출력에 비해 무게가 무겁고 넓은 설치 공간을 필요로 한다.

12 유화 연료(Emulsified fuel)

유화 연료는 물과 가연성 액체(기름 또는 연료)로 구성된 혼합 연료로 정제유 또는 중질 연료에 물과 유화제 등을 혼합하여 유화시킨 연료로서 중질 연료의 연소성을 개선하여 배기가스 중 질소산화물(NOx), 황산화물(SOx), 매연 및 기타 대기 오염 물질을 극소화시키는 연료이다. 유화 연료를 분무하면 연료 중의 물 입자가 고열에 의해 1,000~1,800배로 급팽창하면서 기름 입자를 더욱 미세하게 만들고, 산소와의 접촉 면적을 증대시켜 완전연소가 되도록 연소성을 향상시킨다.

13 천연가스 액화기술(GTL : Gas To Liquid)

GTL은 천연가스를 화학적으로 가공하여 액체 상태의 석유제품을 만들어내는 기술 및 제품을 통칭하는 말이다. GTL을 생산하는 방법은 간접 합성법, 직접 합성법으로 제조하며 제품이 액상의 제품인 관계로 여러 가지 장점을 갖는다.

액체는 가스보다 취급이 용이하기 때문에 원거리 수송 문제를 해결할 수 있어서 수요지로부터 멀리 떨어져 있는 한계 가스전(stranded gas)의 활용이 가능하다. 또한 GTL 합성연료는 유황 성분 및 방향족 성분이 거의 없어서 매연 및 질소산화물의 배출량이 적고 PM(particulate matter) 배출량을 40% 이상 저감할 수 있으며, 온실가스 배출량은 12% 가량 저감할 수 있다.

기출문제 유형

✦ 저위 발열량을 설명하시오.(78-1-6)

✦ 연료의 저위 발열량(Low Heat Value)과 고위 발열량(High Heat Value)(90-1-13)

✦ 연료의 저발열량(Low Heat Value)과 고발열량(High Heat Value)을 설명하시오.(65-1-9)

01 개요

자동차 연료는 주로 탄소(C)와 수소(H)의 화합물로 구성되어 있다. 특정 조건에서 공기 중의 산소와 만나 연소되며 에너지를 방출한다. 이때 방출하는 에너지를 측정하여 발열량(Heating Value)으로 나타낸다.

02 연료 발열량(Heating Value)의 정의

연료의 발열량이란 일정한 단위 질량의 연료가 산소와 반응하여 완전연소했을 때 방출하는 열량을 말한다. 고체 및 액체 연료의 경우에는 단위 질량(kg), 기체 연료의 경우에는 표준대기압 상태에서 단위 부피($1Nm^3$)를 단위 물리량으로 사용하여 발생하는 열량을 측정한다. 고체나 액체의 경우 [kcal/kg], 기체의 경우 [kcal/ Nm^3]로 표시한다 (리터당 kcal로 표시하는 경우도 있다. $1kg=1.176\ell$).

03 발열량의 종류

(1) 고위 발열량(Higher Heating Value)

기준 온도에서 연료의 연소가 개시된 후 연소가 끝나고 완전연소한 연소 생성물이 다시 최초 온도가 될 때까지 방출하는 총열량을 말한다. 이때 연소가스 중의 수증기는 응축하여 액체가 되는데 응축할 때 열을 발산한다. 고위 발열량은 응축열까지 포함하여 열량을 계산한 것이며 총 발열량이라고도 한다.

(2) 저위 발열량(Lower Heating Value)

저위 발열량은 고위 발열량에서 연소가스 중에 함유된 수증기의 증발열을 뺀 열량을 말한다. 통상 고체와 액체 연료의 경우 열량 계산을 저위 발열량으로 하는데 그 이유는 고체나 액체 연료의 경우 연료를 기화시켜 연소시키기 위해서는 연료 중에 함유된 수분을 증발시켜야 한다. 액체 상태에서 기체 상태로 상변화를 시키기 위해서는 수분을 증발시킬 열이 필요하고, 이 열은 실제로 방출되지 않는다. 따라서 수분의 증발열을 뺀 실제로 방출되는 연료의 발열량인 저위 발열량을 이용한다.

04 발열량 계산 공식(고체, 액체)

$$H_h = H_l + 물의\ 증발잠열$$

$$고위\ 발열량(H_h) = 8,100C + 34,200\left(H - \frac{O}{8}\right) + 2,500S\ kcal/kg$$

$$저위\ 발열량(H_l) = 8,100C + 28,800\left(H - \frac{O}{8}\right) + 2,500 - 600W\ kcal/kg$$

$$물의\ 증발잠열 = 600\left\{W + 9\left(H - \frac{O}{8}\right)\right\}$$

C, H, O, S, W는 연료 1kg 중에 포함되어 있는 양을 kg 단위로 나타낸 것이다. 예를 들어, C_8H_{18}에 수분과 황, 물이 없다면 C는 0.84kg, H는 0.16kg이 있고 고위 발열량은 $8,100×0.84+34,200×0.16=12,276kcal/kg$이고 저위 발열량은 12,276-5,400×0.16=11,412kcal/kg이다.

05 발열량 측정 방법

　　고체, 액체인 경우 봄베(Bomb) 열량계로 측정한다. 열량계는 단열 용기, 온도계, 젓개로 구성되어 있다. 연료를 넣고 점화를 시킨 후 화학 반응이 일어날 때 방출, 흡수되는 열량을 측정한다.

　　열량계의 용기 안에서 반응이 일어날 때 열량계의 온도 변화(Δ_t)는 열량의 변화를 나타내고, 화학 반응에서 출입하는 열량을 열량계의 온도 변화를 이용하여 측정한다. 물질의 비열(c), 질량(m), 물질의 열용량(C)을 알고 온도 변화(Δ_t)를 측정하게 되면 $Q = cm\Delta_t = C\Delta_t$를 이용하여 출입한 열량을 계산할 수 있다. 기체는 융커(Junker) 열량계로 측정한다.

봄베 열량계

기출문제 유형

✦ 자동차 연료로 사용되는 휘발유의 품질은 어떻게 평가하는지에 대하여 논하라.(66-3-5)

---

01 개요

(1) 배경

　　시중에서 판매되고 있는 휘발유는 정부에서 규제한 품질기준을 만족시켜야 한다. 품질기준은 산업통상자원부의 행정규칙 [석유제품의 품질기준과 검사 방법 및 검사 수수료에 관한 고시]에 고시되어 있다.

(2) 휘발유의 정의

　　휘발유는 석유 제품 중 하나로 원유를 분별 증류했을 때 40~75℃ 사이에서 끓는 액체를 말한다. 탄소의 수가 보통 4개에서 9개인 C_4~C_9로 구성된 탄화수소로 이루어진다.

02 휘발유의 품질기준

　　휘발유의 품질은 옥탄값, 증류성상, 산화안정도, 유해물질 함유량 등으로 평가한다. 산업통상자원부장관이 지정하는 품질검사기관 또는 한국석유관리원이 해당 시험실에서 실시하는 것을 원칙으로 한다.

항목	등급	1호 (보통휘발유)	2호 (고급휘발유)
옥탄값(리서치법)		91 이상~94 미만	94 이상
증류 성상	10% 유출온도(℃)	70 이하	
	50% 유출온도(℃)	125 이하	
	90% 유출온도(℃)	170 이하	
	종말점(℃)	225 이하	
	잔류량(부피 %)	2.0 이하	
물과 침전물(부피 %)		0.01 이하	
동판부식(50℃, 3h)		1 이하	
증기압(37.8℃, kPa)		44~82(여름용 : 44~60, 겨울용 : 44~96)	
산화안정도(분)		480 이상	
세척현존검(mg/100mL)		5 이하	
황분(mg/kg)		10 이하	
색(육안식별)		노란색	초록색
납 함량(g/L)		0.013 이하	
인 함량(g/L)		0.0013 이하	
방향족화합물 함량(부피 %)		22(19) 이하	
벤젠 함량(부피 %)		0.7 이하	
올레핀 함량(부피 %)		16(19) 이하	
산소 함량(무게 %)		2.3 이하	
메탄올 함량(무게 %)		0.1 이하	

※ 석유 및 석유대체연료사업법, 석유제품의 품질기준과 검사 방법 및 검사 수수료에 관한 고시

03 휘발유의 품질 평가 방법

국내 자동차용 휘발유 품질 평가 기준

항목	기준	시험규격	비고
옥탄값(리서치법)	91 이상 94 미만	KS M 2039	–
증기압(37.8℃, kPa)	44~82	KS M ISO 3007	여름용 : 44~65(44~60) 겨울용 : 44~96
황분(mg/kg)	10 이하	KS M 2027	–
방향족화합물 함량(vol%)	24(21) 이하	KS M 2407	–
벤젠 함량(vol%)	0.7 이하	KS M 2407	–
올레핀 함량(vol%)	16(19) 이하	–	올레핀 함량에 대하여 ( ) 안의 기준을 적용할 수 있다. 이 경우 방향족화합물 함량을 ( ) 안의 기준을 적용한다.
산소 함량(wt%)	2.3 이하	KS M 2408	–
메탄올 함량(vol%)	0.1 이하	KS M 2408	–
밀도(15℃, kg/m²)	–	KS M 2002	–
산화안정도(분)	480 이상	KS M 2043	–

(자료 : 한국석유관리원)

(1) 옥탄값 시험 방법(KS M 2039)

옥탄값 측정 연료를 2~10도로 냉각한 후에 600rpm 엔진에 연료를 넣고 노킹 센서로 노킹값을 감지한 후 노킹이 발생하는 압축비를 기록하고 표준 연료를 배합하여 동일한 압축비에서 노킹이 발생하는 비율을 계산하여 옥탄값을 결정한다.

옥탄값 표준 시험 방법

시험 방법	표준 시험 방법(KS M 2039)
측정 방식	연료를 CFR엔진에 주입 연소시키면서 노크미터를 사용하여 노킹강도 측정
장비 형상	
측정 조건	- 엔진의 회전수 : 600rpm - 점화시기 : 상사점 전 13.0도 유지 - 흡입공기의 온도 : 기압보정 온도 ± 1.1℃ - 표준연료 조제 후 측정(이소옥탄, 헵탄 혹은 사에틸납을 첨가하여 조제) - 시료의 취급 : 2~10℃의 범위로 냉각
보정 방법	- 대기압에 대한 흡입 공기 온도에 따라 측정값 보정
가격	약 10억원

(자료 : 한국석유관리원)

(2) 증기압 시험 방법(KS M ISO 3007)

리드 증기압 장치는 연료가 들어가는 액체 챔버, 증기가 발생되는 증기 챔버, 압력계로 구성된다. 액체 챔버에 냉각된 시료를 채우고 37.8℃로 예열된 증기 챔버에 연결한 후 수조(Bath)에 담그면 증기가 발생되며 압력계에 압력이 가해진다. 이때 가해지는 압력을 압력계로 측정하여 증기압을 평가한다. 리드 증기압은 표준에서 정한 시험 온도, 증기 대 액체 비, 공기 및 물 포화율과 같은 특정 조건에서 액체가 가하는 절대 증기압이다.

(3) 황분 시험 방법(KS M 2027)

자동차 가솔린의 황분은 미량 전기량 적정식 산화법을 사용한다. 시료를 가열한 연소관에 도입하고, 산소와 불활성가스 기류 중에 연소시킨다. 연소 생성한 이산화황을 전해액에 흡수시켜 전기량 적정하고 이때 소비된 전기량에서 황분을 구한다. 미량 전기량 적정식 산화법 계산에 의해 황분이 계산된다.

$$S = \frac{B}{V \times D \times F}$$

여기서, S : 황분(mg/kg), B : 황량(ng), V : 시료 주입량(μL),
D : 시료 밀도(g/cm^3), F : 평균회수 계수

(4) 방향족, 벤젠 함량 시험 방법(KS M 2407)

벤젠, 톨루엔, C$_8$, C$_9$ 이상의 방향족 화합물 함량은 가스 크로마토그래프법으로 측정한다. 이 시험법은 기화된 용질(시료)이 이동상기체(캐리어가스)에 의하여 칼럼을 통과하는 중에 고정상과의 작용에 의해 성분을 분리하여 확인 및 정량을 구하는 시험법이다.

참고 자동차 연료 또는 첨가제의 검사 방법 및 등록에 관한 규정 [별표]자동차 연료의 제조기준 시험 방법

기출문제 유형

- ✦ 모터 옥탄가(Motor Octane Number)와 로드 옥탄가(Road Octane Number)에 대하여 설명하시오.(105-2-6)

- ✦ 휘발유(Gasoline)의 옥탄가(Octane Value)를 설명하시오.(75-1-9)

- ✦ 연료의 내 노크성 지표인 옥탄가(ON)를 결정하는 방법은 여러 가지가 있다. 그 중 RON(Research) 90과 MON(Motor ON)90 연료가 있을 때, 두 연료 중 실제 내 노크성이 더 우수한 연료는 어떤 것인지 기술하고, 그 이유에 대해 설명하시오.(86-2-5)

- ✦ 연료의 옥탄가를 설명하고 높은 옥탄가가 엔진 성능에 유리한 이유를 설명하시오.(72-1-11)

- ✦ C.F.R. 엔진을 설명하시오.(63-1-6)

01 개요

(1) 배경

휘발유는 석유 제품 중 하나로 원유를 분별 증류했을 때 40~75℃ 사이에서 끓는 액체를 말한다. 탄소의 수가 보통 4개에서 9개인 C$_4$~C$_9$로 구성된 탄화수소로 이루어진

다. 주로 옥탄(Octane, C_8H_{18})으로 구성되고 헵탄(Heptane, C_7H_{16})과 다른 알케인계 탄화수소로 구성되는데 각 탄화수소는 엔진에서 서로 다르게 연소된다. 옥탄의 함량이 많으면 많을수록 온도 상승에 의한 '자기점화'나 '조기점화' 현상이 발생하지 않아 노킹이 발생하지 않으며 높은 압축비가 가능해 연소 효율이 좋아진다.

(2) 옥탄가(Octane Value)의 정의

가솔린이 연소할 때 노킹(Knocking) 현상(실린더 내의 이상폭발)을 일으키기 어려운 정도를 나타내는 수치로 표준 연료에 대한 시험연료의 노크 특성을 표시하는 지수이다. 연료의 안티 노크성을 수량적으로 나타내는 지수이다. 옥탄가가 높은 가솔린일수록 이상 폭발을 일으키지 않고 잘 연소하기 때문에 고급 휘발유로 평가된다.

02 옥탄가 계산 방법

휘발유를 구성하고 있는 탄화수소 중에 안티 노크성이 가장 높은 이소옥탄/아이소옥테인(Iso-Octane, C_8H_{18})의 옥탄가를 100으로 하고 안티 노크성이 가장 낮은 정헵탄/정헵테인(Normal Heptane, C_7H_{16})의 옥탄가를 0으로 정하여 이를 기준으로 계산한다. 이소옥탄 90%, 정헵탄 10%의 표준 연료는 옥탄가 90이 된다. 실제 휘발유의 옥탄가는 테스트 엔진을 사용해서 표준 연료와 안티 노크성을 측정·비교하고, 같은 앤티노크성을 나타내는 표준 연료의 옥탄가를 실제 휘발유의 옥탄가로 정한다.

$$\text{표준 연료의 옥탄가} = \frac{\text{이소옥탄}}{\text{이소옥탄} + \text{정 헵탄}} \times 100$$

03 높은 옥탄가가 엔진 성능에 유리한 이유

가솔린 엔진은 연료와 공기의 혼합기를 연소실로 흡입·압축한 후 점화 연소를 통해 동력을 얻는 장치이다. 따라서 압축비가 높으면 혼합기의 온도가 올라가고 연소 면적이 줄어들어 열효율이 증가하여 출력이 증가하고 배출가스가 저감된다. 하지만 실제로는 혼합기의 온도가 일정 온도 이상 올라가면 스스로 착화하거나 조기 점화하게 되어 점화 플러그에 의한 연소 폭발과 충돌이 발생하게 되어 노킹(Knocking)이 발생하게 된다. 노크(Knock)란 급격한 금속성 타격음으로 피스톤 헤드의 소손, 밸브나 실린더 등의 손상을 동반한다. 옥탄가가 높으면 온도 상승에 의한 '자기점화'나 '조기점화' 현상이 발생하지 않아 안티 노크성이 증가한다. 따라서 압축비를 높여도 노크가 발생하는 비율이 줄어들어 열효율과 출력 성능이 증가하기 때문에 엔진 성능에 유리하다.

04 측정 엔진

옥탄가, 세탄가 등 연료의 안티 노크성은 1실린더 가변 압축비 기관(single cylinder variable-compression-ratio engine)을 일정조건으로 운전하여 측정한다. 가변 압축비 엔진으로는 주로 C.F.R(Cooperative Fuel Research) 엔진을 사용한다. C.F.R 엔진은 실린더 수가 1개이며 엔진 회전 속도가 600rpm, 900rpm으로 운전 가능하며 4~15:1의 가변 압축비를 가진 엔진이다. RON, MON, CN 등을 측정하는데 사용된다.

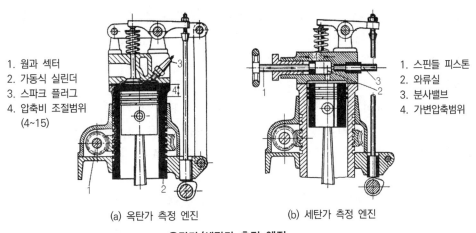

1. 웜과 섹터
2. 가동식 실린더
3. 스파크 플러그
4. 압축비 조절범위 (4~15)

1. 스핀들 피스톤
2. 와류실
3. 분사밸브
4. 가변압축범위

(a) 옥탄가 측정 엔진   (b) 세탄가 측정 엔진

옥탄가/세탄가 측정 엔진

05 옥탄가 단위 및 측정 방법

옥탄가가 100 이하인 시험 연료의 옥탄가는 모터법 또는 리서치법에 명시된 조건하에서 옥탄가를 측정해야 할 연료로 운전하여 노크의 경향성(tendency)과 강도(intensity)를 측정한다.

(1) 리서치 옥탄가(RON : Research Octane Number)

리서치 옥탄가(RON : Research Octane Number)는 CFR 엔진에서 저속회전 조건으로 측정하는 옥탄가이다. 엔진 회전수 600rpm, 흡입 공기온도 52℃, 냉각수 온도 100℃, 점화시기 BTDC 13℃의 조건에서 측정한다. 옥탄가를 측정하고자 하는 연료를 CFR 엔진에 넣고 압축비를 임의로 변경하여 노킹이 발생하는 압축비를 기록한다. 이후 표준 연료인 이소옥탄과 노멀 헵탄의 혼합 비율을 변경하며 엔진을 운전한다. 측정 연료의 노킹이 발생한 압축비에서 표준 연료의 노킹이 발생하면 그때의 표준 연료 혼합 비율을 계산하여 측정 연료의 옥탄가로 결정한다.

(2) 모터 옥탄가(MON : Motor Octane Number)

모터 옥탄가(MON : Motor Octane Number)는 실제 주행 환경을 반영한 옥탄가이다. 엔진 회전수 900rpm, 흡기 공기온도 149℃, 냉각수 온도 100℃의 조건에서 측정하며 점화시기는 압축비에 따라 자동으로 가변된다. 압축비가 5일 때에는 26°, 압축비 6일 때에는 22°, 압축비 9일 때에는 19°로 자동으로 가변된다.

엔진이 주행 중인 고온, 고압의 고속회전의 실용 영역에서 측정하므로 노크 발생이 더 유리한 조건이다. 연료의 옥탄가 측정은 RON과 마찬가지로 측정 연료의 노킹이 발생한 압축비에서 표준 연료의 비율을 변경하여 시험한 후 노킹이 발생하면 그때의 표준 연료의 혼합 비율을 계산하여 옥탄가를 결정한다.

노크 발생이 유리한 조건이므로 RON보다 옥탄가 수치가 낮게 나오나 높은 RON보다 안티 노크성이 더 좋을 수 있다. 따라서 RON과 MON이 같은 수치인 RON 90과 MON 90이라면 MON의 안티 노크성이 더 좋다.

또한 RON 90과 MON 85이더라도 MON 85의 연료가 안티 노크성이 더 좋다고 할 수 있다. 일반적으로 시판 휘발유의 MON은 RON보다 약 8~10 정도 낮다. 모터 옥탄가(MON)와 리서치 옥탄가(RON)의 차이를 감도(sensitivity)라고 하며 RON과 MON의 평균값을 항 노크지수(Anti-Knock Index : AKI)라고 한다.

$$감도(sensivity) = RON - MON$$

$$항 \ 노크지수 \ (AKI) = \frac{RON + MON}{2}$$

CFR 엔진의 리서치법과 모터법의 비교

	리서치법	모터법
표시기호 …………………	F-1	F-2
ASTM 측정 방법 ……	D 908-59	D 357-59
옥탄가 …………………………	RON	MON
회전속도[min-1], 정속	600±6	900±9
점화시기(BTDC)……	13°, 일정	26°(기본)
		압축비에 따라 자동적으로 다음과 같이 조정된다.
		압축비 5.00일 때 BTDC 26°
		압축비 5.41일 때 BTDC 24°
		압축비 5.91일 때 BTDC 22°
		압축비 6.54일 때 BTDC 20°
		압축비 7.36일 때 BTDC 18°
		압축비 8.45일 때 BTDC 16°
		압축비 10.00일 때 BTDC 14°
혼합기 온도[℃]…………	예열하지 않음	149±1
흡기 온도 [℃]…………	52±1	실내온도
냉각수 온도 [℃]………	100±0.5	
윤활유 온도 [℃]………	49~65	

(3) 로드 옥탄가(RON : Road Octane Number)

실험실에서 1실린더 엔진으로 측정한 실험실 옥탄가(Laboratory Octane Number)는 다기통 자동차 엔진에서 직접 측정한 옥탄가와 차이가 발생한다. 따라서 표준 연료를 사용하여 자동차 엔진을 운전하면서 안티 노크성을 측정하는 방법으로 휘발유의 옥탄가를 결정하는데 이를 로드 옥탄가라고 한다. 수동으로 점화시기를 제어하는 방식이 이용된다. 로드 옥탄가는 항노크지수(AKI)와 유사하다. 대부분 자동차의 경우, 여러 운전조건에서 로드 옥탄가는 보통 RON과 MON의 평균값으로 나오며 RON보다 수치가 약 4~5 정도로 낮게 표시된다.

기출문제 유형

✦ 자동차용 연료에서 P.N(performance number)을 정의하고 설명하시오.(92-1-8)

---

01 개요

(1) 배경

휘발유는 주로 옥탄(Octane, C_8H_{18})으로 구성이 되고 헵탄(Heptane, C_7H_{16})과 다른 알케인계 탄화수소로 구성되는데 각 탄화수소는 엔진에서 서로 다르게 연소된다. 옥탄의 함량이 많으면 많을수록 온도 상승에 의한 '자기점화'나 '조기점화' 현상이 발생하지 않아 노킹이 발생하지 않으며 높은 압축비가 가능해 연소 효율이 좋아진다. 옥탄가는 0~100의 지수로 나타내는데 옥탄가 100 이상의 지수는 퍼포먼스 수로 안티 노크성을 나타낸다.

(2) 퍼포먼스 수(PN : Performance Number)의 정의

시험 연료와 기준 연료의 노크 한계에서 지시 출력의 비를 말하며 주로 옥탄가 100 이상인 연료의 안티 노크성을 측정할 때 사용하는 지수이다.

02 퍼포먼스 수(PN : Performance Number) 계산 방법

(1) 옥탄가 100 이상의 연료

$$PN = \frac{\text{시험연료(test fuel)도시마력}}{\text{표준연료(standard fuel)도시마력}} \times 100$$

(2) 옥탄가 100 이하의 연료

옥탄가 100 이하의 연료에서도 PN이 사용되고 있는데 옥탄가 100 이하와 PN과의 관계는 다음 식으로 표시된다.

$$PN = \frac{2,800}{128 - ON}$$

03 퍼포먼스 수(PN)를 사용하는 이유 및 측정 방법

옥탄가는 이소옥탄과 정헵탄의 비율로 안티 노크성을 표시한 지수로 100을 초과할 수 없다. 또한 옥탄가 100 이상의 연료는 보통 이소 옥탄보다 안티 노크성이 큰 물질을 첨가하기 때문에 옥탄가로 안티 노크성을 나타내기 어렵다. 기존 휘발유는 구성하고 있는 물질 중에 이소옥탄의 안티 노크성이 가장 크기 때문에 이소옥탄을 기준으로 했다.

따라서 옥탄가 100 이상인 연료는 지시마력의 비로 안티 노크성을 나타내게 되었다. 측정 방법은 옥탄가 100인 연료를 표준 연료로 사용하여 노킹이 발생하기 전의 지시마력을 측정하고 시험 연료로 노킹이 발생하기 전의 지시마력을 측정하여 계산한다.

$$표준연료의\ 옥탄가 = \frac{이소옥탄}{이소옥탄 + 정\ 헵탄} \times 100$$

기출문제 유형

✦ 연료의 HCR(Hydrogen-Carbon-Ratio)을 설명하시오.(86-1-9)

01 개요

자동차의 연료는 원유를 정제하는 과정에서 나오는 LPG, 휘발유, 경유를 주로 사용하는데 모두 수소와 탄소로 이루어져 있다. LPG의 주성분은 프로판(C_3H_8), 부탄(C_4H_{10})이며, 휘발유는 주로 옥탄(Octane, C_8H_{18})과 헵탄(Heptane, C_7H_{16}), 경유는 주로 세탄(Cetane, $C_{16}H_{34}$)으로 구성된다. 수소와 탄소의 비율에 따라서 연소 특성이 달라진다.

02 HCR(Hydrogen-Carbon-Ratio)의 정의

수소와 탄소의 비율을 말한다. 프로판의 단순 수소 대 탄소 비율은 8:3, 부탄은 5:2가 되며 무게 비율은 탄소 $3 \times 12 = 36$이 되므로 프로판의 무게 비율은 2:9, 부탄의 무게 비율은 5:24가 된다.

03 연료의 HCR에 따른 특성

연소는 연료와 산소가 반응하는 작용이다. (CmHn + O₂ → mCO₂ + nH₂O) 따라서 단위 중량당, 단위 체적당 탄소와 수소의 수가 많아질수록 총발열량은 커진다. 고위 발열량(Higher Heating Value)은 기준 온도에서 연료의 연소가 개시된 후 연소가 끝나고 완전연소한 연소 생성물이 다시 최초 온도가 될 때까지 방출하는 총열량을 말하며 저위 발열량(Lower Heating Value)은 고위 발열량에서 연소가스 중에 함유된 수증기의 증발열을 뺀 열량을 말한다.

고위 발열량과 저위 발열량을 측정하는 계산식을 보면 연료 1kg에 포함된 수소의 비율이 매우 중요함을 알 수 있다. 탄소에는 8100의 변수가 곱해지며 수소에는 34200의 변수가 곱해진다. 따라서 수소의 비율이 높을수록 발열량이 커진다고 볼 수 있다. 또한 탄소에 대한 수소의 비율이 작으면 연소할 때 그을음이 많이 발생한다.

- $H_h = H_l + $ 물의 증발잠열

- 고위 발열량 $(H_h) = 8,100C + 34,200\left(H - \dfrac{O}{8}\right) + 2,500S \, \text{kcal/kg}$

- 저위 발열량 $(H_l) = 8,100C + 28,800\left(H - \dfrac{O}{8}\right) + 2,500 - 600W \, \text{kcal/kg}$

- 물의 증발잠열 $= 600\left\{W + 9\left(H - \dfrac{O}{8}\right)\right\}$

예를 들어 이소옥탄은 C_8H_{18}로 구성되어 있다. 분자량은 H는 1, C는 12이다. 황과 수분, 산소는 연료에 포함되어 있지 않다고 하면 C는 0.84kg, H는 0.16kg이라고 할 수 있다. 이를 계산식에 넣으면 고위 발열량은 12,276kcal/kg이 되고 저위 발열량은 11,412kcal/kg이 된다.

- $C = \dfrac{m \times 12}{m \times 12 + n} = \dfrac{8 \times 12}{8 \times 12 + 18} = \dfrac{96}{114} = 0.84\text{kg}$

- $H = \dfrac{n}{m \times 12 + n} = \dfrac{18}{8 \times 12 + 18} = \dfrac{18}{114} = 0.16\text{kg}$

- $H_h = C \times 8,100 + H \times 34,200 = 0.84 \times 8,100 + 0.16 \times 34,200 = 12,276\text{kcal/kg}$

- $H_l = C \times 8,100 + H \times 28,800 = 0.84 \times 8,100 + 0.16 \times 28,800 = 11,412\text{kcal/kg}$

수소의 비율이 작은 가상의 연료를 생각해보면 C_8H_{10}이라고 할 때 C는 0.91kg, H는 0.09kg으로 Hh는 $C \times 8100 + H \times 34200 = 0.91 \times 8100 + 0.09 \times 34200 = 10,449kcal/kg$가 된다. C_8H_{26}일 때는 C는 0.79kg, H는 0.21kg으로 Hh는 $C \times 8,100 + H \times 34,200$ $= 0.79 \times 8100 + 0.21 \times 34,200 = 13,581kcal/kg$가 된다.

기출문제 유형

✦ 가솔린의 ASTM 증류 곡선을 설명하시오.(59-1-10)

✦ 연료의 휘발성과 관련하여 엔진의 구동능력을 악화시키는 현상에 대하여 설명하시오.(89-4-4)

✦ 액체 연료의 증기 폐쇄 현상(Vapor Lock)을 설명하고, 방지 대책을 논하시오.(71-2-6)

✦ 연료의 베이퍼록이란 어떤 현상이며 그 대응책은?(45)

01 개요

휘발유는 끓는점이 낮고 휘발성이 높아서 연소하기 전에 특별히 가열하지 않아도 잘 기화되고 공기와 균일하게 혼합되어 점화 엔진에 적합하다. 하지만 경유는 점도가 높고 휘발성이 낮아서 점화 엔진에 적합하지 않다. 연료의 기화성은 엔진의 시동 및 가속도에도 큰 영향을 미친다.

그러나 반대로 기화성이 너무 좋으면 엔진으로부터 열복사 및 열전달로 연료 파이프나 또는 기화기가 가열되어 가솔린의 증기압이 대기압 이상으로 높아지면 연료의 유동이 정지하게 된다. 이 때문에 연료 공급이 불충분하게 되어 엔진 운전이 불안정하게 된다. 이와 같이 연료의 기화성은 매우 중요한데 연료의 기화성을 측정하는 방법은 미국에서는 ASTM으로 규정이 되어 있고 국내에서는 KS M ISO3405로 규정되어 있다.

참고 [KS M ISO3405] 석유제품 — 대기압에서의 증류 특성 시험 방법

02 ASTM(Ameican Society Testing Materials) 증류 곡선의 정의

ASTM 증류 곡선은 일정량의 연료유(100cc)를 가열하면서 연료유가 10%씩 증발하여 유출될 때의 온도를 도표화한 그래프다. 온도와 연료 증류량의 관계를 나타내는 곡선으로 연료의 휘발성을 알기 위해 측정한다.

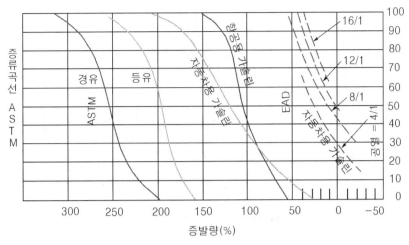

ASTM 증류곡선

03 ASTM 시험 방법

구성품은 그림과 같이 증류 플라스크, 가열기, 응축기, 매스 실린더로 구성되어 있다. 증류 플라스크에 100cc 시료를 넣고 가열하면 플라스크 내의 연료는 비등하여 연료 증기 상태로 변하고 이 연료 증기는 응축기를 통과하면서 다시 액체 상태로 변해 매스 실린더에 모이게 된다. 매스 실린더에서 연료의 증류량을 측정하고 플라스크에 설치된 온도계에서는 증류 온도를 측정한 후 증류 온도와 연료 증류량의 관계를 도시한다.

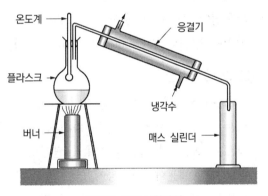

ASTM 증류시험장치

04 ASTM 곡선에 따른 특징

ASTM 증류 곡선은 처음 한 방울의 시료가 떨어졌을 때를 초류점(Initial Boiling Point)이라고 하며 시료가 10% 모였을 때의 온도는 10%점(10% 유출 온도점), 모두 증류될 때의 온도를 종점(End Point)이라고 하며 10%점, 30~60%점, 90%점에 따라 엔진 동작에 미치는 특성이 달라진다.

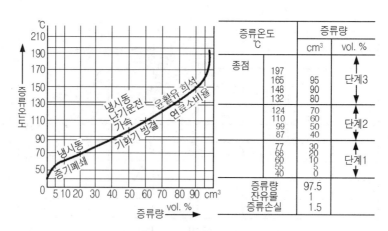

ASTM 증류곡선에서 온도의 영향

(1) 10% 점

겨울철과 같이 실린더가 냉각되어 있을 때에는 연료가 충분히 기화하지 못하여 시동성이 저하된다. 이 경우에는 연료의 공급을 늘려주어 농후한 공연비가 되도록 제어하여 연료 소비율이 증가하고 배출가스 중 유해물질이 증가한다. 10% 점은 이러한 시동성에 중요한 영향을 미치는 요소로 10% 점이 낮을수록 시동이 쉽다. 하지만 너무 낮을 경우 기화성이 과다하게 좋아져 연료의 기화로 인해 기포가 생겨 연료 공급계의 기능을 저하시키는 원인인 증기 폐쇄(Vapor Lock) 현상이 발생하기 쉬워진다.

(2) 30~60% 점

30~60% 점은 주로 엔진의 가속 성능에 영향을 미친다. 엔진을 가속시킬 경우 공급되는 공기 및 연료의 양은 즉시 증가하지만 연료가 모두 기화되지는 못한다. 따라서 액상으로 남은 연료는 충분히 실린더로 공급되지 못한다. 30~60% 점이 낮으면 기화성이 좋아지기 때문에 가속성이 좋아진다. 또한 MPI 엔진일 경우 각 실린더 마다 균일한 혼합비의 연료가 들어가야 하는데 기화성이 좋지 못하면 혼합기의 분배가 균일하게 되지 못한다. 적절한 분배는 ASTM 증류 60% 점과 그 경사에 관계가 있다.

(3) 90% 점

엔진에서 연소가 발생할 때 완전연소를 위해서는 점화전에 연료가 완전히 기화되어야 한다. 연소는 ASTM 증류 90% 점과 관계가 있다. 90% 점의 온도가 너무 높으면 기화가 잘 되지 않아 불완전연소가 되어 유해물질의 배출량이 증가한다. 또한 온도가 너무 낮으면 건조된 혼합기가 공급되므로 체적효율이 저하되어 출력이 감소하고 노크 현상이 발생한다.

90% 점은 윤활성과도 연관이 있는데 90% 점이 높을 경우 기화되지 못한 연료가 크

랭크 케이스로 내려가 엔진 오일을 희석시켜 실린더나 피스톤의 마찰면의 윤활성을 저하시킨다. 따라서 90% 점은 엔진의 특성에 맞게 낮아야 한다.

05 증기 폐쇄 현상(Vapor Lock)

(1) 증기 폐쇄 현상(Vapor Lock)의 정의

증기 폐쇄 현상이란 연료 시스템에 증기가 과도하게 발생하여 엔진에 연료를 충분히 공급하지 못하는 연료 공급 부족 현상으로 정의된다.

(2) 증기 폐쇄 현상의 원인 및 문제점

증기 폐쇄 현상은 주로 기화기를 사용하는 엔진에서 발생되는 현상이다. 시동이 잘 걸리도록 하기 위해서는 기화성이 좋아야 한다. 기화성은 ASTM 증류 곡선의 10% 점으로 나타낼 수 있는데, ASTM 증류 10%점이 낮아야 한다. 하지만 너무 낮으면 증기 폐쇄(Vapor Lock) 현상이 발생한다.

이러한 현상은 연료의 온도가 높아서 증기압이 높을 때 또는 고지대에서 외압이 저하되었을 경우에 주로 발생되며, 연료가 연료 파이프 계통 중에서 증발하여 기포가 발생되면 기화기에 공급되는 가솔린의 양이 일정하지 않게 되고, 심하면 가솔린의 공급이 단절되어 엔진 부조 및 시동 꺼짐 현상이 발생한다. 대체로 ASTM 증류 10% 점의 온도가 높은 편이 증기 폐쇄 현상이 일어나기 어렵다.

(3) 증기 폐쇄 현상 대책

증기 폐쇄 현상은 연료의 휘발성 및 연료계의 가열 외에도 연료 파이프 계통의 구조와도 관계된다. 즉, 연료 파이프의 적당한 직경과 굴곡이 적으며, 급유 펌프의 흡입 헤드를 작게 하는 등 적절한 설계를 통하여 방지할 수 있다. 하지만 현재의 자동차 연료 시스템은 전자제어화 되어 인젝터에서 분사하므로 증기 폐쇄 현상은 잘 발생하지 않는다.

기출문제 유형

✦ 디젤 연료의 구비조건을 8가지 이상 설명하시오.(87-1-3)

---

01 개요

(1) 배경

디젤 엔진은 흡기행정에서 공기를 흡입하고 고압으로 압축($30 \sim 50 kgf/cm^2$)하여 고온이 형성되면 경유를 분사하여 자연 착화시켜 동력을 발생시키는 엔진으로 압축비는 16~23:1이다. 연료가 분사되고 무화되어 공기와 혼합되는 시간을 위해 장행정 실린더를 사용하며 고압축비를 사용하기 때문에 저속 토크가 큰 장점이 있다.

(2) 경유의 정의 및 성질

경유는 원유를 분별 증류했을 때 220~250℃ 사이에서 얻어지는 연한 노란색의 투명하며 점성을 가진 액체를 말한다. 휘발유처럼 다양한 탄화수소로 이루어져 있는데 분자당 탄소의 수가 보통 12개에서 25개인 C_{12}~C_{25}의 탄화수소로 이루어져 있다. 주로 세탄(Cetane, $C_{16}H_{34}$)으로 구성된다. 휘발유나 등유에 비해 밀도가 높으며 비중은 0.82~0.87, 발열량은 9,010kcal/L, 인화점은 50℃ 이상, 발화점은 210℃ 정도이다. 휘발성이 낮아서 불이 쉽게 붙지 않고 인화점이 높고 발화점이 낮아서 압축 착화 엔진에 사용하기 적합한 연료이다. 연료에 유황성분이 있고 배출가스는 주로 질소산화물(NOx)이나 입자상 물질(PM)이 배출된다.

02 경유(Diesel)의 품질기준

경유는 디젤 엔진 또는 이와 유사한 내연기관의 연료로서 다음의 품질기준에 적합하여야 한다.

경유의 품질기준

항목 / 등급	자동차용
유동점 (℃)	0 이하 겨울용 : −18 이하 (혹한기용 : −23 이하)
인화점 (℃)	40 이상
동점도 (40℃, mm²/s)	1. 9 이상~5.5 이하
증류성상 (90% 유출온도, ℃)	360이하
10% 잔유 중 잔류탄소분 (무게 %)	0.15 이하
물과 침전물 (부피 %)	0.02 이하
황분 (mg/kg)	10 이하
회분 (무게 %)	0.02 이하
세탄값 (세탄지수)	52 이상
동판부식 (100℃, 3h)	1 이하
필터 막힘 점 (℃)	−18 이하
윤활성@60℃ (HFRR 마모흔경, μm)	400 이하
밀도@15℃ (kg/m³)	815 이상~835 이하
다고리 방향족 함량 (무게 %)	5 이하
방향족 화합물 함량 (무게 %)	30 이하
바이오디젤 함량 (부피 %)	2 이상 5 이하

계절별 품질기준 적용기간(유통단계)

항목	11. 1 ~ 11. 30 (겨울용)	12. 1 ~ 2. 28 (혹한기)	3. 1 ~ 3. 15 (겨울용)	3. 16 ~ 3. 31 (겨울용)	이외 기간
유동점(℃)	-18 이하	-23 이하	-18 이하	-13 이하	0 이하

(자료 : 한국석유관리원)

[관련근거] 한국산업통상자원부 고시 제2016-20호(2016. 2. 5)「석유제품의 품질기준과 검사 방법 및 검사 수수료에 관한 고시」

03 경유의 구비조건

(1) 유동성

경유는 저온으로 냉각되면 경유 중에 포함된 왁스 성분이 석출되어 유동성이 없어지는 상태에 까지 이르게 된다. 기간에 따라 유동점의 품질기준을 관리하고 있으며 겨울용은 최저 -23℃ 이하로 관리된다(11월1일~11월30일, 3월1일~3월15일은 -18℃ 이하, 12월1일~2월28일은 -23℃ 이하, 3월16일~3월31일은 -13℃ 이하, 4월부터 10월까지는 0℃)〉

(2) 인화점

인화점은 휘발성 액체에서 발생하는 증기가 공기와 섞여 가연성이 있는 상태에서 불꽃을 댔을 때 연소되기 시작하는 최저 온도이다. 경유의 인화점은 40℃ 이상으로 규제된다. 인화점은 수송과 취급의 안전문제로 중요하다.

(3) 물과 침전물

경유는 연료의 특성상 수분을 함유하기 쉬우며 빙점을 넘어가면 연료에서 분리되어 빙결하므로 연료 공급 시스템의 막힘을 초래한다. 수분 함유량이 규정 이상 시 연료가 닿는 부분의 부식을 일으킨다.

(4) 황 함유량

원유에서 정제된 경유는 탄화수소 이외에도 각종 성분이 함유되어 있으며, 그 중 황(sulfur)은 부식과 퇴적물을 일으키며 연소 과정 시 황산염을 발생하여 배기 후처리 장치의 촉매를 피독시키고 대기 중으로 배출 시 산성비를 유발하는 등 환경을 파괴시킨다. 10ppm으로 규제된다.

(5) 세탄값

착화성은 연료가 스스로 발화하는 성질이다. 세탄가(Cetane Number)가 높을수록 착화성이 좋다. 경유의 세탄가는 52 이상으로 규제되고 있다. 착화성이 좋지 않으면 노킹이 발생한다.

(6) 저온 필터 막힘점

저온 필터 막힘점은 일정량(20cc)의 시료를 미세한 여과기로 시료를 통과시켰을 때 60초 동안 여과기를 통한 유동이 없을 때의 최고 온도를 말한다. 디젤 엔진에서 사용하는 경유나 바이오디젤, 혼합물 및 오일의 저온 작동성을 확인하기 위해 사용한다. -18℃ 이하로 규제된다.

(7) 윤활성

경유의 윤활성은 HFRR 마모흔경 $400\mu m$ 이하로 규제된다. 연료의 점도가 낮을수록 무화가 잘 되지만 적절한 점도를 가져야 압축된 공기 속을 투과하는 성질이 향상된다. 디젤 엔진은 연료 자체로 윤활을 하기 때문에 연료 분사 시스템과 실린더 내부의 기계적 장치들의 마모가 방지된다.

(8) 회분 함량

특정 온도와 조건에서 물질을 연소할 때 남아 있는 회분의 무게를 백분율로 나타낸 것으로 연소되지 않는 무기물들의 함유량을 말한다. 엔진에 퇴적되어 피스톤의 마모와 실린더 마모를 초래하여 출력과 배출가스에 영향을 미치게 된다.

기출문제 유형

✦ 세탄가를 설명하시오.(60-1-6)

✦ 디젤 지수(Diesel Index : DI)를 설명하시오.(53-1-1) (90-1-6)

---

01 개요

경유는 원유를 분별 증류했을 때 220~250℃ 사이에서 얻어지는 연한 노란색의 투명하며 점성을 가진 액체를 말한다. 휘발유처럼 다양한 탄화수소로 이루어져 있는데 분자당 탄소의 수가 보통 12개에서 25개인 C_{12}~C_{25}의 탄화수소로 이루어져 있다. 주로 세탄(Cetane, $C_{16}H_{34}$)으로 구성된다. 경유의 착화성을 나타내는 단위로 세탄가와 세탄 지수, 디젤 지수가 있다.

세탄가는 CFR(Coordinating Fuel Research) 엔진을 이용해 측정하기 때문에 많은 시간이 소요되며 다양한 시료를 사용해야 하기 때문에 번거롭고 비용이 많이 든다. 세탄 지수와 디젤 지수는 이러한 단점을 보완하고자 만든 지수로 연료의 물성을 기준으로 도출되기 때문에 시간과 비용이 절감되는 장점이 있다. 하지만 세탄 지수와 디젤 지수는 세탄값을 대체하는 방법이 아닌 보조적인 방법으로써 세탄값에 대해 상대적으로 사용되어야 한다.

02 세탄가(Cetane Number)

(1) 세탄가(Cetane Number)의 정의

세탄가는 경유의 발화성을 나타내는 수치이다. 헥사데칸(Hexadecane, n-세탄, $C_{16}H_{34}$)을 100으로 하고, 헵타메틸노난(Heptametylnonane, HMN)의 값을 15로 하여, 시료로 사용된 경유와 동일한 노킹 정도를 나타내는 헥사데칸과 헵타메틸노난의 혼합물에 포함되는 헥사데칸의 비율이 그 시료의 세탄가이다. 가솔린 엔진의 옥탄가와 그 의미가 유사하며, 세탄가 높은 연료일수록 착화가 잘되어 착화지연 시간이 줄어들어 안티 노크성이 증가한다(옥탄가와 세탄가의 관계는 반비례 관계로 CN=60－0.5*MON와 같다).

(2) 세탄가(Cetane Number) 측정 방법

세탄가는 CFR(Cooperative Fuel Research) 엔진에서 측정한다. 표준 작동 조건하에서 시험 연료의 연료 분사량과 분사 시점을 조정하여 고정하고 착화지연을 측정한 후 압축비를 조정하여 착화지연이 일정 시점에서 되도록 고정한다. 이후 표준 연료로 같은 조건하에서 같은 압축비를 표시하는 표준 연료의 세탄가를 구한다. 이렇게 구한 표준 연료의 세탄가가 시험 연료의 세탄가가 된다.(시험조건 : 엔진 속도는 연소 중에 최대 9rpm, 운전 시 엔진 속도는 900±9rpm 이어야 한다. 연료 분사시기는 상사점 전 13.0°이다.)

(3) 세탄가(Cetane Number) 계산 방법

1) 표준 연료 세탄가

$$\text{세탄값(CN)} = \text{세탄\%} + 0.15(\text{HMN\%})$$

여기서, 세탄 % : 표준용액 혼합물 중 n-Cetane의 부피%
HMN % : 표준용액 혼합물 중 헵타메틸노난의 부피%

2) 시험 연료 세탄가

실제 시료의 세탄가를 측정하기 위해 실제 시료의 세탄가가 두 종류(고세탄, 저세탄)의 표준 시료의 세탄가 사이에 들어오도록 표준 시료를 제조한다. CFR/F-5장비를 이용하여 표준 시료를 분석한 핸드휠 측정값(Handwheel Reading)과 실제 분석 시료의 값을 측정하므로 아래와 같이 시료의 세탄가를 계산한다.

$$CN_S = CN_{LRF} + \left(\frac{HW_S - HW_{LRF}}{HW_{HRF} - HW_{LRF}}\right)(CN_{HRF} - CN_{LRF})$$

여기서, CN_S : 분석 시료의 세탄가

CN_{LRF} : 저세탄 표준 시료의 세탄가

CN_{HRF} : 고세탄 표준 시료의 세탄가

HW_S : 분석 시료의 핸드휠 측정값

HW_{LRF} : 저세탄 표준 시료의 핸드휠 측정값

HW_{HRF} : 고세탄 표준 시료의 핸드휠 측정값

[KS M 1SO 5165] 경유의 착화성 시험 방법, 세탄 엔진 방법

참고 세탄값은 헥사데칸(노멀세탄)의 지정값이 100이고 HMN 지정값이 0인 1-메틸나프탈렌의 용적비 혼합물로 정해졌다. 1962년 1-메틸나프탈렌은 저세탄값을 지닌 헵타메틸노난으로 바뀌어 보다 나은 안정성과 유용성을 지닌 물질을 활용할 수 있게 되었다. 헵타메틸노난은 정표준 연료인 세탄과 HMN의 용적비 혼합물을 이용하여 ASTM 미국 디젤 교환 그룹의 엔진 보정에 따라 세탄값이 15로 정해졌다.

(4) 세탄가(Cetane Number)의 특성

디젤 연료는 실린더 내에서 분사되고 난 후 발화 시까지 연료가 고온 고압으로 압축된 공기를 통과하고 무화되어 공기 중의 산소와 혼합되어야 하기 때문에 시간이 걸린다. 이를 착화지연(Ignition Delay)이라고 부르는데 착화지연된 다량의 연료가 실린더 내에 축적되어 발화 될 경우, 일시에 연소되어 이상폭발을 일으켜 엔진에 충격을 주고 연료 효율을 떨어뜨린다.

이러한 '노킹 현상'은 배출가스 중의 미연소 탄화수소와 질소산화물, 입자상물질의 배출량에도 많은 영향을 미친다. 따라서 착화지연 현상은 많은 요소들이 영향을 미치는데 그중에서 세탄가는 가장 큰 영향을 미친다. 세탄가가 클수록 착화성이 높아져 착화지연 현상이 발생하지 않게 되고 부드러운 연소가 가능하게 된다. 하지만 세탄가가 지나치게 높으면 폭발시점 이전에 자기착화 되어 열효율이 저하된다.

또한 배출가스 중의 CO, HC, NOx는 세탄가가 높아질수록 감소하며 PM은 약간 증가된다. 따라서 세탄가는 45~60 정도가 적당하며 국가별로 규제되고 있다. 유럽에는 51 이상, 미국은 30~40 이상, 일본은 45~50 이상으로 규제되고 국내에서는 50 이상으로 규제되고 있다.

1600cc 차량의 세탄 번호별 배출 결과

[unit : g/km]

Item	1,600cc									
	CN48	CN52			CN55			CN58		
	Base	Add	GTL	BD	Add	GTL	BD	Add	GTL	BD
CO	0.256	0.161	0.136	0.130	0.150	0.104	0.127	0.123	0.093	0.080
THC+NOx	0.264	0.253	0.209	0.235	0.242	0.206	0.234	0.241	0.218	0.228
PM	0.015	0.012	0.011	0.012	0.019	0.018	0.017	0.018	0.016	0.017
CO2	144	145	143	144	144	141	141	141	144	143

03 세탄 지수(Cetane Number)

(1) 세탄 지수(Cetane Number)의 정의

세탄 지수(Cetane Index)와 같은 말로 연료의 물성(증류성상, 밀도)으로부터 도출된 연료의 착화성을 나타내는 지수이다.

(2) 세탄 지수(Cetane Number)의 측정 방법

세탄 지수는 경유 제품의 끓는점 분포 및 밀도로부터 계산식에 의해 산출된다. 순수한 물질은 단일 끓는점을 보이지만 연료는 매우 복잡한 혼합물 형태이기 때문에 증류성상을 측정하므로 이들의 끓는점 분포를 측정할 수 있으며, 이러한 끓는점 분포와 밀도의 정보로부터 세탄 지수를 도출시킬 수 있다. 측정 방법은 다음과 같다.

① 15℃에서 시료의 밀도를 $0.1kg/m^3$단위까지 구한다.

② 표준 대기압으로 보정된 부피분율 10%, 50%, 90%가 회수된 때의 증류 유출 온도를 구한다.

③ 세탄 지수가 알려진 상관 식에 이들 시험 데이터를 적용하여 산출한다.

참고 [KS M ISO4264]4-변수식을 이용한 중간 증류 연료의 세탄 지수 계산 방법

(3) 세탄 지수(Cetane Number)의 계산 방법

$$CI(Cetane\ Index) = 45.2 + 0.0892T_{10N}+(0.131+0.901B)T_{50N}$$
$$+(0.0523-0.42B)T_{90N}+0.00049(T^2_{10N}-T^2_{90N})+107B+60B^2$$

여기서, T_{10N} : T_{10}-215

T_{50N} : T_{50}-260

T_{90N} : T_{90}-310

T_{10} : 10부피% 증류 유출 온도(℃)

T_{50} : 50부피% 증류 유출 온도(℃)

T_{90} : 90부피% 증류 유출 온도(℃)

$B=[exp(-0.0035D_N]-1$

$D_N=D-850$

04 디젤 지수(DI : Diesel Index)

(1) 디젤 지수(DI : Diesel Index)의 정의

디젤 연료의 발화성(착화성)을 나타낸 지수로 CFR 엔진을 사용하지 않고 디젤 연료의 착화성을 나타내는 지수이다.

(2) 디젤 지수(DI : Diesel Index)의 계산 방법

디젤 지수는 API 비중과 애닐린 점으로부터 구한다. 온도 단위는 "℉'이다. API 비중은 미국석유협회에서 제정한 60℉일 때 경유의 비중이다. 애닐린 점(Aniline Point)은 경유 5cc의 시험 연료를 동일한 양의 애닐린(C6H7N)과 혼합하여 가열하면 완전히 용해되어 투명한 용액이 되는데, 이때의 최저 온도를 말한다.

$$디젤지수 = \frac{API - 애닐린점}{100}$$

$$API\ 비중 = \frac{141.5}{60℉의\ 비중} - 131.5$$

05 디젤 지수(DI : Diesel Index)의 특징

디젤 지수는 0부터 100까지 분포되어 있으며 세탄가와의 관계는 다음 그래프와 같다. 세탄가 30이 디젤 지수의 25정도와 비슷하고 세탄가 70이 디젤 지수 85와 비슷하다. CFR 엔진을 사용하지 않고 디젤 연료의 착화성을 나타낼 수 있기 때문에 경제적이며 정확도 또한 높다. 하지만 세탄 지수와 마찬가지로 세탄가를 나타내는 보조적인 수단으로만 사용되어야 한다.

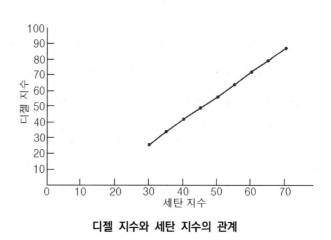

디젤 지수와 세탄 지수의 관계

기출문제 유형

◆ 경유 연료의 유동점을 설명하시오.(74-1-13)

01 개요

경유는 원유를 분별 증류했을 때 220~250℃ 사이에서 얻어지는 연한 노란색의 투명하며 점성을 가진 액체를 말한다. 휘발유처럼 다양한 탄화수소로 이루어져 있는데 분자당 탄소의 수가 보통 12개에서 25개인 $C_{12} \sim C_{25}$의 탄화수소로 이루어져 있다. 주로 세탄

(Cetane, $C_{16}H_{34}$)로 구성된다. 휘발유나 등유에 비해 밀도가 높으며 비중은 0.82~0.87, 발열량은 9,010kcal/L, 인화점은 50℃ 이상, 발화점은 210℃ 정도이다. 휘발성이 낮아서 불이 쉽게 붙지 않고 인화점이 높고 발화점이 낮아서 압축착화 엔진에 사용하기 적합한 연료이다. 연료에 유황성분이 있고 배출가스는 주로 질소산화물(NOx)이나 입자상물질(PM)이 배출된다.

02 유동점의 정의 및 특징

유동점은 시료를 규정된 방법으로 냉각했을 때 시료가 유동할 수 있는 최저 온도를 말하는 것으로 연료가 저온 상태에서도 굳지 않고 흐를 수 있는 최저 온도를 의미한다. 온도를 지속적으로 내리게 되면 연료에서 왁스가 석출되기 시작하면서 굳기 시작 하는 데 이 시점 직전의 온도를 유동점이라고 한다.

① 운점(Cloud Point) : 연료의 내한성을 나타내는 지수이며 연료를 냉각시킬 때 파라핀 왁스나 그 밖의 물질이 석출되어 하얗게 흐려지기 시작 할 때의 온도

② 유동점 : 응고점보다 2.5도 높으며 운점보다 낮은 상태로 유동이 완전히 멈추는 온도를 유동점이라고 함

③ 응고점(Solidifying Point) : 운점에 도달 후 점도가 증가되어 유동성을 잃게 되고 굳어지기 시작하는 온도, 액체 혹은 기체가 굳어 고체가 되는 온도, 물은 빙점이라고 함

03 경유 연료 유동점의 품질기준

자동차용 경유의 유동점은 11월1일~11월30일, 3월1일~3월15일은 겨울용으로 -18℃ 이하, 12월1일~2월28일은 혹한기용으로 -23℃ 이하, 3월16일~3월31일은 겨울용으로 -13℃ 이하로 적용된다. 4월부터 10월까지는 유동점 기준이 0℃로 변경된다.

계절별 품질기준 적용기간(유통단계)

항목	11.1~11.30 (겨울용)	12.1~2.28 (혹한기)	3.1~3.15 (겨울용)	3.16~3.31 (겨울용)	이외 기간
유동점(℃)	-18 이하	-23 이하	-18 이하	-13 이하	0 이하

(자료 : 한국석유관리원)

[관련근거] 한국산업통상자원부 고시 제2016-20호(2016. 2. 5)「석유제품의 품질기준과 검사 방법 및 검사 수수료에 관한 고시」

04 경유의 유동점 시험 방법

경유의 유동점은 [KS M ISO 3016] 석유제품, 유동점 시험 방법에 의해 평가한다. 시험관에 시료를 넣고 초기 가열한 후 규정된 속도로 냉각하며 3℃ 간격으로 유동성을 측정한 후 시료의 유동성이 관찰된 최저 온도를 유동점으로 기록한다.

05 겨울철에 왁스 성분이 생성되는 이유

경유는 원유에서 정제를 할 때 끓는점이 180℃~360℃인 탄화수소의 혼합물로 구성된다. 원유를 고온에서 정제하면 파라핀이라는 물질이 연료 자체에서 생성된다. 파라핀은 왁스나 양초의 원료로 사용되는 성분으로 저온에서 정제하는 가솔린에서는 발생하지 않는다. 양초나 왁스는 분자량이 대단히 높은 고분자 화합물이라 상온에서도 고체 상태이지만 경유에 포함되어 있는 파라핀은 분자당 탄소수가 18개에서 25개 수준이라 상온에서 액체 상태를 유지한다. 파라핀은 열량이 높고 마찰을 줄여주며, 경유의 필수적인 성능인 세탄가(불붙는 능력)가 우수하기 때문에 경유에서 파라핀을 완전히 제거하기는 어렵다. 온도가 낮은 경우에 파라핀은 고체 왁스가 되어 연료의 유동성을 저하시킨다. 따라서 동절기 혹은 혹한기 경유는 하절기 경유로부터 파라핀 성분을 일정량 이상 제거한 후 제조한다. 동절기 경유는 하절기 경유에 비해 파라핀이 부족해 세탄가가 낮고 열량이 낮아 연비가 나빠지는 경향을 보이게 된다.

기출문제 유형

✦ CFPP(Cold Filter Plugging Point)를 설명하시오.(66-1-10

---

01 개요

자동차의 화석연료는 원유를 정제하여 만든 것으로 경유의 경우에는 왁스 성분이 포함되어 있다. 연료 온도가 낮아지면 일정 온도에서 왁스 결정이 침전되기 시작한다. 왁스가 일정량 침전되면 왁스 결정이 연료 시스템의 필터나 통로를 막아 연료의 흐름을 막을 수 있다. 연료의 유동성이 감소하고 연료 공급이 원활하지 않게 된다.

02 CFPP(Cold Filter Plugging Point)의 정의

저온필터 막힘점은 일정량(20cc)의 시료를 미세한 여과기로 시료를 통과시켰을 때 60초 동안 여과기를 통한 유동이 없을 때의 최고 온도를 말한다. 디젤 엔진에서 사용하는 경유나 바이오디젤, 혼합물 및 오일의 저온 작동성을 확인하기 위해 사용한다.

03 겨울철에 왁스 성분이 생성되는 이유

경유는 원유에서 정제를 할 때 끓는점이 180℃~360℃인 탄화수소의 혼합물로 구성된다. 원유를 고온에서 정제하면 파라핀이라는 물질이 연료자체에서 생성된다. 파라핀은 왁스나 양초의 원료로 사용되는 성분으로 저온에서 정제하는 가솔린에서는 발생하지 않는다. 양초나 왁스는 분자량이 대단히 높은 고분자 화합물이라 상온에서도 고체 상태이지만 경유에 포함되어 있는 파라핀은 분자당 탄소수가 18개에서 25개 수준이라 상온에서 액체 상태를 유지한다. 파라핀은 열량이 높고 마찰을 줄여주며, 경유의 필수적인 성능인 세탄가(불붙는 능력)가 우수하기 때문에 경유에서 파라핀을 완전히 제거하기는 어렵다. 온도가 낮은 경우에 파라핀은 고체 왁스가 되어 연료의 유동성을 저하시킨다. 따라서 동절기 혹은 혹한기 경유는 하절기 경유로부터 파라핀 성분을 일정량 이상 제거한 후 제조한다. 동절기 경유는 하절기 경유에 비해 파라핀이 부족해 세탄가가 낮고 열량이 낮아 연비가 나빠지는 경향을 보이게 된다.

04 CFPP(Cold Filter Plugging Point) 측정 방법

저온 필터 막힘점은 전자 테스터로 측정한다. 장비에서 측정 프로그램을 선택한 후 시료를 샘플 Jar에 넣고 장비에 장착하면, Jar 내부의 압력이 전자 진공 시스템에 의해 조절되어 샘플을 필터로 통과시킨다. 이 과정을 온도를 1℃씩 낮추면서 반복해 60초 이내에 더 이상 시료가 필터를 통과하지 못하게 되면 측정이 끝나고 결과가 표시된다(측정범위: -50~20℃). 모든 측정 과정은 자동으로 진행된다. 국내에서 경유의 저온 필터 막힘점은 -18℃ 이하로 규제되고 있다.

항목	등급	자동차용
필터막힘 점 (℃)		-18 이하

석유제품의 품질기준과 검사 방법 및 검사 수수료에 관한 고시[시행 2019. 4. 29.] 별표, 석유 제품의 품질기준

기출문제 유형

✦ 경유 연료의 윤활성을 나타내기 위한 HFRR(High Frequency Reciprocation Rig)에 대하여 설명하시오.(78-4-2)

01 개요

(1) 배경

윤활은 두 물체 사이에 유막을 형성하여 마찰과 마멸을 감소시키고 미끄러짐이 잘 일어나도록 하는 작용이다. 각종 윤활유 및 연료유 제품의 윤활성을 시험하기 위해서 금속을 고주파로 마찰시킨 후 마찰 흔적을 측정한다. 국제표준화기구(ISO : International Organizatioon for Standardization)의 규격 중 하나인 ISO 12156-1에는 경유의 윤활성을 측정하기 위한 HFRR TEST 방법에 대해 표준화되어 있다.

(2) HFRR(High Frequency Reciprocation Rig)의 정의

고주파수 왕복 운동 장비로 주로 유체의 윤활성을 측정하기 위해 일정량의 유체가

담긴 금속판 위에 구형의 금속구를 왕복 마찰시켜 금속구에 생성된 마모 흔적을 측정하여 유체의 윤활성을 측정하는 장비이다.

02 HFRR(High Frequency Reciprocation Rig)의 구성

① **금속구** : 외경 6mm의 구형의 금속으로 진동기에 의해 진동되어 금속 원판과 마찰되어 마모된다.

② **금속 원판** : 지름 1cm인 금속 원판으로 유체(경유)가 일정량 이상 채워져 있다.

③ **진동기** : 금속구를 일정 주기로 진동시켜 금속원판과 마찰시킨다.

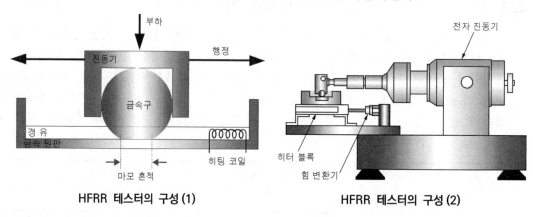

HFRR 테스터의 구성 (1)   HFRR 테스터의 구성 (2)

03 연료의 윤활성 측정 방법

시료 2mL를 60℃에서 75분 동안 50Hz의 주파수와 200g의 하중 조건에서 금속원판(지름1cm 원판)과 시험구(외경 6mm 금속구)를 왕복 마찰시킴으로 시험구에 마모흔(MWSD ; mean wear scar diameter)을 생성한다. 생성된 마모흔은 현미경을 이용하여 측정한다. 습도는 ISO 표준방법에서 정하는 30%~50%가 유지되도록 조절한다.

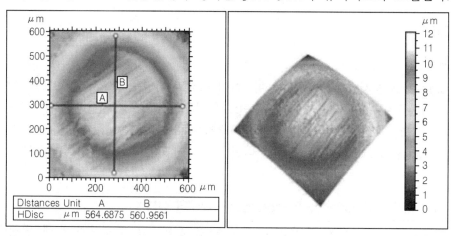

일반적인 테스트 분석

04 HFRR(High Frequency Reciprocation Rig) Test 규격

마모흔은 시험구와 금속원판의 마찰로 생긴 흔적으로 그 크기가 클수록 시료의 윤활성이 떨어지는 것을 의미한다. 전세계적으로 사용되는 HFRR 규격은 보통 $460~\mu m$ 이하로 규정되고 있다. 국내에서 요구하는 경유 품질기준은 $400\mu m$ 이하로 규제되고 있다.

HFRR(High Frequency Reciprocation Rig) Test 규격

Method	Max Wear Scar Dia.	Reference Fuel	Comments
D6079-US	$520\mu m$	ASTM Lubricity Fluids A and B	Usdd in D975-Mean wear scar diameter
CEC F-06-A-96 Europe	$460\mu m$	CEC-DF-90-A-92 & CEC-DF-70-08	Humidity Correction factor(HCF) used-WS1.4
ISO 12156-Worldwide	$460\mu m$	ASTM or CEC fluids satisfactory	WS1.4
JPI 55-50-98	$460\mu m$	CEC-DF-90-A-92 & CEC-DF-70-08	WS1.4
IP450/2000	$460\mu m$	CEC-DF-90-A-92 & CEC-DF-70-08	WS1.4

항목	등급	자동차용
윤활성@60℃ (HFRR 마모흔경, ㎛)		400 이하

석유제품의 품질기준과 검사 방법 및 검사 수수료에 관한 고시[시행 2019. 4. 29.] 별표, 석유 제품의 품질기준

기출문제 유형

✦ 경유 연료를 휘발유 엔진에 사용할 경우의 예상되는 문제점을 설명하시오.(65-1-8)

01 개요

자동차 연료로는 휘발유, 경유, LPG, 압축천연가스(CNG), 액화천연가스(LNG)가 주로 사용되고 있다. 국내에서는 주로 휘발유 자동차와 경유 자동차가 사용되는데 간혹 혼유를 하는 경우가 발생한다. 주로 경유 차량에 휘발유를 주입하여 문제가 발생하는데 그 이유는 주유소 휘발유 주유기의 직경은 1.91cm로 경유 차량의 연료 주입구(3.0cm~4.0cm)보다 작기 때문이다. 반면, 주유소 경유 주유기의 직경은 2.54cm로, 휘발유 차량 연료 주입구(2.1cm~2.2cm)보다 커서 혼유 사고가 거의 발생하지 않는다.

02 경유의 정의 및 성질

경유는 원유를 분별 증류했을 때 220~250℃ 사이에서 얻어지는 연한 노란색의 투명하며 점성을 가진 액체를 말한다. 휘발유처럼 다양한 탄화수소로 이루어져 있는데 분자당 탄소의 수가 보통 12개에서 25개인 C_{12}~C_{25}의 탄화수소로 이루어져 있다. 주로 세탄(Cetane, $C_{16}H_{34}$)으로 구성된다. 휘발유나 등유에 비해 밀도가 높으며 비중은 0.82~0.87, 발열량은 9,010kcal/L, 인화점은 50℃ 이상, 발화점은 210℃ 정도이다. 휘발성이 낮아서 불이 쉽게 붙지 않으며, 인화점이 높고 발화점이 낮아서 압축착화 엔진에 사용하기 적합한 연료이다. 연료에 유황성분이 있고 배출가스는 주로 질소산화물(NOx)이나 입자상 물질(PM)이 배출된다.

03 경유 연료를 휘발유 엔진에 사용할 경우 예상되는 문제점

경유 연료를 휘발유 엔진에 넣을 경우 경유가 섞인 휘발유가 연소실로 공급이 되므로 엔진의 출력이 떨어지고 가속이 잘 안되며 엔진의 부조가 생긴다. 하지만 엔진에 과도한 열이 발생하지 않고, 파손 정도가 그리 심하지는 않아서 엔진 내부와 연료 탱크를 세척해주면 재사용이 가능하다.

(1) 시동 불량, 엔진 부조

경유는 인화점이 높고 착화점이 낮기 때문에 고온 고압으로 압축되지 않으면 점화 플러그에서열을 가해줘도 착화가 되지 않는다. 따라서 시동이 잘 걸리지 않고 시동이 걸려도 점화 불량이 발생하여 부조를 일으키게 된다.

(2) 배기가스 배출

경유 연료의 점성으로 인해 분사와 무화가 잘 안되어 공기와 혼합이 잘 안되고, 인화가 되지 않아 연료가 그대로 배기가스로 배출된다. 주로 검은색 배기가스가 나오게 된다.

(3) 연료 공급 불량

경유는 연료 자체는 밀도가 높고 점성이 있다. 따라서 가솔린 엔진에서 동작하면 연료 펌프 및 연료 공급 시스템에서 유동이 잘 되지 않아 필터가 막히는 등 연료 공급이 어려워지고 인젝터 분사 노즐이 막힐 수 있다.

04 휘발유 연료를 경유 엔진에 사용한 경우

디젤 엔진은 높은 압력으로 공기를 압축한 후 연료를 분사해 폭발하는 방식으로 경유는 발화점이 낮고 점성이 있어서 인젝터에서 분사될 때 과열된 인젝터를 식혀주고 실린더 내부의 윤활제 역할을 할 수 있다. 하지만 휘발유는 점성이 없고 분사 시 경유보다 높은 열을 발생하여 인젝터 끝부분(노즐)이 과열되어 손상된다. 또한 연료를 공급하는 고압 연료 펌프도 휘발유의 윤활성 부족으로 인해 과열되어 손상된다. 따라서 시동이 걸리기는 하지만 지속되지 못하고 기계적 과부하로 엔진의 피스톤, 흡배기 밸브, 인젝터의 노즐, 각종 베어링 등이 손상되고 연료분사장치까지 손상되어 재사용이 불가능하게 된다.

기출문제 유형

✦ 휘발유와 경유의 성분 중 유황분을 초저유황화로 강화하는 이유에 대하여 설명하시오.(62-4-6)

✦ 국내 휘발유와 경유의 황 함유량에 대해 설명하고 유황 성분이 차량 부품에 미치는 영향에 대해 설명하시오.(69-4-5)

---

01 개요

(1) 배경

휘발유, 경유는 원유를 분별 증류했을 때 30~200℃, 200~370℃에서 끓는 액체로 주로 옥탄과 세탄으로 구성된다. 휘발유는 인화점이 낮고 발화점이 높아서 점화 엔진이 적합한 연료이고 경유는 인화점이 높고 발화점이 낮아서 압축착화 엔진에 적합한 연료이다. 연료를 분별 증류할 때 원유에 포함되어 있던 황도 같이 증류된다. 황은 독성 물질로 연소하는 과정에서 SOx를 생성하며 이는 연소실 및 엔진 장치, 배기관 등의 금속 성분을 부식시키고 대기 중으로 배출되면 산성비나 스모그를 유발하는 등 환경오염을 야기한다. 따라서 휘발유나 경유를 정제할 때는 탈황공정으로 황 성분을 제거해준다.

(2) 황(S : Sulfur)의 정의

황은 유황, 석유황으로 불리며 맛과 냄새가 없는 비금속 원소이다. 자연 상태에서는 순수한 황, 또는 황화물이나 황산염의 형태로 존재한다. 끓는점은 717.8K(444.65℃)이다. 황이 연소되면 이산화황(SO_2)으로 부식성 있는 질식성 유독 기체가 된다.

02 황분 함량 기준

항목	등급	자동차용
황분(mg/kg)		10 이하

석유 및 석유대체연료 사업법, 석유제품의 품질기준과 검사 방법 및 검사 수수료에 관한 고시 [별표] 석유제품의 품질기준

03 황분 시험 방법(KS M 2027)

자동차 가솔린의 황분은 미량 전기량 적정식 산화법을 사용한다. 시료를 가열한 연소관에 도입하고, 산소와 불활성 가스 기류 중에 연소시킨다. 연소 생성한 이산화황을 전해액에 흡수시켜 전기량 적정하고 이때 소비된 전기량에서 황분을 구한다. 미량 전기량 적정식 산화법 계산에 의해 황분이 계산된다.

$$S = \frac{B}{V \times D \times F}$$

여기서, S : 황분(mg/kg), B : 황량(ng), V : 시료 주입량(μL),
D : 시료 밀도(g/cm^3), F : 평균회수 계수

04 초저 유황유(ULSD : Ultra Low Sulfur Diesel)로 강화하는 이유

자동차에서 배출되는 배출가스는 환경과 인체에 유해한 영향을 미친다. 따라서 세계 각국에서는 자동차에서 배출되는 배출가스 중 유해 물질의 함량을 규제하고 있다. 휘발유 엔진의 경우 삼원촉매장치(TWC : Three Way Catalyst), GPF(Gasoline Particulate Filter)를 사용해서 배기가스를 저감하고 있고 디젤 엔진의 경우 배기 후처리 장치인 디젤 산화 촉매장치(DOC : Diesel Oxidation Catalyst), 입자상물질 여과장치(DPF : Diesel Particulate Filter Trap), 선택적 환원 촉매장치(SCR : Selective Catalytic Reduction) 등을 사용해서 배출가스를 저감해주고 있다.

이러한 배기 후처리 장치에 적용되는 촉매는 귀금속 물질(Precious Metal Group)로 백금(Pt), 팔라듐(Pd), 로듐(Rh) 등이 적용된다. 귀금속 물질은 인, 황, 마그네슘 등에 의해 화학적으로 쉽게 피독되고, 한번 피독되면 촉매의 면적이 감소하여 배기가스의 정화율이 감소된다. 따라서 디젤 연료에 황 함량이 높으면 황화물에 의해 엔진 금속 부위의 열화가 초래되고, 후처리 장치의 촉매가 피독되어 배기가스가 정화되지 않아 인체에 유해한 물질이 다량으로 배출된다. 특히 배기 규제가 EURO-6과 같이 강화되면서 규제를 만족하기 위해서는 위에 언급한 배기 후처리 장치의 사용이 필수적이므로 연료의 황 함유량이 10ppm 이하인 초저유황유가 사용되어야 한다.

(1) 촉매의 피독 과정

연료나 엔진 윤활유에 있던 황 성분은 연소실에서 산소와 반응하여 이산화황(SO$_2$)이 된다. 이는 산화 촉매에 의해 산소와 반응하여 삼산화황(SO$_3$)으로 산화되고 배기 중의 수분과 만나 황산(H$_2$SO$_4$)이 된다. SO$_3$으로 산화된 황의 일부는 귀금속과 반응하여 촉

매의 산화반응을 저하시킨다. 백금(Pt)은 상대적으로 피독되기 어려우나 한번 피독이 진행되면 회복되기 어렵다. SO_2이 Pt상에서 산화되면 Pt을 담지하고 있는 담지체(담층)와 반응하여 안정한 화합물을 만들기 때문이다.

시간이 지날수록 이 양이 증가하여 Pt 촉매를 덮게 되어 더 이상 Pt이 배기와 접촉할 수 없게 된다. 황산은 담층 기공의 입구를 막아 그 안에 위치한 촉매가 더 이상 배기와 만날 수 없게 하여 촉매 성능을 저하시킨다. 팔라듐(Pd)는 SO_2, SO_3 과 직접 반응하여 피독 물질을 생성한다. 피독 물질은 담지체와 반응한 결과물보다 안정성이 떨어져서 빠르게 떨어져나가 재생이 빠르다. 따라서 Pt과 Pd의 양을 적절히 배분하면 피독된 후 회복률이 향상될 수 있다.

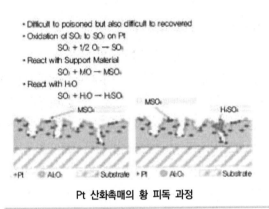

Pt 산화촉매의 황 피독 과정	Pt/Pd 산화촉매의 황 피독 과정

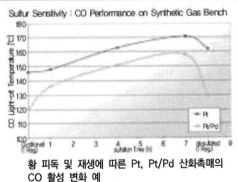

황 피독 및 재생에 따른 Pt, Pt/Pd 산화촉매의
CO 활성 변화 예

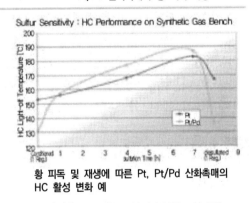

황 피독 및 재생에 따른 Pt, Pt/Pd 산화촉매의
HC 활성 변화 예

(자료 : http://global-autonews.com/bbs/board.php?bo_table=bd_013&wr_id=150)

기출문제 유형

✦ 자동차용 LPG를 여름용과 겨울용으로 구분하는 이유에 대하여 설명하시오.(119-1-6)

✦ LPG의 주요 성분은 무엇이고, 여름과 겨울철용에 성분을 어떻게 구성하며, 그 이유를 설명하시오.(95-1-2)

01 개요

자동차 연료로는 휘발유, 경유, LPG, 압축천연가스(CNG), 액화천연가스(LNG)가 주로 사용되고 있다. LPG는 액화석유가스로 원유 정제 시 가장 낮은 온도에서 정제되는 물질로 프로판과 부탄으로 구성되어 있는 가스를 액화시킨 물질이다.

02 액화석유가스(LPG : Liquefied Petroleum Gas)의 정의와 성질

LPG는 원유 정제시 30℃ 이하에서 나오는 C_3, C_4의 탄화수소 가스를 비교적 낮은 압력($6~7kg/cm^2$)을 가하여 액체 상태로 만든 것이다. LPG의 주성분은 프로페인/프로판(C_3H_8), 뷰테인/부탄(C_4H_{10})이며, 프로판은 비중이 액체 비중이 0.5, 기체 비중은 1.5, 발열량은 12,050kcal/kg(기체 발열량 22,450kcal/m^3)이다. 부탄은 액체 비중이 0.58, 기체 비중은 2.0, 발열량이 11,850kcal/kg(기체 발열량 29,150kcal/m^3)이다.

인화점은 프로판과 부탄이 각각 -104℃, -74℃로 공기 중에 누출이 되면 항상 폭발 위험성이 있다. 착화점은 프로판 490~550℃, 부탄 470~540℃로 점화 엔진에 더 적합하다. 다른 연료에 비해 열량이 높고 무색무취이며 공기보다 무거워 공기 중으로 흩어지지 않기 때문에 가정이나 영업장소, 택시 등 자동차에서 사용하는 LPG에는 누설될 때 쉽게 감지하여 사고를 예방할 수 있는 불쾌한 냄새가 나는 메르캅탄류의 화학 물질을 섞어서 공급한다. 배출가스가 휘발유나 경유에 비해 청정하나 밀도가 높지 않아 1회 충전 시 주행거리가 짧다.(약 550km, 가솔린 700km, 디젤 900km)

03 액화석유가스(LPG : Liquefied Petroleum Gas)의 특징

(1) 장점

① 프로판의 발열량은 12,050kcal/kg, 부탄의 발열량은 11,850kcal/kg로 휘발유나 경유보다 크다.

② 상온에서는 기체로 존재하지만 압력을 가하면 쉽게 액화가 가능하여 체적이 1/250로 줄고 운반이 용이하다.

(2) 단점

① 액체 비중은 물보다 작으나 기체 비중은 공기보다 무거워 누출 시 대기 중으로 확산되지 않고 그대로 남아 있어 폭발 위험성이 발생한다.

② LPG 용기가 필요하여 트렁크 장소가 협소해지고 자동차 무게가 증가한다.

③ 밀도가 높지 않아서 1회 충전 시 주행거리가 짧다.

④ 윤활성이 좋지 않고 유기화합물을 녹이는 용해성을 갖고 있다.

04 자동차용 LPG를 여름용과 겨울용으로 구분하는 이유

LPG의 주성분은 프로판(C_3H_8), 부탄(C_4H_{10})이다. 프로판의 경우 대기압 상태에서 -42.1℃ 이하로 냉각시키거나 상온에서 7kg/cm² 이상으로 압력을 가하면 쉽게 액화되며, 부탄은 -0.5℃ 이하로 냉각시키거나 2kg/cm² 이상 압력을 가하면 액화된다. -42.1℃, -0.5℃를 프로판과 부탄의 비점이라 하며 이 온도에 이르면 기체가 된다. 따라서 온도가 -0℃ 이하로 내려가는 겨울철에는 부탄이 쉽게 기화되지 않아서 기존 기화기를 사용하는 LPG 차량에서는 시동이 걸리지 않았다. 이러한 이유로 겨울철에는 부탄의 비율을 적게 하고 프로판의 비율을 높게 한다. LPG 품질기준은 C_3 탄화수소(프로판)를 겨울용으로는 25~35로 사용하게 규정되어 있다. 이 경우 프로판의 기체 발열량이 부탄의 발열량보다 2/3 정도이므로 발열량이 저하되는 현상이 발생할 수 있다.

LPG의 품질기준

항목	종류	1호 (가정·상업용)	2호(자동차·캐비넷 히터용) 여름용	2호(자동차·캐비넷 히터용) 겨울용	3호
조성 (mol%)	C_3 탄화수소	90 이상	10 이하	25 이상 35 이하	–
조성 (mol%)	C_4 탄화수소	–	85 이상	60 이상	85 이상
부타디엔		0.5 이하			
황함량(mg/kg)		30 이하			
증기압(40℃, MPa)		1.53 이하	127 이하		0.52 이하
밀도(15℃, kg/m³)		500~620			
잔류물질(mL)		0.05 이하			
동관부식(40℃, 1h)		1 이하			
수분		합격	–		

석유 및 석유대체연료 사업법, 석유제품의 품질기준과 검사 방법 및 검사 수수료에 관한 고시 [별표] 석유제품의 품질기준

참고 액체가 고체가 되는 지점을 빙점, 어는점이라고 하고 고체에서 액체가 되는 지점을 융점, 녹는점이라고 하는데 프로판의 융점은 -188.7℃이며 부탄은 -138.4℃이다. 따라서 겨울철에 LPG가 얼어서 시동이 안 걸린다고 하는 말은 잘못된 상식이라고 할 수 있다. 또한 발열량의 경우 프로판이 12,800kcal/kg, 부탄이 11,850kcal/kg으로 부탄이 다소 낮은데 이것은 단위 중량당 수소 결합이 적기 때문이고 단위 부피당 발열량은 프로판이 22,450kcal/m³, 부탄이 29,150kcal/m³로 부탄이 높은데 이는 단위 부피당 수소 결합이 많기 때문이다.
연비 및 동력성능 측면에서 LPG 연료는 단위 중량당 발열량은 높으나, 밀도가 낮아 단위 체적당 발열량이 떨어지게 되며, 화염 전파속도가 느리므로 휘발유 대비 연비 및 동력성능 측면에서 다소 열세라고 할 수 있다.

자동차용 LPG의 프로판 혼합 최적비율

구분	항목	LPG(여름용)	LPG(겨울용)	휘발유
배출가스 측면 LPG 특성	주성분	부탄 100%	부탄 70% +프로판 30%	C_3-C_{12} 탄화수소
	분자당 탄소수	4	3.7	7.9
	휘발유 대비 CO_2(g/km) 배출비율	92%	91%	100%
연비 측면 LPG 특성	액상 밀도(kg/L)	0.52	0.56	0.74
	중량당 발열량(MJ/kg)	45.7	45.9	44
	체적당 발열량(MJ/kg)	26.5	25.6	32.6
	가솔린 대비 연비(km/L) 비율	92%	91%	100%

자동차용 LPG의 프로판 혼합 최적비율 도출 연구, 한국석유관리원, 지식경제부

기출문제 유형

✦ 엔진의 기계적인 조건이 동일할 때, LPG연료가 가솔린 연료 비하여 역화(Back Fire)가 더 많이 발생하는 이유와 방지 대책에 대하여 설명하시오.(105-4-3)

✦ LPG 자동차의 역화 현상에 대하여 논하라.(66-4-5)

01 개요

(1) 배경

자동차 연료로는 휘발유, 경유, LPG, 압축천연가스(CNG), 액화천연가스(LNG)가 주로 사용되고 있다. LPG는 액화석유가스로 원유 정제 시 가장 낮은 온도에서 정제되는 물질로 프로판과 부탄으로 구성되어 있는 가스를 액화시킨 물질이다. LPG는 원유 정제 시 30℃ 이하에서 나오는 C_3, C_4의 탄화수소 가스를 비교적 낮은 압력($6{\sim}7kg/cm^2$)을 가하여 액체 상태로 만든 것이다. LPG의 주성분은 프로판(C_3H_8), 부탄(C_4H_{10})이다.

(2) 역화 현상(Back Fire)의 정의

내연 기관에서 역화 현상이란 흡기 밸브가 열려 있는 동안 공기와 연료의 혼합기가 조기에 점화되어 연소 폭발이 되고 화염이 흡기 다기관을 경유해서 서지탱크와 공기 흡입계통에 전파되어 큰 소음을 내는 비정상적인 현상을 말한다. 주로 믹서를 사용하는 LPG 차량에서 많이 발생하며 주행 중 '뻥~뻥~'하는 소음이 난다. LPI 엔진으로 바뀐 후에는 이러한 현상은 발생되기 어려워졌다.

02 역화 현상의 발생과정 및 원인

LPG 자동차는 흡기계의 입구 쪽에 위치한 믹서(Mixer)에서 공기와 연료가 혼합되는 구조로 가연성 혼합기가 엔진의 연소실까지 공급된다. 따라서 믹서에서 연소실 사이에 있는 혼합기는 언제라도 연소될 수 있는 상태에 있다고 할 수 있다. 점화를 발생할 수 있는 점화원이 있거나 흡기 밸브가 열릴 때 연소실 내부에 화염이 남아있게 되면 흡기계를 채우고 있는 가연성 혼합기는 폭발하게 된다. 흡기계에 충진되어 있는 혼합기의 양이 많으면 많을수록 더 큰 폭발력을 가지게 되고, 공기의 흡입구까지 그 폭발력이 전달된다. 이렇게 전달된 폭발력으로 인해 '펑'하는 큰 소리가 발생하며 에어클리너가 깨지거나 해체된다.

(1) 밸브 오버랩(Overlap)

흡기 밸브와 배기 밸브가 동시에 열려져 있는 밸브 오버랩 구간에서는 배기가스가 흡기계를 채우고 있는 가연성 혼합기에 영향을 미칠 수 있다. 별도의 점화원이 없더라도 배기과정 중에 아직 화염이 연소실 안에 남아 있다가 연소실의 흡기 밸브가 열려 있는 동안에 흡기계 쪽으로 전파하게 되면, 흡기계를 채우고 있는 가연성 혼합기는 폭발하게 된다. 보통 LPG용 엔진은 가솔린용 엔진에 비해 밸브 오버랩 구간을 작게 하여 화염이 흡기계로 전파될 가능성을 줄인다.

(2) 공연비 희박

믹서나 베이퍼라이저의 고장으로 인해 연료 공급이 불충분할 때나 급가속으로 인해 LPG 연료가 너무 희박할 때, 화염이 혼합기 속을 전파해 나가는 속도가 늦어지고, 흡기 밸브가 열릴 때까지 화염이 남아있어서 흡기계를 채우고 있는 혼합기를 폭발시킨다.

(3) 점화시기 지각

점화시기가 지연되어 점화 플러그에서 불꽃을 튀기는 시점이 너무 늦을 때 점화 불꽃이 늦게 생성되어 화염이 늦게까지 남아있게 된다.

(4) 급가속

급가속을 할 때 액셀러레이터 페달을 깊숙이 밟으면 한꺼번에 많은 양의 공기가 들어가지만 연료의 공급은 약간 지연되기 때문에 순간적으로 연료의 공급이 부족해지고 공연비는 희박하게 된다. 또한 급가속을 할 때는 엔진의 출력변화가 심해지므로 점화시점을 지연(Retard)시킨다. 따라서 급가속할 때 전체적으로 엔진 작동 조건이 역화가 발생할 가능성이 가장 높게 된다.

(5) 점화 계통 부품 열화, 고장

점화 플러그의 간극이 넓어지거나 점화 코일의 성능이 저하될 때 방전 전압이 낮아져 불꽃을 형성하지 못하거나 점화 능력이 떨어지는 불꽃을 생성시킨다. 이 경우 화염의 전파속도가 떨어져서 흡기 밸브가 열리기 전에 연소를 완료하지 못하므로 역화가 일어나게 된다.

03 역화(Back Fire) 방지 대책

① 점화 플러그 간극 상태를 점검한다.
② 흡배기 밸브의 간극을 점검한다(흡배기 밸브의 간극이 좁을 경우 열림량이 많아져 밸브 오버랩이 과도하게 발생한다).
③ 적절한 혼합기가 공급되고 있는지 연료 계통을 점검한다.
④ 점화코일의 성능을 점검한다.

04 엔진의 기계적인 조건이 동일할 때, LPG연료가 가솔린 연료에 비해 역화가 더 많이 발생하는 이유

(1) 넓은 가연 범위

가솔린의 연소 범위는 공기와 연료의 중량비로 약 5:1~20:1이지만, LPG의 겨우 부탄과 프로판의 연소 범위가 약 0.6:1~24:1이 되어 가솔린보다 연소 범위가 넓다. 따라서 LPG는 작은 불꽃에도 점화가 가능하다.

(2) 느린 연소 속도

가솔린은 연소 속도가 0.83m/s로 LPG의 연소 속도 0.81m/s 보다 다소 빠르다. 따라서 LPG는 점화 진각이 필요하며 점화 지각이 될 경우 연소실 내부에 화염이 남아있게 되어 흡기 밸브가 열릴 경우 역화가 발생할 가능성이 많아진다.

(3) 연료의 상태

LPG는 상온에서 기체로 존재하기 때문에 공기와 빠르게 혼합되어 인화되기가 가솔린보다 쉽다. 가솔린은 MPI 엔진의 경우 연소실 전에 분사가 되지만 상온에서 액체로 존재하기 때문에 공기와 혼합되는 시간이 짧고, 완전히 기화되기 어렵다.

✦ 경제성 및 환경적인 측면에서 디젤(경우) 연료와 LPG 연료를 비교 분석하시오.(89-2-2)

01 개요

(1) 배경

자동차 연료로는 휘발유, 경유, LPG가 주로 사용되며 시내버스를 중심으로 압축천연가스(CNG)가 사용되고 있다. 휘발유와 경유는 지속적인 수요 증가와 석유 공급의 독점에 따라 수급 불안정이 갈수록 심화되고 있으며 각종 유해물질을 배출하여 환경오염을 야기하는 등 많은 문제를 노출하고 있다. 이를 해결하기 위한 다양한 형태의 대체 에너지원 개발 노력이 활발하게 이루어지고 있다.

(2) 경유(Diesel)의 정의

경유는 원유를 분별 증류했을 때 220~250℃ 사이에서 얻어지는 연한 노란색의 투명하며 점성을 가진 액체를 말한다. 휘발유처럼 다양한 탄화수소로 이루어져 있는데 분자당 탄소의 수가 보통 12개에서 25개인 C_{12}~C_{25}의 탄화수소로 이루어져 있다. 주로 세탄(Cetane, $C_{16}H_{34}$)로 구성된다.

(3) LPG(LPG : Liquefied Petroleum Gas)의 정의

LPG는 원유 정제시 30℃ 이하에서 나오는 C_3, C_4의 탄화수소 가스를 비교적 낮은 압력(6~7 kg/cm^2)을 가하여 액체 상태로 만든 액화석유가스를 말한다. LPG의 주성분은 프로판(C_3H_8), 부탄(C_4H_{10})이다.

02 경유와 LPG의 물리적 성질

(1) 경유의 성질

경유는 휘발유나 등유에 비해 밀도가 높으며 비중은 0.82~0.87, 발열량은 9,010kcal/L, 인화점은 50℃ 이상, 발화점은 210℃ 정도이다. 휘발성이 낮아서 불이 쉽게 붙지 않고 인화점이 높고 발화점이 낮아서 압축착화 엔진에 사용하기 적합한 연료이다.

(2) LPG의 성질

LPG는 프로판과 부탄으로 구성되어 있다. 프로판은 비중이 액체비중이 0.5, 기체비중은 1.5, 발열량은 12,050kcal/kg(기체 발열량 22,450kcal/m^3)이다. 부탄은 액체 비중이 0.58, 기체비중은 2.0, 발열량이 11,850kcal/kg(기체 발열량 29,150kcal/m^3)이다.

인화점은 프로판과 부탄이 각각 -104℃, -74℃로 공기 중에 누출이 되면 항상 폭발 위험성이 있다. 착화점은 프로판 490~550℃, 부탄 470~540℃로 점화 엔진에 더 적합하다. 다른 연료에 비해 열량이 높고 무색무취이며 공기보다 무거워 공기 중으로 흩어지지 않기 때문에 가정이나 영업장소, 택시 등 자동차에서 사용하는 LPG에는 누설될 때 쉽게 감지하여 사고를 예방할 수 있는 불쾌한 냄새가 나는 메르캅탄류의 화학 물질을 섞어서 공급한다. 배출가스가 휘발유나 경유에 비해 청정하나 밀도가 높지 않아 1회 충전 시 주행거리가 짧다.(약 550km, 가솔린 700km, 디젤 900km)

03 환경적 측면에서 경유와 LPG의 비교

경유는 연료에 유황성분이 있고 배출가스는 주로 질소산화물(NOx)이나 입자상 물질(PM)이 배출된다. 휘발유나 LPG에 비해 상대적으로 CO와 CO_2의 발생량이 적다. LPG는 경유에 비해 HC와 NOx, PM의 발생량이 적다. 하지만 CO와 CO_2의 발생량은 상대적으로 많다. 환경적인 측면에서 볼 때 NOx와 PM의 발생량이 적은 LPG 연료가 청정한 연료라고 할 수 있다.

유종별 배출가스 및 온실가스 비교

(단위 : g/km)

구분		휘발유 2.0L	경유 1.7L	LPG 2.0L	하이브리드 (2.0L)
배출가스	일산화탄소	0.208	0.126	0.453	0.017
	탄화수소	0.024	0..028	0.006	0.003
	질소산화물(Nox)	0.03	0.035(실내)	0.018	0.01
			0.363(실도로)		
	입자상 물질(PM)	0	0.001	0.001	0.001
	미세먼지 환산(PM2.5)	0.002	0.026	0.002	0.002
온실가스	이산화탄소	138	115	140	91

* 위 수치는 A 차량 유종별 각 1대씩 조사한 결과임 (자료 : 국립환경과학원 / 에너지관리공단)

04 경제적 측면에서 경유와 LPG의 비교

경유의 연비는 약 17.2~17.8km/L이며 LPG의 연비는 10.6km/L이다. 연료의 가격이 경유의 경우 LPG보다 비싸지만 연간 연료비를 산출해보면 경유를 사용하는 것이 더 경제적임을 알 수 있다. 또한 한번 주유/충전 시 주행거리가 LPG는 경유보다 짧다.

아반떼 유종별 연료비와 주행력 비교

구분	가솔린	디젤	LPi
복합연비(km/ℓ)	13.7	18.4	10.6
연료비(4월 28일 오피넷 기준)	1,577	1,370	895
연간 연료비(원·2만km 주행 시)	230만 2,482	148만 9,098	168만 9,396
연간 연료비(원·3만km 주행 시)	345만 3,723	3223만 3,647	253만 4,094
최대출력(hp)	132	136	120
최대토크(kg·m)	16.4	30.6	15.5

※ 자동변속기, 1.6ℓ급 기준

기출문제 유형

✦ 압축천연가스(CNG)와 액화석유가스(LPG)의 특성을 비교 설명하시오.(96-1-7)

01 개요

(1) 배경

자동차 연료로는 휘발유, 경유, LPG가 주로 사용되며 시내버스를 중심으로 압축천연가스(CNG)가 사용되고 있다. 휘발유와 경유는 지속적인 수요 증가와 석유 공급의 독점에 따라 수급 불안정이 갈수록 심화되고 있으며 각종 유해물질을 배출하여 환경오염을 야기하는 등 많은 문제를 노출하고 있다. 이를 해결하기 위한 다양한 형태의 대체 에너지원 개발 노력이 활발하게 이루어지고 있다.

(2) LPG(LPG : Liquefied Petroleum Gas)의 정의

LPG는 원유 정제시 30℃ 이하에서 나오는 C_3, C_4의 탄화수소 가스를 비교적 낮은 압력($6\sim7kg/cm^2$)을 가하여 액체 상태로 만든 액화석유가스를 말한다. LPG의 주성분은 프로판(C_3H_8), 부탄(C_4H_{10})이다.

(3) 압축천연가스(CNG : Compressed Natural Gas)

CNG는 기체 상태의 천연가스를 압축해 부피를 200분의 1 수준으로 줄인 가스 연료를 말한다. 주 성분은 메탄(CH_4)으로 구성이 되어 있으며 에탄(C_2H_6), 프로판(C_3H_8), 부탄(C_4H_{10}) 등이 있다. 주로 가정 및 공장 등에서 사용하는 액화천연가스(LNG : Liquefied natural gas)를 자동차 연료로 사용하기 위해 약 200기압으로 압축하여 사용한다. 주로 국내에 상용화 되어 있는 천연가스버스에서 연료로 사용된다.

02 액화석유가스(LPG : Liquefied Petroleum Gas)의 특성

LPG는 프로판과 부탄으로 구성되어 있다. 프로판은 비중이 액체비중이 0.5, 기체비중은 1.5, 발열량은 12,050kcal/kg(기체 발열량 22,450kcal/m³)이다. 부탄은 액체 비중이 0.58, 기체비중은 2.0, 발열량이 11,850kcal/kg(기체 발열량 29,150kcal/m³)이다. 인화점은 프로판과 부탄이 각각 -104℃, -74℃로 공기 중에 누출이 되면 항상 폭발 위험성이 있다. 착화점은 프로판 490~550℃, 부탄 470~540℃로 점화 엔진에 더 적합하다. 다른 연료에 비해 열량이 높고 무색무취이며 공기보다 무거워 공기 중으로 흩어지지 않기 때문에 가정이나 영업장소, 택시 등 자동차에서 사용하는 LPG에는 누설될 때 쉽게 감지하여 사고를 예방할 수 있는 불쾌한 냄새가 나는 메르캅탄류의 화학 물질을 섞어서 공급한다. 배출가스가 휘발유나 경유에 비해 청정하나 밀도가 높지 않아 1회 충전 시 주행거리가 짧다(약 550km, 가솔린 700km, 디젤 900km).

03 압축천연가스(CNG : Compressed Natural Gas)의 특성

CNG의 기체 비중은 0.61로 공기보다 가벼워 누출되어도 쉽게 확산되어 폭발 위험성이 없고 발열량은 13,000kcal/kg이다. 메탄의 인화점은 -188℃이고 착화점은 530℃로 점화 엔진에 적합하다. 옥탄가가 120 정도로 높아 압축비를 높여도 엔진의 노킹이 없어 열효율과 출력이 향상된다. 또한 분자량이 작기 때문에 연소율이 높아 연소 후 물과 이산화탄소 이외의 불순물을 거의 배출하지 않는 청정 연료이다. 에너지 밀도가 높지 않아 1회 충전 시 주행거리가 짧다.(약 340km로 LNG의 1/3 수준)

04 LPG와 CNG의 특성 비교

① **연료의 상태** : LPG와 CNG는 모두 상온에서 기체 상태로 존재한다.
② **주요 성분** : CNG는 천연가스에서 얻은 메탄을 주성분으로 하는 연료이고 LPG는 석유를 정제하는 과정에서 얻은 프로판과 부탄을 주성분으로 하는 연료이다.
③ **배출가스** : 휘발유나 경유에 비해 배출가스 중에 유해물질이 적다. 배기가스 중 NMHC, NOx, PM의 함량이 적다.
④ **위험성** : LPG는 누출 됐을 때 기체 비중이 커서 공기 중으로 흩어지지 않아 폭발의 위험성이 있다. 천연가스는 누출되면 공기 중으로 흩어지기 때문에 위험성이 적다.
⑤ **주행거리, 출력성능** : LPG와 CNG 모두 1회 충전 시 주행거리가 짧다. 연료의 비용은 적으나 연료의 밀도가 작아 출력이 저하된다.

02 대체연료

01 개요

(1) 배경

자동차 연료로 사용되는 화석연료는 지속적인 수요 증가와 석유 공급의 독점에 따라 수급 불안정이 갈수록 심화되고 있으며 각종 유해물질을 배출하여 환경오염을 야기하는 등 많은 문제를 노출하고 있다. 이를 해결하기 위한 다양한 형태의 대체 에너지원 개발 노력이 활발하게 이루어지고 있다. 대체 에너지원으로는 신재생 에너지와 바이오 연료가 있다.

(2) 신재생 에너지

기존의 화석연료를 변환시켜 이용하거나 햇빛, 물, 지열, 강수, 생물유기체 등을 포함하여 재생 가능한 에너지를 변환시켜 이용하는 에너지이다.

① 신 에너지 : 연료전지, 수소, 석탄 액화·가스화 및 중질잔사유 가스화

② 재생 에너지 : 태양광, 태양열, 바이오, 풍력, 수력, 해양, 폐기물, 지열

(3) 바이오 연료의 정의

바이오 연료란 자연계에 있는 바이오매스(Biomass)를 원료로 생산되는 기체, 액체, 고

체 형태의 지속가능한 에너지원을 말한다. 주로 수수, 대두, 옥수수, 사탕수수 등이 사용된다(다른 재생 에너지는 살아있는 생물이 아니라는 차이점이 있다).

* **바이오매스(Biomass)** : 동물, 식물, 미생물 등 생물체의 유기물로 물리, 화학, 생물학적 기술들을 이용해 고체, 액체, 기체 상태의 바이오 연료로 전환될 수 있다.

02 바이오 연료의 원료

대부분의 바이오 연료는 식물로 만들어졌으며, 자동차용 연료로 사용되고 있다. 미국에서는 건초용 수수(Switchgrass), 대두, 옥수수가 많이 이용되며, 브라질에서는 사탕수수, 유럽에서는 사탕무나 밀이 많이 이용되고 있다. 1세대는 대두, 유채, 옥수수, 사탕수수를 이용하며 2세대는 목질계 섬유를 이용한다. 3세대는 미세조류나 대형 해조류를 이용한다.

바이오매스의 세대별 분류 및 비교

세대	주요 작물	특징
1세대	옥수수, 사탕수수, 콩 등 (식용 자원)	곡물가격 상승 등의 부작용을 초래, 곡물가격 폭등 시 연료사업 수익성 악화
2세대	식물 줄기, 목재 등 (비식용 자원)	줄기 성분인 셀룰로오스를 분해하는 데 고비용 소요, 넓은 경작면적 및 높은 수집비용 필요
3세대	미세조류, 해조류 등 (비식용 자원)	대량생산 기술 및 경제성 활보 미흡

03 바이오 연료의 종류

바이오 연료의 종류에는 바이오디젤, 바이오 알코올 (바이오 에탄올, 바이오 메탄올, 바이오 부탄올), 바이오 가스, 합성가스(Syngas), 기타 고형 연료(목재, 목탄, 톱밥) 등이 있다.

(1) 바이오디젤(Biodiesel)

바이오디젤은 동식물의 지방 또는 재생유지, 대두유, 유채유 등 식물성 원료를 이용하여 알킬 에스테르화 공정을 거쳐 만들어진다. 디젤 엔진의 연료로서 기존의 디젤 연료 대신 사용되며 독특한 윤활성 때문에 기존 디젤유의 첨가제로도 사용된다. 바이오디젤은 기존 디젤 엔진의 구조 변화 없이 그대로 디젤 연료를 대신할 수 있다는 특징이 있다. 현재는 기존의 경유와 혼합된 형태로 제한적으로 사용되고 있다. 향후 자트로파유나 미세조류를 이용한 2, 3세대 바이오디젤을 활용하여 배출가스와 지구 온난화 가스를 저감시키고 궁극적인 친환경 자동차로 가는 중간 단계의 역할을 할 것으로 전망된다.

(2) 바이오 에탄올(Bioethanol)

바이오 에탄올은 식물(옥수수, 사탕수수, 감자, 고구마 등)의 전분을 주 원료로 하여 미생물과 효소를 이용한 생물학적 공정으로 생산되고 있는 연료이다. 나라의 풍토에 따라 적합한 작물이 재배되며 브라질 등은 사탕수수, 미국 등은 옥수수가 주요 원료이다. 사탕수수와 옥수수 같은 바이오매스를 발효, 정제하여 생산한다. 주로 가솔린 대체 연료, 첨가제로 사용되고 있다. 향후 목질계나 대형조류를 이용한 2, 3세대 바이오 에탄올을 활용하여 배출가스와 지구 온난화 가스를 저감시키고 궁극적인 친환경 자동차로 가는 중간 단계의 역할을 할 것으로 전망된다.

(3) 바이오 메탄올(Biomethanol)

메탄올은 천연가스로부터 개질하여 생성하는데 바이오 메탄올은 수분을 많이 함유하고 있는 폐기물이나 유기물을 농후하게 포함하고 있는 폐수를 발효시켜 생성한다. 혐기성발효라고도 불리는 메탄발효는 미생물의 활동에 의해 유기물이 저분자의 지방산과 탄산가스, 알코올로 분해된 후 혐기성 메탄균을 가진 메탄생성계 효소균에 의해 최종적으로 메탄으로 변화되는 과정이다. 생성된 바이오 메탄올은 옥탄가가 높아 가솔린과 혼합하여 사용하기도 한다. 메탄올은 옥탄가가 높고 유해 배출가스를 발생하지 않는다는 장점을 갖고 있지만 물과 쉽게 결합되고 금속을 쉽게 부식시키며 독성물질을 배출한다는 문제점이 있다. 따라서 자동차 분야에서 메탄올은 현재와 같이 바이퓨얼 형태로 가솔린과 겸용으로 사용될 것으로 전망되며 향후 메탄올 연료전지에 사용되는 비율이 높아질 것으로 전망된다.

(4) 바이오 수소(Biohydrogen)

수소는 연소할 때 이산화탄소를 발생하지 않기 때문에 가장 이상적인 연료라 할 수 있다. 수소는 주로 물의 전기분해를 이용해 만들지만 생물화학적으로도 생산할 수 있다. 생물학적 수소 생산은 주로 미생물과 미세조류를 이용한 방법으로서, 그 특성에 따라 크게 두 가지로 분류할 수 있다. 하나는 빛을 이용하지 않는 미생물에 의한 혐기발효 방법이고 다른 하나는 빛을 이용하는 광합성(photosynthesis) 미생물 및 조류에 의한 수소 생산 방법이다. 수소 생성과정에서 화석연료를 거의 사용하지 않기 때문에 환경오염이 적다는 장점이 있다. 수소 연료는 넓은 가연한계를 갖고 착화 에너지가 적어서 쉽게 점화가 되며 높은 옥탄가와 열효율을 지니고 있는 장점을 가진다. 하지만 연소 속도가 빠르기 때문에 제어가 어렵고 저점화 에너지로 인해 연소 불안정이 발생할 수 있다는 문제점이 있다. 따라서 수소 연료는 직접 연소되는 내연기관에 이용되기 보다는 수소 연료 전지차의 연료로 사용되는 비율이 늘어날 것으로 전망된다.

(5) 디메틸에테르(DME : Dimethyl ether)

디메틸에테르(DME : Dimethyl ether)는 1개의 산소 분자와 2개의 메탄기가 결합된 에테르 화합물로 합성 연료로 매우 청정하여 차세대 연료로 평가되고 있다. 주로 천연가스를 개질한 합성가스를 이용해 만든다. 또한 바이오매스를 개질하여 수소와 일산화탄소로 이루어진 합성가스를 생성한 후 디메틸에테르를 합성하여 생성한다.

LPG와 같이 상온, 상압하에서도 가스로 존재하며 물리적 특성이 LPG와 유사하여 LPG 관련 수송, 저장 인프라를 그대로 사용할 수 있다. 이산화탄소 배출량이 현저히 낮게 나오고 세탄가가 디젤 연료와 유사하여 디젤 연료의 대체가 가능하다는 특징이 있다. 따라서 디메틸에테르는 환경규제를 만족시킬 수 있어서 LPG나 디젤 자동차의 연료나 첨가제로 사용이 확대될 것으로 전망된다.

천연가스를 이용한 디메틸에테르는 기존 석유 화학플랜트의 인프라를 활용할 수 있고 원유 의존도를 낮출 수 있다는 장점이 있다. 하지만 GTL(Gas To Liquid) 연료가 가지고 있는 청정성의 한계, 석유 화학플랜트에서 후처리 공정이 필요하고 대규모 가스전이 필요하다는 문제점을 갖고 있다.

04 바이오 연료의 장단점

(1) 바이오 연료의 장점

① 바이오 연료는 연소 시 HC, CO, NOx, CO_2를 배출하지만 발생량이 기존 화석 연료에 비해 30% 이상 저감되며 독성물질 또한 저감된다(바이오디젤 배출가스 저감 효과 : CO -40%, PM -55%, HC -56%, 독성물질 60~90%). 또한 CO_2는 바이오매스인 식물에 광합성 작용을 통해 흡수되었던 이산화탄소이기 때문에 실질적인 이산화탄소의 배출량이 없는 상태인 탄소 중립이 가능하다.

② 화석연료는 자원이 편중되어 분포하지만 바이오 연료는 전 세계 어느 곳에서나 개발이 가능하며 작물의 재배만 가능하면 영구적으로 자원 획득이 가능하다. 또한 상대적으로 환경파괴가 적다.

③ 다른 재생에너지(태양열, 풍력 등)는 예측하기 어려운 자원(태양 빛, 바람 등)을 활용하는 데 비하여 바이오 에너지는 유형화된 바이오매스를 이용하므로 저장 및 수송이 용이하다. 또한 생분해성이 있어서 공원, 강, 해양 등에서 사용되는 수송 수단의 연료로 적합하다.

(2) 바이오 연료의 단점

① 바이오 연료는 주로 식물성 기름으로 공기에 노출될 경우 빠르게 산화하는 등 산화 안정성이 낮다.

② 생산 비용이 기존 석유제품의 2배 이상이기 때문에 상용화가 어렵다.

③ 바이오매스를 확보하기 위해 상대적으로 넓은 토지가 필요하고 작물의 재배 기간이 필요하여 생산성이 저하된다. 또한 토지이용 면에서 농지와 경합하게 될 경우 식량문제를 가져올 수 있다.(국내 디젤 수요의 5%를 바이오디젤로 변화하기 위해서는 남한 전체 면적의 51%에서 대두유를 재배하여야 한다.)

④ 바이오 연료는 주로 곡물에 의해 생산되므로 기후 등 외부요인에 의한 생산량 및 가격의 변화가 크기 때문에 안정적인 원료 확보가 어렵다.

기출문제 유형

✦바이오 에탄올(bio ethanol)에 대하여 설명하시오.(117-2-4)

01 개요

(1) 배경

자동차 연료로 사용되는 화석연료는 지속적인 수요 증가와 석유 공급의 독점에 따라 수급 불안정이 갈수록 심화되고 있으며 각종 유해물질을 배출하여 환경오염을 야기하는 등 많은 문제를 노출하고 있다. 이를 해결하기 위한 대체 에너지원으로 바이오 연료가 사용되고 있다. 바이오 연료는 자연계에 있는 바이오매스(Biomass)를 원료로 생산되는 기체, 액체, 고체 형태의 지속 가능한 에너지원을 말한다.

바이오매스는 동물, 식물, 미생물 등 생물체의 유기물로 바이오 연료로 전환될 수 있는 물질이다. 바이오매스 에너지 중 바이오디젤과 바이오 알코올은 수송용으로 주로 사용되고 있는데 바이오 알코올 중 바이오 에탄올은 현재 보급 중인 수송용 바이오 연료의 약 80%를 차지하고 있다.

(2) 바이오 에탄올(Bioethanol)의 정의

주로 식물(옥수수, 사탕수수, 감자, 고구마 등)의 전분을 주 원료로 하여 미생물과 효소를 이용한 생물학적 공정으로 생산되고 있는 연료로 가솔린 연료의 대체재나 첨가제로 혼합되어 사용된다.

> ※ **바이오 알코올(Bioalcohol)** : 바이오 알코올은 당질, 전분질, 셀룰로오스 원료를 효소 당화하고 발효시켜 만든 바이오 에탄올, 바이오 부탄올 등을 말한다. 주로 수송용 연료로 사용된다. 바이오 에탄올은 가솔린에 비해 옥탄가가 높지만 부식성 및 친수성 등의 약점 때문에 연료의 10% 이하로 혼합하여 일반 차량 연료로 사용하며 고함량 혼합의 경우 가변 연료 자동차(FFV : Flexible Fuel Vehicle)의 연료로 사용하고 있다. 바이오 부탄올은 박테리아에 의해 만들어지며 에탄올에 비해 부식성 및 친수성 등의 문제가 없어 일반 차량에도 고함량 혼합사용이 가능하지만 부탄올의 미생물에 대한 독성 문제 때문에 아직 상용화되지 못하고 있다. 따라서 현재 바이오 알코올이라고 하면 주로 바이오 에탄올을 의미한다.

02 바이오 에탄올(Bioethanol)의 원료

바이오 에탄올의 원료는 사탕수수와 같이 설탕이 주성분인 옥수수, 사탕수수, 고구마, 감자 등의 전분이 주성분인 것과 나무, 풀, 종이, 목재 등 식물체의 기본 구성 성분이며 포도당 등 당류의 중합체로 이뤄진 물질인 셀룰로오스(헤미셀룰로오스, 리그닌)가 주성분인 것이 있다. 셀룰로오스 생산은 점차 확대되어 옥수수 생산량과 비슷해질 것으로 전망된다.(2015년)

03 바이오 에탄올(Bioethanol)의 제조 과정

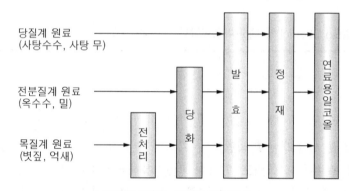

원료별 바이오 알코올 생산공정

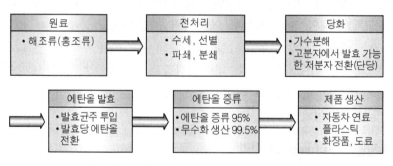

해조류를 이용한 바이오 에탄올 제조 흐름도

① **전처리** : 바이오매스 조직을 분해하거나 제분하여 유연하게 만들어 당으로의 전환이 용이하도록 분쇄한다. 필요에 따라 제분된 가루와 물을 섞어 액화한다.

② **당화** : 전분(Starch)질계 원료로부터 에탄올을 생산하기 위해 전분을 포도당으로 가수분해 하는 과정이다. 전분은 크기가 크기 때문에 효모 미생물이 섭취 가능한 크기인 포도당으로 분해해야 한다. 전분의 가수 분해는 아밀레이스(Amylase, 아밀라아제)라는 효소가 이용된다.

③ **발효** : 효모(Yeast)라는 미생물은 산소가 없는 상태에서도 포도당을 에탄올로 변환시킬 수 있다.발효 과정은 술을 만드는 과정과 유사하게 미생물로 포도당을 발효

시켜 에탄올을 추출하는 과정이다. 발효 후 에탄올과 물로 이루어진 수용액이 되는데 농도는 약 25% 정도이다.

④ 증류 : 높은 열을 가해서 수분을 제거하는 과정으로 이 과정을 거치면서 농도는 96% 이상으로 된다.

04 바이오 에탄올(Bioethanol)의 특징, 장단점

바이오 에탄올은 휘발유에 비해 옥탄가가 높으나, 발열량은 크게 낮고, 연료 중에 산소를 34.8% 함유하고 있으며, 비점은 가솔린보다 높은 특징을 가지고 있다.

(1) 장점

① 재생 가능한 바이오매스, 식물자원에서 생산되므로 전 세계에서 생산이 가능하고 에너지 자원의 고갈에 대한 우려가 없다.

② 연료 중 산소를 함유하고 있는 함산소 연료이므로 산화 작용이 잘 이루어져 CO, HC 등 유해 배출가스를 저감할 수 있다. 또한 벤젠 등을 배출하지 않아서 독성이 적고, 생분해도가 높아서 유출 시 환경 오염도가 적다.

③ 옥탄가가 110(RON)으로 가솔린보다 높아서 첨가제로도 사용되는데 가솔린에 소량 혼합 사용하는 경우에는 기존 엔진의 개조가 불필요하고 기존의 연료 인프라를 이용할 수 있다. 고농도 혼합 또는 순수 에탄올을 사용하는 경우에는 주로 가변 연료 차량(FFV : Flexible Fuel Vehicle)에서 휘발유와 병행하여 사용한다. 옥탄가가 높기 때문에 압축비를 높여 엔진의 열효율을 높이고 희박연소를 하여 일산화탄소 배출을 10~30% 가량 줄일 수 있다.

④ 바이오 작물의 재배에서 바이오 에탄올의 제조 및 차량 이용에 이르기까지의 전주기 라이프 사이클 동안 차량에서 배출되는 이산화탄소는 바이오 작물의 재배시 광합성 작용으로 회수되므로 순배출량이 대단히 적다. 옥수수를 이용한 바이오 에탄올의 CO_2 감축 효과는 52%이다.(일반 에탄올 이용 시 19% 저감, 바이오매스 이용 시 최대 86% 저감 가능) 이에 따라서 기후변화협약에서는 바이오 작물의 재배량에 따라 온실가스 배출량을 삭감하여 주고 있고, 차량에 사용하는 경우에는 온실가스 배출량에 산입하지 않고 있다.

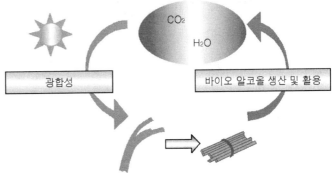

바이오 알코올 연료 활용 시 CO_2 순환

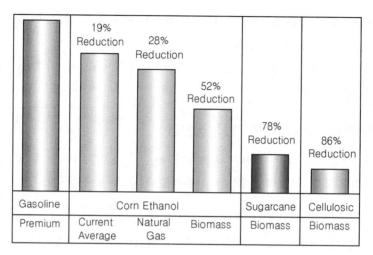

에탄올 사용에 따른 CO₂ 감축 효과

(2) 단점

① 부피당 발열량이 크게 낮아서 연비를 악화시킨다.(가솔린 발열량 대비 65~70%) 베이퍼록, 증발가스 등을 유발할 수 있고, 배출가스 중 유해물질인 알데히드의 배출량이 증가한다.

② 비점이 높아서 저온 시동 시 엔진 시동성을 악화시킨다.

③ 연료 계통의 일부 금속재료를 열화시키고, 고무나 합성수지를 팽윤(Swelling)시켜 열화시킨다. 바이오 에탄올을 고농도로 사용할 때에는 금속이나 고무 부품의 재질 변경이 필요하다.

　※ **팽윤(Swelling)** : 물질이 용매를 흡수하여 부푸는 현상. 고분자 물질이 용해할 때 볼 수 있다.

④ 친수기(Hydroxy Group, -OH) 특성상 대기 중의 수분을 쉽게 흡수하여 연료의 상분리가 쉬워진다.

　※ **친수기** : 물질을 물에 용해시키거나 융합되기 쉽게 하는 분자 중의 원자단(原子團)

　※ **상분리 현상** : 다양한 농도를 나타내는 공통 요소를 함유한 액상분리현상, 물, 가솔린층, 에탄올 층으로 분리되는 현상

✦ 자동차 연료로서 바이오디젤(Bio-Diesel)에 대하여 설명하시오.(120-4-6)

✦ 디젤 엔진용 연료로 바이오디젤(Bio-Diesel)의 적용 비율이 높아지는 추세이다. 바이오디젤의 원재료에 의한 종류, 바이오디젤의 관리 항목과 디젤 엔진에 적용 시 고려해야 하는 사항들에 대하여 설명하시오.(119-3-5)

✦ 차세대 디젤 자동차용 신재생 에너지원으로 주목받고 있는 바이오디젤에 대해 다음 사항을 설명하시오.(107-2-6)
   (가) 바이오디젤 생산기술   (나) 바이오디젤 향후 전망

✦ 바이오디젤의 정의 및 특징에 관하여 설명하시오.(84-2-3)

✦ 바이오디젤을 설명하시오.(80-1-1)

✦ 기존 디젤 연료와 비교하여 바이오디젤 연료의 장/단점을 설명하시오.(87-4-4)

01 개요

(1) 배경

자동차 연료로 사용되는 화석연료는 지속적인 수요 증가와 석유 공급의 독점에 따라 수급 불안정이 갈수록 심화되고 있으며 각종 유해물질을 배출하여 환경오염을 야기하는 등 많은 문제를 노출하고 있다. 이를 해결하기 위한 대체 에너지원으로 바이오 연료가 사용되고 있다. 바이오 연료는 자연계에 있는 바이오매스(Biomass)를 원료로 생산되는 기체, 액체, 고체 형태의 지속 가능한 에너지원을 말한다. 바이오매스 에너지 중 바이오디젤과 바이오 알코올은 수송용으로 주로 사용되고 있다.

(2) 바이오디젤(Biodiesel)의 정의

바이오디젤은 식물성 기름, 동물성 기름, 폐식용유 등 재생 가능한 자원을 알코올과 반응시켜 생성하는 에스테르화 기름을 말한다. 긴 지방산 고리를 가진 단일 알킬에스터 혼합물로 경유와 비슷한 연소 특성을 나타내는 물질로 디젤 차량 연료로 사용 가능하다. 경유와 혼합하여 사용하며 농도별로 바이오디젤이 혼합되는 비율에 따라 다르게 명칭된다(바이오디젤이 5% 혼입되면 BD5, 20% 혼입되면 BD20이 된다).

02 바이오디젤(Biodiesel)의 원료

바이오디젤 원료로는 폐식용유, 폐오일 등을 수거하여 생산하기도 하고 식물성유인 유채유, 대두유, 코코넛유, 야자수유, 해바라기유, 쌀겨유, 팜유 등을 사용하기도 한다.
   ① 1세대 : 식물성 유지, 대두유, 유채유, 팜유, 동물성 유지 등
   ② 2세대 : 비식용 작물, 자트로파유 등
   ③ 3세대 : 미세조류

03 바이오디젤(Biodiesel)의 제조과정, 생산기술

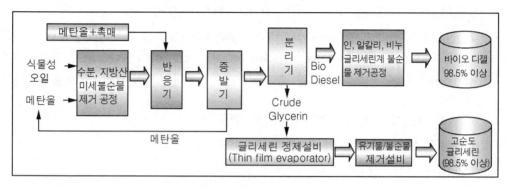

바이오디젤 제조 공정도

바이오디젤 제조공정은 유지에 알코올과 촉매를 첨가한 후 진행되는 전이 에스테르화 반응공정과 부산물 또는 미량의 불순물을 제거하기 위한 침강, 정제 및 증류 단계로 구성된다. 원료로 바이오매스의 식물성 기름이나 동물 유지, 폐식용유를 이용하는데 주로 식물성 기름을 이용한다. 식물성 기름은 트리글리세라이드(Triglycerides)의 혼합물이다. 원료의 수분과 지방산, 미세 불순물을 제거하는 공정을 거친 후 알코올과 촉매를 반응기에 넣어 전이에스테르화(Transesterification) 반응공정을 진행한다. 이 과정에서 트리글리세라이드는 지방산 알킬에스터와 글리세롤로 바뀌며 이때, 글리세롤은 반응기 아래로 가라앉는다. 알코올은 모든 종류의 알코올이 사용 가능하지만 가장 가격이 저렴한 메탄올을 주로 사용한다. 메탄올을 사용하여 생산된 알킬에스터를 메틸에스터라고 한다. 촉매는 산 또는 염기 촉매가 있는데 둘 다 사용이 가능하며 주로 반응 활성이 우수한 염기 촉매를 사용한다. 이후 증발기를 통해 메탄올을 회수하고 분리기를 통해 생성된 물질을 알킬에스테르와 글리세린으로 분리한다. 생산된 알킬에스터는 정제(Refining)공정을 거쳐 불순물이 제거되어 바이오디젤이 된다.

$$
\begin{array}{l}
CH_2-O-CO-R_1 \\
| \\
CH-O-CO-R_2 \quad + \ 3 \ R-OH \ \longleftrightarrow \quad CH-OH \quad + \ 3 \ R-O-CO-R \\
| \\
CH_2-O-CO-R_3
\end{array}
$$

		catalyst	CH_2-OH		

trigyceride   alcohol   Glycerol   Biodiesel

알킬에스터에서 에스터로 변환

04 바이오디젤(Biodiesel)의 장단점

(1) 장점

① 기존 디젤 연료보다 세탄가가 높고 함산소 연료이기 때문에 배기가스의 유해물질 인 이산화탄소(CO), 탄화수소(HC), 미세분진/입자상물질(PM)의 발생을 크게 줄일 수 있다(CO : -40%, PM : -55%, HC : -56%, 독성물질 : 60~90%). 따라서 배출가 스로 인한 스모그 및 오존 생성을 감소시킨다.

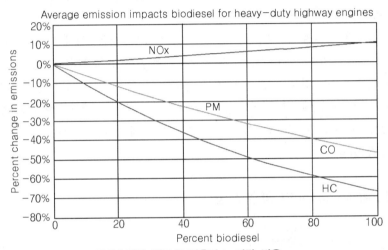

Average emission impacts biodiesel for heavy-duty highway engines

바이오디젤 연료의 배출가스 저감 비율

(자료 : 미국 NREL/TP_580_24772 등)

② 온실가스인 이산화탄소(CO_2)를 저감시킨다. CO_2는 대기의 온실효과를 증가시키는 물질로서 차량 배기가스를 통해 생산되는 양이 점점 많아지는 추세이다. 바이오디 젤은 연료로 이용 가능한 식물을 재배하여 변환시켜 사용하기 때문에 연료 사용 후 발생 된 CO_2는 식물 재배과정에서 흡수될 수 있다. 전체 CO_2 발생량은 기존 디젤 연료에 비해 약 70% 저감된다.

③ 황(S : Sulfur) 발생을 저감시킨다. 바이오디젤은 기존 디젤 연료에 존재하는 유황 성 분이 없어서 배출가스 중에 발생되는 황화합물(SO_x)이 크게 저감된다. 따라서 바이 오디젤을 사용하면 황화합물과 자외선이 광화학 반응하여 생성되는 스모그가 저감되 고 산성비의 주된 성분인 이산화황(SO_2)이 만들어지지 않아 산성비가 방지된다.

④ 바이오디젤은 재배 가능한 식물에서 연료를 획득하는 방식으로 코코넛, 팜, 대두, 유채 등을 재배할 수 있으면 어느 곳에서나 영구적으로 자원 획득이 가능하다. 또 한 폐식용유 등 폐자원을 활용할 수 있기 때문에 자원 고갈에 대한 우려가 없다.

⑤ 미생물에 의한 분해 작용이 발생하여 빠르게 생분해되므로 환경오염에 대한 우려 가 없어서 공원, 강, 해양 등에서 쓰이는 수송수단의 연료로 매우 적합하다. 바이 오디젤이나 바이오 에탄올은 자연계에서 30일 미만의 기간에 완전히 분해된다.

(2) 단점(관리항목 및 디젤 엔진에 적용 시 고려사항)

① 기존 디젤 연료보다 산화 안정성이 낮아서 공기 중에 노출될 경우 빠르게 열화한다. 인젝터 막힘이나 연료 계통의 고장을 유발할 수 있다. 원료가 식물성 기름이기 때문에 산화성이 강하고 부식성이 있어서 산화 안정제 같은 첨가제를 이용하거나 연료통에 산소 침투를 방지하므로 산화성과 부식성을 방지해 줘야한다.

② 기존 디젤 연료보다 미립화 시간이 길고 평균 입경이 10~20% 정도 크며 분사속도가 다소 느려서 착화지연이 발생하며 연소 온도가 높아 배출가스 중 질소산화물(NOx)은 다소(약 5%) 증가한다.

③ 기존 디젤 연료보다 유동점, 동결점이 높아서 저온 시에 시동성이 저하되며 필터가 막힐 수 있다. 특히 5도 이하에서는 유동성이 떨어져 공급이 원활하지 못하다. 이러한 이유로 경우와 혼합해서 사용되며 유동점 향상제가 필수적이다.

④ 기존 디젤 연료에 비해 발열량이 낮아 주로 경유에 혼합하여 사용한다.

⑤ 원료로 사용되는 식물의 재배 기간이 길고 매우 많은 양이 필요하기 때문에 생산원가가 높다.

05 바이오디젤(Biodiesel)의 향후 전망

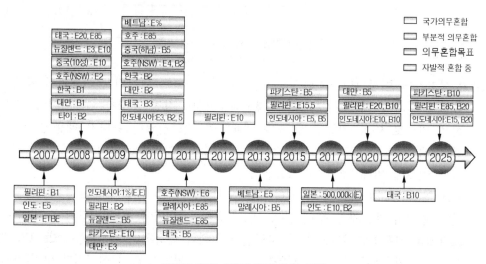

아시아 지역 바이오연료 혼합 비율

석유 자원 고갈에 따른 에너지원 다양화와 온실가스 저감을 위해 전 세계적으로 정책이 수립되고 있다. 이런 정책 중에서 자동차의 온실가스 감축의 수단으로 바이오 연료의 사용을 확대하고 있다. 자동차 분야에서 온실가스 발생을 저감시키는 대책은 하이브리드 자동차, 전기 자동차, 연료전지 자동차 등으로, 화석연료의 사용을 줄이고 궁극적으로는 사용하지 않는 시스템으로 전환을 하는 것이라고 할 수 있다.

바이오 연료의 사용은 그 중간 단계로서 당분간 더욱 확대될 것으로 전망되고 있다. 실제로 유럽의 신재생에너지지령(RED), 미국의 신재생연료 혼합의무 제도(RFS)에 의해 바이오 연료의 의무사용 비율은 계속하여 상향 조정되고 있으며 우리나라에서도 신재생 연료 혼합의무 제도 RPS(Renewable Portfolio Standards)를 도입하여 2012년부터 총 전력 공급량의 2%를 의무적으로 신·재생에너지로부터 생산하도록 하고 2022년에는 10%까지 늘리도록 하고 있다.

기출문제 유형

✦ 기존의 콩이나 옥수수와 같은 식품원이 아닌 동물성 기름, 조류(Algae) 및 자트로파(Jatropha)와 같은 제 2세대 바이오디젤의 특징, 요구사항 및 기대 효과에 대하여 설명하시오.(102-2-6)

01 개요

(1) 배경

바이오디젤(Biodiesel)은 바이오 연료 중 하나로 식물성 기름, 동물성 기름, 폐식용유 등 재생 가능한 자원을 알코올과 반응시켜 생성하는 에스테르화 기름을 말한다. 긴 지방산 고리를 가진 단일 알킬에스터 혼합물로 경유와 비슷한 연소 특성을 나타내는 물질로 디젤 차량 연료로 사용 가능하다. 바이오디젤 원료로는 기존에는 콩이나 옥수수 같은 식물성 유지를 사용했다. 하지만 식용 원료 사용에 따른 기아문제, 곡물의 가격상승 등으로 비식용 작물이나 미세조류를 원료로 사용하는 방법을 개발하고 있다.

(2) 바이오디젤(Biodiesel)의 원료

바이오디젤 원료로는 국내에서는 주로 폐식용유를 이용하고 식물성유인 대두유, 팜유, 유채유, 코코넛유, 야자수유, 해바라기유, 쌀겨유, 팜유 등을 수입하여 사용하기도 한다.

02 바이오디젤(Biodiesel)의 분류

바이오매스는 3세대로 구분한다. 1세대는 대두, 유채, 옥수수, 사탕수수 등의 곡물류, 2세대는 억새 같은 초본류, 작물의 줄기나 목재 등의 목질계, 3세대는 해수와 담수에 널리 분포하는 조류라고 한다. 바이오디젤에 사용하는 바이오매스는 1세대는 대두, 유채가 있고 2세대는 자트로파, 3세대는 미세조류가 있다.

바이오 연료의 종류 및 특성 비교

바이오 연료	세대	주원료	단위 면적당 연간 생산능력 (L/ha/year)	재배주기	라이프 사이클 CO_2발생량[a] (g/MJ)
바이오 디젤	1세대	대두 유채 해바라기 오일 팜	446 952 1,190 5,950	4~8개월	69 n/a n/a n/a
	3세대	미세조류	12,000~98,500[b]	매일	31[c]
바이오 에탄올	1세대	옥수수 사탕수수	3,100~4,000 6,800~8,000	4~8개월	96 n/a
	2세대	목질계 섬유	3,100~7,600	8년	22
	3세대	대형 해조류	5,000~12,000[d]	2~3개월	n/a

(자료 : LG경제연구소)

a : 곡물 재배부터 바이오 연료의 제조 및 시장 운송에 이르는 전 범위에 걸쳐 소모되는 이산화탄소 배출량으로
　　석유는 95g/MJ 발생
b : 미세조류 무게의 30% 기름을 함유한 경우~50% 기름을 함유한 경우
c : Sapphire Energy 예측
d : 건조해조류 5kg당 1L의 바이오 연료가 생산된다고 가정
※ 바이오디젤은 Chisti(2007), 바이오 에탄올은 Wikipedia(2009), Seambiotic(2009), CO2 발생량은 Greener Dawn Research(2009) 참조

03 세대별 바이오디젤의 특징 및 요구사항

(1) 1세대 바이오디젤

1세대 바이오디젤은 식물성 유지, 대두유, 유채유, 팜유 등의 식물성 기름이나 동물성 지방을 전통적인 방식으로 생산하고 있다. 긴 재배 기간과 생산량 제한, 생산성이 좋지 않다는 단점이 있다. 또한 곡물을 연료로 사용한다는 측면에서 기아 문제를 야기할 수 있고 곡물 가격을 상승 시킨다는 우려가 있다.

(2) 2세대 바이오디젤

2세대 바이오 연료는 1세대의 단점을 보완하여 식량이 될 수 없는 작물이나 혹은 폐기물로 여겨지는 줄기, 겉껍질, 나무 조각, 과일 껍질로 만든 바이오 연료이다. 2세대 바이오디젤의 대표적인 비식용 작물은 자트로파유가 대표적이다. 자트로파는 중미에서 특유의 냄새와 맛으로 식용으로 불가능한 식물이다.

자트로파의 검은 씨앗에서 추출한 기름은 연료로 사용이 가능하다. 자트로파유는 환경적으로 안전하고 저렴하며 타 작물에 비해 기름의 함유량이 매우 높아 열량이 높다. 식용작물 재배 지역 이외의 남는 땅에서 자라기 때문에 별도의 토지가 필요하지 않고 바이오 연료의 원료로 사용되는 다른 작물보다 면적당 수확량이 많기 때문에 생산비용이 가장 낮은 수준이다.

(3) 3세대 바이오디젤

3세대 바이오디젤은 미세조류를 이용한다. 조류는 크기에 따라 거대조류와 미세조류로 나누는데 거대조류는 녹조류(파래, 청각), 갈조류(미역, 다시마), 홍조류(우뭇가사리, 김)가 있으며, 미세조류는 남조류(스파쿨리나), 녹조류(클로렐라), 규조류, 황갈조류 등이 있다. 미세조류는 번식과 생장 속도가 빠르고 바다, 호수, 폐수와 같은 물이 있는 곳에서 자라기 때문에 경작지가 부족해지지 않는다. 또한 지질 성분이 다량 함유되어 있어 연료로서 효율이 좋고, 다른 바이오매스에 비해 환경오염도 덜 된다는 장점이 있다.

04 기대 효과

자트로파유나 미세조류를 이용하면 기후의 영향을 거의 받지 않고 일정한 조건만 맞으면 자라나고 배양될 수 있기 때문에 식용원료 대비 수십 배의 생산성을 보여준다. 또한 경작지에서 기른 식용 작물류를 이용하지 않기 때문에 곡물 가격을 상승시키지 않고 재배 면적을 침범하지 않는다는 장점이 있다. 자트로파 기반의 연료를 이용할 경우 온실가스 배출량을 최대 60% 이상 저감시킬 수 있어서 환경오염을 줄일 수 있고 주로 아프리카나 인도 남부, 동남아등 경제적 상황이 좋지 않은 곳에서 자라기 때문에 사회 경제적 이익을 제공할 수 있을 것으로 기대된다.

바이오 에너지 연간 생산량

원료	생산 가능량(ℓ /ha)
미세조류	95,000
자트로파	1,892
해바라기	800
옥수수	172
콩	446

(자료 : 한국해양연구원)

농작물과 미세조류의 생산성 비교

1만m²의 면적에서 생산할 수 있는 바이오 디젤의 양(L). 미세조류가 육상 작물보다 훨씬 많은 양을 만들어 낸다.

옥수수 172 콩 446 기름야자 5,950 미세조류 58,700

(자료 : 바이오 테크놀로지 어드밴시스[2007])

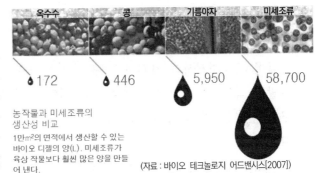

Oil Source	Biomass (Mt/ha/yr)	Oil Content (% drymass)	Biodiesel (Mt/ha/yr)	Energy Content (boe/1000ha/day)
Soya	1~2.5	20%	0.2~0.5	3~8
Rapeseed	3	40%	1.2	22
Palmoil	19	20%	3.7	63
Jatropha	7.5~10	30~50%	2.2~5.3	40~100
Microalgae	140~255	35~65%	50~100	1,150~2,000

mt=metric tons, ha=hectare, boe=barrel of oil equivalents

바이오에너지 원료별 생산량 및 생산성 비교

미세 조류는 바닷물, 호수, 폐수 등 거의 모든 물에서 자라며, 폐수를 활용할 경우, 수질 정화 효과를 기대 할 수도 있다. 이는 폐수 내 질소나 인 등을 조류의 영양분으로 활용할 수 있기 때문이다. 또한 미세조류는 라이프 사이클 분석에서 석유 및 1세대 바이오 연료의 30% 수준에 불과한 이산화탄소를 배출하기 때문에 환경오염을 줄여줄 것으로 기대된다. 미세조류가 연간 1에이커(4050m^2, 0.4ha)에서 생산하는 바이오 연료의 양은 2500갤런(9460L)으로 대두 바이오 연료 48갤런(180L), 옥수수 바이오 연료 18갤런(68L)보다 훨씬 많다.

기출문제 유형

✦ 메탄올 자동차에서 메탄올의 성질과 특성에 대해 설명(86-4-1)

✦ 메탄올 자동차의 구조와 이용 기술에 대하여 설명하시오(52)

---

01 개요

(1) 배경

알코올은 메탄올과 에탄올로 나누어진다. 메탄올은 석탄이나 석유, 천연가스로부터 만들어지는 경제성과 자원성, 저공해성을 가진 대체 연료이다. 메탄올 자동차는 70년대 촉발된 석유파동을 계기로 석유 에너지의 고갈과 화석연료에 의한 대기오염, 산성비, 지구 온난화 등이 심각해짐에 따라서 석유계 연료가 아닌 대체 연료 자동차의 필요성에 따라 개발되었다.

(2) 메탄올 자동차의 정의

연료로 메탄올을 사용하는 자동차로 주로 가솔린과 혼합하여 사용한다. 메탄올과 가솔린이 85 : 15 비율로 포함되면 M85라고 부르며 메탄올과 가솔린을 겸용하면 플렉시블 연료 자동차(FFV, flexible fuel vehicle)라고 부른다. 국내에서는 1990년대 초에 현대와 기아차에서 개발한 콩코드M100, 베스타M85 등이 있다.

(3) 메탄올(CH_3OH:Methanol)연료의 정의

메탄올은 메틸알코올로 화학방정식은 CH_3OH이다. 독성이 있는 무색의 휘발성 액체로 천연가스, 석탄, 나무 등으로부터 공업적으로 제조할 수 있는 연료이다.

02 메탄올 생성과정

메탄올은 석탄, 천연가스, 바이오매스 등을 이용해 생산할 수 있는데 주로 천연가스를 기반으로 하는 합성가스로부터 대부분 생산되고 있다. 천연가스는 CH_4로 이루어져 있는데 수송과 저장의 문제가 있어서 화학적인 전환방법인 CO와 H_2로 이루어진 합성가스를 경유하는 간접 전환경로를 통해 메탄올을 합성한다.

(1) 천연가스(Natural Gas)를 개질(Reforming)하여 합성가스(Synthesis Gas) 제조

천연가스를 이용해 합성가스를 제조한다. 수증기 개질법(SRM : Steam Reforming of Methane), 이산화탄소 개질법(CDR : Carbon Dioxide Reforming of Methane), 부분 산화법(POX : Partial Oxidation of Methane), 촉매 부분 산화법(CPO) 등이 있다.

① SRM : $CH_4 + H_2O \rightarrow 3H_2 + CO$

② CDR : $CH_4 + CO_2 \rightarrow 3H_2 + CO$

③ POX : $CH_4 + 0.5O_2 \rightarrow 2H_2 + CO$

(2) 합성가스(Synthesis Gas)를 반응하여 메탄올 합성

합성가스로부터 메탄올은 일산화탄소나 이산화탄소의 수소화 반응에 의해 합성된다.

① $CO + 2H_2 \leftrightarrow CH_3OH$

② $CO_2 + 3H_2 \leftrightarrow CH_3OH + H_2O$

③ $CO_2 + H_2 \leftrightarrow CO + H_2O$

03 메탄올(Methanol)의 성질

알코올은 에탄올과 메탄올을 말한다. 에탄올과 메탄올은 성질이 서로 비슷하다. 단지, 메탄올이 에탄올에 비해 탄소와 수소를 적게 포함하고 있기 때문에 메탄올의 끓는점이 에탄올보다 낮다. 메탄올의 끓는점은 약 64℃, 에탄올은 약 78℃ 정도이다. 메탄올은 인체 내에 흡수 시, 간에서 폼알데히드라는 물질로 변환되어 인체에 치명적이다. 메탄올은 가격이 저렴하고 주로 알코올 램프의 연료 및 화공 약품, 용제로 쓰인다. 에탄올은 인체 내에 흡수되어 아세트 알데히드라는 독성이 상대적으로 적은 물질로 변화하여 음용이 가능하여 술의 기본적인 원료로 쓰인다.

04 메탄올(Methanol)의 장단점

(1) 장점

① 메탄올은 옥탄가가 101.5로 높아 엔진의 압축비를 높일 수 있고 연소 속도가 빠르기 때문에 열손실을 감소시킬 수 있어서 열효율을 증대시킬 수 있다. 친수기(-OH)가 분자 내부에 포함되어 있는 함산소 연료이기 때문에 연소를 촉진시킬 수 있다.

② 대량 생산이 가능하며 공급원이 다양하고 생산비가 저렴하다.

③ 메탄올은 디젤 엔진에서도 첨가될 수 있는데 연소 중 검댕을 발생시키지 않아서 PM(Particulate Matter) 배출이 거의 없다. 또한 연료 성분 중 유황분이 없어서 EGR 사용이 용이하고 연소가스 중 수분이 많아 연소 온도가 낮아서 NOx의 저감 효과가 높다.

④ 배출가스 오염물질은 가솔린 차에 비하여 CO 85%, HC 70%, NOx 40% 저감된다.

(2) 단점

① 연료 중 산소 농도가 높아 금속을 부식시키는 성질이 있고 고무를 부풀게 하는 팽윤(Swelling) 현상을 발생시켜 빠르게 열화시킨다. 금속 산화 및 윤활 성능 저하로 엔진의 마모 및 부식이 강해진다.

② 메탄올은 동일 체적당 발열량이 가솔린의 1/2 정도로 작아 같은 거리를 주행할 때 2배 정도로 연료 탱크의 용량 증대가 필요하다.

③ 물과 잘 결합되는 성질로 인해 미량의 수분에 의해서도 연료 중 알코올 성분이 수분과 함께 연료로부터 분리되어 상분리가 쉽게 발생한다. 따라서 연료로 수분이 침투되지 않도록 해야 한다.

④ 배출가스 중 독성물질인 폼알데히드(Form aldehyde)의 배출량이 많기 때문에 이에 대한 저감대책이 필요하다.

⑤ 메탄올은 저온에서 증기압이 가솔린보다 훨씬 낮고 기화 잠열이 가솔린에 비해 많이 크다. 따라서 저온에서 기화가 잘 되지 않아 시동성이 저하된다.

⑥ 디젤 엔진에 적용 시 세탄가가 낮기 때문에 글로우 플러그와 같은 착화 장치가 필요하다.

05 메탄올 자동차의 구조

메탄올 자동차는 메탄올만 이용하는 차량과 가솔린과 겸용하여 사용하는 바이퓨얼 자동차(Bi-Fuel Vehicle, Flexible Fuel Vehicle)가 있다. 메탄올만 이용하는 차량은 1990년대 이후로 개발이 되지 않고 있다. 연료탱크, 엔진, 점화장치로 구성된다. 메탄올은 윤활성이 거의 없기 때문에 메탄올 전용 엔진 오일을 사용해줘야 한다. 바이퓨얼 자동차는 메탄올 연료탱크와 가솔린 연료탱크, 인젝터, 연료공급 시스템으로 구성되어 있다.

(자료 : www.autoblog.com/)

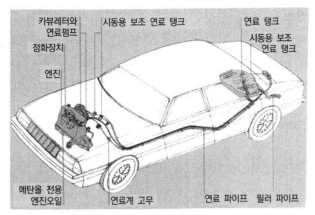

메탄올 자동차의 구조

✦ 가소홀(Gasohol)을 설명하시오.(83-1-1)

---

01 개요

자동차 연료로 사용되는 화석연료는 지속적인 수요 증가와 석유 공급의 독점에 따라 수급 불안정이 갈수록 심화되고 있으며 각종 유해물질을 배출하여 환경오염을 야기하는 등 많은 문제를 노출하고 있다. 이를 해결하기 위한 다양한 형태의 대체 에너지원 개발 노력이 활발하게 이루어지고 있다. 특히 미국과 브라질 같이 넓은 곡창지대를 갖고 있는 나라는 옥수수를 이용하여 만든 에탄올을 가솔린에 10% 정도 혼합하여 사용하고 있으며 브라질은 에탄올을 혼합하여 사용하는 것이 법규화 되어 있다.

02 가소홀(Gasohol)의 정의

가솔린에 메탄올, 에탄올 등의 알코올성 연료를 약 10~20% 정도 혼합한 연료이다. 주로 바이오 에탄올을 사용한다.

03 알코올성 연료의 특징

(1) 메탄올(Methanol)

메탄올은 천연가스, 석탄, 나무 등으로부터 제조하며 옥탄가가 101.5로 높아 고압축비 엔진에 적합하다. 연소 중 검댕을 발생치 않기 때문에 PM(Particulate Matter) 배출이 거의 없고, 연소가스 중 수분이 많아 연소 온도가 낮으며, 연료 성분 중 유황분이 없다는 장점이 있다. 하지만 동일 체적당 발열량이 가솔린의 1/2 정도로 작아 동일 거리 주행 시 2배의 연료 탱크 용량이 필요하며, 배출가스 중 독성 물질인 폼알데히드(Form aldehyde)의 배출량이 많다는 단점이 있다.(무색투명 액체, 옥탄가가 높으며 섭취 시 폼알데히드 형성, 인체에 독극물로 작용, 녹는점 -100도, 끓는점 65도)

(2) 에탄올(Ethanol)

에탄올은 주로 식물에서 추출하는 알코올성 연료로 메탄올과 물성이 비슷하나 독성이 적기 때문에 취급이 용이하고, 기존의 엔진을 크게 바꾸지 않아도 사용이 가능하므로 적용에 비용이 적게 드는 장점이 있다. 또한 옥탄가가 높고 함산소 화합물이여서 완전연소에 도움이 되고 CO, HC 등의 배출가스가 저감된다.

바이오 에탄올의 경우 원료로 사용되는 옥수수 등의 작물 재배 기간에 광합성으로 이산화탄소를 흡수하여 연소 시 대기의 이산화탄소 농도 증가를 유발하지 않는다. 하지만 착화성이 좋지 않아 냉시동성이 저하되고 가솔린에 비해 발열량이 1/3밖에 안되고 금속을 부식시키며 고무를 팽윤시키고 공기 중의 수분과 반응하여 상분리 현상이 생기는 단점이 있다.(무색투명 액체, 주정이라 불리며 술의 원료, 섭취 시 아세트알데히드로 변하며 음용 가능함, 녹는점 -115℃, 끓는점 80℃)

04 가소홀(Gasohol)의 장단점

(1) 장점

① 에탄올을 연료에 혼합한 가소홀은 옥탄가가 향상되고 연료 중 함산소 비율이 증가하여 연소 효율이 증가하고 배출가스와 온실가스가 저감되는 효과가 있다.

② 에탄올의 비용이 저렴하기 때문에 함유된 비율만큼 가솔린 연료에 비해 상대적으로 저렴하여 비용 절감의 효과가 있다.

(2) 단점

① 메탄올, 에탄올은 옥탄가는 높지만 체적당 발열량이 가솔린에 비해 매우 낮기 때문에 가소홀의 용적당 발열량이 낮아진다.

② 알코올의 혼입에 따른 증기압, 증류성상, 연소 배기조성 등이 변화하여 연소 특성이 달라지고 제어가 어려워져 동력 성능이 저하될 수 있다.

③ 수분이 유입되면 상분리 가능성이 높고 연료 계통과 기타 재료가 잘 부식될 수 있다.

기출문제 유형

✦ 새로운 연료로 거론되고 있는 DME(Demethyl Ether)의 효과와 실용화 가능성에 대해 설명하시오.(69-1-2)

01 개요

(1) 배경

자동차 연료로 사용되는 화석연료는 지속적인 수요 증가와 석유 공급의 독점에 따라 수급 불안정이 갈수록 심화되고 있으며 각종 유해물질을 배출하여 환경오염을 야기하는 등 많은 문제를 노출하고 있다. 이를 해결하기 위한 다양한 형태의 대체 에너지원 개발 노력이 활발하게 이루어지고 있다. 그 중에서 청정에너지인 천연가스를 활용한 디메틸에테르(DME : Dimethy Ether)는 천연가스의 물리·화학적 단점을 대부분 보완할 수 있는 특성을 갖추고 있다.

(2) 디메틸에테르(DME : Dimethyl Ether)의 정의

디메틸에테르는 천연가스, 석탄, 바이오매스 등을 열분해하여 제조한 화합물로서, 독성이 없고 취급이 용이하며, 용도가 다양한 청정에너지이다. 화학식은 CH_3OCH_3이다.

02 디메틸에테르(DME : Dimethyl Ether)의 제조 과정

디메틸에테르 제조 방법은 천연가스로부터 DME를 직접 합성하는 직접법과 합성가스로부터 메탄올을 합성한 후 다시 메탄올 탈수 반응을 통하여 DME를 합성하는 간접법으로 구분된다.

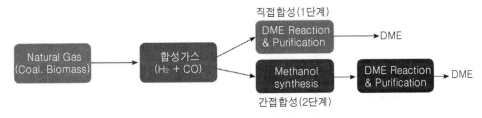

DME 직접합성 및 간접합성 공정

(1) 천연가스로부터 제조하는 방법

1단계 : $3CH_4 + 3CO_2 \rightarrow 6CO + 6H_2 \rightarrow 2CH_3OCH_3 + CO_2$

(2) 합성가스로부터 DME를 합성하는 공정

① 1단계 : $2CH_4 + O_2 \rightarrow 2CO + 4H_2 \rightarrow 2CH_3OH$

② 2단계 : $2CH_3OH \rightarrow CH_3OCH_3 + H_2O$

03 DME(Dimethyl Ether)의 성질

DME는 가장 간단한 에테르 형태인 CH_3OCH_3의 분자구조로 이루어져 있으며 상온 조건하에서 액체로 존재하는 화학물질이다.

① 공기 중에 오랫동안 노출되어도 상태가 변하지 않는 안전한 화합물로 비 활성적이고 부식성이 없다.

② 마취성이 강한 디에틸 에테르(DiethylEther)와는 달리 발암성 및 마취성이 없어 인체에 무해하다.

③ 오존층에 무해하고 대류권에서 쉽게 퍼지는 성질이 있다.

04 DME(Dimethyl Ether)의 장단점

(1) 장점

① DME는 원유나 천연가스, 메탄, 메탄올, 나무와 같은 바이오매스 등 다양한 에너지원에서 얻을 수 있어 기존 화석연료에 대한 의존도를 낮출 수 있다.

② DME는 LPG와 같이 상온, 상압 하에서 가스로 존재하며 약 6기압 정도까지 가압하면 액체가 된다. 또한 -25℃ 상태에서 액화되어 운송과 저장이 용이하다.

③ 증기압이 프로판가스나 부탄가스의 중간 수준으로 LPG와 물성이 유사하여 LPG-DME 혼합연료로 함께 사용할 수 있다. 또한 LPG 충전소 등 기존 인프라나 차량 부품을 개조할 필요 없이 사용할 수 있다. DME의 가격은 LPG의 절반 수준이기 때문에 혼합하여 사용할 경우 연료비가 저감된다.

④ 세탄값이 디젤 연료와 유사(약 55~60)하여 디젤 연료로 대체가 가능하고 연소시 분진, 검댕 등 매연이 발생하지 않으며 CO_2 발생량이 적어 청정연료로 배출가스 규제 대응이 가능하다.

(2) 단점

① 프로판과 유사한 특성을 지니고 있으나, 열량이 낮아 동일한 발열량을 위해서는 DME 공급량을 약 1.6배 정도 증가시켜야 한다.

② DME는 압력과 온도 변화에 따라 밀도와 탄성계수가 많이 변화되기 때문에 연료 분사량의 확보가 어렵고 운전 조건에 알맞은 연료 분사량의 제어가 힘들다.

③ 고무와 같은 탄성 부품과 화학반응을 일으키기 때문에 고무 부식, 연료 누설 등에 대한 대책이 필요하다.

05 DME(Dimethyl Ether)의 효과

(1) 배출가스 저감 효과

DME는 연소시 디젤보다 CO_2 발생량이 적고 프레온(CFC)과 달리 오존층에 무해하며 황성분이 없고 NOx도 디젤보다 약 26% 적게 배출된다. 따라서 환경규제 대응이 가능하다.

(2) 환경 보존 효과

친환경적 에너지원으로 독성이 없고 오존층을 파괴하지 않아 프레온 대체재로 사용이 가능하다. 배출가스가 적게 나와서 환경이 보존되는 효과가 발생된다.

(3) 경제적 효과

DME는 LPG와 유사한 물리적 특성 보유하여 LPG와 혼용하여 사용할 수 있는데 비용이 LPG 대비 절반 정도여서 경제적인 효과가 발생한다.

06 DME(Dimethyl Ether)의 실용화 가능성(현재 현황 및 전망)

우리나라는 한국가스공사가 2003년 DME 공정을 개발하여 일일 생산 규모 10톤의 설비가 가동 중에 있다. 세계 주요국의 상황을 살펴보면 중국은 이미 상용화해 LPG와의 혼합 연료로서 활발히 사용하고 있으며 연간 1,000만톤 규모로 생산하고 있다. 미국과 스웨덴은 디젤차의 연료로서 실증평가와 차량이 개발 중이며 특히 스웨덴은 바이오 DME를 도입하고 있다.

또한 일본도 DME 관련 실증 평가를 완료하고 대응 차량 등을 이미 개발했다. 국제표준화기구(ISO)에서는 2007년부터 표준화 작업에 착수, 디메틸에테르 연료유의 샘플링 방법(2009년), 불순물 및 황분 분석 방법(2014년) 등의 시험법과 품질기준을 제정해 새로운 에너지원으로서의 활용을 준비하고 있다. 또한 미국에서도 2014년 ASTM에 품질기준 제정 등 관련 표준을 규정하였다.

기출문제 유형

✦ DME(Dimethyl Ether) 엔진에 대하여 설명하시오.(89-2-5)

---

01 개요

(1) 배경

청정에너지인 천연가스를 활용한 디메틸에테르(DME : Dimethy Ether)는 천연가스의 물리·화학적 단점을 대부분 보완할 수 있는 특성을 갖추고 있다. 디메틸에테르는 천연가스, 석탄, 바이오매스 등을 열분해하여 제조한 화합물로서, 독성이 없고, 취급이 용이하며, 용도가 다양한 청정에너지이다.

(2) DME(Dimethyl Ether) 엔진의 정의

DME 엔진은 연료로 디메틸에테르를 사용하는 엔진으로 디메틸에테르는 LPG와 물성이 유사하고 경유와 비슷한 세탄가를 가져서 LPG 자동차나 디젤 자동차에 혼합하여 사용이 가능하다. 디메틸에테르만 단독으로 사용하는 경우는 디젤 엔진의 CRDI(Common Rail Direct Injection) 시스템을 이용하여 시스템을 구성한다.

02 DME(Dimethyl Ether) 엔진의 구조

DME 엔진은 디젤 엔진에서 연료 공급시스템만 개조하여 사용이 가능하다. 따라서 커먼레일 방식의 연료 분사 시스템을 갖고 있다. 구성은 연료 탱크, 고압 연료 분사장치, 연료 온도 제어장치, 연료 냉각기, 퍼지 탱크, 연료 탱크 등으로 되어 있다. 압력과 온도 변화에 따라 밀도와 탄성계수가 많이 변화되기 때문에 연료 분사량의 확보를 위해 연료 온도를 냉각기를 통해 조절해주어야 한다.

03 DME 엔진의 특징

① DME는 연소시 디젤보다 CO_2 발생량이 적고 프레온(CFC)과 달리 오존층에 무해하며 황성분이 없고 NOx도 디젤보다 약 26% 적게 배출된다. 또한 연소시 분진, 검댕 등 매연이 발생하지 않는다.

② 열량이 낮아 동일한 발열량을 위해서는 DME 공급량을 약 1.6배 정도 증가시켜야 한다.

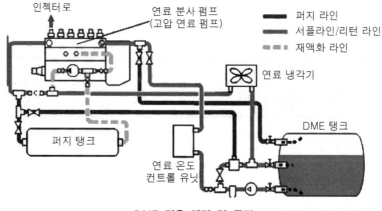

DME 적용 엔진 및 특징

적용 엔진	장점	특징	개조 부분
디젤 엔진	– 고효율 (엔진 효율 40%) – 높은 청정성 (PM Zero)	– CNG는 가솔린 엔진으로 엔진 개조 필요함(효율 저하). – DME는 연료 공급 시스템만 교체하면 디젤 엔진에 직접 사용함.	– 연료 분사 펌프, 피드 펌프, 인젝터, 퍼지장치 등 – 따라서, 연료 시스템의 개발이 필요함.
LPG 엔진 (LPG/DME 혼합)	– LPG 수준의 효율 (엔진 효율 32%) – LPG와 혼합 용이 – 연료의 경제성에 따라 좋은 대안이 될 수 있음	– LPG 차량에 LPG/DME 혼합 연료를 직접 사용 가능 함 (DME를 20% 이하 혼합). – 그러나 LPG 엔진에 적용하기 때문에 효율이 낮음.	– 실링제 교체 등 개조가 간단함.
가솔린 엔진(GDI)	– 디젤과 가솔린의 중간(엔진 효율 36%) – 가솔린 대체 연료로도 사용 가능	– 연료 공급 시스템만 교체하면 가솔린 엔진에 직접 사용함.	– 연료 분사 펌프, 인젝터 등 – 따라서, 연료 시스템의 개발이 필요함.

(자료 : 한국에너지기술연구원)

04 DME 엔진의 기술과제

① DME는 점도가 낮기 때문에 플런저 등의 극간에서 연료가 누설되기 쉽고, 압력 및 온도 변화에 따라 탄성계수와 밀도가 크게 변화하는 특징이 있어서, 온도나 압력이 크게 변화하면 엔진의 요구 분사량을 확보하기 어렵다.(압력 300bar에서, 온도가 50℃에서 80℃까지 30℃ 상승하면 밀도는 5.5% 저하하고, 탄성계수는 35% 저하한다). 대책으로 연료 분사 노즐 이전에 열교환기를 설치하여, 연료를 냉각해서 일정한 온도로 유지하고 연료 온도 보정 기능을 갖춘 연료 분사 시스템을 사용한다.

② DME를 디젤 엔진에 그대로 적용하면, PM은 크게 저하하나, NOx는 거의 비슷한 수준으로 배출된다. 대책으로 EGR 등을 통해 NOx를 저감하거나 배기가스 후처리 장치를 장착한다.

③ DME는 윤활성이 적기 때문에 흡배기 밸브의 마모 증가가 예상되며, 연소 생성물에 수분의 함량이 많기 때문에 배기계의 부식도 예상된다. 대책으로 점도 향상제를 첨가해 준다.

기출문제 유형

✦ 알킬레이트(Alkylate) 연료 사용에 의하여 저감되는 대기오염에 대하여 설명하시오.(105-3-2)

01 개요

(1) 배경

자동차 연료로 사용되는 화석연료는 지속적인 수요 증가와 석유 공급의 독점에 따라 수급 불안정이 갈수록 심화되고 있으며 각종 유해물질을 배출하여 환경오염을 야기하는 등 많은 문제를 노출하고 있다. 이를 해결하기 위한 다양한 형태의 대체 에너지원 개발 노력이 활발하게 이루어지고 있다. 그 중에서 부탄과 C_3~C_5로 이루어진 경 탄화수소 (HC)를 반응시켜 만든 알킬레이트(Alkylate)는 옥탄가가 높고 유해물질을 함유하지 않아 친환경 연료로 사용되고 있다.

(2) 알킬레이트(Alkylate)의 정의

알킬레이트는 알킬화 반응 생성물의 총칭으로 C_7~C_9의 이소파라핀(이소옥탄 C_8H_{18}, 이소헵탄 C_7H_{16})으로 이루어진 고옥탄가 가솔린을 말한다.

02 알킬레이트(Alkylate) 제조과정

이소부탄(C4H10)을 프로필렌·부틸렌 등의 저급 올레핀류와 혼합하여 황산이나 불화수소산(Hydrogen Fluoride) 촉매를 사용하여 알킬화 반응을 통해 알킬레이트를 합성한다.

$$CH_3-\underset{CH_3}{\underset{|}{C}}-CH_2 + CH_3-\underset{\underset{H}{|}}{\overset{\overset{CH_3}{|}}{C}}-CH_3 \longrightarrow CH_3-\underset{\underset{CH_3}{|}}{\overset{\overset{CH_3}{|}}{C}}-CH_2-\overset{\overset{CH_3}{|}}{CH}-CH_3$$

Isobutylene   Isobutane   2, 2, 4-Trimethylpentane (Isooctane)

$$CH_2-CH-CH_3 + CH_3-\underset{\underset{H}{|}}{\overset{\overset{CH_3}{|}}{C}}-CH_3 \longrightarrow CH_3-\underset{\underset{CH_3}{|}}{\overset{\overset{CH_3}{|}}{C}}-CH_2-CH_2-CH_3$$

Propylene   Isobutane   2, 2-Dimethylpentane (Isoheptane)

03 알킬레이트(Alkylate)의 특징

① 낮은 증기압과 고옥탄가(97 이상)를 갖고 있고 엄격한 휘발유의 환경 품질 항목을 충족시키기 때문에 고급 휘발유로 사용할 수 있으며 기존 휘발유에 혼합하여 옥탄가와 품질을 향상시키는데 사용할 수 있다. 친환경 고품질 휘발유로 사용되고 있다.

② 황, 올레핀, 아로마틱, 벤젠(방향족 화합물)과 같은 독성 물질이 전혀 없어 배출가스가 친환경적이다.

③ 두 개의 저밀도 원료를 사용하여 고밀도 제품을 생산할 수 있기 때문에 무게는 동일하고 가격은 10~30% 정도 저감된다(2018년11월 기준 휘발유 \$/ton 80, 알킬레이트 \$/ton 72).

04 알킬레이트(Alkylate) 사용에 의하여 저감되는 대기오염

알킬레이트는 기존 연료에 포함되어 있던 황, 올레핀, 방향족 화합물 등의 성분이 없어서 이로 인한 대기오염이 저감된다.

① 연료 중의 황은 자동차 배기가스 처리 장치의 촉매나 산소 센서를 피독시키고 저온 활성화 개시 온도(LOT : Light Off Temperature)를 증가시켜 정화 효율을 저하시킨다. 따라서 배출가스 중의 HC, CO, NOx 등이 정화되지 못하고 대기 중으로 배출된다. 또한 배출가스 중의 황화합물(SOx)이 크게 저감된다. 따라서 황화합물과 자외선이 광화학 반응으로 생성되는 스모그가 저감되고 산성비의 주된 성분인 이산화황(SO_2)이 만들어지지 않아 산성비가 방지된다.

② 올레핀은 휘발성 유기화합물(VOCs) 중 한 성분으로 옥탄가를 높이는 역할을 하지만 오존생성의 전구물질로 연소실에 퇴적물을 형성하고 배출가스 중 오존 형성 물질과 유해물질을 증가시킨다.

③ 방향족 탄화수소(Aromatic HC)는 휘발성 유기화합물(VOCs) 중 한 성분으로 가장 간단한 구조는 벤젠(C_6H_6)이다. 옥탄가를 향상시키고 높은 에너지 밀도를 가지지만 화합물 자체로 환경 및 건강에 유해한 성분이며 연소실 내부에 퇴적물을 증가시키고 탄소, 수소의 비가 커서 HC, CO 등 배기가스를 증가시킨다.

용어설명

① 파라핀(Paraffin) : C_nH_{2n+2}의 화학식으로 이루어진 탄화수소

② 올레핀(Olefin) : C_nH_{2n}의 화학식으로 이루어진 탄화수소, 탄소 이중 결합을 두 개 이상 포함된 물질에도 사용한다. (알켄은 탄소이중 결합이 하나인 물질)

③ 알킬화 반응 : 석유 정제공업에서 고옥탄가의 알킬레이트(이소옥탄)를 얻는 과정을 말한다. 보통 프로펜(프로필렌, C_3H_6), 부텐(부틸렌, C_4H_8)의 탄소수가 낮은 탄화수소를 이소부탄(C_4H_{10})과 결합해 이소옥탄(C_8H_{18})과 이소헵탄(C_7H_{16})으로 이루어진 알킬레이트를 합성하는 반응이다.

④ '노말~', '이소~', '네오~' 구분(노말 헵탄, 이소/아이소 옥탄, 네오 펜탄)
   • n- : 직선사슬 구조, '노멀'로 명칭을 한다.
   • iso- : 탄소의 직선사슬에 methyl기(CH_3)가 1개 곁가지로 붙어있는 구조, '이소', '아이소' 등으로 명칭을 한다.
   • neo- : 직선사슬에 methyl기(CH_3)가 3개 곁가지로 붙어 있는 구조

⑤ 탄화수소 명칭
   • 알케인/알칸(Alkane) : C_nH_{2n+2}, 단일 결합으로 이루어져 있는 포화탄화수소로 알케인(알칸) 탄화수소는 파라핀이라고 명칭을 한다. 메탄(CH_4), 에탄(C_2H_6) 등을 말한다.
   • 알켄(Alkene) : CnH_{2n}, 탄소 이중 결합이 하나 들어 있는 불포화탄화수소, 에텐(C_2H_4), 프로펜(C_3H_6) 등이 있으며 자동차 연료로 사용되는 휘발유(옥탄, C_8H_{18}), 경유(세탄, $C_{16}H_{34}$) 등이 알켄에 속한다(올레핀은 탄소이중결합이 하나나 두개 이상인 경우에 사용한다).
   • 알킨/알카인(Alkyne) : C_nH_{2n-2}, 탄소 삼중결합이 하나 들어 있는 불포화탄화수소, 에틴(C_2H_2), 프로핀(C_3H_4) 등을 말한다.
   • 알킬(Alkyl) : 알켄에서 H가 하나 빠진 치환기로 어떤 물질에 탄화수소의 일부분이 붙어 있는 경우를 명칭하기 위해서 사용한다. CH_3는 메틸기, C_2H_5는 에틸기 등으로 알킬벤젠은 메틸벤젠($C_6H_5CH_3$, 에틸벤젠($C_6H_5C_2H_5$) 등을 말한다.

03 윤활유

01 개요

(1) 배경

자동차는 엔진의 폭발력을 이용해 기계적으로 동력을 전달하여 바퀴를 구동하기 때문에 동력을 전달하는 각 부품에서 기계적 마찰이 발생한다. 상대적으로 움직이는 두 물체의 마찰면 사이에 윤활제(기체, 액체, 고체, 반고체)가 공급되면 윤활이 되는데 이는 기계의 마찰 저항을 감소시켜 원활한 운동이 가능하게 한다. 윤활은 유막이 충분히 형성된 유체 윤활, 유막이 얇게 형성된 경계 윤활, 유막이 거의 없는 극압 윤활로 구분한다.

(2) 윤활(Lubrication)의 정의

윤활이란 상대적으로 움직이는 두 물체의 마찰면 사이에 윤활제(기체, 액체, 고체, 반고체)를 공급하여 마찰 저항을 감소시키고 움직임을 원활하게 만들어 기계적 손실을 감소시키는 것을 말한다.

02 윤활 작용

윤활 작용은 기계의 마찰 부분에 유막을 형성하여 마찰을 저감시켜 마모를 방지하고 동력의 소비를 적게 하여 기계의 효율을 좋게 하기 위한 것이다. 상대적으로 움직이는 두 물체 사이의 마찰 저항은 면에 가해진 수직력, 마찰 계수에 비례하고 마찰면의 면적에는 무관하다($F=\mu W$). 따라서 윤활유가 두 물체 사이에 공급되면 양면 사이에 형성된 오일 막에는 유체 역학적인 압력이 발생하여 하중을 지지하고, 이것이 평형을 이룬 상태에서는 오일 막의 두께가 유지된다. 이 오일 막의 두께는 윤활유의 점도와 미끄럼 운동 속도에 비례하고 하중에 반비례한다.

유체에 가해지는 하중이 커질수록 유막은 얇아진다. 자동차에서는 크랭크축이나 캠축 등 축이 회전 운동을 하는 부분에는 축과 베어링에 윤활유가 윤활 작용을 하여 마찰 및 마멸을 방지해 주어 동력 전달 효율을 높여준다. 하지만 폭발력에 의해 강한 압력이 가해지는 경우나 운동방향이 변경되는 경우 유막이 파괴되어 피스톤의 소착이나 부품의 파손이 발생할 수 있다.

03 윤활과 마찰 상태

윤활 상태는 윤활제 유막의 두께에 의해 유체 윤활, 경계 윤활, 고체 윤활 3가지로 나눈다. 이 상태에서의 마찰을 유체 마찰, 경계 마찰, 고체(건조) 마찰이라고 하는데 유체 윤활과 유체 마찰, 경계 윤활과 경계 마찰은 거의 같은 의미로 사용한다. 하지만 고체 윤활은 윤활이 조금 되는 상태를 의미하고 고체 마찰은 윤활제가 없어 윤활이 되지 않는 상태의 마찰을 의미한다.

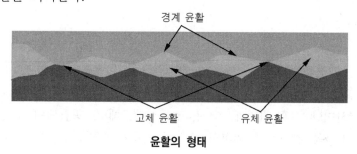

윤활의 형태

(1) 유체 윤활(Fluid-film Lubrication)

후막 윤활 또는 완전 윤활이라고도 하며 가장 이상적인 윤활 상태이다. 유막이 충분히 두껍게 형성되어 있어서 상대 운동을 하는 두 마찰면의 움직임이 원활하고 기계적으로 마모 및 마찰이 발생되지 않는 윤활 상태이며, 이 상태의 마찰을 유체 마찰(Fluid Friction)이라고 한다. 기름의 점성(Viscosity)에만 기인하며 접촉면의 재질이나 표면의 상태와는 무관하다. 마찰 계수는 $\mu = 10^{-3}$ 정도로 극히 작다.

(2) 경계 윤활(Boundary Lubrication)

박막 윤활 또는 불완전 윤활이라고 하며 윤활유의 양이 충분하지 못해 유막의 두께가 얇아지거나 점도가 떨어져서 움직이는 속도가 느려지는 상태를 말한다. 또한 유체 윤활 상태에 있는 고체에 하중이 증대되면 윤활유의 유막이 압축되어 경계 윤활이 된다. 이 상태에서는 마찰 표면에 흡착된 얇은 분자 막에 의해 윤활이 이뤄진다.

경계 윤활 상태에서는 기본적으로 마찰면이 직접 접촉되지 않아 마찰이나 마멸이 발생하지 않는 상태이다. 유막이 얇기 때문에 실제로는 물체 표면의 거칠기(Roughness)가 경계층의 두께 정도이므로 돌출 부위가 부분적으로 직접 맞닿아 고체 마찰이 발생할 수 있다. 이 상태에서의 마찰을 경계 마찰(Grease Friction, Boundary Friction)이라고 한다. 고체 마찰과 유체 마찰의 중간 상태로 마찰 계수는 $\mu = 10^{-2}$ 정도이다.

(3) 고체 윤활, 극압 윤활(Extreme Pressure Lubrication)

고체 윤활은 윤활제로서 특수한 고체 물질(흑연 등)을 마찰 표면에 도포하여 사용하는 경우의 윤활 상태이다. 극압 윤활이라고도 한다. 하중이 많이 걸리거나 마찰면의 온도가 높게 되면 마찰면이 접촉하여 유막이 파괴될 수 있다. 통상 윤활유에는 극압 첨가제를 넣어 금속 표면과 화학적으로 반응하여 극압 막을 만든다. 따라서 경계 윤활막이 없어져도 금속막이 윤활막을 형성하여 고체 윤활이 되도록 한다.

고체 마찰(Solid Friction)은 건조 마찰(Dry Friction)이라고도 하며 접촉면 사이에 윤활제의 공급이 없는 마찰을 말한다. 마찰의 크기는 재료의 탄성, 접촉면의 거칠기, 접촉압력, 상대속도 등에 따라 변화한다. 마찰 계수는 $\mu = 10^{-1}$ 정도이다. 고체 마찰이 증가하면 상대 운동을 하는 두 물체가 소결되어 융착이 일어나기 쉽다. 자동차의 엔진에서는 축과 베어링, 피스톤과 실린더 벽 등에서 고체 마찰이 일어날 경우 고온이기 때문에 빠르게 소결되어 융착이 된다.

기출문제 유형

✦ 윤활 장치에서 트라이볼로지를 정의하고 특성을 설명하시오.(96-1-9)

01 개요

윤활 장치(Lubrication System)는 기계장치들이 접촉해서 움직이는 부분에 윤활유를 공급하여 마찰로 인한 마모를 줄여주는 역할을 한다. 트라이볼로지라는 용어는 문지르다는 뜻을 의미하는 그리스 어의 'tribos'로 부터 유래되었다. 용어 자체로 해석하면 '마찰학'으로 이해될 수 있으며, 총체적인 의미로는 '마찰, 마모, 윤활학'으로 해석할 수 있다. 트라이볼로지는 우주항공 분야로부터 가전제품 전반에 걸친 각종 기계 장비들의 마모 문제, 신뢰성 및 유지 보수 문제 등을 분석 연구하는 응용학문 분야이다.

02 트라이볼로지(Tribology)의 정의

상호 운동하는 표면과 연관된 물체 및 현상을 연구하는 학문이나 기술을 말한다. 마찰, 마모, 윤활을 종합적으로 연구하는 학문이다.

03 트라이볼로지의 요소

① 마찰(Friction) : 상대 운동을 하는 물체가 서로 맞닿아 변형과 응착이 작용하여 나타나는 현상으로 마찰 저항으로 에너지의 소모를 일으켜서 시스템의 효율을 저하시킨다.

② 마모(Wear) : 상대 운동의 결과로 작동 표면에서 점진적으로 손실이 발생하는 현상이다. 이로 인해 형상과 치수 변화로 시스템의 성능을 떨어뜨리고 수명을 단축시킨다. 응착 마모, 연삭 마모, 부식 마모, 표면 피로 마모가 있다.

③ 윤활(Lubrication) : 두 물체 사이에 유막을 형성하여 마찰과 마멸을 감소시키고 미끄러짐이 잘 일어나도록 하는 작용으로 유막의 두께에 따라서 유체 윤활, 경계 윤활, 고체 윤활로 분류한다.

04 윤활 장치의 트라이볼로지 특성

윤활 장치에서 트라이볼로지 특성은 윤활의 영역에 따라서 달라진다. 윤활은 3가지 영역이 존재하며 경계 윤활, 혼합 윤활, 유체 윤활이 있다. 경계 윤활은 유막의 두께가 표면 거칠기보다 작은 상태로 표면의 돌출부가 닿기 시작하는 상태이다.

유체 윤활은 유막의 두께가 충분히 두꺼워 물체간의 접촉이 없는 상태로 원활한 미끄러짐이 발생하여 부품의 파손이 없고 에너지 소비가 적다. 유체 점성의 영향으로 혼합 윤활보다 마찰 계수가 혼합 윤활은 유막의 두께가 유체 윤활과 경계 윤활의 중간인 영역이다. 마찰 계수는 경계 윤활이 가장 크고 혼합 윤활이 가장 작다.

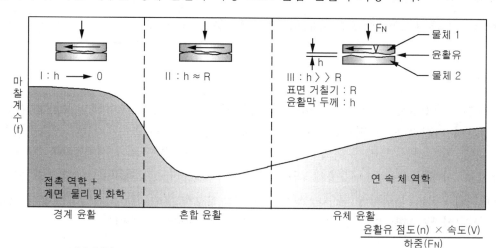

I : 경계 윤활(boundary lubrication)

II : 혼합 윤활(mixed lubrication)

III : 유체 윤활(hydrodynamic lubrication or elastohydrodynamic lubrication, EHD)

윤활막 두께와 거칠기 관계에 따른 마찰 계수 변화(Stribeck 곡선)

트라이볼러지의 특성

	건조 마찰	경계 윤활	혼합 윤활	유체 윤활
윤활 조건	건조 표면	얇은 기체나 액체 막	부분 윤활	완전 유체 윤활
점도 영향	없음	없음	부분적	많음
접촉과정의 특징	돌출부의 유착	돌출부의 접촉	부분적 접촉	접촉 없음
마찰 계수	0.3<f	0.1<f<0.3	0.005<f<0.1	0.005~0.1>f

기출문제 유형

✦ 피스톤 링의 유막 형성(油膜形成)에서 피스톤 링 윤활(潤滑)의 특수성에 대하여 설명하라.(77-2-4)

01 개요

(1) 배경

내연 기관은 연료의 연소 폭발력으로 동력을 얻는 장치로 연소실 내부는 고온, 고압의 환경이며 피스톤이 움직이는 속도 또한 매우 빠르다. 피스톤은 실린더 내부에서 상하로 움직이며 동력을 크랭크축으로 전달하는 역할을 한다.

피스톤 링은 피스톤과 함께 상하로 움직이는 과정에서 폭발되는 가스가 피스톤과 실린더 벽 사이로 새나가지 않게 하며 동시에 실린더 벽과 마찰을 최소화하여 원활한 운동이 되도록 해야 한다. 따라서 피스톤 링은 고온, 고압, 고속의 악조건 하에서 유체 윤활 상태를 유지하도록 요구되고 있다.

(2) 피스톤 링의 작용

피스톤 링은 압축가스의 누출을 방지해 주는 기밀작용을 하며, 연소실로 오일 유입을 방지하는 오일 제거 작용, 폭발할 때 피스톤으로 전달되는 열을 냉각시켜주는 열전도 작용을 한다.

02 피스톤 링의 구성

(1) 압축링

연소가스가 연소실에서 크랭크 케이스로 누출되는 것을 방지하고 피스톤 헤드의 열을 실린더 벽에 전달한다.

(2) 오일링

실린더 벽에 잔류하는 오일을 긁어내려 연소실의 오일을 제거한다. 오일링은 레일과 스페이서로 구성된다.

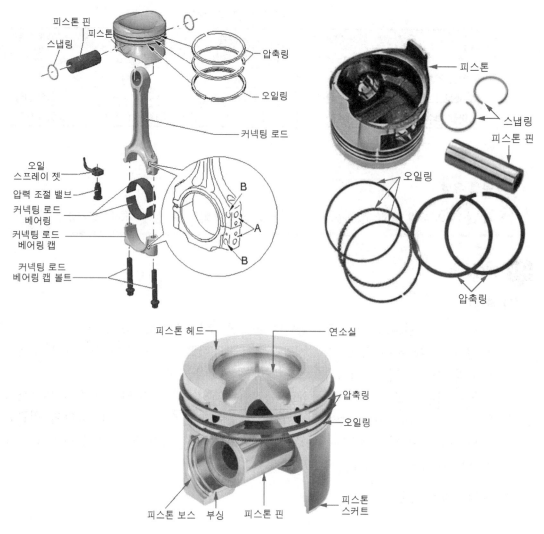

피스톤 링의 구성

03 피스톤의 윤활 특수성

피스톤 링은 피스톤에 연결되어 동작된다. 따라서 일반 기계 장치의 윤활보다 환경적, 구조적, 운동적인 특수성을 갖고 있다.

(1) 동작 환경

피스톤 링은 고온, 고압에서 피스톤에 끼워져 실린더 벽에 밀착된 채로 고속으로 섭동하기 때문에 고온에서 장력을 잃지 않아야 하고 열팽창이 적으며 내마멸성이 큰 재료로 만들어져야 한다. 피스톤 링의 엔드 갭(간극)이 너무 크면 압축 시 누설이 생기고, 너무 작으면 열팽창에 의해 실린더 벽을 손상시킬 수 있다. 따라서 전 운전 영역에서 적절한 간극을 유지하여야 한다.

이를 위해 피스톤 링의 재질은 특수 주철 또는 주강을 주로 사용하고 내마멸성을 향상시키기 위해 크롬 도금을 하기도 한다. 실린더 보어의 지름, 링의 온도, 열팽창 계수를 고려한 링의 늘어난 길이(선팽창)와 실린더의 팽창 치수의 차이를 고려하여 최적의 엔드 갭을 설계해야 한다.

(2) 구조적 특성

스톤 링은 피스톤의 링 홈 안에 장착되어 있다. 장력이 적절하지 않으면 피스톤 링이 링 홈 면에 밀착되지 못하면 링 홈 안에서 떠오르는 현상인 플러터 현상이 발생하는데 이때 유막이 파괴된다. 또한 피스톤 왕복 운동 시 링 홈으로 축척된 연소 잔유물(Carbon Deposit)이 퇴적되면 피스톤 링을 고착시켜 스틱 현상을 발생시킨다. 이러한 현상은 피스톤 링을 고착시켜 링의 호흡 작용을 막아 연소가스가 새고 오일이 연소실로 유입되게 만든다.

(3) 운동 특성·피스톤 측압

내연기관의 에너지 손실 중 20~40%가 실린더와 피스톤 링 사이의 마찰 손실이며 고속회전 때보다도 저속회전 때 더 큰 비중을 차지한다. 저속회전일 때는 고속회전과 비교해서 피스톤의 상·하사점 부근에서 피스톤의 속도가 거의 정지 상태가 되어 윤활유에 의한 유막 형성이 어려워진다. 이때 실린더와 피스톤 링의 윤활 상태는 유체 윤활 상태에서 건식(고체) 윤활 상태가 되어 마찰은 급격히 증가하게 된다.

저속회전 때 심한 마찰은 실린더의 수명을 단축시키기 때문에 이 마찰을 줄이면 연비의 향상과 내연기관 전체의 내구성을 향상시킬 수 있다. 마찰 손실을 저감하기 위해서 링의 장력을 저감시키는 것이 효과적이지만, 링의 장력을 저감시키면 피스톤이 하강할 때 보어 벽면의 오일을 긁어내리는 작용이 충분하지 못해 오일 소비가 증가한다. 또한 연료의 연소 폭발력에 의한 피스톤의 왕복 운동은 커넥팅 로드를 거쳐 크랭크축으로 전달되면서 회전운동으로 전환된다.

따라서 피스톤이 상하 운동을 할 때 크랭크축의 회전방향 쪽으로 모멘트가 가해져 한쪽 실린더 벽을 밀어 붙이는 압력이 발생된다. 모멘트가 가해지는 실린더 벽의 유막은 파괴되고 고체 윤활이 된다. 그 외에도 엔진 운전 중의 온도, 하중, 연소가스 압력에 의한 변형 등의 원인이 복합적으로 작용하여 실린더 라이너와 피스톤 링이 부분적으로 양측의 표면 거칠기가 유막의 두께를 넘어 직접 접촉하여 마모가 진행된다. 이런 경우 스커핑이 발생한다.

기출문제 유형

✦ 엔진 윤활유의 특성 및 분류에 대해 설명하시오.(69-1-6)

✦ 자동차 윤활유의 요구 특성을 설명하시오.(65-1-10)

✦ 윤활유의 작용과 윤활유 분류 방식을 설명하시오.(62-2-4)

✦ 자동차에 사용되는 각종 윤활유에 대하여 기술하시오.(48)

01 개요

(1) 배경

자동차는 엔진의 폭발력을 이용해 기계적으로 동력을 전달하여 바퀴를 구동하기 때문에 동력을 전달하는 각 부품에서 기계적 마찰이 발생한다. 엔진 내부의 피스톤, 커넥팅 로드, 크랭크축과 변속기의 유성기어, 추진축, 구동축, 최종감속기어, 등속 조인트, 베어링 등 동력이 전달되는 부분에는 필수적으로 윤활이 필요하다. 특히 고온, 고압으로 동작하는 엔진 내부 운동 부품에는 지속적인 윤활액 공급이 필요하다. 그 외에도 변속기와 추진축, 조향기구, 베어링 등에도 주기적으로 윤활액 공급이 필요하다.

(2) 윤활유의 정의

윤활유는 마찰을 줄이기 위해 기계요소 사이에 도포하는 기름으로 두 면 사이에 유막을 형성해 직접 접촉하는 것을 방지하여 마찰을 감소시키는 작용을 한다. 자동차 윤활유는 기유의 종류에 따라서 광유와 합성유, 지방유가 있다.

02 윤활유의 작용

(1) 마찰, 마모 방지 작용(감마 작용)

엔진 및 차량의 마찰 부위에 충분한 유막을 형성하여 금속간의 직접접촉을 방지함으로써 마찰을 줄여주어 엔진 효율을 향상시켜주고 수명을 연장시킨다.

(2) 밀봉 작용(기밀 유지)

기구 간극의 경계면에 유막을 형성하여 폭발할 때 배기가스나 블로바이 가스(Blow by Gas)가 새어나가지 않도록 밀봉 작용을 한다.

(3) 냉각 작용

엔진 및 차량 마찰 부위에서 발생하는 열을 흡수, 분산시켜준다. 특히 엔진에서는 폭발열에 의해 고온이 발생하므로 이를 전달하여 냉각을 해주는 역할이 매우 중요하다.

(4) 방청(녹 및 부식 방지) 작용

금속부에 유막을 형성하여 산소와 결합을 차단시켜 녹 및 부식을 방지해준다.

(5) 청정 분산 작용

외부로부터 유입되거나 자체 생성된 이물질 등을 윤활부위에서 세정, 분산시켜 엔진이나 운동 부품의 기계적 손상을 방지한다,

(6) 응력 분산 작용

엔진 및 차량 마찰 부위에 가해지는 힘(응력)을 분산시켜 기계적 마찰 및 파손을 방지한다.

03 윤활유의 종류

(1) 윤활제의 종류

윤활제는 액상, 반고체상, 고체상으로 나눠진다. 액상은 윤활유라고 부르며 반고체상은 그리스, 고체상은 PbO, Graphite가 있다. 자동차에서는 엔진이나 변속기에는 윤활유를 사용하며 추진축, 구동축, 등속 조인트, 베어링에는 그리스를 사용한다.

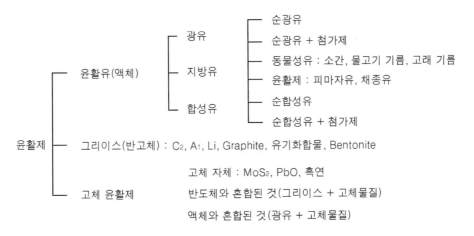

윤활제의 분류

(2) 윤활유의 종류

윤활유는 광유, 합성유, 지방유가 있다. 원유의 정제과정 중 마지막에 나오는 것이 광유이고 이 광유에 각종 화합물과 다양한 첨가물을 넣어 화학 합성유를 만든다. 자동차에는 주로 광유와 합성유가 사용된다. 자동차에 사용하는 윤활유는 엔진 윤활유(가솔린, 디젤, LPG), 변속기 윤활유(수동, 자동), 파워스티어링 윤활유, 브레이크 윤활유 등이 있다.

04 윤활유의 분류

(1) 원료에 의한 분류

① 석유계 윤활유 : 파라핀(Paraffin)계 윤활유(광유), 나프텐(Naphthene)계 윤활유(PAO 합성유)

② 비석유계 윤활 : 동식물계 윤활유(식물성, 지방산), 합성계 윤활유

(2) 점도에 의한 분류

미국자동차기술자협회(SAE : Society of Automotive Engineers)는 엔진 윤활유를 점도에 따라 10등급으로 분류하였다. 숫자가 작을수록 점도가 낮아 유동성이 좋은 것이고 숫자가 커질수록 점도가 높아져 유동성이 낮아지는 것이다. 겨울철 점도에는 W를 붙여 표시하고 있다. 단급 점도유는 0W와 같이 숫자 표시가 하나만 있는 것이고 다급 점도유는 SAE 0W-20과 같이 숫자 표시가 두개가 있는 것이다. 단급 점도유의 경우, 계절이 바뀌거나 기온이 상이한 지역으로 장거리 운행할 시, 윤활유를 교환해야 하기 때문에 온도에 대한 점도 변화를 줄이고자 계절에 무관한 다급 점도유를 사용한다. 자동차용 엔진유 및 기어유, ISO 공업용 윤활유, AGMA 공업용 기어유 등에 사용한다.

점도에 따른 SAE 분류의 특성

SAE 점도	CCS 정도		경계선 펌핑 최고	동점도 100도		안정 유동점	사용온도
	온도(℃)	최고점도	온도(℃)	최저	최고	℃	℃
0W	-30	3.25 이하	-35 이하	3.8		-35 이하	-35 이하
5W	-25	3.5 이하	-30 이하	3.8		-35 이하	-30 이하
10W	-20	3.5 이하	-25 이하	44.1		-	0~-25
15W	-15	3.5 이하	-20 이하	5.6		-	5~-20
20W	-10	4.5 이하	-15 이하	5.6		-	10~-15
25W	-5	6.0 이하	-10 이하	9.3		-	15~-10
20	-			5.6	9.3	-	10~-5
30	-			9.3	12.5	-	5~20
40	-			12.5	16.3	-	20 이상
50	-			16.3	21.9	-	25 이상

(3) 가혹도에 따른 분류

1) 미국석유협회(API : American Petroleum Institute) 분류

미국재료시험협회(ASTM)와 SAE의 협조하에 엔진에 수반되는 조건 또는 상태를 일반적인 용어로 표시한 분류 방식으로 가솔린은 S(Service Station Oil), 디젤은 C(Commercial

Oil)로 시작하며 뒷부분의 알파벳은 A부터 차례대로 시대별, 가혹도를 기준으로 규격을 정하고 있다. 가솔린 엔진용 엔진유, 디젤 엔진용 엔진유, 기어유 등에 사용한다.

도입 연도별 API 규격

가솔린 엔진 오일			디젤 엔진 오일		
SA		1900년	CA		1900년
SB		1930년	CB		1949년
SC		1964년	CC		1961년
SD	Obsolete (더 이상 사용하지 않음)	1968년	CD		1955년
SE		1972년	CD-II	Obsolete (더 이상 사용하지 않음)	1985년
SF		1980년	CE		1984년
SG		1989년	CF-4		1990년
SH		1993년	CF/CF-2		1994년
SJ		1996년	CG-4		1995년
SL	**Current**	2001년	CH-4		1998년
SM	(현재 사용 중)	2004년	CI-4	**Current** (현재 사용 중)	2002년
SN		2010년	CJ-4		2007년
SP	적용 예정	2018년	CK-4/FA-4	적용 예정	2016년12월

2) ACEA(유럽자동차제조협회) 분류

ACEA 규격은, 엔진과 자동차 후처리 장치의 특성과 운전자의 주행 타입에 따라 구별된 엔진 규격들이다. 디젤 차량에 적용 중인 배기가스 후처리 장치(DPF, DOC, SCR 등)에 치명적인 SAPS의 함유량을 기준으로 등급을 정한 독자적인 특징들을 가지고 있다.

ACEA(유럽자동차제조협회) 등급

가솔린/일반 디젤	디젤(SAPS 함유량 최소화)	상용차
A1/B1 저점도, 저마찰-연비 효율 특화	**C1** 저점도, 저마찰-연비 효율 특화 Low SAPS	E4
A3/B3 고성능 엔진, 극조건 롱 라이프 타입	**C2** 저점도, 저마찰-연비 효율 특화 Mid SAPS	E6
A4/B4 고성능 엔진에 특화	**C3** 고점도, 고성능 엔진 특화 Mid SAPS	E7
A5/B5 연비, 고성능 엔진, 극조건 모든 기능 종합	**C4** 고점도, 고성능 엔진 특화 Low SAPS	E9

(4) 용도에 의한 분류

내연기관용 윤활유, 터빈유, 기어유, 냉동기유, 기계유, 베어링 윤활유, 금속 가공유, 유압 작동유, 압축기유

05 자동차 윤활유의 요구 특성[엔진 윤활유의 요구 특성]

윤활유에 요구되는 일반적인 특성은 충분한 점도(Viscosity)를 가져야 하며 한계 윤활 상태에서 견뎌낼 수 있는 유성을 가져야 하고 화학적으로 안정해야 한다는 것이다. 자동차는 자연 환경에 노출되어 고온과 저온, 고속으로 주행을 하는 악조건에 있기 때문에 안정적인 윤활 작용을 위해 요구되는 특성이 더 많다. 특히 엔진의 실린더는 1,000℃~2,000℃의 고온과 고압의 환경이므로 엔진 오일에는 더 높은 성능이 요구된다.

(1) 점도 유지성

윤활유는 온도가 상승하면 점도가 저하되고, 온도가 떨어지면 증가하게 된다. 엔진 윤활유는 고온, 고속으로 운전되는 엔진 내에서 충분한 밀봉 작용과 윤활 작용을 할 수 있을 정도로 높은 점도를 유지하면서도 동절기의 기온 강하 시에는 기계 섭동이 원활하여 시동이 용이하도록 점도가 충분히 낮아야 한다. 따라서 온도에 대한 점도 변화가 적은, 점도지수가 높은 윤활유가 요구된다.

(2) 산화 안정성

윤활유는 장기간 사용 시 내구성 부족으로 산화가 일어난다. 이때 열, 압력, 수분 및 금속 등에 의해서 산화가 촉진되고 산성 물질 및 슬러지 등이 생성되어 윤활유의 열화 현상이 나타나 기능을 상실하게 된다. 특히 엔진 윤활유는 운전 중 고열을 받아 쉽게 산화되므로 산화 안정성이 우수해야 한다. 산화 안정성은 원유, 기유의 제조방법, 첨가제(산화 방지제)의 성능에 따라 좌우된다.

(3) 청정 분산성

청정 분산성은 불필요한 물질을 세척 분산시키는 능력을 말한다. 윤활유를 사용할 때 열화와 오염물의 혼입으로 인한 침전물, 퇴적물이 생성되므로 윤활유에는 불용성 물질의 결합이나 침전을 방지하고 엔진 내부를 청정하게 하는 능력이 요구된다.

(4) 부식, 마모 방지성

연소과정에서 발생하는 산성 물질, 수분 및 산화물질 등은 엔진 내부를 부식시키고 녹을 발생시킨다. 또한 엔진 구동부에 불순물이 생기면 금속면이 긁히고 높은 부하가 걸리는 부위의 유막을 파괴시킨다. 엔진 윤활유는 이를 방지할 수 있는 성능을 가져야 하며 금속면에 접착력과 피막을 강하게 하는 첨가제를 배합해 마모방지 성능을 향상시켜야 한다.

(5) 기포 생성 방지성

기계 동작 중 윤활유에 기포가 심하게 발생하면 마찰면에 충분한 유막이 형성되지 않아 마모가 일어나며 심한 경우 서로 녹아 붙는 융착 현상이 일어난다. 따라서 엔진 윤활유는 이를 방지하는 성능이 요구된다.

기출문제 유형

✦ 윤활유에서 광유와 합성유의 특성을 비교하고 합성유의 종류 3가지에 대하여 설명하시오.(105-2-5)

01 개요

(1) 배경

윤활이란 상대적으로 움직이는 두 물체의 마찰면 사이에 윤활제(기체, 액체, 고체, 반고체)를 공급하여 마찰 저항을 감소시키고 움직임을 원활하게 만들어 기계적 손실을 감소시키는 것을 말한다. 윤활을 해주는 물질을 윤활제라고 하는데 윤활제는 기체, 액체, 고체, 반고체 형태가 있다. 윤활유는 액체로 된 윤활제를 말한다.

(2) 윤활유의 정의

윤활유는 마찰을 줄이기 위해 기계요소 사이에 도포하는 기름으로 두 면 사이에 유막을 형성해 직접 접촉하는 것을 방지하여 마찰을 감소시키는 작용을 한다. 자동차 윤활유는 광유와 합성유, 지방유가 있다.

02 윤활유의 종류 및 특징

윤활유는 기유(Base Oil)의 종류에 따라 분류할 수 있는데 광유(Mineral)계 기유와 합성(Synthetic) 기유가 있다. 윤활유는 원유의 온도차를 이용해 끓는점에 의해 분류하여 생산한다. 원유를 증류기에 넣어 열을 가하는 상압 증류 공정에서 LPG, 가솔린, 석유, 경유, 중유 등 자동차에 사용하는 연료가 생산된다. 그 후 감압 증류 공정에서 아스팔트와 윤활유의 원료인 광유계 기유 원료가 생산된다.

원료에 함유되어 있는 아스팔트분, 왁스를 제거하고 수소 처리과정을 거쳐 기유에 포함되어 있는 유황 성분을 제거하면 광유계 기유가 만들어진다. 합성 기유는 1차 가공과정 때 LPG가 생산되는 온도 부근에서 고순도 에틸렌이 추출되는데, 이것을 기체 상태로 수집하여 탄소 결합을 재구성하여 만든다. 순합성유(Full Synthetic)는 광유가 섞이지 않은 단일의 합성기유 또는 두 가지 이상의 합성 기유를 혼합하여 만든 오일이고 혼합 합성유(Synthetic Blends)는 종류가 다른 합성 기유나 광유를 혼합해서 만든 오일이다.

혼합 합성유에는 순혼합 합성유(Synthetic Blend), 반합성유(Semi-Synthetic)가 있다. 순혼합 합성유는 종류가 다른 합성 기유를 혼합해 만들고 반합성유는 합성기유와 광유를 혼합하여 만든다.

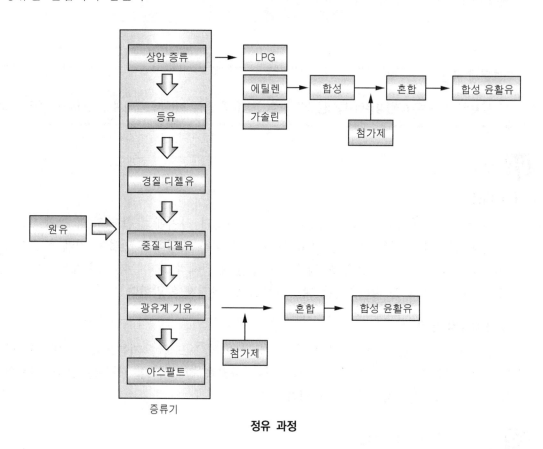

정유 과정

합성유(Synthetic Lubricants)의 구분과 종류

구분	종류
Synthesized Hydrocarbon Fluids	Polyalphaolefins, Allcylated aromatics, Polybutenes, Cyloaliphatics
Organic Esters	Dibasic acid ester, Polyol ester
Phosphate Esters	Triakyl phophate ester, Triakyl phoshate ester, Mixed allcylaryl phosphates
Polyglycols	Polyalkylene, Polyoxyakylene, Polyethers, Glycol(polygoycol esters, polyalkylene glycol ester, polyethylene glycol)
Others	Slicones Silecate esters, Fluorocarbones, polyphenyl ethers

(1) 광유(Mineral Oil)의 특징

일반 엔진 오일은 광유계 오일을 사용하는데 정제 과정에서 나오는 물질로 생산 과정이 단순하고 저렴하다. 하지만 다수의 불순물들이 포함되어 있고 분자 구조가 일정하지 않아서 고 rpm, 급가속, 고속주행 시 점도가 낮아질 수 있다. 엔진 보호 능력이 떨어져서 고온에서 타거나 산화되고, 저온에서는 쉽게 굳는 왁스계 성분 때문에 겨울철 시동을 어렵게 만든다. 교환주기가 짧다.

(2) 합성유(Synthetic Oil)의 특징

LPG가 생산되는 온도 부근에서 고순도 에틸렌이 추출되는데 이것을 기체 상태로 수집하여 탄소 결합을 재구성하면 합성 기유가 된다. 합성 기유는 불순물이 전혀 없고 분자 구조가 일정하다. 왁스 생성이 없어 저온에서도 우수한 유동성을 가지고 광유계 기유와 같은 문제점이 없다. 또한 합성 기유는 광유계 기유보다 사용 온도 범위가 커서 자동차의 성능을 유지하는데 유리하고 교환주기가 광유계 보다 길다. 온도 변화에 따른 점도지수의 변화가 적고 우수한 성능을 가지고 있다. 또한 열 전환 능력이 뛰어나며 냉각 성능이 우수하다. 합성유 기유는 생성 과정에서 PAO(Poly-alpha-olefin) 계열, 에스테르(Ester) 계열 등으로 나뉜다.

03 합성유의 분류

미국석유협회(API : The American Petroleum Institute)의 윤활 기유(Base Oil) 분류는 그룹 5로 나눠져 있다. 그룹 1은 파라핀계 광유이다. 그룹 2는 HVI(High Viscosity Index)로 그룹 1과 같이 파라핀계 광유이지만 더 정제된 오일이다. 그룹 3은 VHVI(Very High Viscosity Index)로 고압에서 광유를 정제하는 '하이드로크래킹'(Hydrocracking, 탄화수소분해) 과정을 거친 부분 합성유이다. 그룹 4는 PAO(Polyalphaolefins, 폴리알파올레핀), 그룹 5는 1~4 그룹에 포함되지 않는 원료로 주로 Ester(에스테르)를 말한다. 합성유는 그룹 4, 5를 말한다.

API BASE OIL CATEGORIES				
Base Oil Category	Sulfur(%)		Sayurates(%)	Viscosity Index
Group I (Solvent refined)	> 0.03	and/or	< 90	80 to 120
Group II (hydrotreated)	< 0.03	and	> 90	80 to 120
Group III (hydrocracked)	< 0.03	and	> 90	> 120
Group IV	PAO Synthetic Lubricants			
Group V	All other base oils not included in Group I , II ,III or IV			

(Group I ~ III: Mineral / Group IV ~ V: Synthetic)

윤활기유의 그룹 분류 1~6(Group I ~ Ⅵ)

(1) VHVI(very High Viscosity Index)

API 윤활기유의 분류로 그룹 3에 속해 있는 오일로 광유를 기반으로 수소화 처리법 공법으로 광유를 재차 정제한 기유를 사용한다. 화학적으로 수소화 분해하여 점도지수가 높은 포화 탄화수소로 변화시키는 과정을 거친다. 하이드로크래킹(Hydrocracking) 과정을 거친 광유계 기유이지만 성능이 많이 향상되었다.

고온과 저온에서 적응력이 좋고 산화 방지성과 점도 유지성이 우수하며 장시간 동안 유질의 변함없이 사용이 가능하다. 또한 첨가제에 대한 용해성이 우수해서 합성유로 만들기가 유리하다. 점도는 폴리알파올레핀(PAO) 합성기유보다 약간 떨어지며 유동점이 높다는 단점이 있지만 가격이 저렴하고 공급이 원활한 장점이 있다.

(2) 폴리알파올레핀(PAO : Polyalphaolefins)

나프타가 생성되는 온도 부근에서 고순도 에틸렌이 추출되는데, 이것을 기체 상태로 수집하여 수소화 처리를 하고 중합 반응을 거쳐 탄소 결합을 재구성하여 만든다. 탄소 결합이 안정적으로 이뤄져 있기 때문에 공기 중의 산소와 반응하는 산화 현상이 방지된다. 불순물이 전혀 없고 분자 구조가 일정하다. 왁스의 생성이 없어 저온에서도 우수한 유동성을 가지고 있다.

또한 광유계 기유보다 사용 온도 범위가 커서 자동차의 성능을 유지하는데 유리하고 교환주기가 광유계보다 길다. 온도 변화에 따른 점도지수의 변화가 적고 우수한 성능을 가지고 있다. 열 전환 능력이 뛰어나며 냉각 성능이 우수하다. 따라서 광유계 오일에 비해 연비면에서 상대적으로 우수하다. SAE 점도지수는 120 이상이며 미국석유협회의 윤활유 분류 기준으로 그룹 4에 속해 있다. 제조 공정이 복잡하고 비용이 고가인 단점이 있다.

(3) 지방산 에스테르(Ester)

에스테르는 합성 윤활기유로서 알코올과 지방산을 원료로 생산한다. 대부분의 알코올은 지방산과 같은 석유화학 물질들로부터 유도된다. 지방산의 대부분은 천연 식물성과 동물성 오일 그리고 지방으로부터 제조되는데 이들은 주로 트리글리세라이드이다. 지방산과 알코올을 반응시키면 에스테르와 물이 되는데, 물을 제거하고 얻은 에스테르를 여러 공정을 거쳐 에스테르 오일로 생산한다.

에스테르 오일은 첨가제 용해성과 윤활 효과가 좋고 청정성도 매우 우수하다. 점도지수가 다른 기유에 비해 높아 고온에서의 점도 변화가 적고 저온 유동성도 뛰어나다. 가격이 PAO 오일에 비해 두 배 이상 비싸고 고온에서 수분과 반응해서 가수분해 되어 수명이 길지 않다는 단점이 있다. 에스테르 오일은 그 특성상 레이싱 차량에 많이 사용되며 한번 사용하고 경기 후 바로 교체한다.

기출문제 유형

- ◆ 윤활유의 성질 중 다음을 설명하고 1) 점성, 2) 유성, 3) 유동점, 4) 점도지수, 5) 탄화성, 6) 산화 안정도, 7) 안전성, 8) 기포성 그리고 윤활유 첨가제에 대하여 설명하시오.(81-3-4)
- ◆ 엔진 오일의 산화 안정도(Oxidation Stability)를 설명하시오.(92-2-4)
- ◆ 엔진 오일의 첨가제에 대하여 그 종류와 성분에 대하여 설명하시오.(87-1-10)
- ◆ 디젤 엔진에서 윤활유의 성질과 첨가제의 종류에 대하여 설명하시오.(101-2-3)

01 개요

(1) 배경

윤활유는 마찰을 줄이기 위해 기계요소 사이에 도포하는 기름으로 두 면 사이에 유막을 형성해 직접 접촉하는 것을 방지하여 마찰을 감소시키는 작용을 한다. 또한 기밀을 유지해 주고 냉각 작용을 하며 세척, 방청, 응력 분산 작용을 한다. 윤활유가 노화되거나 열화되면 기본적인 윤활유의 성질이 없어져 윤활 작용을 하지 못하게 되어 마찰, 마모가 발생하고 부품이 파손된다.

따라서 정기적으로 윤활유의 수준을 점검하고 보충하거나 교환해야 한다. 윤활유의 특성은 점성, 유성, 유동점, 탄화성 등으로 나타낼 수 있으며 부족한 특성을 보충하기 위해 첨가제를 사용한다.

(2) 윤활유 첨가제의 정의

오일 중에 고형입자로 부유하거나 용해된 유·무기 화합물을 말한다. 용도에 따라 윤활유의 기유에 첨가하여 특성을 보충해 주는 물질로 윤활유에 요구되는 성질을 부여하거나 강화, 보강한다. 전체 윤활유 부피의 약 0.1~30%를 차지한다.

02 윤활유의 성질

(1) 점성(Viscosity)

점성은 모든 유체 내에서 서로 접촉하는 두 층이 떨어지지 않으려는 성질로 액체가 유동할 때 나타나는 흐름에 대한 저항을 말한다. 액체나 기체 내부에 나타나는 마찰력으로 액체 분자 간의 내부 저항 또는 내부 마찰을 의미한다. 저온 시동성, 마찰, 마멸, 소결 및 윤활유 소비량에 영향을 미치는 중요한 성질이다.

점도는 끈적거림의 정도를 표시하는 것으로 점성의 크기를 나타낸다(점성계수=점도). 점도가 너무 크면 내부 마찰이 증가하므로 시동할 때 큰 회전력이 필요하고 운전 중 동력

손실이 발생한다. 점도가 너무 작으면 유막을 형성하기는 용이하나 유막이 파괴되기 쉽다.

점도는 온도와 압력의 변화에 따라 달라진다. 온도가 높아지면 점도가 떨어지고 압력을 받으면 점도가 올라간다. 윤활유는 온도 변화에 따라서 점도 변화가 크지 않아야 한다. 점도와 마찰력의 관계는 다음과 같다. μ를 점성계수 또는 점도라고 하며 유체에 작용하는 전단응력과 전단속도와의 비로 나타낼 수 있다(단위는 Pa·s를 사용한다).

$$\mu = \frac{\tau}{su/dy}$$

(2) 유성(Oilness)

유성은 경계 마찰 조건하에서 윤활유가 금속 마찰면에 강하게 점착하여 윤활 피막을 형성하는 성질을 말한다. 주로 작용하는 하중이 매우 크거나 윤활유의 공급이 모자라는 경우에 윤활유는 매우 얇은 막을 형성하여 경계 윤활 상태가 되는데 이때 유막을 완전히 형성하려는 성질을 말한다. 유성이 좋을수록 경계 마찰을 감소시키는 효과가 커진다. 유성은 수치로 표시할 수 없으며 경계 윤활 상태에서 마찰계수, 금속 마멸율, 내압 하중, 윤활유의 온도 상승률 등의 간접적인 방법으로 표시된다. 일반적으로 동·식물성 윤활유(피마자유)는 유성이 좋고 광물성 윤활유는 유성이 좋지 않다.

(3) 유동점(Pour Point)

액체가 응고되어 유동이 정지되는 온도를 응고점(Solidifying Point)이라고 하며 유동점은 응고점보다 2.5℃ 높은 온도를 의미한다. 윤활유의 온도를 낮추면 점도가 증가되어 유동성을 잃고 왁스가 석출되면서 굳기 시작하는데 이 때의 온도를 응고점이라고 한다. 유동점은 이 시점 직전의 온도이다.

윤활유는 낮은 온도에서도 원활한 흐름이 보장되어야 하므로 엔진 오일의 유동점은 낮을수록 좋다. 반드시 유동점 이하로 내려간다고 해서 윤활유를 사용할 수 없는 것은 아니지만, 유동성이 저하되기 때문에 손실이 발생한다. 특히 동절기 엔진 가동에 있어 엔진 오일을 선택할 경우 고려해야 할 중요한 요소이다.

(4) 점도지수(VI : Viscosity Index)

점도의 크기는 온도의 변화에 따라 달라진다. 점도지수는 온도에 따른 점도의 변화 정도를 표시한 것이다. 윤활유의 성질을 나타내는 것으로 점도지수가 큰 것일수록 점도의 변화가 작은 것이고 압력의 영향을 작게 받는다.

특히 엔진 윤활유는 고온, 고속으로 운전되는 엔진 내에서 충분한 밀봉 작용과 윤활 작용을 할 수 있을 정도로 높은 점도를 유지하면서도 동절기 기온 강하 시에는 시동이 용이하도록 점도가 충분히 낮아야 한다. 이러한 목적으로 개발된 것이 다급점도(Multi

Grade)유로서 일반적으로 단급점도(Single Grade)유가 90~100의 점도지수를 갖는데 비해 120~200의 높은 점도지수를 갖는다. 점도지수의 식은 다음과 같다.

$$VI = \frac{L_{100} - U_{100}}{L_{100} - H_{100}} \times 100$$

여기서, L_{100}(℉) : 210(℉)에서 시료유와 같은 점도를 가진 L유계의 100(℉)에서의 세이볼트의 점도.

U_{100}(℉) : 시료유 100(℉)에서의 세이볼트 점도.

H_{100}(℉) : 210(℉)에서 시료유와 같은 점도를 가진 H유계의 100(℉)에서의 세이볼트의 점도이며 이것은 미국의 대표적인 파라핀계 윤활유(H)인 펜실베니어 윤활유와 나프탄계 윤활유(L)인 걸프 코스트 윤활유를 표준으로 하고 시료(U)와 같은 점도의 H 및 L 윤활유의 점도를 표에서 구한 후 계산한 것이다.

(5) 탄화성(Carbonization)

고온에서 윤활유가 부분적으로 분해되거나 고분자 탄화수소를 형성하여 슬러지화 하는 성질이다. 엔진 운전 시 엔진의 각 부분에는 연료와 윤활유에서 발생하는 카본 및 슬러지가 퇴적된다. 이러한 카본 및 슬러지는 유막을 파괴해 금속 표면을 부식 시키고 조기 점화를 발생시키며 윤활유 통로를 막는다. 따라서 윤활유는 탄소가 생성되는 성질인 탄화성이 낮아야 한다.

(6) 산화 안정도(Oxidation Stability)

산화 안정성은 윤활유가 공기 중에 노출 되었을 때 산화되지 않고 저항하는 성질을 말한다. 산화 안정도는 산화에 대한 안정성을 수치화한 것이다. 윤활유를 장기간 사용하면 공기 중의 산소와 결합하여 산화가 된다. 이때 열, 압력, 수분, 금속 등의 존재에 의해서 산화가 촉진되어 산성 물질 및 슬러지 등이 생성되어 윤활유로서의 기능을 상실하게 된다.

특히 높은 온도(225℃ 이상)에서 공기와 접촉하면 산화작용에 의하여 침전물(Sludge)을 만들게 되는데, 이 침전물은 유막을 파괴하여 마찰면의 마찰손실을 증가시키고 금속 표면을 부식시킨다. 또한 윤활유의 통로를 막는다. 산화 안정도가 떨어지면 수명이 저하되고 윤활유의 양이 감소될 수 있다. 따라서 윤활유는 산화에 대한 안정성이 필요하다.

(7) 안정성(Stability)

윤활유가 다른 물질과 접촉할 때 변하지 않는 성질로 화학적인 안정성을 말한다. 윤활유는 안정성을 갖고 있어서 연소가스, 연료, 수분, 금속 등과 결합되어도 변질되지 않고 기본적인 성능을 유지할 수 있어야 한다. 특히 실린더 내의 연소가스는 피스톤 링과 실린더 벽 사이의 간극으로 누설되어 엔진 오일 실로 유입된다. 이 경유, 윤활유가 연소가스와 접촉하여 화학적으로 변질되면 기본적인 윤활 성능을 잃어버리게 된다. 또한 인화점이 너무 낮으면 연소실 내부나 연소가스에 의해 점화되어 조기 점화나 연소 후 점화를 발생할 수 있다.

(8) 기포성(Forming Character)

점성 액체에서 기포가 생기는 성질로 유체에 흐름이 발생하거나 교반이 될 때 점성 액체가 공기를 흡수하면 기포가 만들어진다. 윤활유에 기포가 생성되면 윤활유 펌프나 통로의 유량이 불규칙해지고 유체의 흐름이 저하되어 원활한 윤활유 공급이 되지 않는다. 또한 냉각 성능이 저하 되고, 산화를 더욱 촉진하게 된다.

03 엔진 오일 첨가제의 종류와 성분

(1) 점도지수 향상제(Viscosity Index Improver)

윤활유의 점도지수를 향상시키는 첨가제로 중합올레핀, 부틸 중합물, 섬유 에스테르, 수산화고무 등을 0.5~1.0% 정도 첨가한다. 온도가 낮을 때에는 분자가 응축되어 점도가 낮아져 원활한 유동이 되고 온도가 높을 때에는 분자가 펴진 상태로 있게 되어 점도가 커져 유동성이 저하된다. 따라서 점도지수 향상제는 윤활유의 온도에 따른 변화율을 감소시켜 전체적인 점도지수를 향상시킨다.

(2) 산화 방지제(Anti-Oxidant, Oxidation Inhibitor))

윤활유가 산화하면 점성이 저하되고 다른 성질이 저하되어 마찰이 증가하고 마찰 부위에 응착이 발생하기 쉬워진다. 산화 방지제는 윤활유가 공기 중의 산소에 장기간 노출되거나 고온에 노출될 때 산화를 방지해 슬러지나 산화 물질 생성을 억제한다. 유기아민류, 황화합물, 수산화 유기물 등을 0.2~3% 정도 첨가하여 만들며 이들 성분은 윤활유 내부에 있는 산소, 유기과산화물을 감소시키고 산화 연쇄반응을 중지시킨다.

(3) 청정 분산제(Dispersants, Detergents)

청정 분산제는 고온에서 작동하는 엔진에서 퇴적물이 형성되는 것을 방지하거나 감소시키며 저온 작동 상태에서 슬러지가 생성되거나 퇴적되는 것을 방지해준다. 또한 연료 및 윤활유가 산화할 때에 형성되는 슬러지나 카본, 마찰면의 금속 마모분, 먼지 등을 분산시켜 응집을 방지하여 피스톤 링의 교착이나 유로의 막힘 등을 방지한다. 칼슘, 바륨, 아연, 알루미늄 등을 2~10% 첨가하여 만든다.

(4) 부식 방지제(Anti-Corrosion, Corrosion Inhibitor)

연료, 금속, 슬러지, 연소가스, 수증기 등에 포함된 산 및 과산화물이 금속 표면에 부착하여 금속을 부식시키는 것을 방지하기 위한 첨가제로 인의 유기화합물을 0.4~2% 정도 첨가한다. 피스톤 링, 실린더 라이너, 베어링 및 기타 금속 물질의 부식을 억제한다.

(5) 소포제(Anti-Former)

윤활유는 사용함에 따라 산화되어 거품을 안정화하는 계면 활성제를 생성한다. 소포제는 기포 주위의 유막 형성을 방해하여 계면 장력을 감소시키는 기포의 발생을 방지한다. 규소유 등을 첨가한다.

(6) 유성 향상제(Oilness Improvers)

윤활유가 금속 표면에 부착되어 유막을 잘 형성하고 끊어지지 않도록 하여 경계 마찰계수를 감소시켜 주는 첨가제이다. 에스테르, 비누류 파라핀, 산화물 등을 0.1~1% 정도 첨가한다. 극압 및 고온 상태 하에서는 극압 첨가제를 사용해야 한다.

(7) 기타 첨가제

위에 설명한 첨가제 이외에도 유동점 강하제, 유화제, 내마멸 첨가제, 마찰 조절제, 청정재, 극압 첨가제 등이 있다.

04 디젤 엔진 윤활유의 성질(요구 특성)

디젤 엔진 윤활유는 기본적으로 점성, 점도지수, 유성, 유동성, 산화 안정성, 기포성 등을 갖는다. 또한 연소 특성상 좀 더 높은 점성, 유성, 열안정성, 알칼리성, 청정분산성이 요구된다.

(1) 점성(Viscosity), 점도지수(Viscosity Index)

가솔린 엔진에서는 냉간 운전 시 연료 성분이 기화되지 않고 엔진 오일에 혼입되는 경우가 발생하여 시간이 경과함에 따라 오일의 점도가 점점 낮아지는 경향이 있고 디젤 엔진에서는 연소 생성물에 의해 점점 점도가 높아지는 경향이 있다. 또한 디젤 엔진은 온도가 높기 때문에 이 상태에서도 점도가 저하되지 않고 정상적인 윤활이 될 수 있는 성질이 요구된다.

(2) 유성(Oilness)

디젤 엔진은 압축비가 높고 점화원이 많기 때문에 폭발 압력이 커 운동 부품에 큰 하중이 발생한다. 따라서 디젤 엔진에 사용되는 윤활유는 큰 하중에 대해서도 유막이 끊어지지 않고 경계 윤활을 할 수 있는 성질이 요구된다.

(3) 열 안정성(Heat Stability), 산화 안정성(Oxidation Stability)

디젤 엔진의 윤활유는 가솔린 엔진에 비해 고온, 고압에서 작동하며 PM, 아황산가스를 포함한 연소가스 등에 의해서도 쉽게 산화되거나 열화되기 쉽다. 따라서 가혹한 조건에서도 열과 산화에 대한 안정성이 요구된다.

(4) 전알칼리가(TBN : Total Base Number)

디젤 엔진에 연료 사용되는 디젤유는 일반적으로 황을 함유하고 있다. 함유된 유황성분은 실린더 내에서 연소 시 아황산가스를 발생시켜 윤활유의 산화를 촉진시키고 피스톤 및 실린더 내부와 배기관 등에 부착되어 부식을 일으킨다. 또한 대기 중의 수분과 결합하여 황산을 생성하게 된다. 따라서 발생된 산을 중화시키기 위하여 알칼리가 필요하게 되므로, 디젤 엔진 오일은 높은 알칼리값을 갖게 된다.

05 디젤 엔진 윤활유의 첨가제

점도지수 향상제, 산화 방지제, 청정 분산제, 부식 방지제, 소포제 등이 적용되며 특히 디젤 엔진의 연소 특성상 청정 분산제, 저황산회분, 인, 황분(Low SAPS)의 첨가제가 중요하다.

(1) 청정-분산제(Dispersants, Detergents)

디젤 엔진은 가솔린과는 다르게 매연(그을음, Soot)이 발생하기 때문에 더 많은 청정제와 분산제를 사용한다. 청정제와 분산제는 칼슘, 바륨, 아연, 알루미늄 등을 첨가하여 만들기 때문에 디젤용 엔진 오일을 가솔린 엔진에 넣어주면, 장기간 사용시 디젤용 엔진 오일에 들어 있는 첨가제가 고온에서 반응하여 금속염 및 슬러지 형성을 가속화한다.

(2) 저 황산회분, 인, 황분 첨가제(Low SAPS)

디젤 엔진은 매연을 저감하기 위해 매연저감장치(DPF : Diesel Diesel Particulate Filter)를 적용하는데 윤활유에 포함된 SAPS는 백금 촉매 필터 표면에 흡착되어 성능을 저하시키고 축적되어 필터의 막힘을 유발한다. 따라서 디젤 엔진의 윤활유에는 회분, 인, 황 성분이 없거나 적게 함유된 첨가제를 사용해야 한다.

* **SAPS** : 회분(Sulfated Ash), 인(Phosphorus), 황(Sulfur)

06 디젤 엔진 전용 윤활유의 분류

디젤 엔진 전용 윤활유는 API(미국석유협회)나 ACEA(유럽자동차제조협회)에서 승인한 규격을 사용한다. 가솔린 엔진은 A1~A5, 디젤 엔진은 B1~B5, DPF 장착엔진은 C1~C4로 구분한다.

도입 연도별 API 규격

가솔린 엔진 오일			디젤 엔진 오일		
SA		1900년	CA		1900년
SB		1930년	CB		1949년
SC		1964년	CC		1961년
SD	Obsolete (더 이상 사용하지 않음)	1968년	CD	Obsolete (더 이상 사용하지 않음)	1955년
SE		1972년	CD-Ⅱ		1985년
SF		1980년	CE		1984년
SG		1989년	CF-4		1990년
SH		1993년	CF/CF-2		1994년
SJ		1996년	CG-4		1995년
SL	Current	2001년	CH-4	Current (현재 사용 중)	1998년
SM	(현재 사용 중)	2004년	CI-4		2002년
SN		2010년	CJ-4		2007년
SP	적용 예정	2018년	CK-4/FA-4	적용 예정	2016년12월

(자료 : Kixx Engine oil)

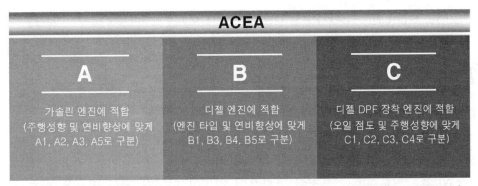

ACEA

A
가솔린 엔진에 적합
(주행성향 및 연비향상에 맞게
A1, A2, A3, A5로 구분)

B
디젤 엔진에 적합
(엔진 타입 및 연비향상에 맞게
B1, B3, B4, B5로 구분)

C
디젤 DPF 장착 엔진에 적합
(오일 점도 및 주행성향에 맞게
C1, C2, C3, C4로 구분)

유럽자동차제조협회 공인규격(ACEA, European Automobile Manufactures' Association)

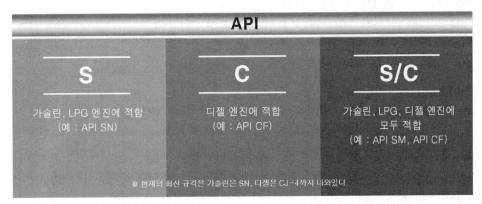

API

S
가솔린, LPG 엔진에 적합
(예 : API SN)

C
디젤 엔진에 적합
(예 : API CF)

S/C
가솔린, LPG, 디젤 엔진에
모두 적합
(예 : API SM, API CF)

※ 현재의 최신 규격은 가솔린은 SN, 디젤은 CJ-4까지 나와있다.

미국석유협회 공인규격(API, American Petroleum Institute)

ACEA(유럽자동차제조협회) 등급

가솔린/일반 디젤	디젤(SAPS 함유량 최소화)	상용차
A1/B1 저점도, 저마찰-연비 효율 특화	**C1** 저점도, 저마찰-연비 효율 특화 Low SAPS	E4
A3/B3 고성능 엔진, 극조건 롱 라이프 타입	**C2** 저점도, 저마찰-연비 효율 특화 Mid SAPS	E6
A4/B4 고성능 엔진에 특화	**C3** 고점도, 고성능 엔진 특화 Mid SAPS	E7
A5/B5 연비, 고성능 엔진, 극조건 모든 기능 종합	**C4** 고점도, 고성능 엔진 특화 Low SAPS	E9

기출문제 유형

✦ 가솔린 엔진의 슬러지(Sludge) 발생 원인과 대책에 대하여 논하라.(66-3-1)

01 개요

(1) 배경

윤활유는 마찰을 줄이기 위해 기계 요소 사이에 도포하는 기름으로 두 면 사이에 유막을 형성해 직접 접촉하는 것을 방지하여 마찰을 감소시키는 작용을 한다. 윤활유가 노화되거나 열화되면 기본적인 윤활유의 성질이 없어져 윤활 작용을 하지 못하게 되어 마찰, 마모가 발생하고 부품이 파손된다.

윤활유에 요구되는 일반적인 특성은 충분한 점도(Viscosity)를 가져야 하며 한계 윤활 상태에서 견뎌 낼 수 있는 유성을 가져야 하고 화학적으로 안정되어야 한다는 것이다. 자동차의 내연기관에 적용되는 엔진 오일은 고온과 고압의 환경에 노출되어 있고 고속으로 주행을 하는 악조건에 있기 때문에 쉽게 열화되고 연소 퇴적물인 슬러지(Sludge)가 발생하게 된다.

(2) 슬러지(Sludge)의 정의

탄소(Carbon)의 일종으로 고체와 액체의 중간 형태인 유상액(Emulsion) 형태로 윤활유에 존재하는 불순물이다.

02 슬러지(Sludge)의 발생 과정

엔진 윤활유는 공기 중에 노출되면 시간이 경과하면서 산소와 접촉하여 산화된다. 윤활유를 구성하고 있는 분자의 결합이 약해지기 때문에 점도가 낮아지고 엔진의 각 부분에 점착되어 엔진에서 발생한 열 배출을 방해한다. 엔진은 연료를 연소시키는 기관으로 고온·고압에서 작동하면서 여러 가지 이물질이 유입·배출된다. 이물질로는 연료가 연소되면서 발생하는 탄소 알갱이와 미연소된 탄화수소(HC), 엔진 내부로 유입된 각종 먼지나 금속 가루, 배기가스, 수분 등이 있다. 이물질이 분자 결합 구조가 약해진 상태의 엔진 오일과 결합하게 되면 끈적끈적한 상태로 변하게 되어 슬러지를 만든다.

03 슬러지(Sludge)의 발생 조건

고온(225℃ 이상)에서는 윤활유가 배기가스와 접촉하여 산화작용에 의해 침전물(Sludge)을 만들고 저온에서는 연료와 수분이 쉽게 증발되지 않고 침전되어 슬러지가 만들어진다. 엔진 내부와 외부의 온도차가 큰 경우, 오일 소모가 많을 때, 블로바이 가스가 다량으로 발생될 때, 오일 교환주기를 넘겼을 경우, 오일 주입량이 모자랄 때, 오일의 등급이 낮을 때 슬러지가 발생한다.

이 중 오일 교환주기가 슬러지 발생 정도에 가장 큰 영향을 미친다. 주행거리가 약 20,000km를 기점으로 현저한 차이를 나타낸다. 주행을 별로 하지 않는 차량에서도 슬러지가 많이 발생하는데 엔진 오일의 온도가 올라가기 전에 시동이 꺼지게 되어 내부에 존재하는 수분을 증발시키지 못해 슬러지가 발생한다. 또한 장시간 주차된 차량의 경우 오일 속의 수분이 증발하지 못하고 오일을 산화, 유화시켜 슬러지를 만든다.

04 슬러지(Sludge)의 영향

① 기본적인 엔진 오일의 역할(윤활, 냉각, 방청, 밀봉)을 방해하고 유막을 파괴하여 마찰면의 마찰손실을 증가시키고 금속 표면을 부식시켜 엔진의 내구성을 떨어뜨린다.
② 점도가 상승하여 윤활유의 기능을 저하시키며 윤활유의 통로를 막아 원활한 윤활유의 공급을 방해한다.
③ 슬러지는 오일 필터의 여과지를 오염시켜 오일 필터의 수명을 단축시킨다.

05 슬러지(Sludge) 제거 방법 및 방지 대책

(1) 제거 방법

① 주기적인 엔진 오일 교환으로 오일 속에 들어있는 청정 분산 능력에 의해 슬러지를 제거한다.

② 엔진을 완전히 분해하여 슬러지를 닦아낸다. 가장 확실한 방법이지만 시간과 비용이 발생된다.

③ 플러싱(Flushing)을 통해 슬러지를 제거한다. 플러싱은 엔진 오일이 순환하는 통로에 쌓인 슬러지를 약품을 이용해 제거하는 작업을 말한다. 플러싱은 석션(Suction) 방식과 전용 약품 첨가 방식이 있다. 석션 방식은 흡입기를 이용해 엔진 오일 및 오일 잔여물을 빨아들여 제거하는 방식이고 전용 약품 첨가 방식은 기존 엔진 오일을 모두 제거한 후 전용 약품이 첨가된 오일을 주입한 후 아이들링 이후에 빼주는 방식이다. 전용 약품은 슬러지 입자로 유입되어 금속과 슬러지 사이에 층 분리를 일으켜 슬러지를 분리하고 분해시킨다.

(2) 방지 대책

① 주기적으로 고속 주행을 하여 오일 온도를 충분히 올려주어 오일 속의 수분을 증발시킨다(겨울철 16km 이상, 여름철 6km 이상 주행 요망).

② 주행 거리가 짧은 차량의 경우 6개월 이내에 오일을 교환한다.

기출문제 유형

✦ 엔진 오일을 열화시키는 원인에 대하여 설명하시오.(65-2-4)

01 개요

(1) 배경

엔진 오일은 마찰을 줄이기 위해 엔진 내부에 도포하는 기름으로 피스톤 링과 실린더 벽, 크랭크축과 커넥팅 로드 등 동력을 전달하는 운동 부품의 마찰 부위에 유막을 형성하여 마찰을 감소시키는 작용을 한다. 실린더 내부는 고온과 고압의 환경이고 피스톤은 고속으로 섭동을 하는 악조건에 있기 때문에 엔진 오일은 쉽게 산화되고 열화된다.

(2) 엔진 오일 열화(Degradation, Deterioration, 劣化)의 정의

엔진 오일이 열, 빛, 방사선, 산소, 오존, 물 등의 작용을 받아 그 성능과 기능 등의 특성이 떨어지는 현상이다. (劣化, 나쁠 열, 변화할 화)

02 엔진 오일의 열화 원인

(1) 산화(Oxidation)

엔진 오일은 공기 중에 노출되면 시간이 경과하면서 산소와 접촉하여 산화된다. 엔진 오일을 구성하고 있는 분자의 결합이 약해지기 때문에 점도가 낮아지고 엔진의 각 부분에 점착되어 엔진에서 발생한 열 배출을 방해한다. 윤활유의 산화는 일반적으로 온도, 공기 중의 산소, 금속 촉매 등에 의해 진행된다. 온도의 경우 일반적으로 온도가 $10℃$ 오르면 산화 속도는 약 2배로 된다. 산화 안정성은 엔진 오일에 없어서는 안 될 중요한 물성중의 하나로 산화를 억제해 주기 위해 산화방지제를 첨가제로 넣는다.

(2) 온도 상승

엔진 오일의 온도가 상승하게 되면 열적으로 불안정하게 되어 분자간 결합이 약해지고 분해되는 현상이 나타나 점도가 저하되고 색이 묽어지게 된다. 또한 엔진 오일의 산화작용이 촉진되는 현상이 나타나게 된다. 따라서 엔진 오일이 높은 온도에서 사용되면 쉽게 열화되어 수명이 크게 단축된다. 온도 상승에 의한 열화를 방지해 주기 위해 점도 지수 향상제를 첨가제로 사용한다.

(3) 이물질의 유입

엔진은 연료를 연소시키는 기관으로 고온·고압에서 작동하면서 여러 가지 이물질이 유입·배출된다. 이물질로는 연료가 연소되면서 발생하는 탄소 알갱이와 미연소된 탄화수소(HC), 엔진 내부로 유입된 각종 먼지나 금속 가루, 배기가스, 수분 등이 있다. 이물질이 분자 결합 구조가 약해진 상태의 엔진 오일과 결합하게 되면 끈적끈적한 상태로 변하게 되어 슬러지를 만든다. 이는 엔진 오일을 열화시켜 성능을 저하시킨다. 이물질의 유입에 의한 열화를 방지하기 위해 청정 분산제를 첨가제로 사용한다.

03 저감대책

① 엔진 예열 및 후열을 실시해 주고 급가속, 급제동 운전을 지양하여 엔진의 과부하 상태 및 운동 부품의 과부하를 피한다.
② 장기간 야외 주차나 주행 등을 지양하여 고온과 저온 상태의 노출을 피한다.
③ 엔진 오일을 혼합하여 사용하는 것을 금지하고 오일 교환 시 열화된 오일을 완전히 교체한다.
④ 다량의 이물질이 혼입되거나 슬러지가 발생했을 경우 엔진을 분해 세척하거나 플러싱으로 내부를 세척한다.

기출문제 유형

✦ 엔진 오일의 수명(oil life)을 결정하는 인자 3가지에 대하여 설명하시오.(108-1-9)

✦ 엔진 오일 교환주기를 산출하는 요소에 대하여 설명하시오.(113-1-11)

01 개요

엔진 오일은 마찰을 줄이기 위해 엔진 내부에 도포하는 기름으로 피스톤 링과 실린더 벽, 크랭크축과 커넥팅 로드 등 동력을 전달하는 운동 부품의 마찰 부위에 유막을 형성하여 마찰을 감소시키는 작용을 한다. 실린더 내부는 고온과 고압의 환경이고 피스톤은 고속으로 섭동을 하는 악조건에 있기 때문에 엔진 오일은 쉽게 산화되고 열화된다.

엔진 오일은 보통 가혹 조건(주정차 및 가속이 잦은 시내주행)일 경우 5,000km 마다 교환하고 그렇지 않은 조건일 때에도 최대 10,000km마다 또는 3~6개월마다 교환할 것을 권장하고 있다.

02 엔진 오일의 정의

엔진 오일은 엔진 내부 운동 부품의 마찰을 줄이기 위해 기계요소 사이에 도포하는 기름으로 두 면 사이에 유막을 형성해 직접 접촉하는 것을 방지하여 마찰을 감소시키는 작용을 한다.

03 엔진 오일 열화(Degradation, Deterioration, 劣化)의 정의

열화(劣化)란 엔진 오일이 열, 빛, 방사선, 산소, 오존, 물 등의 작용을 받아 그 성능과 기능 등의 특성이 떨어지는 현상이다.

04 엔진 오일 수명을 결정하는 인자

엔진 오일의 수명은 기유의 종류, 작동 시간, 작동 온도, 작동 환경(가혹 주행, 엔진의 종류, 이물질이 유입되는 정도, 손실되는 정도)에 따라서 결정된다. 이는 산화 안정성, 열안정성, 증발 안정성으로 표현할 수 있다. 산화 안정성은 윤활유의 주성분인 탄화수소가 산소와 결합하여 제3의 물질로 변하는 현상, 공기, 열, 촉매, 수분 성분에 의해 산화가 발생하거나, 슬러지가 생성되어 윤활 성능이 저하되는 것을 방지해 주는 성능이다.

열 안정성은 연소열에 의해 기능이 저하되는 것을 방지해 주는 성능을 말하며 증발 안정성은 증발이 되거나 연소열에 의해 연소가 되는 것을 방지해 주는 성능을 말한다. 엔진 오일의 수명은 기유의 종류에 따라 작동 환경 등 다양한 요소에 의해 영향을 받는다.

(1) 기유의 종류

윤활유는 기유에 첨가제를 넣어서 만든다. 기유는 광유(Mineral Oil)와 합성유 (Synthetic Oil)가 있는데 산화 안정성(Oxidation Stability)과 열 안정성(Thermal Stability)이 다르기 때문에 가격과 수명이 달라진다. 광유는 제조과정이 단순하고 저렴 하다. 하지만 다수의 불순물들이 포함되어 있고 분자 구조가 일정하지 않아서 점도 유 지의 성능이 떨어지고 고온에서 타거나 산화되어 수명이 짧다. 합성유는 불순물이 전혀 없고 분자 구조가 일정하고 사용 온도 범위가 크고 온도 변화에 따른 점도지수의 변화 가 적어서 수명이 길다.

(2) 작동 시간

엔진 오일은 공기 중에 노출되면 서서히 산화가 진행되고 기계부품 사이에서 동작되 면서 이물질이 유입되고 고온, 고압의 엔진에서 작동하면서 산화, 열화된다. 따라서 이 러한 주행 환경에 노출된 정도에 따라서 수명이 결정된다. 주행거리가 길수록, 사용 기 간이 길수록 성능이 떨어진다. 같은 주행 거리라도 주정차 및 가속이 잦은 시내 주행과 같은 가혹 조건일 경우에는 수명이 더 빨리 짧아진다. 또한 주변 환경(온도, 습기, 바닷 가, 사막)등에도 영향을 받는다.

(3) 작동 온도

엔진 오일의 수명은 작동 온도에 의해 영향을 받는다. 저온에서는 미연소가스 및 먼 지, 수분 등이 엔진 오일 내에 퇴적되어 슬러지를 생성하여 엔진 오일의 수명을 저하시 킨다. 고온에서는 연소 생성물과 배기가스 등이 엔진 오일을 산화시킨다. 또한 온도가 급격히 변하게 되면 엔진 오일 내부에서 생성된 슬러지가 딱딱하게 굳어져 엔진 오일의 수명을 저하시킨다.

(4) 작동 환경

1) 엔진의 종류

엔진은 가솔린 엔진과 디젤 엔진, LPG 엔진이 있다. 그 외에 플렉시블 퓨얼 (Flexible Fuel) 엔진, GDI/MPI 엔진, 과급기 장착 엔진 등이 있다. 디젤 엔진의 경우 가솔린 엔진보다 고온, 고압에서 동작하기 때문에 높은 점도의 오일이 사용되며 PM, NOx가 많이 발생되기 때문에 엔진 오일의 수명이 짧다. 또한 자연흡기, 슈퍼/터보차저 의 장착 여부에 따라 엔진 오일의 수명이 달라진다.

2) 엔진 오일의 용량, 소모량

엔진 오일의 용량이 많을수록 순환 과정에서 고온, 부산물에 노출되는 오일의 양은 상대적으로 적어지기 때문에 수명이 증가한다. 엔진 오일의 양이 적정량 이하로 떨어지 는 경우에는 제대로 된 윤활 작용을 하지 못하게 된다. 따라서 주기적인 점검을 통해 엔진 오일의 양을 점검해야 한다. 또한 피스톤 링과 실린더 벽의 간극, 밸브 틈새로 누설되는 엔진 오일의 양이 많을수록, 증발되는 엔진 오일의 양이 많을수록 엔진 오일의 수명이 저감된다.

05 엔진 오일 교환주기를 산출하는 요소

엔진 오일의 수명은 기유의 종류, 작동 시간, 작동 온도, 작동 환경(엔진의 종류, 연료의 종류, 엔진 오일 소모량)에 따라서 달라진다. 따라서 엔진 오일의 교환주기는 주로 주행 거리, 주행 시간에 따라 달라진다.

(1) 사용 시간, 사용 거리

보통 가혹 조건(주정차 및 가속이 잦은 시내주행)일 경우 5,000km마다 교환하고 그렇지 않은 조건일 때에도 최대 10,000km마다 또는 3~6개월마다 교환하는 것이 적절하다. 일반 운전자는 엔진 오일 스틱을 점검하여 엔진 오일의 양과 색깔, 끈적함을 점검하여 교환을 결정한다.

(2) 엔진 오일 소모량, 엔진 오일 상태

엔진 오일 스틱의 F(Full) 표시와 L(Low) 표시를 확인한 후 라인이 L 표시 아래에 있으면 엔진 오일을 보충해야 한다. 또한 엔진 오일의 색이 검정식이나 갈색이고 점도가 너무 높은 상태이면 교체해야 할 필요성이 있다.

(3) 엔진 오일의 염기가(TBN : Total Base Number)

엔진 오일은 알칼리성인 염기가(TBN : Total Base Number)를 갖고 있다. 가솔린의 엔진 오일은 보통 8~9 정도이고 디젤 엔진 오일은 보통 11~12 정도이다. 염기가는 엔진 오일의 염기(Alkaline) 정도를 수치화한 것이다.(산성가는 TAN : Total Acid Numer) 새 엔진 오일을 넣고 주행을 하면 시간이 지날수록 오일의 염기성(Alkaline)은 점차 감소하게 되고 산성(Acid)화가 된다.

따라서 TBN이 처음보다 50% 수준으로 떨어진 경우 오일의 수명이 다했다고 판단하고 교체하여야 한다. 계산 공식은 Paradise Garage Method와 Kublin Method, Heidebrecht Method가 있다.

1) Paradise Garage Method

염기가와 주행 거리를 이용해 엔진 오일의 교체주기를 계산하는 방법이다.

$$\left[\left(\frac{tested\ TBN}{virgin\ TBN}\right)tested\ miles\right] + tested\ miles = oil\ change$$

2) Kublin Method

염기가와 오일량, 실린더 크기, 마력을 이용해서 고출력과 저출력에서 사용되는 엔진 오일의 교체 주기를 계산하는 방법이다.

$$(virgin\ TBN)(10)(oil\ capacity)\left[\frac{cubic\ inches}{horsepower}\right](mpg) = oil\ change$$

3) Heidebrecht Method

염기가, 오일량, 압축비, 실린더의 직경을 이용해서 엔진 오일 교체 주기를 계산하는 방법이다.

$$\frac{(total\ oil)(virgin\ TBN - target\ TBN)}{(cylinder\ bore)(\pi)(no.cylinders)(compression)(neutralization)} = oil\ change$$

기출문제 유형

✦ 엔진 오일 소모의 주요 원인 및 설계 대책에 대하여 논하라.(66-4-3)

✦ 엔진 오일 소모의 주요 원인 및 측정 방법에 대하여 설명하시오.(81-2-6)

✦ 엔진 오일 소모의 측정 방법에 대하여 설명하시오.(74-2-4)

01 개요

(1) 배경

엔진 오일은 마찰을 줄이기 위해 엔진 내부에 도포하는 기름으로 피스톤 링과 실린더 벽, 크랭크축과 커넥팅 로드 등 동력을 전달하는 운동부품의 마찰 부위에 유막을 형성하여 마찰을 감소시키는 작용을 한다. 실린더 내부는 고온과 고압의 환경이고 피스톤은 고속으로 섭동을 하는 악조건에 있기 때문에 엔진 오일은 쉽게 산화되고 열화된다. 또한 피스톤 링과 실린더 벽의 간극, 밸브 틈새로 누설되고 증발하여 손실된다.

(2) 엔진 오일의 정의

엔진 오일은 엔진 내부 운동부품의 마찰을 줄이기 위해 기계요소 사이에 도포하는 기름으로 두 면 사이에 유막을 형성해 직접 접촉하는 것을 방지하여 마찰을 감소시키는 작용을 한다.

02 엔진 오일 소모의 주요 원인

엔진 오일은 고온, 고압의 연소실 내부에서 연소되거나 퇴적되고, 증발되거나 배기가스와 결합되어 배출되는 등 다양한 경로를 통해 소모된다. 특히 과다하게 소모되는 경우에는 피스톤과 피스톤 링의 편마모, 피스톤 링과 실린더 보어의 과다 마모, 개스킷의 노화, 밸브 스템 실(seal)의 노화 등의 원인이 있다.

(1) 연소

피스톤, 피스톤 링, 실린더는 기계적 마찰을 하기 때문에 엔진 오일은 이들 부품 사이에서 윤활을 통해 마찰력을 줄여주고 밀봉작용을 하여 폭발 압력을 유지하고 배기가스의 유출을 방지해 준다. 또한 흡입, 배기 밸브의 기계적 마찰의 윤활을 위해 엔진 오일이 밸브에 공급되는데 중력, 또는 압력차에 의해 연소실로 유입된다.

또한 크랭크 케이스 실로 유입된 블로바이 가스가 엔진 오일과 섞여 연소실로 다시 유입된다. 다양한 경로를 통해 연소실 내부에 유입된 엔진 오일은 고온의 폭발 화염에 의해 연소된다. 실린더 벽면은 냉각 작용에 의해 소염 현상이 발생하지만 부분적으로 연소가 발생하여 엔진 오일이 소모된다.

(2) 퇴적

엔진 오일은 다양한 운동 부품에서 작동하는데 피스톤 홈, 피스톤 링 사이, 실린더 내부의 크레비스(Crevice), 실린더 벽면, 밸브 등에 퇴적된다. 사용 기간이 길어질수록 퇴적되는 양은 많아지고 엔진 오일의 손실량도 많아진다. 또한 연소 과정 중 배출되는 물(H_2O), 먼지, 금속성분, 이물질 등이 유입되어 엔진 오일을 열화시키고 슬러지(Sludge)를 만들어 엔진 오일이 소모된다.

(3) 증발

엔진 오일은 원유를 끓는점에 따라 정제해서 만든 기름으로 광유계 엔진 오일과 합성유 엔진 오일이 있다. 따라서 끓는점에 도달하면 증발된다. 이때 증발되어 배기가스와 함께 밖으로 배출되거나 연소실로 유입되어 연소되어 손실된다.

03 엔진 오일 소모 설계 대책

엔진 오일의 소모는 연소, 퇴적, 증발 등의 원인이 있다. 설계 대책은 최대한 연소실로 엔진 오일이 유입되지 않도록 하는 방법으로, 피스톤 링 팩, 밸브 스템 실의 기능과 역할을 원활하게 할 수 있는 방법이 있다.

(1) 피스톤 링 팩

피스톤은 블로바이 가스의 누설을 최소화하기 위해 압축 링을 2~3개 사용하고 오일 링을 사용하고 있다. 피스톤의 열전달 능력을 고려해 가능한 범위에서 너비와 두께를 작게 설계하고 면압을 높여 블로바이 가스의 압력을 순차적으로 낮추고 마찰력을 최소화하는 대책이 필요하다. 이를 통해 피스톤의 왕복 및 크랭크축 회전운동 시 실린더 보어와의 간극을 최소화시킬 수 있어 엔진 오일의 소모가 줄어든다.

(2) 흡·배기 밸브

밸브의 무게를 저감하고 열팽창이 최소화 되도록 설계를 하여 고온에서도 밸브 시트와 밸브 헤드의 간극을 최소화하여 엔진 오일이 유입되는 것을 방지한다.

(3) 연소실 형상

연소실 내부에 엔진 오일이 퇴적될 수 있는 공간을 줄이고 연소실을 가능한 최소화하여 엔진 오일이 연소될 수 있는 공간을 줄인다. S/V비를 줄이고 압축비를 높여서 설계한다.

04 엔진 오일 소모 측정 방법

(1) 배출법(Drain Weight Method)

일정량의 엔진 오일을 주유한 후 정해진 운전 모드와 시간으로 운전하고 전량 배출하여 소모된 오일 양을 측정하는 방법으로 중량 측정법이라고 부르기도 한다.

(2) 보충법(Level Measurement Method)

일정량의 엔진 오일을 주유한 후 정속 주행을 하면서 소모된 오일양을 측정하여 소모된 양만큼 보충하는 방법의 측정 방법이다. 유면 측정법이라고 부르기도 한다. 배출법에 비해 엔진 오일 소모량을 보다 신속하게 측정할 수 있다.

(3) 배기가스 분석법(Exhaust Gas Analysis Method)

엔진 오일에 추적 물질(Tracer)을 첨가하여 주행하면서 배기가스를 포집하여 엔진 오일의 소모량을 측정하는 방법이다. 엔진 오일이 소모되는 양만큼 트레이서가 배출된다는 원리를 이용한 방법으로 트레이서는 칼슘, 아연, 황 등이 사용된다. 이 방법은 과도 운전 시의 엔진 오일 소모량을 측정할 수 있다는 장점이 있다.

05 엔진 오일이 과도하게 소모되는 경우 점검 및 조치 사항

가솔린 엔진의 오일 소모 과다 발생 시 원인과 대책

NO	예상 원인	점검 및 조치사항
1	오일 팬이나 실린더 헤드 개스킷의 노화로 인한 오일 누출	개스킷 교환
2	밸브 가이드/스템/실의 마모에 의한 오일의 연소	밸브 가이드 교환
3	피스톤 링의 과대 마모로 인한 오일의 연소	피스톤 링 교환
4	PCV(포지티브 크랭크 케이스 벤틸레이션) 밸브의 불량	PCV 밸브 교환

✦ 지능형 윤활 시스템(Intelligent Lubrication System)을 설명하시오.(81-1-3)

01 개요

엔진 오일은 마찰을 줄이기 위해 엔진 내부에 도포하는 기름으로 피스톤 링과 실린더 벽, 크랭크축과 커넥팅 로드 등 동력을 전달하는 운동부품의 마찰 부위에 유막을 형성하여 마찰을 감소시키는 작용을 한다. 엔진 오일은 엔진 윤활 시스템에 의해 공급된다. 기존의 엔진 윤활 시스템은 주로 오일 펌프에 의한 압송식을 사용하고 있다.

02 지능형 윤활 시스템(Intelligent Lubrication System)의 정의

엔진 부하에 따라 엔진 오일을 정확한 설정 시간에 정확한 양을 공급하는 전자 제어식 윤활유 공급 시스템이다. 주로 선박용 대형 디젤 엔진에서 윤활유 사용 비용을 저감하기 위해 사용된다.

03 지능형 윤활 시스템(Intelligent Lubrication System)의 구성

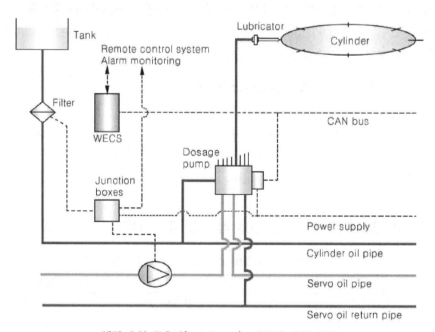

엔진 오일 주유기(Lubricator), 제어기, 오일 펌프

04 지능형 윤활 시스템(Intelligent Lubrication System)**의 동작 방법**

크랭크 각 센서의 신호에 따라 피스톤의 위치를 판별하여 설계된 위치가 될 때 솔레노이드 밸브를 작동시켜 엔진 오일을 공급한다.

05 지능형 윤활 시스템(Intelligent Lubrication System)**의 특징**

① 윤활유를 정확하게 분사하여 기계적 마찰을 줄이고 퇴적되는 양을 줄여 사용량을 저감할 수 있다.
② 윤활유의 소비를 최적화하여 소비량을 감소시키고 비용을 절감할 수있다.
③ 윤활유의 소비를 저감하여 윤활유 기인 배기가스를 줄일 수 있다.

기출문제 유형

✦ ATF(Automatic Transmission Fluid)의 역할과 요구 성능에 대해 설명 하시오. (101-1-1)

✦ 자동변속기에서 오일 온도와 주행거리의 상관관계에 대하여 설명하시오.(117-4-4)

---

01 개요

(1) 배경

자동변속기는 엔진의 동력을 유체를 이용해 전달하기 때문에 변속 시 클러치를 사용할 필요가 없어 운전이 쉽고 가속 및 감속 때의 충격이 적으며 초기 구동력이 크다는 장점이 있다. 반면 구조가 복잡하고 가격이 비싸며, 동력 전달 효율이 떨어진다. 자동변속기는 사용이 편리하지만 내부 구성이 복잡하고 민감하기 때문에 주기적인 관리가 필요하다. 특히 자동변속기 오일은 동력을 전달하는 작동유로 동작하고 유압 제어 계통에도 영향을 미치기 때문에 매우 중요한 요소이다.

(2) 자동변속기 오일(ATF : Automatic Transmission Fluid)의 정의

자동변속기에 사용되는 윤활유로 자동변속기 내부를 순환하며 기어의 마찰, 마모를 방지하고 윤활 역할과 동력을 전달하는 작동유 역할을 한다.

02 자동변속기 오일(ATF : Automatic Transmission Fluid)**의 역할**

(1) 기어 윤활유의 역할

자동변속기 오일은 기본적으로 윤활유의 역할을 한다. 윤활, 기밀 유지, 마찰/마모 방지, 기포 방지, 부식 방지 등을 한다. 윤활 작용은 기계의 마찰 부분에 유막을 형성하여 마찰을 저감시켜 마찰 및 마모를 방지하고 동력의 소비를 적게 하여 기계의 효율을 좋게 하기 위한 것이다. 자동변속기는 유성기어 세트가 있고 내부에는 베어링 등 기계적인 장치로 이루어져 있다. 자동변속기 오일은 이들 부품 사이에서 윤활유 역할을 한다.

(2) 동력 전달 유체의 역할

자동변속기의 토크 컨버터는 유체의 힘을 이용해 엔진의 동력을 전달한다. 엔진의 동력은 크랭크샤프트를 통해 펌프 임펠러로 전달되고 자동변속기 오일이 동력을 전달하는 동작 유체로 작동하여 터빈 러너를 회전시킨다.

(3) 유압 회로 작동유 역할

자동변속기 오일은 솔레노이드 밸브의 제어를 통해 유성기어 세트의 클러치와 브레이크를 조작하는 작동유 역할을 한다.

(4) 냉각 역할

자동변속기 오일은 토크 컨버터에서 동력을 전달할 때 가혹한 주행을 하는 경우 펌프 임펠러와 터빈의 회전속도 차이에 의해 온도가 상승한다. 또한 유성기어 세트에서 윤활작용을 할 때, 유체 클러치를 작동할 때 유성기어 세트의 마찰과 클러치 작동이 과도해지면 열이 발생하게 된다. 자동변속기 오일은 이렇게 발열이 될 때 순환되거나 쿨러를 통해 냉각되어 온도를 적절하게 낮춰주는 역할을 한다.

03 자동변속기 오일(ATF : Automatic Transmission Fluid)의 요구 성능

(1) 점도지수

ATF는 자동변속기 내부에서 동작하며 다양한 온도에 노출되어 있다. 따라서 ATF는 온도변화에 대해서 점도의 변화가 적어야 한다. 즉, 점도지수가 높아야 내부 부품의 마찰 및 마모를 방지하여 성능을 유지시켜줄 수 있다.

(2) 저온 유동성

저온 유동성이 작을 경우 오일의 점도가 높아 오일 펌프의 성능은 저하되고 오일의 전송 압력이 높지 않아 클러치 슬립의 원인이 된다. 이는 변속지연, 변속충격 등을 유발하고 유성기어 세트의 파손을 야기한다. 따라서 자동변속기 오일은 저온 유동성이 좋아야 한다.

(3) 기포 방지성

ATF에 공기가 유입되어 기포가 발생하면 유압이 저하되어 유압회로의 작동이 원활하지 않게 된다. 클러치 슬립이 발생하고 클러치의 단속이 불량해져 변속의 기능이 저하된다. 따라서 ATF는 기포가 발생되지 않는 성질이 요구된다. 또한 ATF의 점도가 너무 높거나 양이 너무 많으면 기포가 발생하기 쉽다. 따라서 적절한 양을 주입해야 하고 주기적인 점검·교환이 필요하다.

(4) 청정성

변속기 내부의 오일 통로는 크기가 작아 침전물이 생기면 막힐 수 있다. 따라서 침전물의 생성이 적어야 한다.

(5) 구성품 열화 방지성

변속기 내부에는 ATF 누설을 방지하기 위해 여러 가지 종류의 오일 실(oil seal), Sealing Rubber가 사용되고 있다. ATF와 접촉하여 경화가 되면 오일이 누유되고 변속기의 기능이 저하된다. 따라서 구성품의 열화에 영향을 미치지 않아야 한다.

(6) 윤활성(마찰계수)

자동변속기 내부의 기계적 마찰을 줄일 수 있도록 윤활성이 있어야 한다. 마찰계수가 너무 작으면 변속시간이 길어지고, 마찰계수가 너무 크면 변속 쇼크가 커지기 때문에 적절한 마찰계수를 가지고 있어야 한다. 또한 동마찰계수는 낮고 정지마찰계수는 높아야 한다. 동마찰계수는 구동축과 피동축의 회전속도 차가 30rpm일 때의 마찰계수이고 정지마찰계수는 회전속도차가 1rpm 이내인 경우이다. 동마찰계수가 낮아야 동력 전달 시 에너지 손실이 적어진다.

04 오일 온도와 주행거리의 상관관계

자동변속기 오일의 온도는 약 80~100℃ 사이에 있는 것이 최적의 상태이며, 약 120℃를 넘으면 자동변속기의 고장 원인이 되므로 꼭 원인을 파악하여야 한다. 특히 125℃ 이상 넘을 시는 각종 오일 실(seal)이나 바디 밸브 등에 영향을 줄 수 있으므로 자동변속기 수리 전에 오일의 온도를 먼저 점검하는 것이 좋다.

80℃로 주행하는 경우 주행거리가 가장 길며 온도가 높아질수록 주행거리는 짧아진다 (자동변속기 오일은 일일 점검 사항으로 통상 조건에서는 매 20,000km마다, 점검 매 100,000km 마다 교환하고 가혹한 조건에서는 매 40,000km마다 교환하도록 권장된다).

① 오일 온도가 80℃로 주행할 경우 내구 주행거리는 84,000km
② 오일 온도가 100℃로 주행할 경우 내구 주행거리는 80,000km
③ 오일 온도가 115℃로 주행할 경우 내구 주행거리는 40,000km
④ 오일 온도가 150℃로 주행할 경우 내구 주행거리는 6,400km
⑤ 오일 온도가 160℃ 이상일 경우 클러치가 소착하고 오일이 카본화 되어 오일실 등에 손상이 발생하는 고장이 발생한다.

05 자동변속기 오일 온도 상승 원인

① 토크 컨버터가 불량하거나, 자동변속기 오일이 부족하거나 열화된 상태일 때
② 정체구간에서 서행하거나, D단에서 브레이크를 오래 밟고 있을 때, 가혹한 운행 (레이싱 등)을 할 때
③ 엔진 내부 냉각수 순환계통에 이상이 생겼을 때(라디에이터 20% 이상 막혀 있을 때, 서모스탯이 고장나거나 냉각수가 부족할 때)

06 자동변속기 오일 색깔에 따른 자동변속기 오일 상태

① **적색** : ATF는 투명한 적색이 최초의 상태이다. 열화가 되면서 점점 불투명해지고 탁해진다.
② **갈색** : 가혹한 조건에서 장기간 운행되거나 고온 상태에서 운행되어 ATF가 열화를 일으킨 것으로 점도가 낮아진 상태이다. 오일 교환이 필요하다.
③ **검정색** : 자동변속기 내부의 클러치 디스크나 부싱 등의 마멸된 성분에 의해 오염된 상태로 오일 내에 금속 분말이 많은 경우 클러치나 브레이크 슬립이 일어날 수 있다. 오일 교환이 필요하다.
④ **유백색** : ATF에 수분이 많이 혼입되어 희석되면 유백색으로 변한다. 오일 교환을 2~3회 정도하여 시스템 내부의 변질된 오일을 모두 세척하고 규정된 오일로 교환을 해야 한다.

기출문제 유형

◆ Semi-Permanent형 부동액을 설명하시오.(81-1-9)

01 개요

부동액(不凍液, Antifreeze)은 어는점을 낮추기 위해 액체에 첨가하는 물질로 어는점을 낮춰서 화합물, 열전달 유체, 냉각제가 어는 것을 막아준다. 자동차의 부동액은 엔진의 냉각수에 첨가하여 냉각수가 어는 것을 방지하고 냉각수 통로의 부식을 방지하기 위해 사용한다. 주로 에틸렌글리콜을 사용하는데 이 물질은 독성을 갖고 있기 때문에 취급에 주의해야 한다.

02 Semi-Permanent형 부동액의 정의

세미 퍼머넌트형 부동액은 반영구형 부동액으로 글리세린이나 메탄올에 염료와 안정제를 첨가한 부동액이다. 구성 성분이 서서히 증발하므로 사용 중에 부동액을 보충해줘야 한다.

03 부동액의 종류

(1) 세미 퍼머넌트형 부동액

세미 퍼머넌트형 부동액으로 글리세린과 메탄올이 주로 사용된다. 글리세린은 비중이 크기 때문에 물과 혼합할 때 잘 저어야 한다. 메탄올은 메틸알코올이라고도 하며 가연성으로 무색, 무취의 용액이다. 비점이 낮아 증발하기 쉽다. 세미 퍼머넌트형 부동액은 퍼머넌트형 부동액과 비교하면 가격은 저렴하지만 구성 성분이 서서히 증발하므로 사용 중에 부동액을 보충해야 한다. 부동액을 보충할 때는 냉각수와 혼합하여 보충해야 한다. 자동차 엔진의 냉각수에 30% 정도 혼입하여 사용한다.

(2) 퍼머넌트형 부동액

1) 에틸렌 글리콜 계열

청록색과 황록색을 갖고 있으며 가격이 저렴하고 독성이 강하다. 물과 혼합하여 사용한다. 혼합 비율은 물은 40%, 부동액은 60%이다. 물에 잘 용해되는 성질이 있으며 냉각수를 보충할 때 냉각수만 보충한다.

냉각수는 순도가 높은 증류수, 빗물, 수돗물 등의 연수를 사용한다. 금속을 잘 부식시키고 팽창계수가 크기 때문에 부식 방지제와 방청제가 필요하다. 방청제, 부식 방지제, 동결 방지제를 첨가제로 넣어 연중 계속 사용할 수 있는 장수명 냉각수(LLC : Long Life Coolant)로도 사용된다.

2) 프로필렌 글리콜 계열

무색이지만 부동액으로 사용할 때는 주로 청색으로 제조된다. 향이 없고 독성도 없지만 가격이 비싸다. 에틸렌글리콜 계열의 부동액에 비해 중금속과 독성이 없고, 생분해성이 우수한 친환경 보호형 부동액으로 녹 발생방지, 부식방지, 동결 효과가 탁월하다. 방청제, 부식방지제, 동결방지제를 첨가제로 넣어 연중 계속 사용할 수 있는 장수명 냉각수(LLC : Long Life Coolant)로도 사용된다.

04 부동액 구성 물질

① 정제된 물 : 50%
② 에틸렌글리콜(Ethylene Glycol) 또는 프로필렌 글리콜(Propylene Glycol) : 45%
③ 각종 첨가제(Additive Agents) : 3~5% (방청/부식 방지제, 거품 방지제 등)

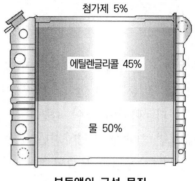

첨가제 5%

에틸렌글리콜 45%

물 50%

부동액의 구성 물질

05 부동액의 역할

① 냉각수의 응고점을 낮추어 저온에서도 빙결을 방지하여 엔진의 동파를 방지한다.
② 냉각수의 비등점을 높여 고온에서도 끓지 않고 엔진의 과열을 방지한다.
③ 부식 방지제를 첨가하여 냉각수에 있는 염화물, 황산염, 중탄산염 등의 불순물에 의해 냉각수가 흐르는 금속면의 부식을 방지한다.

06 부동액의 구비조건

① 청정성 : 침전물이 발생되지 않을 것
② 혼합성 : 냉각수와 혼합이 잘 될 것
③ 내식성, 저팽창성 : 내식성이 크고 팽창계수가 작을 것
④ 응고점 : 비점이 높고 응고점이 낮을 것
⑤ 저휘발성, 유동성 : 휘발성이 없고 유동성이 좋을 것

PART 3. 생산 품질

❶ 생산 품질

01 생산 품질

기출문제 유형

✦ 자동차의 하부 부식 원인을 설명하고, 방청 대책에 대하여 설명하시오.(119-1-11)

01 개요

일반적으로 차체의 부식은 차량 생산과정에서 다양한 형상의 전착 도장 공정에서 차체의 전처리 불안정, 안료층 불균일, 부위별 가열 건조가 부족한 경우에 발생하는 도장 불량 및 방청 불량으로 인하여 발생하거나 주행 중 겨울철 도로 위의 염화칼슘, 고온 다습한 환경, 산성비와 같은 대기오염 등으로 인해 발생한다.

일반적으로 금속 부식에는 소공 부식(Pitting Corrosion), 균열 부식(Crevice Corrosion), 갈바닉 부식(Galvanic Corrosion), 캐비테이션 부식(Cavitation Corrosion), 입계 부식(Intergranular Corrosion) 등이 있다.

02 부식 구분

금속 부식은 금속이 주변의 환경과 화학적 또는 전기 화학적으로 반응하여 산화 또는 다른 물질로 변하여 금속의 성질을 잃어버리는 현상을 말한다.

(1) 화학적(Chemical) 부식

화학적 부식은 건식 부식(Dry Corrosion)이라고 하며 부식 과정에서 대기 중의 산소(O_2), 질소(N_2), 이산화황(SO_2) 등의 가스가 금속에 직접적으로 접촉하여 금속 표면에서 발생하는 부식을 말한다.

(2) 전기 화학적(Electrochemical) 부식

전기 화학적 부식은 습식 부식(Wet Corrosion)이라고 하며 산과 염기를 띠는 전해질(Electrolyte) 용액이 금속과 접촉하여 금속 원소의 이온화로 전자 이동이 일어나는 전기 화학반응에 의한 부식을 말한다. 전기 화학적 부식은 양극(Anode)에서 발생한다.

① 양극(Anode) : 전자를 잃어버리는 산화(Oxidation) 반응이 발생한다.
② 음극(Cathode) : 전자를 얻어 환원(Reduction) 반응이 발생한다.

③ 철의 표면에 염기성 수분이 있을 경우 녹 발생은 다음과 같다.

철 표면의 염기성 수분이 있을 경우 음극(Cathode)에 수산화이온(OH^-)이 발생하며, 철이 양극(Anode), 공기가 음극(Cathode)이 되어 수산화철II $2Fe(OH)_2$가 발생하지만 다시 산소와 물과 반응하여 녹이라 불리는 수산화철III(Bernalite)$Fe(OH)_3$가 발생한다.

03 부식 환경의 요소

(1) 염(Chemical Salts)

염(Salt)은 전해질 효율을 높임으로써 부식의 속도를 빠르게 하며 겨울철에 도로에 제설제로 사용되는 염화칼슘은 자동차 하부 또는 주변에 남아 있게 되어 공기 중의 수분을 잘 흡수하게 하여 자동차 하부의 부식을 촉진한다.

(2) 습도

높은 습도, 수분 등은 전해질 역할을 하여 부식을 촉진하며, 건조한 환경보다는 습한 환경에서 부식이 빨리 일어난다.

(3) 산소

산소 농도가 낮은 부위가 음극(Cathode)으로 작용하므로 산소는 부식 속도를 높이는 역할을 한다.

(4) 온도

저온보다 고온에서 부식이 잘 일어난다.

(5) 대기 가스

대기 중에 황화수소와 같은 가스는 수분과 반응하여 산이나 염기의 전해질을 만들어 부식을 잘 일어나게 한다.

04 차량 부식의 과정

차량에서 발생하는 부식은 다음과 같은 과정을 통하여 발생한다.
① 강판과 전착 도장사이에서 섬유성 부식(Filiform Corrosion)과 같은 형태로 부식 생성물이 형성된다.
② 부식 생성물에 수분 유입과 건조가 반복되면서 부피 팽창 현상이 발생하여 전착 도장에 표면 기포 및 박리를 발생시킨다.
③ 전착 도장에 박리가 일어날 경우 박리된 부위는 양극(Anode)으로 작용하여 갈바닉 부식이 일어나 다른 부위에 비해 부식이 급속하게 발생한다.
④ (-) 부식은 내부에서 외부로 지속적인 진행으로 인하여 강판의 두께가 얇아지는 감육(Wall Thinning)현상이 발생하고 최후에는 강판의 관통이 발생한다.

05 차량 부식의 방청 대책

① 차체 외부에는 유리막 코팅을 하여 차체 내부를 보호한다.

② 하체에는 표면을 안정화하여 내식성을 향상시킨 아연 도금 강판을 사용한다.(아연 도금 → 고분자 코딩 → 도장)

③ 차량을 세차할 경우 고체 왁스로 외부를 도포하고 겨울철에 차량 주행 후에는 하부 세차를 하여 잔류 염분 칼슘을 제거한다.

④ 머플러의 경우 머플러용 코팅제를 도포하여 준다.

⑤ 차량 외부의 미세한 녹은 사전에 제거하고 차량용 페인트로 보수한다.

기출문제 유형

✦ 안티 스크래칭 코트(Anti-Scratching Coat)에 대하여 설명하시오.(119-1-13)

01 개요

기존에는 자동차의 안티 스크래칭 코트(Anti-Scratching Coat) 방법으로 발수코팅을 주로 사용하였다. 정발 코팅은 전기 발생으로 인하여 먼지 등이 쉽게 붙고 수분이 건조된 후 물방울 흔적이 발생하였으나 친수성인 유리막 코팅은 물을 확산하여 기름과 물을 분리하므로 코팅 후 오염물질이 쉽게 붙지 않는다.

유리막 코팅은 차량의 도장면 위에 아주 얇게 유리막을 도포하는 것으로 석영, 이산화규소(SiO_2)와 같은 무기질로 구성되어 차량의 도장면 위에 도포되어 경도가 높은 피막을 만들며 정전기 발생이 적어 먼지와 같은 오염물질이 붙는 것을 적게 하며 경도가 높은 피막은 스크래치를 예방하고 차체의 광택도 높여 준다.

02 유리막 코팅의 원리

차량의 도장 표면은 보이지 않는 미세 스크래치가 많으며 이런 스크래치로 인하여 표면의 평탄 정도가 감소하여 빛이 입사하게 되면 빛이 표면에서 여러 방향으로 반사가 일어나 광택도가 떨어지고 오염물질이 더 잘 붙는다.

유리막 코팅은 도장 표면의 클리어 코트층(Clear Coat Layer)과 결합하면서 스크래치 부위를 코팅막으로 메꾸어 밀도를 높이고 마찰계수를 낮추어 오염물질이 달라붙기 어렵게 만들고 표면 강도는 높여준다.

03 유리막 코팅의 특징

(1) 친수성

유리막 코팅은 친수성 유리막으로 인하여 물만으로도 오염 물질을 쉽게 제거할 수 있다.

(2) 오염 방지

석영, 이산화규소(SiO_2)와 같은 무기질 성분으로 구성되어 차량의 도장면 위에 도포가 되면 정전기 발생이 적어 먼지와 같은 오염물질이 붙는 것을 적게 한다.

(3) 표면 경도

석영, 이산화규소(SiO_2)와 같은 무기질로 구성되어 차량의 도장면 위에 도포가 되어 경도가 높은 피막을 만든다. 유리막 코팅은 일반적인 코팅제보다 경도가 높은 피막을 형성하므로 경도가 우수하다.

(4) 친환경성

석영, 이산화규소(SiO_2)와 같은 무기질로 구성되어 환경에 영향을 주지 않아 친환경적이다.

(5) 부식 방지

오염 물질들로 인하여 도장면에 손상을 일어나지 않게 하여 부식 발생을 방지한다.

기출문제 유형

- ✦ 차량 생산 방식에서 모듈(Module)화의 종류 및 장·단점을 설계 및 생산 측면에 대하여 설명하시오.(119-2-1)
- ✦ 자동차의 경제 설계를 위하여 사용되는 모듈 설계에 대해 설명하시오.(75-3-3)
- ✦ 자동차 부품 모듈화의 개념과 적용사례에 대해 설명하시오.(69-4-4)
- ✦ 차량의 모듈러 설계(Modular Design)에 대하여 기술하시오.(60-2-2)

---

01 배경

독일의 경우 1990년대부터 고임금으로 인한 자동차 시장의 성숙화로 신규 수요를 증대하기가 어려운 상황을 극복하고자 자동차 부품의 모듈화 개발을 통하여 비용절감을 높이는데 더욱 초점을 두기 시작하였다.

다임러(Daimler)에서 1997년 라슈타트(Rasttat) 공장에 모듈 생산방식을 도입하였고, 폭스바겐(VW)에서도 비슷한 시점에 볼프스부르크(Wolfsburg) 공장에서 모듈을 적용하기 시작했다. 특히, BMW의 경우 모듈 생산방식으로 개발 비용의 절감(예 : 20%) 및 조립시간을 단축(예 : 20%)할 수 있었다.

02 모듈화의 정의

모듈(Module)이란 여러 개의 부품을 부분별로 조립한 부품들의 집합체라 말할 수 있으며, 모듈화 설계(Module design)란 부품 업체(Module Supplier)가 여러 가지 부품을 더 큰 단위로 부분별로 나누어 조합하여 개발과 조립을 할 수 있도록 설계하는 것을 의미한다.

03 모듈화의 장점 및 단점

(1) 모듈화 장점

① 생산성 향상 : 부품을 큰 단위로 통합하여 자동차에 공급하므로 자동차 라인에서 조립하는 부품이 대폭 감소하므로 조립 효율의 향상을 통하여 생산성을 향상시킬 수 있다.

② 개발 기간을 단축할 수 있다.

③ 원가 절감 : 부품 공용화 및 단순화, 구성부품의 중량 축소를 통하여 생산 라인의 단순화가 가능하여 인건비 및 경비를 절감할 수 있다.

④ 품질 향상 : 모듈 단위로 동시 설계가 가능하고 품질을 보증할 수 있어 품질이 향상된다.

(2) 모듈화 단점

① 모듈화가 되면 기존 라인에 대한 변경이 필요하므로 라인에 대한 초기 투자비용이 발생한다.

② 다품종 소량생산이 어렵다.

③ 모듈화를 위한 표준화 작업이 필요하다.

04 모듈화 종류 및 사례

현대모비스에서 현지 모듈 공장을 통하여 생산된 모듈 제품을 현대자동차와 기아자동차의 국내공장 및 해외공장에 공급한다.

(1) 칵핏 모듈(Cockpit Module)

인스트루먼트 패널, AV 시스템, 공조, 에어백 등의 부품으로 구성된 부품 조립단위로 설계 및 조립하여 완성차 생산 라인에 공급하는 제품 단위로 주행 정보, 엔터테인먼트, 제어장치를 제공하는 역할을 한다.

(2) 프런트 엔드 모듈(FEM : Front End Module)

차량의 전면부에 위치하는 라디에이터, 헤드램프, 범퍼, 캐리어, 혼 등 엔진룸 앞쪽의 기능이 있는 부품 조립 단위로 설계 및 조립하여 완성차 생산 라인에 공급하는 제품단위이다.

(3) 섀시 모듈(Chassis Module)

차량의 엔진룸 하부에 위치하여 뼈대를 이루는 현가, 조향, 제동, 엔진 트랜스미션, 액슬 등의 부품으로 구성된 부품 조립 단위로 설계 및 조립하여 완성차 생산 라인에 공급하는 제품단위이다.

기출문제 유형

✦ 자동차의 플랫폼을 정의하고, 전기 자동차 전용 플랫폼을 내연기관 플랫폼과 비교하여 설명하시오.(123-2-2)

✦ 플랫폼(Platform)의 구성부품을 쓰고, 플랫폼 공용화의 효과를 설명하시오.(101-1-4)

---

01 플랫폼의 정의

자동차 플랫폼(Platform)의 공용화란 차체 안쪽에 위치하여 외부에서 잘 보이지 않으며 파워 트레인과 서스펜션을 포함한 주요 섀시 부품 및 차체 하부로 구성된 부품을 플랫폼(Platform)이라 하며, 동일한 플랫폼(Platform)으로 여러 차종에 사용할 수 있도록 설계하는 것을 의미한다. 플랫폼(Platform)은 파워 트레인과 섀시 플랫폼(Chassis Platform)으로 구분되며, 일반적으로 섀시 플랫폼(Chassis Platform)을 플랫폼(Platform)이라 부른다.

02 플랫폼(Platform) 공용화 효과

1) 개발비 절감

신차 개발 시 플랫폼(Platform)을 새로 개발하지 않고 플랫폼(Platform)의 공용화 개발을 통하여 플랫폼(Platform)을 공용으로 여러 차종에 사용할 경우 생산 설비 투자에 대한 비용을 절감할 수 있다.

2) 개발 기간의 단축 및 투입 공수 절감

플랫폼(Platform)의 공용화 수준에 따라 플랫폼 개발에 대한 개발 기간을 단축할 수 있으며 투입 공수의 절감이 가능하다.

3) 재료비 절감

플랫폼(Platform)의 통합을 통하여 해당 부품의 생산량을 증가시킬 수 있어 대량생산이 가능하므로 재료비의 절감이 가능하다.

4) 생산 효율성 향상

플랫폼(Platform)을 공용화하여 통합할 경우 이원화된 플랫폼(Platform) 대비 조립 공수의 감소와 숙련도 향상으로 인한 생산의 효율성을 향상시킬 수 있다.

5) AS 부품 관리 비용 절감

차량의 모델 증가에 따른 AS 부품수도 증가하지만 플랫폼(Platform)의 공용화를 통한 AS 부품 관리수가 축소되어 관리 비용을 절감할 수 있다.

03 폭스바겐 사례

(1) 단계 1(플랫폼 개념)

플랫폼화는 자동차의 기본 구조를 이루는 차체 하부와 엔진, 변속기, 조향장치 등 섀시 부품처럼 대형 부품을 공용화하는 방식을 말한다.

(2) 단계 2(모듈화 개념)

플랫폼 차체에 모듈 개념을 적용해 차체 하부를 앞, 중간, 뒤의 3가지 모듈로 구분하며 퍼즐형이라고 불리는 방식이다.

(3) 단계 3(모듈러 툴킷 개념)

모듈러 툴킷(Modular Tollkit)은 제품 아키텍처를 몇 개의 모듈 기반으로 만들고 공용화 및 표준화를 수행하는 개념을 말하며 차급이 다른 차종에도 적용이 가능한 플랫폼의 유연성을 특징으로 한다. 이를 통하여 제조 원가의 절감(20%), 개발기간의 단축(30%), 현재 파워트레인의 약 90% 정도가 호환이 가능하다. 그리고 단점으로는 적용 범위가 넓기 때문에 문제가 발생할 경우 리콜로 인한 대규모 품질 비용이 발생할 수 있다.

04 전기 자동차 전용 플랫폼(EV Platform)

(1) 정의

전기 자동차 전용 플랫폼(EV Platform)은 내연기관에 사용된 엔진, 변속기 및 구동축을 없애고 전륜 및 후륜에 구동 모터를 설치하고 전기 자동차용 배터리를 차체 하부에 설치하여 전기 자동차의 시스템 특성에 최적화하여 부품의 레이아웃을 설계한 플랫폼(Platform)을 말한다.

(2) 특징

① 대용량의 배터리를 차체 하부의 바닥에 평평하게 설치하여 여러 가지 새로운 디자인이 가능하고 실내 내부 공간의 확보 및 무게 중심이 낮은 저중심 설계가 가능하다.

② 대용량의 배터리에 대한 디자인을 단순화하여 배터리 효율의 증대를 통한 초고전압 초고속 충전 및 더 긴 주행거리 확보가 가능하며, 배터리 품질 안정화 향상이 가능하다.

③ 모듈화 및 표준화 설계를 통하여 다양한 차급에 전용 플랫폼(EV Platform) 적용이 가능하다.

④ 내연기관 플랫폼을 전기 자동차에 적용할 경우 배터리, 모터 등 레이아웃을 고려하여 재설계가 필요하였으나, 전기 자동차 전용 플랫폼(EV Platform)을 사용할 경우 재설계가 불필요하여 제조비용 감소가 가능하다.

⑤ 현대·기아자동차의 E-GMP(Electric Global Modular Platform), 폭스바겐의 MEB(Modular Electric Drive Matrix) 플랫폼(Platform)과 MLB EVO(Modular Longitudinal Matrix) 플랫폼(Platform), 메르세데스 벤츠의 EVA(Electric Vehicle Architecture) 플랫폼(Platform) 등이 전기 자동차 전용 플랫폼(EV Platform)에 속한다.

기출문제 유형

✦ 자동차 도장(Painting)에 관한 아래의 사항을 설명하시오.(119-4-1)
　1) 자동차 도장 목적
　2) 자동차 도장 공정(Process)
　3) 하도 및 전처리 방법

✦ 자동차의 도장 공정에 대하여 설명하시오.(78-3-2)

---

01 자동차 도장의 목적

자동차 도장의 목적은 차체의 표면 위에 도료를 도장하여 차체의 표면을 외부와 차단함으로써 차체 표면에서 발생할 수 있는 부식 등을 방지하고 차체 또는 부품에 내수성, 내습성, 내열성, 내약품성 등의 성능을 부여하여 차체 또는 부품을 보호하고 색채, 광택, 외관 등을 통하여 외관 디자인을 아름답게 하는데 있다.

(1) 자체 및 부품 보호

자동차의 많은 부분을 차지하고 있는 강판을 그대로 사용할 경우 강판 표면과 공기 중의 수분이나 산소와 화학적 또는 전기 화학적으로 반응하여 산화 또는 다른 물질로 변하여 금속 성질을 잃어버리는 부식이 발생하며 부식의 발생 방지가 도장의 가장 중요한 목적이다.

(2) 외관 디자인 및 상품성 향상

자동차는 곡면, 곡선, 평면 등과 같이 복잡한 외관 디자인을 가지고 있으며 이런 복잡한 외관에 도장을 하여 입체감과 색채감을 통하여 외관의 디자인을 아름다움을 부여하여 상품의 가치를 높인다.

(3) 기타

특수한 용도 차량에 도장을 통하여 색상을 부여함으로써 일반차량과 구별할 수 있도록 표시한다.

02 자동차 도장 공정(Process)

(1) 표면 처리(전처리) 공정

표면 처리(전처리) 공정은 차체의 제조 동안에 차체에 있을 수 있는 이물질, 방청유 등을 제거하고 차체의 내식성 & 도료의 부착성을 향상시키기 위하여 인산염 피막을 입히는 공정을 말한다.

1) 제청 공정

제청 공정은 차체에 발생한 녹을 제거하는 공정을 말한다.

2) 탈지 공정

탈지 공정은 판금라인 공정에서 차체의 표면에 묻을 수 있는 프레스 오일, 방청유 등을 제거하는 공정을 말한다.

3) 화성 피막 공정

화성 피막 공정은 차체의 내식성 & 도료의 부착성 향상을 위해 인산염 피막을 입히기 위하여 인산염 욕조에 담그는 공정을 말한다.

(2) 하도 도장

표면 처리(전처리)를 한 차체를 전착용 도료 속에 담가서 전기 화학적으로 도막을 형성하여 차체의 면을 균일한 도막 두께로 도장을 하여 중도 도장이 잘 되도록 하기 위한 도장을 말한다.

> **참고**
>
> **전착 도장(Electro-deposition Coating)**
>
> 전착 도장(Electro-Deposition Coating)은 전착용 수용성 도료 용액이 있는 도료 탱크 내에 차체를 양극 또는 음극 사이에 담그고, 양극과 음극에 직류 전류를 인가하여 차체 표면에 전기적으로 도료를 전착하는 도장 방법을 말한다. 도장 방법에는 음이온 전착 도장과 양이온 전착 도장이 있다.
>
> 전착 도장(Electro-Deposition Coating)의 특징은 다음과 같다.
> ① 도막의 두께가 균일하며 정략적 관리가 가능하다.
> ② 외관상 흘림이나 부풀음 등과 같은 도장의 결함이 없다.
> ③ 수용성 도료로 화재의 위험이 적다.
> • 도료 탱크 내에 도료 용액을 사용하므로 색상의 변경이 어렵다.
> • 도장의 설비가 복잡하여 생산성이 좋지 않다.

(3) 중도 도장

중도 도장은 하도 도장과 상도 도장 사이의 중간층 도막을 하는 것을 말하며 차체의 층간 도막의 밀착성을 좋게 하고 도막의 두께를 증대시켜 입체감을 부여하기 위한 도장을 말한다. 참고로, 작업 방법은 다음과 같다.

작업순서는 내부에서 외부 및 위에서 아래 방향으로 20~30%로 정도 중첩하여 연속적으로 작업을 한다. 와이핑(Wipping)은 후드(Hood), 펜더(Fender), 루프(Roof), 프런트 도어, 리어 도어 쿼터 패널(Quater Panel), 트렁크 리드 등의 순서로 작업을 한다.

(4) 상도 도장

상도 도장은 중도 도장 후에 차체의 외관 디자인을 아름답게 하여 상품성을 극대화하기 위하여 여러 가지 색상과 광택을 위한 도료를 사용하여 도장하는 것을 말한다.

(5) 코팅 작업

상도 도장 후에 자외선, 이물질과 같은 외부 환경으로부터 도장면을 보호하기 위하여 코팅 작업을 한다.

(6) 검사

차체 및 부품 도장의 흠집 및 상태 등을 검사한다.

기출문제 유형

✦ 일반적인 보수 도장 공정에 대해 설명하시오.(83-2-5)

01 개요

보수 도장이란 차량의 사고나 다른 부주의로 인하여 차량의 차체 외관의 원래 색상과 광택이 제거되어 차량의 차체 외관을 원상태로 복원하거나 차량을 오랜 기간 사용하여 색상 변형, 벗겨짐, 갈라짐 등과 같이 손상된 도막을 원상태로 복원하는 것을 말한다. 보수 도장은 하도 작업, 중도 작업, 상도 작업 순서로 작업을 실시한다.

02 보수 도장 공정

(1) 하도 작업

1) 소지 처리

탈지 처리는 차체의 도장 균열, 벗겨짐 등의 상태를 검사하고 기존의 도장을 전체 또는 일부를 제거하는 작업을 말한다.

2) 퍼티(Putty) 작업

퍼티(Putty) 작업은 퍼티(Putty) 도포와 연마 작업으로 이루어지며, 퍼티(Putty) 도포는 단 낮추는 작업을 완료한 후 차체의 표면을 매워서 평평하게 만들도록 도포하는 작업을 말하며, 퍼티(Putty) 연마는 퍼티(Putty) 도포가 완료된 후 샌더를 사용하여 도포 부위를 전체적으로 샌딩하는 작업을 말한다.

> **참고 퍼티(Putty)의 종류**
>
> ① 판금 퍼티(Metal Putty) : 판금 퍼티(Metal Putty)는 도포가 약 3~5cm까지 가능하며 강판과 부착성을 좋게 하고 두꺼운 도막의 형성이 가능하다.
> ② 폴리에스테르 퍼티(Polyerster Putty) : 5mm 정도의 얕은 요철이나 굴곡 등을 수정하거나 기공이나 연마 자국의 마무리용으로 사용한다. 특히. 래커계 퍼티는 폴리에스테르 퍼티(Polyester Putty) 사용 후 아주 작은 기공 또는 연마 자국이 있을 경우 사용한다.
> ③ 스프레이 퍼티 : 스프레이 퍼티는 작업 부위가 넓을 경우 또는 굴곡 같은 수작업으로 힘든 작업 부위에 사용한다.

3) 프라이머(Primer) 도장

차체 강판에 직접 도포하여 부식방지 및 도료의 부착성을 좋게 하는 도료로서 퍼티(Putty) 연마 후 차체의 강판에 도장한다.

(2) 중도 작업

하도 작업을 완료한 후 하도 도장의 도막을 보호하고 하도 도료와 상도 도료와의 부착성을 좋게 해주며 상도 도료가 하도 도료에 흡수되어 광택이 없어지는 것을 방지하는 역할을 한다. 주행 중 충격에 의해 도막이 완전히 없어지지 않도록 하여 부식을 방지하는 내치핑(Chipping) 기능을 한다.

> **참고 중도 작업 도료 종류**
> ① 서페이서(Surfacer) : 상도 도장시 용제 침투로 인한 들뜸(Lifting) 방지 및 내수성, 내구성을 향상하고 상도 도료가 하도 도료에 흡수되는 것을 방지한다.
> ② 프라이머 서페이서(Primer-surfacer) : 프라이머 서페이서는 프라이머(Primer)의 부식 방지와 서페이서(surfacer)의 충진 및 차단 기능을 동시에 가지는 혼합 도료를 말한다.

(3) 상도 작업

중도 작업을 완료한 후 자동차 원래의 색상과 광택을 복원하기 위하여 아름다움과 내구성을 향상시키기 위한 작업을 말한다.

(4) 광택 작업

상도 도장 후 도장면에 이물질이나 결함이 있을 경우 도장면을 평평하게 하고 광택을 향상시키는 작업을 말한다.

기출문제 유형

✦ 자동차 개발과 관련해서 품질에 대해 아래 항목들을 설명하시오.(119-4-2)
1) 품질의 개요
2) 품질의 종류 : 시장 품질, 설계 품질, 제조 품질
3) 품질의 중요성

01 개요

품질이란 원래 가지고 있는 제품의 사용 목적을 실행하기 위해서 제품이 가져야 할 성질을 말한다. 따라서 제품의 좋은 품질은 제품을 사용하는 소비자가 평가를 하므로 소비자의 사용 조건이나 사용 목적에 맞는 최적의 품질을 말한다. 품질의 종류에는 시장 품질, 설계 품질, 제조 품질로 구분할 수 있다.

02 품질 특성(Quality Characteristics) 및 구분

(1) 품질 특성의 정의

품질 특성이란 품질이 좋은가? 또는 나쁜가? 는 제품을 사용하는 소비자가 사용 목적에 만족을 했는지의 여부에 따라 평가되며 이때 품질 평가의 대상이 되는 제품의 성질이나 성능을 말한다.

(2) 품질 특성의 구분

품질 특성은 참 특성과 대용 특성으로 구분할 수 있으며, 특징은 다음과 같다.

1) 참 특성 품질

참 특성 품질은 소비자가 요구하는 제품의 품질 특성을 의미하며 제품의 경제성, 편리성, 디자인 등에 대한 소비자의 요구 품질을 말한다.

2) 대용 특성(Alternative Characteristic) 품질

대용 특성 품질은 참특성 품질을 품질 요소로 해석한 것을 의미하며 제품의 길이, 높이, 폭, 색상 등으로 표시하는 품질을 말한다.

03 품질의 구성 요소

(1) 성능

성능은 제품의 작동 특성을 나타낸다.

(2) 특징

특징은 제품의 시장성을 높이기 위하여 제품에 부과되는 것을 말한다.

(3) 신뢰성(Reliability)

신뢰성(Reliability)은 일정기간 내에 제품에 고장이 발생할 확률로 표현한 것을 말한다.

(4) 일치성

일치성은 제품의 설계와 작동 특성이 표준과 일치하는 정도를 나타낸다. 일치성이 크다는 의미는 제품의 재작업율 또는 사후서비스 횟수가 감소함을 의미한다.

(5) 내구성

내구성은 제품의 경제적 수명, 물리적 수명으로 표현한다.

(6) 수리성

수리성은 제품의 고장이 발생한 경우 제품 수리에 대한 신속성, 친절성, 기술력 등에 의해 평가될 수 있다.

(7) 미적 속성

미적 속성은 제품의 모양, 소리, 냄새, 맛 등과 같이 소비자에게 미적인 의미를 부여하는 것을 말한다.

04 품질의 종류

(1) 시장 품질

시장 품질은 설계 품질과 제조 품질을 합격한 제품이 소비자에게 판매되어 소비자가 사용하고 있는 동안 소비자에게 만족을 주는 품질을 말하며 사용 품질이라고도 한다. 특히, 시장 품질은 제품의 물리적인 특성과 화학적인 특성뿐만 아니라 취향, 소득수준 등과 같은 소비자의 다양한 특성들이 서로 반영되므로 최적의 품질 수준을 결정하는 것은 매우 어렵다. 시장 품질을 높이기 위한 방법 중에 하나는 소비자에 대한 사용자 교육 등과 같이 서비스 비용의 확대가 필요하다.

(2) 설계 품질

설계 품질은 요구되는 품질을 위하여 제품 기획이나 개발 단계에서 목표로 하는 품질을 말한다. 설계 품질은 품질 가치와 품질 비용의 차이가 최대가 되는 Q_0가 설계 품질의 최적수준이 되는 지점이며, 설계 품질은 기술력, 경제성 등을 고려하여 결정된다.

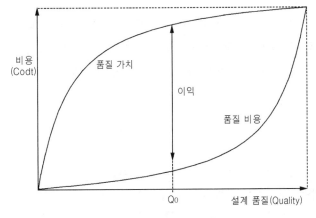

그림1. 설계품질과 비용

(3) 제조 품질

제조 품질은 적합 품질이라고도 하며 제조된 제품이 설계 품질의 일치 정도를 의미하는 품질을 말한다. 제품을 제조하는 동안 품질 관리는 제조 품질의 설계 품질과 일치하기 위한 활동이며, 이런 허용공차 범위를 벗어날 경우를 불량품이라고 한다.

제조 품질의 적절한 불량률(P_0)은 공정비용과 품질 비용이 만나는 점이 총비용이 최저가 되는 지점을 말한다. 불량률(P_0)이 이동하면 총비용이 증가하게 되지만 품질 비용

곡선을 아래 방향으로 이동시키면 총비용이 변하게 되어 불량률도 감소하게 되어 품질의 향상과 비용 절감이 동시에 이루어질 수 있다.

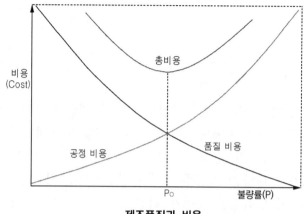

제조품질과 비용

05 품질의 중요성

① 소비자는 소득 수준이 증대되고 소비자의 의식이 향상되어 품질이 좋은 제품을 선택한다.
② 소비자는 값이 싸면서 품질이 우수하고 신뢰성이 높으며 내구성이 좋은 제품을 구매하기를 원한다.
③ 품질은 기업의 이미지에 큰 영향을 미치는 매우 중요한 요소이다.
④ 소비자 보호 차원의 피해 보상 법규인 제조물 책임(PL)법으로 인하여 막대한 품질비용을 줄이기 위하여 품질의 중요성이 증대되었다.

기출문제 유형

✦ 최근 자동차 산업 분야에도 3D 프린터의 활용이 본격화 되고 있다. 3D 프린터의 원리 및 자동차 산업에의 활용 방안 등에 대하여 설명하시오.(102-2-1)

01 3D 프린팅 개요

3D 프린팅은 대상을 3차원으로 가상화한 디지털 도면을 기준으로 한 3D 프린터를 이용하여 분말, 액체, 고체 상태의 재료를 직접 분사 및 적층(약 0.015~0.10mm 정도의 단면)하여 3차원 형상의 대상을 제작하는 기술을 말한다. 적층 제조(AM : Additive Manufacturing) 개념은 대상물을 기계를 통한 절삭 가공(Subtractive Manufacturing)으로 제조하는 기존의 방식과 다른 개념이다.

02 3D 프린팅 공정

3D 프린팅은 모델링 공정, 프린팅 공정, 후처리 공정의 3단계로 구분할 수 있다.

(1) 모델링 공정

모델링 공정은 3D 프린터에서 사용할 수 있도록 2D의 CAD 데이터를 STL (Stereolithography) 파일 형식으로 변환하는 작업을 말한다. STL(Stereolithography) 파일은 3차원 물체를 아주 작은 삼각형 면으로 구성하여 데이터를 저장하는 방식이며 삼각형이 작을수록 품질이 좋은 물체의 표면을 프린팅 할 수 있다.

(2) 프린팅 공정

STL(Stereolithography) 파일을 기반으로 3D 프린팅 모델을 가로로 아주 얇은 막으로 잘게 쪼개어 데이터를 분석하여 재료를 분사 및 적층하여 프린팅을 시작한다.

(3) 후처리 공정

프린팅 재료에 따라 다르지만, 프린팅 완료 후 완성된 대상물에 붙어 있는 이물질이나 부산물을 제거하거나 굳히는 공정을 말하며 굳히는 공정이 필요한 경화 플라스틱의 경우 굳히는 과정 이후에 표면 청소 및 표면을 매끄럽게 가공, 코팅, 페인팅 작업을 말한다.

03 3D 프린팅 산업의 특징

구분	기존 제조 공정	3D 프린팅 제조 공정
제조 방식	금형을 통한 주조 가공 등으로 부품 제작	재료를 적층하여 부품 제작
장점	– 대량 생산 – 단순한 모양의 부품 제작	– 다품종 소량 생산 – 복잡한 모양의 부품 제작 – 장비 1개로 다양한 부품 제작 가능 – 시제품의 제작비용 및 개발기간 단축
단점	– 부품별로 다른 금형, 다른 생산라인 필요 – 조립과 같은 추가 공정 필요	– 일반 제품 제조시 시간이 다소 걸림 – 표면의 정밀도가 좋지 않음

04 3D 프린팅의 원리 및 종류

3D 프린터의 원리는 크게는 절삭형과 적층형으로 나눌 수 있다. 절삭형은 큰 물체를 깎으면서 최종 형상을 만드는 것이고, 적층형은 얇은 면을 쌓아 올리면서 최종 형상을 만드는 것이다. 절삭형의 경우 깎는 방식이므로 재료의 손실이 크지만 적층형의 경우 재료를 쌓아 올리므로 재료의 손실이 없다. 적층형 원리를 이용하는 방식에는 여러 가지가 있으나 FDM(Fused Deposition Modeling), SLA(Setero Lithography Appartus), SLS(Selective Laser Sintering)가 가장 많이 사용되고 있다.

(1) 고체형 재료를 사용하는 FDM(Fused Deposition Modeling) 방식

고체형 재료를 사용하는 FDM(Fused Deposition Modeling) 방식은 필라멘트처럼 생긴 열가소성 플라스틱 재료를 노즐 안에서 녹이면서 밀어내어 아래부터 쌓아 올리면서 원하는 형상을 만드는 3D 프린팅 방식을 말한다.

노즐에서 재료를 녹여야 하므로 노즐의 온도를 높이는 시간이 필요하며 재료를 밀어내는 힘과 속도를 기준으로 적층의 디테일과 크기가 결정된다. 이 방식은 최초로 미국 스트라타시스(Stratasys)사에서 개발하여, 현재 개인용 3D 프린터용으로 가장 널리 사용되고 있다.

1) 장점

① 강도와 습도에 강하고 내구성이 우수하다.

② SLA(Setero Lithography Appartus)나 SLS(Selective Laser Sintering)방식에 비해 장비가 단순하여 장비 가격이 저렴하다.

③ 다양한 재료를 사용할 수 있고 대형화하기가 쉽다.

2) 단점

① 최종 형상물의 표면이 거칠어 별도의 작업이 필요하다.

② 다른 방식에 비해 프린팅 제작 속도가 느린편이다.

③ 경화 동안에 재료가 흘러내림을 방지하기 위하여 별도의 지지대가 필요하다.

(2) 액체형 재료를 사용하는 SLA(Setero Lithography Appartus) 방식

광경화성 액체 플라스틱을 담은 수조에 레이저빔을 투사하면 레이저빔이 비추는 부위가 고체화하여 쌓으면서 최종 형상을 만드는 3D 프린팅 방식을 말한다. 빌딩 플랫폼을 기준으로 물체가 프린팅 되고 프린팅된 물체의 지지대가 동시에 만들어지고 한 층이 완료되면 빌딩 플랫폼이 움직이며 다음 층을 쌓는다. 1984년에 찰스홀이 개발하였으며 램프 글라스 등 작고 정교한 부품에 사용된다.

1) 장점

① 레이저 광선을 이용하므로 제작 속도가 빠르다.

② FDM(Fused Deposition Modeling) 방식에 비해 제품의 표면이 매끄럽고 정교하게 만들 수 있어 미세한 형상 작업에서 주로 사용된다.

2) 단점

① 제작 특성상 제품의 내구성과 내열성이 나쁘다.

② 다른 방식에 비해 제작비용이 비싸다.

(3) 파우더형 재료를 사용하는 SLS(Selective Laser Sintering) 방식

SLA(Setero Lithography Appartus)와 유사한 방식으로 미세한 플라스틱 분말, 금

속 분말 같은 파우더형 재료가 담겨있는 수조에 레이저빔을 투사하면 분말 재료가 녹아 얇은 막(Layer)을 형성하여 응고시킨 후 다시 분말 재료를 넣고 반복하면서 층을 쌓아 최종 형상을 만드는 3D 프린팅 방식을 말한다.

분말이 덩어리로 존재하면서 적층을 하므로 SLA(Setero Lithography Appartus)와 같이 별도의 지지대가 필요하지 않고 제작 속도가 빠르고 사용이 가능한 재료가 매우 다양하다. 대형 플라스틱 사출물 또는 도어 패널, 센터페시아 테스트 샘플로 많이 사용된다.

1) 장점

① SLA(Setero Lithography Appartus)와 같이 별도의 지지대가 필요하지 않다.

② 제작 속도가 빠르고, 다양한 재료의 사용이 가능하며 제품이 정교하다.

2) 단점

프린터 자체가 비싸고 프린터의 부피가 크며 전문적인 사용법에 대한 교육이 필요하다.

05 자동차 산업에 활용방안

최근에 자동차회사와 부품회사에 의해 3D 프린팅 기술을 적용하려고 지속적인 노력을 하고 있으며 현재는 주로 플라스틱 소재 부품을 기준으로 프로토 타입 제조에 이용되고 있다. 특히, 일부 국가에서는 3D 프린팅 기술을 통하여 전기 자동차 차체 제작, 금속부품 제작 등에 응용하여 다품종 소량 생산, 원가 절감 등에 활용하고 있다.

(1) 자동차 생산에서 3D 프린팅 장점

① 개발 시간과 개발 비용을 절약할 수 있다.

기획 단계의 아이디어를 짧은 시간에 시제품으로 제작이 가능하여 문제를 빠르게 발견 및 수정이 가능하며 자동차 개발 초기 단계에서 디자인 수정에 따른 부품제작에 3D 프린팅을 이용하면 제작 시간과 비용이 적게 소요된다.

② 부품의 경량화가 가능하다.

3D 프린팅으로 부품을 제작할 경우 기존보다 가벼우면서도 단단한 제품의 제작이 가능하다.

③ 부품 AS 향상 및 관리 비용을 절감할 수 있다.

단종된 부품에 대한 소량 생산이 가능하고 소비자의 취향에 따라 맞춤식 제작이 가능하다.

(2) 적용 사례

① 메르세데스 벤츠의 알루미늄 실리콘 파우더 재료를 사용한 서모스탯 커버(Thermostat Cover) 제작(2016년)

② 미국의 Local Motors에서 세계 최초로 12인승 전기차 버스 'Olli' 제작(2016년)

③ 국내의 경우 현대모비스에서 디자인 확인 및 기능 평가용으로 부품 제작에 이용

기출문제 유형

✦ 차체 수정 실무 중에서 바디 수정(Body Repair)과 패널 수정의 차이점, 바디 수정의 3요소를 상세히 설명하시오.(83-3-1)

01 개요

일반적으로 차체 수리의 작업 공정은 차체 손상 검사, 수리 비용, 엔진 및 서스펜션 탈부착, 패널 수정, 차체 수정, 패널 교환, 도장, 세차로 이루어진다.

02 바디 수정(Body Repair)과 패널 수정(Panel Repair)

(1) 바디 수정(Body Repair)

바디 수정(Body Repair)은 입체적인 이미지를 기준으로 변형된 바디(Body)에 상하·좌우 방향으로 힘을 인가하여 차체를 원래대로 복원하는 작업을 말한다.

> **참고 작업 시 고려 사항**
> ① 바디(Body)에 인가되는 힘을 차체 계측기를 이용하여 확인을 한다.
> ② 바디의 구조와 특성 및 강판의 성질을 분석한다.
> ③ 체크 시트를 기준으로 작업 전에 작업 순서를 체크 한다.
> ④ 바디 수정(Body Repair)의 경우 고정, 인장, 계측 작업의 기준을 지켜야 한다.

(2) 패널 수정(Panel Repair)

패널 수정(Panel Repair)은 평면 이미지를 기준으로 강판에 힘을 인가하여 두드리거나 누르면서 수정을 통하여 패널 한 장 한 장을 복원하는 작업을 말한다.

03 바디 수정(Body Repair)의 3요소

바디 수정(Body Repair) 시 고정, 계측, 인장은 반드시 필요한 항목으로 바디 수정(Body Repair)의 3요소로 부른다.

(1) 고정

바디 고정에는 기본 고정과 추가 고정으로 구분하여 작업을 한다.

1) 기본 고정

기본 고정은 자동차를 바디 수정 장치에서 움직이지 않도록 단단하게 고정하는 것을 말한다. 일반적으로 자동차의 측면 손상을 제외하고 대부분의 경우 기본 고정만으로 작업이 가능하며, 고정이 잘못 될 경우 인장 작업 시 차체 손상이 발생할 수 있으므로 고정 위치 및 상태를 점검하는 것이 중요하다.

① 고정 부위는 로커 패널 하단부의 플랜지에서 전후·좌우 4개소를 기본으로 한다.
② 고정점에 가까운 위치를 파이프 등으로 우물정자 형태로 4개의 고정용 클램프를 서로 연결한다.

2) 추가 고정

추가 고정은 힘이 어떤 특정 부위에 걸리지 않게 고정하게 하는 것을 말한다.

(2) 계측

바디의 변형을 정확하게 분석하기 위하여 계측은 필수이다.
파손 분석 4가지 기본 요소는 다음과 같다.

1) 센터 라인(Center Line)

센터 라인(Center Line)은 차량의 전후 가상의 중심선을 말하며 센터 라인을 잘못 잡으면 차량의 전후 중심선을 잘못 선정하게 되므로 주의해야 한다. 센터 라인 게이지는 센터 핀을 이용하여 하부 프레임 기준으로 중심선 및 수평을 측정하여 바디의 센터 라인을 계측한다.

2) 레벨(Level)

레벨(Level)은 센터 라인 게이지의 수평 바를 이용하여 차체 하부에서 각 부위들의 수평 상태를 체크하는 것을 말한다.

3) 데이텀 라인(Datum Line)

데이텀 라인(Datum Line)은 수평 바닥면을 기준으로 높이를 측정하는 가상 기준선을 말하며 차체 규격(Body Dimension)을 기준으로 관련 데이터를 입력하여 센터 라인 게이지 수평 바 높낮이를 측정하여 데이텀 라인(Datum Line) 상태를 알 수 있다.

4) 트램 게이지(Tram Gauge)

트램 게이지(Tram Gauge)를 통하여 차체의 대각선, 길이, 넓이를 간단히 계측할 수 있다.

(4) 3차원 차체 레이저 계측기

측정자를 측정 포인트에 위치시키면 측정 치수가 자동으로 화면에 표시되는 계측기를 말한다.

(5) 인장

바디 수정(Body Repair)시 필수적인 작업으로 차체의 구조에 맞게 차체를 상하좌우 방향으로 당겨서 원래대로 복원하는 작업을 말한다.

1) 인장 작업 시 필요한 장비

① 유압의 원리로 힘을 발생시키는 인장 공구

② 바디(Body)를 움직이지 않게 견고하게 잡는 클램프

③ 인장 기둥과 클램프를 연결하는 체인

2) 클램프 설치 방법

① 클램프 틈새에 먼지 등의 이물질을 제거해야 하고 볼트는 너무 세게 조이지 않도록 하며 인장 방향이나 패널의 구조에 따라 클램프를 선택해서 사용한다.

② 항상 체인이 정렬 상태에서 사용해야 한다.

기출문제 유형

✦ 자동차 생산에서 사용하고 있는 추적성 관리(Traceability Management)에 대하여 설명하시오.(78-4-4)

01 개요

품질 경영 시스템 - 요구사항(KS Q ISO 9001 : 2015, 8.5.2)에서 식별과 추적성을 다음과 같이 정의하고 있다.

① 조직은 제품 및 서비스의 적합성을 보장하기 위하여 필요한 경우, 출력을 식별하기 위하여 적절한 수단을 활용하여야 한다.

② 조직은 생산 및 서비스 제공 전체에 걸쳐 모니터링 및 측정 요구사항에 관한 출력의 상태를 식별하여야 한다.

③ 추적성이 요구사항인 경우, 조직은 출력의 고유한 식별을 관리하여야 하며, 추적이 가능하도록 하기 위하여 필요한 문서화된 정보를 보유하여야 한다.

02 목적 및 효과

(1) 목적

자동차 생산에서 사용하고 있는 추적성 관리(Traceability Management)는 동일한 부품, 제조 공정, 작업조건 및 작업자를 통하여 제조된 제품에 대한 결함이 발생할 경우 동일 결함이 예상되는 해당 제품의 범위를 쉽게 파악하고 회수하기 위해서 중요한 항목 중의 하나이다.

(2) 효과

1) 비용 절감

자동차에 결함이 발생할 경우 해당 차량의 수량을 파악하여 해당 부품을 빠른 시간 내에 회수가 가능하므로 품질비용을 절감할 수 있다.

2) 품질 향상

자동차에 결함이 발생할 경우 해당 부품의 로트 데이터를 통하여 생산일, 생산라인등과 같은 생산 정보를 파악하여 빠른 시간 내에 결함 원인을 찾고 조치가 가능하여 품질이 향상된다.

03 추적성 관리의 범위 및 인자

(1) 범위

1) 추적성 관리 대상 및 시점

추적성 관리를 부품, 반제품, 자재까지 할 것인지 대상을 정해야 하며, 추적성을 언제부터 언제까지 할 것인지 시점을 정해야 한다. 결함이 발생할 경우 안전성, 결함 정도, 관리 비용 등을 종합적으로 고려하여 정할 필요가 있다. 예를 들면 고장 모드 및 영향성 분석(FMEA : ailure Mode and Effect Analysis)을 통하여 결정하는 것도 좋은 방법이다.

(2) 추적성 관리 인자

작업자, 자재, 작업장소, 설비, 공정 등의 항목이 있으며 관리 항목이 많을수록 관리 비용이 증가하므로 결함 발생 시 추적성에 대한 중요한 관리 항목을 파악하여 추적성 관리 대상과 함께 검토하여 결정해야 한다.

기출문제 유형

✦ ISO-9000 품질 경영 시스템 인증 제도에 대하여 설명하고, 인증 획득 시 이점 5가지를 쓰시오.(78-2-2)

✦ 산업체의 ISO 9000 인증제도에 대해 설명하시오.(71-3-2)

---

01 개요

ISO 9000은 국제표준화기구(ISO : International Organization for Standardization)에서 제정한 품질 경영 시스템으로 제품 또는 서비스의 품질에 대한 지속적인 개선을 통하여 고객의 요구사항에 부합하는지에 대한 능력을 국제적으로 인정하기 위한 요구사항으로 전반적인 품질 향상 및 안정을 통하여 경쟁력을 확보하고 고객 만족 향상 및 경쟁력 확보를 통해 지속적으로 발전하는 조직을 추구하는 품질 관리 시스템을 말한다.

따라서 품질경영 인증기업이란 ISO 9000 기준에 따른 심사를 통하여 기업의 품질 시스템이 적절하게 적용하여 운영되고 있다는 것을 국제적으로 인증을 받은 기업을 말한다. 국제적인 품질 경영 인증을 통하여 시스템 운영에서 얻어지는 실질적 이익과 더불어 기업이미지, 경쟁력, 신뢰성 향상과 같은 부수적 이익도 얻을 수 있다.

ISO 9000은 대상 범위에 따라 ISO 9001, ISO 9002, ISO 9003이 있으며 특징은 다음과 같다.

(1) ISO 9001 : 설계, 개발, 생산, 설비, 서비스 부문에 대한 품질 관리 시스템으로 적용 범위가 가장 넓다.

(2) ISO 9002 : 생산, 설비, 서비스 부문에 대한 품질 관리 시스템

(3) ISO 9003 : 최종검사 및 시험에 대한 품질 관리 시스템

> **참고** 2004년부터 ISO 9000의 ISO 9001, ISO 9002, ISO 9003은 ISO 9001로 통합되었다.

02 품질 경영 시스템의 7대 원칙

(1) 고객 중심(Customer Focus)

품질 경영 시스템에서 고객의 요구사항 및 기대에 대한 만족도를 모니터링 하도록 규정하여 고객과 기업 간의 상호작용을 통한 고객의 기대치를 넘을 수 있도록 해야 한다.

(2) 리더십(Leadership)

리더는 조직의 목표와 방향에 대해 일관성 있게 추진해야 하며 구성원이 조직의 목표 달성을 할 수 있도록 합리적인 경영을 해야 한다.

(3) 구성원의 적극적인 참여((Engagement of People)

조직 전체적으로 구성원 모두의 합의를 바탕으로 조직의 목표와 방향에 따라 적극적인 참여 및 협력을 통하여 운영될 수 있도록 해야 한다.

(4) 프로세스 접근법(Process Approach)

일관되고 통일화된 시스템 및 원활한 의사소통을 통하여 구성원과 조직 간에 상호 관련된 프로세스가 관리되고 운영될 때, 더욱 효율적으로 조직의 목표가 이루어질 수 있다.

(5) 개선(Improvement)

성공적인 조직을 위하여 구성원과 조직 간에 상호 모니터링을 통하여 지속적인 개선이 이루어지도록 해야 한다.

(6) 증거 기반 의사 결정(Evidence-base Decision marking

관련된 정보와 데이터를 기준으로 분석 및 평가를 수행하여 의사 결정을 할 경우 합리적인 결과에 도달하는데 가능성을 높일 수 있다.

(7) 관계 관리 · 관계 경영(Relationship Management)

원하는 제품이 나올 때까지 조직의 구성원과 고객과의 관계를 지속적으로 관리해야 한다.

03 품질 경영 시스템 도입의 필요성

① 국제적인 환경이 변할 경우 품질 경영 시스템을 통하여 능동적이고 효율적인 대비가 가능하다.

② 고객의 품질 인증 요구가 있을 경우 즉각적인 대응이 가능하다.

③ 합리적이고 효율적인 품질 경영 시스템의 구축이 가능하고 기존의 경영 프로세스에 대한 개선이 강화된다.

④ 품질 경영 시스템을 통하여 프로세스가 개선되어 생산성이 향상된다.

⑤ 국제 기준에 부합하는 품질 경영 시스템을 통한 검증으로 기업이미지, 경쟁력, 신뢰성 향상하게 되어 세계시장의 진출이 쉬워진다.

⑥ 품질 경영 시스템을 통하여 제품이 생산되므로 제조물 책임(PL) 제도에 대비가 가능하다.

기출문제 유형

✦ ISO/TS 16949에 대해 설명하시오.(74-4-5)

---

01 개요

ISO/TS 16949는 ISO 9000을 기반으로 ISO(International Organization for Standardization)와 IATF(International Automotive Task Force)가 작성한 기술표준으로 자동차 분야의 결함, 폐기물을 감소하기 위하여 지속적으로 개선을 할 수 있도록 품질 시스템에 대한 전반적인 요구사항을 제공하는데 목적이 있다.

IATF(International Automotive Task Force)는 1990년대 말 미국의 자동차 3개 회사(GM, 다임러 크라이슬러, 포드), 유럽의 자동차 회사(폭스바겐, 푸조-시트로엥, 르노, 피아트, BMW 등), 자동차협회 등으로 구성되어 자동차 설계, 개발, 생산, 서비스와 관련된 품질 시스템에 대한 요구사항으로 관련 국가의 자동차 품질 시스템(미국 : QS-9000, 독일 : VDA 6.1, 프랑스 : EAQF, 이탈리아 : AVSQ)을 기반으로 통합하여 국제적으로 통용될 수 있는 기준을 만들었으며, 이를 통하여 자동차 및 부품에 대한 개발 및 인증을 위한 시간 및 비용을 최소화하고 국제적으로 표준화된 품질 시스템을 통하여 자동차 및 부품 공급자의 범위를 확대하여 고객에게 보다 더 좋은 서비스를 제공할 수 있게 한다.

02 IATF 16949

(1) ISO/TS 16949에서 IATF 16949로의 전환

IATF 16949(2016)를 공표하면서 ISO/TS 16949에서 IATF 16949로 전환하였으며,

IATF 16949(2016) 개정의 특징은 자동차 회사들의 공통 요구사항 반영, 프로세스 (Process) 관리 강화 및 제품 안전에 대한 리스크(Risk) 관리 강화 등이다. 참고로 2018 년 9월 14일까지 유예기간을 두고 관련 기업의 인증 전환을 할 수 있도록 하고 있다.

　① ISO/TS 16949 심사 진행 불가 : 2017년 10월 1일 이후~
　② ISO/TS 16949 인증서 유효하지 않음 : 2018년 9월 14일 이후~

(2) 개정 방향 주요 특징

1) 자동차 회사들의 공통 요구사항 반영

ISO/TS 16949 인증제도에서 채택된 IATF 가입 자동차 고객별 요구사항(CSR : Customer Specific Requirements)에서 공통된 항목(예 : 내부 심사원 역량 및 적격성 등)을 반영하였다.

2) 프로세스(Process)관리 강화

프로세스 문서화 요구사항 강화 및 신규 프로세스 추가하였다.

3) 제품 안전에 대한 리스크(Risk) 관리 강화

　① 소프트웨어가 내장된 부품에 대한 개발 역량의 요구사항 추가
　② 리스크 기반 사고 및 리스크 분석에 대한 요구사항 강조
　③ NTF(No Trouble Found)를 관리할 수 있는 설계 개발 툴(Tool) 강화

(3) 도입 필요성

국가별 자동차 품질 시스템(미국 : QS-9000, 독일 : VDA 6.1, 프랑스 : EAQF, 이탈 리아 : AVSQ)을 통합한 IATF 16949를 통하여 인증을 취득 할 수 있어 이를 통하여 자 동차 및 부품에 대한 개발 및 인증을 위한 시간 및 비용을 최소화하고 국제적으로 표준 화된 품질 시스템을 통하여 자동차 및 부품 공급자의 범위를 확대하여 고객에게 보다 더 좋은 서비스를 제공할 수 있게 한다.

(4) 인증 효과

　① 제품 및 프로세스에 대한 품질을 개선할 수 있으며 국제간 무역에서 신뢰감을 가 질 수 있다.
　② 국제적인 기준에 의한 단일 심사를 통하여 고객에 대한 요구사항을 만족하게 할 수 있다.
　③ 국제적인 기준에 의한 품질의 요구사항을 적용할 수 있어 일관성이 유지 된다.
　④ 국제적인 기준의 인증을 통하여 중복 인증을 하지 않아 자동차 및 부품에 대한 개발 및 인증을 위한 시간 및 비용을 최소화할 수 있다.
　⑤ 국제적인 기준의 품질 시스템을 통하여 자동차 및 부품 공급자의 범위를 확대하 여 고객에게 보다 더 좋은 서비스를 제공할 수 있게 한다.

✦ 산업체에서 활동하고 있는 총 품질 관리에 대하여 목적과 방법을 기술하고, 주요 공정별 활동에 대해 설명하시오.(71-2-3)

01 품질 관리의 발전 단계

(1) 작업자에 의한 품질 관리 단계

가내 수공업과 같이 제품 생산 전 과정 및 제품 품질을 작업자가 담당하고 책임을 가지는 단계를 말한다.

(2) 직장에 의한 품질 관리 단계

산업 혁명기에 제품 생산에 분업을 도입하여 작업자들이 부분적으로 제품 생산을 담당하게 되어 작업자를 감독하는 감독자가 제품의 품질에 책임을 가지는 단계를 말한다.

(3) 검사에 의한 품질 관리 단계

1차 세계대전 시기에 제품 생산 후에 검사를 담당하는 담당자와 담당부서가 제품의 품질에 책임을 가지는 단계를 말한다.

(4) 통계적 품질 관리(SQC : Statistical Quality Control)

2차 세계대전 시기에 군수 산업에서 시작해서 널리 전개된 통계적 품질 관리(SQC : Statistical Quality Control)는 품질을 담당하고 있는 품질 관리 부서가 제품의 품질에 책임을 가지는 것을 말하며, 통계적 품질 관리(SQC) 위주로 품질 관리를 한 미국은 1950년대에 데밍(Deming)과 쥬란(Juran)에 의해 일본에 영향을 많이 주었다.

(5) 전사적 품질 관리(TQC : Total Quality Control)

1960년대에 제품의 설계, 생산, 판매, 보증, 서비스 전 범위에서 품질에 영향을 미치는 모든 영역에서 전사적으로 품질 관리를 진행하는 전사적 품질 관리(TQC)가 도입되어 관련된 전체 부서가 제품의 품질에 책임을 가지는 것을 말한다.

(6) 전사적 품질 경영(TQM : Total Quality Management)

1980년대 초에 기업이 단순한 이윤만 추구하고 품질 개선이 경영층의 경영 범위로 인식하지 못하여 고객이 요구하는 제품이나 서비스를 개발하는 단계에서 충분히 반영을 못하는 문제가 발생하는 기존의 품질 관리 한계에 이르게 되어 이를 보완하기 위하여 전사 품질 경영(TQM : Total Quality Management)이 도입되었으며 경영자와 전체 부서가 제품 품질에 대한 책임을 가지는 것을 말한다.

1) 특징

① 전사적 품질 경영(TQM)은 전사적 품질 관리(TQC)와는 다르게 제품 자체에 비중을 둔 품질 관리 개념에서 제품과 더불어 조직과 경영을 포함한 광의의 품질 관리 개념을 말한다.

② 전사적 품질 경영(TQM)은 경영자의 품질 목표와 방향에 따라 세계적인 경쟁력을 갖춘 제품의 품질을 확보하는 것으로 전체 구성원의 참여에 의하여 제품 및 생산 공정에서 발생할 수 있는 결함 및 발생 요인들을 지속적으로 개선하여 고객의 요구사항 및 기대에 대한 만족을 최대화하기 위한 품질 경영의 개념을 말한다.

③ 전사적 품질 경영(TQM)은 경영 관리 및 품질 관리와 같은 전반적인 기업 활동을 통하여 품질을 확보하여 고객의 요구사항 및 기대에 대한 만족을 최대화하기 위한 경영 방식을 의미하며 전사적 품질 관리(TQC)와 통계적 품질 관리(SQC)를 모두 포함하는 광의의 품질 경영 개념이다.

2) 전사적 품질 경영(TQM)의 목적

전사적 품질 경영(TQM)의 목적은 제품 및 생산 공정에서 발생할 수 있는 결함 및 발생 요인들을 지속적으로 개선하여 고객의 요구사항 및 기대에 대한 만족을 최대화하여 기업 이미지 향상 및 경쟁력을 확보하는데 있다.

3) 전사적 품질 경영(TQM) 4가지 기본원리

① 고객 중심(Customer Focus) : 고객의 요구사항 및 기대에 대한 만족도를 지속적으로 모니터링 하여 고객과의 기업간의 상호작용을 통한 제품에 반영함으로써 고객의 기대에 대한 만족을 최대화할 수 있도록 해야 한다.

② 지속적인 개선(Continuos Improvement) : 공정 개선 전담 조직 또는 연구회를 구성 및 통계적 공정 관리 기법, PDCA 사이클(Plan Do Check Act Cycle)과 같은 도구를 이용하여 문제점 정의, 공정 검토, 문제점 분석, 아이디어 도출을 통하여 공정을 지속적으로 조금씩 개선해 나가는 것을 말한다.

③ 품질 문화(Quality Culture) 형성 : 품질 문화는 품질 경영에 관한 기업 철학, 기업 문화의 한 요소이며 높은 품질 의식과 적극적인 품질 개선의 활동을 통해서 형성될 수 있다.

④ 전사적인 참여(Total Involvement) : 경영층과 구성원의 전사적인 참여가 중요하다.

기출문제 유형

✦ Jig와 Template의 차이점을 설명하시오.(68-1-3)

✦ 지그(Jig)와 템플릿(Template)에 대하여 비교 설명하시오.(60-4-2)

---

01 개요

일반적으로 치공구(Jig & Fixture)는 제품 제조에 있어서 재료의 위치를 결정하고 재료를 고정하여 제품을 허용공차 범위 내에서 제조할 수 있도록 사용되는 보조공구로서 제품의 품질, 가격, 생산성을 향상시키는 역할을 하며 지그(Jig)와 고정구(Fixture)로 구분할 수 있다.

지그(Jig)와 고정구(Fixture)는 부품의 제작, 검사, 조립시 재료를 고정하고 가공 위치를 정하며 가공장비를 안내하는 일종의 제품 가공용 특수 장비를 말한다.

일반적으로 지그(Jig)는 재료를 고정하는 클램핑(Clamping) 기구와 위치를 안내하는 부시(Bush)를 가지고 있으며, 고정구(Fixture)는 기본적으로 지그(Jig)와 같으나 부시(Bush)가 없고 위치를 안내하기 위한 틈새 게이지(Thickness Gauge)가 포함되어 있다. 참고로 템플릿(Template)은 지그(Jig)의 한 종류이다.

02 지그(Jig)의 종류

(1) 형판 지그(Template Jig)

① 형판 지그(Template Jig)는 소량의 제품 또는 정밀도가 필요 없는 제품 생산에 사용되며 가격이 저렴하고 경제적이어서 널리 사용되고 있다.

② 클램프가 없으며 핀 또는 네스트에 의해 고정하므로 자유로운 상태로 작업이 가능하며 위치를 안내하는 부시(Bush)를 가지고 있지 않다.

(2) 플레이트 지그(Plate Jig)

형판 지그(Template Jig)와 비슷하나 클램핑 기구 및 밀착기구를 가지고 있다.

(3) 테이블 또는 개방 지그(Table or Open Jig)

플레이트 지그(Plate Jig)의 일종으로 재료의 불규칙하고 가공면이 넓은 대형 재료의 가공에 적합하며, 가공 재료를 장착 또는 탈착할 경우 지그(Jig)를 뒤집어야 하며, 가공 동안에는 다리로 수평을 유지한다. 가공재료에 따라 클램핑이 안될 수 있으며 장착 후 한면만 가공이 가능하다.

(4) 샌드위치 지그(Sandwich Jig)

가공 재료의 윗면과 아랫면을 덮은 상태로 가공이 이루어지는 지그(Jig)이며 가공 재료가 얇거나 연질일 경우 재료의 변형을 방지하기 위하여 사용되는 지그(Jig)이다.

(5) 링형 지그(Ring Jig)

원판 템플레이트 지그(Disk Template Jig)를 수정한 원판형 지그로 링(Ring) 형상의 재료를 가공할 때 주로 사용되는 지그를 말한다.

참고 상기 이외에 바깥지름 지그(Diameter Jig), 바이스형 지그(Vise Jig), 앵글 플레이트 지그(Angle Plate Jig), 분할형 지그(Indexing Jig) 등이 있다.

03 고정구(Fixture)의 종류

(1) 플레이트 고정구(Plate Fixture)

가장 기본적인 형태로 가장 많이 사용되는 고정구(Fixture)이다.

(2) 앵글 플레이트 고정구(Angle Plate Fixture)

플레이트 고정구(Plate Fixture)와 판을 수직으로 설치한 형태의 고정구(Fixture)이다.

참고 그 밖에 바이스조 고정구(ViseJaw Fixture), 분할 고정구(Indexing Fixture), 멀티 스테이션 고정구(Multistation Fixture), 총형 고정구 등이 있다.

기출문제 유형

✦ 생산 적합성(CoP ; Conformity of Production)에 대하여 설명하시오.(114-1-7)

01 생산 적합성[COP : Conformity of Production]의 정의

형식 승인을 받은 이후에 생산되는 제품이 차량의 안전에 대한 인증을 완료한 제품의 형식 승인 사양, 성능, 형식 승인서와 동일 유무를 체크하는 검사로 방문 검사(On-site Checks), 샘플링 검사, 시험 및 보고서를 포함하며 유효기간은 2년으로 갱신은 인증서 만료 전에 신청해야 한다. IATF 16949 품질 시스템 인증을 받은 경우 생산 적합성(COP)에 위해 소요되는 시간과 문서 작업을 줄일 수 있다.

기출문제 유형

✦ 자동차 개발에서 손익 분기점 분석을 정의하고, 변동비, 고정비, 한계 이익, 부가 가치를 생산량 기준의 손익 분기점 그래프를 그려서 설명하시오.(123-2-6)

01 손익 분기점[BEP : Break Even Point] 정의

손익 분기점(BEP : Break Even Point)은 총수익과 총비용이 일치하는 점으로 이익이나 손해가 발생하지 않는 판매량 또는 매출액을 말한다. 손익 분기점(BEP : Break Even Point) 분석은 원가-조업도-이익(CVP : Cost-Volume-Profit) 분석이라고도 하며 원가, 조업도, 이익을 통하여 분석하는 것으로 경영을 기획하거나 가격 정책을 결정하거나 판매 전략을 수립할 경우 필요한 분석 도구이다.

02 손익 분기점[BEP : Break Even Point] 분석(Analysis)

(1) 손익 분기점(BEP : Break Even Point) 분석(Analysis)을 위한 가정

① 원가(Cost)는 고정 원가(Fixed Cost)와 변동 원가(Variable Cost)로 구분이 가능하다.
② 원가(Cost)와 이익(Profit)은 일정 범위 내에서 비례하며 조업도에 따라 결정된다.
③ 고정 원가 및 판매 가격은 일정하다.
④ 단일 제품만 생산하고 판매한다.

(2) 손익 분기점(BEP : Break Even Point) 분석(Analysis)관련 용어 정의

1) 고정 원가(Fixed Cost)

생산량 또는 조업도에 상관없이 항상 일정하게 발생되는 비용을 말한다. 감가 상각비, 연구 개발비, 고정성 급여, 임차료, 고정 재산세 등이 포함된다.

2) 변동 원가(Variable Cost)

생산량 또는 조업도에 비례하여 발생하는 비용을 말한다. 직접 재료비, 직접 노무비, 판매 수수료, 외주 가공비, 포장 및 운반비 등이 포함된다.

3) 공헌 이익(Contribution Margin)

판매량에 따라 변하는 총수익과 총변동비의 차이를 말하며, 단위당 공헌 이익은 단위당 판매 가격과 단위당 변동 원가의 차이를 말하며, 공헌 이익률은 총매출액에 대한 총공헌 이익의 비 말한다.

공헌 이익 = 총수익 – 총변동비

단위당 공헌 이익 = 단위당 판매가격 – 단위당 변동비

$$\text{공헌 이익률} = \frac{\text{총공헌 이익}}{\text{총매출액}} = \frac{\text{단위당 공헌이익}}{\text{단위당 판매가격}}$$

4) 총수익

총수익은 단위당 판매 가격에 총생산량을 곱하여 산출한다.

총수익 = 단위당 판매 가격 × 총생산량

5) 총비용

총비용(TC)은 변동 원가(VC)와 고정 원가(FC)를 더하여 산출하며, 변동 원가(VC)는 단위당 변동 원가와 총 생산량을 곱하여 산출한다.

$$\text{총비용(TC)} = \text{고정 원가(FC)} + \text{변동 원가(VC)}$$
$$= \text{고정 원가(FC)} + (\text{단위당 변동 원가} \times \text{총생산량})$$

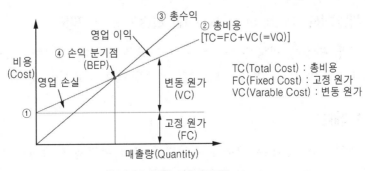

손익 분기점(BEP) 도표법

(3) 손익 분기점(BEP : Break Even Point) 산출 방법

① 손익 분기점(BEP : Break Even Point) 산출 방법에는 도표법, 등식법, 공헌 이익법, CVP 분석 응용 등이 있다.

② 손익 분기점(BEP) 도표법에서 고정 원가(FC)는 생산량 또는 조업도에 상관없이 항상 일정하게 발생되는 비용으로 X축과 평행한 선(①)이며, 총비용(TC)은 변동 원가(VC)와 고정 원가(FC)를 더한 비용으로 고정 원가(FC)가 Y축과 만나는 점(①)이며, 변동 원가(FC)는 일정 기울기를 갖는다. 따라서 총비용(TC) 곡선(②)과 총수익(③) 곡선의 만나는 점(④)이 총수익과 총비용이 일치하는 점으로 손익 분기점(BEP : Break Even Point)이 된다. 따라서 신차의 판매 가격이 A일 경우 매출량(Q), 총비용(TC), 총수익을 통하여 손익 분기점(BEP) 산출이 가능하며 이를 기준으로 신차 출시 후 일정기간 이후에 영업이익이 시작되는지 예상할 수 있어 신차 개발 초기에 신차의 가격정책 결정 및 판매 전략을 수립하는데 중요한 지표가 된다.

기출문제 유형

✦ 자동차 제작 결함 조사에 대하여 정의하고, 제조물 책임법(PL : Product Liability)과 리콜(Recall) 제도를 설명하시오.(125-2-1)

---

01 자동차 제작 결함 조사 정의

자동차 제작 결함 조사는 자동차를 안전하게 주행하는데 영향을 줄 수 있는 자동차 결함의 정보에 대하여 조사를 실시하여 결함으로 판단되는 경우 자동차 제작회사가 무상으로 결함을 시정해 주는 제도를 말하며, 소비자 또는 시민단체의 자동차 결함 신고, 자동차 결함에 대한 언론 보도 등의 정보를 통하여 결함에 대하여 즉각적인 조사를 실시하여 결함을 해소하는데 노력하며 자동차 제작사의 자발적 리콜을 유도하는데 목적이 있다.

02 제조물 책임법(PL : Product Liability)과 리콜(Recall) 제도

자동차 주행 안전에 영향을 줄 수 있는 결함을 사전에 시정하여 소비자의 피해를 사전에 예방하고 소비자의 권익을 보호한다는 측면에서 공통점이 있다.

03 제조물 책임(PL)

제조물 책임법 제1조에는 제조물 책임법에 대한 목적을 다음과 같이 규정하고 있다.

① 제조물의 결함으로 발생한 손해에 대한 제조업자 등의 손해 배상 책임을 규정함

으로써 피해자 보호를 도모하고 국민생활의 안전 향상과 국민경제의 건전한 발전에 이바지함을 목적으로 한다.

② 이미 발생하여 소비자가 피해를 입은 것에 대하여 제조물 제작자가 금전으로 직접 보상해 주는 민사적 책임을 통하여 사후 보상 측면의 소비자 보호 제도를 말하며, 결함으로 손해를 주장하는 사람에게만 적용하는 제도이다.

> **참고 제조물 결함**
>
> (1) 제조물이란 제조되거나 가공된 동산(다른 동산이나 부동산의 일부를 구성하는 경우를 포함한다)을 말한다.
> (2) 결함이란 제조상의 결함, 설계상의 결함, 표시상의 결함으로 구분하고 있다.
>   ① **제조상의 결함** : 제조상의 결함은 제조업자가 제조물에 대하여 제조, 가공상의 주의 의무를 이행하였는지에 관계없이 제조물이 원래 의도한 설계와 다르게 제조, 가공됨으로써 안전하지 못하게 된 경우를 말한다.
>   ② **설계상의 결함** : 설계상의 결함은 제조업자가 합리적인 대체 설계를 채용하였더라면 피해나 위험을 줄이거나 피할 수 있었음에도 대체 설계를 채용하지 아니하여 해당 제조물이 안전하지 못하게 된 경우를 말한다.
>   ③ **표시상의 결함** : 표시상의 결함은 제조업자가 합리적인 설명 · 지시 · 경고 또는 그 밖의 표시를 하였더라면 해당 제조물에 의하여 발생할 수 있는 피해나 위험을 줄이거나 피할 수 있었음에도 이를 하지 아니한 경우를 말한다.

04 리콜(Recall) 제도

① 리콜(Recall) 제도는 자동차 주행 안전에 영향을 줄 수 있는 결함이 있는 경우 또는 안전 기준에 적합하지 않는 경우 자동차 제작사 또는 수입자가 결함 사실을 자동차 소유자에게 통보하고 결함을 시정 조치하여 자동차 안전에 의한 사고 또는 소비자의 피해를 사전에 예방하고 결함의 재발을 방지하는 제도이며, 행정적인 규제를 통하여 적극적인 소비자 보호제도(행정적 책임)를 말한다.

② 당해 제조물의 결함을 시정하는 방법으로 교환, 수리, 환급, 수거, 파기 등의 다양한 방법으로 적용하여 실시할 수 있다.

③ 문제된 자동차 결함과 관련된 모든 자동차 소유하고 있는 소비자들에게 적용된다.

참고문헌 REFERENCES

1. 김재휘, 「**자동차공학백과**」, (주)골든벨
   첨단 자동차가솔린기관 / 자동차디젤기관 / 첨단 자동차전기 전자
   첨단 자동차섀시 / 자동차 전자제어 연료분사장치 / 카 에이컨디셔닝
   자동차 소음·진동 / 친환경 전기동력자동차
2. 三栄書房(Sanei Shobo), 「Motor Fan Illustrated **시리즈**」, (주)골든벨
3. 이승호·김인태· 김창용, 「**최신 자동차공학**」, (주)골든벨

차량기술사 SERIES Ⅰ
[엔진·연료·생산품질]

초판발행 | 2023년 1월 10일
제1판3쇄발행 | 2024년 2월 1일

지 은 이 | 표상학·노선일
발 행 인 | 김 길 현
발 행 처 | (주)골든벨
등 록 | 제 1987—000018 호
I S B N | 979-11-5806-613-0
가 격 | 50,000원

이 책을 만든 사람들

교 정 | 이상호, 김현하   본 문 디 자 인 | 김현하
편 집 및 디 자 인 | 조경미, 박은경, 권정숙   제 작 진 행 | 최병석
웹 매 니 지 먼 트 | 안재명, 서수진, 김경희   오 프 마 케 팅 | 우병춘, 이대권, 이강연
공 급 관 리 | 오민석, 정복순, 김봉식   회 계 관 리 | 김경아

㉿04316 서울특별시 용산구 원효로 245(원효로1가 53-1) 골든벨 빌딩 5~6F
• TEL : 도서 주문 및 발송 02-713-4135 / 회계 경리 02-713-4137
        내용 관련 문의 070-8854-3656 / 해외 오퍼 및 광고 02-713-7453
• FAX : 02-718-5510   • http : // www.gbbook.co.kr   • E-mail : 7134135@ naver.com